水波問題の解法

—2 次元線形理論と数値計算—

鈴木　勝雄　著

株式会社
成山堂書店

まえがき

本書は書名の通り，水波に関連する問題の解法についてまとめたものである．水の波を本書では「水波」と称している．水波とは重力の作用によって水面に生じるいわゆる重力波のことを指す．

この水波のうち2次元状に生じている水波を「2次元水波」と呼んでいる．水面上の物体が移動すると水面に波動が生じて水波となる．物体が揺れ動いても水波が生じる．また水波中に物体が固定されていれば物体には力が作用するし，浮いていれば揺れ動く．

こうした物体の運動とそれによって生じる水波との関係，あるいは水波とそれによる物体に働く力や運動との関係などを調べる問題を本書では「水波問題」と称している．水波問題の解法という分野は一般には難しい分野である．そのため2次元状に運動する水波に限定している．さらに問題を簡略化するために，水波の振幅が小さい場合（正しくは波長に比して）のみを扱う．この時，水面を規定する数学的条件は線形の方程式となり，こうした線形の条件を扱う理論は線形理論と呼ばれている．本書では2次元状の水波を線形理論で扱いその数値解法及び計算結果を示すことを目的としている．

ただし，水波問題全般を扱うのではなくそのうち定常な場合と2つの周期的な場合の3つの問題のみを取り上げる．そしてそれらの数値解を求めるための解法について述べるのであって，過渡的な水波などについては触れることはない．

ここまで読まれた読者はもうお気付きのことと思われるが，本書は水波の種類や性質についての解説書や専門書ではない．水波を扱っているのであるから水波の種類，性質については簡単に触れるが深く論ずることはない．そうした分野の勉強をしたいのであれば良書は他に沢山ある．

水波に関する問題に限らず，昨今では純粋な数値計算法が著しく発展してきており，大体どのように複雑な現象に関する問題でも比較的簡単に解ける時代となっている．それでも著者は本書を上梓した．その理由の2つばかりをあげておく．

まずはノスタルジーである．著者は本書の解法を利用したいくつかの論文を発表してきた．それらがまったく世に貢献していなかったとは言えないと信じたい．しかし，それらの論文で用いた解法の基礎となってきた知識について知ろうとしても，現在では外国の数書を除けばほとんど見当たらない．本書は，我々の世代より以前に行ってきたが，今は忘れられようとしている事柄を遺産として記録に残しておきたいという気持ちの表われと言ってもいいかもしれない．

次の理由は言い古された問題ではあるが，純粋な数値計算によって得られた解からは，定性的な性質や展望が得にくいということである．また，純数値的方法はその計算法に誤りがあった場合に，それを発見しづらいという欠点がある．それらを本書のような半解析的手法の結果と比較することは有益な場合が多い．比較のための 1 つの方法を提示しておきたいという気持ちが強い．

水波に関する現象のうち 2 次元的な現象は，人工的な場合を除くと自然界にはめったに見られない．しかし，3 次元問題についての解析的な方法は，現在に至るも極めて難しい分野でもあり，それらの発展が望まれているのが現状である．3 次元問題の解の性質の調査や解法の開発に，2 次元問題の解の性質や解法が参考となる場合も多い．また，ある工学的分野では 2 次元の波動に関する結果が大いに役立っている場合もあるのである．以上のような理由から本書の目指す所もまったく無意味というわけではないと考えている．

本書が対象としている読者は理工学系の大学の上級生か大学院生程度で，流体力学，複素関数論の基礎を習得していること，具体的に言うと，Milne-Thomson [1] の本を読める位の学力が望まれる．

本書を読むにあたって，その筋書きや論理の展開の仕方に疑問やら違和感を抱く読者の方がおられるかもしれない．それに対する釈明をしておきたい．

本文で，つじつまの合わないなどの部分や本質的な部分の誤りなどがあるとすれば，それは著者の能力不足のせいであり，ご指摘をいただければ有難い．それとは別の，論理的なつながりが弱いこと，飛躍があること，前後の文脈の連携が十分でないこと，また，章により論理の組み立てが異なっているなどがあるかもしれないが，それは著者の能力の欠陥の故であり，その点はご寛恕の上補って読んで頂ければ有難い．

若いころあたためていたアイデアや定年後に得た知見を含めて著者なりにまとめた本書ではあるが，読者諸兄の思考や研究の一助ともなれば望外の喜びである．

2018 年 9 月

鈴木 勝雄

謝辞

最後に謝辞を書こうとして驚きました．こんなにも謝辞を述べねばならぬ人が多かったとは！

こんなにも多くの方々が見守ってくださり，育ててくださっていたことに今更ながら気づきました．お一人お一人お名前を挙げたいが，洩らしてしまったり忘れてしまっていたらそれはそれで恐れ多いし，というわけで，申し訳ないながら，まとめて皆様に感謝申し上げます．

著者に工学的感覚があるとすれば，そのほとんどは防衛大学校故別所正利名誉教授のご薫陶によるものであることを記して感謝申し上げます．

翼理論に関して原稿を読み込んでいただき貴重なご意見をいただいた畏友小山鴻一氏に感謝いたします．

著者の後半生におけるパソコン生活はこの人をおいてありえなかったと言っても過言ではない，防衛大学校日比茂幸講師に感謝します．

そして言い尽くせない感謝の言葉を奥さん，鈴木京子さんに贈ります．

計算プログラム・動画のダウンロードと使用に関して

本書の内容を補完するための計算プログラムおよびサンプル動画については、発行元の（株）成山堂書店のホームページ中の『水波問題の解法』の紹介頁からダウンロードいただくことが可能です。

https://www.seizando.co.jp/book/6576/

上記のアドレスにアクセスいただき、「計算プログラム・サンプル動画ダウンロード」をクリックしてダウンロードしてください。

なお、計算プログラムとサンプル動画のダウンロードならびに使用につきましては、*vii* 頁の「計算プログラム・サンプル動画使用の免責事項」をお読みください。

ダウンロードいただける計算プログラムとサンプル動画は以下の通りです。

計算プログラム（FORTRAN77）と対応する本文の章節を以下に示します.

フォルダー名	計算プログラムのタイトル（~.txt）	対応する本文の章節番号
定常造波問題	SemiSubCircle_q-method.f	5.2.2
	SemiSubCircle_Phi-method.f	5.2.2
	HydroFoil_q-method.f	5.2.4
	WVSingulars.Subs.f	3.3.1
周期的波浪中問題（一様流なし）	SemiSub-LewisForm_Phi-method.f	5.3.1, 2
	FullSub-LewisForm_Phi-method.f	5.3.1 - 4
	WVSingulars.Subs.f	3.3.2
一様流中の周期的造波問題	WaveMakerBoard.f	5.4.1, 2 - 2)
	WVSingulars.Subs.f	3.3.3

サンプル動画と対応する本文中の図番号を以下に示します.

サンプル動画のタイトル（~.gif)	対応する本文中の図番号
周期的波浪中問題（一様流なし）	（=フォルダー名）
Diff_鉛直平板_波数 0.5	図 4.2.14
Diff_鉛直平板_波数 1.0	図 4.2.12
Diff_全没円柱波形成分	図 5.3.5.9
Diff_全没円柱流跡線成分	図 5.3.4.3, 5.3.5.12
Diff_半没円柱流跡線成分	図 5.3.3.5
Diff_半没非対称柱流跡線	対応図無し
Rad_全没円柱回転揺流跡線	図 5.3.5.17
Rad_全没円柱左右揺流跡線	図 5.3.5.16（上図）
Rad_全没円柱上下揺流跡線	図 5.3.5.16（中図）
Rad_全没円柱片側造波 (右方) 合成流跡線	図 5.3.5.17（参考図）
Rad_全没円柱片側造波 (左方) 合成流跡線	図 5.3.5.17
Rad_半没非対称物体横揺流跡線	図 5.3.3.26
Rad_半没非対称物体左右揺流跡線	図 5.3.3.24
Rad_半没非対称物体上下揺流跡線	図 5.3.3.25
WAb_全没円柱消波装置合成流跡線	図 5.3.5.19
WAb_全没円柱消波装置流跡線	図 5.3.5.19
入射波流跡線_正方向	図 3.3.2.32
入射波流跡線_負方向	図 3.3.2.32（参考図）
波渦_流跡線	図 3.3.2.35
波吹き出し_流跡線	図 3.3.2.34

注：なお図中の矢印は流体力のベクトルを示している

一様流中の周期的造波問題	（=フォルダー名）
滑走平板_縦揺	図 5.4.2.9-12
滑走平板_上下揺	図 5.4.2.3-6
造波板_Alpha1Free	図 5.4.2.21
造波板_縦揺	図 5.4.2.19
造波板_上下揺	図 5.4.2.17

計算プログラム・サンプル動画使用の免責事項

（必ずお読みください）

1. 本書及びホームページで公開されている計算プログラム及びサンプル動画は著者が独自に作成したものでありますが，著者および（株）成山堂書店は，当該プログラム及びサンプル動画が第三者の権利を侵害しないことを保証するものではありません．

2. 本書及びホームページで公開されている計算プログラム及びサンプル動画は一定の環境下で正常に動作することが検証されていますが，著者および（株）成山堂書店は，当該プログラム及びサンプル動画があらゆる環境下で正常に動作することを保証するものではありません．

3. 本書及びホームページで公開されている計算プログラム及びサンプル動画の全部あるいは一部を利用したことに起因する損害・障害等が発生しても，著者および（株）成山堂書店は一切の責任を負いません．

4. 本書及びホームページで公開されている計算プログラム及びサンプル動画の知的財産権は著者に帰属します．ただし，利用者が自己の責任において，計算プログラム及びサンプル動画を改変・使用することは自由です．

5. 本書及びホームページで公開されている計算プログラム及びサンプル動画の内容，使用方法，計算結果，その他，関連事項に関する利用者からの質問について，著者は回答の義務を負いません．

目次

第1章　序

本書の内容は詳しくは目次，及び本文を見てほしいが，ここでは簡単に各章の内容を紹介して，本書の利用の仕方を考えて頂くこととする．

第 2 章は本書を読み進めるための準備の章で，まずは，この章に目を通して頂く．最初に水波の性質について簡略に述べ，本書で扱う 3 つの水波問題の紹介を行っている．次に，本書で扱うのは 2 次元問題であるので，そこで威力を発揮する複素ポテンシャルの性質とその表示法について概説している．また，3 つの問題における線形自由表面条件の簡単な導入を行っている．最近では摂動法による導入が一般的であるが，本書では高次の解は扱わないので古典的な導入法を採用している．

本書での水波問題の解法は主として境界積分方程式法であり，そこでは線形自由表面条件を満たす特異な核関数が用いられている．この核関数を本書では特異関数と呼んでおり，その導入方法が第 3 章で述べられている．その方法は著者独自のものではあるが，形式的方法であるので初心者でも容易に理解することができるはずである．この方法の採用によって水波問題が難しいという拒否感が薄れることを期待している．

次の第 4 章は線形水波問題でも 2 例しか知られていない，解析的表示の知られている解についてである．ともに水面を横切る垂直平板に関する解であり，1 つの解の発見者の一人は著者自身である．reduction 法というあまり知られていない方法を用いて解を導いている．こうした解に興味がない読者は読み飛ばしても良いし，後の他の解法による解との比較が行われる部分で，戻って読んでも良い．一部本書のレベルを超えている部分もあるだろう．

第 5 章では本書の主要なテーマである境界値問題の解法について述べている．その 5.1 節は自由表面などの境界がない無限領域での一様流中の物体周りの流れに関する境界値問題を扱っている．この節は読み飛ばさずに是非丁寧に読んで欲しい．本書で扱う解法の基本的な部分のほとんどすべてが含まれているからである．内容は厚翼理論に関することと言っても良いくらいではあるが，方法論としては，解の積分表示を導入し，それを境界積分方程式として解を求めるという方法を使用している．この方法が本書全体を通じての基本的な解法となっている．また，本問題には物体周りの循環量だけ不定であるという固有解の問題もある．これも本書を通じての基本的な問題意識となっている．

5.2 節は本書で扱う 3 つの水波問題の内 I. 定常造波問題についての解法と数値解について述べている．対象物体が没水体，半没物体の場合で扱いと解の性質が異なるので小節を分けている．前者では物体周りの循環量が不定であり，後者は弱特異性を有する固有解が存在することが示される．また，この分野ではあまり一般的ではない多重極展開法を導入し，境界積分方程式法との解の比較を行っている．さらに，かつて花形であった造波抵抗理論の先駆けとなった滑走板理論にも 1 小節を割いている．

5.3 節は本書で扱う水波問題の 2 番目で II. 周期的波浪中問題（一様流なし）について述べている．著者の専門外であるので深くは他書を参照するに留めている．diffraction 問題，radiation 問題について本書でいう *Φ*-法について解説し，数値計算結果と他書の結果との比較を行っている．一般にあまり扱われていない他の方法についても紹介し比較を行っている．多重極展開法については他書とは異なる波なしポテンシャルの導入法や全没物体に関する解法も示した．また，第 3 章で開発した近似流跡線法を用いて流れの可視化を行い，流場の理解の補助としている．

5.4 節は本書で扱う水波問題の 3 番目の問題で III. 一様流中の周期的造波問題を扱っている．この節は当初は周期的波浪中問題（一様流’あり’）という問題に充てるつもりであったが，力不足から表題のような内容にせざるを得なかった．一般にも研究実績のほとんどない分野であるので著者が手掛けたことのある一様流中を動揺しつつ滑走する滑走板理論のみを扱った．滑走板の安定性に関係すると考えられる付加質量と減衰係数を求めることと，回流水槽における造波装置に関連した 2 つの項目について解説している．

本書で扱う 3 つの分野の内 1 つの分野のみを選んで読み進めても意味が通じるように一応の注意をしたので，通読すると重複した表現もあると思われる．適当に読み飛ばしてもらうと有り難い．

5.3 節以降は著者の専門でないことに加え，加齢による衰えから，考える事，記述することに耐性がなくなってきたことが主因で，かなり杜撰となったきらいがあることをお詫びしておきたい．

第2章　線形水波問題

本章では2次元線形水波問題のうち，代表的な3種の問題を取り上げ，問題を規定する線形自由表面条件の導入を行う．本書でいう線形とは，自由表面条件に非線形項が含まれていないことをいう．第Iの問題は一様流中に静止物体がある場合で「定常造波問題」と本書では称している．第IIの問題は一様流がない周期的な波浪中に物体がある場合と物体が周期的に動揺している場合で「周期的波浪中問題（一様流なし）」と称している．第IIIの問題は一様流中に周期的に動揺する物体がある場合で「一様流中の周期的造波問題」と称している．本書ではこれら3種の水波問題に関してそれらの自由表面条件が線形である場合の解法について述べている．準備として2.1節で水波に関する基本的な事項について説明をし，2.2節では複素ポテンシャルとその表示法についての簡単な説明を行う．2.3節において線形自由表面条件を導入する．この章全体の理論の歴史的背景については Stoker [2], Wehausen [3], Newman [4] 等が詳しく，良い参考書となるであろう．さらに高度の研究をしたい読者には別所 [5] を薦めたい．

2.1　水の波と水波問題

水の波（water wave）あるいは水波とは何かというと，水面（water surface）に生じる波動（wave motion）ということになるが，重力波（gravity wave）という言い方もある． ちなみに最近話題になっている宇宙から来た重力波（gravitational wave）と日本語では同一である．水面に変化が生じた時，例えば水面の一部が何らかの作用により凹んだ（盛り上がった）時，周囲の水から受ける浮力（盛り上がった部分の重力）により水面は元に戻ろうとして上昇（下降）する．これを交互に繰り返しながら周囲に波動が伝わっていくのが水波である．こうした元に戻ろうとする復元力の元は重力の作用によるので重力波とも言われている訳である. ロシア語ではうまい表現をしていて，英語に訳すと水波は wave motion of a heavy fluid となり，水ばかりでなく重力下のどんな流体にも生ずる現象であることが示されている．以下に水波の一般的な性質について簡単に述べておこう．

2次元状の水の波は振幅が小なる時以下と記述できる．

$$\eta(x\,;t) = A\cos(\kappa x - \omega t + \epsilon) \tag{2.1.1}$$

あるいは時間項の符号を逆にした

$$= A\cos(\kappa x + \omega t + \epsilon) \tag{2.1.2}$$

ここで $\eta(x;t)$ は水波の空間的なある水平位置 x 及びある時刻 t における波高（wave height）を示している．したがってある時刻 t における空間的な波の形を表わしており，またある空間の位置 x における時間的な変化を表わしているので波形（wave configuration）と呼ばれている．A を（波）振幅（片振幅とも，wave amplitude），$2A$ を全振幅（波高とも，wave height）という． $T = 2\pi/\omega$ とした時，時刻が t から $t+T$ まで変化した時，波高は元の状態に戻るので T を周期（period）と呼んでいる．図 2.1.1 には式 (2.1.1) の各時刻における波形を示してある．周期 T と円（角）周波数（circular frequency）ω との間には以下の関係がある．

$$\omega T = 2\pi \tag{2.1.3}$$

$\lambda = 2\pi/\kappa$ とした時に，時刻を固定して空間位置を x から $x+\lambda$ まで移動させると波高は元の状態に戻るので λ を波長（wave length）と呼んでいる． κ との間には以下の関係がある．

$$\kappa\lambda = 2\pi \tag{2.1.4}$$

κ は空間の長さ 2π の中に波長がいくつ含まれるかを示す量と見なせるので波数（wave number）と呼ばれている． また，ϵ は位相差（phase difference) とよばれている．この値は時刻と空間上の原点をどこにとるかによって変化し，波動にとって本質的な意味はあまりないが，2 波を比較する時などには重要な量となってくる．

時刻 t が $t+\Delta t$ まで進んだ時空間の位置を $\Delta x = \pm\omega/\kappa\,\Delta t$（複号は各々式 (2.1.1, 2.1.2) に対応させている）だけ移動させてやると波形は以下のように元の状態と一致する．

$$\begin{aligned}\eta(x+\Delta x\,;t+\Delta t) &= A\sin[\omega(t+\Delta t)\mp\kappa(x\pm\frac{\omega}{\kappa}\Delta t)]\\ &= A\sin(\omega t\mp\kappa x)\\ &= \eta(x\,;t)\end{aligned} \tag{2.1.5}$$

そこで以下の量を波形（の位相）が空間内を移動する速度と定義し位相速度（phase velocity）と呼んでいる（図 2.1.1 参照）．

$$V_p = \frac{\Delta x}{\Delta t} = \frac{\omega}{\kappa} = \frac{\lambda}{T} \tag{2.1.6}$$

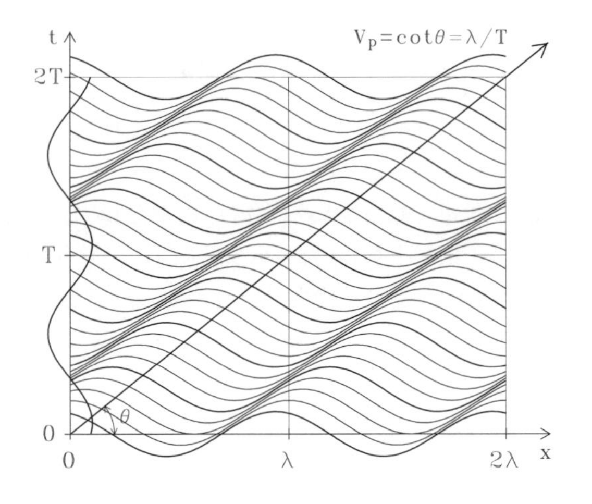

図 2.1.1. 進行波

このことから式 (2.1.1, 2.1.2) は，また，波の進行方向を示すこともわかる．すなわち式 (2.1.1) のように

$$\kappa x - \omega t$$

の形をしている場合は x の正方向に進行する波を示し，式 (2.1.2) のように

$$\kappa x + \omega t$$

の形をしている場合は x の負方向に進行する波を示している．なお，波が進行する（progress, advance）ことを伝播（propagate）とも称する．以上より式 (2.1.1) は 2 次元的進行波（2-D（あるいは plane）progressive wave）の一般的な表現となっていることがわかろう．

波動は位相速度で伝播しているが，水粒子そのものは原位置からほとんど移動しない．振幅が小なる波では水粒子は円軌道を描くのみである（図 2.1.2）．水面に浮かんでいるボールに波をあててもボールはほとんどその位置を変えないのはこうした理由による．また水面から半波長以上の深い所では水粒子はほとんど動かない．ある程度の深さに潜水した潜水艦は嵐の中でもほとんど揺れることがないと言われているのはこの性質によっている．

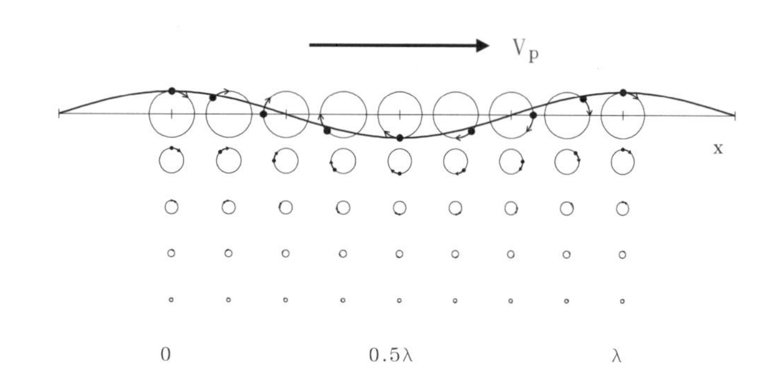

図 2.1.2. 水粒子の運動

以上は主として振幅が小で水深が十分深い時の水波の性質であったが，振幅が大きくなると各種の非線形効果が効いてくる．波長が極端に短くなると表面張力の影響が効いてくる．また水深が浅い場合は水深の効果が大きくなって来たり，波長が水深に比して極めて大となると長波（long wave）あるいは浅水（shallow water）の効果が効いてきて浅水波）津波など）となる．これら水波の詳細については参考文献 [2,3,4] などを参照されたい．本書では水深は無限に深いとし，波動は振幅の小なる線形波のみを扱うこととする．なおこの線形波を Airy 波と呼ぶ分野もある．

さて，式 (2.1.1, 2.1.2) 中の κ，ω（あるいは λ, T）の値は任意に選べるわけではない．水面上の物理的な条件により 2 量の間に関係があるのが普通である．この関係を分散（dispersion）関係と呼んでいる．振幅の小なる波動においては g を重力加速度とすると

$$\kappa = \omega^2/g \tag{2.1.7}$$

なる関係がある（導入は次々節）．この時位相速度は

$$V_p = \frac{\omega}{\kappa} = \sqrt{\frac{g}{\kappa}} = \sqrt{\frac{g}{2\pi}\lambda} \tag{2.1.8}$$

となり波長の平方根に比例することになる．こうした関係を正の分散がある（positive dispersion）と言い，逆の場合（例えば $V_p \propto 1/\sqrt{\lambda}$ など）には負の分散（negative dispersion）があると言う．正の分散があると，種々な波長の波成分からなる波形は, 波長の長い波の成分程早く進行するので，元の波形は保たれず時間とともに形を崩して，分散（disperse）して行くことになる．この

ように波形という情報が保たれないことが水波の特徴であり，音波などと大いに性質を異にする点である．

波の形（位相）が進行する位相速度は式 (2.1.6) で表わされ，振幅が小の時は式 (2.1.8) で与えられることがわかった．では，波のエネルギーの伝播速度，言い換えれば波の前端（wave front）が進む速度はいか程であろうか．なお，波のエネルギーとは波動の持つ運動エネルギーと位置エネルギーとの和のことであり，振幅（A）が小なる波のエネルギー密度の時間平均値は以下となることが知られている．

$$\overline{E} = \frac{1}{2}\rho g A^2 \tag{2.1.9}$$

この量の伝播速度を直接求めることはここまでの知識ではできない上に，かなり複雑であるので，他書（Newmann [4] 等）に譲りたい．ここでは簡単でかつ直観に訴えるよく知られた方法で間接的に同量を求めることに留める．振幅が等しく，波数，周波数のわずかに異なる 2 つの波形の重ね合わせを考える．

$$\begin{aligned}\eta(x;t) =& A\cos(\kappa_1 x - \omega_1 t) + A\cos(\kappa_2 x - \omega_2 t)\\ =& 2A\cos\left[\frac{1}{2}(\kappa_1+\kappa_2)x - \frac{1}{2}(\omega_1+\omega_2)t\right]\cos\left[\frac{1}{2}(\kappa_1-\kappa_2)x - \frac{1}{2}(\omega_1-\omega_2)t\right]\\ \fallingdotseq& 2A\cos(\kappa_1 x - \omega_1 t)\cos(\delta\kappa_1 x - \delta\omega_1 t)\end{aligned} \tag{2.1.10}$$

ここで

$$\delta\kappa = \kappa_2 - \kappa_1,\quad \delta\omega = \omega_2 - \omega_1 \tag{2.1.11}$$

伝播理論の分野では上式の最初の項は搬送波（carrier wave），次の項はそれの振幅変調（AM, amplitude modulation）と呼ばれている．上式を図 2.1.3 に示した．

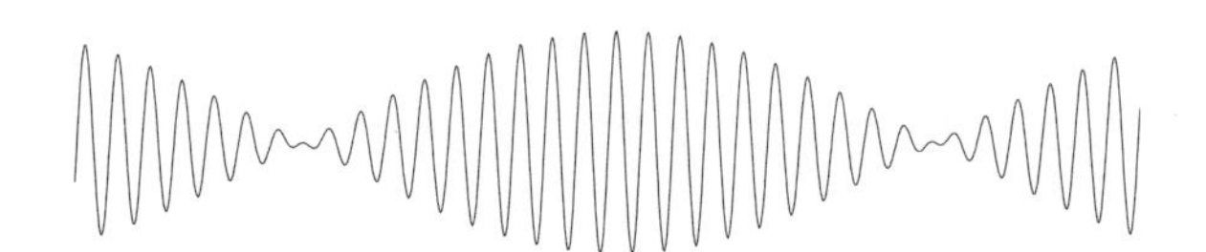

図 2.1.3. 波群

搬送波の振幅が正弦状に変化していて搬送波のエネルギーは波群のかたまり（packet）として伝播しているように見える．この速度を群速度（group velocity）と称していて以下の式で表わされる．

$$V_g = \frac{\delta\omega}{\delta\kappa} \tag{2.1.12}$$

$\kappa_2 \to \kappa_1$, $\omega_2 \to \omega 1$ の極限をとれば式 (2.1.10) は搬送波のみとなるが，群の伝播速度，すなわちエネルギーの伝播速度と見なせる速度は以下と表示できるだろうということである．

$$V_g = \frac{d\omega}{d\kappa} \tag{2.1.13}$$

振幅の小なる波動については式 (2.1.7) より

$$V_g = \frac{g}{2\omega} = \frac{1}{2}\frac{\omega}{\kappa} \tag{2.1.14}$$

であるので式 (2.1.8) より

$$V_g = \frac{1}{2} V_p \tag{2.1.15}$$

となり群速度は位相速度の半分であることがわかる．このことより，速度 V_p で進む 2 次元的船が後流中の波動を生じさせるに要する力，すなわち，造波抵抗（wave making resistance）R_W は以下の式で表わされる．

$$R_W = \overline{E} \times V_g/V_p = \frac{1}{2}\overline{E} = \frac{1}{4}\rho g A^2 \tag{2.1.16}$$

上の結果は 2 次元造波水槽の造波機により作られた波動に面白い現象が見られることの理由となる．造波機を 8 回振動させて造波すると 8 個の波が造波されるが，波の前端が動く速度は位相速度の半分であるから，前端では波がどんどん消えていくように見え，波群の後端からは波が発生しているように見える．結果として空間的には波の数は 4 個しか見えない．ただし 1ヶ所で波形を観測すると 8 周期の波動が観測される．Newman [3] にこの面白い現象の連続写真がある．

式 (2.1.1) 及び (2.1.2) の波動は無限下方（$x = -\infty$）及び上方（$x = \infty$）にある造波機の作る波と解釈することができる．こうした波を進行波と称することは前述した．式 (2.1.1) の波を，$x = x' + V_p t$ と位相速度と同じ速度で移動する x'-座標系から観測すると，波形は以下となる．

$$\begin{aligned} \eta(x;t) =& A\cos(\kappa x' + \kappa V_p t - \omega t + \epsilon) \\ =& A\cos(\kappa x' + \epsilon) \end{aligned} \tag{2.1.17}$$

すなわち x'-座標系では波は止まっているように見える（図 2.1.4 参照）．船に乗って船の作る波を見ると波は船と一緒に移動し，時間的に変化しないように見えることと対応している．こうした波を定常波（steady wave）と呼んでいる．定在波と呼ぶ分野もある．

この現象をもう 1 つの見地から見てみる．静水中を船が一定速度 u_S で x の正方向に進んでいると，波が船を追いかけるようについてくる．この波の位相速度 V_p は u_S と一致している．なぜなら，u_S と異なる位相速度の波動は船を追い越して行ったり，置いて行かれたりするからである．次に船から波を観察する，すなわち，前述の座標変換を行ってみる．このことは，流速 $-V_p$ の流れの中に船を固定することと同値となる．この時，船後方にできる波動は空間に固定されているように見える．この波を定常波と呼ぶわけである．なお，式 (2.1.1, 2.1.2) が表わす周期的波動をも定常波と呼ぶ分野もあるが流体力学の「定常」という用語の定義と一致しないので本書では採用しない．船がさらに動揺している場合には，複雑な波系が発生するがそれは後章に譲り，ここでは触れない．

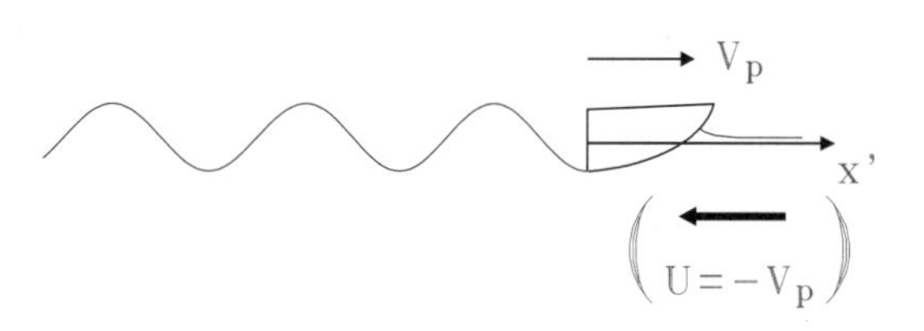

図 2.1.4. 定常波

式 (2.1.1) の波が垂直な壁に入射（incident）する場合を考えよう．壁に反射（reflect）した波が全反射であるとすると反射波（reflected wave）は以下と書ける．

$$\eta^r(x;t) = A\cos(\kappa x + \omega t - \epsilon) \tag{2.1.18}$$

式 (2.1.1) の入射波と合成すると

$$\begin{aligned}\eta(x;t) =& A[\cos(\kappa x - \omega t + \epsilon) + \cos(\kappa x + \omega t - \epsilon)]\\ =& 2A\cos\kappa x\cos(\omega t - \epsilon)\end{aligned} \tag{2.1.19}$$

この波は節（node）と腹（antinode）の位置は変化せず移動しない波となる（図 2.1.5 参照）．こうした波は standing wave と称され定在波あるいは定常波という訳を当てはめるのが普通ではあるが，本書では停留波と呼んでおき混用しない．

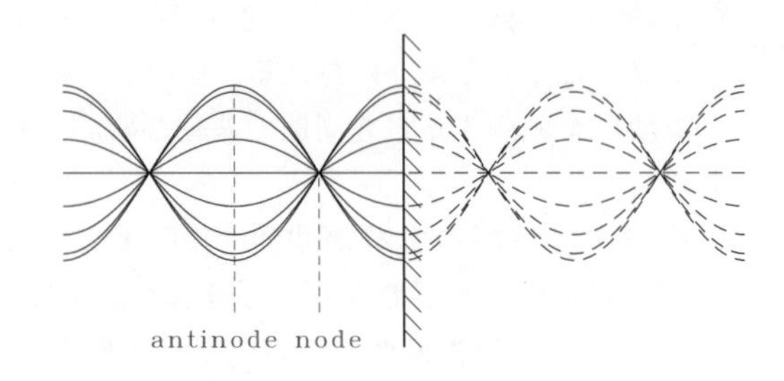

図 2.1.5. 停留波

池に石を投げいれた時水面に生ずる波は，時刻の経過に伴い時々刻々その形を変化させる．本書ではこうしたいわゆる過渡水波は扱わない．十分時間が過ぎたあとの定常あるいは周期的となった波動のみを扱っている．

一般に 2 次元水波は式 (2.1.1, 2.1.2) だけではなく，別項が加わった形で現れるのが普通である．

$$\eta(x;t) = A\cos(\kappa x - \omega t + \epsilon) + L.W.(x;t)$$

ここで $L.W.(x;t)$ と書いた項は上下方の遠方で $L.W.(x;t) = O(1/x)$ などのように減衰し，撹乱源の近くのみに現れる波動を示している．こうした波を局所波（local wave）と称している． 一方，第 1 項のように上下方の遠方にまで伝播する正弦状の波動は自由波（free wave）と呼ばれている． なおここで用いた O なる記号はランダウの O 記号と呼ばれ，関数などの極限の漸近挙動，すなわち値の変動のおおよその評価を与えるのに用いられる記法である．図 2.1.6 に一様流中に置かれた吹き出し特異点の作る波の各成分を示した．実線は合成した波を示し，$x < 0$ の一点鎖線は自由波成分を示し，破線及び前方（$x > 0$）の実線は局所波成分を示している．$x = 0$ で不連続な局所波と $x < 0$ にのみ存在する自由波が合成されて連続で滑らかな合成波が形成されていることがわかる．図 2.1.7 には静水中でその強さが周期的に振動する吹き出し特異点の作る波動を示している．b) 図は左右に出ていく自由波成分で $x = 0$ で滑らかではない．c) 図は左右対称な局所波成分を示している．自由波と局所波を合成した波動は a) 図である．なお作図上の都合で自由波成分の時間は少し他とずらして描いてある．

ここで，本書で扱う 3 つの水波問題について説明しておく．第 1 の問題は I. 定常造波問題である． 図 2.1.4 や図 2.1.6 に示されているような状態，すなわち，一様流中に固定された物体（特異点）がどのような波を作り（wave making）物体にどのような力が働くかなどを求める問題をいう．

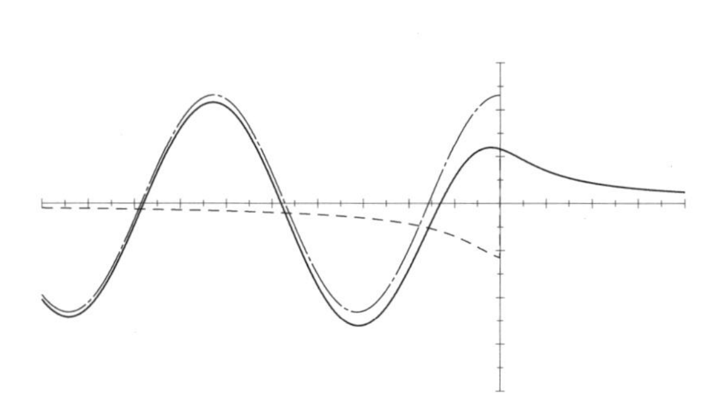

図 2.1.6. 一様流中の吹き出しの作る波，自由波（一点鎖線）と局所波（破線）

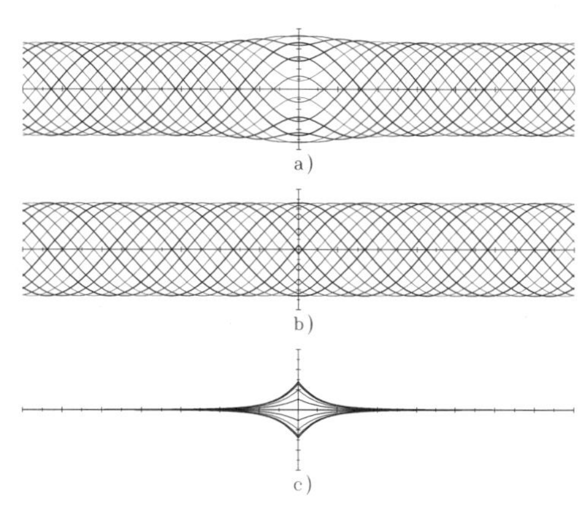

図 2.1.7. a) 振動する吹き出しの作る波，b) 自由波，c) 局所波

第 2 の問題は II. 周期的波浪中問題（一様流なし）と名付けた．この問題は以下の 2 つの問題に大別される． 上方から式 (2.1.1) のような周期的に変動する波浪が伝播している中に物体が固定されている場合に，物体がどのように波を反射したり（reflect），波がどのように透過する（transmit）か, その時，物体にはどのような強制力が働くかを求める回折（diffraction）問題が 1 つである．もう 1 つの問題は静止流体中の物体（特異点）が図 2.1.7 のように周期的に振動（動揺；oscillation）している場合にどのような波が発散し，どのような流体力が発生するかを求める発散（radiation）問題である．

第 3 の問題は，当初は，周期的波浪中問題（一様流あり）とし，一様流と波動場の中に物体があり，それが固定されていたり，周期的に動揺する問題とする予定であった．しかしながら，著者の能力的問題から断念せざるを得ず，III. 一様流中の周期的造波問題に縮小させてしまった．さらに，問題を簡略化して，一様流中の水面上の周期的に振動する動揺滑走板に関する問題に退化させている．

2.2　複素ポテンシャルとその表示

本書で扱うのは2次元の水波問題であるので，流体は非圧縮（incompressible fluid）を仮定してよい．流れは非回転（irrotational flow）を仮定するものとする．したがって解は複素ポテンシャル（complex potential）で表現することができ，関数論の知識が応用できる．

この節では複素ポテンシャルについて復習しておこう．直行座標系を (x,y) とし，複素平面を複素数

$$z = x + iy \tag{2.2.1}$$

にて表わしておく．この時 z の正則な関数（解析関数とも）

$$W = f(z) \tag{2.2.2}$$

を複素ポテンシャルと呼び

$$f(z) = \phi(x,y) + i\psi(x,y) \tag{2.2.3}$$

の実部 ϕ が速度ポテンシャル（velocity potential）であり，虚部 ψ が流れ関数（stream function）である．式 (2.2.2) は W が z のみの関数であって，z の共役 $\bar{z}$ の関数ではないということを意味している．

x,y 方向の流速を各々u,v としておくと以下の関係がある．

$$\left.\begin{aligned} u &= \frac{\partial\phi}{\partial x} = \frac{\partial\psi}{\partial y} \\ v &= \frac{\partial\phi}{\partial y} = -\frac{\partial\psi}{\partial x} \end{aligned}\right\} \tag{2.2.4}$$

この複素関数の実部と虚部との関係を示す微分の関係は Cauchy-Riemann の関係式（Cauchy-Riemann の微分方程式とも）と呼ばれている．複素ポテンシャルの導関数は複素流速と呼ばれており，以下の関係がある．x 方向の流速を u，y 方向の流速を v とすると

$$\left.\begin{aligned} u - iv &= \frac{df}{dz} \\ &= \frac{\partial f}{\partial x} = -i\frac{\partial f}{\partial y} \end{aligned}\right\} \tag{2.2.5}$$

なお正則関数とは z で微分可能な関数のことと言ってもよく，微分可能とは上式のように z のどの方向で微分しても値が同一であることを示している．

流れの非回転の性質は Cauchy-Riemann の関係式より

$$\frac{\partial u}{\partial y} = \frac{\partial}{\partial y}\frac{\partial\phi}{\partial x} = \frac{\partial}{\partial x}\frac{\partial\phi}{\partial y} = \frac{\partial v}{\partial x} \tag{2.2.6}$$

と確かめることができる．非圧縮性流体の連続の式を速度ポテンシャル ϕ で表現すると

$$\frac{\partial u}{\partial x} + \frac{\partial v}{\partial y} = (\frac{\partial^2}{\partial x^2} + \frac{\partial^2}{\partial y^2})\phi = 0 \tag{2.2.7}$$

となり，速度ポテンシャルは Laplace の方程式を満たしている．非回転の式を流れ関数 ψ で表現すると

$$\frac{\partial u}{\partial y} - \frac{\partial v}{\partial x} = (\frac{\partial^2}{\partial x^2} + \frac{\partial^2}{\partial y^2})\psi = 0 \tag{2.2.8}$$

となり，流れ関数もまた Laplace の方程式を満たしている．

なお，以上の複素ポテンシャルに関する，いろいろな表現，条件等は互いに同値であることは認識しておきたい．

流線方程式

$$\frac{dx}{u} = \frac{dy}{v} \tag{2.2.9}$$

より $\psi = const.$ の曲線群は流線群を表わし，$\phi = const.$ の曲線（等ポテンシャル線）は流線と直交していることが確かめられる．

流れは複素ポテンシャルで表現できるが，複雑な形状の物体周りの流れや，ましてや，水面があって波が生じている現象については複素ポテンシャルを求めることは容易ではない．複素ポテンシャルを例えば物体を囲む曲線上の積分で表現できれば，境界積分方程式法（境界要素法）と呼ばれる方法によって積分方程式に含まれる未知関数を求めることに帰結し，解である複素ポテンシャルの値を求めることが可能となってくる．ここでは Cauchy の積分公式を出発点として複素ポテンシャルのいくつかの積分表示を求めておくこととする．

正則な関数 $f(z)$ が閉曲線 C に囲まれた単連結領域内で定義されている時，C 内の任意の点における $f(z)$ の値は以下のように表示できる（図 2.2.1）．

$$f(z) = \frac{1}{2\pi i}\int_C \frac{f(\zeta)}{\zeta - z}d\zeta \tag{2.2.10}$$

この式は関数論における基本定理の 1 つである Cauchy の積分公式と呼ばれている式である．なお，z が C の外側にある時は右辺の積分の値が 0 となることは Cauchy の積分定理が示すところである．ここで閉曲線 C は物体形状を表わしているのではなく，流域全体を囲む曲線を示している（流域が無限の場合は有限領域をまず考えて極限移行する）．

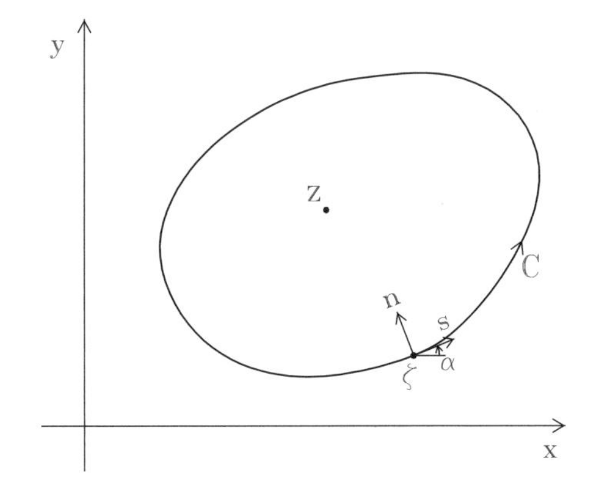

図 2.2.1. 積分経路

このように内部の点における関数の値が境界上の関数の値（の積分）のみによって表示できるという不思議な性質は，調和関数（Laplace 方程式を満たす解）の有する性質であって境界積分方程式法（境界要素法）の根拠となる極めて便利な性質である．ただし式 (2.2.10) のままでは核関数 $1/(\zeta - z)$ は特異性が強すぎることと，未知数となる複素ポテンシャルが複素数であることで扱いが難しい．そこで部分積分を行って Green の積分形式に変形することにする．

その前に以下で重要な関数となる対数関数に関して見やすい表示を導入しておこう．以下を定義しておく．

$$G(z,\zeta) = \log(z-\zeta) \tag{2.2.11}$$

ここで $\zeta = \xi + i\eta$ は境界上の点であり

$$z - \zeta = re^{i\theta}$$

としておき G 関数の実部，虚部の表示を定義しておく．

$$\left.\begin{aligned} G(z,\zeta) &= L(x,y;\xi,\eta) + i\Theta(x,y;\xi,\eta) \\ L(x,y;\xi,\eta) &= \log r \\ \Theta(x,y;\xi,\eta) &= \theta \end{aligned}\right\} \tag{2.2.12}$$

G 関数に関する閉曲線の接線方向及び法線方向の導関数（図 2.2.1 参照）は Cauchy-Riemann の関係式より以下の関係がある．

$$\begin{aligned} \frac{\partial G}{\partial s} &= \frac{\partial L}{\partial s} + i\frac{\partial \Theta}{\partial s} \\ &= \frac{\partial \Theta}{\partial n} - i\frac{\partial L}{\partial n} \\ &= -i\frac{\partial G}{\partial n} \end{aligned} \tag{2.2.13}$$

以上の準備のもとに式 (2.2.10) の変形を行う．C の積分線素 $d\zeta$ をその絶対値 ds と偏角 α で

$$d\zeta = e^{i\alpha}ds$$

と書いておくと

$$\begin{aligned} \frac{1}{\zeta - z} &= \frac{d}{d\zeta}\log(z-\zeta) \\ &= e^{-i\alpha}\frac{\partial}{\partial s}\log(z-\zeta) \end{aligned}$$

となるから式 (2.2.10) は式 (2.2.3) を参照して以下と書ける．

$$2\pi i f(z) = \int_C \phi(\xi,\eta)\frac{\partial}{\partial s}G(z,\zeta)ds + i\int_C \psi(\xi,\eta)\frac{\partial}{\partial s}G(z,\zeta)ds \tag{2.2.14}$$

右辺第 1 項を部分積分すると以下を得る．

$$\left.\begin{aligned} f(z) - \phi_0 &= \frac{1}{2\pi i}\int_C [\psi(\xi,\eta)\frac{\partial}{\partial n}G(z,\zeta) - \frac{\partial \phi}{\partial s}(\xi,\eta)G(z,\zeta)]ds \\ &= \frac{1}{2\pi i}\int_C [\psi(\xi,\eta)\frac{\partial}{\partial n}G(z,\zeta) - \frac{\partial \psi}{\partial n}(\xi,\eta)G(z,\zeta)]ds \end{aligned}\right\} \tag{2.2.15}$$

同様に右辺第 2 項を部分積分すると以下を得る．

$$\left.\begin{aligned} f(z) - i\psi_0 &= -\frac{1}{2\pi}\int_C [\phi(\xi,\eta)\frac{\partial}{\partial n}G(z,\zeta) + \frac{\partial\psi}{\partial s}(\xi,\eta)G(z,\zeta)]ds \\ &= -\frac{1}{2\pi}\int_C [\phi(\xi,\eta)\frac{\partial}{\partial n}G(z,\zeta) - \frac{\partial\phi}{\partial n}(\xi,\eta)G(z,\zeta)]ds \end{aligned}\right\} \tag{2.2.16}$$

ここで $f_0 = \phi_0 + i\psi_0$ は積分の出発点における $f(z)$ の値であるが要するに積分定数であって不定である．これは被積分関数に $\partial\phi/\partial s$ と $\partial\psi/\partial s$ が含まれ，定数分だけ不定であることによる．これらの式を変形したり，実部，虚部のみをとることにより種々の有益な表示式を得ることができる．なお，式 (2.2.13) の関係と ϕ, ψ に関する以下の Cauchy-Riemann の関係式を用いた．

$$\frac{\partial\phi}{\partial s} = \frac{\partial\psi}{\partial n}, \quad \frac{\partial\phi}{\partial n} = -\frac{\partial\psi}{\partial s}$$

式 (2.2.16) の実部をとると $\phi(x,y)$ に関する 2 次元の Green の積分公式を得る．

$$\phi(x,y) = \frac{1}{2\pi}\int_C [\frac{\partial\phi}{\partial n}(\xi,\eta)L(x,y;\xi,\eta) - \phi(\xi,\eta)\frac{\partial}{\partial n}L(x,y;\xi,\eta)]ds \tag{2.2.17}$$

式 (2.2.15) の虚部をとると $\psi(x,y)$ に関する Green の積分公式を得る．

$$\psi(x,y) = \frac{1}{2\pi}\int_C [\frac{\partial\psi}{\partial n}(\xi,\eta)L(x,y;\xi,\eta) - \psi(\xi,\eta)\frac{\partial}{\partial n}L(x,y;\xi,\eta)]ds \tag{2.2.18}$$

各々，逆に虚部，実部をとれば Hilbert 変換の公式を得る．式 (2.2.17, 2.2.18) を組み合わせれば Green の公式の複素表示を得る．

$$f(z) = \frac{1}{2\pi}\int_C [\frac{\partial f}{\partial n}(\zeta)L(x,y;\xi,\eta) - f(\zeta)\frac{\partial}{\partial n}L(x,y;\xi,\eta)]ds \tag{2.2.19}$$

2.3　線形自由表面条件

この節では 3 つの水波問題それぞれにおける水面上の条件，すなわち，自由表面条件（free surface condition）を導き，波動が微小であるとして線形化を行う．線形化する手法は摂動法によるのが一般的であるが，本書では高次の項については扱わないので，古典的な方法に従う．摂動法を用いて行う方法については Stoker [2], Wehausen [3], Newman [4] 等を参照されたい．線形化に伴い自由表面条件は静止水面（$y = 0$）上の条件となるので，解は一般には下半面（$y < 0$）で定義される．この線形化により自由表面条件は取り扱いが容易になるわけであるが，解が 1 つに定まらないという問題が残る．自由波が下流にのみ存在するのか，外側にのみ伝播していくのか，という不定性の問題である．放射条件という物理的な条件を付加することによってこの問題を解決するのが通常であるが，これについては，本節では扱わない．後章でそのつど触れることにする．

2.3.1　I. 定常造波問題における線形自由表面条件

この節では一様流（x の負方向に流速 U）中に固定した物体がある場合の水波問題における線形自由表面条件について記述する（図 2.3.1 参照）．流れ始めてから十分時間が過ぎた状態を想定しているので，時間的に変化しない定常的な流れとなっている．流れを表わす複素ポテンシャルは以下と書ける．

$$\left.\begin{aligned} F(z) &= -Uz + f(z) \\ f(z) &= \phi(x,y) + i\psi(x,y) \end{aligned}\right\} \qquad (2.3.1.1)$$

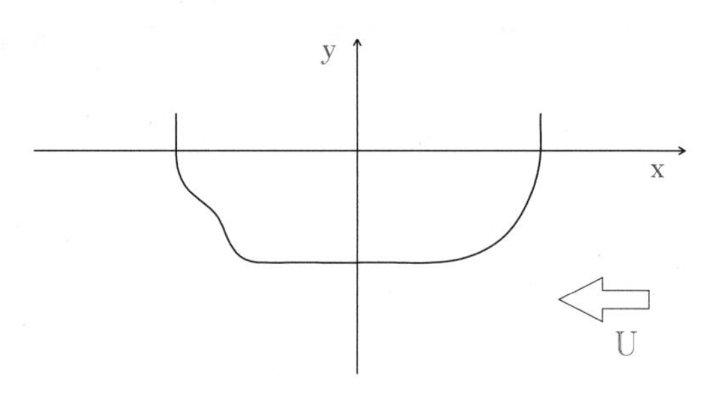

図 2.3.1. 定常造波問題

第 1 式の右辺第 1 項は下流への一様流を示し，第 2 項が撹乱を表わす複素ポテンシャルである．水面形状を以下としておく．

$$h(x,y) = y - \eta(x) = 0 \qquad (2.3.1.2)$$

以下に，自由表面上で複素ポテンシャルが満たすべき条件を導く．自由表面上の水の粒子は（時間が経過した後も）常に自由表面上にあるはずである（そうでない状態を想起すればこの仮定の正しさがわかろう）．つまり自由表面は流線となっているのである．こうした境界条件を運動学的境界条件（kinematic boundary condition）と呼んでいる．この条件を表現する方法は 2 種ある．1 つは流れ関数の値が自由表面上で変化しないで定数となるという簡単な式である．後述より定数は 0 としておく．

$$\mathtt{Im}\{F(z)\} = -Uy + \psi(x,y) = 0 \quad on \quad h(x,y) = 0 \qquad (2.3.1.3)$$

上式に $y = \eta(x)$ を代入して符号を変更すれば以下を得る．

$$U\eta(x) - \psi(x, \eta(x)) = 0 \quad on \quad h(x, y) = 0 \tag{2.3.1.4}$$

乱れが小さいと仮定すると上式は以下の線形条件となる．

$$U\eta(x) - \psi(x, 0) = 0 \quad on \quad y = 0 \tag{2.3.1.5}$$

無限上流では撹乱はないとして以下を仮定している．

$$\eta(x) \to 0, \quad \psi(x, y) \to 0 \quad as \quad x \to \infty \tag{2.3.1.6}$$

したがって，式 (2.3.1.3) 以下の右辺の定数は 0 である．ただし，水中に吹き出し（吸い込み）の特異性があるなどして，その虚部の分岐線が x 軸を横切って流れ関数の値にジャンプが生ずる場合には，$\eta(x)$ の連続性を保証するために，右辺の定数にやはりジャンプを仮定する必要がある．この特殊な場合はそれが生ずる時に注意する．

自由表面上の運動学的境界条件は，また，式 (2.3.1.2) で表現される波高に関する次の物質微分でも表現できる．

$$\left.\begin{aligned} \frac{dh}{dt} &= \Bigl(-U + \frac{\partial\phi}{\partial x}\Bigr)\frac{\partial h}{\partial x} + \frac{\partial\phi}{\partial y}\frac{\partial h}{\partial y} \\ &= \mathrm{Re}\Bigl\{\frac{dF}{dz}\Bigl(\frac{\partial h}{\partial x} + i\frac{\partial h}{\partial y}\Bigr)\Bigr\} = 0 \end{aligned}\right\} \quad on \quad h(x, y) = 0 \tag{2.3.1.7}$$

なお，本書では物質微分の導入や解釈についての詳細は省略するが，大学レベルの教科書で用いられる微分的導入方法や解釈より，積分公式からの導入と解釈の方がずっと理解し易いことを注意しておきたい. 連続の式と運動量保存則の式の導入や解釈についても同様なことが言える（Newman [5] 参照）．上式中で ϕ 及び η を微小な量として，それらの 2 次以上の項を無視すると $y = 0$ 上の線形化された以下の条件を得る．

$$\left.\begin{aligned} U\frac{\partial\eta}{\partial x} &= -\frac{\partial\phi}{\partial y} \\ &= -\mathrm{Re}\Bigl\{i\frac{df}{dz}\Bigr\} \end{aligned}\right\} \quad on \quad y = 0 \tag{2.3.1.8}$$

この式は式 (2.3.1.5) を x に関して偏微分した式に他ならない．

水面の形状 $y = \eta(x)$ はあらかじめ与えられているわけではないので，これらの条件のみにては水面形状は決定できない．そこで，もう 1 つの条件である，水面上の圧力が大気圧と一致するという動力学的境界条件（dynamic boundary condition）が必要となる．無限前方の水面上と，考えている水面上とで Bernoulli の定理を適用すると，重力加速度を g として以下が成り立つ．

$$\left.\begin{aligned} \frac{1}{2}U^2 &= \frac{1}{2}\Bigl|\frac{dF}{dz}\Bigr|^2 + g\eta \\ &= \frac{1}{2}\Bigl(-U + \frac{\partial\phi}{\partial x}\Bigr)^2 + \frac{1}{2}\Bigl(\frac{\partial\phi}{\partial y}\Bigr)^2 + g\eta \end{aligned}\right\} \quad on \quad h = (x, y)0 \tag{2.3.1.9}$$

なお，無限上流では撹乱はないとしているので $|df/dz| \to 0$ を仮定している．線形化すると以下の波高の式が得られる．

$$\eta(x) = \frac{U}{g}\frac{\partial \phi}{\partial x}(x, 0) \tag{2.3.1.10}$$

式 (2.3.1.8) に式 (2.3.1.10) を代入して η を消去すると，ϕ 及び f に関する線形自由表面条件が得られる．

$$\left.\begin{aligned} &\frac{\partial^2 \phi}{\partial x^2} + \nu \frac{\partial \phi}{\partial y} = 0 \\ &\mathrm{Re}\left\{\frac{d^2 f}{dz^2} + i\nu \frac{df}{dz}\right\} = 0 \end{aligned}\right\} \quad on \quad y = 0 \tag{2.3.1.11}$$

また，式 (2.3.1.5) と式 (2.3.1.10) から η を消去すると以下の線形自由表面条件が得られる．

$$\left.\begin{aligned} &\frac{\partial \phi}{\partial x} - \nu \psi = 0 \\ &\mathrm{Re}\left\{\frac{df}{dz} + i\nu f\right\} = 0 \end{aligned}\right\} \quad on \quad y = 0 \tag{2.3.1.12}$$

右辺の 0 は上述の特殊な場合には他の定数と置き換える必要がある．上式を x に関して偏微分すれば式 (2.3.1.11) が得られる．なお，ここで ν は波数を示し以下である．

$$\nu = g/U^2 \tag{2.3.1.13}$$

波高の式は式 (2.3.1.12) の上式を式 (2.3.1.10) に代入すれば以下とも書ける．

$$\eta(x) = \frac{1}{U}\psi(x, 0) \tag{2.3.1.14}$$

2.3.2 II. 周期的波浪中問題（一様流なし）における線形自由表面条件

次に一様流がない静止流体中の浮体と波動に関する問題について考える．浮体が円周波数 ω で周期的に動揺したり，周期的な入射波中に浮体がある場合の線形自由表面条件を求める（図 2.3.2）．複素ポテンシャルを次の形に書いておく．

$$f_\omega(z\,;t) = \mathrm{Re}_j\{f(z)e^{j\omega t}\} \qquad (2.3.2.1)$$

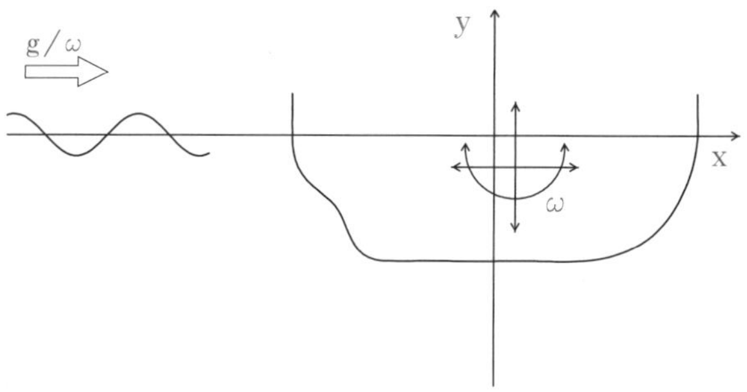

図 2.3.2. 周期的波浪中問題（一様流なし）

ここで j は虚数単位（$j^2 = -1$）であるが i と j は互いに作用し合わないものとし $f(z)$ は j に関しても複素数であるとする．Re_j なる記号は j に関する実数部をとることを意味する．なお，$e^{j\omega t}$ の代わりに $e^{-j\omega t}$ とする方式もあるが本質的な違いはない（j に関する虚部関数の符号が異なるだけ）．i に関する実部，虚部をとることは Re_i，Im_i と表示するが，添字 i は明示する必要がある場合を除いては省略する．

i, j に関する任意の複素関数に関して次なる関係がある．

$$\left.\begin{aligned}
\mathrm{Re}_j\{(1 \mp ij)g(i,j)\} &= g(i,\pm i)\\
\mathrm{Re}_i\{(1 \mp ij)g(i,j)\} &= g(\pm j,j)\\
\mathrm{Im}_j\{(1 \mp ij)g(i,j)\} &= \mp i\, g(i,\pm i)\\
&= \mp i\,\mathrm{Re}_j\{(1 \mp ij)g(i,j)\}\\
\mathrm{Im}_i\{(1 \mp ij)g(i,j)\} &= \mp j\, g(\mp j,j)\\
&= \mp j\,\mathrm{Re}_i\{(1 \mp ij)g(i,j)\}\\
\mathrm{Re}_j\{(1 \mp ij)g(i,j)f(i,j)\} &= \mathrm{Re}_j\{(1 \mp ij)g(i,j)f(i,\pm i)\}\\
\mathrm{Im}_j\{(1 \mp ij)g(i,j)f(i,j)\} &= \mathrm{Im}_j\{(1 \mp ij)g(i,j)f(i,\pm i)\}
\end{aligned}\right\} \qquad (2.3.2.2)$$

以降では 1 番上の公式が主として用いられる．証明の 1 例をこの項の末尾に示す．

本小節及び次小節で扱う問題で流れを記述するのに複素ポテンシャルではなく速度ポテンシャルを用いるのが普通ではあるが，本書では複素ポテンシャルを主として使用することにする．少々取り扱いがややこしいが，前小節を合わせた 3 種の問題で統一した記法が使える利点があるからである．本書では，複素ポテンシャル f の i 及び j に関する実部，虚部は以下のように記するものとする．

$$f(z) = \phi(x,y) + i\psi(x,y) \qquad (2.3.2.3)$$

$$= f^C(z) + jf^S(z) \qquad (2.3.2.4)$$

この時式 (2.3.2.1) は以下のように書ける．

$$
\begin{aligned}
f_\omega(z\,;t) =& \mathrm{Re}_j\{[f^C(z) + jf^S(z)][\cos\omega t + j\sin\omega t]\}\\
=& f^C(z)\cos\omega t - f^S(z)\sin\omega t
\end{aligned}
\tag{2.3.2.5}
$$

$f^C(z)$ は $f_\omega(z\,;t)$ の $\omega t = 0$ の時の値であるので in-phase 成分あるいは余弦成分とも呼ばれ，$f^S(z)$ は $\omega t = -\pi/2$ の時の値であるので out-of-phase 成分あるいは正弦成分とも呼ばれる． 参考のために記すと，式 (2.3.2.5) の i に関する実部のみをとった式が普通に用いられる速度ポテンシャルによる表記法である．

$$
\phi_\omega(x,y\,;t) = \phi^C(x,y)\cos\omega t - \phi^S(x,y)\sin\omega t
$$

自由表面の形状に関しても同様の表記法を用い以下としておく．

$$
h_\omega(x,y\,;t) = y - \eta_\omega(x\,;t) = 0 \tag{2.3.2.6}
$$

ここで

$$
\eta_\omega(x\,;t) = \mathrm{Re}_j\{\eta(x)e^{j\omega t}\} \tag{2.3.2.7}
$$

この時

$$
\eta(x) = \eta^C(x) + j\,\eta^S(x) \tag{2.3.2.8}
$$

としておくと以下と書ける．

$$
\eta_\omega(x\,;t) = \eta^C(x)\cos\omega t - \eta^S(x)\sin\omega t \tag{2.3.2.9}
$$

自由表面に関する運動学的境界条件は式 (2.3.1.7) に時間項を付け加えて

$$
\frac{dh_\omega}{dt} = \frac{\partial h_\omega}{\partial t} + \mathrm{Re}\Big\{\frac{df_\omega}{dz}\Big(\frac{\partial h_\omega}{\partial x} + i\frac{\partial h_\omega}{\partial y}\Big)\Big\} = 0 \qquad on \quad h_\omega(x,y\,;t) = 0 \tag{2.3.2.10}
$$

と書け，f_ω 及び η_ω を微小な量として線形化すると以下を得る．

$$
-\frac{\partial\eta_\omega}{\partial t} + \mathrm{Re}\Big\{i\frac{df_\omega}{dz}\Big\} = 0 \qquad on \quad y = 0 \tag{2.3.2.11}
$$

式 (2.3.2.1, 2.3.2.7) を代入すると以下を得る．

$$
\mathrm{Re}_j\Big\{\Big[-j\omega\eta(x) + \mathrm{Re}\Big\{i\frac{df}{dz}\Big\}\Big]e^{j\omega t}\Big\} = 0 \qquad on \quad y = 0 \tag{2.3.2.12}
$$

上式は以下と等値である．

$$
\eta(x) + j\frac{1}{\omega}\mathrm{Re}\Big\{i\frac{df}{dz}\Big\} = \eta(x) - j\frac{1}{\omega}\mathrm{Im}\Big\{\frac{df}{dz}\Big\} = 0 \qquad on \quad y = 0 \tag{2.3.2.13}
$$

j に関する実部，虚部に分解しておくと以下となる．

$$\left.\begin{aligned}\eta^C(x) &= \frac{1}{\omega}\mathrm{Re}\left\{i\frac{df^S}{dz}(x)\right\} = -\frac{1}{\omega}\mathrm{Im}\left\{\frac{df^S}{dz}(x)\right\} \\ \eta^S(x) &= -\frac{1}{\omega}\mathrm{Re}\left\{i\frac{df^C}{dz}(x)\right\} = \frac{1}{\omega}\mathrm{Im}\left\{\frac{df^C}{dz}(x)\right\}\end{aligned}\right\} \tag{2.3.2.14}$$

動力学的境界条件は Bernoulli の定理より以下である．

$$\mathrm{Re}\left\{\frac{\partial f_\omega}{\partial t}\right\} + \frac{1}{2}\left|\frac{df_\omega}{dz}\right|^2 + g\eta_\omega = 0 \qquad on \quad h_\omega(x,y\,;t) = 0 \tag{2.3.2.15}$$

線形化すると

$$\mathrm{Re}\left\{\frac{\partial f_\omega}{\partial t}\right\} + g\eta_\omega = 0 \qquad on \quad y = 0 \tag{2.3.2.16}$$

式 (2.3.2.1, 2.3.2.7) を代入すると，以下でなければならない．

$$\eta(x) = -j\frac{\omega}{g}\mathrm{Re}\{f(x)\} \qquad on \quad y = 0 \tag{2.3.2.17}$$

j に関する実部，虚部に分解しておくと以下を得る．

$$\left.\begin{aligned}\eta^C(x) &= \frac{\omega}{g}\mathrm{Re}\{f^S(x)\} \\ \eta^S(x) &= -\frac{\omega}{g}\mathrm{Re}\{f^C(x)\}\end{aligned}\right\} \tag{2.3.2.18}$$

式 (2.3.2.12, 2.3.2.15) から η を消去すると以下の線形自由表面条件を得る．

$$\mathrm{Re}\left\{\kappa f - i\frac{df}{dz}\right\} = 0 \qquad on \quad y = 0 \tag{2.3.2.19}$$

あるいは

$$\kappa\phi - \frac{\partial\phi}{\partial y} = \kappa\phi + \frac{\partial\psi}{\partial x} = 0 \qquad on \quad y = 0 \tag{2.3.2.20}$$

ここで波数は

$$\kappa = \omega^2/g \tag{2.3.2.21}$$

水面下に渦の特異性があって，その実部（速度ポテンシャル ϕ）に不連続が生ずる場合は，式 (2.3.2.17, 2.3.2.18) の右辺に定数が加わること，及び式 (2.3.2.19, 2.3.2.20) の右辺は 0 でない定数となる場合があることに注意しておく．なお，式 (2.3.2.17) と式 (2.3.2.19) より

$$\eta(x) = j\frac{1}{\omega}\mathrm{Im}\left\{\frac{df}{dz}(x)\right\} \tag{2.3.2.22}$$

の関係がありこの表示では上の注意は不要である．

式 (2.3.2.2) の第1式の証明を以下に示す．他の公式も同様に証明できる．$g(i,j)$ なる関数を

$$g(i,j) = g^C(i) + j\,g^S(i) \tag{2.3.2.23}$$

と j に関する実部関数と虚部関数に分離しておく．この時以下が成り立つ．

$$\begin{aligned}\mathrm{Re}_j\{(1 \mp ij)g(i,j)\} &= \mathrm{Re}_j\left\{(1 \mp ij)[g^C(i) + jg^S(i)]\right\}\\ &= g^C(i) \pm ig^S(i)\\ &= g(i, \pm i)\end{aligned} \tag{2.3.2.24}$$

2.3.3　III. 一様流中の周期的造波問題における線形自由表面条件

最後に一様流（流速 U）中の物体が円周波数 ω で周期的に動揺している場合の線形自由表面条件を求める（図 2.3.3）．複素ポテンシャル及び水面形状を前小節までにならって以下としておく．

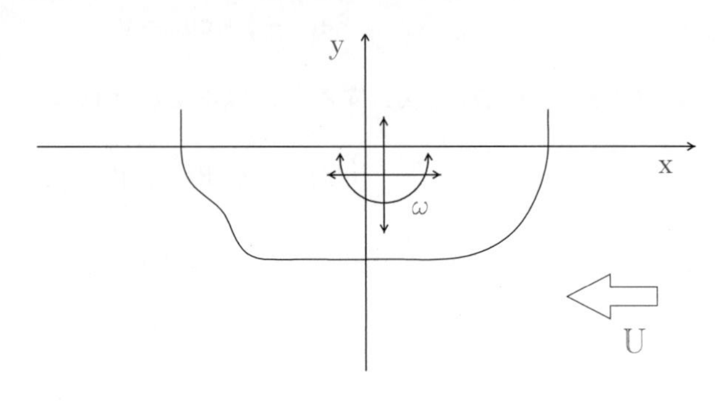

図 2.3.3. 一様流中の周期的造波問題

$$F(z\,;t) = -Uz + f_\omega(z\,;t) \tag{2.3.3.1}$$

$$h_\omega(x,y\,;t) = y - \eta_\omega(x\,;t) = 0 \tag{2.3.3.2}$$

自由表面に関する運動学的境界条件は式 (2.3.2.10) と同様に

$$\frac{dh_\omega}{dt} = \frac{\partial h_\omega}{\partial t} + \mathrm{Re}\left\{(-U + \frac{df_\omega}{dz})(\frac{\partial h_\omega}{\partial x} + i\frac{\partial h_\omega}{\partial y})\right\} = 0 \quad on \quad h_\omega(x,y\,;t) = 0 \tag{2.3.3.3}$$

式 (2.3.3.2) を代入すると

$$-\frac{\partial \eta_\omega}{\partial t} + \mathrm{Re}\left\{(-U + \frac{df_\omega}{dz})(-\frac{\partial \eta_\omega}{\partial x} + i)\right\} = 0 \tag{2.3.3.4}$$

線形化すると以下を得る．

$$\mathrm{Re}\left\{i\frac{df_\omega}{dz}\right\} = \frac{\partial \eta_\omega}{\partial t} - U\frac{\partial \eta_\omega}{\partial x} \qquad on \quad y = 0 \tag{2.3.3.5}$$

動力学的境界条件は Bernoulli の定理より

$$\mathrm{Re}\left\{\frac{\partial f_\omega}{\partial t}\right\} + \frac{1}{2}\left|-U + \frac{df_\omega}{dz}\right|^2 + g\eta_\omega = \frac{1}{2}U^2 \qquad on \quad h_\omega(x,y\,;t) = 0 \tag{2.3.3.6}$$

線形化すると

$$\mathrm{Re}\left\{\frac{\partial f_\omega}{\partial t}\right\} - U\mathrm{Re}\left\{\frac{df_\omega}{dz}\right\} + g\eta_\omega = 0 \qquad on \quad y = 0$$

となり，以下を得る．

$$g\eta_\omega = -\mathrm{Re}\left\{\frac{\partial f_\omega}{\partial t} - U\frac{df_\omega}{dz}\right\} \qquad on \quad y=0 \tag{2.3.3.7}$$

式 (2.3.3.5) に式 (2.3.3.7) を代入して η_ω を消去すると，以下の線形自由表面条件を得る．

$$\mathrm{Re}\left\{\left[\left(\frac{\partial}{\partial t} - U\frac{d}{dz}\right)^2 + ig\frac{d}{dz}\right]f_\omega\right\} = 0 \qquad on \quad y=0 \tag{2.3.3.8}$$

$f_\omega(z;t)$ が定常で時間に依存しないとすると上式は定常造波問題における自由表面条件 (2.3.1.11) に退化する．上式に $f_\omega = fe^{j\omega t}$ を代入すると

$$\mathrm{Re}\left\{\left[\left(j\omega - U\frac{d}{dz}\right)^2 + ig\frac{d}{dz}\right]f\right\} = 0 \qquad on \quad y=0 \tag{2.3.3.9}$$

一様流がない（$U=0$）時はこの式は (2.3.2.19) に退化することも容易にわかる．両辺を U^2 で除すと

$$\mathrm{Re}\left\{\left[\left(j\sigma - \frac{d}{dz}\right)^2 + i\nu\frac{d}{dz}\right]f\right\} = 0 \qquad on \quad y=0 \tag{2.3.3.10}$$

上式が本問題における線形自由表面条件である．ここで σ, ν は以下の 2 つの波数である．

$$\sigma = \omega/U, \quad \nu = g/U^2 \tag{2.3.3.11}$$

なお，σ は reduced frequency とも呼ばれる．

前節と同様に

$$\left.\begin{aligned} \eta_\omega(x;t) &= \mathrm{Re}_j\left\{\eta(x)\, e^{j\omega t}\right\} \\ f_\omega(z;t) &= \mathrm{Re}_j\left\{f(z)\, e^{j\omega t}\right\} \end{aligned}\right\} \tag{2.3.3.12}$$

$$\left.\begin{aligned} \eta(x) &= \eta^C(x) + j\,\eta^S(x) \\ f(z) &= f^C(z) + j\,f^S(z) \end{aligned}\right\} \tag{2.3.3.13}$$

と置いておくと (2.3.3.7) は以下とならなければならない．

$$g\eta(x) = \mathrm{Re}\left\{-j\omega f(x) + U\frac{df}{dz}(x)\right\} \tag{2.3.3.14}$$

$\omega \to 0$ とすると形式的に式 (2.3.1.10) と一致する．さらに以下と分解できる．

$$\left.\begin{aligned} g\eta^C(x) &= \mathrm{Re}\left\{\omega f^S(x) + U\frac{df^C}{dz}(x)\right\} \\ g\eta^S(x) &= \mathrm{Re}\left\{-\omega f^C(x) + U\frac{df^S}{dz}(x)\right\} \end{aligned}\right\} \tag{2.3.3.15}$$

$U \to 0$ とすると形式的に式 (2.3.2.17) と一致する．

第3章　波特異関数

本書の主題は，次々章で述べる境界値問題の解法である．その境界値問題は，境界積分方程式という方程式で記述され，未知量は流速であったり，速度ポテンシャルであったりする．その未知量を境界上の量と関連付けるものが，核関数（kernel function）と呼ばれる関数である．

その核関数の主要項は特異性を有している（singular）が，前章で扱った線形自由表面条件を満たすよう，正則な項が特異な主要項に加わった形をしている．そうした核関数を Green 関数と称する場合もある．Green 関数を求めるということは，見方を替えれば，下半面のある点に特異性を有し，自由表面条件を満たすような解を求めるという境界値問題の解法という見方もできる．本章では，そうした解を波特異関数（wave singular function, wave singularity）と総称することにして，3.3 節で，波特異関数を具体的に求める方法を示すことにする．それら波特異関数の性質や，相互の関連などについても調べておく．

3.1 節では，そのために必要な，水波問題に特有な特殊関数についての積分表示式などの準備を行う．

波特異関数を求める方法として演算子法を応用しているので，3.2 節では，それについての簡単な解説をする．

3.3 節では，前述の 3 つの水波問題について波特異関数の導入を行う．3.1 節に示した波特異関数の積分表示式を 3.2 節で導入する演算子法により直接求めるという方法を採用している．一般にはフーリエ変換を用いた高度で初心者向きでない方法が用いられているが，本方法によれば形式的な演算だけで解を求めることができる．特異性に関しては，吹き出し，渦，2 方向の 2 重吹き出しの特異性を有する波特異関数を求めている．それらの波特異関数は，波吹き出し，波渦，波 2 重吹き出しとも呼んでいる．その他，各問題の解法に用いる，波吹き出しや波渦を区間積分した関数も導いている．また，流線や流跡線などの図を多用し，各波特異関数の特性をよく理解できるように工夫した．

3.1　いくつかの積分表示式

この節では次節以下で用いる基本的な関数や特殊関数などについて必要だと思われる最小限の知識について記述しておく．なお，この節及び次節は読み飛ばして，3.3 節以降で必要があればそのつど立ち返っても良い．

2 重吹き出しの複素ポテンシャル $1/z$ について以下の積分表示がある．

$$\frac{1}{z} = i\int_0^\infty e^{-ikz}dk \tag{3.1.1}$$

ただし $\mathrm{Im}\{z\} < 0$ の制限がある．右辺の積分を実際に行ってみればこの関係式は成立することがわかる．上式を z について 1 から z まで積分すれば，以下の吹き出し複素ポテンシャル $\log z$ に関する積分表示を得る．

$$\log z = \int_0^\infty \frac{1}{k}(e^{-ik} - e^{-ikz})dk \tag{3.1.2}$$

何故このようなややこしい式が必要なのかは次々節以下でわかろう．

2 次元水波問題においては次の積分で表わされる特殊関数が波動項として主要な役割をしている．

$$S_\nu(z) = \lim_{\mu\to+0}\int_0^\infty \frac{1}{k-\nu-i\mu}e^{-ikz}dk \tag{3.1.3}$$

ここで μ の値は正値で限りなく 0 に近づく値である．この関数に類似の関数は第 1 章で述べた 3 つの問題すべてに現れるが，言ってみればややこしいのはこの関数のみである．やはり以下の制限がある．

$$\mathrm{Im}\{z\} < 0 \tag{3.1.4}$$

式 (3.1.3) の被積分関数は $k = \nu + i\mu$ の点に特異性があるが $\mu \to +0$ であるので，積分路は図 3.1.1 の I_0 のように，$k = \nu$ 点を下に迂回する経路と見なすことができる．以下 2 つの場合に分けて考える．

(1) $\mathrm{Re}\{z\} > 0$ の時

経路 $I_0 + R_- + I_-$ 上を通る積分は 0 となり，半径の大きな 4 分円 R_- 上の積分は半径を大きくすると 0 となるから（Jordan の補助定理，関数論の教科書を参照のこと）

$$S_\nu(z) = \int_0^{-i\infty}\frac{1}{k-\nu}e^{-ikz}dk$$

ここで $k = -i\nu t$ とおくと

$$= \int_0^\infty \frac{1}{t-i}e^{-\nu zt}dt$$

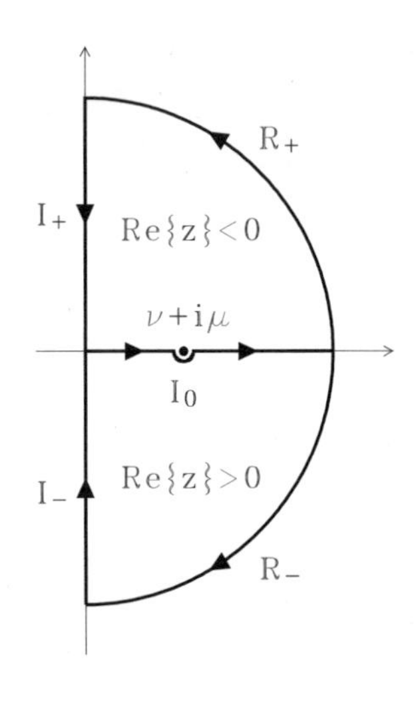

図 3.1.1. k 平面と積分路

さらに $\nu z(t-i)=u$ とおくと

$$= e^{-i\nu z}\int_{-i\nu z}^{\infty}\frac{1}{u}e^{-u}du$$

となり，積分部分は指数積分関数 [9, 10] という特殊関数となっているから以下を得る．なお，指数積分関数の解析的性質や数値計算法については後述する．

$$S_\nu(z) = e^{-i\nu z}E_1(-i\nu z) \quad for \quad \mathrm{Re}\{z\} > 0 \tag{3.1.5}$$

（2）Re { z } < 0 の時

経路 $I_0 + R_+ + I_+$ 上を通る積分は留数定理より

$$2\pi i e^{-i\nu z}$$

となり 4 分円 R_+ 上の積分は半径を大きくすると 0 となるから

$$S_\nu(z) = \int_0^{i\infty}\frac{1}{k-\nu}e^{-ikz}dk + 2\pi i e^{-i\nu z}$$

ここで $k = i\nu t$ とおくと

$$= \int_0^{\infty}\frac{1}{t+i}e^{\nu zt}dt + 2\pi i e^{-i\nu z}$$

さらに $\nu z(t+i) = -u$ とおくと

$$= e^{-i\nu z}\int_{-i\nu z}^{\infty}\frac{1}{u}e^{-u}du + 2\pi i e^{-i\nu z}$$

となり，やはり指数積分で表わされ以下を得る．

$$\begin{aligned} S_\nu(z) &= e^{-i\nu z}E_1(-i\nu z) + 2\pi i e^{-i\nu z} \\ &= e^{-i\nu z}[E_1(-i\nu z) + 2\pi i] \qquad for \quad \mathrm{Re}\{z\} < 0 \end{aligned} \tag{3.1.6}$$

以下に (1,2) の場合をまとめて書いておく．なお，上式の条件は等号を含めても良く

$$S_\nu(z) = e^{-i\nu z}E_1(-i\nu z) + \begin{cases} 0 & for \quad \mathrm{Re}\{z\} > 0 \\ 2\pi i\, e^{-i\nu z} & for \quad \mathrm{Re}\{z\} \leqq 0 \end{cases} \tag{3.1.7}$$

上式によれば $x \to \pm\infty$ で $E_1(-i\nu z) \to 0$ であるから $x > 0$ の上流には撹乱はなく，逆に $x < 0$ の下流には正弦状の撹乱があることがわかる．これは μ の値が正の値から 0 に収束する値としたことから生じる．μ は Rayleigh の仮想摩擦係数（artificial friction factor）と呼ばれ，下流のみに波動が存在するという条件（放射条件（radiation condition）と呼ばれる）を表現する時に使われる．μ の値が負の値から 0 に収束する場合には積分経路 I_0 は留数点の上を通る．その場合に

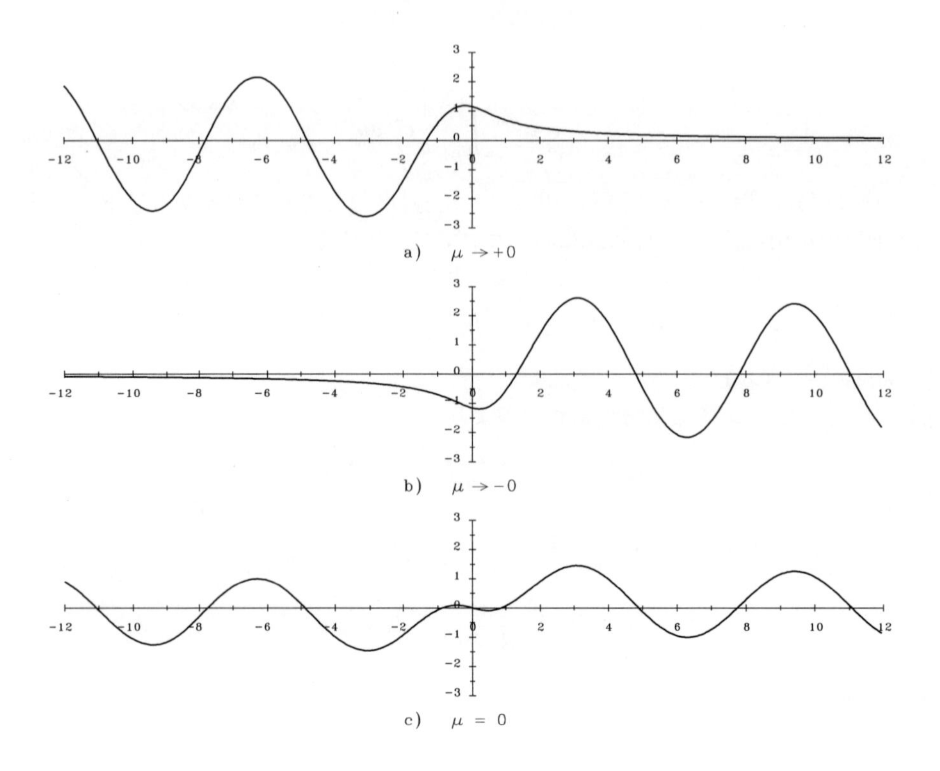

図 3.1.2. 仮想摩擦係数の値と波動との関係

は $\mathrm{Re}\{z\} > 0$ の時に留数項が現れ，$\mathrm{Re}\{z\} < 0$ の時には現れない．この時の S_ν 関数を S_ν^{rev} としておくと以下を得る．

$$S_\nu^{rev}(z) = e^{-i\nu z}E_1(-i\nu z) - \begin{cases} 2\pi i\, e^{-i\nu z} & for \quad \mathrm{Re}\{z\} > 0 \\ 0 & for \quad \mathrm{Re}\{z\} \leqq 0 \end{cases} \tag{3.1.8}$$

この解は物理的には無意味であるが，数学的には逆流れポテンシャル（reverse flow potential）[5] として利用される場合がある．また μ の値が 0 すなわち積分経路 I_0 上の積分が主値積分の場合には，S_ν 関数を S_ν^0 としておくと以下を得る．

$$S_\nu^0(z) = e^{-i\nu z}E_1(-i\nu z) + \begin{cases} -\pi i\, e^{-i\nu z} & for \quad \mathrm{Re}\{z\} > 0 \\ \pi i\, e^{-i\nu z} & for \quad \mathrm{Re}\{z\} \leqq 0 \end{cases} \tag{3.1.9}$$

図 3.1.2 に仮想摩擦係数と波動との関係を図示した．

指数積分関数 $E_1(z)$ の性質の詳細については文献 [9, 10] などに譲るとして，ここでは基本的な事柄について記しておこう．$|\arg z| < \pi$ で以下の級数展開を有する．

$$\left.\begin{aligned} E_1(z) &= -\gamma - \log z - \sum_{n=1}^{\infty} \frac{(-1)^n}{n\, n!} z^n \\ &= -\gamma - \log z + z - \frac{1}{2\cdot 2!} z^2 + \frac{1}{3\cdot 3!} z^3 + \cdots \end{aligned}\right\} \tag{3.1.10}$$

ここで $\gamma = 0.57721\,56649\cdots$ は Euler の定数である．数学的には，指数積分関数 $E_1(z)$ は z の負軸上では定義されていない．虚部の値がそこで 2π だけジャンプするからである．こうした線を分岐線（branch cut）と呼んでいる．本書では上式の対数関数の偏角の範囲を $-\pi < \arg(\log(z)) \leqq \pi$ と定義しておくこととする．

$S_\nu(z)$ 関数についても同様に以下の級数展開を有する．

$$S_\nu(z) = e^{-\nu z}\Big[-\gamma - \log(-i\nu z) - \sum_{n=1}^{\infty}\frac{(i\nu z)^n}{n\,n!}\Big] + \begin{cases} 0 & for \quad \mathrm{Re}\{z\} > 0 \\ 2\pi i e^{-i\nu z} & for \quad \mathrm{Re}\{z\} \leqq 0 \end{cases} \tag{3.1.11}$$

次なる連分数展開は E_1 の数値計算に広い領域で有効である（$|\arg z| < \pi$）．

$$\left.\begin{aligned} E_1(z) &= e^{-z}\cfrac{1}{z+\cfrac{1}{1+\cfrac{1}{z+\cfrac{2}{1+\cfrac{2}{z+\cdots}}}}} \\ &= e^{z}\left(\frac{1}{z+}\,\frac{1}{1+}\,\frac{1}{z+}\,\frac{2}{1+}\,\frac{2}{z+}\cdots\right) \end{aligned}\right\} \tag{3.1.12}$$

$|z|$ の大なる領域では次の漸近展開がある．

$$E_1(z) \sim e^{z}\frac{1}{z}\left(1 - \frac{1}{z} + \frac{2!}{z^2} - \frac{3!}{z^3} + \cdots\right) \tag{3.1.13}$$

$S_\nu(z)$ 関数についても同様に以下の漸近展開を有する．

$$S_\nu(z) \sim -\frac{1}{i\nu z}\left(1 + \frac{1}{i\nu z} + \frac{2!}{(i\nu z)^2} + \frac{3!}{(i\nu z)^3} + \cdots\right) + \begin{cases} 0 & for \quad \mathrm{Re}\{z\} > 0 \\ 2\pi i\, e^{-i\nu z} & for \quad \mathrm{Re}\{z\} \leqq 0 \end{cases} \tag{3.1.14}$$

数値計算で $E_1(z)$ の値を求めるには $|z| > 25$ で漸近展開を，$\mathrm{Re}(z) \geqq 0$ で $|z| \leqq 4$ の領域と $\mathrm{Re}(z) < 0$ の $|\mathrm{Im}(z)| \leqq 4$ なる領域で級数展開を，他の領域で連分数展開を用いると効率よく精度の良い値を得ることができる．

指数積分関数 $E_1(z)$ の性質を理解するためにその実部と虚部の等高線を図 3.1.3 に示した．虚部の値は負軸上でジャンプしている（等高線が混みあって太く見える部分）．$E_1(-iz)$ の実部と虚部の等高線を図 3.1.4 に示す．前図を 90° 回転した図が得られ，分岐線は負の虚軸上に移動した．$\mathrm{Re}\{z\} \leqq 0$ の領域に $2\pi i$ を加えると図 3.1.5 が得られる．分岐線が正の虚軸上に移動し，下半面には特異性がなくなり正則となった．$\nu = 1$ の時の $S_\nu(z)$ 関数を図 3.1.6 に示した．分岐線は正の虚軸上にあり，下半面で正則であることがわかる．

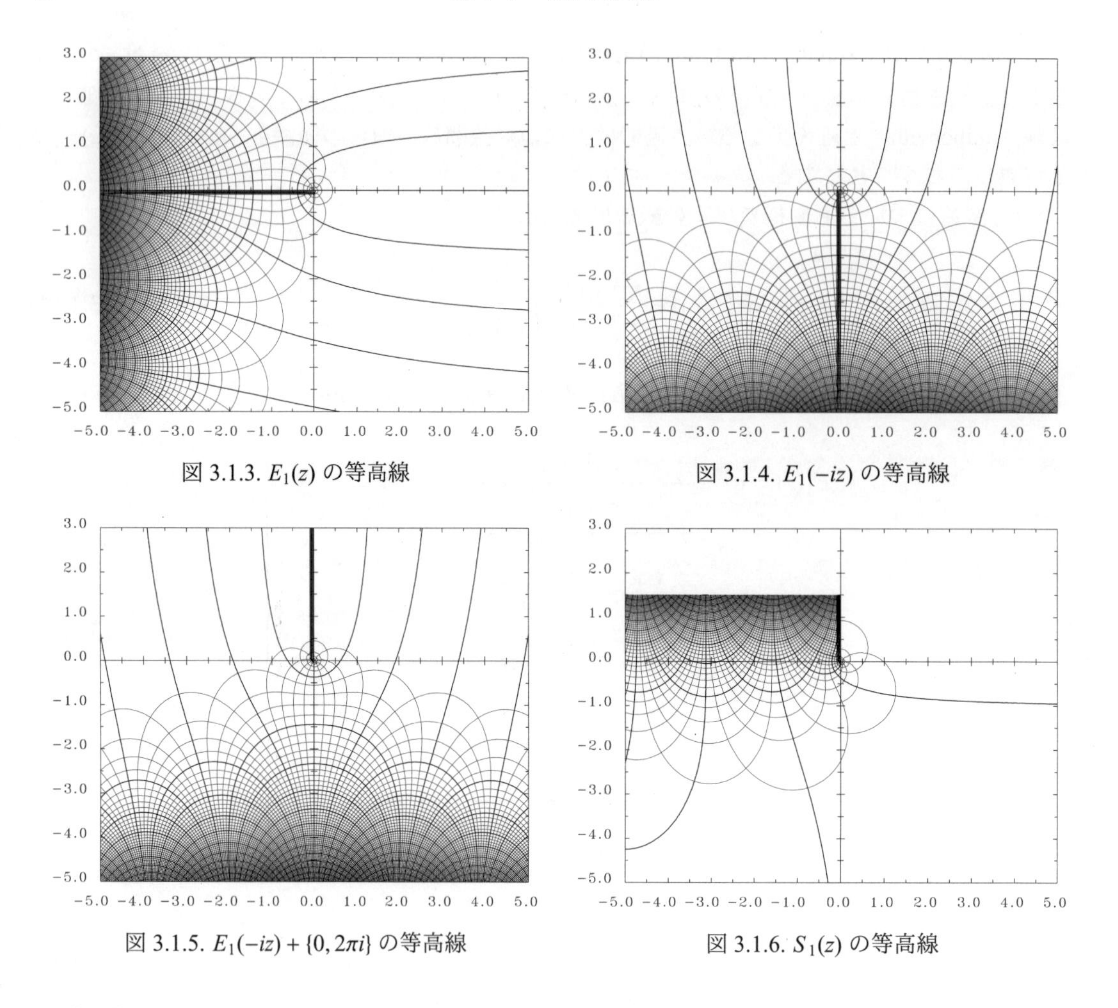

図 3.1.3. $E_1(z)$ の等高線

図 3.1.4. $E_1(-iz)$ の等高線

図 3.1.5. $E_1(-iz) + \{0, 2\pi i\}$ の等高線

図 3.1.6. $S_1(z)$ の等高線

導関数に関しては以下の等式がある．

$$\frac{d}{dz}[e^{\alpha z}E_1(\alpha z)] - \alpha e^{\alpha z}E_1(\alpha z) = -\frac{1}{z} \tag{3.1.15}$$

$S_\nu(z)$ 関数についても同様に以下となる．

$$\frac{d}{dz}S_\nu(z) + i\nu S_\nu(z) = -\frac{1}{z} \tag{3.1.16}$$

上式を積分した式も示しておく．

$$S_\nu(z) + i\nu \int^z S_\nu(z)dz = -\log(z) \tag{3.1.17}$$

したがって，$S_\nu(z)$ 関数は微分方程式 (3.1.16) の解，積分方程式 (3.1.17) の解という見方もできる．

複素変数の指数積分関数に関する数値計算法については，上に略記した方法（式 (3.1.10–3.1.13)）で，本書の分野での使用には十分である．また，精度等の確認をするには [9] の数表が便利である．

さらに，別法による結果との比較を行いたい向きには，下記に示す方法が簡便であろう．指数積分の代わりに $S_\nu(z)$ 関数に関連した以下の関数の計算法を記述しておく．

$$\begin{aligned} L_\nu^\pm(z) &= e^{-i\nu z}E_1(-i\nu z) \\ &= \int_0^\infty \frac{1}{t \mp i} e^{\mp\nu z t} dt \quad (\nu > 0) \end{aligned} \tag{3.1.18}$$

複号は $x = \mathrm{Re}\{z\}$ の正負に対応している．なお，指数積分とは $z = i\zeta/\nu$ と置いて以下の関係がある．

$$E_1(\zeta) = e^{-\zeta} L_\nu^\pm(i\zeta/\nu) \tag{3.1.19}$$

また，$x < 0$ の時

$$L_\nu^-(z) = -\overline{L_\nu^+}(-\bar{z}) \tag{3.1.20}$$

の関係があり，$x > 0$ の時のみ扱えばよいので以下 $x > 0$ とする．

式 (3.1.18) の被積分関数の指数関数が，発散したり，振動することのないように積分路を変更する（こうした積分経路を最急降下線という）．以下としておく．

$$z = x + iy = Re^{i\alpha} \quad (\tan\alpha = \frac{y}{x}\,;\ |\alpha| < \frac{\pi}{2}) \tag{3.1.21}$$

以下の変数変換をして t の実軸に沿った積分を $-\alpha$ だけ傾けた r 上の積分に変換する．

$$\left.\begin{aligned} t &= re^{-i\alpha} \quad (t = 0 \sim \infty) \\ zt &= Rr \quad\quad (r = 0 \sim \infty) \end{aligned}\right\} \tag{3.1.22}$$

この時，L_ν^+ 関数は以下の積分で表示され，被積分関数は $r \to \infty$ で急激に 0 に減衰する．

$$L_\nu^+(z) = \int_0^\infty \frac{1}{r - ie^{i\alpha}} e^{-\nu R r} dr \tag{3.1.23}$$

上式の積分を数値的に行えば，関数の値は求まるが，無限領域の積分をどこで打ち切るかという問題と，$\alpha \doteqdot -\pi/2$ の時に，被積分関数に留数的特異性が生ずるという問題がある．最初の問題を解決するために積分領域を $r = 1$ の点で分割し，折り返す．なぜ $r = 1$ の点であるのかは後に明らかとなる．

$$L_\nu^+(z) = \int_0^1 \frac{1}{r - ie^{i\alpha}} e^{-\nu R r} dr + \int_1^\infty \frac{1}{r - ie^{i\alpha}} e^{-\nu R r} dr \tag{3.1.24}$$

$r = 1 \sim \infty$ の領域で $r = 1/\gamma$（$dr = -1/\gamma^2 d\gamma$）と変数変換を行い，さらに γ を r で書き直すと以下を得る．

$$L_\nu^+(z) = \int_0^1 \Big[\frac{e^{-\nu R r}}{r - ie^{i\alpha}} + \frac{e^{-\nu R/r}}{r(1 - ire^{i\alpha})}\Big] dr \tag{3.1.25}$$

これで有限領域の積分となった．被積分関数の第 2 項は $r = 0$ で 0 としてよい．数値積分は適応的積分法（Quanc8）[11] などを用いればよく，複素関数の数値積分が可能であればさらに好都合である．

上の方法で問題が生ずるのは前述したように $x \doteqdot 0, y < 0$ すなわち $\alpha \doteqdot -\pi/2$ の時であって，この時被積分関数に留数的特異性が生ずる．そこで式 (3.1.18) の実軸に沿った積分路を，あらかじめ，正の虚軸上に変換しておく．この時，$r = i$ における留数項を考慮すると以下を得る．

$$L_\nu^+(z) = \pi i e^{-i\nu z} + \int_0^\infty \frac{1}{r-1} e^{-i\nu zr} dr \tag{3.1.26}$$

右辺第 1 項は留数項（の 1/2）であり，第 2 項は主値積分であって，$r = 1$ 前後の特異性は相殺されている．積分領域を前法と同様に $r = 1$ で折り返すと以下を得る．

$$L_\nu^+(z) = \pi i e^{-i\nu z} + \int_0^1 \frac{1}{r-1}\left[e^{-i\nu zr} - \frac{1}{r} e^{-i\nu z/r}\right] dr \tag{3.1.27}$$

$x = 0$ の時，式 (3.1.25) の表示と上式の積分項とは一致する．これが前法で $r = 1$ で折り返した理由である．上式の被積分関数は，$r = 0$ の時第 2 項は 0（被積分関数は -1）としてよく，$r = 1$ の時は以下として

$$e^{-i\nu z}(1 - 2i\nu z) \tag{3.1.28}$$

適応的数値積分を行えばよい．

式 (3.1.25) と式 (3.1.27) の場合分けは，詳しくは検討していないが，$\alpha = -80°$ 位とすればよさそうである．つまり $90° > \alpha > -80°$ では式 (3.1.25) を，$-80° > \alpha > -90°$ では式 (3.1.27) を採用すればよい．

3.2 演算子法

前節では解の表現法に関連した積分表示について述べたが，この節では微分方程式の解を求める解法について記しておく．微分方程式の解法の 1 つとして演算子法という方法がある．Laplace 変換や Fourier 変換を使わずに形式的な運算だけで解を求めることができるということで初心者向きである．次節以降でこの方法を用いて水波問題の波特異関数を求める方法を採用しているので，この演算子法の 2,3 の公式について紹介し，次節以降の準備としておきたい．

まず簡単な常微分方程式を演算子法で解いてみる．

$$\frac{dy}{dx} + \lambda y = 0 \tag{3.2.1}$$

上の微分方程式を

$$(D + \lambda)y = 0 \tag{3.2.2}$$

と書き，解を

$$y = \frac{1}{D+\lambda} \cdot 0 \tag{3.2.3}$$

と書くのが演算子法である．次の公式がある．

$$\frac{1}{D+\lambda} = e^{-\lambda x} \frac{1}{D} e^{\lambda x} \tag{3.2.4}$$

したがって

$$y = e^{-\lambda x} \frac{1}{D} \cdot 0$$

$1/D$ は積分を示しているから

$$= Ce^{-\lambda x} \tag{3.2.5}$$

これは確かに式 (3.2.1) の一般解である．

次に

$$\frac{dy}{dx} + \lambda y = e^{-\lambda_0 x} \tag{3.2.6}$$

の解は演算子法により以下となり

$$y = \frac{1}{D+\lambda} e^{-\lambda_0 x}$$

D に $-\lambda_0$ を代入して以下の特解を得る．

$$= \frac{1}{\lambda - \lambda_0} e^{-\lambda_0 x} \tag{3.2.7}$$

つまり $P(D)$ を D の多項式とする時以下の公式がある．

$$\frac{1}{P(D)} e^{\alpha x} = \frac{1}{P(\alpha)} e^{\alpha x} \tag{3.2.8}$$

以上は常微分についての公式だが，偏微分についても同様な公式が使える．詳しくは使用例に即して理解してもらえばよい．

3.3 波特異関数の導入

この節ではI. 定常造波問題における線形自由表面条件を満たす波特異関数を前節の演算子法を用いて求める．ここでいう波特異関数とは水面下の2点 $z = x + iy, \zeta = \xi + i\eta$ に関して

$$\log(z-\zeta), \quad i\log(z-\zeta),$$
$$\frac{1}{z-\zeta}, \quad \frac{i}{z-\zeta}, \quad \cdots$$

なる形の特異性を有し，かつ，線形自由表面条件を満たす複素ポテンシャルのことを言い，Green関数，核関数とも呼ぶ [4].

この節では多くの公式を載せており，また，それらが煩雑となっていたり，精粗があったりしているかもしれない．これは後章を勉強する上で参照の便を図るのが1つの目的であるが，同時に，本書の分野での研究などを行う上で，参考となる公式集の役割を兼ねたいという意図もあるからである．初めて読む読者は，波特異関数を導く方法のあらましだけを理解するだけで，細かい式の展開などは飛ばして読んでも差支えない．波特異関数の基本的な構成が，上述の特異部分と，その静止水面（$y = 0$）に関する鏡像（あるいは反鏡像）部分，特殊関数を含む波動を表現する項との和でできていること，また，波動項が局所波成分と自由波成分との和からなることなどがわかればよい．なお，解を求めている部分は本書独自の方法を用いているので，I. 定常造波問題における吹き出し特異点を求めている部分だけは，節順どうりに読んでいただくことを期待している．

3.3.1 I. 定常造波問題における波特異関数

自由表面条件 (2.3.1.12) を満たす波特異関数を求める．求める波特異関数を $f(z)$ とする時波特異関数の満たすべき自由表面条件は以下と書ける．

$$\mathrm{Re}\{Lf(z)\} = 0 \qquad on \quad y = 0 \tag{3.3.1.1}$$

ここで演算子 L は $D = d/dz$ として

$$L = D + i\nu \qquad (\nu = g/U^2) \tag{3.3.1.2}$$

を示す（g は重力加速度，U は一様流速，ν は自由波の波数）．上の演算子に微少量 μ の項を付け加える．

$$L = D + i\nu - \mu \tag{3.3.1.3}$$

ここで μ は正値であり以下の極限をとるものとする．

$$\mu \to +0$$

なお，以下で μ を明示する必要がない場合には $\mu = 0$ として特に μ を記さない．

上式で導入した μ は前節の式 (3.1.3) で用いた仮想摩擦係数と同一であり，上流に波動が伝播しないための数学的条件となっている．

この μ を含めた条件式 (3.3.1.3) は，初期状態として乱れのない静止している状態を仮定し，流速を徐々に早めていって定常状態に至らせるという初期値問題として取り扱うことにより得られる [3].

演算子法による波吹き出し特異関数の導入

条件 (3.3.1.1) を満たす解を

$$f(z) = f_0(z) + f_1(z) \tag{3.3.1.4}$$

と分解しておく．$f_0(z)$ は下半面の点 ζ（$\mathrm{Im}\{\zeta\} < 0$）に特異性を有し，$f_1(z)$ は下半面で正則な関数としておく．まず $f_0(z)$ として点吹き出し（point source）の複素ポテンシャルを採用し，自由表面条件 (3.3.1.1) を満たすように $f_1(z)$ を求める．

$$f_0(z) = \log(z - \zeta) \tag{3.3.1.5}$$

対数関数の分岐線（branch cut）は点 ζ から無限下流方向としておくが今はあまり気にしないでおく．

さて，条件式 (3.3.1.1) の $Lf(z)$ として

$$Lf(z) = Lf_0(z) - \overline{L}\,\overline{f}_0(z) \tag{3.3.1.6}$$

の形を採用すれば，この式は（$y = 0$ で）自動的に条件（実部が 0）を満たしており，上式を解けば求める解 $f(z)$ が得られることになる．上式が確かに条件 (3.3.1.1) を満たしていることを以下に見ておこう．これは共役の記号（¯）がどの範囲まで作用を及ぼすのかを明らかにするという意味もある．上式右辺の各項は以下を意味する．

$$\overline{L} = D - i\nu$$
$$\overline{f}_0(z) = \log(z - \overline{\zeta})$$

なお，$f_0(z) = (Q + i\Gamma)\log(z - \zeta)$（$Q, \Gamma$ は実定数）であれば $\overline{f}_0(z) = (Q - i\Gamma)\log(z - \overline{\zeta})$ である．この対数関数の分岐線は $\overline{\zeta}$ より無限上方向とする．式 (3.3.1.6) の各項は

$$Lf_0(z) = \frac{1}{z - \zeta} + i\nu\log(z - \zeta)$$
$$\overline{L}\,\overline{f}_0(z) = \frac{1}{z - \overline{\zeta}} - i\nu\log(z - \overline{\zeta})$$

となり，$y = 0$ の時式 (3.3.1.6) 右辺は純虚数となっているから確かに条件 (3.3.1.1) を満たしている．

解の形として式 (3.3.1.6) を与えることは少しアプリオリに過ぎるかも知れないが理論（の発見）とはそうしたものであろう．さらにこの式から解 $f(z)$ は形式的に以下と書けることがわかる．

$$f(z) = \frac{1}{L}[Lf_0(z) - \overline{L}\,\overline{f}_0(z)] \tag{3.3.1.7}$$

これは微分方程式の解法の1つである演算子法の書き方である．ここで次なる関係があることは容易に確かめられる．

$$\overline{L} = L - 2i\nu \tag{3.3.1.8}$$

$$= -L + 2D \tag{3.3.1.9}$$

式 (3.3.1.7) は各々式 (3.3.1.8, 3.3.1.9) の関係を使うと以下と書ける．

$$f(z) = f_0(z) - \overline{f}_0(z) + 2i\nu\frac{1}{L}\overline{f}_0(z) \tag{3.3.1.10}$$

$$f(z) = f_0(z) + \overline{f}_0(z) - 2\frac{D}{L}\overline{f}_0(z) \tag{3.3.1.11}$$

まず式 (3.3.1.11) を用いてみる．演算の途中で前節の $1/z$ の積分表示式 (3.1.1) 及び演算子の公式 (3.2.8) を用いる．

$$\begin{aligned}\frac{D}{L}\overline{f}_0(z) &= \frac{D}{D + i\nu - \mu}\log(z - \overline{\zeta}) \\ &= \frac{1}{D + i\nu - \mu}\,\frac{1}{z - \overline{\zeta}} \\ &= \frac{i}{D + i\nu - \mu}\int_0^\infty e^{-ik(z-\overline{\zeta})}dk \\ &= -\int_0^\infty \frac{1}{k - \nu - i\mu}e^{-ik(z-\overline{\zeta})}dk \end{aligned} \tag{3.3.1.12}$$

したがって求める解は以下となる．

$$f(z) = \log(z - \zeta) + \log(z - \overline{\zeta}) + 2\int_0^\infty \frac{1}{k - \nu - i\mu}e^{-ik(z-\overline{\zeta})}dk \tag{3.3.1.13}$$

式 (3.3.1.10) を用いる場合には $L = L(D)$ としておき式 (3.1.2) の積分表示において

$$\frac{1}{L(D)}\int_0^\infty \frac{1}{k}e^{-ik}dk \;=\; \frac{1}{L(0)}\int_0^\infty \frac{1}{k}e^{-ik}dk \;=\; \frac{1}{i\nu}\int_0^\infty \frac{1}{k}e^{-ik}dk$$

なる関係を用いると同一の表示を得ることができる．

この波吹き出し特異関数を $W_Q(z,\zeta)$ と記すことにする．すなわち

$$W_Q(z,\zeta) = \log(z - \zeta) + \log(z - \overline{\zeta}) + 2\int_0^\infty \frac{1}{k - \nu - i\mu}e^{-ik(z-\overline{\zeta})}dk \tag{3.3.1.14}$$

前節の S_ν 関数及び指数積分関数を用いて書き直すと

$$W_Q(z,\zeta) = \log(z - \zeta) + \log(z - \overline{\zeta}) + 2S_\nu(z - \overline{\zeta}) \tag{3.3.1.15}$$

$$= \log(z - \zeta)(z - \overline{\zeta}) + 2e^{-i\nu(z-\overline{\zeta})}\Big[E_1\big(-i\nu(z - \overline{\zeta})\big) + \begin{Bmatrix}0 \\ 2\pi i\end{Bmatrix}\Big] \tag{3.3.1.16}$$

上式の｛｝で囲まれた式は $x > \xi$（上流側）で上側の式を，$x < \xi$（下流側）で下側の式をとることを示している．

この関数を波吹き出し（wave source）とも呼ぶことにする．W_Q 関数の導関数すなわち複素流速は後述するように $-x$ 方向の波 2 重吹き出し $-W_\mu$ 関数で表わされる．

$W_Q(z,\zeta)$ 関数は z に関しては特異点を除いて解析関数であるが，ζ に関しては解析関数となっていないことを注意しておく．したがって，$W_Q(z,\zeta)$ という記法は厳密には正しくないかもしれないが，便宜上この記法を採用しておく．以下の他の波特異関数についても同様の記法を用いるが，このことは特に断らない．

遠場での $W_Q(z,\zeta)$ 関数の振る舞いを調べておこう．$S_\nu(z-\overline{\zeta})$ 関数については式 (3.1.14) の漸近展開を参照している．なお以下の極限移行における評価は境界値問題の解の表示式の評価の際に役立つものであるのでその時に読み返してもよい．このことは他の波特異関数についても同様である．無限前方，後方では

$$W_Q(z,\zeta) \sim 2\log x + O(\frac{1}{x}) + \begin{cases} 0 & as \quad x \to \infty \\ 4\pi i\, e^{-i\nu(z-\overline{\zeta})} & as \quad x \to -\infty \end{cases} \tag{3.3.1.17}$$

無限下方では

$$W_Q(z,\zeta) \sim \log(-y^2) + O(\frac{1}{y}) \quad as \quad y \to -\infty \tag{3.3.1.18}$$

特異点が無限前方，後方にある時は

$$W_Q(z,\zeta) \sim 2\log\xi + O(\frac{1}{\xi}) + \begin{cases} 4\pi i\, e^{-i\nu(z-\overline{\zeta})} & as \quad \xi \to \infty \\ 0 & as \quad \xi \to -\infty \end{cases} \tag{3.3.1.19}$$

特異点が無限下方にある時は

$$W_Q(z,\zeta) \sim \log(-\eta^2) + O(\frac{1}{\eta}) \quad as \quad \eta \to -\infty \tag{3.3.1.20}$$

などの振る舞いをする．

$W_Q(z,\zeta)$ 関数の第 1 項である対数関数の分岐線を, 点 ζ から水平に無限下流に伸びる線と仮定してきたが，分岐線は自由に設定することができる．ただし，分岐線が静止水面（$y=0$）を $x=x_c$ で横切る場合には，対数関数の虚部にジャンプが生じるため自由表面条件 (3.3.1.1) は以下となることに注意する．

$$\mathrm{Re}\{Lf(z)\} = \begin{cases} 0 & for \quad x > x_c \\ 2\pi\nu & for \quad x < x_c \end{cases} \tag{3.3.1.21}$$

波吹き出しの作る波の形を求めておこう．式 (3.3.1.16) は無次元表示となっているので複素ポテンシャルの次元に直しておく．代表長さ（例えば，波長とか，吹き出しの深度とか）を δ としておき，波吹き出し複素ポテンシャルを以下としておく．

$$f_Q(z) = \delta U W_Q(z,\zeta) \tag{3.3.1.22}$$

波形は式 (2.3.1.14) より以下となる．

$$
\begin{aligned}
\frac{1}{\delta}\eta_Q(x) &= \frac{1}{\delta U}\mathrm{Im}\{f_Q(x)\} \\
&= \mathrm{Im}\{W_Q(x,\zeta)\} \\
&= \mathrm{Im}\{2S_\nu(x-\overline{\zeta})\}
\end{aligned}
\qquad (3.3.1.23)
$$

上式 2 番目の式を用いる場合には上述した対数関数の分岐線に関する注意が必要である．式 (2.3.1.10) を用いると

$$
\frac{1}{\delta}\eta_Q(x) = \frac{U}{g\delta}\mathrm{Re}\{\frac{df_Q}{dz}(x)\}
$$

であるから次に導く波 2 重吹き出し $W_m(z,\zeta) = -\frac{d}{dz}W_Q(z,\zeta)$ を用いて

$$
\begin{aligned}
&= -\frac{1}{\nu}\mathrm{Re}\{W_m(x,\zeta)\} \\
&= -\mathrm{Re}\{2iS_\nu(x-\overline{\zeta}\}
\end{aligned}
\qquad (3.3.1.24)
$$

となり式 (3.3.1.23) と一致する．下流の遠方では以下の自由波の表示を得る．

$$
\begin{aligned}
\frac{1}{\delta}\eta_Q(x) &\sim \mathrm{Im}\{4\pi i\, e^{-i\nu(x-\overline{\zeta})}\} \\
&= 4\pi\, e^{\nu\eta}\cos\nu(x-\xi) \quad as \quad x \to -\infty
\end{aligned}
\qquad (3.3.1.25)
$$

この波動の自由波の波長は $\lambda = 2\pi/\nu$ となっており，また波動は静止しているから位相速度は $V_p = 0$ である．

なお，ここで採用した演算子法を用いた波特異関数の導入法は 3 次元問題の波吹き出し特異関数の導入にも応用できる．

波渦特異関数

次に渦（vortex）を特異性とする波特異関数を導入する．

$$
\left.
\begin{aligned}
W_\Gamma(z,\zeta) &= f_0(z) + f_1(z) \\
f_0(z) &= -i\log(z-\zeta)
\end{aligned}
\right\}
\qquad (3.3.1.26)
$$

吹き出し特異性の時と同様に式 (3.3.1.11) を用いる．以下の演算を行うと

$$
\begin{aligned}
\frac{1}{L}D\overline{f}_0(z) &= \frac{iD}{D-\mu+i\nu}\log(z-\overline{\zeta}) \\
&= \frac{i}{D-\mu+i\nu}\cdot\frac{1}{z-\overline{\zeta}} \\
&= \frac{-1}{D-\mu+i\nu}\int_0^\infty e^{-ik(z-\overline{\zeta})}dk \\
&= -i\int_0^\infty \frac{1}{k-\nu-i\mu}e^{-ik(z-\overline{\zeta})}dk
\end{aligned}
\qquad (3.3.1.27)
$$

求める波特異関数は以下と求まる．

$$W_\Gamma(z,\zeta) = -i\log(z-\zeta) + i\log(z-\overline{\zeta}) + 2iS_\nu(z-\overline{\zeta}) \tag{3.3.1.28}$$

$$= -i\log\frac{z-\zeta}{z-\overline{\zeta}} + 2ie^{-i\nu(z-\overline{\zeta})}\Big[E_1(-i\nu(z-\overline{\zeta})) + \begin{Bmatrix}0\\2\pi i\end{Bmatrix}\Big] \tag{3.3.1.29}$$

この関数を波渦（wave vortex）とも呼ぶことにする．W_Γ 関数の導関数，すなわち複素流速は後述するように y 方向の波 2 重吹き出し $-W_\mu$ 関数となっている．

遠場での $W_\Gamma(z,\zeta)$ 関数の振る舞いを記しておく．無限前方，後方では

$$W_\Gamma(z,\zeta) \sim -2\,\frac{\eta+1/\nu}{x} + O(\frac{1}{x^2}) + \begin{cases}0 & as \quad x\to\infty\\ -4\pi\,e^{-i\nu(z-\overline{\zeta})} & as \quad x\to-\infty\end{cases} \tag{3.3.1.30}$$

無限下方では

$$W_\Gamma(z,\zeta) \sim 2i\,\frac{\eta+1/\nu}{y} + O(\frac{1}{y^2}) \quad as \quad y\to-\infty \tag{3.3.1.31}$$

特異点が無限前方，後方にある時は

$$W_\Gamma(z,\zeta) \sim 2\,\frac{\eta+1/\nu}{\xi} + O(\frac{1}{\xi^2}) + \begin{cases}-4\pi\,e^{-i\nu(z-\overline{\zeta})} & as \quad \xi\to\infty\\ 0 & as \quad \xi\to-\infty\end{cases} \tag{3.3.1.32}$$

特異点が無限下方にある時は

$$W_\Gamma(z,\zeta) \sim \pi + 2\,\frac{z-\xi+i/\nu}{\eta} + O(\frac{1}{\eta^2}) \quad as \quad \eta\to-\infty \tag{3.3.1.33}$$

などの振る舞いをする．特に気が付くことは，遠場で対数関数的特異性が消滅していることである．自由表面の存在が，渦特異性の鏡像効果をもたらし，元の渦特異性を打ち消している効果を有するためである．

波渦の作る波の波形は式 (2.3.1.14) より以下となる．

$$\frac{1}{\delta}\eta_\Gamma(x) = \mathrm{Im}\{W_\Gamma(x,\zeta)\}$$

$$= \mathrm{Re}\{2S_\nu(x-\overline{\zeta})\} \tag{3.3.1.34}$$

$$\sim 4\pi\,e^{\nu\eta}\sin\nu(x-\xi) \quad as \quad x\to-\infty \tag{3.3.1.35}$$

波 2 重吹き出し特異関数

x 方向の 2 重吹き出し（doublet）に関する波特異関数を導く．

$$\left.\begin{aligned} W_m(z,\zeta) &= f_0(z) + f_1(z)\\ f_0(z) &= -\frac{1}{z-\zeta}\end{aligned}\right\} \tag{3.3.1.36}$$

式 (3.3.1.10) を用いる．

$$
\begin{aligned}
\frac{1}{L}\overline{f}_0(z) &= \frac{-1}{D-\mu+i\nu}\frac{1}{z-\overline{\zeta}} \\
&= \frac{-i}{D-\mu+i\nu}\int_0^\infty e^{-ik(z-\overline{\zeta})}dk \\
&= \int_0^\infty \frac{1}{k-\nu-i\mu}e^{-ik(z-\overline{\zeta})} \qquad (3.3.1.37)
\end{aligned}
$$

求める波特異関数は以下となる．

$$
W_m(z,\zeta) = -\frac{1}{z-\zeta}+\frac{1}{z-\overline{\zeta}}+2i\nu S_\nu(z-\overline{\zeta}) \qquad (3.3.1.38)
$$

$$
= -\frac{1}{z-\zeta}+\frac{1}{z-\overline{\zeta}}+2i\nu e^{-i\nu(z-\overline{\zeta})}\left[E_1(-i\nu(z-\overline{\zeta}))+\begin{Bmatrix}0\\2\pi i\end{Bmatrix}\right] \qquad (3.3.1.39)
$$

この式は W_Q を直接微分することでも得ることができる．この関数を x 方向の波 2 重吹き出し（wave doublet）とも呼ぶことにする．

遠場での $W_m(z,\zeta)$ 関数の振る舞いを記しておく．無限前方，後方では

$$
W_m(z,\zeta) \sim -\frac{2}{x}+O(\frac{1}{x^2})+\begin{cases}0 & as \quad x\to\infty \\ -4\pi\nu\, e^{-i\nu(z-\overline{\zeta})} & as \quad x\to-\infty\end{cases} \qquad (3.3.1.40)
$$

無限下方では

$$
W_m(z,\zeta) \sim i\frac{2}{y}+O(\frac{1}{y^2}) \quad as \quad y\to-\infty \qquad (3.3.1.41)
$$

特異点が無限前方，後方にある時は

$$
W_m(z,\zeta) \sim \frac{2}{\xi}+O(\frac{1}{\xi^2})+\begin{cases}-4\pi\nu\, e^{-i\nu(z-\overline{\zeta})} & as \quad \xi\to\infty \\ 0 & as \quad \xi\to-\infty\end{cases} \qquad (3.3.1.42)
$$

特異点が無限下方にある時は

$$
W_m(z,\zeta) \sim -2\frac{z-\xi+i/\nu}{\eta^2}+O(\frac{1}{\eta^3}) \quad as \quad \eta\to-\infty \qquad (3.3.1.43)
$$

などの振る舞いをする．

この波 2 重吹き出しの作る波の波形は式 (2.3.1.14) より以下となる（$\zeta=\xi+i\eta$ としておく）．

$$
\begin{aligned}
\frac{1}{\delta}\eta_m(x) &= \mathrm{Im}\{W_m(x,\zeta)\} \\
&= -\frac{2\eta}{(x-\xi)^2+\eta^2}+\mathrm{Re}\{2\nu S_\nu(x-\overline{\zeta})\} \qquad (3.3.1.44)
\end{aligned}
$$

$$
\sim 4\pi\nu\, e^{\nu\eta}\sin\nu(x-\xi) \quad as \quad x\to-\infty \qquad (3.3.1.45)
$$

W_m 関数の導関数，すなわち複素流速は式 (3.1.16) を用いると

$$\frac{dW_m}{dz}(z,\zeta) = \frac{1}{(z-\zeta)^2} - \frac{1}{(z-\bar{\zeta})^2} - 2\nu\frac{i}{z-\bar{\zeta}} + 2\nu^2 S_\nu(z-\bar{\zeta}) \tag{3.3.1.46}$$

$$= \frac{1}{(z-\zeta)^2} - \frac{1}{(z-\bar{\zeta})^2} - 2\nu\frac{i}{z-\bar{\zeta}} + 2\nu^2 e^{-i\nu(z-\bar{\zeta})}\left[E_1(-i\nu(z-\bar{\zeta})) + \begin{Bmatrix} 0 \\ 2\pi i \end{Bmatrix}\right] \tag{3.3.1.47}$$

負の y 方向の 2 重吹き出しについては

$$\left.\begin{aligned} W_\mu(z,\zeta) &= f_0(z) + f_1(z) \\ f_0(z) &= \frac{i}{z-\zeta} \end{aligned}\right\} \tag{3.3.1.48}$$

としておいて式 (3.3.1.10) を用いる．

$$\begin{aligned} \frac{1}{L}\overline{f_0}(z) &= \frac{-i}{D-\mu+i\nu}\frac{1}{z-\bar{\zeta}} \\ &= \frac{1}{D-\mu+i\nu}\int_0^\infty e^{-ik(z-\bar{\zeta})}dk \\ &= i\int_0^\infty \frac{1}{k-\nu-i\mu}\, e^{-ik(z-\bar{\zeta})} \end{aligned} \tag{3.3.1.49}$$

求める波特異関数は以下となる．

$$W_\mu(z,\zeta) = \frac{i}{z-\zeta} + \frac{i}{z-\bar{\zeta}} - 2\nu S_\nu(z-\bar{\zeta}) \tag{3.3.1.50}$$

$$= \frac{i}{z-\zeta} + \frac{i}{z-\bar{\zeta}} - 2\nu e^{-i\nu(z-\bar{\zeta})}\left[E_1(-i\nu(z-\bar{\zeta})) + \begin{Bmatrix} 0 \\ 2\pi i \end{Bmatrix}\right] \tag{3.3.1.51}$$

この式は W_Γ を微分しても得られる．

遠場での $W_\mu(z,\zeta)$ 関数の振る舞いを記しておく．無限前方，後方では

$$W_\mu(z,\zeta) \sim -2\,\frac{\eta+1/\nu}{x^2} + O(\frac{1}{x^3}) + \begin{cases} 0 & as \quad x\to\infty \\ -4\pi\nu i\, e^{-i\nu(z-\bar{\zeta})} & as \quad x\to-\infty \end{cases} \tag{3.3.1.52}$$

無限下方では

$$W_\mu(z,\zeta) \sim 2\,\frac{\eta+1/\nu}{y^2} + O(\frac{1}{y^3}) \quad as \quad y\to-\infty \tag{3.3.1.53}$$

特異点が無限前方，後方にある時は

$$W_\mu(z,\zeta) \sim -2\,\frac{\eta+1/\nu}{\xi^2} + O(\frac{1}{\xi^3}) + \begin{cases} -4\pi\nu i\, e^{-i\nu(z-\bar{\zeta})} & as \quad \xi\to\infty \\ 0 & as \quad \xi\to-\infty \end{cases} \tag{3.3.1.54}$$

特異点が無限下方にある時は

$$W_\mu(z,\zeta) \sim -\frac{2}{\eta} + O(\frac{1}{\eta^2}) \quad as \quad \eta \to -\infty \tag{3.3.1.55}$$

などの振る舞いをする．

この波 2 重吹き出しの作る波の波形は式 (2.3.1.14) より以下となる．

$$\frac{1}{\delta}\eta_\mu(x) = \mathrm{Im}\{W_\mu(x,\zeta)\}$$

$$= \frac{2(x-\xi^*)}{(x-\xi^*)^2+\eta^{*2}} - \mathrm{Im}\{2\nu S_\nu(x-\overline{\zeta})\} \tag{3.3.1.56}$$

$$\sim -4\pi\nu\, e^{\nu\eta}\cos\nu(x-\xi) \quad as \quad x \to -\infty \tag{3.3.1.57}$$

W_μ 関数の導関数，すなわち複素流速は式 (3.1.16) を用いると

$$\frac{dW_\mu}{dz}(z,\zeta) = -\frac{i}{(z-\zeta)^2} - \frac{i}{(z-\overline{\zeta})^2} + 2\nu\frac{1}{z-\overline{\zeta}} + 2i\nu^2 S_\nu(z-\overline{\zeta}) \tag{3.3.1.58}$$

$$= -\frac{i}{(z-\zeta)^2} - \frac{i}{(z-\overline{\zeta})^2} + 2\nu\frac{1}{z-\overline{\zeta}} + 2i\nu^2 e^{-i\nu(z-\overline{\zeta})}\Big[E_1(-i\nu(z-\overline{\zeta})) + \begin{Bmatrix} 0 \\ 2\pi i \end{Bmatrix}\Big] \tag{3.3.1.59}$$

以上で求めてきた 4 種の波特異関数については，本書とは異なるいくつかの導入方法と異なる表示が知られている [3], [2]．それらには Fourier 変換などに関する高度な知識が必要である．本書の方法は，今まで見てきたように特異性に関する積分表示式と演算子法の簡単な公式のみを用いるだけであるので直観的で簡易な方法である．その分，数学的な厳密性に欠けているかも知れないが，結果には誤りはないはずである．

波特異関数の関係

以上の 4 種の波特異関数が満たすいくつかの関係をあげておこう．まず，複素ポテンシャルであるから，特異点位置 $z=\zeta$ を除けば $y<0$ で正則な解析関数であり，各々の実部，虚部は Cauchy-Riemann の関係式を満たし，また，実部，虚部ともに Laplace の方程式を満たしている．

これらはまた，当然，線形自由表面条件 (2.3.1.11) を満たしている．

$$\mathrm{Re}\Big\{\Big[\frac{d^2}{dz^2} + i\nu\frac{d}{dz}\Big]\begin{Bmatrix} W_Q(z,\zeta) \\ W_\Gamma(z,\zeta) \\ W_m(z,\zeta) \\ W_\mu(z,\zeta) \end{Bmatrix}\Big\} = 0 \quad on \quad y=0 \tag{3.3.1.60}$$

あるいは $W_Q(z,\zeta) = S_Q(x,y,\xi,\eta) + iT_Q(x,y,\xi,\eta)$ などと実部，虚部に分解しておくと

$$[\frac{\partial^2}{\partial x^2} + \nu\frac{\partial}{\partial y}]\begin{Bmatrix} S_Q(x,y;\xi,\eta) \\ S_\Gamma(x,y;\xi,\eta) \\ S_m(x,y;\xi,\eta) \\ S_\mu(x,y;\xi,\eta) \end{Bmatrix} = 0 \quad on \quad y = 0 \tag{3.3.1.61}$$

条件 (2.3.1.12) あるいは (3.3.1.1) についても以下がなりたつ．

$$\mathrm{Re}\left\{[\frac{d}{dz} + i\nu]\begin{Bmatrix} W_Q(z,\zeta) \\ W_\Gamma(z,\zeta) \\ W_m(z,\zeta) \\ W_\mu(z,\zeta) \end{Bmatrix}\right\} = 0 \quad on \quad y = 0 \tag{3.3.1.62}$$

あるいは

$$[\frac{\partial}{\partial y} - \nu]\begin{Bmatrix} T_Q(x,y;\xi,\eta) \\ T_\Gamma(x,y;\xi,\eta) \\ T_m(x,y;\xi,\eta) \\ T_\mu(x,y;\xi,\eta) \end{Bmatrix} = 0 \quad on \quad y = 0 \tag{3.3.1.63}$$

ただし，前述のように，波吹き出し $W_Q(z,\zeta)$ に関してはその対数関数部 $\log(z-\zeta)$ 部の分岐線が x 軸上の $x = x_C$ 点を横切っている場合には上式は $x = x_C$ 点において以下のようなジャンプが生じることに注意する．

$$\mathrm{Re}\left\{[\frac{d}{dz} + i\nu]\,W_Q(z,\zeta)\right\} = \begin{cases} 0 & for \quad x > x_C \\ 2\pi\nu & for \quad x < x_C \end{cases} \quad on \quad y = 0 \tag{3.3.1.64}$$

$$[\frac{\partial}{\partial y} - \nu]\,T_Q(x,y;\xi,\eta) = \begin{cases} 0 & for \quad x > x_C \\ 2\pi\nu & for \quad x < x_C \end{cases} \quad on \quad y = 0 \tag{3.3.1.65}$$

さらに以下のいくつかの関係を容易に確かめることができる．まず前述のように

$$\left.\begin{aligned} \frac{d}{dz}W_Q(z,\zeta) &= -W_m(z,\zeta) \\ \frac{d}{dz}W_\Gamma(z,\zeta) &= -W_\mu(z,\zeta) \end{aligned}\right\} \tag{3.3.1.66}$$

また $\zeta=\xi+i\eta$ に関して Cauchy-Riemann の関係式と類似した関係がある．

$$\left.\begin{aligned}
\frac{\partial}{\partial\xi}W_Q &= \frac{\partial}{\partial\eta}W_\Gamma = -\frac{d}{dz}W_Q = W_m\\
\frac{\partial}{\partial\xi}W_\Gamma &= -\frac{\partial}{\partial\eta}W_Q = -\frac{d}{dz}W_\Gamma = W_\mu\\
\frac{\partial}{\partial\xi}W_m &= \frac{\partial}{\partial\eta}W_\mu = -\frac{d}{dz}W_m\\
\frac{\partial}{\partial\xi}W_\mu &= -\frac{\partial}{\partial\eta}W_m = -\frac{d}{dz}W_\mu
\end{aligned}\right\} \tag{3.3.1.67}$$

これらの波特異関数は $y=0$ で線形自由表面条件を満たしていることは前述したが，$\eta=0$ においても類似の関係がある．

$$\left.\begin{aligned}
(\frac{\partial^2}{\partial\xi^2}+\nu\frac{\partial}{\partial\eta})W_Q(z,\zeta)=0\\
(\frac{\partial^2}{\partial\xi^2}+\nu\frac{\partial}{\partial\eta})W_m(z,\zeta)=0\\
(\frac{\partial}{\partial\eta}-\nu)W_\Gamma(z,\zeta)=0\\
(\frac{\partial}{\partial\eta}-\nu)W_\mu(z,\zeta)=0
\end{aligned}\right\}\quad for\quad \eta=0 \tag{3.3.1.68}$$

水面上（$\zeta=0$）に置かれた波吹き出しの特異性は他の波特異関数と異なった性質を有するので少し調べておく．$z=\epsilon e^{i\theta}$ とおき $\epsilon\to 0$ の時

$$W_Q(z,0)\to -2(\gamma+\log\nu)+\pi i+O(\epsilon) \tag{3.3.1.69}$$

で特異性はないが複素流速は

$$\frac{d}{dz}W_Q(z,0)\to 2i\nu\log\nu z+\nu(\pi+2i\gamma)+O(\epsilon) \tag{3.3.1.70}$$

となって，x,y 方向流速 u,v は以下のようになり，u は近づき角 θ により一定値とならない．

$$\left.\begin{aligned}
u &\sim -\nu(2\theta-\pi)\\
v &\sim -2\nu(\gamma+\log\epsilon\nu)
\end{aligned}\right\} \tag{3.3.1.71}$$

こうした特異性を弱い特異性（weak singularity）と呼ぶこともある．後にこれらの関係を理解しやすいように3次元プロットで示している．なお，分岐線の角度は $\pi/2$ としている．

各波特異関数の無限下流の漸近形を比較すれば，例えば $W_m-\nu W_\Gamma$ などの組は下流で波動が打ち消しあっていわゆる波なしの状態となる場合があることを指摘しておく．

波渦の区間積分

物体上の流速を未知数とする問題では波渦特異点 $W_\Gamma(z,\zeta)$ を物体表面上に分布させる解法があり，その場合には $W_\Gamma(z,\zeta)$ を小区間上で積分しておくと便利である．積分の区間を

$$\Delta\zeta = \zeta_2 - \zeta_1 = e^{i\alpha}\Delta s$$

として，積分を以下と書いておく．

$$\int_{\Delta s} W_\Gamma(z,\zeta)ds = W_{\Gamma_{int}}(z,\zeta_2,\zeta_1) \tag{3.3.1.72}$$

この積分は容易にできて（式 (3.1.17) 参照）

$$W_{\Gamma_{int}}(z,\zeta_2,\zeta_1) = \Big[ie^{-i\alpha}(z-\zeta)\{\log(z-\zeta)-1\} - ie^{i\alpha}(z-\overline{\zeta})\{\log(z-\overline{\zeta})-1\} + \frac{2}{\nu}e^{i\alpha}\{\log(z-\overline{\zeta}) + S_\nu(z-\overline{\zeta})\}\Big]_{\zeta_1}^{\zeta_2} \tag{3.3.1.73}$$

このように式の表示は比較的簡単に見えるが，後述（3.3.4 小節）のように対数関数の分岐線のとり方に注意が必要になる．また，ζ_1 と ζ_2 は入れ替え可能である．

$$W_{\Gamma_{int}}(z,\zeta_2,\zeta_1) = W_{\Gamma_{int}}(z,\zeta_1,\zeta_2) \tag{3.3.1.74}$$

ζ_1 と ζ_2 が x 軸上にある時（$\zeta_1 = \xi_1$, $\zeta_2 = \xi_2$, $\alpha = 0$ すなわち $\xi_1 < \xi_2$）は以下と一致する．

$$W_{\Gamma_{int}}(z,\xi_2,\xi_1) = \frac{1}{\nu}\Big[W_Q(z,\xi)\Big]_{\xi_1}^{\xi_2} \tag{3.3.1.75}$$

上記関数の誘導流速を次のように書いておくと

$$\frac{d}{dz}\int_{\Delta s} W_\Gamma(z,\zeta)ds = V_{\Gamma_{int}}(z,\zeta_2,\zeta_1) \tag{3.3.1.76}$$

$V_{\Gamma_{int}}$ 関数は以下となる．

$$V_{\Gamma_{int}}(z,\zeta_2,\zeta_1) = \Big[ie^{-i\alpha}\log(z-\zeta) - ie^{i\alpha}\log(z-\overline{\zeta}) - 2ie^{i\alpha}S_\nu(z-\overline{\zeta})\Big]_{\zeta_1}^{\zeta_2} \tag{3.3.1.77}$$

この関数は $\alpha = 0,\ \pm\pi/2,\ \pm\pi$ で各々 $-\Big[W_\Gamma(z,\zeta)\Big]_{\zeta_1}^{\zeta_2}$，$\pm\Big[W_Q(z,\zeta)\Big]_{\zeta_1}^{\zeta_2}$，$\Big[W_\Gamma(z,\zeta)\Big]_{\zeta_1}^{\zeta_2}$ と一致し，また右辺第 1 項の ζ_1 点，ζ_2 点からの無限遠に達する分岐線は，屈折させて統合することにより除去可能である．

波特異関数の流線，等ポテンシャル線と水面波形

以上示してきた各波特異関数（複素核関数）の流線，等ポテンシャル線，波形などを以下に図で示す．

波吹き出し $W_Q(z,\zeta)$ による流線と等ポテンシャル線を図 3.3.1.1 に示す．吹き出しは $\zeta = -i$ の位置にあり，波数は $\nu = 1$ としている．吹き出し点より放射線状に出ている線が流線で，それ

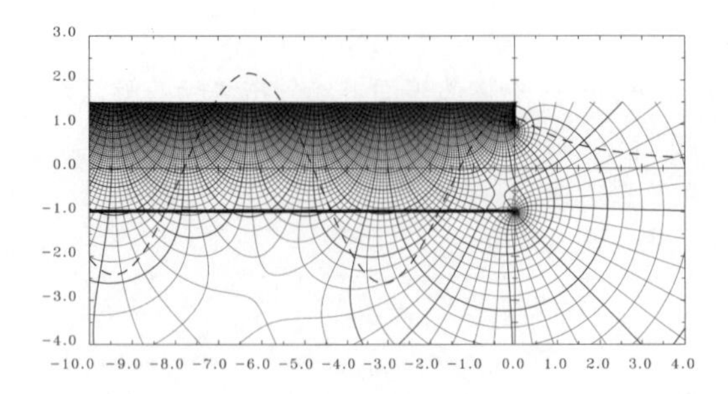

図 3.3.1.1. $W_Q(z,\zeta)$ の流線と等ポテンシャル線（$\nu = 1,\ \theta_{cut} = \pi,\ \varDelta\Psi = \pi/10,\ 1/2\,\eta(x)/\delta$）

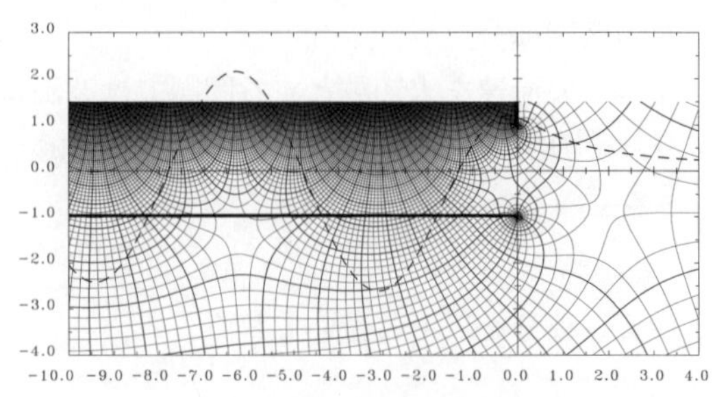

図 3.3.1.2. $-z + W_Q(z,\zeta)$ の流線と等ポテンシャル線（$\nu = 1,\ \theta_{cut} = \pi,\ \varDelta\Psi = \pi/10,\ 1/2\,\eta(x)/\delta$）

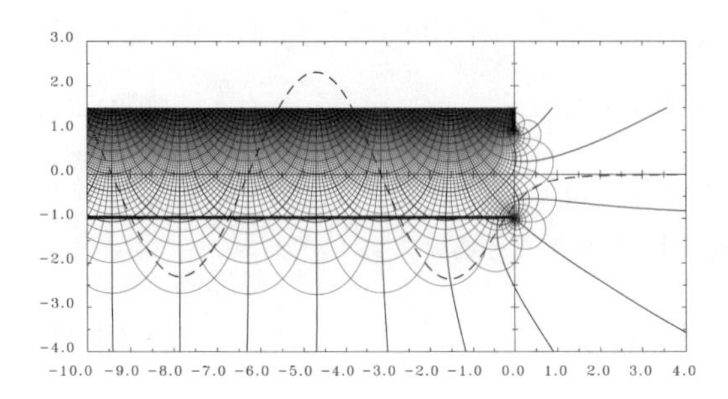

図 3.3.1.3. $W_\Gamma(z,\zeta)$ の流線と等ポテンシャル線（$\nu = 1,\ \theta_{cut} = \pi,\ \varDelta\Psi = \pi/10,\ 1/2\,\eta(x)/\delta$）

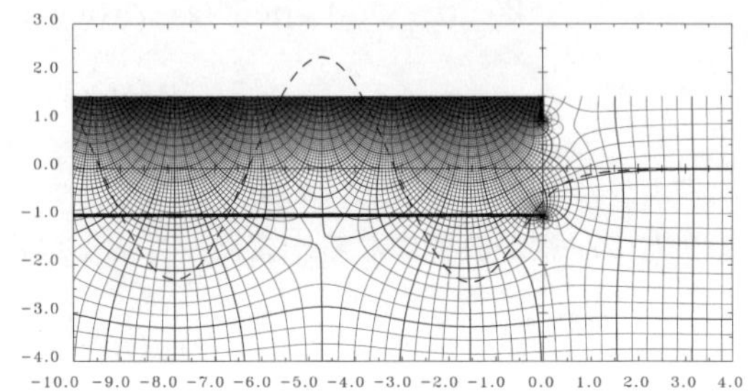

図 3.3.1.4. $-z + W_\Gamma(z,\zeta)$ の流線と等ポテンシャル線（$\nu = 1,\ \theta_{cut} = \pi,\ \varDelta\Psi = \pi/10,\ 1/2\,\eta(x)/\delta$）

らに直交し吹き出し点を囲むような線が等ポテンシャル線である．各線の間隔は流れ関数，速度ポテンシャルともに $\pi/10$ としている．本来，理論は下半面（$y < 0$）のみを対象としているが，$y \geqq 0$ の領域に（$\zeta = 1$ を除けば）解析接続可能であるので $y = 1.5$ まで広げた領域を示してある．破線は波高の 1/2 の値を示している．上流（$x > 0$）には波動はなく下流にのみ認められる．対数関数 $\log(z-\zeta)$ の分岐線は無限下流にとってある（分岐線の角度 $\theta_{cut} = \pi$）．$\log(z-\overline{\zeta})$，S_κ 関数に含まれる対数関数の分岐線は無限上方（$\theta_{cut} = \pi/2$）としている．波吹き出しに一様流（$-z$）を付け加えた時の流線等を図 3.3.1.2 に示す．特異点から吹き出た流線が一様流とぶつかり下流に追い流されている様子がわかる．波形は破線にて示してある．

$\zeta = -i$ に置かれた波渦 $W_\Gamma(z,\zeta)$ の流線等を図 3.3.1.3 に示す．$\nu = 1$ とし $\log(z-\zeta)$ の分岐線は無限下流としている．$\zeta = -i$ を中心として円状に囲んでいる線群が流線である．分岐線上下で速度ポテンシャルの値は 2π だけ不連続であることが読み取れる．波渦を一様流中に置いた場合を図 3.3.1.4 に示す．$\zeta = -i$ に翼型を置いたような流線が見られる．

翼型に関する問題を扱う時，分岐線を翼型上の点（ζ）から翼型内部のある点（ζ_M）を通り，さらに翼型の後縁（ζ_E）を通るように屈曲させると都合が良い場合が多い．そこで特異点位置（$\zeta = -i$）から $\zeta_M = (-0.75, -0.75)$，$\zeta_E = (-1, -1.5)$ を通り無限下流までを分岐線とする場合の波渦の流線，等ポテンシャル線を図 3.3.1.5 に，一様流中のものを図 3.3.1.6 に示した．共に，速度ポテンシャルの値がジャンプする位置は変わっても，流れそのものは各々図 3.3.1.3, 3.3.1.4 と

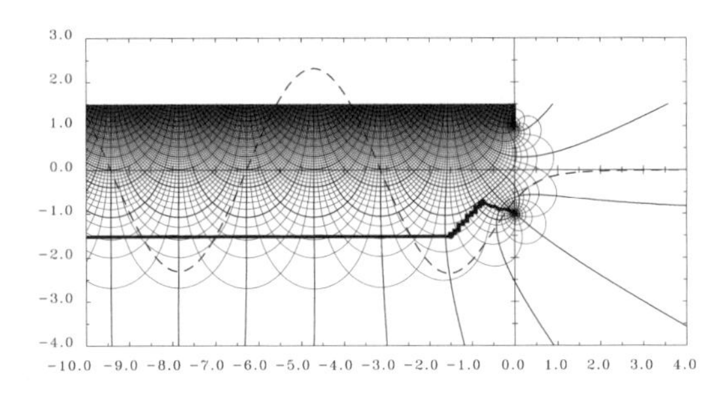

図 3.3.1.5. 水中翼用の $W_{\Gamma}(z,\zeta)$ の流線と等ポテンシャル線（$\nu = 1$, $\theta_{cut} = \pi$, $\varDelta\Psi = \pi/10$）

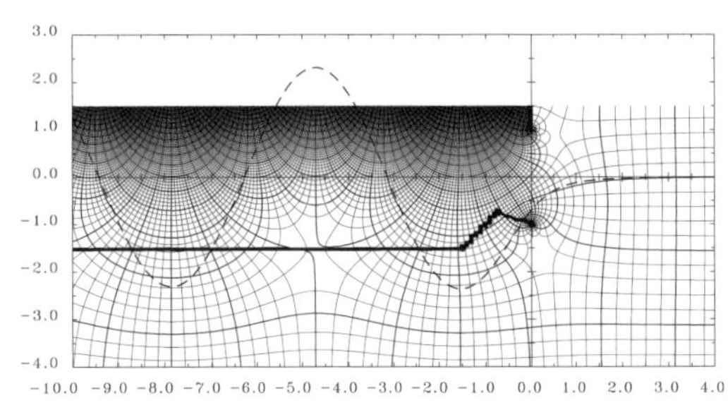

図 3.3.1.6. 同 $-z + W_{\Gamma}(z,\zeta)$ の流線と等ポテンシャル線（$\nu = 1$, $\theta_{cut} = \pi$, $\varDelta\Psi = \pi/10$）

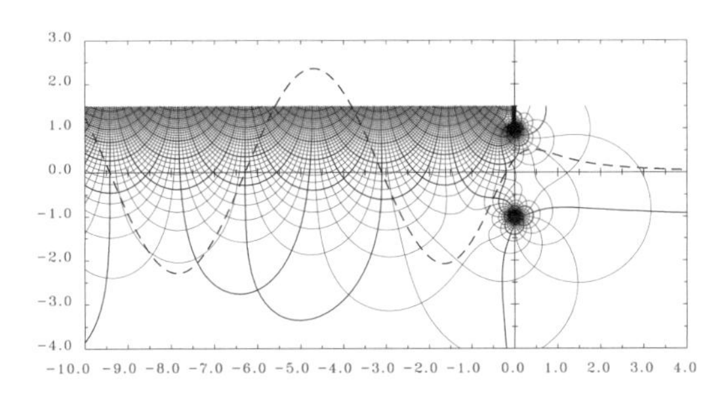

図 3.3.1.7. $W_m(z,\zeta)$ の流線と等ポテンシャル線（$\nu = 1$, $\varDelta\Psi = 2\pi/10$）

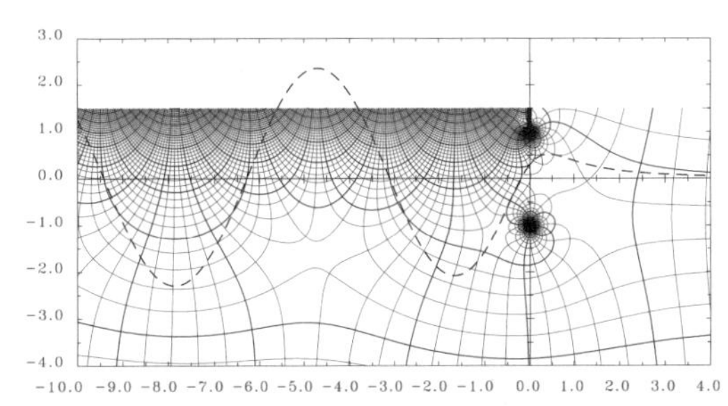

図 3.3.1.8. $-z + W_m(z,\zeta)$ の流線と等ポテンシャル線（$\nu = 1$, $\varDelta\Psi = 2\pi/10$）

同一であることがわかる．対数関数の分岐線を直線からこのように変形させると数値計算が複雑になる．3.3.4 小節にこうした分岐線の場合分けに関する計算プログラムの指針を示した．

次に，x, y 方向の波 2 重吹き出し $W_m(z,\zeta), W_\mu(z,\zeta)$ 及び一様流中に置かれたそれらの特異点周りの流線等を図 3.3.1.7 - 3.3.1.10 に示した．

境界値問題を境界積分方程式法（5 章）で解く時，物体表面上の波渦分布の形にして解く場合がある．$\Delta\zeta = \zeta_2 - \zeta_2$ を物体表面の線素とし，ζ_M を物体内部の点，ζ_E を後縁位置と仮定して $W_{\Gamma_{int}}(z,\zeta_1,\zeta_2)$ 関数周りの流線等を図 3.3.1.11 に示す（$W^{HF}_{\Gamma_{int}}(z,\zeta_2,\zeta_1)$ と記す）．点 ζ_1, ζ_2 から出る分岐線を ζ_M でまとめ ζ_M, ζ_E 間の線，及び ζ_E から無限下流までの線を分岐線としている．ζ_1, ζ_2, ζ_M で囲まれた 3 角形領域の外では妥当な流線群が得られている．一様流を加えたものを図 3.3.1.12 に示す．これだけでも水中翼周りの流れを思わせる流れとなっている．分岐線の扱いはやはり 3.3.4 小節を参照のこと．

以上は全没物体に便利な関数であったが，半没物体に関しては図 3.3.1.13, 3.3.1.14 のように ζ_M から無限上方に分岐線をとる方式が便利な場合もある（$W^{NK}_{\Gamma_{int}}(z,\zeta_2,\zeta_1)$ と記す）．

半没物体を扱う時，水面上に置かれた特異点の特異性が問題となることがある．水面（$\zeta = 0$）に置いた波吹き出し特異点，その流速（x 方向波 2 重吹き出し），波渦特異点とその流速（y 方向波 2 重吹き出し）の流線等を各々図 3.3.1.15 - 3.3.1.18 に示す．波吹き出しのみが $z = 0$ 付近に他の特異点（波 2 重吹き出しは省略）と異なり強い特異性を有しないことがわかる．図 3.3.1.21, 3.3.1.22 に波吹き出し特異関数の実虚部の原点付近の振る舞いを 3 次元プロットした．なお，

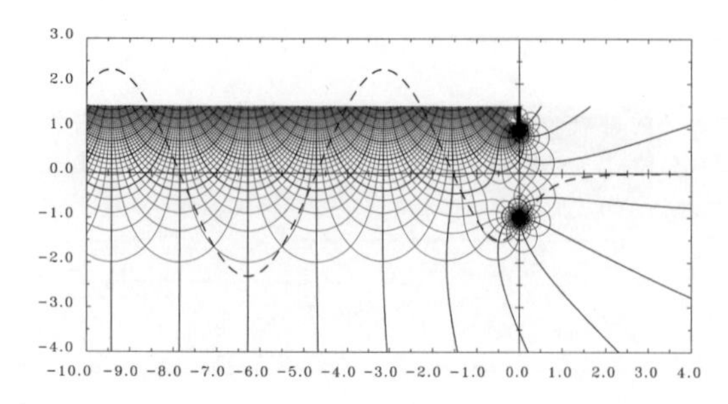

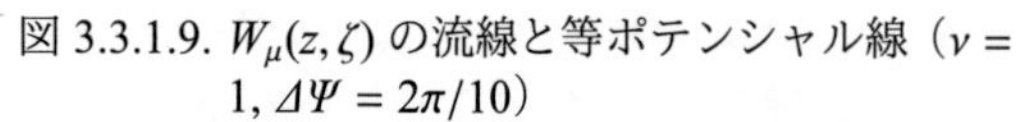
図 3.3.1.9. $W_\mu(z,\zeta)$ の流線と等ポテンシャル線（$\nu = 1, \varDelta\Psi = 2\pi/10$）

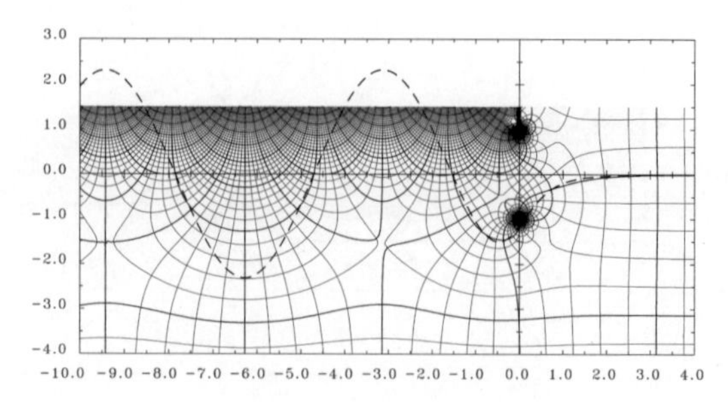

図 3.3.1.10. $-z + W_\mu(z,\zeta)$ の流線と等ポテンシャル線（$\nu = 1, \varDelta\Psi = 2\pi/10$）

対数関数の分岐線は原点より上方としている．原点付近で実部（速度ポテンシャル）は連続，虚部（流れ関数）は分岐線に沿って不連続であることがわかる．その x 方向流速（速度ポテンシャルの x 方向傾斜）は図 3.3.1.23 より原点に近づく方向により，値が異なることがわかり，式 (3.3.1.71) が確かめられる．同式による y 方向流速は原点付近で対数関数的に発散していることが図 3.3.1.24 により確かめられる．

波渦分布 $W_{\Gamma_{int}}$ の端点が水面上にある（$\zeta_1 = 0$）時，特異性を調べると図 3.3.1.19 のごとくなり，物体の外側（$z = 0$）付近は正則でまったく特異性は見られない．それの誘導速度も図 3.3.1.20 に示すように $z = 0$ 付近では正則である．

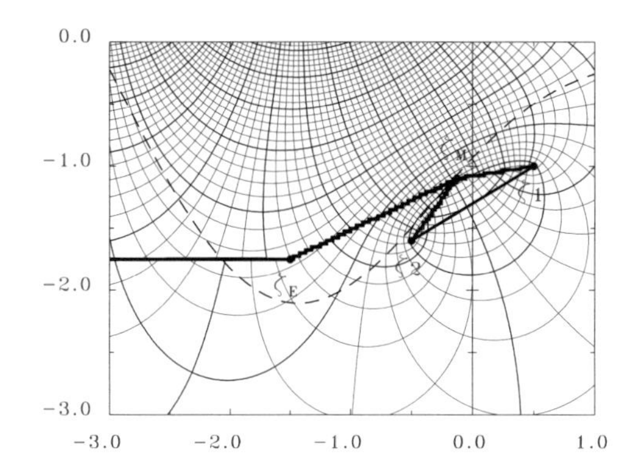

図 3.3.1.11. $W^{HF}_{\Gamma_{int}}(z,\zeta_2,\zeta_1)$ の流線と等ポテンシャル線（$\nu = 1, \theta_{cut} = \pi, \varDelta\Psi = \pi/20$）

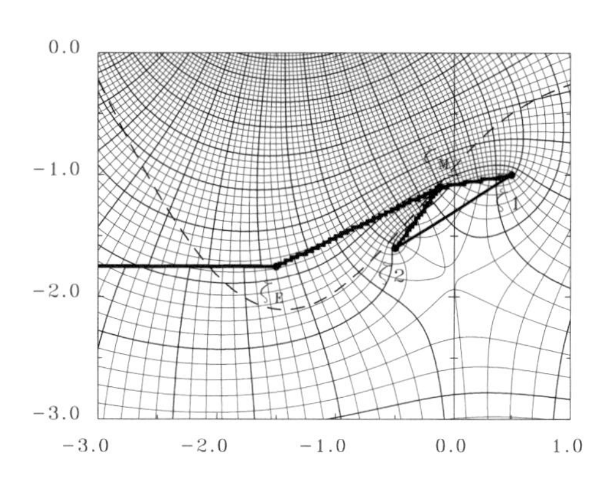

図 3.3.1.12. $-z+W^{HF}_{\Gamma_{int}}(z,\zeta_2,\zeta_1)$ の流線と等ポテンシャル線（$\nu = 1,\ \theta_{cut} = \pi, \varDelta\Psi = \pi/20$）

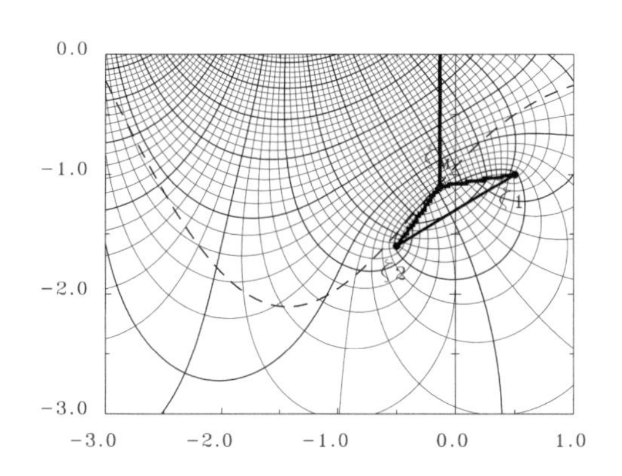

図 3.3.1.13. $W^{NK}_{\Gamma_{int}}(z,\zeta_2,\zeta_1)$ の流線と等ポテンシャル線（$\nu = 1,\ \theta_{cut} = \pi/2,\ \varDelta\Psi = \pi/20$）

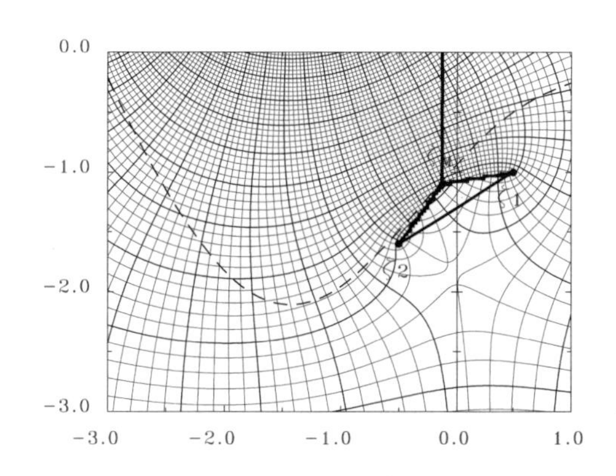

図 3.3.1.14. $-z+W^{NK}_{\Gamma_{int}}(z,\zeta_2,\zeta_1)$ の流線と等ポテンシャル線（$\nu = 1,\ \theta_{cut} = \pi/2,\ \varDelta\Psi = \pi/20$）

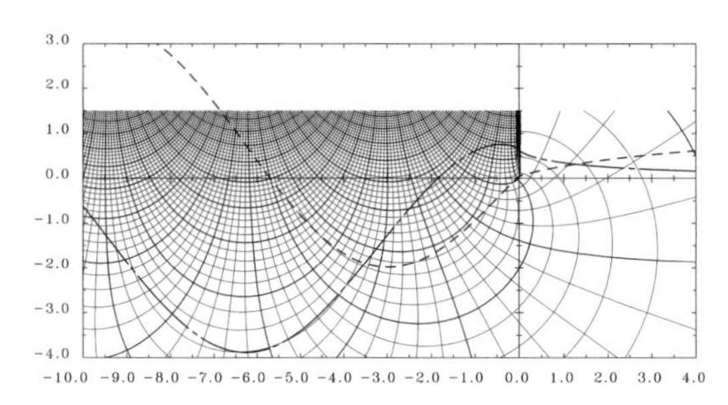

図 3.3.1.15. $W_Q(z,(0,0))$ の流線と等ポテンシャル線（$\nu = 0.5,\ \theta_{cut} = \pi/2,\ \varDelta\Psi = 2\pi/10$）

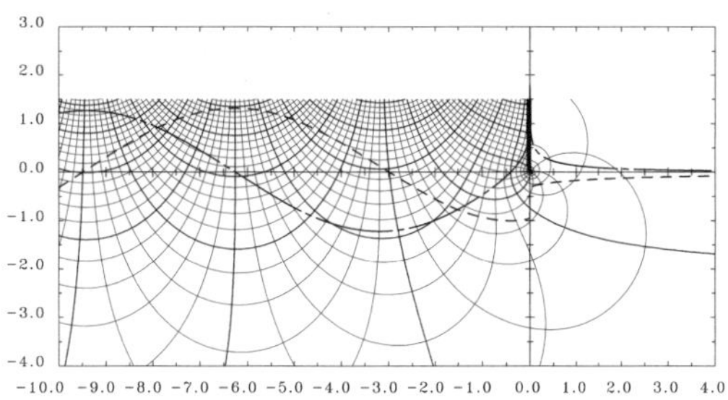

図 3.3.1.16. $-dW_Q/dz(z,(0,0))$ の流線と等ポテンシャル線（$\nu = 0.5,\ \varDelta\Psi = 2\pi/10$）

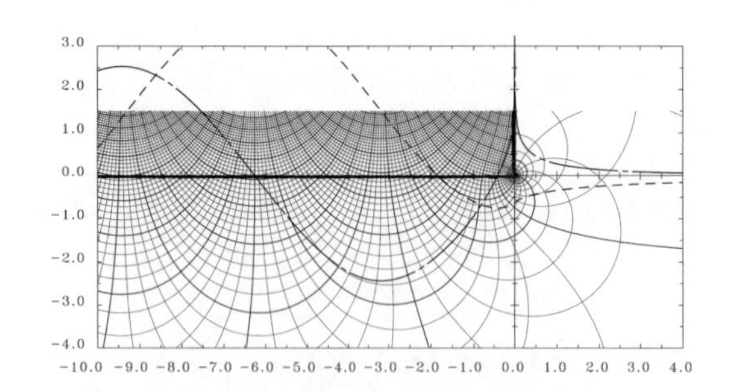

図 3.3.1.17. $W_{\Gamma}(z,(0,0))$ の流線と等ポテンシャル線（$\nu = 0.5$, $\theta_{cut} = \pi$, $\varDelta\Psi = 2\pi/10$）

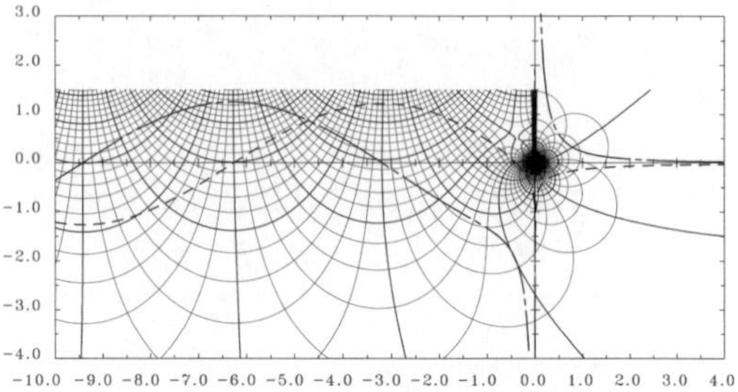

図 3.3.1.18. $-dW_{\Gamma}/dz(z,(0,0))$ の流線と等ポテンシャル線（$\nu = 0.5$, $\varDelta\Psi = 2\pi/10$）

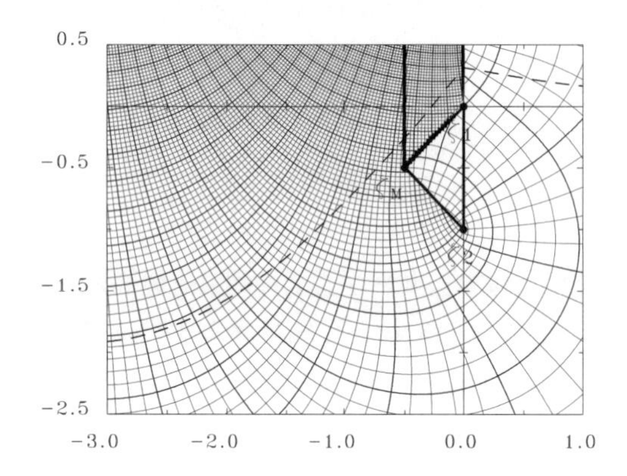

図 3.3.1.19. $W^{NK}_{\Gamma_{int}}(z,\zeta_2,(0,0))$ の流線と等ポテンシャル線（$\nu = 0.5$, $\theta_{cut} = \pi/2$, $\varDelta\Psi = \pi/20$）

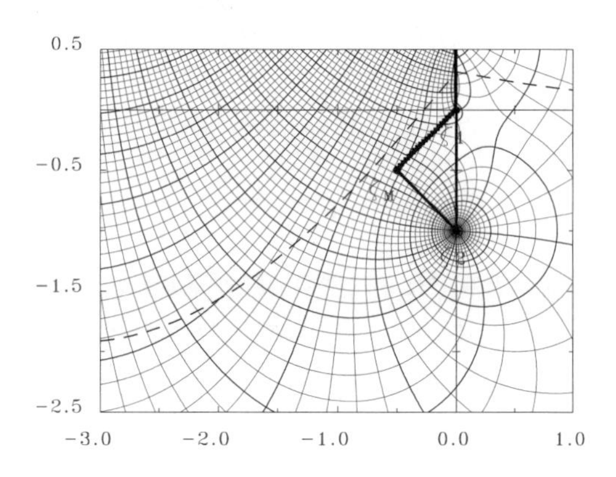

図 3.3.1.20. $V^{NK}_{\Gamma_{int}}(z,\zeta_2,(0,0))$ の流線と等ポテンシャル線（$\nu = 0.5$, $\varDelta\Psi = \pi/20$）

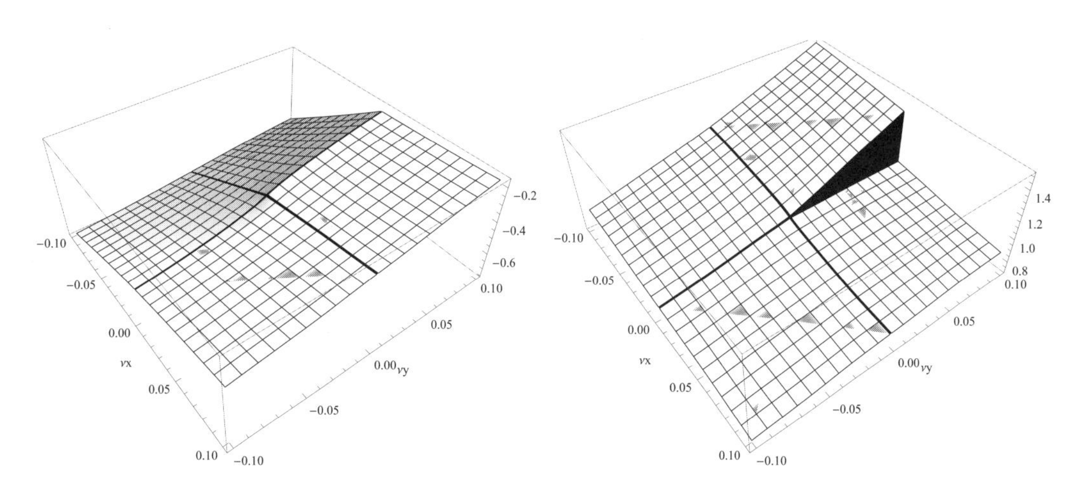

図 3.3.1.21. $\frac{1}{\pi}\mathtt{Re}\{W_Q(z,(0,0))\}$ の 3 次元プロット

図 3.3.1.22. $\frac{1}{\pi}\mathtt{Im}\{W_Q(z,(0,0))\}$ の 3 次元プロット

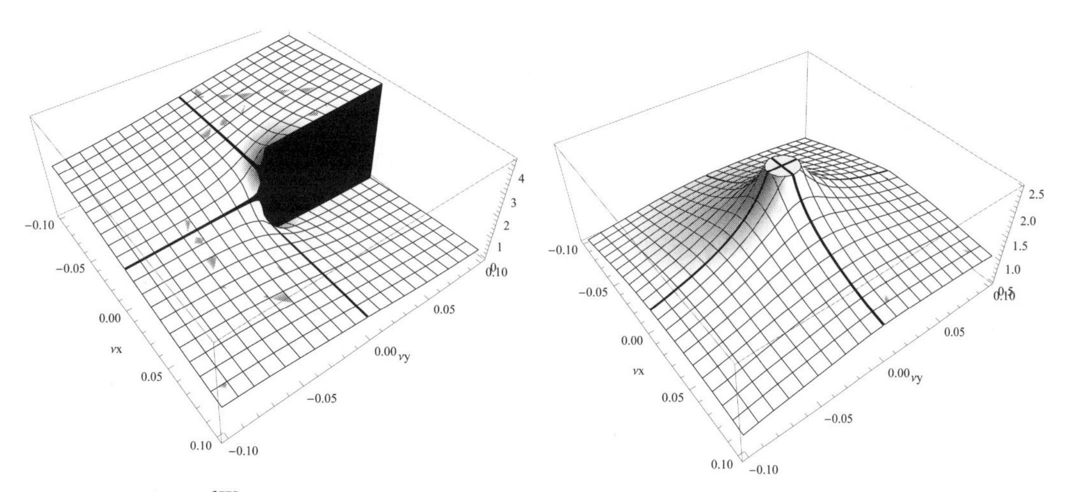

図 3.3.1.23. $\frac{1}{\pi\nu}\mathtt{Re}\{\frac{dW_Q}{dz}(z,(0,0))\}$ の 3 次元プロット

図 3.3.1.24.$-\frac{1}{\pi\nu}\mathtt{Im}\{\frac{dW_Q}{dz}(z,(0,0))\}$ の 3 次元プロット

3.3.2 II. 周期的波浪中問題（一様流なし）における波特異関数

波吹き出し特異関数

この節では標記の問題における波特異関数を求めることにする．まず波吹き出し特異関数を求める．

$$W_{Q_\omega}(z,\zeta,t) = \mathrm{Re}_j\{W_Q(z,\zeta)e^{j\omega t}\} \tag{3.3.2.1}$$

$W_Q(z,\zeta)$ は点 ζ に吹き出しの特異性を有し，線形自由表面条件 (2.3.2.19) を満たす波特異関数であるものとする．以下と置いておく．

$$\left.\begin{aligned} W_Q(z,\zeta) &= f_0(z) + f_1(z) \\ f_0(z) &= \log(z-\zeta) \end{aligned}\right\} \tag{3.3.2.2}$$

この波吹き出し特異関数は自由表面条件を満たすから

$$\mathrm{Re}\{L\,W_Q(z,\zeta)\} = 0 \qquad on\ \ y=0 \tag{3.3.2.3}$$

ここで

$$L = \kappa - iD - j\mu \qquad (\,\kappa = \omega^2/g,\ D = \frac{d}{dz},\ \mu \to +0\,) \tag{3.3.2.4}$$

なお μ は前述した仮想摩擦係数で，波動は外側へ放射するもののみを許すという放射条件を示している．なぜこうすると放射条件を満たすのかということは以下の演算の結果明らかとなる．

式 (3.3.2.2) の $f_1(z)$ 関数が

$$L\,f_1(z) = -\overline{L}\,\overline{f}_0(z) \tag{3.3.2.5}$$

を満たしているとすると

$$L\,W_Q(z,\zeta) = L\,f_0(z) + L\,f_1(z) \tag{3.3.2.6}$$

$$= L\,f_0(z) - \overline{L}\,\overline{f}_0(z) \tag{3.3.2.7}$$

となるので $y=0$ における自由表面条件 (3.3.2.3) を満たすことがわかる．したがって $f_1(z)$ 関数は形式的に以下と書ける．

$$f_1(z) = -\frac{\overline{L}}{L}\overline{f}_0(z) \tag{3.3.2.8}$$

ここで

$$\begin{aligned} \overline{L} &= \kappa + iD = L + 2iD \\ &= 2\kappa - L \end{aligned} \tag{3.3.2.9}$$

であるから次の 2 つの表示が可能である．

$$W_Q(z,\zeta) = f_0(z) - \overline{f}_0(z) - \frac{2iD}{L}\overline{f}_0(z) \tag{3.3.2.10}$$

$$= f_0(z) + \overline{f}_0(z) - \frac{2\kappa}{L}\overline{f}_0(z) \tag{3.3.2.11}$$

ここでは上の式 (3.3.2.10) を用いる．式 (3.1.1) を用いると右辺第 3 項は以下と変形できる．

$$
\begin{aligned}
-\frac{2iD}{L}\log(z-\overline{\zeta}) &= -\frac{2i}{L}\frac{1}{z-\overline{\zeta}} \\
&= \frac{2}{\kappa - iD - j\mu}\int_0^{\infty} e^{-ik(z-\overline{\zeta})}dk \\
&= -\int_0^{\infty}\frac{2}{k-\kappa+j\mu}e^{-ik(z-\overline{\zeta})}dk
\end{aligned} \tag{3.3.2.12}
$$

変数 k を，虚数単位を j とする複素平面 $k = k^C + jk^S$ と見なした時，上式は $k = \kappa - j\mu$ に（留数の）特異性があるから留数部分を抜き出すと以下となる．

$$
= 2\pi j e^{-i\kappa(z-\overline{\zeta})} - ⨍_0^{\infty}\frac{2}{k-\kappa}e^{-ik(z-\overline{\zeta})}dk \tag{3.3.2.13}
$$

右辺の積分記号は主値積分を示している（図 3.3.2.1 の a 図），次に $k = k^C + ik^S$ と i を虚数単位とする複素平面を考えて，$\mathrm{Re}\{z-\overline{\zeta}\} = x - \xi$ の正負により図の b, c のごとく積分路を変更する．

$$
= 2\pi j e^{-i\kappa(z-\overline{\zeta})} + \begin{cases} +2\pi i e^{-i\kappa(z-\overline{\zeta})} - \displaystyle\int_0^{-i\infty}\frac{2}{k-\kappa}e^{-ik(z-\overline{\zeta})}dk \\ -2\pi i e^{-i\kappa(z-\overline{\zeta})} - \displaystyle\int_0^{i\infty}\frac{2}{k-\kappa}e^{-ik(z-\overline{\zeta})}dk \end{cases} \tag{3.3.2.14}
$$

右辺第 1，2 項は複号を $x-\xi$ の正負に対応させると以下と書ける．

$$
\pm 2\pi i(1 \mp ij)\,e^{-i\kappa(z-\overline{\zeta})} \tag{3.3.2.15}
$$

a） 0 κ k

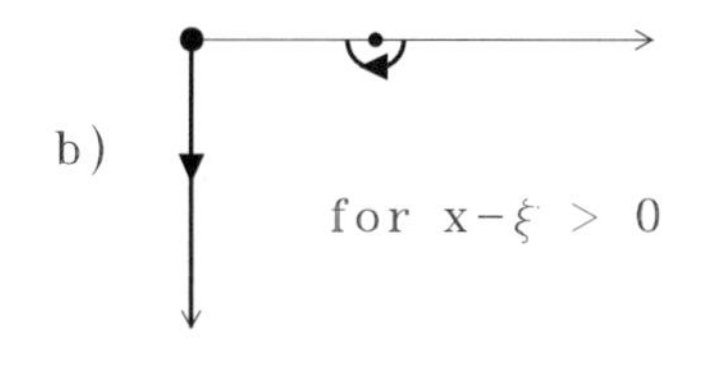

c） for x−ξ < 0

図 3.3.2.1. 積分路の変更

右辺第 3 項の積分項については $i(k-\kappa)(z-\overline{\zeta}) = u$ とおき，以下の関係

$$
\frac{du}{u} = \frac{dk}{k-\kappa}, \quad -ik(z-\overline{\zeta}) = -u - i\kappa(z-\overline{\zeta})
$$

及び $k = 0 \sim \mp\infty i$ で $u = -i\kappa(z-\overline{\zeta}) \sim \infty$ を考慮すると 3.1 節で述べた指数積分関数を用いて以下を得る．

$$
\begin{aligned}
-\frac{2iD}{L}\log(z-\overline{\zeta}) &= \pm 2\pi i(1 \mp ij)\,e^{-i\kappa(z-\overline{\zeta})} - 2\,e^{-i\kappa(z-\overline{\zeta})}\int_{-i\kappa(z-\overline{\zeta})}^{\infty}\frac{1}{u}e^{-u}du \\
&= \pm 2\pi i(1 \mp ij)\,e^{-i\kappa(z-\overline{\zeta})} - 2\,e^{-i\kappa(z-\overline{\zeta})}E_1(-i\kappa(z-\overline{\zeta})) \\
&= -2S_{\kappa}(z-\overline{\zeta})
\end{aligned} \tag{3.3.2.16}
$$

ここで以下と置いている（複号は $x \gtrless 0$ に対応する）．

$$S_\kappa(z) = \int_0^\infty \frac{1}{k - \kappa + j\mu} e^{-ikz} dk = e^{-i\kappa z}\left[E_1(-i\kappa z) \mp \pi i(1 \mp ij)\right] \tag{3.3.2.17}$$

上の関数を j に関する実部（in phase 成分），虚部（out of phase 成分）に分解しておくと

$$S_\kappa(z) = S_\kappa^C(z) + jS_\kappa^S(z) \tag{3.3.2.18}$$

$$\left.\begin{aligned} S_\kappa^C(z) &= e^{-i\kappa z}\left[E_1(-i\kappa z) \mp \pi i\right] \\ S_\kappa^S(z) &= -\pi\, e^{-i\kappa z} \end{aligned}\right\} \tag{3.3.2.19}$$

以上をまとめると波吹き出し特異関数として以下を得る．

$$\begin{aligned} W_Q(z,\zeta) &= \log\frac{z-\zeta}{z-\bar{\zeta}} - 2S_\kappa(z-\bar{\zeta}) \\ &= \log\frac{z-\zeta}{z-\bar{\zeta}} - 2\,e^{-i\kappa(z-\bar{\zeta})}[E_1(-i\kappa(z-\bar{\zeta})) \mp \pi i(1 \mp ij)] \end{aligned} \tag{3.3.2.20}$$

上式を式 (3.3.2.1) に代入し式 (2.3.2.2) の第 1 式の関係を用いると

$$\begin{aligned} W_{Q_\omega}(z,\zeta;t) &= \mathrm{Re}_j\{W_Q(z,\zeta)\,e^{j\omega t}\} \\ &= \left[\log\frac{z-\zeta}{z-\bar{\zeta}} - 2\,e^{-i\kappa(z-\bar{\zeta})}E_1(-i\kappa(z-\bar{\zeta}))\right]\cos\omega t \pm 2\pi i\, e^{-i\kappa(z-\bar{\zeta})\pm i\omega t} \end{aligned} \tag{3.3.2.21}$$

右辺第 2 項の波動項の指数部は $x \to \pm\infty$ で $\kappa x \pm \omega t$ の形をしているから 2.1 節で示したように外側へ出ていく波動となり放射条件を満たしていることがわかる．式 (3.3.2.4) の仮想摩擦係数を負値とすると $\kappa x \mp \omega t$ の形となり放射条件を満たさない．これが $\mu \to +0$ とした理由である．

吹き出し特異関数 W_Q を時間系の虚数単位 j に関する実部（in-phase 成分），虚部（out-of-phase 成分）に分解しておく．

$$W_Q(z,\zeta) = W_Q^C(z,\zeta) + j\,W_Q^S(z,\zeta) \tag{3.3.2.22}$$

この時

$$\left.\begin{aligned} W_Q^C(z,\zeta) &= \log\frac{z-\zeta}{z-\bar{\zeta}} - 2S_\kappa^C(z-\bar{\zeta}) \\ &= \log\frac{z-\zeta}{z-\bar{\zeta}} - 2\,e^{-i\kappa(z-\bar{\zeta})}[E_1(-i\kappa(z-\bar{\zeta})) \mp \pi i] \\ W_Q^S(z,\zeta) &= -2S_\kappa^S(z-\bar{\zeta}) \\ &= 2\pi\, e^{-i\kappa(z-\bar{\zeta})} \end{aligned}\right\} \tag{3.3.2.23}$$

次に吹き出し特異関数 W_Q を座標系の虚数単位 i に関する実部（速度ポテンシャル），虚部（流れ関数）に分解しておく．

$$W_Q(z,\zeta) = S_Q(x,y,\xi,\eta) + i\,T_Q(x,y,\xi,\eta)$$

ここで $z = x + iy, \zeta = \xi + i\eta$ としている．便宜上以下の表記が許されるものとしておく．

$$= S_Q(z,\zeta) + i\,T_Q(z,\zeta) \tag{3.3.2.24}$$

さらに S_Q, T_Q 関数を in-phase 成分と out-of-phase 成分に分解しておく．

$$\left.\begin{aligned} S_Q(z,\zeta) &= S_Q^C(z,\zeta) + j\,S_Q^S(z,\zeta) \\ T_Q(z,\zeta) &= T_Q^C(z,\zeta) + j\,T_Q^S(z,\zeta) \end{aligned}\right\} \tag{3.3.2.25}$$

すなわち

$$\left.\begin{aligned} W_Q^C(z,\zeta) &= S_Q^C(z,\zeta) + i\,T_Q^C(z,\zeta) \\ W_Q^S(z,\zeta) &= S_Q^S(z,\zeta) + i\,T_Q^S(z,\zeta) \end{aligned}\right\} \tag{3.3.2.26}$$

この時 W_{Q_ω} 関数は以下と書ける．

$$\begin{aligned} W_{Q_\omega}(z,\zeta;t) =& W_Q^C \cos\omega t - W_Q^S \sin\omega t \\ =& [\,S_Q^C(z,\zeta)\cos\omega t - S_Q^S(z,\zeta)\sin\omega t\,] \\ &+ i\,[\,T_Q^C(z,\zeta)\cos\omega t - T_Q^S(z,\zeta)\sin\omega t\,] \end{aligned} \tag{3.3.2.27}$$

各々の関数を具体的に表わしておく．

$$\left.\begin{aligned} S_Q^C(z,\zeta) &= \log\left|\frac{z-\zeta}{z-\bar{\zeta}}\right| - 2\,\mathrm{Re}\{\,e^{-i\kappa(z-\bar{\zeta})}E_1(-i\kappa(z-\bar{\zeta}))\} \pm 2\pi\,e^{\kappa(y+\eta)}\sin\kappa(x-\xi) \\ S_Q^S(z,\zeta) &= 2\pi e^{\kappa(y+\eta)}\cos\kappa(x-\xi) \\ T_Q^C(z,\zeta) &= \arg(z-\zeta) - \arg(z-\zeta) - 2\,\mathrm{Im}\{\,e^{-i\kappa(z-\bar{\zeta})}E_1(-i\kappa(z-\bar{\zeta}))\} \\ &\qquad \pm 2\pi\,e^{\kappa(y+\eta)}\cos\kappa(x-\xi) \\ T_Q^S(z,\zeta) &= -2\pi e^{\kappa(y+\eta)}\sin\kappa(x-\xi) \end{aligned}\right\} \tag{3.3.2.28}$$

通常用いられている表記法を示しておこう．そこで用いられている速度ポテンシャルは実は S_Q 関数のことであり以下で表わされる．

$$\begin{aligned} S_Q(z,\zeta) &= \log\left|\frac{z-\zeta}{z-\bar{\zeta}}\right| - 2\,\mathrm{Re}\{\,e^{-i\kappa(z-\bar{\zeta})}E_1(-i\kappa(z-\bar{\zeta}))\} + 2\pi j\,e^{\kappa(y+\eta)\mp j\kappa(x-\xi)} \\ &= \log\left|\frac{z-\zeta}{z-\bar{\zeta}}\right| - \int_0^\infty \frac{2}{k-\kappa+j\mu} e^{k(y+\eta)}\cos k(x-\xi)dk \end{aligned} \tag{3.3.2.29}$$

対応する流れ関数は以下で表わされる．

$$T_Q(z,\zeta) = \arg(z-\zeta) - \arg(z-\bar{\zeta}) + \int_0^\infty \frac{2}{k-\kappa+j\mu} e^{k(y+\eta)}\sin k(x-\xi)dk \tag{3.3.2.30}$$

本書で用いた，以上の表記法は複雑でわかりづらい面があるが便利な側面もあるし，次節の問題 III との整合性もあるので慣れていただきたい．以下の数値計算に用いるのは専ら式 (3.3.2.23) の表示式であり，これらは複素ポテンシャルである．この式の表示のみを使えば数値計算用のプログラミングミスは大幅に減らせるはずである.

波形の表示について調べておく. 代表長さ（特異点の深度など）を δ とし波吹き出しの複素ポテンシャルを

$$f_Q = \omega\delta^2 W_Q = \omega\delta^2(W_Q^C + j\,W_Q^S) \tag{3.3.2.31}$$

として次元を合わせておく. この時波吹き出しの作る波形は式 (2.3.2.14, 2.3.2.18) より

$$\left.\begin{aligned}
\frac{1}{\delta}\eta_Q^C(x) &= \kappa\delta\,\mathrm{Re}\{W_Q^S(x,\zeta)\}\\
&= -\delta\,\mathtt{Im}\{\frac{dW_Q^S}{dz}\}\\
&\to 2\pi\kappa\delta\,e^{\kappa\eta}\cos\kappa(x-\xi) \qquad as \quad |x|\to\infty\\
\frac{1}{\delta}\eta_Q^S(x) &= -\kappa\delta\,\mathrm{Re}\{W_Q^C(x,\zeta)\}\\
&= \delta\,\mathtt{Im}\{\frac{dW_Q^C}{dz}\}\\
&\to \mp 2\pi\kappa\delta\,e^{\kappa\eta}\sin\kappa(x-\xi) \quad as \quad |x|\to\infty
\end{aligned}\right\} \tag{3.3.2.32}$$

実際の波形は

$$\frac{1}{\delta}\eta_{Q_\omega}(x;t) = \frac{1}{\delta}\eta_Q^C(x)\cos\omega t - \frac{1}{\delta}\eta_Q^S(x)\sin\omega t \tag{3.3.2.33}$$

であり演算を施すと以下を得る.

$$\begin{aligned}
\frac{1}{\delta}\eta_{Q_\omega}(x;t) &= -2\kappa\delta\,\mathrm{Re}\{\,e^{-i\kappa(x-\bar{\zeta})}E_1(-i\kappa(x-\bar{\zeta}))\}\sin\omega t + 2\pi\kappa\delta\,e^{\kappa\eta}\cos\{\kappa|x-\xi|-\omega t\}\\
&\to 2\pi\kappa\delta\,e^{\kappa\eta}\cos\{\kappa(x-\xi)\mp\omega t\} \quad as \quad |x|\to\infty
\end{aligned} \tag{3.3.2.34}$$

この波動の波長は $\lambda = 2\pi/\kappa$ であり位相速度及び群速度は各々 $V_p = \pm\omega/\kappa,\ V_g = \frac{1}{2}V_p$ である.

S_κ 関数に関して次のような表示をしておくと波動の表現に関する理解の便となる.

$$\begin{aligned}
S_{\kappa_\omega}(z;t) =& \mathrm{Re}\{S_\kappa(z)\,e^{j\omega t}\}\\
=& e^{-i\kappa z}E_1(-i\kappa z)\cos\omega t \mp \pi i\,e^{-i(\kappa z\mp\omega t)}
\end{aligned} \tag{3.3.2.35}$$

右辺第2項は左右の外側に出ていく波動を表現している. 前述したように放射条件として式 (3.3.2.4) で $\mu \to +0$ を採用した結果である. したがって以降 S_κ 関数を用いた他の関数についても放射条件は満たされていることになる. この条件の代わりに $\mu \to -0$ を採用してみよう. この時, 式 (3.3.2.13) 右辺第1項の符号が変化し, 以降の式では j の符号を変化させた式となる. その S_κ 関数を S_κ^{inv} 関数と名付けよう.

$$S_\kappa^{inv}(z) = e^{-i\kappa z}\,[E_1(-i\kappa z) \mp \pi i(1 \pm i j)] \tag{3.3.2.36}$$

この式の時間変化をみると以下となって，左右の外側から内側に向かってくる波動となっていることがわかる．

$$\begin{aligned} S^{inv}_{\kappa_\omega}(z;t) =& \mathrm{Re}\{S^{inv}_{\kappa}(z)\,e^{j\omega t}\} \\ =& e^{-i\kappa z}E_1(-i\kappa z)\cos\omega t \mp \pi i\,e^{-i(\kappa z \pm \omega t)} \end{aligned} \tag{3.3.2.37}$$

こうした波動は物理的にありえないとして，除外するのが放射条件の意味であるが，逆時間流れ（inverse time flow）として数学的に利用される場合もある [5]．式 (3.3.2.4) で $\mu = 0$ を採用すると式 (3.3.2.13) 右辺第 1 項は現れず，以降の式では $j = 0$ となる．この時の S_κ 関数を S^0_κ 関数と名付ける．

$$\begin{aligned} S^0_\kappa(z) =& \frac{1}{2}[S_\kappa(z) + S^{inv}_\kappa(z)] \\ =& e^{-i\kappa z}\,[E_1(-i\kappa z) \mp \pi i] \end{aligned} \tag{3.3.2.38}$$

この式の時間変化をみると以下となって波動は停留波となる．

$$S^0_{\kappa_\omega}(z;t) = e^{-i\kappa z}\,[E_1(-i\kappa z) \mp \pi i]\cos\omega t \tag{3.3.2.39}$$

波渦特異関数

次に波渦特異関数を求める．以下とする．

$$W_{\Gamma_\omega}(z,\zeta;t) = W_\Gamma(z,\zeta)\,e^{j\omega t} \tag{3.3.2.40}$$

$$\left.\begin{aligned} W_\Gamma(z,\zeta) =& f_0(z) + f_1(z) \\ f_0(z) =& -\,i\,\log(z-\zeta) \end{aligned}\right\} \tag{3.3.2.41}$$

式 (3.3.2.10) を用いれば式 (3.3.2.16) を参照して直ちに以下を得る．

$$\begin{aligned} W_\Gamma(z,\zeta) &= -i\log(z-\zeta)(z-\overline{\zeta}) - 2iS_\kappa(z-\overline{\zeta}) \\ &= -i\log(z-\zeta)(z-\overline{\zeta}) - 2i\,e^{-i\kappa(z-\overline{\zeta})}\,[E_1(-i\kappa(z-\overline{\zeta})) \mp \pi i\,(1 \mp ij)] \end{aligned} \tag{3.3.2.42}$$

j に関する実部（in-phase 成分），虚部（out-of-phase 成分）に分解しておく．

$$W_\Gamma(z,\zeta) = W^C_\Gamma(z,\zeta) + j\,W^S_\Gamma(z,\zeta) \tag{3.3.2.43}$$

すなわち

$$\left.\begin{aligned} W^C_\Gamma(z,\zeta) &= -i\log(z-\zeta)(z-\overline{\zeta}) - 2iS^C_\kappa(z-\overline{\zeta}) \\ &= -i\log(z-\zeta)(z-\overline{\zeta}) - 2i\,e^{-i\kappa(z-\overline{\zeta})}\,[E_1(-i\kappa(z-\overline{\zeta})) \mp \pi i\,] \\ W^S_\Gamma(z,\zeta) &= -2iS^S_\kappa(z-\overline{\zeta}) \\ &= 2\pi i\,e^{-i\kappa(z-\overline{\zeta})} \end{aligned}\right\} \tag{3.3.2.44}$$

これらより

$$W_{\Gamma_\omega}(z,\zeta;t) = -i[\,\log(z-\zeta)(z-\overline{\zeta}) + 2\,e^{-i\kappa(z-\overline{\zeta})}E_1(-i\kappa(z-\overline{\zeta}))\,]\cos\omega t \mp 2\pi\,e^{-i\kappa(z-\overline{\zeta})\pm i\omega t} \tag{3.3.2.45}$$

右辺第2項よりやはり波動は外へ向かっている波のみであることがわかる．

なお式 (3.3.2.44) の表示のみを諸計算に用いることを勧める．ただし，$W_\Gamma(z,\zeta)$ 関数の対数関数 $\log(z-\zeta)$ の分岐線に関しては3種用意しておくと便利である．1つは点 ζ からの角度 θ_{cut} を指定する法，2つ目は半没物体用で点 ζ から物体内部の点 ζ_M を通り無限上方に向かう分岐線を採用する法と，3つ目は2点 ζ_2,ζ_1 にある強さの等しい2つの波渦の差で分岐線は2点を結ぶ線分のみとする法である．前者を $W_\Gamma(z,\zeta,\theta_{cut})$ とし，後者の2つを各々 $W_\Gamma^{NK}(z,\zeta,\zeta_M)$，$W_\Gamma^{d}(z,\zeta_2,\zeta_1)$ としておく．

波吹き出しと同様に

$$W_\Gamma(z,\zeta) = S_\Gamma(z,\zeta) + i\,T_\Gamma(z,\zeta) \tag{3.3.2.46}$$

としておき式 (3.3.2.25) と同様な関係があるものとすると以下となる．

$$\left.\begin{aligned} S_\Gamma^C(z,\zeta) &= \arg(z-\zeta) + \arg(z-\overline{\zeta}) + 2\,\mathrm{Im}\{e^{-i\kappa(z-\overline{\zeta})}E_1(-i\kappa(z-\overline{\zeta}))\} \\ &\qquad \mp 2\pi\,e^{\kappa(y+\eta)}\cos\kappa(x-\xi) \\ S_\Gamma^S(z,\zeta) &= 2\pi e^{\kappa(y+\eta)}\sin\kappa(x-\xi) \\ T_\Gamma^C(z,\zeta) &= -\log\left|(z-\zeta)(z-\overline{\zeta})\right| - 2\,\mathrm{Re}\{e^{-i\kappa(z-\overline{\zeta})}E_1(-i\kappa(z-\overline{\zeta}))\} \\ &\qquad \mp 2\pi\,e^{\kappa(y+\eta)}\sin\kappa(x-\xi) \\ T_\Gamma^S(z,\zeta) &= 2\pi e^{\kappa(y+\eta)}\cos\kappa(x-\xi) \end{aligned}\right\} \tag{3.3.2.47}$$

波形は代表長さを δ として，複素ポテンシャルを式 (3.3.2.31) と同様に置き換えると

$$\left.\begin{aligned} \frac{1}{\delta}\eta_\Gamma^C(x) &= \kappa\delta\,\mathrm{Re}\{W_\Gamma^S(x,\zeta)\} \\ &\to 2\pi\kappa\delta\,e^{\kappa\eta}\sin\kappa(x-\xi) \qquad as \quad |x|\to\infty \\ \frac{1}{\delta}\eta_\Gamma^S(x) &= -\kappa\delta\,\mathrm{Re}\{W_\Gamma^C(x,\zeta)\} \\ &\to \mp 2\pi\kappa\delta\,e^{\kappa\eta}\cos\kappa(x-\xi) \quad as \quad |x|\to\infty \end{aligned}\right\} \tag{3.3.2.48}$$

であり

$$\begin{aligned} \frac{1}{\delta}\eta_{\Gamma_\omega}(x;t)a &= \mathrm{Re}_j\left\{(\frac{1}{\delta}\eta_\Gamma^C + j\frac{1}{\delta}\,\eta_\Gamma^S)e^{i\omega t}\right\} \\ &= -j\kappa\delta\,\mathrm{Re}\{W_{\Gamma_\omega}(x,\zeta;t)\} \\ &= -2\kappa\delta\,\mathrm{Re}\{\,i\,e^{-i\kappa(x-\overline{\zeta})}E_1(-i\kappa(x-\overline{\zeta}))\}\sin\omega t \pm 2\pi\kappa\delta\,e^{\kappa\eta}\sin\{\kappa|x-\xi|-\omega t\} \end{aligned} \tag{3.3.2.49}$$

なお，η_Γ^S については対数関数 $\log(z-\zeta)$ の分岐線の方向が x 軸を横切る場合にはジャンプが生ずるので後述の自由表面条件 (3.3.2.63) の右辺に注意する必要がある．

波 2 重吹き出し特異関数

波 2 重吹き出しについては前節では自由表面条件の演算子を用いて求めたが本節では 2 重吹き出しの定義に従って $W_Q(z,\zeta)$ の微分形から求めることにする．なお $S_\kappa(z)$ 関数の微分は 3.1 節の $S_\nu(z)$ 関数と同じく式 (3.1.16) を満たす．x 軸となす角が α の向きの 2 重吹き出し特異点は以下で求まる．

$$
\begin{aligned}
W_{M(\alpha)}(z,\zeta) &= \lim_{\epsilon\to 0}\frac{1}{\epsilon}\{W_Q(z,\zeta+\epsilon e^{i\alpha}) - W_Q(z,\zeta)\}\\
&= e^{i\alpha}\frac{d}{d\zeta}[\log(z-\zeta)] + e^{-i\alpha}\frac{d}{d\zeta}[-log(z-\overline{\zeta}) - 2S_\kappa(z-\overline{\zeta})]\\
&= -\frac{e^{i\alpha}}{z-\zeta} - \frac{e^{-i\alpha}}{z-\overline{\zeta}} - 2i\kappa e^{-i\alpha}S_\kappa(z-\overline{\zeta})\\
&= -\frac{e^{i\alpha}}{z-\zeta} - \frac{e^{-i\alpha}}{z-\overline{\zeta}} - 2i\kappa\, e^{-i\alpha}\, e^{-i\kappa(z-\overline{\zeta})}E_1(-i\kappa(z-\overline{\zeta})) \mp 2\pi\kappa(1\mp ij)\, e^{-i\alpha}\, e^{-i\kappa(z-\overline{\zeta})}
\end{aligned}
\tag{3.3.2.50}
$$

$\alpha = 0$ であれば x 方向の波 2 重吹き出し

$$
\begin{aligned}
W_m(z,\zeta) &= -\frac{1}{z-\zeta} - \frac{1}{z-\overline{\zeta}} - 2i\kappa S_\kappa(z-\overline{\zeta})\\
&= -\frac{1}{z-\zeta} - \frac{1}{z-\overline{\zeta}} - 2i\kappa\, e^{-i\kappa(z-\overline{\zeta})}E_1(-i\kappa(z-\overline{\zeta})) \mp 2\pi\kappa(1\mp ij)\, e^{-i\kappa(z-\overline{\zeta})}
\end{aligned}
\tag{3.3.2.51}
$$

$\alpha = -\pi/2$ であれば負の y 方向の波 2 重吹き出しを得る．

$$
\begin{aligned}
W_\mu(z,\zeta) &= \frac{i}{z-\zeta} - \frac{i}{z-\overline{\zeta}} + 2\kappa S_\kappa(z-\overline{\zeta})\\
&= \frac{i}{z-\zeta} - \frac{i}{z-\overline{\zeta}} + 2\kappa\, e^{-i\kappa(z-\overline{\zeta})}E_1(-i\kappa(z-\overline{\zeta})) \mp 2\pi i\kappa(1\mp ij)\, e^{-i\kappa(z-\overline{\zeta})}
\end{aligned}
\tag{3.3.2.52}
$$

j に関する実部（in phase 成分），虚部（out of phase 成分）をとると

$$
\left.
\begin{aligned}
W_m^C(z,\zeta) &= -\frac{1}{z-\zeta} - \frac{1}{z-\overline{\zeta}} - 2i\kappa S_\kappa^C(z-\overline{\zeta})\\
&= -\frac{1}{z-\zeta} - \frac{1}{z-\overline{\zeta}} - 2i\kappa\, e^{-i\kappa(z-\overline{\zeta})}E_1(-i\kappa(z-\overline{\zeta})) \mp 2\pi\kappa\, e^{-i\kappa(z-\overline{\zeta})}\\
W_m^S(z,\zeta) &= -2i\kappa S_\kappa^S(z-\overline{\zeta})\\
&= 2\pi i\kappa\, e^{-i\kappa(z-\overline{\zeta})}
\end{aligned}
\right\}
\tag{3.3.2.53}
$$

$$
\left.
\begin{aligned}
W_\mu^C(z,\zeta) &= \frac{i}{z-\zeta} - \frac{i}{z-\overline{\zeta}} + 2\kappa S_\kappa^C(z-\overline{\zeta})\\
&= \frac{i}{z-\zeta} - \frac{i}{z-\overline{\zeta}} + 2\kappa\, e^{-i\kappa(z-\overline{\zeta})}E_1(-i\kappa(z-\overline{\zeta})) \mp 2\pi i\kappa\, e^{-i\kappa(z-\overline{\zeta})}\\
W_\mu^S(z,\zeta) &= 2\kappa S_\kappa^S(z-\overline{\zeta})\\
&= -2\pi\kappa\, e^{-i\kappa(z-\overline{\zeta})}
\end{aligned}
\right\}
\tag{3.3.2.54}
$$

時間を含んだ表現は

$$
\begin{aligned}
W_{m_\omega}(z,\zeta;t) =& W_m(z,\zeta)\,e^{j\omega t} \\
=& [-\frac{1}{z-\zeta} - \frac{1}{z-\overline{\zeta}} - 2i\kappa\, e^{-i\kappa(z-\overline{\zeta})} E_1(-i\kappa(z-\overline{\zeta}))] \cos\omega t \mp 2\pi\kappa\, e^{-i\kappa(z-\overline{\zeta})\pm i\omega t}
\end{aligned}
\tag{3.3.2.55}
$$

$$
\begin{aligned}
W_{\mu_\omega}(z,\zeta;t) =& W_\mu(z,\zeta)\,e^{j\omega t} \\
=& [\frac{i}{z-\zeta} - \frac{i}{z-\overline{\zeta}} + 2\kappa\, e^{-i\kappa(z-\overline{\zeta})} E_1(-i\kappa(z-\overline{\zeta}))] \cos\omega t \mp 2\pi i\kappa\, e^{-i\kappa(z-\overline{\zeta})\pm i\omega t}
\end{aligned}
\tag{3.3.2.56}
$$

波2重吹き出しの複素流速は以下となる．

$$
\left.
\begin{aligned}
\frac{dW_m}{dz} =& \frac{dW_m^C}{dz} + j\frac{dW_m^S}{dz} \\
\frac{dW_\mu}{dz} =& \frac{dW_\mu^C}{dz} + j\frac{dW_\mu^S}{dz}
\end{aligned}
\right\}
\tag{3.3.2.57}
$$

としておくと各々は以下となる．

$$
\left.
\begin{aligned}
\frac{dW_m^C}{dz}(z,\zeta) =& \frac{1}{(z-\zeta)^2} + \frac{1}{(z-\overline{\zeta})^2} + \frac{2i\kappa}{z-\overline{\zeta}} - 2\kappa^2 S_\kappa^C(z-\overline{\zeta}) \\
\frac{dW_m^C}{dz}(z,\zeta) =& -2\kappa^2 S_\kappa^S(z-\overline{\zeta}) \\
\frac{dW_\mu^C}{dz}(z,\zeta) =& -\frac{i}{(z-\zeta)^2} + \frac{i}{(z-\overline{\zeta})^2} - \frac{2\kappa}{z-\overline{\zeta}} - 2i\kappa^2 S_\kappa^C(z-\overline{\zeta}) \\
\frac{dW_\mu^S}{dz}(z,\zeta) =& -2i\kappa^2 S_\kappa^S(z-\overline{\zeta})
\end{aligned}
\right\}
\tag{3.3.2.58}
$$

以上の表示式もいろいろと複雑であるが，式 (3.3.2.53, 3.3.2.54, 3.3.2.58) のみを諸計算の基とすることを勧める．

次に波形について調べる．代表長さを δ として複素ポテンシャルの次元を合わせた．

$$
f(z) = \frac{g\delta^2}{\omega} W_{M(\alpha)}(z,\zeta) = \frac{g\delta^2}{\omega}[W_{M(\alpha)}^C(z,\zeta) + jW_{m(\alpha)}^S(z,\zeta)]
\tag{3.3.2.59}
$$

波形は式 (2.3.2.17) より

$$
\eta_{M(\alpha)}/\delta = -j\,\mathrm{Re}\{\delta\, f(z)\}
$$

であるから

$$
\left.
\begin{aligned}
\eta_{M(\alpha)}^C/\delta =& \delta\,\mathrm{Re}\{W_{M(\alpha)}^S(x,\zeta)\} \\
\eta_{M(\alpha)}^S/\delta =& -\delta\,\mathrm{Re}\{W_{M(\alpha)}^C(x,\zeta)\}
\end{aligned}
\right\}
\tag{3.3.2.60}
$$

多少の演算をすると

$$\left.\begin{aligned}\eta_{m_\omega}(x;t)/\delta =& \Big[-\frac{2\delta(x-\xi)}{(x-\xi)^2+\delta^2} - 2\kappa\delta\,\mathrm{Re}\{i\,e^{-i\kappa(x-\xi)}E_1(-\kappa(x-\xi))\}\Big]\sin\omega t \\ & \pm 2\pi\kappa\delta\,e^{-\kappa\delta}\sin(\kappa|x-\xi|-\omega t) \\ \eta_{\mu_\omega}(x;t)/\delta =& \Big[\frac{2\delta^2}{(x-\xi)^2+\delta^2} + 2\kappa\delta\,\mathrm{Re}\{\,e^{-i\kappa(x-\xi)}E_1(-\kappa(x-\xi))\}\Big]\sin\omega t \\ & - 2\pi\kappa\delta\,e^{-\kappa\delta}\cos(\kappa|x-\xi|-\omega t)\end{aligned}\right\} \tag{3.3.2.61}$$

波特異関数の関係

これら 4 種の波特異関数の満たすいくつかの関係をあげておこう．まず，それらは in-phase 成分，out-of-phase 成分ともに複素ポテンシャルであるから，特異点位置 $z=\zeta$ を除けば $y<0$ で正則な解析関数であり，各々の実部，虚部は Cauchy-Riemann の関係式（微分方程式）を満たし，また，実部，虚部ともに Laplace の方程式を満たしている．当然のことながら線形自由表面条件 (2.3.2.19) を満たしている．

$$\mathrm{Re}\left\{[\kappa - i\frac{d}{dz}]\begin{Bmatrix} W_Q^C(z,\zeta) \\ W_\Gamma^C(z,\zeta) \\ W_m^C(z,\zeta) \\ W_\mu^C(z,\zeta)\end{Bmatrix}\right\} = 0 \quad on \quad y=0 \tag{3.3.2.62}$$

ただし波渦の in-phase 成分 $W_\Gamma^C(z,\zeta)$ については，その対数関数部分 $i\log(z-\zeta)$ の分岐線が x 軸を $x=x_C$ で横切る場合には以下となる．

$$\mathrm{Re}\left\{[\kappa - i\frac{d}{dz}]W_\Gamma^C(z,\zeta)\right\} = \begin{cases} 0 & for \quad x>x_C \\ -2\pi\kappa & for \quad x<x_C \end{cases} \qquad on \quad y=0 \tag{3.3.2.63}$$

この条件式は両辺を x 軸にそって偏微分すると

$$[\kappa\frac{\partial}{\partial x} - \frac{\partial^2}{\partial x\partial y}]\,S_\Gamma^C(z,\zeta) = 0 \quad on \quad y=0 \tag{3.3.2.64}$$

あるいは

$$[\kappa\frac{\partial}{\partial y} + \frac{\partial^2}{\partial x^2}]\,T_\Gamma^C(z,\zeta) = 0 \quad on \quad y=0 \tag{3.3.2.65}$$

なる斉次の条件式となる．また，out-of-phase 成分については

$$[\kappa - i\frac{d}{dz}]\begin{Bmatrix} W_Q^S(z,\zeta) \\ W_\Gamma^S(z,\zeta) \\ W_m^S(z,\zeta) \\ W_\mu^S(z,\zeta)\end{Bmatrix} = 0 \tag{3.3.2.66}$$

を満たしている．

以下の関係は前述した通りである．

$$\left.\begin{aligned} W_m(z,\zeta) &= -\frac{d}{dz}W_Q(z,\zeta) \\ W_\mu(z,\zeta) &= -\frac{d}{dz}W_\Gamma(z,\zeta) \end{aligned}\right\} \tag{3.3.2.67}$$

Cauchy-Riemann の関係式に類似した以下の関係がある．

$$\left.\begin{aligned} \frac{\partial}{\partial\xi}W_Q &= \frac{\partial}{\partial\eta}W_\Gamma = -\frac{d}{dz}W_Q \\ \frac{\partial}{\partial\xi}W_\Gamma &= -\frac{\partial}{\partial\eta}W_Q = -\frac{d}{dz}W_\Gamma \\ \frac{\partial}{\partial\xi}W_m &= \frac{\partial}{\partial\eta}W_\mu = -\frac{d}{dz}W_m \\ \frac{\partial}{\partial\xi}W_\mu &= -\frac{\partial}{\partial\eta}W_m = -\frac{d}{dz}W_\mu \end{aligned}\right\} \tag{3.3.2.68}$$

これら特異点は線形自由表面条件と類似の条件を満たしている．まず，out-of-phase 成分については以下が成立する．

$$\left.\begin{aligned} &[\frac{\partial}{\partial\eta}-\kappa]W_Q^S(z,\zeta)=0 \\ &[\frac{\partial}{\partial\eta}-\kappa]W_m^S(z,\zeta)=0 \\ &[\frac{\partial^2}{\partial\xi^2}+\kappa\frac{\partial}{\partial\eta}]W_\Gamma^S(z,\zeta)=0 \\ &[\frac{\partial^2}{\partial\xi^2}+\kappa\frac{\partial}{\partial\eta}]W_\mu^S(z,\zeta)=0 \end{aligned}\right\} \tag{3.3.2.69}$$

in-phase 成分を加えると $\eta=0$ で以下が成り立つ．

$$\left.\begin{aligned} &[\frac{\partial}{\partial\eta}-\kappa]W_Q(z,\zeta)=0 \\ &[(\frac{\partial}{\partial\eta}-\kappa]W_m(z,\zeta)=0 \\ &[\frac{\partial^2}{\partial\xi^2}+\kappa\frac{\partial}{\partial\eta}]W_\Gamma(z,\zeta)=0 \\ &[\frac{\partial^2}{\partial\xi^2}+\kappa\frac{\partial}{\partial\eta}]W_\mu(z,\zeta)=0 \end{aligned}\right\} \quad for \quad \eta=0 \tag{3.3.2.70}$$

遠方 $x\to\pm\infty$ での振る舞いを見てみると $\mathrm{Re}_j\{\cdots e^{j\omega t}\}\to 0$ という意味において

$$\left.\begin{aligned} \frac{\partial W_Q}{\partial x}(z,\zeta) &\sim \mp j\kappa\, W_Q(z,\zeta) \\ \frac{\partial W_m}{\partial x}(z,\zeta) &\sim \mp j\kappa\, W_m(z,\zeta) \\ \frac{\partial W_\mu}{\partial x}(z,\zeta) &\sim \mp j\kappa\, W_\mu(z,\zeta) \end{aligned}\right\} \tag{3.3.2.71}$$

を満たし，これらの条件は Sommerfeld の放射条件と呼ばれている．W_Γ については

$$W_\Gamma \sim \mp 2\pi(1 \mp ij)\, e^{-i\kappa(z-\overline{\zeta})} - i\,\log(z-\zeta)(z-\overline{\zeta}) \tag{3.3.2.72}$$

であるので波動部については同様の関係を有する．

$\zeta = (0,0)$ とした時 W_Q^C, W_m^C, W_μ^C は $z=0$ にそれぞれの特異性を有するが，W_Γ^C だけはそうではない．$z \to 0$ で E_1 関数に含まれる対数関数の偏角のジャンプに注意して（領域外に分岐線をおく）

$$W_\Gamma^C(z,0) \sim -\pi + 2i(\gamma + \log\kappa) + O(z) \tag{3.3.2.73}$$

となり特異性を有しないがその複素流速は

$$\begin{aligned}\frac{dW_\Gamma^C}{dz}(z,0) &= -W_\mu^C(z,0)\\ &\sim 2\kappa\,\log(-i\kappa z) + O(1)\end{aligned} \tag{3.3.2.74}$$

となり弱い特異性を有していることがわかる．

各波特異関数の上下流の漸近形を比較することにより，例えば $W_m - \kappa W_\Gamma$ などは波動が打ち消しあっていわゆる波なしの状態となることを指摘しておく．

波吹き出しの区間積分

後に扱う radiation 問題の解の表示式には物体表面上の波吹き出し分布が現れる．この時，波吹き出し $W_Q(z,\zeta)$ を小区間 $\varDelta\zeta$ 上で積分した以下の関数を用意しておくと便利である．

$$W_{Q_{int}}(z,\zeta_2,\zeta_1) = \int_{\varDelta\zeta} W_Q(z,\zeta)ds \tag{3.3.2.75}$$

ここで

$$\varDelta\zeta = \zeta_2 - \zeta_1 = e^{i\alpha}\varDelta s$$

波吹き出し $W_Q(z,\zeta)$ を式 (3.3.2.22) に従って j に関する実部，虚部に分解しておき，区間積分も各々に分解しておく．

$$\left.\begin{aligned}W_{Q_{int}}(z,\zeta_2,\zeta_1) &= S_{Q_{int}}(z,\zeta_2,\zeta_1) + iT_{Q_{int}}(z,\zeta_2,\zeta_1)\\ &= W_{Q_{int}}^C(z,\zeta_2,\zeta_1) + jW_{Q_{int}}^S(z,\zeta_2,\zeta_1)\\ W_{Q_{int}}^C(z,\zeta_2,\zeta_1) &= S_{Q_{int}}^C(z,\zeta_2,\zeta_1) + iT_{Q_{int}}^C(z,\zeta_2,\zeta_1)\\ W_{Q_{int}}^S(z,\zeta_2,\zeta_1) &= S_{Q_{int}}^S(z,\zeta_2,\zeta_1) + iT_{Q_{int}}^S(z,\zeta_2,\zeta_1)\end{aligned}\right\} \tag{3.3.2.76}$$

積分は容易にできて各々は以下となる．

$$\begin{aligned}W_{Q_{int}}^C(z,\zeta_2,\zeta_1) &= \int_{\zeta_1}^{\zeta_2} W_Q^C(z,\zeta)ds\\ &= \Big[-e^{-i\alpha}(z-\zeta)\{\log(z-\zeta)-1\} + e^{i\alpha}(z-\overline{\zeta})\{\log(z-\overline{\zeta})-1\}\\ &\quad + i\frac{2}{\kappa}e^{i\alpha}\{\log(z-\overline{\zeta}) + S_\kappa^C(z-\overline{\zeta})\}\Big]_{\zeta_1}^{\zeta_2}\end{aligned} \tag{3.3.2.77}$$

$$W^S_{Q_{int}}(z,\zeta_2,\zeta_1) = \int_{\zeta_1}^{\zeta_2} W^S_Q(z,\zeta)ds = -i\,\frac{1}{\kappa}\,e^{i\alpha}\Big[W^S_Q(z,\zeta)\Big]_{\zeta_1}^{\zeta_2} \tag{3.3.2.78}$$

式 (3.3.2.77) 右辺第1項の対数関数項に関して，ζ_2 と ζ_1 から出る分岐線を ζ_M で結び無限上方に伸ばしたものを $W^{NK}_{Q_{int}}(z,\zeta_2,\zeta_1)$ とし，ζ_M をさらに ζ_2 と一致させたものを $W^V_{Q_{int}}(z,\zeta_2,\zeta_1)$ としておく．また，ζ_2 と ζ_1 は入れ替え可能であり，ζ_2 と ζ_1 が実軸上にある時（$\zeta_2=\xi_2,\ \zeta_1=\xi_1,\ \alpha=0$）は以下と一致する．

$$W_{Q_{int}}(z,\xi_2,\xi_1) = -\frac{1}{\kappa}\Big[W^C_\Gamma(z,\xi)\Big]_{\xi_1}^{\xi_2} \tag{3.3.2.79}$$

$W_{Q_{int}}(z,\zeta_2,\zeta_1)$ 関数の複素流速は以下となる．

$$\begin{aligned} V^C_{Q_{int}}(z,\zeta_2,\zeta_1) =& \frac{d}{dz}W^C_{Q_{int}}(z,\zeta_2,\zeta_1) \\ =& \Big[-e^{-i\alpha}\log(z-\zeta)+e^{i\alpha}\log(z-\overline{\zeta})+2e^{i\alpha}S^C_\kappa(z-\overline{\zeta})\Big]_{\zeta_1}^{\zeta_2} \end{aligned} \tag{3.3.2.80}$$

$$V^S_{Q_{int}}(z,\zeta_2,\zeta_1) = -i\,\frac{1}{\kappa}e^{i\alpha}\Big[-W^S_m(z,\zeta)\Big]_{\zeta_1}^{\zeta_2} = -2\pi e^{i\alpha}\Big[e^{-i\kappa(z-\overline{\zeta})}\Big]_{\zeta_1}^{\zeta_2} \tag{3.3.2.81}$$

これらの関数は $\alpha=0,\ \pm\pi/2,\pm\pi$ で各々$-\Big[W^{C,S}_Q\Big]_{\zeta_1}^{\zeta_2}$，$\Big[\pm W^{C,S}_\Gamma\Big]_{\zeta_1}^{\zeta_2}$，$\Big[W^{C,S}_Q\Big]_{\zeta_1}^{\zeta_2}$ となる．

波渦の区間積分

後に扱う diffraction 問題の解法で，流速を未知数とする方法があり，解の表示式には波渦の区間積分が現れる．

$$W_{\Gamma_{int}}(z,\zeta_2,\zeta_1) = \int_{\zeta_1}^{\zeta_2} W_\Gamma(z,\zeta)ds \tag{3.3.2.82}$$

この関数を j に関する実部，虚部に分解し，各々を i に関する実部，虚部に分解する．

$$\left.\begin{aligned} W_{\Gamma_{int}}(z,\zeta_2,\zeta_1) =& S_{\Gamma_{int}}(z,\zeta_2,\zeta_1)+iT_{\Gamma_{int}}(z,\zeta_2,\zeta_1) \\ =& W^C_{\Gamma_{int}}(z,\zeta_2,\zeta_1)+jW^S_{\Gamma_{int}}(z,\zeta_2,\zeta_1) \\ W^C_{\Gamma_{int}}(z,\zeta_2,\zeta_1) =& S^C_{\Gamma_{int}}(z,\zeta_2,\zeta_1)+iT^C_{\Gamma_{int}}(z,\zeta_2,\zeta_1) \\ W^S_{\Gamma_{int}}(z,\zeta_2,\zeta_1) =& S^S_{\Gamma_{int}}(z,\zeta_2,\zeta_1)+iT^S_{\Gamma_{int}}(z,\zeta_2,\zeta_1) \end{aligned}\right\} \tag{3.3.2.83}$$

積分は簡単にできて以下を得る．

$$\begin{aligned} W^C_{\Gamma_{int}}(z,\zeta_2,\zeta_1) =& \Big[i\,e^{-i\alpha}(z-\zeta)\{\log(z-\zeta)-1\}+i\,e^{i\alpha}(z-\overline{\zeta})\{\log(z-\overline{\zeta})-1\} \\ & -\frac{2}{\kappa}\,e^{i\alpha}\{\log(z-\overline{\zeta})+S^C_\kappa(z-\overline{\zeta})\}\Big]_{\zeta_1}^{\zeta_2} \end{aligned} \tag{3.3.2.84}$$

$$W^S_{\Gamma_{int}}(z,\zeta_2,\zeta_1) = -i\,\frac{1}{\kappa}\,e^{i\alpha}\Big[W^S_\Gamma(z,\zeta)\Big]_{\zeta_1}^{\zeta_2} \tag{3.3.2.85}$$

式 (3.3.2.84) 右辺第 1 項の対数関数項に関して，ζ_2 と ζ_1 から出る分岐線を ζ_M で結び無限上方に伸ばしたものを $W^{NK}_{\Gamma_{int}}(z,\zeta_2,\zeta_1,\zeta_M)$ とし，ζ_M をさらに ζ_2 と一致させたものを $W^{V}_{\Gamma_{int}}(z,\zeta_2,\zeta_1)$ としておく．また，ζ_2 と ζ_1 は入れ替え可能である．

$W_{\Gamma_{int}}(z,\zeta_2,\zeta_1)$ 関数の複素流速は以下となる．

$$V^{C}_{\Gamma_{int}}(z,\zeta_2,\zeta_1) = \frac{d}{dz} W^{C}_{\Gamma_{int}}(z,\zeta_2,\zeta_1)$$
$$= \Big[i\, e^{-i\alpha} \log(z-\zeta) + i\, e^{i\alpha} \log(z-\overline{\zeta}) + 2\, i\, e^{i\alpha} S^{C}_{\kappa}(z-\overline{\zeta}) \Big]^{\zeta_2}_{\zeta_1} \tag{3.3.2.86}$$

$$V^{S}_{\Gamma_{int}}(z,\zeta_2,\zeta_1) = -2\pi i\, e^{i\alpha} \Big[e^{-i\kappa(z-\overline{\zeta})} \Big]^{\zeta_2}_{\zeta_1} \tag{3.3.2.87}$$

波特異関数の流線，等ポテンシャル線と水面変位及び近似流跡線

以上の波特異関数周りの流線や波形などを以下の図に示す．図 3.3.2.2 には波吹き出し特異関数 $W^{C}_{Q}(z,\zeta)$ の流線，等速度ポテンシャル線を示す．ここで流線とは式 (2.2.9) の解であり，その瞬間における流れを示しており，流跡線などとは異なることに注意しておく．W^{C}_{Q} の流線とは $\omega t = 0$ の時刻におけるそれである．$\zeta = (0,-1)$ に吹き出し点があり波数 $\kappa = 1$ としている．吹き出し点より放射状に出ている線が流線で，それに直交する線群は等ポテンシャル線である．ζ 点より無限下流（$x \to -\infty$）に伸びる太実線は対数関数の分岐線で $\theta_{cut} = \pi$ としている．図中の破線はその時刻における波形 $\eta^{C}_{Q}(x;t)$ を示している．図 3.3.2.3 には $\omega t = -\pi/2$ の時刻における $W^{S}_{Q}(z,\zeta)$ の流線と等ポテンシャル線を示している．破線はやはり同時刻における波形を示している．この波形を局所波（一点鎖線）と自由波（点線）に分解したものを図 3.3.2.4 に示している．共に $x = 0$ で滑らかではないが，合成すると滑らかな波形となる．図 3.3.2.5 には波形の時間変化を 1 周期間を 32 等分した時間間隔で示してある．波形は常に左右対称である．

波渦特異関数 $W^{C}_{\Gamma}(z,\zeta)$ と $W^{S}_{\Gamma}(z,\zeta)$ の流線と等ポテンシャル線，波形を図 3.3.2.6, 3.3.2.7 に示す．図 3.3.2.8 には波形の out-of-phase 成分の局所波成分（1 点鎖線）と自由波成分（点線）を示し，図 3.3.2.9 には波形の時間変化を示している．波形は左右反対称である．同様に x 方向波 2 重吹き出しと $-y$ 方向波 2 重吹き出し周りの流線，等ポテンシャル線，波形などを図 3.3.2.10 - 3.3.2.17 に示す．波形は各々左右反対称，対称である．

図 3.3.2.18 には原点においた波吹き出し $W^{C}_{Q}(z,(0,0))$ による流線と等ポテンシャル線を示す．以下 $\kappa = 0.5$ の場合を示す．x 軸上における W^{C}_{Q} の実部，虚部の 1/2 の値をそれぞれ破線，1 点鎖線にて示す．実部は $x \to 0$ で対数関数的に発散している．虚部は対数関数の分岐線のとり方によって値は異なるが有限値をとる．

図 3.3.2.19 には原点においた波渦 $W^{C}_{\Gamma}(z,(0,0))$ による流線と等ポテンシャル線を示し，x 軸上の W^{C}_{Γ} の実部と虚部の 1/2 の値をそれぞれ破線，1 点鎖線にて示している．実部，虚部とも式 (3.3.2.73) のごとく原点で強い特異性を有しないことがわかる．

図 3.3.2.20 には x 方向の 2 重吹き出しによる流線，等ポテンシャル線と x 軸上の実部（破線），虚部（1 点鎖線）を示してある．

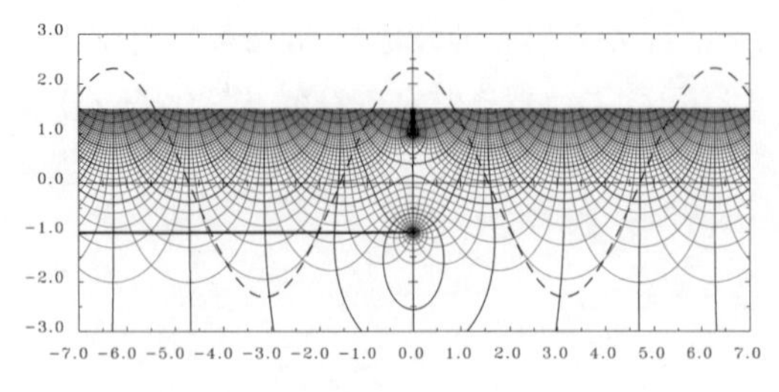

図 3.3.2.2. $W_Q^C(z,\zeta)$ の流線と等ポテンシャル線（$\kappa = 1.0,\ \varDelta\psi = 0.1\pi,\ \theta_{cut} = \pi$）

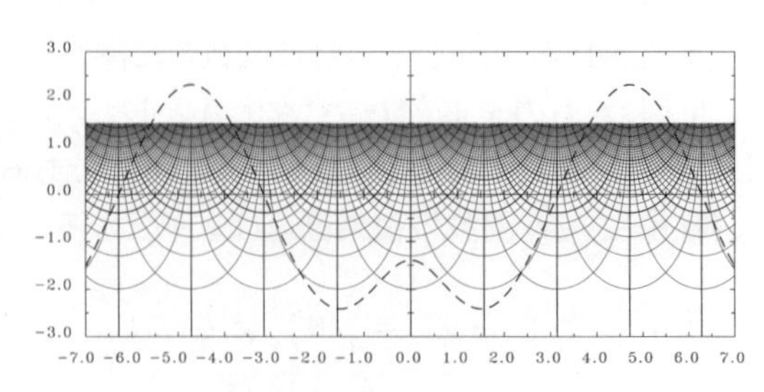

図 3.3.2.3. $W_Q^S(z,\zeta)$ の流線と等ポテンシャル線（$\kappa = 1.0,\ \varDelta\psi = 0.1\pi$）

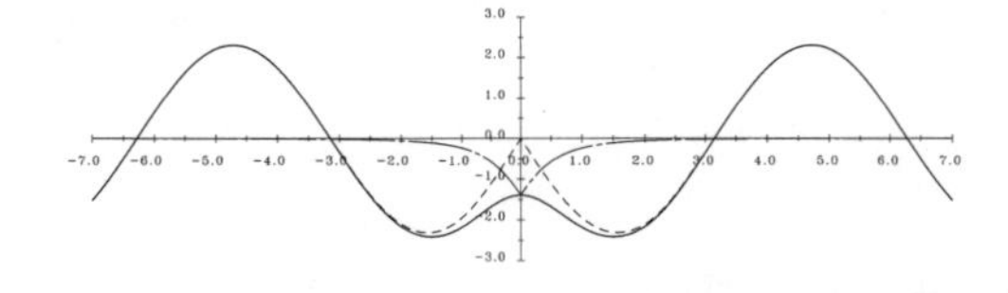

図 3.3.2.4. $\eta_Q^S(x)$ の分解

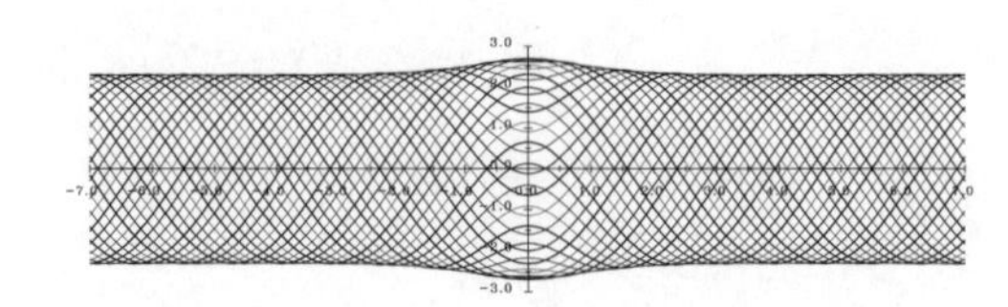

図 3.3.2.5. 波形の時間変化 $\eta_{Q_\omega}(x;t)$

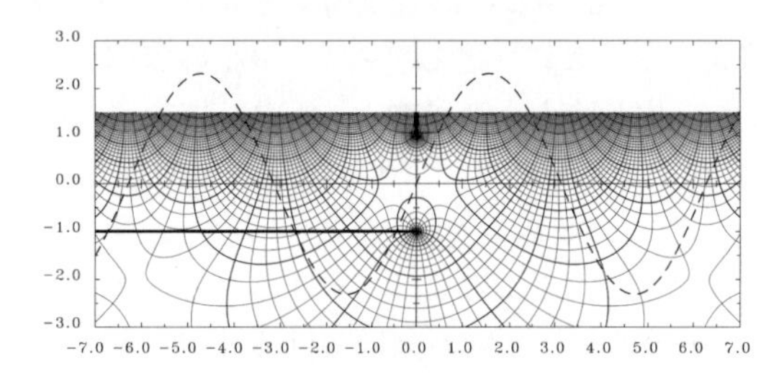

図 3.3.2.6. $W_\varGamma^C(z,\zeta)$ の流線と等ポテンシャル線（$\kappa = 1.0,\ \varDelta\psi = 0.1\pi,\ \theta_{cut} = \pi$）

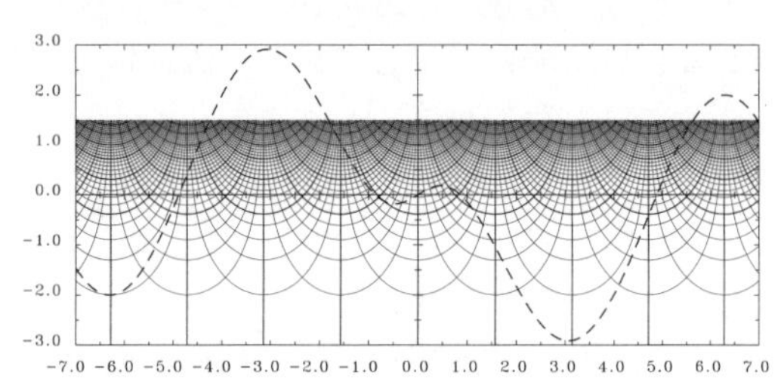

図 3.3.2.7. $W_\varGamma^S(z,\zeta)$ の流線と等ポテンシャル線（$\kappa = 1.0,\ \varDelta\psi = 0.1\pi$）

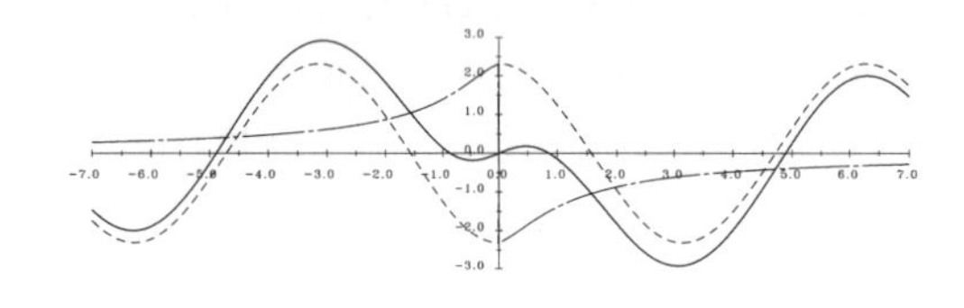

図 3.3.2.8. $\eta_\varGamma^S(x)$ の分解

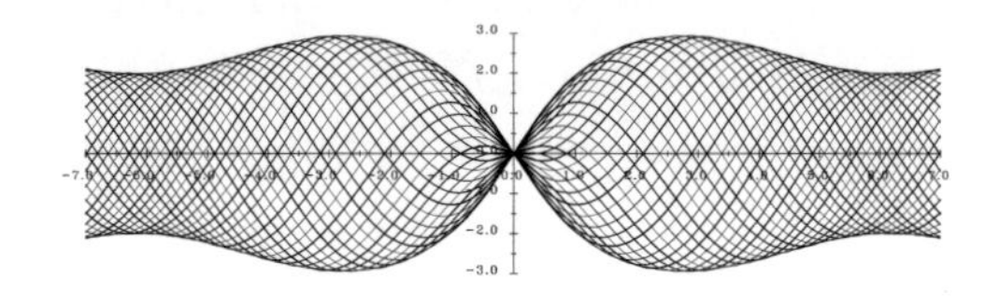

図 3.3.2.9. 波形の時間変化 $\eta_{\varGamma_\omega}(x;t)$

図 3.3.2.21 には $-y$ 方向の波 2 重吹き出しによる流線，等ポテンシャル線を示してある．また x 軸上の実部（破線），虚部（1 点鎖線）を示してある．式 (3.3.2.74) に示すような弱い特異性が見て取れる．

図 3.3.2.22 には対数項の分岐線を点 ζ_M から上方に折り曲げた波渦の流線，等ポテンシャル線を示してある．図 3.3.2.6 と比べて速度ポテンシャルの値が分岐線を境にジャンプしていることがわかり，点 ζ_M を内部点とすれば物体外部で速度ポテンシャルに不連続が生じない流れを作ることができる．

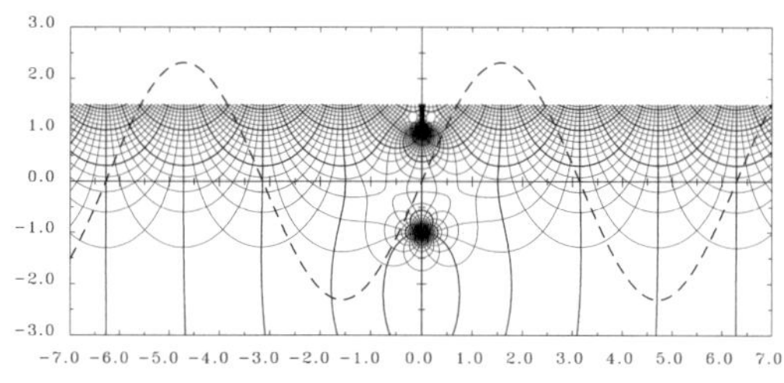

図 3.3.2.10. $W_m^C(z,\zeta)$ の流線と等ポテンシャル線（$\kappa = 1.0,\ \Delta\psi = 0.2\pi$）

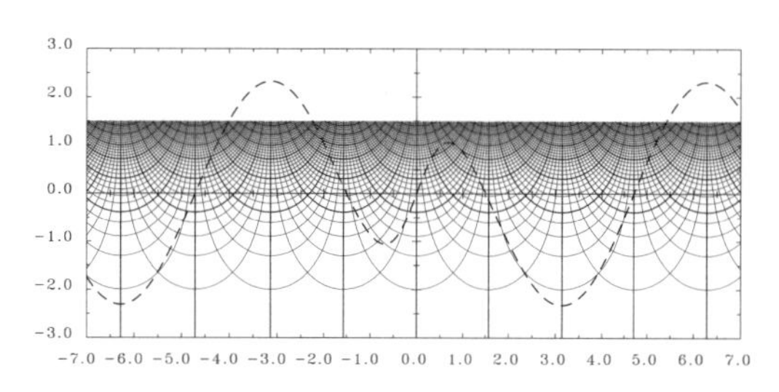

図 3.3.2.11. $W_m^S(z,\zeta)$ の流線と等ポテンシャル線（$\kappa = 1.0,\ \Delta\psi = 0.1\pi$）

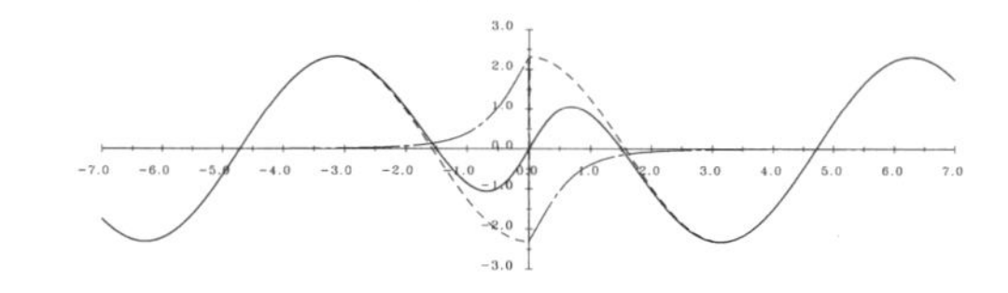

図 3.3.2.12. $\eta_m^S(x)$ の分解

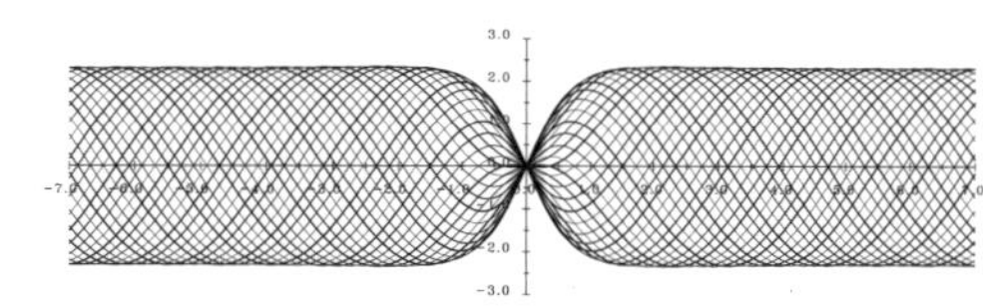

図 3.3.2.13. 波形の時間変化 $\eta_{m_\omega}(x;t)$

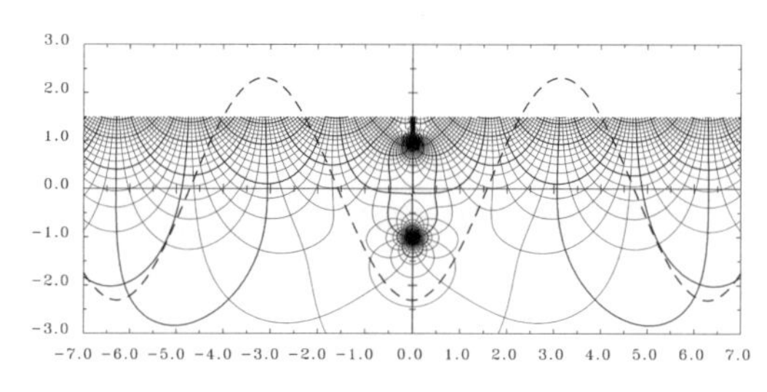

図 3.3.2.14. $W_\mu^C(z,\zeta)$ の流線と等ポテンシャル線（$\kappa = 1.0,\ \Delta\psi = 0.2\pi$）

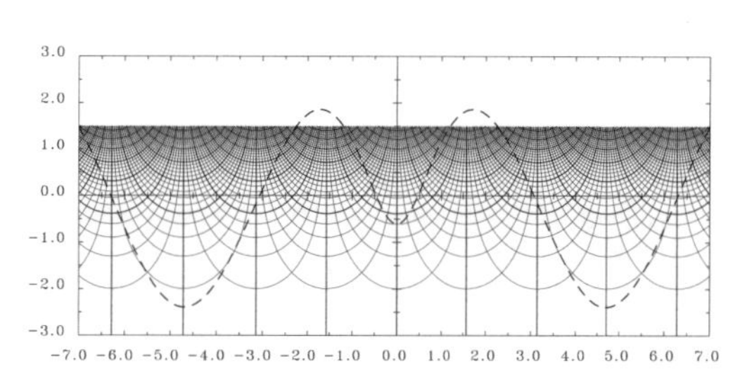

図 3.3.2.15. $W_\mu^S(z,\zeta)$ の流線と等ポテンシャル線（$\kappa = 1.0,\ \Delta\psi = 0.1\pi$）

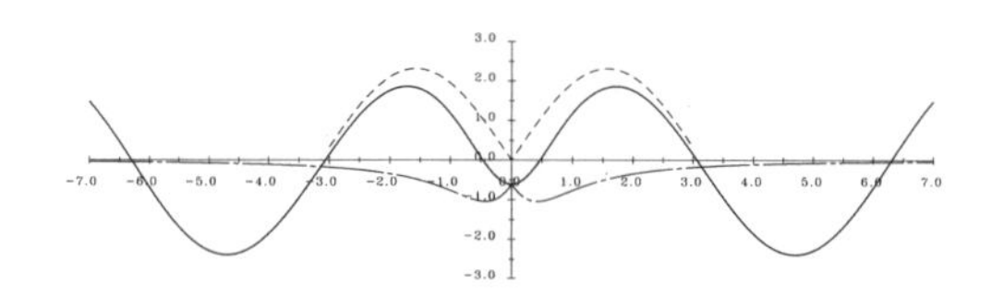

図 3.3.2.16. $\eta_\mu^S(x)$ の分解

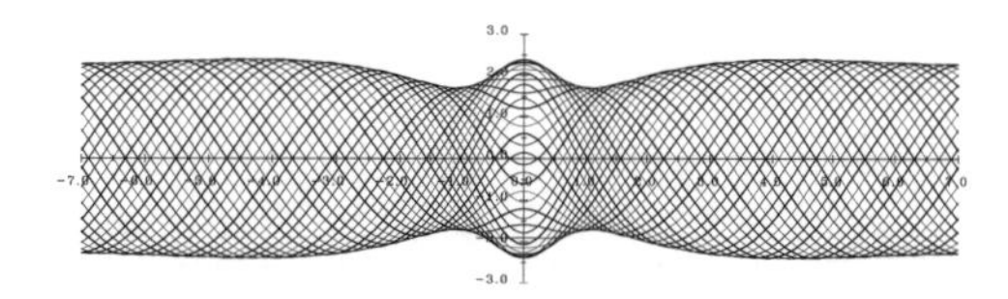

図 3.3.2.17. 波形の時間変化 $\eta_{\mu_\omega}(x;t)$

図 3.3.2.23 には 2 点 ζ_2, ζ_1 に強さの符号が逆の波渦を置いた時，2 点を結ぶ線以外には分岐線を設けなくともよい流れを作ることができることが示されている．

図 3.3.2.24 には波吹き出しの $\zeta_1 = (0.0, -1.0)$, $\zeta_2 = (-1.0, -1.5)$ 間における区間積分 $W_{Q_{int}}^{NK,C}$ による流線と等ポテンシャル線を示してある．2 点から出る対数関数の分岐線は ζ_M でまとめて無限上方に伸びていることがわかる．

図 3.3.2.25 にはさらに ζ_M を ζ_2 と一致させた場合の $W_{Q_{int}}^{V,C}$ 周りの流線，等ポテンシャル線を示している．

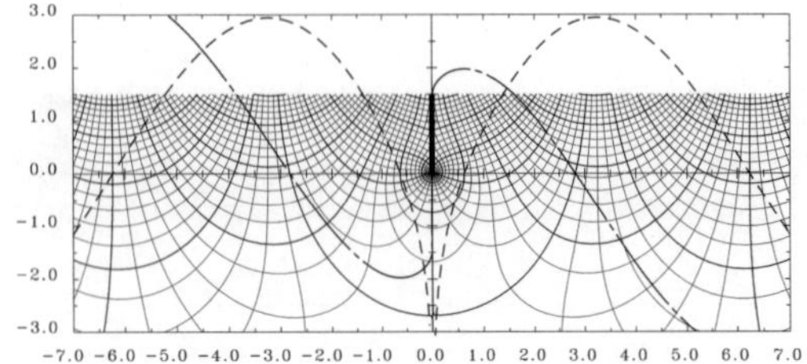

図 3.3.2.18. $W_Q^C(z,(0,0))$ の流線と等ポテンシャル線（$\kappa = 0.5,\ \Delta\psi = 0.2\pi,\ \theta_{cut} = 0.5\pi$）

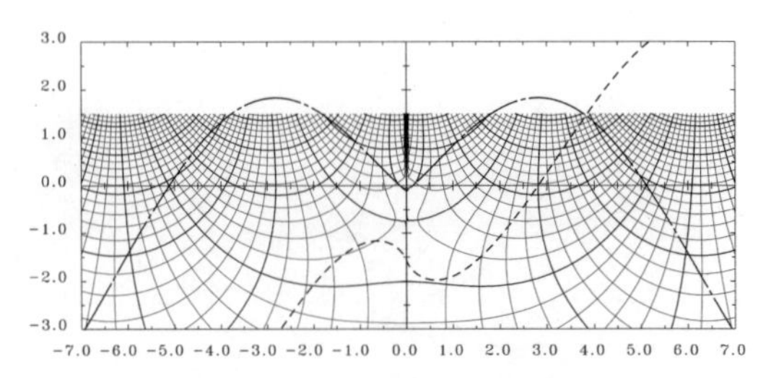

図 3.3.2.19. $W_\Gamma^C(z,(0,0))$ の流線と等ポテンシャル線（$\kappa = 0.5,\ \Delta\psi = 0.2\pi,\ \theta_{cut} = 0.5\pi$）

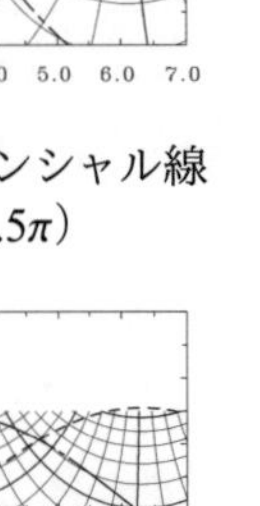

図 3.3.2.20. $W_m^C(z,(0,0))$ の流線と等ポテンシャル線（$\kappa = 0.5,\ \Delta\psi = 0.2\pi$）

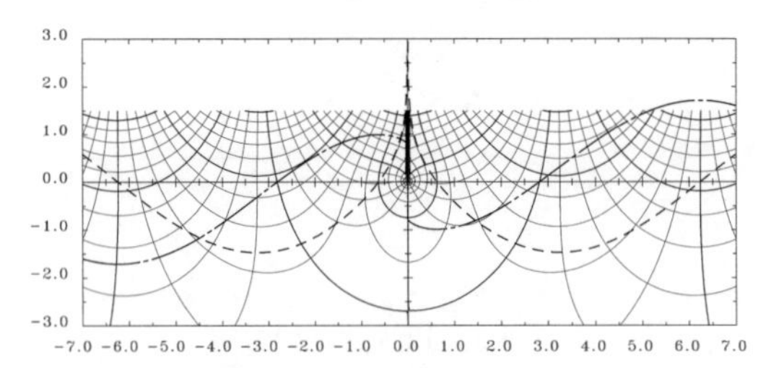

図 3.3.2.21. $W_\mu^C(z,(0,0))$ の流線と等ポテンシャル線（$\kappa = 0.5,\ \Delta\psi = 0.2\pi$）

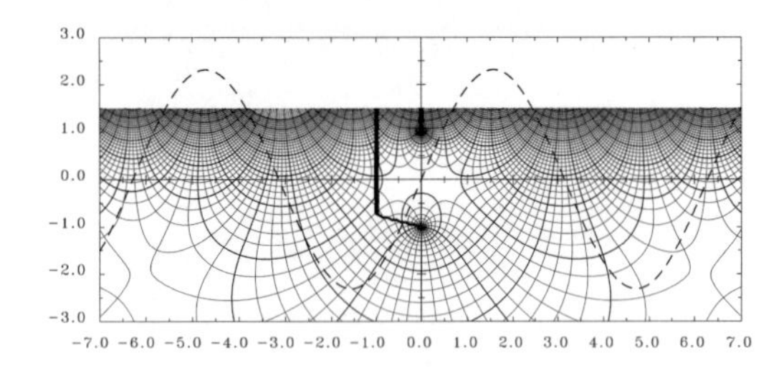

図 3.3.2.22. $W_\Gamma^{NK,C}(z,\zeta)$ の流線と等ポテンシャル線（$\kappa = 1.0,\ \Delta\psi = 0.1\pi,\ \zeta_M = (-1.0,-0.75)$）

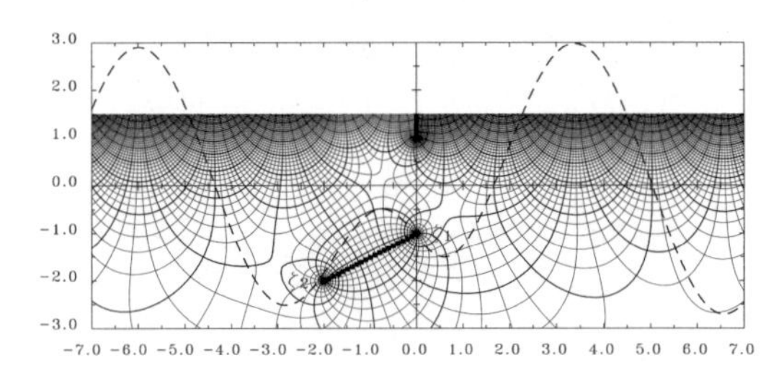

図 3.3.2.23. $W_\Gamma^{d,C}(z,\zeta_1,\zeta_2)$ の流線と等ポテンシャル線（$\kappa = 1.0,\ \Delta\psi = 0.1\pi$）

同様に図 3.3.2.26 には波渦の区間積分 $W_{\Gamma_{int}}^{NK,C}$ と，図 3.3.2.27 には ζ_M を ζ_2 と一致させた $W_{\Gamma_{int}}^{V,C}$ について流線，等ポテンシャル線を示している．

以上の図は，代表的な波特異関数の in-phase 成分，out-of-phase 成分の各瞬間における流線，等ポテンシャル線及び波形を示したものであるが，これらの図だけから，流れの時間変化を掴むことはかなり困難である．今までも，こうした時間依存の流れに関して流線のような図を利用することはまれであったし，かといって代わりとなる有効な方法があまり開発されてこなかったようである．そこで少し検討を行い近似流跡線に関する提案を行う．

まず簡単な例として正弦状進行波（sinusoidal progressive wave）を取り上げる．この波を入射波（incident wave）と称しておく．x の正，負方向に進行する波の各々の複素ポテンシャルは以下で表現できる．

$$w_{I_\omega}(z;t) = e^{-i(\kappa z \mp \omega t)} \tag{3.3.2.88}$$

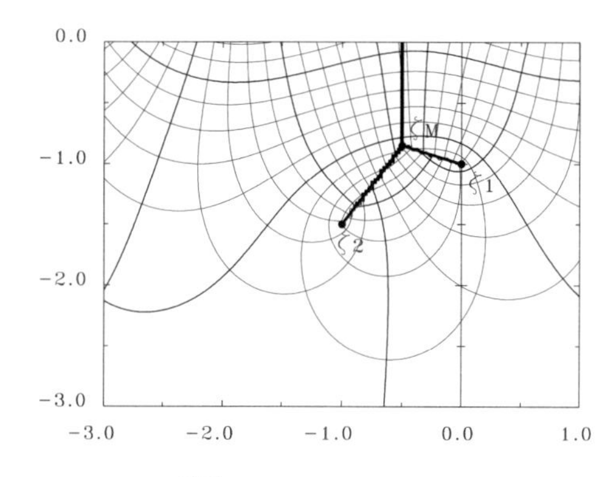

図 3.3.2.24. $W^{NK,C}_{Q_{int}}(z, \zeta_2, \zeta_1)$ の流線と等ポテンシャル線（$\kappa = 1.0,\ \Delta\psi = 0.1\pi$）

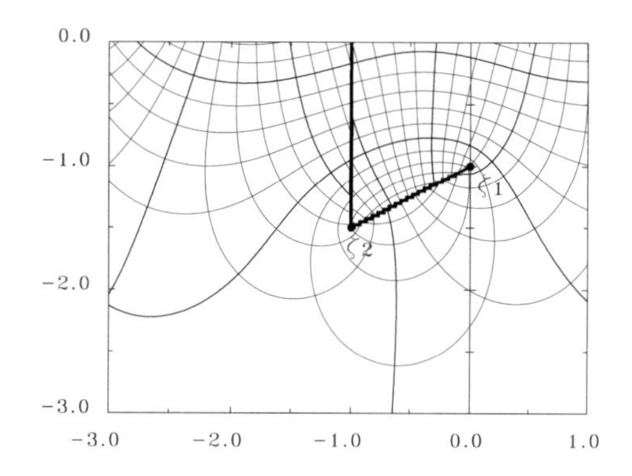

図 3.3.2.25. $W^{d,C}_{Q_{int}}(z, \zeta_2, \zeta_1)$ の流線と等ポテンシャル線（$\kappa = 1.0,\ \Delta\psi = 0.1\pi$）

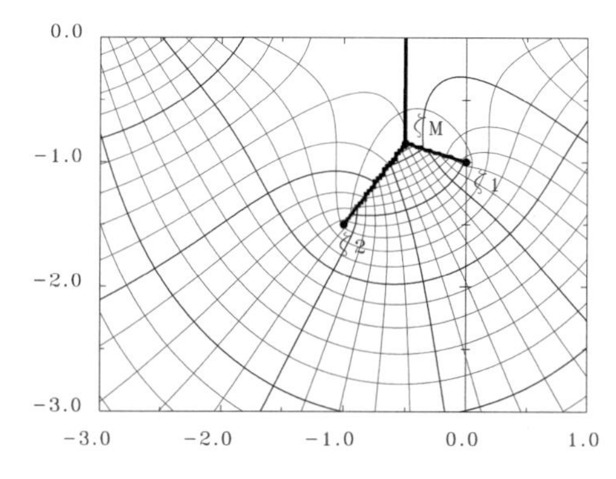

図 3.3.2.26. $W^{NK,C}_{\Gamma_{int}}(z, \zeta_2, \zeta_1)$ の流線と等ポテンシャル線（$\kappa = 1.0,\ \Delta\psi = 0.1\pi$）

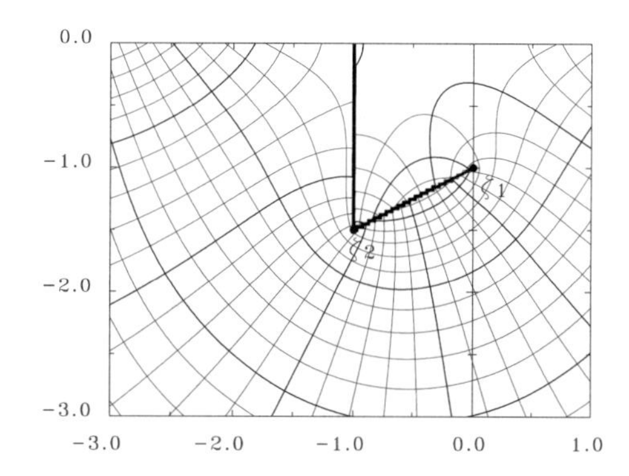

図 3.3.2.27. $W^{NK,C}_{\Gamma_{int}}(z, \zeta_2, \zeta_1)$ の流線と等ポテンシャル線（$\kappa = 1.0,\ \Delta\psi = 0.1\pi$）

複号は入射波の進行方向（x の正，負方向）に対応している．上式を以下とおく．

$$w_{I_\omega}(z; t) = \mathrm{Re}_j\{w_I(z)\, e^{j\omega t}\} \tag{3.3.2.89}$$

この時，以下であることは明らかである．

$$w_I(z) = (1 \mp i j)\, e^{-i\kappa z} \tag{3.3.2.90}$$

したがって in-phase 成分，out-of-phase 成分は各々以下となる．

$$w_I^C(z) = e^{-i\kappa z} \tag{3.3.2.91}$$

$$w_I^S(z) = \mp i\, e^{-i\kappa z} \tag{3.3.2.92}$$

なお，in-phase 成分はそのままで，out-of-phase 成分を以下とすると停留波の表示となっている．

$$
\left.\begin{aligned}
w_S^C(z) &= e^{-i\kappa x}\\
w_S^S(z) &= 0\\
w_S(z) &= w_S^C(z)\\
w_{S_\omega}(z;t) &= e^{-i\kappa x}\ \cos\omega t
\end{aligned}\right\}\qquad(3.3.2.93)
$$

x の正方向に進む入射波に関する in-phase 成分の流線，等ポテンシャル線及び $\omega t = 0, -\pi/2, -\pi, -3\pi/2$ における波形を図 3.3.2.28 に示した．波形は時間を過去に遡るにつれて細い破線で示してある．波形が x の正方向に進行していることは容易に確認できるが，水面下の流れの様子については直観ですぐわかるとは言い難い．そこで流場の各点に $\omega t = 0, -\pi$(in-phase) における流速ベクトルを描いてみた（図 3.3.2.29）．これらのベクトルの包絡線が前図における流線となっている．各点の粒子の動きの様子がかなり明確になってきたが，これらの流速ベクトルも時々刻々変化するものであって，この図から 1 周期間の流れの様子を推測することは無理である．式 (3.3.2.91) と式 (3.3.2.93) を比較すれば直ちにわかるように，この図は停留波についてもまったく同一であり，進行波と停留している波との差を読みとることはできない（図は省略）．out-of-phase 成分の図を描いても事情は変わらない．

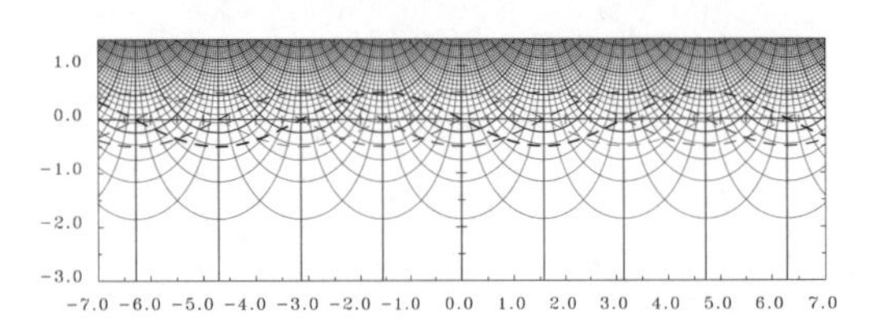

図 3.3.2.28. 入射波の流線と等ポテンシャル線（$\kappa = 1.0$, $\Delta\psi = 0.1\pi$）

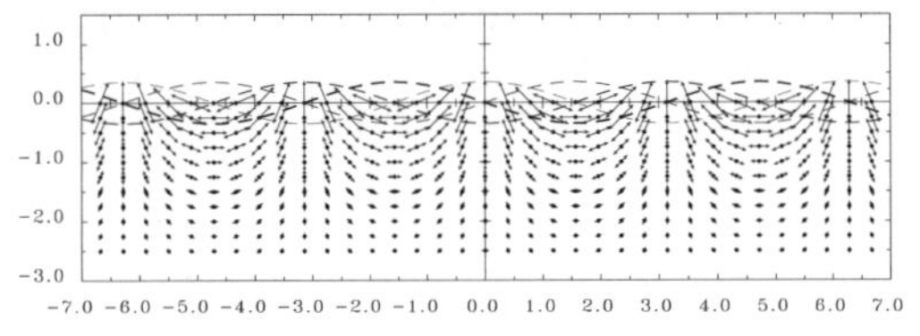

図 3.3.2.29. 入射波の流速ベクトル

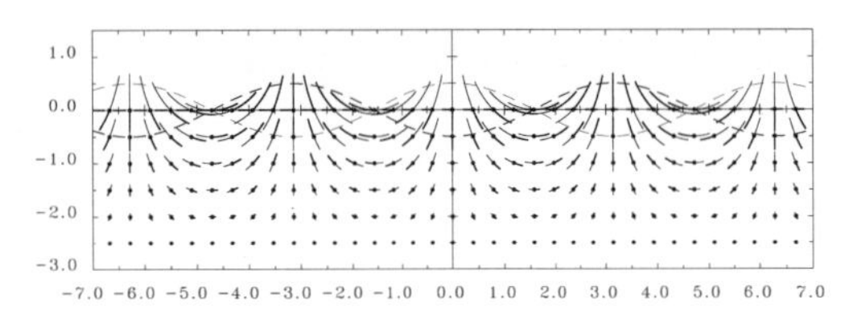

図 3.3.2.30. 停留波の流速ベクトル

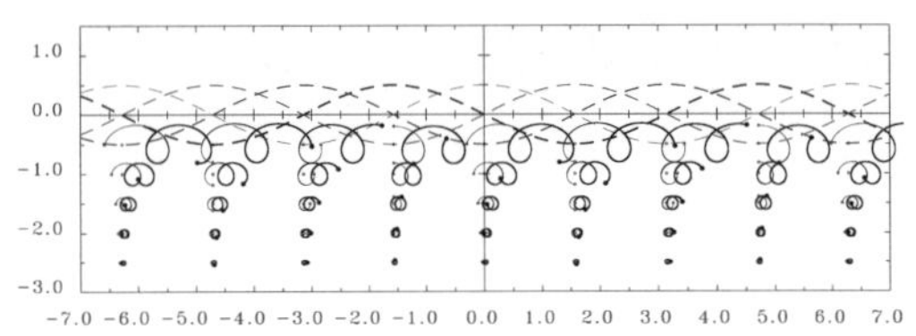

図 3.3.2.31. 入射波の流跡線

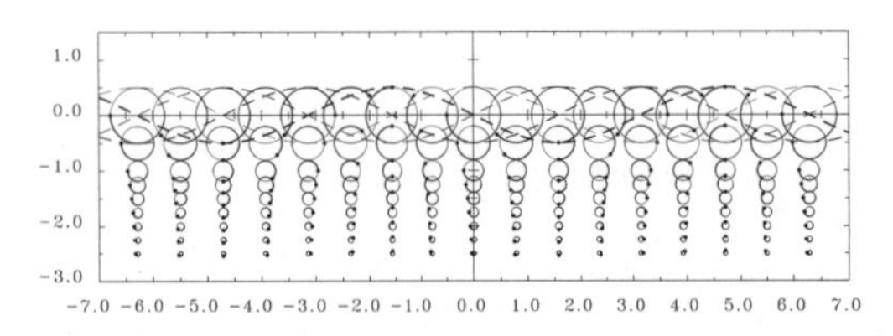

図 3.3.2.32. 入射波の近似流跡線

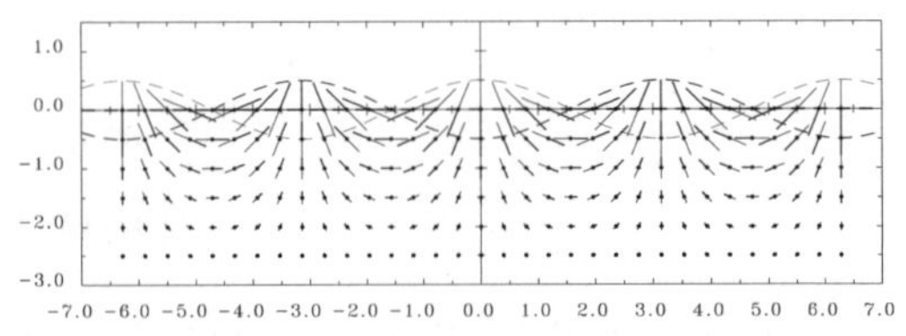

図 3.3.2.33. 停留波の近似流跡線

そこで，次に，流体中の粒子の動きを追ってみた．この粒子の運動の軌跡は流跡線（path line）と呼ばれており，水中に浮遊する細かい粒子を混ぜておき，露出時間を長くして撮影すると得ることができる，流れの可視化法の 1 つである． これを計算上で実現させてみた．複素ポテンシャルを以下のように表わしておく．

$$\left.\begin{aligned} f_\omega(z;t) &= \mathrm{Re}_j\{f(z)\,e^{j\omega t}\} \\ f(z) &= f^C(z) + jf^S(z) \end{aligned}\right\} \tag{3.3.2.94}$$

この時複素流速を $u_\omega - iv_\omega$ としておくと

$$\begin{aligned} u_\omega(z;t) - iv_\omega(z;t) &= \frac{df_\omega}{dz}(z;t) \\ &= \mathrm{Re}_j\{[\frac{df^C}{dz}(z) + j\frac{df^S}{dz}(z)]e^{j\omega t}\} \\ &= \mathrm{Re}_j\{[(u^C(z) - iv^C(z)) + j(u^S(z) - iv^S(z))]e^{j\omega t}\} \end{aligned} \tag{3.3.2.95}$$

であるから各時間における各位置の流速は以下のように求まる．

$$\left.\begin{aligned} u_\omega(z;t) &= u^C(z)\cos\omega t - u^S(z)\sin\omega t \\ v_\omega(z;t) &= v^C(z)\cos\omega t - v^S(z)\sin\omega t \end{aligned}\right\} \tag{3.3.2.96}$$

この時粒子の軌跡は

$$\left.\begin{aligned} x_{i+1} &= x_i + u_\omega(z_i;t_i)\,dt \\ y_{i+1} &= y_i + v_\omega(z_i;t_i)\,dt \end{aligned}\right\} \tag{3.3.2.97}$$

などとして求めることができる．停留波に関する計算結果を図 3.3.2.30 に示す．

露出時間は 2 周期分である．水粒子の動きがよく表現されている．正の x 方向に進む入射波についての計算結果を図 3.3.2.31 に示す．露出時間はやはり 2 周期分とし，現在の水粒子位置を黒丸で示し，過去の粒子の軌跡を過去に遡るほど細い線で示している．水面に近い粒子ほど，波の進行方向に横流れ（drift）しており，実際の水波の性質がよく現れていると考えられる．この計算に用いた波動の波高/波長比は 0.16 でかなり線形理論からはずれており，非線形効果が大きく出ているはずである．また式 (3.3.2.89 - 3.3.2.93) の解は高次の非線形の効果を内包していることがわかっており，この結果は妥当なものと思われる．ただし，現在扱っているのは線形理論であり，以上の結果は線形理論にふさわしくなく，式 (3.3.2.97) の適用に疑問が持たれる．

粒子の移動に伴う流速の変化が移動位置に依存しないと仮定してみよう．すなわち代表点を $z_0 = x_0 + iy_0$ とした時, 流速の変化は時間にのみ依存するとする．

$$\left.\begin{aligned} u_\omega(z;t) &= u^C(z_0)\cos\omega t - u^S(z_0)\sin\omega t \\ v_\omega(z;t) &= v^C(z_0)\cos\omega t - v^S(z_0)\sin\omega t \end{aligned}\right\} \tag{3.3.2.98}$$

これを単純に時間について積分し，代表点を粒子の位置の時間平均点とすれば，粒子の座標として以下を得る．

$$\left.\begin{aligned} x_\omega(t) &= x_0 + \frac{1}{\omega}u^C(z_0)\sin\omega t + \frac{1}{\omega}u^S(z_0)\cos\omega t \\ y_\omega(t) &= y_0 + \frac{1}{\omega}v^C(z_0)\sin\omega t + \frac{1}{\omega}v^S(z_0)\cos\omega t \end{aligned}\right\} \tag{3.3.2.99}$$

この表示は線形の仮定（諸量は振幅に比例する）を満たしている．この近似流跡線の式を用いて描いた，進行波に関する流跡線（1 周期）を図 3.3.2.32 に示す．線形理論としての流跡線図としてもっともらしい軌跡を描いている．波高は $y = 0$ における流跡線の直径と一致している．停留波のそれを図 3.3.2.33 に示す．流跡線はすべて直線であるが線形理論としては妥当であろう．

波吹き出しの流跡線は図 3.3.2.34 に示す通りである．特異点位置は大きな黒丸で示した．図 3.3.2.2, 3.3.2.3 の流線，等ポテンシャル線の図に関する理解が容易になったことと思われる．波渦周りの流跡線を図 3.3.2.35 に示す．吹き出しに比べて特異点の効果は遠方にまで及んでいることがわかる．

同様にして，x 方向，$-y$ 方向の波 2 重吹き出しによる流跡線を図 3.3.2.36，図 3.3.2.37 に示した．特異点の影響は特異点近傍で大きく，離れるにつれ，その効果は急激に弱まっている．また，$\zeta = (0, 0)$ に置いた波渦周りの流跡線を図 3.3.2.38 に示した．

紙面に載せられないのは残念であるが，これらの図をアニメーション化すると，粒子の動きがよく理解できて楽しいものである．

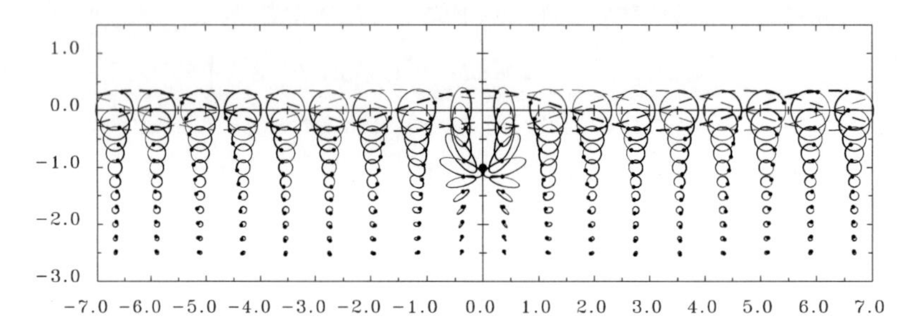

図 3.3.2.34. W_{Q_ω} 周りの近似流跡線

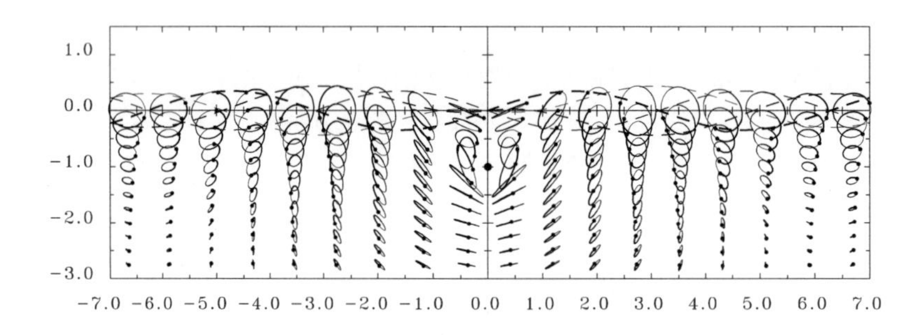

図 3.3.2.35. W_{Γ_ω} 周りの近似流跡線

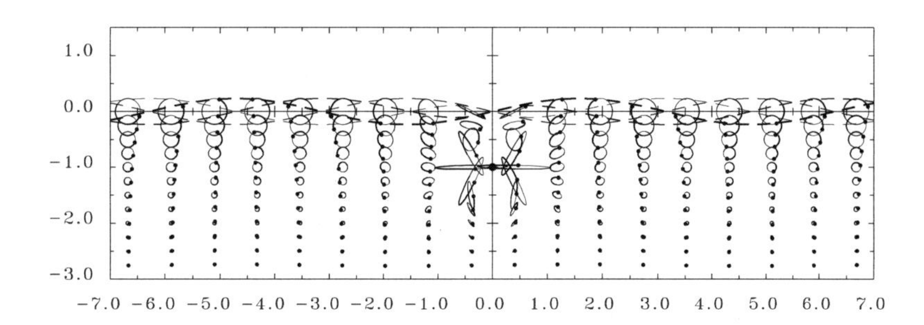

図 3.3.2.36. W_{m_ω} 周りの近似流跡線

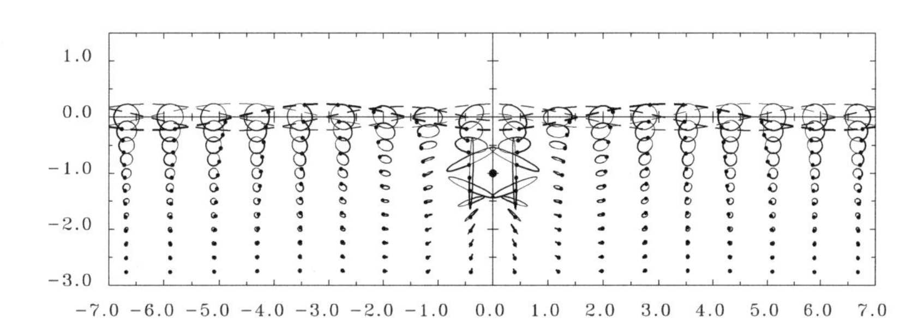

図 3.3.2.37. W_{μ_ω} 周りの近似流跡線

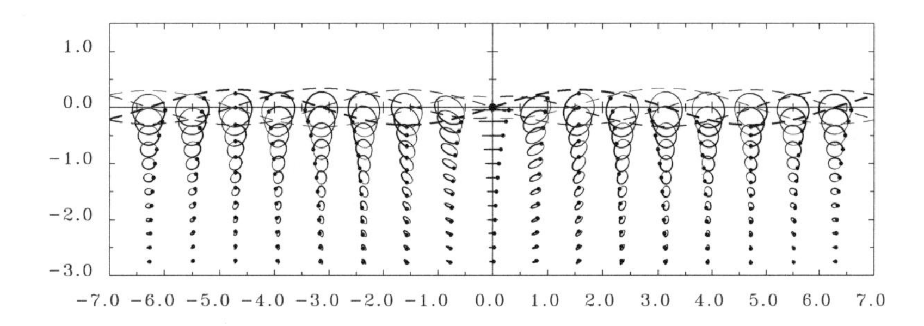

図 3.3.2.38. $W_{\Gamma_\omega}(z,(0,0))$ 周りの近似流跡線

3.3.3　III. 一様流中の周期的造波問題における波特異関数

この問題の解である複素ポテンシャルの形を式 (2.3.3.1) にならって以下としておく．

$$\left.\begin{aligned} F(z;t) &= -Uz + f_\omega(z;t) \\ f_\omega(z;t) &= \mathrm{Re}_j\{f(z)\,e^{j\omega t}\} \end{aligned}\right\} \tag{3.3.3.1}$$

水面形状を

$$\left.\begin{aligned} h_\omega(x,y;t) &= y - \eta_\omega(x;t) = 0 \\ \eta_\omega(x;t) &= \mathrm{Re}_j\{\eta(x)\,e^{j\omega t}\} \end{aligned}\right\} \tag{3.3.3.2}$$

とし，線形自由表面条件は式 (2.3.3.10) に仮想摩擦係数 μ の項を加えて以下としておく．

$$\left.\begin{aligned} \mathrm{Re}\{L(D)f(z)\} &= 0 \quad on \quad y = 0 \\ L(D) &= (j\sigma - D)^2 + \mu(j\sigma - D) + i\nu D \end{aligned}\right\} \tag{3.3.3.3}$$

ここで D は z に関する微分 $D = d/dz$ を示す．以下に波数を定義しておく．

$$\sigma = \omega/U, \quad \nu = g/U^2 \tag{3.3.3.4}$$

σ を reduced frequency と呼ぶこともある．以下では次の記号も用いる．

$$\kappa = \omega^2/g = \sigma^2/\nu, \quad \Omega = \omega U/g = \sigma/\nu = \kappa/\sigma = \sqrt{\kappa/\nu} \tag{3.3.3.5}$$

仮想摩擦係数を含む線形自由表面条件式 (3.3.3.3) の形については十分な論拠があるわけではないが，$\omega \to 0, U \to 0$ の極限移行に関しては正しいことから問題はないであろう．

波吹き出し特異関数

まず，吹き出し特異関数を求めよう．前節までと同じく以下としておく．

$$\left.\begin{aligned} W_Q(z,\zeta) &= f_0(z) + f_1(z) \\ f_0(z) &= \log(z - \zeta) \\ W_{Q_\omega}(z,\zeta;t) &= \mathrm{Re}_j\{W_Q(z,\zeta)e^{j\omega t}\} \end{aligned}\right\} \tag{3.3.3.6}$$

f_1 が $Lf_1 + \overline{Lf_0} = 0$ なる関係を満たせば $W_Q(z)$ は条件 (3.3.3.3) を満たすので

$$f_1(z) = -\frac{\overline{L}(D)}{L(D)}\overline{f}_0(z) \tag{3.3.3.7}$$

が求める解である．

$$\overline{L}(D) = L(D) - 2i\nu D \tag{3.3.3.8}$$

であるから式 (3.3.3.7) は, また以下と書ける.

$$
\begin{aligned}
f_1(z) &= -\overline{f}_0(z) + \frac{2i\nu D}{L(D)}\overline{f}_0(z) \\
&= -\log(z-\overline{\zeta}) + \frac{2i\nu}{L(D)}\frac{1}{z-\overline{\zeta}}
\end{aligned}
\tag{3.3.3.9}
$$

式 (3.3.3.6) の第 1 式に代入すると

$$
W_Q(z,\zeta) = \log\frac{z-\zeta}{z-\overline{\zeta}} + \frac{2i\nu}{L(D)}\frac{1}{z-\overline{\zeta}}
\tag{3.3.3.10}
$$

式 (3.1.1) を用いれば

$$
\begin{aligned}
\frac{2i\nu}{L(D)}\frac{1}{z-\overline{\zeta}} &= -\frac{2\nu}{L(D)}\int_0^\infty e^{-ik(z-\overline{\zeta})}dk \\
&= -2\nu\int_0^\infty \frac{1}{L(-ik)}e^{-ik(z-\overline{\zeta})}dk
\end{aligned}
\tag{3.3.3.11}
$$

さらに

$$
\begin{aligned}
-\frac{1}{L(-ik)} &= -\frac{1}{(j\sigma+ik)^2+\mu(j\sigma+ik)+\nu k} \\
&= \frac{1}{k^2-\nu k+(\sigma-j\mu)\sigma-ik(\mu+2j\sigma)} \\
&= \frac{k^2-\nu k+(\sigma-j\mu)\sigma+ik(\mu+2j\sigma)}{[k^2-\nu k+(\sigma-j\mu)\sigma]^2+[k(\mu+2j\sigma)]^2} \\
&= \frac{k^2-(i\mu+\nu)k+\sigma^2+j(2ik+\mu)\sigma}{[k^2-(i\mu+\nu)k+\sigma^2+i(2ik+\mu)\sigma][k^2-(i\mu+\nu)k+\sigma^2-i(2ik+\mu)\sigma]} \\
&= \frac{1}{2}\Big[\frac{1+ij}{k^2-\nu k+(\sigma-j\mu)\sigma+jk(\mu+2j\sigma)} + \frac{1-ij}{k^2-\nu k+(\sigma-j\mu)\sigma-jk(\mu+2j\sigma)}\Big] \\
&= \frac{1}{2}\Big[\frac{1+ij}{k^2-(\nu+2\sigma-j\mu)k+\sigma^2-j\mu\sigma} + \frac{1-ij}{k^2-(\nu-2\sigma+j\mu)k+\sigma^2-j\mu\sigma}\Big] \\
&= \frac{1}{2}\Big[\frac{1+ij}{A(k)}+\frac{1-ij}{B(k)}\Big]
\end{aligned}
\tag{3.3.3.12}
$$

ここで

$$
\left.
\begin{aligned}
A(k) &= k^2-(\nu+2\sigma-j\mu)k+\sigma^2-j\mu\sigma \\
B(k) &= k^2-(\nu-2\sigma+j\mu)k+\sigma^2-j\mu\sigma
\end{aligned}
\right\}
\tag{3.3.3.13}
$$

と少し技巧的な演算を行うと以下を得る.

$$
W_Q(z,\zeta) = \log\frac{z-\zeta}{z-\overline{\zeta}} + \nu\int_0^\infty\Big[\frac{1+ij}{A(k)}+\frac{1-ij}{B(k)}\Big]e^{-ik(z-\overline{\zeta})}dk
\tag{3.3.3.14}
$$

前節までの 2 つの水波問題については右辺積分中の特異点は 1 個であったのに比し，この問題では 4 個であり，4 つの波長の異なる波動の存在が予想される．そこで $A(k)=B(k)=0$ の根

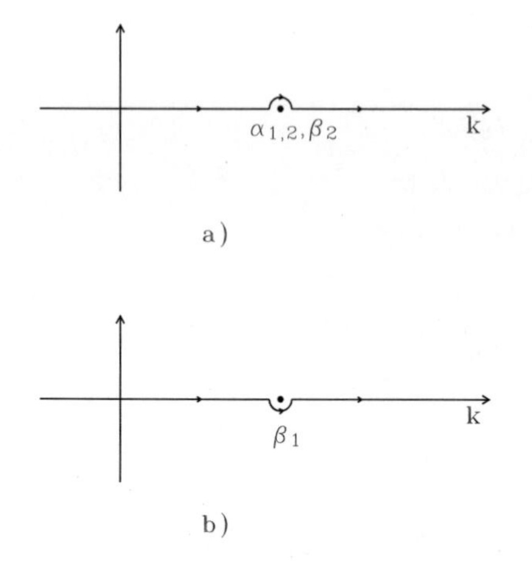

図 3.3.3.1. 根と積分経路

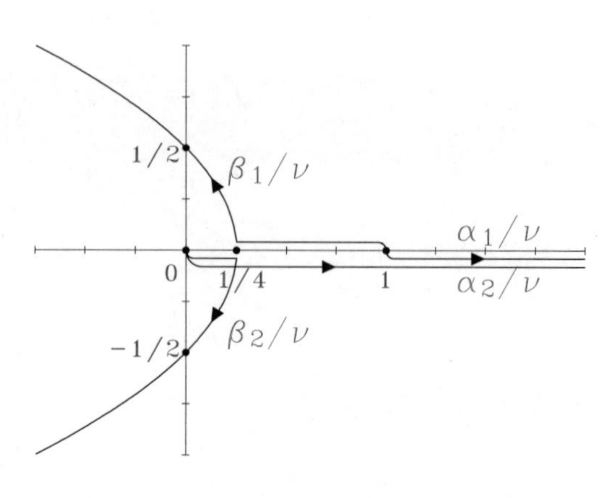

図 3.3.3.2. 根の軌跡（$\Omega = 0 \sim 1/4 \sim \infty$）

の振る舞いについて調べておこう．まず $A(k) = 0$ の根を k_1, k_2 とすると

$$
\begin{aligned}
k_{1,2} &= \frac{1}{2}[(\nu + 2\sigma - i\mu) \pm \sqrt{(\nu + 2\sigma - j\mu)^2 - 4(\sigma - j\mu)\sigma}] \\
&= \alpha_{1,2} - j\mu' + O(\mu^2) \quad as \quad \mu \to 0
\end{aligned}
\tag{3.3.3.15}
$$

となる（複号は k_1, k_2 に対応する）．ここで

$$
\begin{aligned}
\alpha_{1,2} &= \frac{1}{2}[\nu + 2\sigma \pm \sqrt{\nu^2 + 4\nu\sigma}] \\
&= \frac{\nu}{2}[1 + 2\Omega \pm \sqrt{1 + 4\Omega}]
\end{aligned}
\tag{3.3.3.16}
$$

なお

$$
\mu' = \frac{1}{2}\Big[1 \pm \frac{\nu}{\sqrt{\nu^2 + 4\nu\sigma}}\Big]\mu > 0
$$

したがって $\Omega \geqq 0$ で，$k_{1,2}/\nu$ は (正の実数)~(微小な正数)j となるから，$A(k)$ に関する積分経路は図 3.3.3.1-a) 図のように $k = \alpha_1, \alpha_2$ 点の上側を通る経路となる．

次に $B(k) = 0$ の根を $k_{3,4}$ とすると

$$
\begin{aligned}
k_{3,4} &= \frac{1}{2}[(\nu - 2\sigma + j\mu) \pm \sqrt{(\nu - 2\sigma + j\mu)^2 - 4(\sigma^2 - j\mu\sigma)}] \\
&= \beta_{1,2} \pm j\mu' + O(\mu^2) \quad as \quad \mu \to 0
\end{aligned}
\tag{3.3.3.17}
$$

となる．ここで

$$
\begin{aligned}
\beta_{1,2} &= \frac{1}{2}[\nu - 2\sigma \pm \sqrt{\nu^2 - 4\nu\sigma}] \\
&= \frac{\nu}{2}[1 - 2\Omega \pm \sqrt{1 - 4\Omega}]
\end{aligned}
\tag{3.3.3.18}
$$

なお

$$
\mu' = \frac{1}{2}\Big[\pm 1 + \frac{\nu}{\sqrt{\nu^2 - 4\nu\sigma}}\Big]\mu > 0
$$

したがって $\Omega = 0 \sim 1/4$ の時 $k_{3,4}/\nu$ は (正の実数)±(微小な正数)j となるから，β_1 に関する積分経路は図 3.3.3.1-b) 図の経路となり，β_2 に関する積分経路は図 3.3.3.1-a) 図の経路となる．$\Omega > 1/4$ の時は，$\beta_{1,2}$ は実軸を離れ図 3.3.3.2 のような経路上の複素数となる（この時波動は周期的な局所波となる）．理解の便のため，$(\alpha_1 \sim \beta_2)/\nu$ 及び $(\alpha_1 \sim \beta_2)/\kappa$ の値を図 3.3.3.3, 3.3.3.4 に示しておく．ちなみに Ω の値が例えば $\Omega < 1/4$ のように小であるとは流速（U）が遅いか，振動（ω）が緩やかなことを示している．

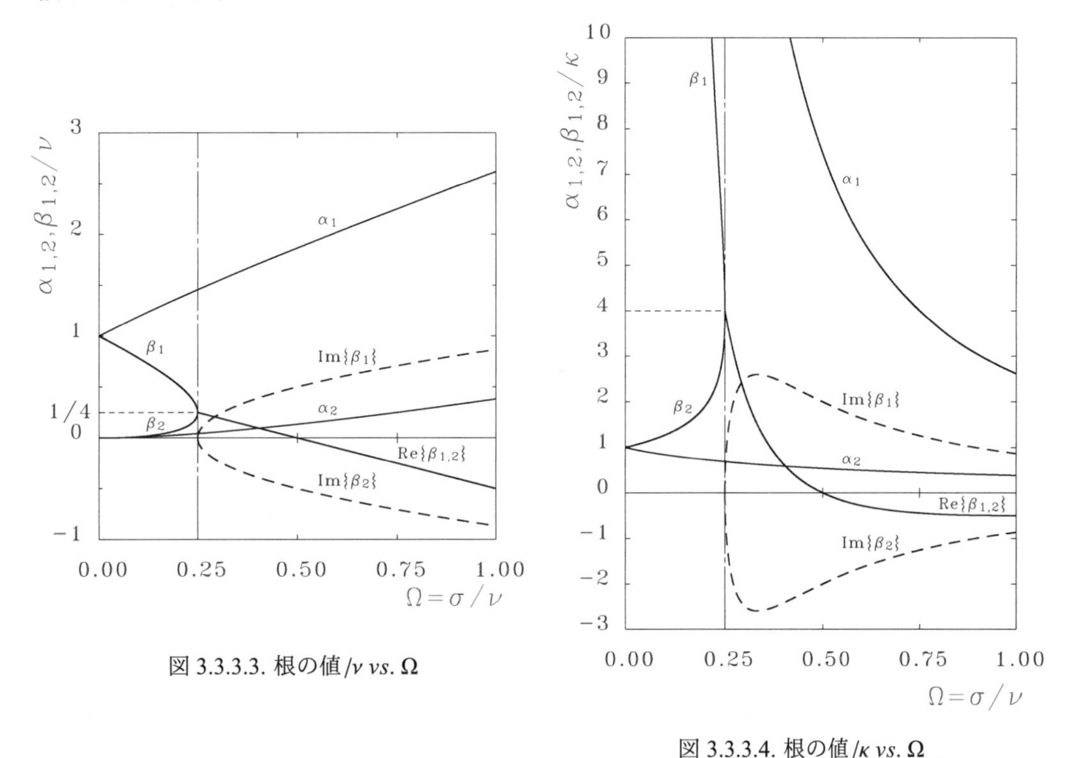

図 3.3.3.3. 根の値/ν *vs.* Ω

図 3.3.3.4. 根の値/κ *vs.* Ω

図 3.3.3.1 における留数項の処理をしておく．変数 k を，時間に関する虚数単位 j の複素平面 $k = k^C + jk^S$ と見なした時，式 (3.3.3.14) の積分項は

$$\begin{aligned}\nu \int_0^\infty \Big[\frac{1+ij}{A(k)} + \frac{1-ij}{B(k)}\Big] e^{-ik(z-\bar{\zeta})} dk = &-\pi\nu j \frac{1+ij}{\alpha_1 - \alpha_2}[e^{-i\alpha_1(z-\bar{\zeta})} - e^{-i\alpha_2(z-\bar{\zeta})}] \\ &+\pi\nu j \frac{1-ij}{\beta_1 - \beta_2}[e^{-i\beta_1(z-\bar{\zeta})} + e^{-i\beta_2(z-\bar{\zeta})}]^* \\ &+\nu(1+ij) \int_0^\infty \frac{1}{(k-\alpha_1)(k-\alpha_2)} e^{-ik(z-\bar{\zeta})} dk \\ &+\nu(1-ij) \int_0^\infty \frac{1}{(k-\beta_1)(k-\beta_2)} e^{-ik(z-\bar{\zeta})} dk^{**} \end{aligned} \quad (3.3.3.19)$$

ただし，右辺第 2 項（*）は $\Omega < 1/4$ の時のみ存在し（$\Omega > 1/4$ では 0），第 4 項の積分（**）

は $\Omega > 1/4$ では主値はとらない．また以下のように書ける．

$$\left.\begin{aligned}\frac{1}{(k-\alpha_1)(k-\alpha_2)} &= \frac{1}{\alpha_1-\alpha_2}\left(\frac{1}{k-\alpha_1}-\frac{1}{k-\alpha_2}\right)\\ \frac{1}{(k-\beta_1)(k-\beta_2)} &= \frac{1}{\beta_1-\beta_2}\left(\frac{1}{k-\beta_1}-\frac{1}{k-\beta_2}\right)\end{aligned}\right\} \tag{3.3.3.20}$$

また

$$\frac{\nu}{\alpha_1-\alpha_2} = \frac{1}{\sqrt{1+4\Omega}},\quad \frac{\nu}{\beta_1-\beta_2} = \frac{1}{\sqrt{1-4\Omega}} \tag{3.3.3.21}$$

さらに明らかに以下が成り立つ．

$$(1-ij)\,j = (1-ij)\,i,\quad (1+ij)\,j = -(1+ij)\,i \tag{3.3.3.22}$$

この時式 (3.3.3.19) は

$$\begin{aligned}\nu\int_0^\infty\left[\frac{1+ij}{A(k)}+\frac{1-ij}{B(k)}\right]e^{-ik(z-\bar\zeta)}dk &= \pi i\,\frac{1+ij}{\sqrt{1+4\Omega}}\left[e^{-i\alpha_1(z-\bar\zeta)}-e^{-i\alpha_2(z-\bar\zeta)}\right]\\ &\quad+\pi i\,\frac{1-ij}{\sqrt{1-4\Omega}}\left[e^{-i\beta_1(z-\bar\zeta)}+e^{-i\beta_2(z-\bar\zeta)}\right]\\ &\quad+\frac{1+ij}{\sqrt{1+4\Omega}}\,⨍_0^\infty\left[\frac{1}{k-\alpha_1}-\frac{1}{k-\alpha_2}\right]e^{-ik(z-\bar\zeta)}dk\\ &\quad+\frac{1-ij}{\sqrt{1-4\Omega}}\,⨍_0^\infty\left[\frac{1}{k-\beta_1}-\frac{1}{k-\beta_2}\right]e^{-ik(z-\bar\zeta)}dk\end{aligned} \tag{3.3.3.23}$$

となるので式 (3.3.3.14) の $W_Q(z,\zeta)$ は以下と書ける．

$$W_Q(z,\zeta) = \log\frac{z-\zeta}{z-\bar\zeta}+\frac{1+ij}{\sqrt{1+4\Omega}}\left[S_{\alpha_1}(z-\bar\zeta)-S_{\alpha_2}(z-\bar\zeta)\right]+\frac{1-ij}{\sqrt{1-4\Omega}}\left[S_{\beta_1}(z-\bar\zeta)-S_{\beta_2}(z-\bar\zeta)\right] \tag{3.3.3.24}$$

ここで

$$\left.\begin{aligned}S_{\alpha_1}(z) &= ⨍_0^\infty\frac{1}{k-\alpha_1}\,e^{-ikz}dk+\pi ie^{-i\alpha_1 z}\\ S_{\alpha_2}(z) &= ⨍_0^\infty\frac{1}{k-\alpha_2}\,e^{-ikz}dk+\pi ie^{-i\alpha_2 z}\\ S_{\beta_1}(z) &= ⨍_0^\infty\frac{1}{k-\beta_1}\,e^{-ikz}dk+\pi ie^{-i\beta_1 z}\\ S_{\beta_2}(z) &= ⨍_0^\infty\frac{1}{k-\beta_2}\,e^{-ikz}dk-\pi ie^{-i\beta_2 z}\end{aligned}\right\} \tag{3.3.3.25}$$

上式中の第1式の主値積分項に注目する．以下では変数 k を複素平面 $k = k^C + ik^S$ で考える．$\mathrm{Re}\{z\} > 0$ の時 $k = \alpha_1$ における留数項の 1/2 を加えると積分路を負の虚数軸上に変えることができる．

$$⨍_0^\infty\frac{1}{k-\alpha_1}\,e^{-ikz}dk+\pi ie^{-i\alpha_1 z} = \int_0^{-i\infty}\frac{1}{k-\alpha_1}\,e^{-ikz}dk$$

さらに $i(k-\alpha_1)z = u$ とおき

$$\frac{du}{u} = \frac{dk}{k-\alpha_1}, \quad -ikz = -u - i\alpha_1 z$$

及び $k = 0 \sim -i\infty$ で $u = -i\alpha_1 z \sim \infty$ を考慮すると 3.1 節で述べた指数積分関数を用いて以下を得る．

$$= e^{-i\alpha_1 z}\int_{-i\alpha_1 z}^{\infty}\frac{1}{u}\,e^{-u}du = e^{-i\alpha_1 z}E_1(-i\alpha_1 z) \tag{3.3.3.26}$$

Re$\{z\} < 0$ の時は同様にして積分路を正の虚数軸上に変え，上と同じ変換を施すと形式的に上式と同一の形となって以下を得る．

$$\begin{aligned}\int_0^{\infty}\frac{1}{k-\alpha_1}\,e^{-ikz}dk - \pi i e^{-i\alpha_1 z} &= \int_0^{i\infty}\frac{1}{k-\alpha_1}\,e^{-ikz}dk \\ &= e^{-i\alpha_1 z}E_1(-i\alpha_1 z)\end{aligned} \tag{3.3.3.27}$$

2 式をまとめると

$$\int_0^{\infty}\frac{1}{k-\alpha_1}\,e^{-ikz}dk = e^{-i\alpha_1 z}[E_1(-i\alpha_1 z)) \mp \pi i] \tag{3.3.3.28}$$

元の式すなわち式 (3.3.3.25) の第 1 式に代入すれば以下を得る．なお, $\{\}$ の上，下段は Re$\{z\} \gtrless 0$ の複号に対応する．

$$S_{\alpha_1}(z) = e^{-i\alpha_1 z}\left[E_1(-i\alpha_1 z) + \begin{Bmatrix} 0 \\ 2\pi i \end{Bmatrix}\right] \tag{3.3.3.29}$$

まったく同様にして第 2 式について以下を得る．

$$S_{\alpha_2}(z) = e^{-i\alpha_2 z}\left[E_1(-i\alpha_2 z) + \begin{Bmatrix} 0 \\ 2\pi i \end{Bmatrix}\right] \tag{3.3.3.30}$$

第 3，4 式すなわち S_{β_1}, S_{β_2} 関数については，$0 \leqq \Omega < 1/4$ では β_1, β_2 は正の実数であるから，$S_{\alpha_1}, S_{\alpha_2}$ と同様にすれば，Re$\{z\} \gtrless 0$ に対応して以下を得る．

$$S_{\beta_1}(z) = e^{-i\beta_1 z}\left[E_1(-i\beta_1 z) + \begin{Bmatrix} 0 \\ 2\pi i \end{Bmatrix}\right]$$

$$S_{\beta_2}(z) = e^{-i\beta_2 z}\left[E_1(-i\beta_2 z) + \begin{Bmatrix} -2\pi i \\ 0 \end{Bmatrix}\right]$$

次に $1/4 < \Omega < 1/2$ では β_1, β_2 は各々第 1,4 象限の複素数となるから式 (3.3.3.25) の積分は主値積分ではなく実軸上の積分となり，留数項も現れない．実軸上の積分を Re$\{\beta_{1,2} z\} \gtrless 0$ に対応して，各々負，正の虚軸上の積分に積分経路を変更し，その際 $k = \beta_1, \beta_2$（複素数）における留数項を考慮すると，各々に関して上式とまったく同一の式を得る．最後に $\Omega > 1/2$ の場合を考えると，β_1, β_2 は各々第 2,3 象限に移動するので積分路を虚軸に変更する際に留数項は生じない．以上をまとめると以下を得る．

$$S_{\beta_1}(z) = \left\{ \begin{array}{ll} e^{-i\beta_1 z}\left[E_1(-i\beta_1 z) + \left\{ \begin{array}{c} 0 \\ 2\pi i \end{array} \right\}\right] & for\ \Omega < 1/2 \\ e^{-i\beta_1 z} E_1(-i\beta_1 z) & for\ \Omega > 1/2 \end{array} \right\} \tag{3.3.3.31}$$

$$S_{\beta_2}(z) = \left\{ \begin{array}{ll} e^{-i\beta_2 z}\left[E_1(-i\beta_2 z) + \left\{ \begin{array}{c} -2\pi i \\ 0 \end{array} \right\}\right] & for\ \Omega < 1/2 \\ e^{-i\beta_2 z} E_1(-i\beta_2 z) & for\ \Omega > 1/2 \end{array} \right\} \tag{3.3.3.32}$$

上式中 {} の上，下段は各々$\mathrm{Re}\{\beta_{1,2} z\} \gtrless 0$ に対応している．$\Omega = 1/2$ の時は$\beta_{1,2}$ は純虚数 $\mathrm{Im}\{\beta_{1,2}\} = \pm 1/2\nu \gtrless 0$ となり，$\mathrm{Im}\{z\} < 0$ の領域では $\mathrm{Re}\{\beta_{1,2} z\} \gtrless 0$ であるから，S_{β_1} 関数については {} の上段（0），S_{β_2} 関数については下段（0）が成り立ち，$S_{\beta_{1,2}}$ 関数は $\Omega = 1/2$ 前後で連続に接続していることがわかる．また $\Omega > 1/2$ の時 $E_1(-i\beta_1 z), E_1(-i\beta_2 z)$ 関数は，その分岐線が各々第 2,1 象限にあるので $\mathrm{Im}\{z\} < 0$ の領域では連続関数となっている．

以上から式 (3.3.3.29 - 3.3.3.32) を式 (3.3.3.24) に代入すれば $W_Q(z, \zeta)$ が求まる．式 (2.3.2.2) の関係を用いると時間を含んだ式を得る．

$$\begin{aligned} W_{Q_\omega}(z, \zeta; t) &= \mathrm{Re}_j\{W_Q(z, \zeta)\, e^{j\omega t}\} \\ &= \log \frac{z - \zeta}{z - \bar{\zeta}} \cos \omega t + \frac{1}{\sqrt{1 + 4\Omega}}[S_{\alpha_1}(z - \bar{\zeta}) - S_{\alpha_2}(z - \bar{\zeta})]\, e^{-i\omega t} \\ &\quad + \frac{1}{\sqrt{1 - 4\Omega}}[S_{\beta_1}(z - \bar{\zeta}) - S_{\beta_2}(z - \bar{\zeta})]\, e^{i\omega t} \end{aligned} \tag{3.3.3.33}$$

また

$$W_Q(z, \zeta) = W_Q^C(z, \zeta) + j\, W_Q^S(z, \zeta) \tag{3.3.3.34}$$

としておくと W_Q 関数の in-phase 成分，out-of-phase 成分として以下を得る．

$$\begin{aligned} W_Q^C(z, \zeta) &= \log \frac{z - \zeta}{z - \bar{\zeta}} + \frac{1}{\sqrt{1 + 4\Omega}}[S_{\alpha_1}(z - \bar{\zeta}) - S_{\alpha_2}(z - \bar{\zeta})] \\ &\quad + \frac{1}{\sqrt{1 - 4\Omega}}[S_{\beta_1}(z - \bar{\zeta}) - S_{\beta_2}(z - \bar{\zeta})] \end{aligned} \tag{3.3.3.35}$$

$$\begin{aligned} W_Q^S(z, \zeta) &= \frac{i}{\sqrt{1 + 4\Omega}}[S_{\alpha_1}(z - \bar{\zeta}) - S_{\alpha_2}(z - \bar{\zeta})] \\ &\quad - \frac{i}{\sqrt{1 - 4\Omega}}[S_{\beta_1}(z - \bar{\zeta}) - S_{\beta_2}(z - \bar{\zeta})] \end{aligned} \tag{3.3.3.36}$$

この節で取り扱う諸問題に生ずる一般の波動の性質は，波吹き出し $W_Q(z, \zeta)$ の作る波動の性質と同一であるので少し詳しく調べておこう．波吹き出しの作る波動を求めるには $W_Q(z, \zeta)$ の導関数が必要である．$\alpha=\alpha_1,\alpha_2,\beta_1,\beta_2$ としておき式 (3.1.16) を参照すると次の微分公式が得られる．

$$\frac{dS_\alpha}{dz}(z)=-i\alpha S_\alpha(z)-\frac{1}{z} \tag{3.3.3.37}$$

さらに

$$\left.\begin{aligned}\frac{d}{dz}[S_{\alpha_1}(z)-S_{\alpha_2}(z)]&=-i\alpha_1S_{\alpha_1}(z)+i\alpha_2S_{\alpha_2}(z)\\ \frac{d}{dz}[S_{\beta_1}(z)-S_{\beta_2}(z)]&=-i\beta_1S_{\beta_1}(z)+i\beta_2S_{\beta_2}(z)\end{aligned}\right\} \tag{3.3.3.38}$$

となり以下を得る．

$$\begin{aligned}\frac{dW_Q}{dz}(z,\zeta)=\frac{1}{z-\zeta}-\frac{1}{z-\bar{\zeta}}&-i\frac{1+ij}{\sqrt{1+4\Omega}}[\alpha_1S_{\alpha_1}(z-\bar{\zeta})-\alpha_2S_{\alpha_2}(z-\bar{\zeta})]\\&-i\frac{1-ij}{\sqrt{1-4\Omega}}[\beta_1S_{\beta_1}(z-\bar{\zeta})-\beta_2S_{\beta_2}(z-\bar{\zeta})]\end{aligned} \tag{3.3.3.39}$$

したがって以下となる．

$$\begin{aligned}\frac{dW_{Q_\omega}}{dz}(z,\zeta;t)=&\mathrm{Re}\{\frac{dW_Q}{dz}(z,\zeta)\,e^{j\omega t}\}\\=&(\frac{1}{z-\zeta}-\frac{1}{z-\bar{\zeta}})\cos\omega t\\&-\frac{i}{\sqrt{1+4\Omega}}[\alpha_1S_{\alpha_1}(z-\bar{\zeta})-\alpha_2S_{\alpha_2}(z-\bar{\zeta})]\,e^{-i\omega t}\\&-\frac{i}{\sqrt{1-4\Omega}}[\beta_1S_{\beta_1}(z-\bar{\zeta})-\beta_2S_{\beta_2}(z-\bar{\zeta})]\,e^{i\omega t}\end{aligned} \tag{3.3.3.40}$$

対応する波形の式を導いておく．複素ポテンシャルとしての次元を合わせるために

$$\begin{aligned}f_{Q_\omega}(z,\zeta;t)=&\mathrm{Re}\{[f^C(z,\zeta)+jf^S(z,\zeta)]\,e^{j\omega t}\}\\=&U^2/\omega\,W_{Q_\omega}(z,\zeta;t)\end{aligned} \tag{3.3.3.41}$$

としておく．この時吹き出しの作る波形は式 (2.3.3.15) から

$$\left.\begin{aligned}\nu\eta_Q^C(x)=&\mathrm{Re}\{\frac{\omega}{U^2}f^S(x,\zeta)+\frac{1}{U}\frac{df^c}{dz}(x,\zeta)\}\\=&\mathrm{Re}\{W_Q^S(x,\zeta)+\frac{1}{\sigma}\frac{dW_Q^C}{dz}(x,\zeta)\}\\=&\mathrm{Re}\{\frac{i}{\sqrt{1+4\Omega}}[(1-\frac{\alpha_1}{\sigma})S_{\alpha_1}(x-\bar{\zeta})-(1-\frac{\alpha_2}{\sigma})S_{\alpha_2}(x-\bar{\zeta})]\\&-\frac{i}{\sqrt{1-4\Omega}}[(1+\frac{\beta_1}{\sigma})S_{\beta_1}(x-\bar{\zeta})-(1+\frac{\beta_2}{\sigma})S_{\beta_2}(x-\bar{\zeta})]\}\\ \nu\eta_Q^S(x)=&\mathrm{Re}\{-W_Q^C(x,\zeta)+\frac{1}{\sigma}\frac{dW_Q^S}{dz}(x,\zeta)\}\\=&\mathrm{Re}\{-\frac{1}{\sqrt{1+4\Omega}}[(1-\frac{\alpha_1}{\sigma})S_{\alpha_1}(x-\bar{\zeta})-(1-\frac{\alpha_2}{\sigma})S_{\alpha_2}(x-\bar{\zeta})]\\&-\frac{1}{\sqrt{1-4\Omega}}[(1+\frac{\beta_1}{\sigma})S_{\beta_1}(x-\bar{\zeta})-(1+\frac{\beta_2}{\sigma})S_{\beta_2}(x-\bar{\zeta})]\}\end{aligned}\right\} \tag{3.3.3.42}$$

と求まる．時間を含んだ式で詳しく見てみよう．もちろん，上式を前節の式 (3.3.2.33) に代入しても求まるが，ここでは式 (2.3.3.7) から直接求めてみた．

$$
\begin{aligned}
\nu\eta_{Q_\omega}(x;t) &= -\frac{1}{U^2}\mathrm{Re}\{\frac{\partial}{\partial t}f_{Q_\omega}(x,\zeta;t) - U\frac{df_{Q_\omega}}{dz}(x,\zeta;t)\} \\
&= -\mathrm{Re}\{\frac{1}{\omega}\frac{\partial}{\partial t}W_{Q_\omega}(x,\zeta;t) - \frac{1}{\sigma}\frac{dW_{Q_\omega}}{dz}(x,\zeta;t)\} \\
&= \mathrm{Re}\Big\{\frac{i}{\sqrt{1+4\Omega}}[(1-\alpha_1/\sigma)S_{\alpha_1}(x-\bar{\zeta}) - (1-\alpha_2/\sigma)S_{\alpha_2}(x-\bar{\zeta})]\,e^{-i\omega t} \\
&\quad - \frac{i}{\sqrt{1-4\Omega}}[(1+\beta_1/\sigma)S_{\beta_1}(x-\bar{\zeta}) - (1+\beta_2/\sigma)S_{\beta_2}(x-\bar{\zeta})]\,e^{i\omega t}\Big\}
\end{aligned}
\tag{3.3.3.43}
$$

右辺第1項の表わす波動を α_1 波と称し，第2,3,4項をそれぞれ α_2 波，β_1 波，β_2 波と称することにする．これらの波動の性質の理解のために $x \to \pm\infty$ における波動，すなわち自由波の挙動を調べておこう．$\Omega < 1/4$ の時，式 (3.3.3.43) の自由波は以下となる．$\zeta = \xi + i\eta$ としておき，まず下流側で

$$
\begin{aligned}
\nu\eta_{Q_\omega}(x;t) &= -2\pi\frac{1-\alpha_1/\sigma}{\sqrt{1+4\Omega}}e^{\alpha_1\eta}\cos(\alpha_1(x-\xi)+\omega t) + 2\pi\frac{1-\alpha_2/\sigma}{\sqrt{1+4\Omega}}e^{\alpha_2\eta}\cos(\alpha_2(x-\xi)+\omega t) \\
&\quad + 2\pi\frac{1+\beta_1/\sigma}{\sqrt{1-4\Omega}}e^{\beta_1\eta}\cos(\beta_1(x-\xi)-\omega t)\} + O(1/x) \quad as \quad x \to -\infty
\end{aligned}
\tag{3.3.3.44}
$$

上流側で

$$
\nu\eta_{Q_\omega}(x;t) = 2\pi\frac{1+\beta_2/\sigma}{\sqrt{1-4\Omega}}e^{\beta_2\eta}\cos(\beta_2(x-\xi)-\omega t) + O(1/x) \quad as \quad x \to \infty \tag{3.3.3.45}
$$

$\Omega > 1/4$ では β_1 波，β_2 波の自由波は消滅する．$\Omega < 1/4$ の状態で上式を見てみると，α_1 波，α_2 波の自由波は下流側（$x < 0$）にのみ存在し，下流方向に進行する波であることを示し，β_1 波は下流側にのみ存在し，上流方向に進む波であり，β_2 波は上流側（$x > 0$）にのみ存在し，上流方向に伝播する波動を示していることがわかる．またそれぞれの波の波長は以下であることがわかる．

$$
\left.
\begin{aligned}
\lambda_{\alpha_1} &= 2\pi/\alpha_1, \qquad \lambda_{\alpha_2} = 2\pi/\alpha_2 \\
\lambda_{\beta_1} &= 2\pi/\beta_1, \qquad \lambda_{\beta_2} = 2\pi/\beta_2
\end{aligned}
\right\}
\tag{3.3.3.46}
$$

これらの波の波長，進行方向に関する概念図を図 3.3.3.5 に示した．波長の長短の順序は上式に対応させてある．

$\alpha_1 \sim \beta_2$ 波の各波長の Ω に関する変化を図 3.3.3.6, 3.3.3.7 に示した．図 3.3.3.6 は

$$
\lambda_U = 2\pi/\nu = 2\pi U^2/g \tag{3.3.3.47}
$$

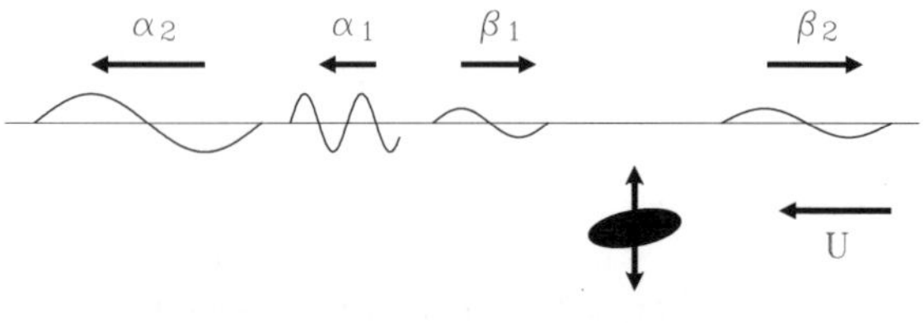

図 3.3.3.5. 動揺する物体の作る波（概念図）

なる波長，すなわち振動がなく（$\omega = 0$）一様流中にある一定強さをもつ点吹き出しが下流に作る定常波（3.3.1 節で扱った）の波長との比を示している．$\omega = 0$（$\Omega = 0$）の時 α_1 波と β_1 波で

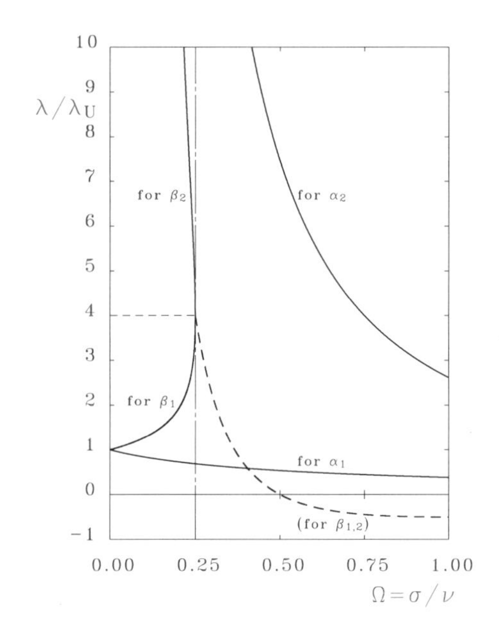

図 3.3.3.6. 波長の比 λ/λ_U vs. Ω

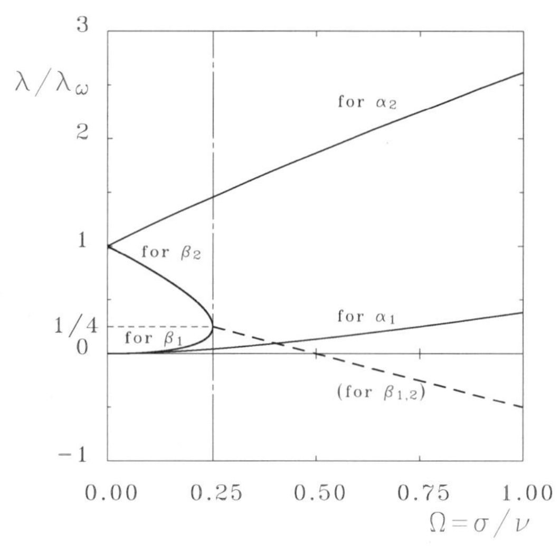

図 3.3.3.7. 波長の比 λ/ω vs. Ω

波の波長が一致（$\lambda/\lambda_U = 1$）し, ω が値を持ってくると各々の波の波長が λ_U より大（β_1 波）, 小（α_1 波）に分かれていっていることがわかる（波長 λ_U の定常波からの ’ なれのはて ’ と表現する研究者もいる）．このことは図 3.3.3.3 でも確かめることができ，次の位相速度の図（図 3.3.3.8），群速度の図（図 3.3.3.9）でも確認することができる．図 3.3.3.7 は

$$\lambda_\omega = 2\pi/\kappa = 2\pi g/\omega^2 \tag{3.3.3.48}$$

なる波長，すなわち流速がなく（$U = 0$）吹き出し強さが円周波数 ω で振動している状態で上下流側に伝播する（3.3.2 節で扱った）波動の波長との比を示している．$U = 0$（$\Omega = 0$）の時，α_2 波，β_2 波の波長が λ_ω と一致（$\lambda/\lambda_\omega = 1$）しており，$U$ が値を持っていくにつれて各々の波長が大，小に分かれていっていることがわかる（波長 λ_ω の波動からの ’ なれのはて ’ と表現する研究者もいる）．このことは図 3.3.3.4 でも確かめることができ，次の位相速度の図（図 3.3.3.10），群速度の図（図 3.3.3.11）でも確認することができる．

次に各波動の位相速度について調べてみよう．各波の位相速度は以下と書ける．

$$V_{p_\alpha} = \omega/\alpha \quad for \quad \alpha = \alpha_1, \alpha_2, \beta_1, \beta_2 \tag{3.3.3.49}$$

一様流速 U で無次元化した値を図 3.3.3.8 に示す．$\omega \to 0$（$\Omega \to 0$）で α_1 波と β_1 波の位相速度は 0 となっている．この波動は 3.3.1 節で扱った波動であるから空間に固定されていることに対応している．

さらに $U = 0$ の時に上下流に発生する（3.3.2 節で扱った）波の位相速度

$$V_{p_\omega} = \omega/\kappa = g/\omega \tag{3.3.3.50}$$

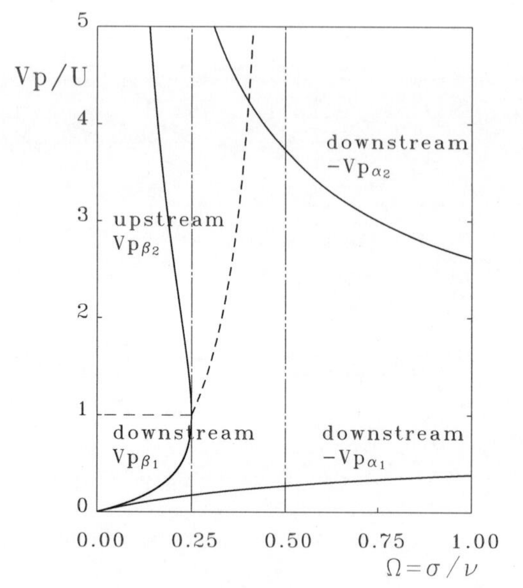

図 3.3.3.8. 位相速度の比 V_p/U vs. Ω

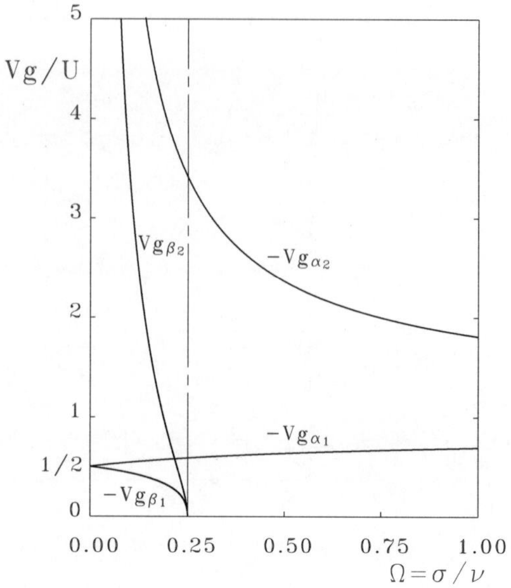

図 3.3.3.9. 群速度の比 V_g/U vs. Ω

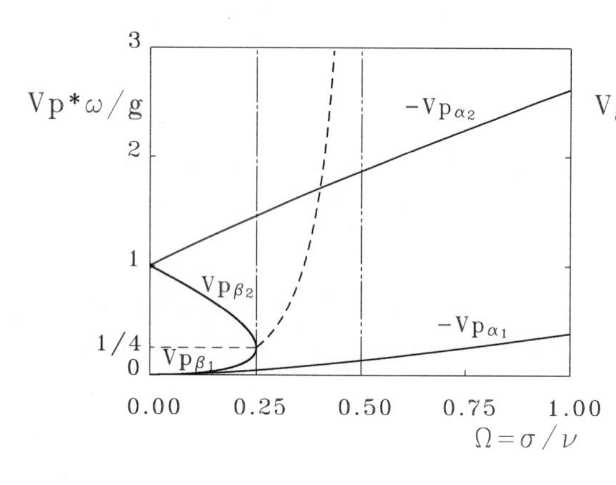

図 3.3.3.10. 位相速度の比 V_p/V_{p_ω} vs. Ω

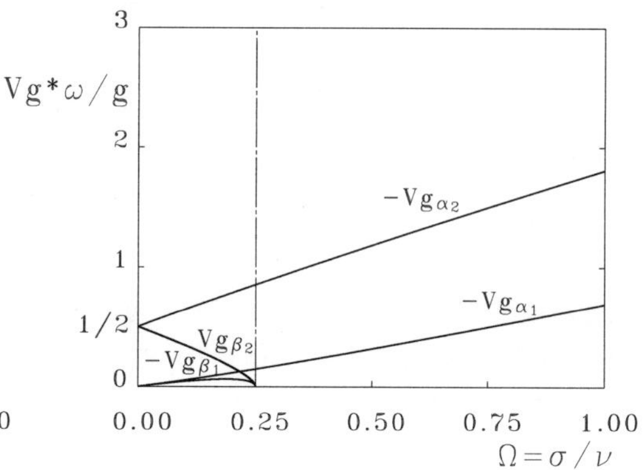

図 3.3.3.11. 群速度の比 V_g/V_{p_ω} vs. Ω

で無次元化した値を図 3.3.3.10 に示す．α_2 波，β_2 波の位相速度が $U=0$（$\Omega=0$）で $\pm V_{p_\omega}$ と一致（$|V_p|/V_{p_\omega}=1$）していることがわかる．

各波動の群速度についても調べてみる．各波の群速度は

$$V_{g_\alpha} = d\omega/d\alpha \quad for \quad \alpha = \alpha_1, \alpha_2, \beta_1, \beta_2 \tag{3.3.3.51}$$

で表わされ具体的には以下となる．

$$\left.\begin{aligned} V_{g_\alpha}/U &= \frac{\sqrt{1+4\Omega}}{\sqrt{1+4\Omega}\pm 1} \quad for \quad \alpha=\alpha_1,\alpha_2 \\ V_{g_\beta}/U &= \frac{\sqrt{1-4\Omega}}{1\pm\sqrt{1-4\Omega}} \quad for \quad \beta=\beta_1,\beta_2 \end{aligned}\right\} \tag{3.3.3.52}$$

一様流速 U で無次元化した値を図 3.3.3.9 に示す．$\omega \to 0$（$\Omega \to 0$）で α_1 波と β_1 波の群速度は $-U/2$ となっており，前述のこと及び線形波動における群速度は位相速度の 1/2 という性質に対応している．

さらに $U=0$ の時の波動の位相速度で無次元化する（図 3.3.3.11）．$U \to 0$（$\Omega \to 0$）で V_{p_ω} のやはり半分となっている．

以上で見てきたように，$\Omega < 1/4$ の時には 4 種の波長の自由波が存在するが，$\Omega > 1/4$ の時には 2 種の自由波（β_1,β_2 波）が消滅し，2 種の波長の自由波（α_1,α_2 波）のみが残る．では $\Omega = 1/4$ の時にはどうなのであろうか．式 (3.3.3.33 - 3.3.3.36) の W_Q に関する表示を見ると

$$\frac{1}{\sqrt{1-4\Omega}}[S_{\beta_1}(z-\bar{\zeta}) - S_{\beta_2}(z-\bar{\zeta})] \tag{3.3.3.53}$$

なる項の $\Omega \fallingdotseq 1/4$ における連続性が問題となる．式 (3.3.3.31, 3.3.3.32) の振る舞いを調べてみると $\Omega \fallingdotseq 1/4$ において上式の分子は 0 とならないことがわかる．したがって，W_Q 関数は $\Omega = 1/4$ において発散し，連続ではない．現象的には何が生じているのであろうか．図 3.3.3.8 によれば β_1,β_2 波の位相速度は $\Omega = 1/4$ で，一様流速（x の負方向）と値が一致（正方向）しており，群速度は 0 となっている．このことは，吹き出し W_Q の振動により発生した β_1,β_2 波は一様流中に伝播しようとしても，一様流に押し返されて伝播できず（位相速度と一様流速の一致），波動エネルギーも伝播できず（群速度 0）に，波動エネルギーが無限に蓄積される状態が生ずることを意味していよう．一種の共鳴現象が生じたと解釈できる．このことは実験的に確かめてはいない．

この $\Omega = 1/4$ という状態を他の物理量で図示しておこう．波数 κ,ν との間に，δ を代表長さとすると

$$\Omega^2 = \kappa\delta/\nu\delta \tag{3.3.3.54}$$

なる関係がある．そこで $\kappa\delta = \omega^2\delta/g$ を横軸に，$1/\nu\delta = U^2/g\delta$ を縦軸にとり，Ω の値をパラメータとして図示したものが図 3.3.3.12 である．太実線が $\Omega = 1/4$ を示し，この線上で上記の状態が生ずる．左下の領域（$\Omega < 1/4$）では自由波が 4 種生じており右上の領域では 2 種の自由波が生じる．

余談ではあるが，散逸性の強い流体に生ずる現象においては，上述のような広い意味での共鳴現象のような現象は，例えばフラッターのように，負のイメージが強い．機械的な振動系と組み合わせることによって，エネルギーの抽出などのような正のイメージの現象が作り出せないものだろうか？　本現象の工学的利用は，消費エネルギーの少ない推進器系などと共に著者の念願でもあった．

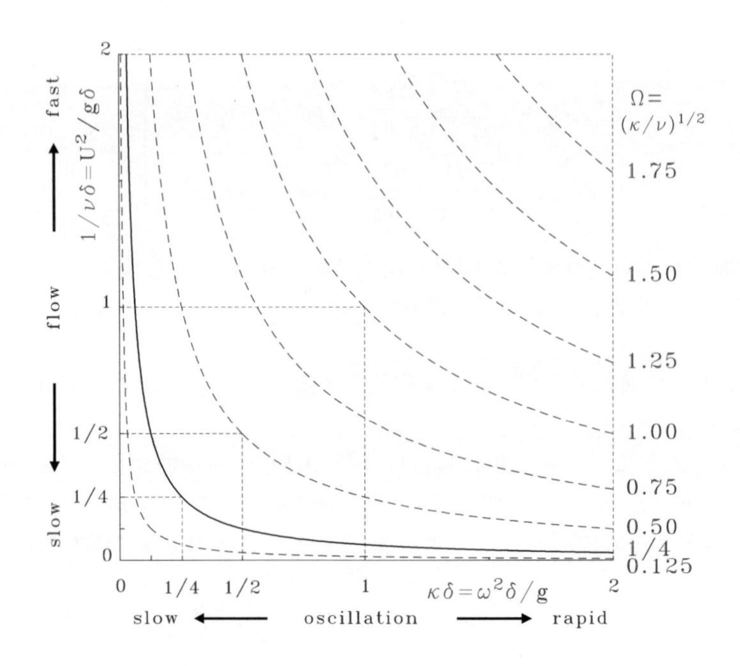

図 3.3.3.12. 波数 κ, ν と $\Omega = 1/4$ の関係

次に，以上で求めた式の正しさを確認する意味も含めて，波吹き出し特異関数 (3.3.3.24), (3.3.3.33 - 3.3.3.36) の極限の形を求め，前節までの解との一致を見ておこう．まず円周波数 ω を 0 としてみよう．$\nu = g/U^2$ を有界 $O(1)$ としておき，$\sigma = \omega/U = \epsilon$ として $\epsilon \to 0$ の極限を考える．この時他のパラメータは以下の振る舞いをする．

$$\left.\begin{aligned} \kappa =& \sigma^2/\nu = O(\epsilon^2) \to 0 \\ \Omega =& \sigma/\nu = O(\epsilon) \to 0, \quad \sqrt{1 \pm 4\Omega} = 1 + O(\epsilon) \to 1 \end{aligned}\right\} \tag{3.3.3.55}$$

$\alpha_1, \alpha_2, \beta_1, \beta_2$ については

$$\left.\begin{aligned} \alpha_1 \to& \nu \\ \alpha_2 =& \frac{\nu}{2}[1 + 2\Omega - \{1 + 2\Omega - \frac{(4\Omega)^2}{8} + \cdots\}] \\ =& \nu\Omega^2 + O(\epsilon^3) \to \kappa \to 0 \\ \beta_1 \to& \nu \\ \beta_2 =& \frac{\nu}{2}[1 - 2\Omega - \{1 - 2\Omega - \frac{(4\Omega)^2}{8} + \cdots\}] \\ =& \nu\Omega^2 + O(\epsilon^3) \to \kappa \to 0 \end{aligned}\right\} \tag{3.3.3.56}$$

$S_{\alpha_1}, S_{\alpha_2}, S_{\beta_1}, S_{\beta_2}$ については $x \gtrless 0$ に対応して（$\mathrm{Im}\{z-\bar{\zeta}\}<0$ であるから）

$$\left.\begin{aligned} S_{\alpha_1}(z-\bar{\zeta}) &\to e^{-i\nu(z-\bar{\zeta})}\Big[E_1(-i\nu(z-\bar{\zeta}))+\begin{Bmatrix}0\\2\pi i\end{Bmatrix}\Big] \\ S_{\alpha_2}(z-\bar{\zeta}) &\to E_1(-i\kappa(z-\bar{\zeta}))+\begin{Bmatrix}0\\2\pi i\end{Bmatrix} \\ &\to -\log(z-\bar{\zeta})+\text{定数} \\ S_{\beta_1}(z-\bar{\zeta}) &\to e^{-i\nu(z-\bar{\zeta})}\Big[E_1(-i\nu(z-\bar{\zeta}))+\begin{Bmatrix}0\\2\pi i\end{Bmatrix}\Big] \\ S_{\beta_2}(z-\bar{\zeta}) &\to E_1(-i\kappa(z-\bar{\zeta}))+\begin{Bmatrix}-2\pi i\\0\end{Bmatrix} \\ &\to -\log(z-\bar{\zeta})+\text{定数} \end{aligned}\right\} \tag{3.3.3.57}$$

以上を用いると以下の表示を得る．なお（無限大となる）定数項は複素ポテンシャルにおいては意味を有しない（d/dz を作用させて得られる複素流速は 0 となる）ので値を 0 としている．

$$\left.\begin{aligned} W_Q^C(z,\zeta) &\to \log\frac{z-\zeta}{z-\bar{\zeta}}+2e^{-i\nu(z-\bar{\zeta})}\Big[E_1(-i\nu(z-\bar{\zeta}))+\begin{Bmatrix}0\\2\pi i\end{Bmatrix}\Big] \\ &\quad +2\log(z-\bar{\zeta}) \\ &= \log(z-\zeta)(z-\bar{\zeta})+2e^{-i\nu(z-\bar{\zeta})}\Big[E_1(-i\nu(z-\bar{\zeta}))+\begin{Bmatrix}0\\2\pi i\end{Bmatrix}\Big] \\ W_Q^S(z,\zeta) &\to 0 \end{aligned}\right\} \tag{3.3.3.58}$$

また

$$W_{Q_\omega}(z,\zeta;t) \to W_Q^C(z,\zeta) \tag{3.3.3.59}$$

であるから本節における波吹き出し特異関数は $\omega \to 0$ の時，前々節で扱った定常造波問題における波吹き出し特異関数 (3.3.1.16) と定数を除いて一致することが確かめられた．

次に一様流速 U を 0 とした場合について考える．$\kappa=\omega^2/g$ を有界 $O(1)$ としておき，$U/\omega=\epsilon$ とおいて $\epsilon \to 0$ の極限をとるものとする．この時他のパラメータは以下の振る舞いをする．

$$\left.\begin{aligned} &\sigma \to 1/\epsilon \to \infty, \quad \nu=\frac{g}{(\omega\epsilon)^2}=\frac{1}{\kappa\epsilon^2}\to\infty \\ &\Omega=\sigma/\nu=\kappa\epsilon\to 0, \quad \sqrt{1\pm 4\Omega}=1+O(\epsilon)\to 1 \end{aligned}\right\} \tag{3.3.3.60}$$

$\alpha_1, \alpha_2, \beta_1, \beta_2$ については

$$\left.\begin{aligned}
\alpha_1 &\to \nu \to \infty \\
\alpha_2 &= \frac{\nu}{2}[1 + 2\Omega - \{1 + 2\Omega - \frac{(4\Omega)^2}{8} + \cdots\}] \\
&= \nu\Omega^2 + O(\epsilon^3) \to \kappa \\
\beta_1 &\to \nu \to \infty \\
\beta_2 &= \frac{\nu}{2}[1 - 2\Omega - \{1 - 2\Omega - \frac{(4\Omega)^2}{8} + \cdots\}] \\
&= \nu\Omega^2 + O(\epsilon^3) \to \kappa
\end{aligned}\right\} \tag{3.3.3.61}$$

$S_{\alpha_1}, S_{\alpha_2}, S_{\beta_1}, S_{\beta_2}$ については（$\mathrm{Im}\{z - \overline{\zeta}\} < 0$ であるから）

$$\left.\begin{aligned}
&S_{\alpha_1}(z - \overline{\zeta}) \to 0 \\
&S_{\alpha_2}(z - \overline{\zeta}) \to e^{-i\kappa(z-\overline{\zeta})}\left[E_1(-i\kappa(z - \overline{\zeta})) + \begin{Bmatrix} 0 \\ 2\pi i \end{Bmatrix}\right] \\
&S_{\beta_1}(z - \overline{\zeta}) \to 0 \\
&S_{\beta_2}(z - \overline{\zeta}) \to e^{-i\kappa(z-\overline{\zeta})}\left[E_1(-i\kappa(z - \overline{\zeta})) + \begin{Bmatrix} -2\pi i \\ 0 \end{Bmatrix}\right]
\end{aligned}\right\} \tag{3.3.3.62}$$

以上を用いると以下の表示を得る．なお S_κ^C, S_κ^S については前節の式 (3.3.2.19) を参照のこと．

$$\left.\begin{aligned}
W_Q^C(z, \zeta) &\to \log\frac{z - \zeta}{z - \overline{\zeta}} - [S_{\alpha_2}(z - \overline{\zeta}) + S_{\beta_2}(z - \overline{\zeta})] \\
&\to \log\frac{z - \zeta}{z - \overline{\zeta}} - 2e^{-i\kappa(z-\overline{\zeta})}[E_1(-i(z - \overline{\zeta})) \mp \pi i] \quad for \quad x \gtrless 0 \\
&= \log\frac{z - \zeta}{z - \overline{\zeta}} - 2S_\kappa^C(z - \overline{\zeta}) \\
W_Q^S(z, \zeta) &\to -i[S_{\alpha_2}(z - \overline{\zeta}) - S_{\beta_2}(z - \overline{\zeta})] \\
&\to 2\pi e^{-i\kappa(z-\overline{\zeta})} \\
&= -2S_\kappa^S(z - \overline{\zeta})
\end{aligned}\right\} \tag{3.3.3.63}$$

これらの表示は前節の式 (3.3.2.23) と一致しており，周期的波浪中問題（一様流なし）における吹き出し特異関数と一致することが確かめられた．

波渦特異関数

次に，波渦特異関数を求めよう．

$$\left.\begin{aligned}
W_\Gamma(z, \zeta) &= f_0(z) + f_1(z) \\
f_0(z) &= -i\log(z - \zeta) \\
W_{\Gamma_\omega}(z, \zeta; t) &= \mathrm{Re}_j\{W_\Gamma(z, \zeta)e^{j\omega t}\}
\end{aligned}\right\} \tag{3.3.3.64}$$

としておく．波吹き出しの場合と同様に解は以下と書ける．

$$f_1(z) = -\overline{f}_0(z) + \frac{2i\nu D}{L(D)}\overline{f}_0(z) = -i\log(z-\overline{\zeta}) - \frac{2\nu}{L(D)}\frac{1}{z-\overline{\zeta}} \tag{3.3.3.65}$$

式 (3.3.3.64) の第 1 式に代入すると

$$W_\Gamma(z,\zeta) = -i\log(z-\zeta)(z-\overline{\zeta}) - \frac{2\nu}{L(D)}\frac{1}{z-\overline{\zeta}} \tag{3.3.3.66}$$

となり，波吹き出しの場合の式 (3.3.3.11, 3.3.3.12) を参照すれば以下を得る．

$$W_\Gamma(z,\zeta) = -i\log(z-\zeta)(z-\overline{\zeta}) + i\nu\int_0^\infty\Big[\frac{1+ij}{A(k)} + \frac{1-ij}{B(k)}\Big]e^{-ik(z-\overline{\zeta})}dk \tag{3.3.3.67}$$

さらに式 (3.3.3.23 - 3.3.3.25) から結局以下を得る．

$$\begin{aligned} W_\Gamma(z,\zeta) = &-i\log(z-\zeta)(z-\overline{\zeta}) + (1+ij)\frac{i}{\sqrt{1+4\Omega}}[S_{\alpha_1}(z-\overline{\zeta}) - S_{\alpha_2}(z-\overline{\zeta})] \\ &+ (1-ij)\frac{i}{\sqrt{1-4\Omega}}[S_{\beta_1}(z-\overline{\zeta}) - S_{\beta_2}(z-\overline{\zeta})] \end{aligned} \tag{3.3.3.68}$$

$$\begin{aligned} W_{\Gamma_\omega}(z;t) = &\mathrm{Re}_j\{W_\Gamma(z)\,e^{j\omega t}\} \\ = &-i\log(z-\zeta)(z-\overline{\zeta})\cos\omega t + \frac{i}{\sqrt{1+4\Omega}}[S_{\alpha_1}(z-\overline{\zeta}) - S_{\alpha_2}(z-\overline{\zeta})]\,e^{-i\omega t} \\ &+ \frac{i}{\sqrt{1-4\Omega}}[S_{\beta_1}(z-\overline{\zeta}) - S_{\beta_2}(z-\overline{\zeta})]\,e^{i\omega t} \end{aligned} \tag{3.3.3.69}$$

また

$$W_\Gamma(z,\zeta) = W_\Gamma^C(z,\zeta) + j\,W_\Gamma^S(z,\zeta) \tag{3.3.3.70}$$

としておくと

$$\begin{aligned} W_\Gamma^C(z,\zeta) = &-i\log(z-\zeta)(z-\overline{\zeta}) + \frac{i}{\sqrt{1+4\Omega}}[S_{\alpha_1}(z-\overline{\zeta}) - S_{\alpha_2}(z-\overline{\zeta})] \\ &+ \frac{i}{\sqrt{1-4\Omega}}[S_{\beta_1}(z-\overline{\zeta}) - S_{\beta_2}(z-\overline{\zeta})] \end{aligned} \tag{3.3.3.71}$$

$$\begin{aligned} W_\Gamma^S(z,\zeta) = &-\frac{1}{\sqrt{1+4\Omega}}[S_{\alpha_1}(z-\overline{\zeta}) - S_{\alpha_2}(z-\overline{\zeta})] \\ &+ \frac{1}{\sqrt{1-4\Omega}}[S_{\beta_1}(z-\overline{\zeta}) - S_{\beta_2}(z-\overline{\zeta})] \end{aligned} \tag{3.3.3.72}$$

波渦特異関数の作る波形の式を求めておこう．次元を合わせるために

$$f_{\Gamma_\omega}(z,\zeta;t) = U^2/\omega W_{\Gamma_\omega}(z,\zeta;t) \tag{3.3.3.73}$$

としておくと波吹き出しの場合と同様に波形の in-phase 成分，out-oh-phase 成分は各々

$$\left.\begin{aligned} \nu\eta_{\Gamma}^{C}(x) &= \mathrm{Re}\left\{W_{\Gamma}^{S}(x,\zeta)+\frac{1}{\sigma}\frac{dW_{\Gamma}^{C}}{dz}(x,\zeta)\right\} \\ \nu\eta_{\Gamma}^{S}(x) &= \mathrm{Re}\left\{-W_{\Gamma}^{C}(x,\zeta)+\frac{1}{\sigma}\frac{dW_{\Gamma}^{S}}{dz}(x,\zeta)\right\} \end{aligned}\right\} \tag{3.3.3.74}$$

である．ここで $W_{\Gamma}^{C}, W_{\Gamma}^{S}$ の導関数が必要になる．

$$\begin{aligned} \frac{dW_{\Gamma}^{C}}{dz}(z,\zeta) = &-\frac{i}{z-\zeta}-\frac{i}{z-\bar{\zeta}}+\frac{1}{\sqrt{1+4\Omega}}[\alpha_1 S_{\alpha_1}(z-\bar{\zeta})-\alpha_2 S_{\alpha_2}(z-\bar{\zeta})] \\ &+\frac{1}{\sqrt{1-4\Omega}}[\beta_1 S_{\beta_1}(z-\bar{\zeta})-\beta_2 S_{\beta_2}(z-\bar{\zeta})] \end{aligned} \tag{3.3.3.75}$$

$$\begin{aligned} \frac{dW_{\Gamma}^{S}}{dz}(z,\zeta) = &\frac{i}{\sqrt{1+4\Omega}}[\alpha_1 S_{\alpha_1}(z-\bar{\zeta})-\alpha_2 S_{\alpha_2}(z-\bar{\zeta})] \\ &-\frac{i}{\sqrt{1-4\Omega}}[\beta_1 S_{\beta_1}(z-\bar{\zeta})-\beta_2 S_{\beta_2}(z-\bar{\zeta})] \end{aligned} \tag{3.3.3.76}$$

式 (3.3.3.71, 3.3.3.72, 3.3.3.75, 3.3.3.76) を式 (3.3.3.74) に代入すれば波形は求められる．結果の式については省略する．

波 2 重吹き出し特異関数

波 2 重吹き出しの表示を求めよう．x 方向の波 2 重吹き出しは

$$\begin{aligned} W_m(z,\zeta) &= W_m^C(z,\zeta)+jW_m^S(z,\zeta) \\ &= -\frac{d}{dz}W_Q(z,\zeta) \end{aligned} \tag{3.3.3.77}$$

であるから式 (3.3.3.39) より直ちに

$$\begin{aligned} W_m^C(z,\zeta) = &-\frac{1}{z-\zeta}+\frac{1}{z-\bar{\zeta}}+\frac{i}{\sqrt{1+4\Omega}}[\alpha_1 S_{\alpha_1}(z-\bar{\zeta})-\alpha_2 S_{\alpha_2}(z-\bar{\zeta})] \\ &+\frac{i}{\sqrt{1-4\Omega}}[\beta_1 S_{\beta_1}(z-\bar{\zeta})-\beta_2 S_{\beta_2}(z-\bar{\zeta})] \end{aligned} \tag{3.3.3.78}$$

$$\begin{aligned} W_m^S(z,\zeta) = &-\frac{1}{\sqrt{1+4\Omega}}[\alpha_1 S_{\alpha_1}(z-\bar{\zeta})-\alpha_2 S_{\alpha_2}(z-\bar{\zeta})] \\ &+\frac{1}{\sqrt{1-4\Omega}}[\beta_1 S_{\beta_1}(z-\bar{\zeta})-\beta_2 S_{\beta_2}(z-\bar{\zeta})] \end{aligned} \tag{3.3.3.79}$$

と求められる．同様に負の y 方向の波 2 重吹き出しについても

$$\begin{aligned} W_\mu(z,\zeta) &= W_\mu^C(z,\zeta)+jW_\mu^S(z,\zeta) \\ &= -\frac{d}{dz}W_\Gamma(z,\zeta) \end{aligned} \tag{3.3.3.80}$$

であるから式 (3.3.3.75, 3.3.3.76) より直ちに

$$W_\mu^C(z,\zeta) = \frac{i}{z-\zeta} + \frac{i}{z-\bar{\zeta}} - \frac{1}{\sqrt{1+4\Omega}}[\alpha_1 S_{\alpha_1}(z-\bar{\zeta}) - \alpha_2 S_{\alpha_2}(z-\bar{\zeta})] - \frac{1}{\sqrt{1-4\Omega}}[\beta_1 S_{\beta_1}(z-\bar{\zeta}) - \beta_2 S_{\beta_2}(z-\bar{\zeta})] \quad (3.3.3.81)$$

$$W_\mu^S(z,\zeta) = -\frac{i}{\sqrt{1+4\Omega}}[\alpha_1 S_{\alpha_1}(z-\bar{\zeta}) - \alpha_2 S_{\alpha_2}(z-\bar{\zeta})] + \frac{i}{\sqrt{1-4\Omega}}[\beta_1 S_{\beta_1}(z-\bar{\zeta}) - \beta_2 S_{\beta_2}(z-\bar{\zeta})] = i\,W_m^S(z,\zeta) \quad (3.3.3.82)$$

と求められる．これらの波 2 重吹き出しによる波形は各々以下で表わされる．

$$\left.\begin{aligned} \nu\,\eta_m^C(x) &= \mathrm{Re}\{W_m^S(x,\zeta) + \frac{1}{\sigma}\frac{dW_m^C}{dz}(x,\zeta)\} \\ \nu\,\eta_m^S(x) &= \mathrm{Re}\{-W_m^C(x,\zeta) + \frac{1}{\sigma}\frac{dW_m^S}{dz}(x,\zeta)\} \end{aligned}\right\} \quad (3.3.3.83)$$

$$\left.\begin{aligned} \nu\,\eta_\mu^C(x) &= \mathrm{Re}\{W_\mu^S(x,\zeta) + \frac{1}{\sigma}\frac{dW_\mu^C}{dz}(x,\zeta)\} \\ \nu\,\eta_\mu^S(x) &= \mathrm{Re}\{-W_\mu^C(x,\zeta) + \frac{1}{\sigma}\frac{dW_\mu^S}{dz}(x,\zeta)\} \end{aligned}\right\} \quad (3.3.3.84)$$

上式に必要な微係数を求めておく．関係式 (3.3.3.37) を用いて

$$\frac{dW_m^C}{dz}(z,\zeta) = \frac{1}{(z-\zeta)^2} - \frac{1}{(z-\bar{\zeta})^2} + \frac{1}{\sqrt{1+4\Omega}}[\alpha_1^2 S_{\alpha_1}(z-\bar{\zeta}) - \alpha_2^2 S_{\alpha_2}(z-\bar{\zeta}) - i\frac{\alpha_1-\alpha_2}{z-\bar{\zeta}}] + \frac{1}{\sqrt{1-4\Omega}}[\beta_1^2 S_{\beta_1}(z-\bar{\zeta}) - \beta_2^2 S_{\beta_2}(z-\bar{\zeta}) - i\frac{\beta_1-\beta_2}{z-\bar{\zeta}}] \quad (3.3.3.85)$$

$$\frac{dW_m^S}{dz}(z,\zeta) = \frac{i}{\sqrt{1+4\Omega}}[\alpha_1^2 S_{\alpha_1}(z-\bar{\zeta}) - \alpha_2^2 S_{\alpha_2}(z-\bar{\zeta}) - i\frac{\alpha_1-\alpha_2}{z-\bar{\zeta}}] - \frac{i}{\sqrt{1-4\Omega}}[\beta_1^2 S_{\beta_1}(z-\bar{\zeta}) - \beta_2^2 S_{\beta_2}(z-\bar{\zeta}) - i\frac{\beta_1-\beta_2}{z-\bar{\zeta}}] \quad (3.3.3.86)$$

$$\frac{dW_\mu^C}{dz}(z,\zeta) = -\frac{i}{(z-\zeta)^2} - \frac{i}{(z-\bar{\zeta})^2} + \frac{i}{\sqrt{1+4\Omega}}[\alpha_1^2 S_{\alpha_1}(z-\bar{\zeta}) - \alpha_2^2 S_{\alpha_2}(z-\bar{\zeta}) - i\frac{\alpha_1-\alpha_2}{z-\bar{\zeta}}] + \frac{i}{\sqrt{1-4\Omega}}[\beta_1^2 S_{\beta_1}(z-\bar{\zeta}) - \beta_2^2 S_{\beta_2}(z-\bar{\zeta}) - i\frac{\beta_1-\beta_2}{z-\bar{\zeta}}] \quad (3.3.3.87)$$

$$\frac{dW_\mu^S}{dz}(z,\zeta) = i\,\frac{dW_m^S}{dz}(z,\zeta) \quad (3.3.3.88)$$

$W_m(z,\zeta)$ と $W_\mu(z,\zeta)$ に関する自由表面条件を検証する際にはさらに高次の導関数が必要とされる

ので求めておく．

$$\frac{d^2W_m^C}{dz^2}(z,\zeta) = -\frac{2}{(z-\zeta)^3} + \frac{2}{(z-\overline{\zeta})^3} - \frac{i}{\sqrt{1+4\Omega}}[\alpha_1^3 S_{\alpha_1}(z-\overline{\zeta}) - \alpha_2^3 S_{\alpha_2}(z-\overline{\zeta}) - \frac{\alpha_1-\alpha_2}{(z-\overline{\zeta})^2} - i\frac{\alpha_1^2-\alpha_2^2}{z-\overline{\zeta}}] - \frac{i}{\sqrt{1-4\Omega}}[\beta_1^3 S_{\beta_1}(z-\overline{\zeta}) - \beta_2^3 S_{\beta_2}(z-\overline{\zeta}) - \frac{\beta_1-\beta_2}{(z-\overline{\zeta})^2} - i\frac{\beta_1^2-\beta_2^2}{z-\overline{\zeta}}] \tag{3.3.3.89}$$

$$\frac{d^2W_m^S}{dz^2}(z,\zeta) = \frac{1}{\sqrt{1+4\Omega}}[\alpha_1^3 S_{\alpha_1}(z-\overline{\zeta}) - \alpha_2^3 S_{\alpha_2}(z-\overline{\zeta}) - \frac{\alpha_1-\alpha_2}{(z-\overline{\zeta})^2} - i\frac{\alpha_1^2-\alpha_2^2}{z-\overline{\zeta}}] - \frac{1}{\sqrt{1-4\Omega}}[\beta_1^3 S_{\beta_1}(z-\overline{\zeta}) - \beta_2^3 S_{\beta_2}(z-\overline{\zeta}) - \frac{\beta_1-\beta_2}{(z-\overline{\zeta})^2} - i\frac{\beta_1^2-\beta_2^2}{z-\overline{\zeta}}] \tag{3.3.3.90}$$

$$\frac{d^2W_\mu^C}{dz^2}(z,\zeta) = \frac{2i}{(z-\zeta)^3} + \frac{2i}{(z-\overline{\zeta})^3} + \frac{1}{\sqrt{1+4\Omega}}[\alpha_1^3 S_{\alpha_1}(z-\overline{\zeta}) - \alpha_2^3 S_{\alpha_2}(z-\overline{\zeta}) - \frac{\alpha_1-\alpha_2}{(z-\overline{\zeta})^2} - i\frac{\alpha_1^2-\alpha_2^2}{z-\overline{\zeta}}] + \frac{1}{\sqrt{1-4\Omega}}[\beta_1^3 S_{\beta_1}(z-\overline{\zeta}) - \beta_2^3 S_{\beta_2}(z-\overline{\zeta}) - \frac{\beta_1-\beta_2}{(z-\overline{\zeta})^2} - i\frac{\beta_1^2-\beta_2^2}{z-\overline{\zeta}}] \tag{3.3.3.91}$$

$$\frac{d^2W_\mu^S}{dz^2}(z,\zeta) = i\frac{d^2W_m^S}{dz^2}(z,\zeta) \tag{3.3.3.92}$$

波特異関数の関係

以上4種の波特異関数の満たすいくつかの関係をまとめておく．それらの波特異関数はin-phase成分，out-of-phase成分ともに複素ポテンシャルである．したがって特異点位置 $z=\zeta$ を除けば $y<0$ で正則な解析関数であり，各々の実部，虚部はCauchy-Riemannの関係式を満たし，実部，虚部ともにLaplaceの方程式を満たしている．今，波特異関数を

$$f(z) = f^C(z) + jf^S(z) \tag{3.3.3.93}$$

とin-phase成分，out-of-phase成分に分けておくと線形自由表面条件(3.3.3.3)は以下と書ける．

$$\begin{aligned} &\mathrm{Re}\{[(j\sigma - D)^2 + ivD][f^C(z) + jf^S(z)]\} \\ &= \mathrm{Re}\{[D^2 + ivD - \sigma^2]f^C(z) + 2\sigma Df^S(z)\} + j\mathrm{Re}\{[D^2 + ivD - \sigma^2]f^S(z) - 2\sigma Df^C(z)\} \\ &= 0 \end{aligned} \tag{3.3.3.94}$$

したがって4種の波特異関数は次の2式を満たす．

$$\mathrm{Re}\left\{[D^2 + ivD - \sigma^2]\begin{Bmatrix} W_Q^C(z,\zeta) \\ W_\Gamma^C(z,\zeta) \\ W_m^C(z,\zeta) \\ W_\mu^C(z,\zeta) \end{Bmatrix} + 2\sigma D \begin{Bmatrix} W_Q^S(z,\zeta) \\ W_\Gamma^S(z,\zeta) \\ W_m^S(z,\zeta) \\ W_\mu^S(z,\zeta) \end{Bmatrix}\right\} = 0 \quad on \quad y=0 \tag{3.3.3.95}$$

$$\mathrm{Re}\left\{[D^2 + i\nu D - \sigma^2]\begin{Bmatrix} W_Q^S(z,\zeta) \\ W_\Gamma^S(z,\zeta) \\ W_m^S(z,\zeta) \\ W_\mu^S(z,\zeta) \end{Bmatrix} - 2\sigma D\begin{Bmatrix} W_Q^C(z,\zeta) \\ W_\Gamma^C(z,\zeta) \\ W_m^C(z,\zeta) \\ W_\mu^C(z,\zeta) \end{Bmatrix}\right\} = 0 \quad on \quad y=0 \tag{3.3.3.96}$$

2 式を合わせると

$$\mathrm{Re}\left\{[(j\sigma - D)^2 + i\nu D]\begin{Bmatrix} W_Q(z,\zeta) \\ W_\Gamma(z,\zeta) \\ W_m(z,\zeta) \\ W_\mu(z,\zeta) \end{Bmatrix}\right\} = 0 \quad on \quad y=0 \tag{3.3.3.97}$$

また $W_\Gamma(z,\zeta)$ の対数関数の分岐線が $x = x_C$ を横切る時は以下となる．

$$\mathrm{Re}\{[D^2 + i\nu D - \sigma^2]W_\Gamma^C(z,\zeta) + 2\sigma D W_\Gamma^S(z,\zeta)\} = \begin{cases} -2\pi\sigma^2 & for \quad x > x_C \\ 0 & for \quad x < x_C \end{cases} \tag{3.3.3.98}$$

前述のように以下の関係がある．

$$\left.\begin{aligned} \frac{d}{dz}W_Q(z,\zeta) &= -W_m(z,\zeta) \\ \frac{d}{dz}W_\Gamma(z,\zeta) &= -W_\mu(z,\zeta) \end{aligned}\right\} \tag{3.3.3.99}$$

Cauchy-Riemann の関係式に類似した以下の関係がある．

$$\left.\begin{aligned} \frac{\partial}{\partial\xi}W_Q &= \frac{\partial}{\partial\eta}W_\Gamma = -\frac{d}{dz}W_Q \\ \frac{\partial}{\partial\xi}W_\Gamma &= -\frac{\partial}{\partial\eta}W_Q = -\frac{d}{dz}W_\Gamma \\ \frac{\partial}{\partial\xi}W_m &= \frac{\partial}{\partial\eta}W_\mu = -\frac{d}{dz}W_m \\ \frac{\partial}{\partial\xi}W_\mu &= -\frac{\partial}{\partial\eta}W_m = -\frac{d}{dz}W_\mu \end{aligned}\right\} \tag{3.3.3.100}$$

W_Q, W_m については $\eta = 0$ において自由表面条件と類似の関係がある．

$$[(j\sigma + \frac{\partial}{\partial\xi})^2 + \nu\frac{\partial}{\partial\eta}]\begin{Bmatrix} W_Q(z,\zeta) \\ W_m(z,\zeta) \end{Bmatrix} = 0 \quad for \quad \eta = 0 \tag{3.3.3.101}$$

波吹き出しの区間積分

一様流中の動揺滑走板に関する境界値問題の解法には波吹き出しの区間積分が必要である．

$$\left.\begin{aligned} W_{Q_{int}}(z,\zeta_2,\zeta_1) &= W^C_{Q_{int}}(z,\zeta_2,\zeta_1) + jW^S_{Q_{int}}(z,\zeta_2,\zeta_1) \\ W^C_{Q_{int}}(z,\zeta_2,\zeta_1) &= \int_{\zeta_1}^{\zeta_2} W^C_Q(z,\zeta)ds \\ W^S_{Q_{int}}(z,\zeta_2,\zeta_1) &= \int_{\zeta_1}^{\zeta_2} W^S_Q(z,\zeta)ds \\ \zeta_2-\zeta_1 &= \varDelta s\, e^{i\alpha} \end{aligned}\right\} \tag{3.3.3.102}$$

これらの関数は少し演算を行えば以下と求まる．

$$\begin{aligned} W^C_{Q_{int}}(z,\zeta_2,\zeta_1) = &-e^{-i\alpha}\Big[(z-\zeta)\{\log(z-\zeta)-1\}\Big]_{\zeta_1}^{\zeta_2} + e^{i\alpha}\Big[(z-\overline{\zeta})\{\log(z-\overline{\zeta})-1\}\Big]_{\zeta_1}^{\zeta_2} \\ &+ e^{i\alpha}\frac{2i}{\nu\Omega^2}\Big[\log(z-\overline{\zeta})\Big]_{\zeta_1}^{\zeta_2} \\ &- e^{i\alpha}\frac{i}{\sqrt{1+4\Omega}}\Big[\frac{1}{\alpha_1}S_{\alpha_1}(z-\overline{\zeta}) - \frac{1}{\alpha_2}S_{\alpha_2}(z-\overline{\zeta})\Big]_{\zeta_1}^{\zeta_2} \\ &- e^{i\alpha}\frac{i}{\sqrt{1-4\Omega}}\Big[\frac{1}{\beta_1}S_{\beta_1}(z-\overline{\zeta}) - \frac{1}{\beta_2}S_{\beta_2}(z-\overline{\zeta})\Big]_{\zeta_1}^{\zeta_2} \end{aligned} \tag{3.3.3.103}$$

$$\begin{aligned} W^S_{Q_{int}}(z,\zeta_2,\zeta_1) = &\quad e^{i\alpha}\frac{1}{\sqrt{1+4\Omega}}\Big[\frac{1}{\alpha_1}S_{\alpha_1}(z-\overline{\zeta}) - \frac{1}{\alpha_2}S_{\alpha_2}(z-\overline{\zeta})\Big]_{\zeta_1}^{\zeta_2} \\ &- e^{i\alpha}\frac{1}{\sqrt{1-4\Omega}}\Big[\frac{1}{\beta_1}S_{\beta_1}(z-\overline{\zeta}) - \frac{1}{\beta_2}S_{\beta_2}(z-\overline{\zeta})\Big]_{\zeta_1}^{\zeta_2} \end{aligned} \tag{3.3.3.104}$$

ここで ζ_2 と ζ_1 は入れ替え可能であり，上の式の右辺第1項の対数関数の分岐線に関して ζ_M 点でまとめる方式の $W^{NK,C}_{Q_{int}}$ と ζ_M 点を ζ_2 と一致させた $W^{V,C}_{Q_{int}}$ を用意しておくと便利である．

この関数の複素流速及びそれらの導関数を求めておく．

$$\begin{aligned} V^C_{Q_{int}}(z,\zeta_2,\zeta_1 &= \frac{d}{dz}W^C_{Q_{int}}(z,\zeta_2,\zeta_2) \\ &= \Big[-e^{-i\alpha}\log(z-\zeta) + e^{i\alpha}\log(z-\overline{\zeta}) - e^{i\alpha}\frac{1}{\sqrt{1+4\Omega}}[S_{\alpha_1}(z-\overline{\zeta}) - S_{\alpha_2}(z-\overline{\zeta})] \\ &\quad - e^{i\alpha}\frac{1}{\sqrt{1-4\Omega}}[S_{\beta_1}(z-\overline{\zeta}) - S_{\beta_2}(z-\overline{\zeta})]\Big]_{\zeta_1}^{\zeta_2} \end{aligned} \tag{3.3.3.105}$$

$$\begin{aligned} V^S_{Q_{int}}(z,\zeta_2,\zeta_1 &= \frac{d}{dz}W^S_{Q_{int}}(z,\zeta_2,\zeta_2) \\ &= e^{i\alpha}\frac{i}{\sqrt{1+4\Omega}}\Big[S_{\alpha_1}(z-\overline{\zeta}) - S_{\alpha_2}(z-\overline{\zeta})\Big]_{\zeta_1}^{\zeta_2} \\ &\quad + e^{i\alpha}\frac{i}{\sqrt{1-4\Omega}}\Big[S_{\beta_1}(z-\overline{\zeta}) - S_{\beta_2}(z-\overline{\zeta})\Big]_{\zeta_1}^{\zeta_2} \end{aligned} \tag{3.3.3.106}$$

$$
\begin{aligned}
dV^C_{Q_{int}}(z,\zeta_2,\zeta_1) =& \frac{d}{dz}V^C_{Q_{int}}(z,\zeta_2,\zeta_2)\\
=&\Big[-e^{-i\alpha}\frac{1}{z-\zeta}+e^{i\alpha}\frac{1}{z-\overline{\zeta}}+e^{i\alpha}\frac{i}{\sqrt{1+4\Omega}}[\alpha_1 S_{\alpha_1}(z-\overline{\zeta})-\alpha_2 S_{\alpha_2}(z-\overline{\zeta})]\\
&+e^{i\alpha}\frac{i}{\sqrt{1-4\Omega}}[\beta_1 S_{\beta_1}(z-\overline{\zeta})-\beta_2 S_{\beta_2}(z-\overline{\zeta})]\Big]^{\zeta_2}_{\zeta_1} \qquad (3.3.3.107)\\
dV^S_{Q_{int}}(z,\zeta_2,\zeta_1) =& \frac{d}{dz}V^S_{Q_{int}}(z,\zeta_2,\zeta_2)\\
=&\Big[-e^{i\alpha}\frac{1}{\sqrt{1+4\Omega}}[\alpha_1 S_{\alpha_1}(z-\overline{\zeta})-\alpha_2 S_{\alpha_2}(z-\overline{\zeta})]\\
&+e^{i\alpha}\frac{1}{\sqrt{1-4\Omega}}[\beta_1 S_{\beta_1}(z-\overline{\zeta})-\beta_2 S_{\beta_2}(z-\overline{\zeta})]\Big]^{\zeta_2}_{\zeta_1} \qquad (3.3.3.108)\\
& \qquad (3.3.3.109)
\end{aligned}
$$

入射波

最後に一様流中を進行する振幅 a の正弦状の入射波の表示式を求めておこう．その複素ポテンシャルを以下としておく．

$$
\left.
\begin{aligned}
F(z;t) &= -Uz + Uaw_{I_\omega}(z;t)\\
w_{I_\omega}(z;t) &= e^{-i(kz\mp\omega t)}
\end{aligned}
\right\} \qquad (3.3.3.110)
$$

複号はそれぞれ x の正方向，負方向に進行する波を示す．k は未知の波数である．上式を

$$
w_{I_\omega}(z;t) = \mathrm{Re}\{w_I(z)e^{j\omega t}\} \qquad (3.3.3.111)
$$

としておくと式 (3.3.2.90) より

$$
\left.
\begin{aligned}
w_I(z) &=(1\mp ij)e^{-ikz}\\
w^C_I(z) &= e^{-ikz}\\
w^S_I(z) &= \mp e^{-ikz}
\end{aligned}
\right\} \qquad (3.3.3.112)
$$

である．この式を自由表面条件 (3.3.3.3) に代入すると

$$
\begin{aligned}
Lw_I(z) =&(1\mp ij)[(j\sigma+ik)^2+\nu k]e^{-ikx}\\
=&-(1\mp ij)[k^2-(\nu+2ij\sigma)k+\sigma^2]e^{-ikx}\\
=&-(1\mp ij)[k^2-(\nu\mp 2\sigma)k+\sigma^2]e^{-ikx} \qquad (3.3.3.113)
\end{aligned}
$$

ここで式 (3.3.3.22) の関係を用いた．式 (3.3.3.13) 以下と比較すると複号の上をとる時は $k=\beta_1,\beta_2$ とすると上式 $=0$ となり，下をとる時は $k=\alpha_1,\alpha_2$ とすると上式 $=0$ となって自由表面条件を満たすことになるのであるが，それら以外の波は自由表面条件を満たさないので存在すること

ができないということになる．対応する波形は式 (2.3.3.7) より

$$\begin{aligned} g\eta_\omega(x;t) &= -\,Ua\,\mathrm{Re}\{\frac{\partial w_{I_\omega}}{\partial t}(x;t) - U\frac{dw_{I\omega}}{dz}(x;t)\} \\ &= \mp\, Ua\,\mathrm{Re}\{i(\omega \pm Uk)e^{-i(kx\mp\omega t)}\} \\ &= \mp\, Ua(\omega \pm Uk)\sin(kx \mp \omega t) \quad for \quad k = \begin{Bmatrix} \alpha_1,\, \alpha_2 \\ \beta_1,\, \beta_2 \end{Bmatrix} \end{aligned} \tag{3.3.3.114}$$

両辺を U^2 で除して

$$\left.\begin{aligned} \nu\eta_\omega(x;t) &= \mp\, a(\sigma \pm k)\sin(kx \mp \omega t) \\ \nu\eta^C(x) &= \mp\, a(\sigma \pm k)\sin kx \\ \nu\eta^S(x) &= -\, a(\sigma \pm k)\cos kx \end{aligned}\right\} \tag{3.3.3.115}$$

極限移行

この節で得られた解についてその極限値が前節までに得られている解と一致することを視覚的に見ておくこととする．波吹き出し特異関数 $W_Q(z,\zeta)$ の $\kappa = \omega^2/g$ を 0 に近づけた時の解を，$\omega = 0$，すなわち，I. 定常造波問題の解と比較した．図 3.3.3.13 に $\nu = g/U^2 = 1$ で $\kappa = 0.01$ の時の波吹き出しの in-phase 成分 $W_Q^C(z,-i)$ 周りの流線，等ポテンシャル線（一様流は付していない）を示した．定数分の違いを除けば図 3.3.1.1 に極めて近いものが得られている．この時 $W_Q^S(z,-i)$ の値はほぼ一定値となっている．

次に，U を 0 に近づけた時（$\nu \to \infty$）の解を，$U = 0$，すなわち，II. 周期的波浪中問題（一様流なし）の解と比較した．$\kappa = 1$ で $\nu = 100$ の時の $W_Q^C(z,-i)$ を図 3.3.3.14 に示した．図 3.3.2.2 に近い解が得られている．out-of-phase 成分 $W_Q^S(z,-i)$ についても同様であり（図は省略），式 (3.3.3.33) に得られた解の形はその極限では正しく前節までの解と一致することが確かめられた．

この節で扱う波特異関数はそれが作る波形の多様性に特徴がある．波吹き出しの作る波形について見ておこう．まず，$\omega \to 0$（$\kappa \to 0$）の場合として $\kappa = 0.01, \nu = 1$ の時の波形を図 3.3.3.15 に示す．上図から順に，α_1 波，α_2 波，β_1 波，β_2 波の各成分を示し，最下図はそれらを合成して得られる波吹き出しの作る波形である．$\omega = 0$ すなわち，I. 定常造波問題における波吹き出しの作る波形（図 3.3.1.1）で，その強さが $\cos\omega t$ で振動している時の準静的な波形が見られる．

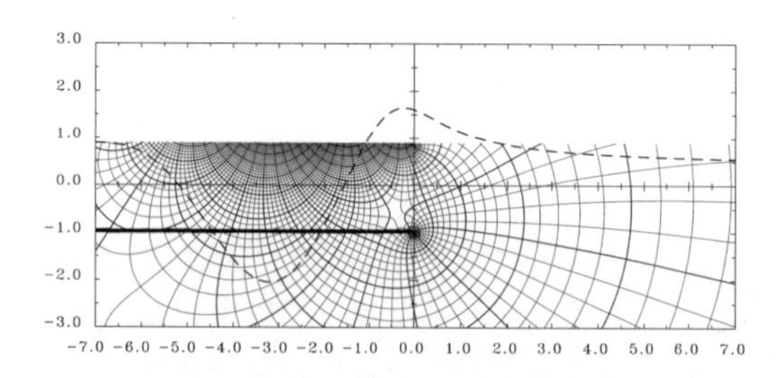

図 3.3.3.13. $W_Q^C(z,-i)$ の $\omega \to 0$ における流線と等ポテンシャル線（$\kappa = 0.01$, $\nu = 1.0$, $\Omega = 0.1$, $\sigma = 0.1$, $\theta_{cut} = \pi$, $\Delta\Psi = 0.1\pi$）

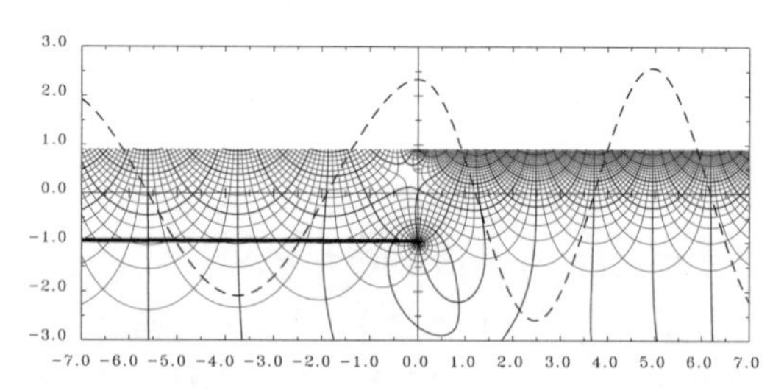

図 3.3.3.14. $W_Q^C(z,-i)$ の $U \to 0$ における流線と等ポテンシャル線（$\kappa = 1.0$, $\nu = 100.0$, $\Omega = 0.1$, $\sigma = 10.0$, $\theta_{cut} = \pi$, $\Delta\Psi = 0.1\pi$）

前に見た通り α_2 波及び β_2 波は $\kappa \to 0$ とともに消滅し，α_1 波は下流側に進行し，β_1 波は上流方向に進行し，合成して停留波に近い波となっている．なお，波高は適当な係数を乗じて各成分の半波高の最大値が 1.5 以下となるようにしている．以下も同様である．

次に $U \to 0$（$\nu \to \infty$）における $W_Q(z,\zeta)$ の作る波形を，$\kappa = 1$，$\nu = 100$ を例として図 3.3.3.16 に示す．前述のように α_1 波と β_1 波は消滅し，下流側に進行する α_2 波，上流側に進行する β_2 波が合成されて上下流に出ていく波となる．結果として $U = 0$ すなわち. 一様流なしの周期的波浪中問題における波吹き出しの作る波形の図（図 3.3.2.2）に近い波形が得られている．

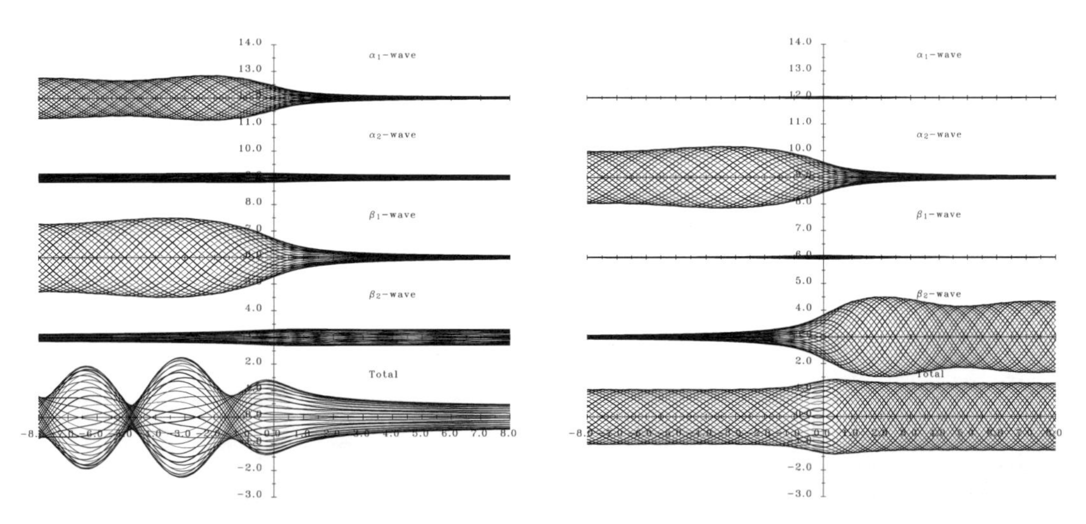

図 3.3.3.15. $W_Q^C(z,-i)$ の作る波形（$\kappa = 0.01$, $\nu = 1.0$, $\Omega = 0.1$）

図 3.3.3.16. $W_Q^C(z,-i)$ の作る波形（$\kappa = 1.0$, $\nu = 100$, $\Omega = 0.1$）

波形及び流線と等ポテンシャル線の例

本小節での典型的な例を示しておこう．$\kappa = 1$，$\nu = 1$ の状態の波吹き出しの作る波形である（図 3.3.3.17）．この時 $\Omega = 1$（$> 1/4$）であるから β_1 波，β_2 波は局所波のみであり自由波成分はない．波長の短い α_1 波と波長の長い α_2 波が合成され，波高の包絡線が波打つ波形となっている．

次に $\kappa = 1$ と固定しておいて Ω（実は ν）を変化させてみた（図 3.3.3.12 参照）．まず，$\nu \doteqdot 16.7$（$1/\nu = 0.06$）の時の波形を図 3.3.3.18 に示す．この時 $\Omega = 0.245 (< 1/4)$ であるので β_1 波は下流に，β_2 波は上流に共に自由波を有しており，かなり大きく波打っていることがわかる．α_1 波はほとんど目立たない．α_2 波は波長の長い自由波を有している．合成波では，上流側にはほとんど β_2 波の自由波のみが見られ，下流側では α_2 波に β_1 波が乗ったような波形となっている．上流域で各成分の波動（特に β_2 波の）の挙動から，合成波の挙動が直ちには想像しがたいような興味深い現象が見られる．

Ω の値を少し大きくし，$\kappa = 1$ で $\nu \doteqdot 15.4$（$1/\nu = 0.065$）とした（図 3.3.3.19）．この時 $\Omega = 0.255$ は 1/4 より大となっているので，β_1 波，β_2 波はほとんど現れず特異点近傍の局所波のみであり，波長の長い α_2 波の自由波が下流域で主となっている．

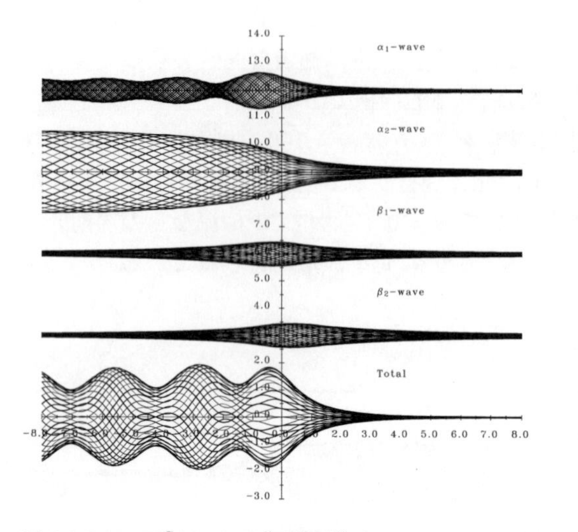

図 3.3.3.17. $W_Q^C(z,-i)$ の作る波形（$\kappa = 1.0, \nu = 1.0, \Omega = 1.0$）

図 3.3.3.18. $W_Q^C(z,-i)$ の作る波形（$\kappa = 1.0, \nu = 16.7, \Omega = 0.245$）

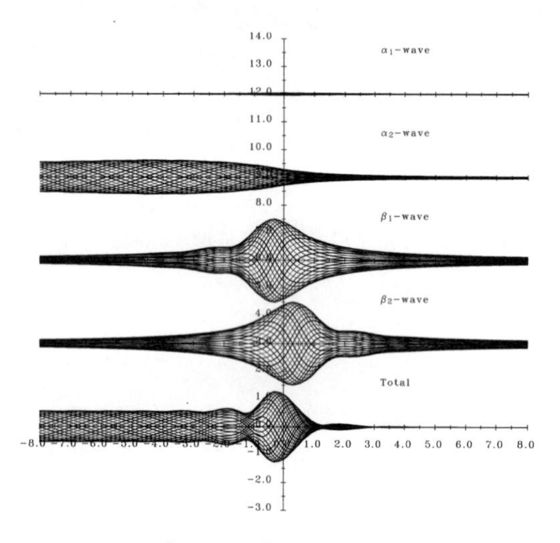

図 3.3.3.19. $W_Q^C(z,-i)$ の作る波形（$\kappa = 1.0, \nu = 15.4, \Omega = 0.255$）

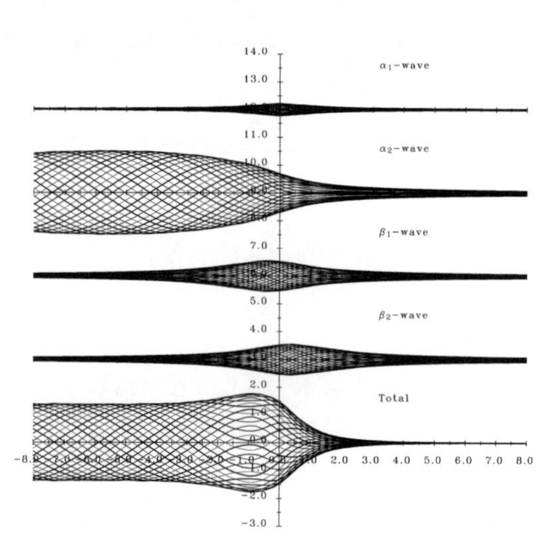

図 3.3.3.20. $W_Q^C(z,-i)$ の作る波形（$\kappa = 1.0, \nu = 4.0, \Omega = 0.5$）

さらに Ω の値を大きくし，$\Omega = 0.5, \kappa = 1, \nu = 4.0$ とする（図 3.3.3.20）．β_1 波，β_2 波の寄与は少なくなり，α_2 波が主となっている．

次に，ν を一定（=1）とし，κ を変化させてみる．$\kappa \fallingdotseq 0.060$ とすると $\Omega = 0.245$（$< 1/4$）となる．各波形を図 3.3.3.21 に示す．α 波はほとんど目立たない．波長の長い β_1 波，β_2 波の自由波が各々，下流側，上流側に見られ，共に上流方向に進行していることがわかり，合成すると，上下流側とも上流に向かう波動となっている．$\Omega \to 1/4$ の極限では β 波の波長は $\kappa = 0$ の時の波長（$\nu = 1$ では 2π）の 4 倍となる（図 3.3.3.6 参照）．

Ω を少し大きくし $\Omega = 0.255$ (> 1/4) とした（図 3.3.3.22）．$\nu = 1, \kappa \doteqdot 0.065$ である．β 波の自由波は消滅するはずであるが，減衰はかなり遠方でないとわからず，この図の範囲では前図とほとんど変わらないように見える．

Ω の値をさらに大きく 0.5 とした（図 3.3.3.23）．$\nu = 1, \kappa = 0.25$ である．α 波が大きくなってきているが，α_2 波の波長が長い．β 波の局所波もかなり大きな振幅を有している．主として α_1 波，α_2 波の干渉で合成波のうねりは大きなものとなっているが，これも成分波のみの観察からはなかなか想像しにくい現象である．

一様流を含めた流場の複素ポテンシャル (3.3.3.1) の in-phase 成分と out-of-phase 成分を各々 $F^C(z), F^S(z)$ と書いておく．すなわち

$$\left.\begin{aligned} F(z;t) &= -\,Uz + \mathrm{Re}\{f(z)e^{j\omega t}\} \\ &= -\,Uz + f^C(z)\cos\omega t - f^S\sin\omega t \\ F^C(z) &= F(z;t=0) = -Uz + f^C(z) \\ F^S(z) &= F(z;t=-\pi/2\omega) = -Uz + f^S(z) \end{aligned}\right\} \tag{3.3.3.116}$$

上式の $f(z)$ に $W_Q(z,\zeta) = W_Q^C(z,\zeta) + jW_Q^S(z,\zeta)$ を代入すれば一様流中に置かれた波吹き出し周りの流れとなる．吹き出しの強さを Q とすれば

$$F_Q(z,\zeta;t) = -Uz + Q\,[W_Q^C(z,\zeta)\cos\omega t - W_Q^S(z,\zeta)\sin\omega t] \tag{3.3.3.117}$$

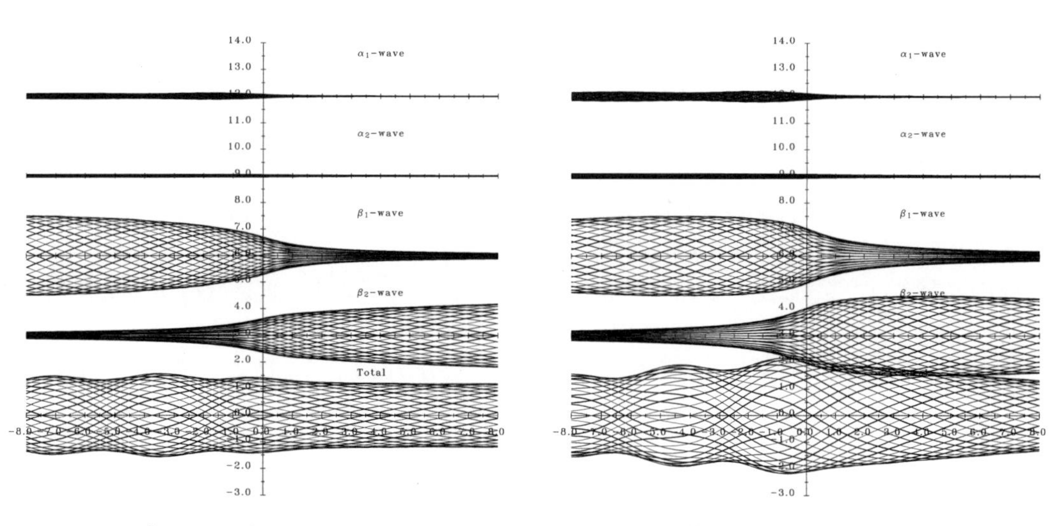

図 3.3.3.21. $W_Q^C(z,-i)$ の作る波形（$\kappa = 0.060, \nu = 1.0, \Omega = 0.245$）

図 3.3.3.22. $W_Q^C(z,-i)$ の作る波形（$\kappa = 0.065, \nu = 1.0, \Omega = 0.255$）

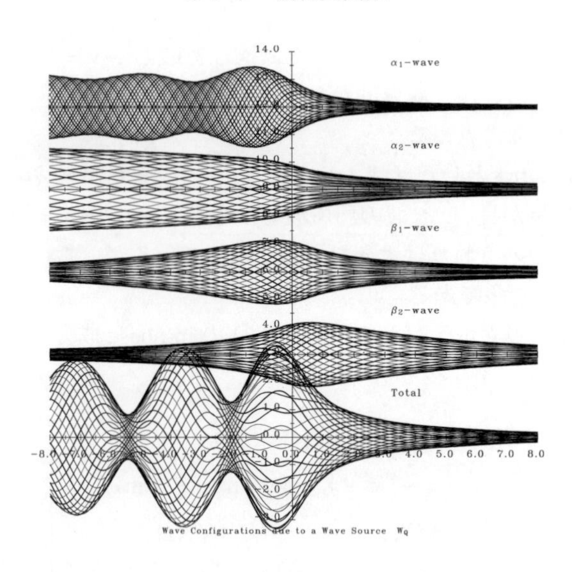

図 3.3.3.23. $W_Q^C(z,-i)$ の作る波形（$\kappa=0.25, \nu=1.0, \Omega=0.5$）

同様に波渦特異点の場合，2 重吹き出しの場合は各々以下と書ける．

$$\left.\begin{aligned} F_\Gamma(z,\zeta;t) &= -\,Uz + \Gamma\,[W_\Gamma^C(z,\zeta)\cos\omega t - W_\Gamma^S(z,\zeta)\sin\omega t] \\ F_m(z,\zeta;t) &= -\,Uz + m\,[W_m^C(z,\zeta)\cos\omega t - W_m^S(z,\zeta)\sin\omega t] \\ F_\mu(z,\zeta;t) &= -\,Uz + \mu\,[W_\mu^C(z,\zeta)\cos\omega t - W_\mu^S(z,\zeta)\sin\omega t] \end{aligned}\right\} \tag{3.3.3.118}$$

これらの特異点周りの流れを可視化して，感覚的に理解したい．$\omega \to 0$ の極限，すなわち，定常造波問題においては，一様流を除いた $F(z;t)+Uz$ の流線（と等ポテンシャル線）には物理的意味があった．この式は上流方向（x の正方向）に移動している特異点のある瞬間における複素ポテンシャルを意味するから，その時間における流線（と等ポテンシャル線）を表現しているからである．ところが $\omega \neq 0$ の場合には，$F(z;t)+Uz$ はさらに時間の経緯と共に周期的に変動する量であるので，流線（と等ポテンシャル線）は前々節と同様な解釈はできず，物理的にあまり意味を持たない可視化法となる．

一様流を除いた量 $F(z;t)+Uz$ は周期的に変動する量であるから，前節（周期的波浪中問題（一様流なし））と同じように近似流跡線を描くことは可能であるが，元の形 $F(z;t)$ では流体粒子は一様流速に乗って移動しているわけであるから，$F(z;t)+Uz$ の流跡線を描くことは意味がない．

結論的に言えば，本問題の解の可視化法として感覚的に優れた方法はないということである．そこで式 (3.3.3.116) のまま，各時間における流線（と等ポテンシャル線）を示すことにした．

まず，$\kappa=1, \nu=1$ における一様流中（$U=1$）の波吹き出し（強さ=1）周りの流線と等ポテンシャル線を 1 周期の 1/8 間隔の各時間において示した（図 3.3.3.24 - 3.3.3.31）．

一様流中（$U=1$）の波渦及び波 2 重吹き出し（$x, -y$ 方向，強さ=1）の in-phase 成分，out-of-phase 成分周りの流線と等ポテンシャル線を図 3.3.3.32 - 3.3.3.37 に示した．

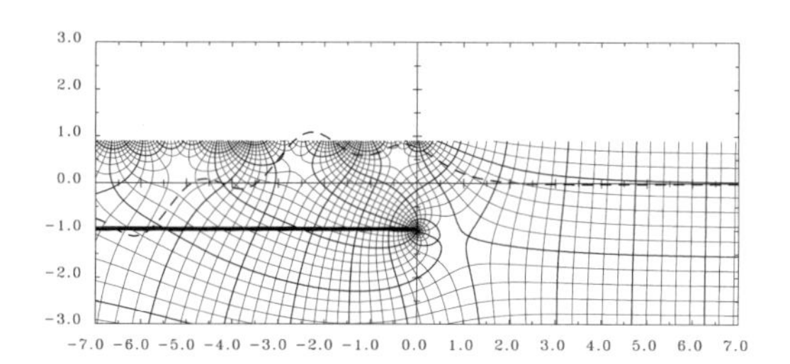

図 3.3.3.24. $W_{Q_\omega}(z,-i;t)$ の流線と等ポテンシャル線 ($\omega t = 0$, $\kappa = 1.0$, $\nu = 1.0$, $\varDelta\Psi = 0.1 * \pi$)

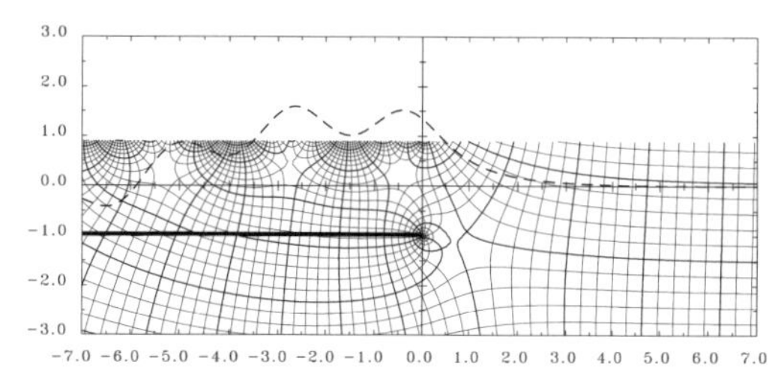

図 3.3.3.25. $W_{Q_\omega}(z,-i;t)$ の流線と等ポテンシャル線 ($\omega t = 2\pi * 1/8$)

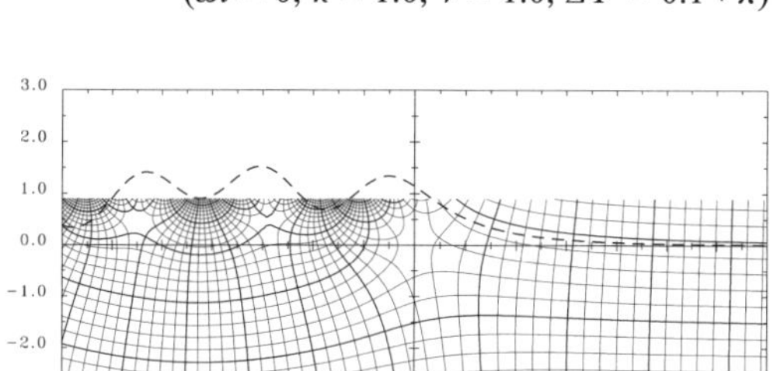

図 3.3.3.26. $W_{Q_\omega}(z,-i;t)$ の流線と等ポテンシャル線 ($\omega t = 2\pi * 2/8$)

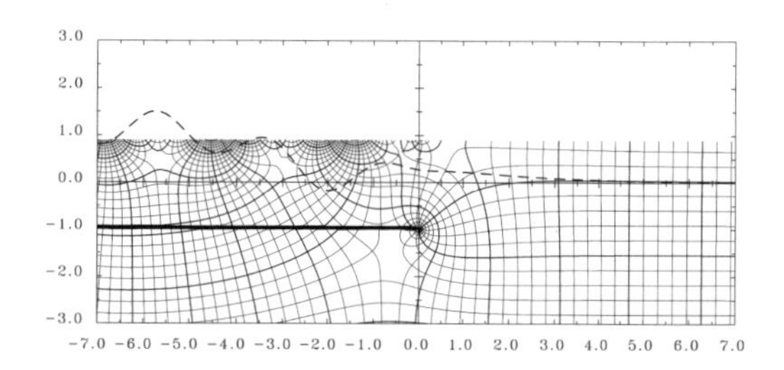

図 3.3.3.27. $W_{Q_\omega}(z,-i;t)$ の流線と等ポテンシャル線 ($\omega t = 2\pi * 3/8$)

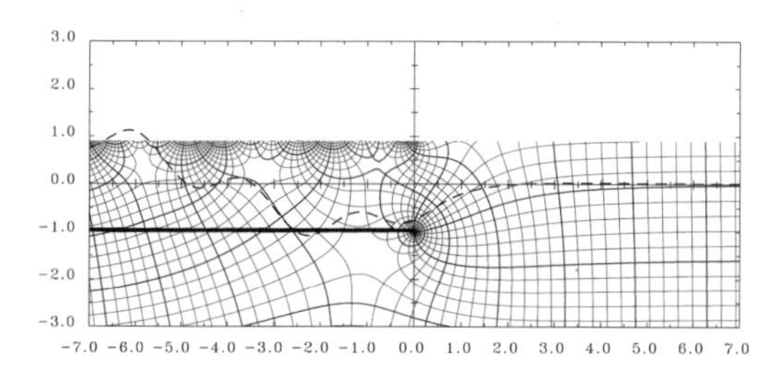

図 3.3.3.28. $W_{Q_\omega}(z,-i;t)$ の流線と等ポテンシャル線 ($\omega t = 2\pi * 4/8$)

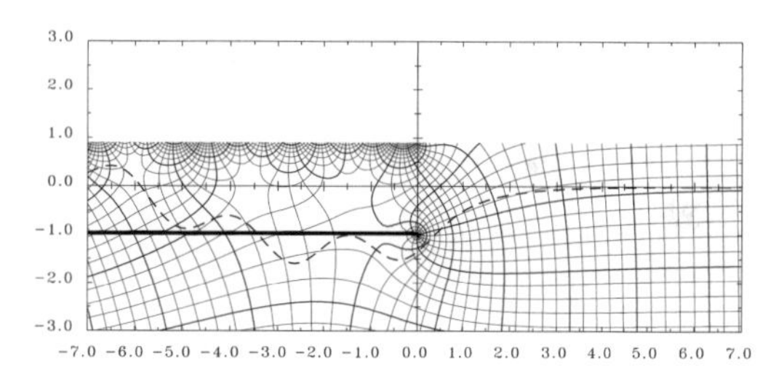

図 3.3.3.29. $W_{Q_\omega}(z,-i;t)$ の流線と等ポテンシャル線 ($\omega t = 2\pi * 5/8$)

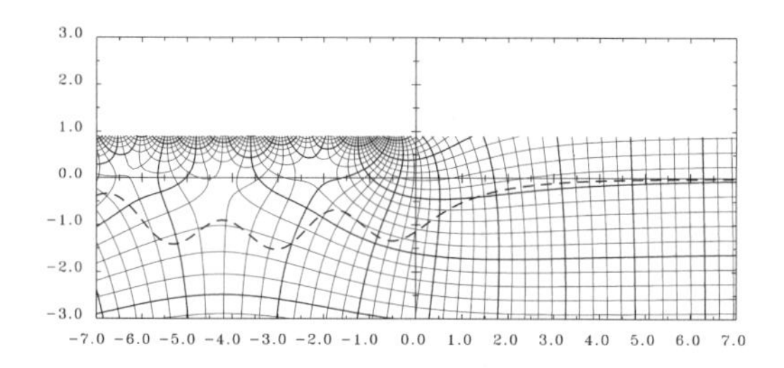

図 3.3.3.30. $W_{Q_\omega}(z,-i;t)$ の流線と等ポテンシャル線 ($\omega t = 2\pi * 6/8$)

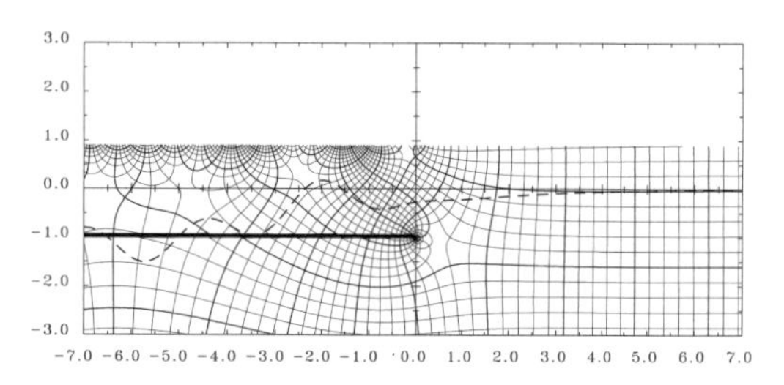

図 3.3.3.31. $W_{Q_\omega}(z,-i;t)$ の流線と等ポテンシャル線 ($\omega t = 2\pi * 7/8$)

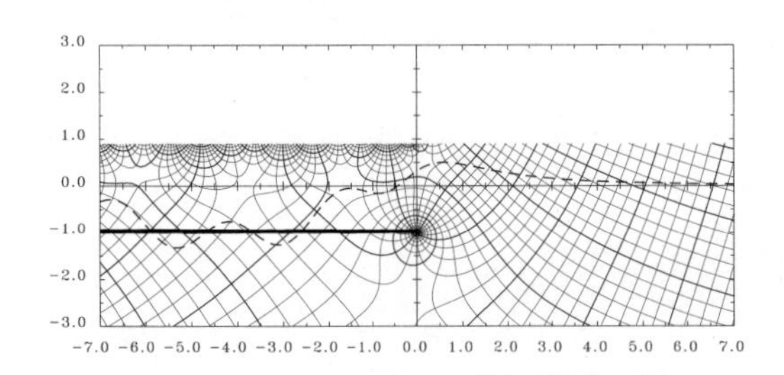

図 3.3.3.32. $W_\Gamma^C(z,-i)$ の流線と等ポテンシャル線（$\varDelta\Psi = 0.1\pi$）

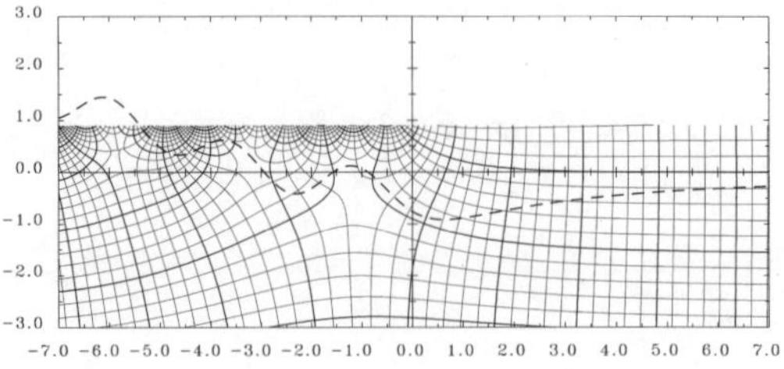

図 3.3.3.33. $W_\Gamma^S(z,-i)$ の流線と等ポテンシャル線

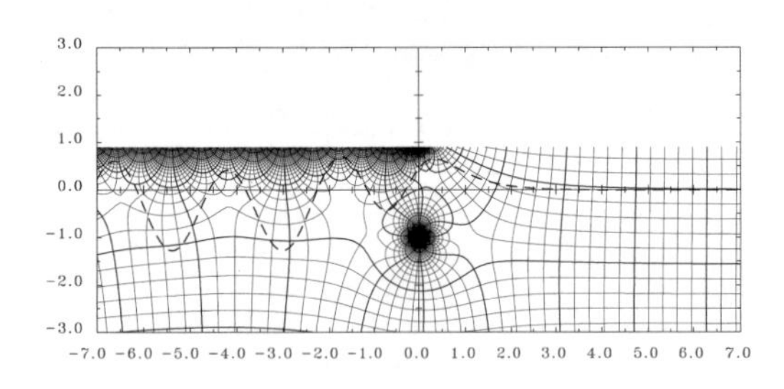

図 3.3.3.34. $W_m^C(z,-i)$ の流線と等ポテンシャル線

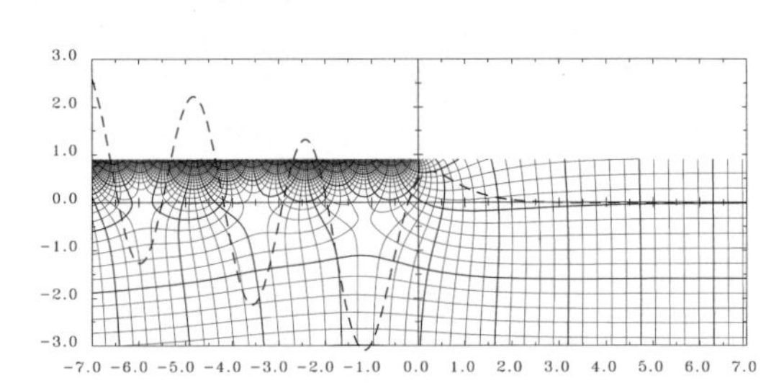

図 3.3.3.35. $W_m^S(z,-i)$ の流線と等ポテンシャル線

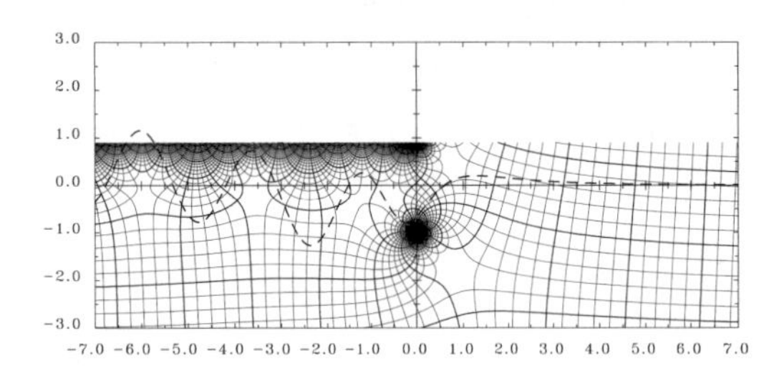

図 3.3.3.36. $W_\mu^C(z,-i)$ の流線と等ポテンシャル線

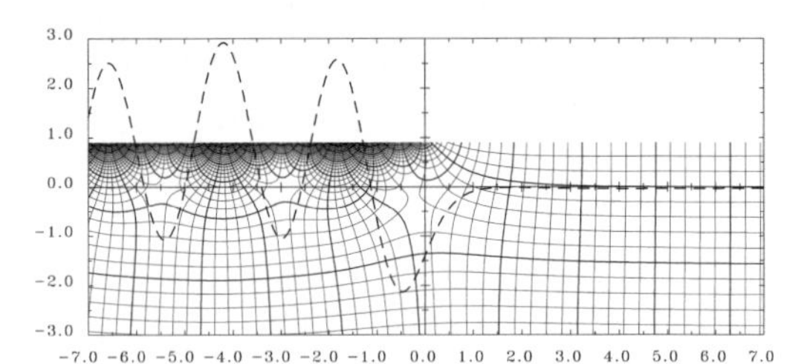

図 3.3.3.37. $W_\mu^S(z,-i)$ の流線と等ポテンシャル線

3.3.4　対数関数の折れ線状分岐線の場合分け

波吹き出しと波渦特異関数に含まれる対数関数からは無限遠に達する分岐線が伸びている．数値計算上この分岐線の取り扱いが厄介な問題である場合が多い．通常は分岐線の特異点からの角度（本書では θ_{cut} と称している，$\theta_{cut} = \pi/2, \pi$ 等）を任意に与える方法が考えられるが水中翼などの没水体や半没物体周りの流れに関しては折れ線上の分岐線を用意しておくと便利である．以下にその取扱いについて整理しておく．

領域中の点 $z = x + iy$ と境界上の点 $\zeta = \xi + i\eta$ に関する対数関数 $\log(z - \zeta)$ の分岐線について考える．

$$z - \zeta = r\,e^{i\theta} \tag{3.3.4.1}$$

としておくと対数関数は実部と虚部に分解でき

$$\log(z - \zeta) = \log r + i\,\theta \tag{3.3.4.2}$$

通常のプログラム言語では，対数関数の分岐線は $y = \eta, x < \xi$ としているので，偏角の値域は以下であるのが普通である．

$$-\pi \;<\; \theta \;\leqq\; \pi \tag{3.3.4.3}$$

ここではこの仮定の下に話を進める．

水中翼用分岐線

水中翼に関する境界値問題（5.1.3 節）における対数関数の分岐線として，点 ζ から，点 ζ_M，点 ζ_E を経て，無限下流（点 ∞ と称する）に水平に伸びる線を定義している．著者はこの対数関数に関して以下のサブプログラムを用意している．

```
complex function LogHF(z, ζ, ζM, ζE)
```

以下に，各種の場合分けと，その時，どの領域で偏角をどのように変化させればよいかを示すこととする．

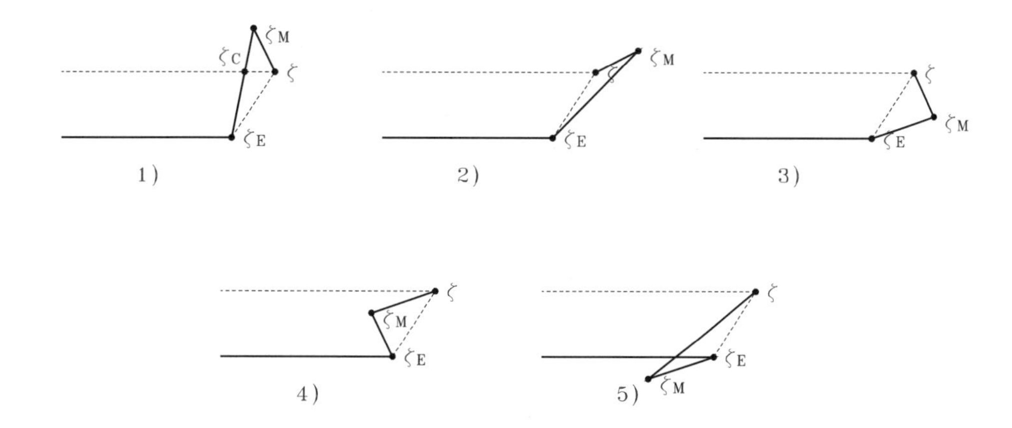

図 3.3.4.1. 対数関数（水中翼用）の分岐線 – I（$\alpha_E < 0$）

$$\left.\begin{aligned} \alpha_E &= \arg(\zeta_E - \zeta) \\ \alpha_M &= \arg(\zeta_M - \zeta) \end{aligned}\right\} \tag{3.3.4.4}$$

を定義し α_E の値が負の時を考える（図 3.3.4.1）.

1）$\alpha_M \geqq \alpha_E + \pi$ の時

　$\Delta\zeta\zeta_M\zeta_C$ の領域内で $\theta \to \theta - 2\pi$ とする

　$\Delta\zeta_E\zeta_C\infty$ の領域内で $\theta \to \theta + 2\pi$ とする

2,3）$\alpha_M \geqq \alpha_E$ の時

　$\Delta\zeta\zeta_M\zeta_E$ 及び $\Delta\zeta\zeta_E\infty$ の領域内で $\theta \to \theta + 2\pi$ とする

4）$\alpha_M < \alpha_E$ かつ $\eta_M \geqq \eta_E$ の時

　$\square\zeta\zeta_M\zeta_E\infty$ の領域内では $\theta \to \theta + 2\pi$ とする

5）$\alpha_M < \alpha_E$ かつ $\eta_M < \eta_E$ の時

　点 ζ_M の位置が適当でないが $\Delta\zeta\zeta_E\infty$ の領域内で $\theta \to \theta + 2\pi$ としておこう

　次に，α_E の値が正の時を考える（図 3.3.4.2）.

1）$\alpha_M < \alpha_E - \pi$ の時

　$\Delta\zeta\zeta_M\zeta_C$ の領域内で $\theta \to \theta + 2\pi$ とする

　$\Delta\zeta_E\zeta_C\infty$ の領域内で $\theta \to \theta - 2\pi$ とする

2,3）$\alpha_M < \alpha_E$ の時

　$\Delta\zeta\zeta_M\zeta_E$ 及び $\Delta\zeta\zeta_E\infty$ の領域内で $\theta \to \theta - 2\pi$ とする

4）$\alpha_M < \alpha_E$ かつ $\eta_M < \eta_E$ の時

　$\square\zeta\zeta_M\zeta_E\infty$ の領域内では $\theta \to \theta - 2\pi$ とする

5）$\alpha_M < \alpha_E$ かつ $\eta_M \geqq \eta_E$ の時

　点 ζ_M の位置が適当でないが $\Delta\zeta\zeta_E\infty$ の領域内で $\theta \to \theta - 2\pi$ としておこう

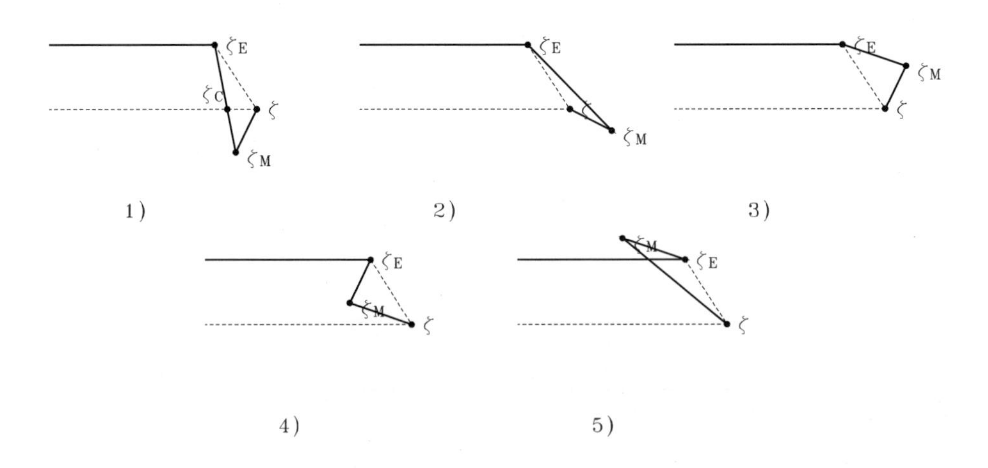

図 3.3.4.2. 対数関数（水中翼用）の分岐線 – II（$\alpha_E \geqq 0$）

半没物体用分岐線

半没物体に関する境界値問題においては点ζから物体内の点ζ_Mを経て，無限上方に向かう分岐線を考えると都合がよい．著者はこの対数関数に関して以下のサブプログラムを用意している．

```
complex function LogNK(z,ζ,ζM)
```

以下の4つの場合に分けて考える（図3.3.4.3）．なお，この設定におけるζ_Mの位置は，簡単な図形向けで，あらゆる複雑な形状に対応しているわけではないことを断っておく．

1）$-\pi < \alpha_M \leqq -\pi/2$の時

$\Delta\zeta\zeta_M\zeta_C$の領域内では$\theta \to \theta + 2\pi$とする

$x < \xi_M, y > \eta$の領域内では$\theta \to \theta - 2\pi$とする

2）$-\pi/2 < \alpha_M \leqq 0$の時

$\Delta\zeta\zeta_M\zeta_C$の領域内及び$x < \xi_M, y > \eta$の領域内では$\theta \to \theta - 2\pi$とする

3）$0 < \alpha_M \leqq \pi/2$の時

$x < \xi_M, y < \eta$の領域で$\Delta\zeta\zeta_M\zeta_C$を除く領域内では$\theta \to \theta - 2\pi$とする

4）$\pi/2 < \alpha_M \leqq \pi$の時

$x < \xi_M, y > \eta$の領域に$\Delta\zeta\zeta_M\zeta_C$を加えた領域内では$\theta \to \theta - 2\pi$とする

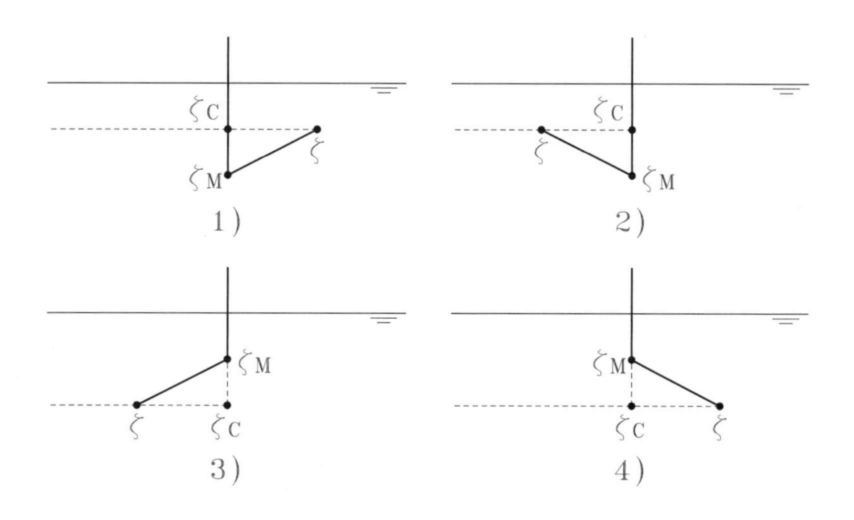

図3.3.4.3. 対数関数（半没物体用）の分岐線

第4章　解析解

前章では，3 種の線形自由表面条件に関する問題について，各種の波特異関数を導入した．この章の次の章は，本書の中心的なテーマである，一様流れや，入射波中に置かれた 2 次元状の物体周りの流れの解法についての記述となる．本章はそれらの中間にある章であるが，前章と次章のつなぎの役割を担っている章というわけではない．つまり，本章の知識がなければ次章に読み進めないわけではない．では，本章の役割とは何であるのか．

1 つには，次章による数値解からは得づらい，線形理論による解の定性的あるいは解析的な性質の探求に解析解（analytical solution）が役立つということを念頭において，解析解を導入しているということである．

2 つ目は，序でも述べたが線形理論の役割の 1 つに，非線形計算結果の検証ということがある．非線形計算の非線形性を弱めた極限が線形理論の結果に収束すれば，その非線形計算は，非線形性の弱い時にほぼ正しいという確信が得られるというわけである．

実は，線形理論においても，次章に示すように，数値計算によって結果を求めざるを得ない場合が多い．したがって，その結果の正しさは，プログラミングの正しさに依存するわけであり，種々の検証を行う必要がある．解の一意性が確認されている場合には，異なる数値計算法を用いた計算結果の一致を確認するという方法がある．最も確信の持てる方法は，解が解析的に表現されており，全幅の信頼がおける結果が存在する場合に，その解との一致を確かめる方法である．本章で述べる解析解とはそうした意味も有する．

そういう意味からは，一度，線形理論における数値計算法の正しさや解の性質が，解析解との一致により確認されたなら，もはや解析解の有用性はそれほどないと言ってもよい訳である．こうした理由などから，特に興味のない読者はこの章をスキップしてよい．次章で関連のある事項が現れた時に，本章に立ち戻るという方法もある．

以上の理由と，本章で用いる方法が，本書のレベルを少し超えているという理由から，本章は読者が理解し易い記述法を採っていないことを断っておく．本章の内容に特に興味があり，さらに勉強したい読者は関連する文献を探すなどして研究してほしい．

線形自由表面条件を満たす流れの中で，解析解が知られているのは，I. 定常造波問題と II. 周期的波浪中問題（一様流なし）の 2 種の問題に限られ，ともに半没鉛直平板周りの流れに限られる．II の問題における解析解は，1947 年に F. Ursell [6] によって示されており，I の問題における解析解は著者らが最近示すことに成功した [7].

なお，本章で用いるベッセル関数等の特殊関数については，文献 [9, 10] などを参照されたい．

4.1　I. 定常造波問題における解析解

境界値問題

本節では，定常造波問題における解析解の導入を行う．一様流の水面に平板を鉛直に半没させた時（半没鉛直平板）の流れ（図4.1.1 参照）を考える．水面条件はもちろん線形であるとする．座標系を $z = x + iy$ とし，x の負方向に流れる一様流速を U，平板の深さを $a > 0$ としておく．流場は複素ポテンシャルで表現する．

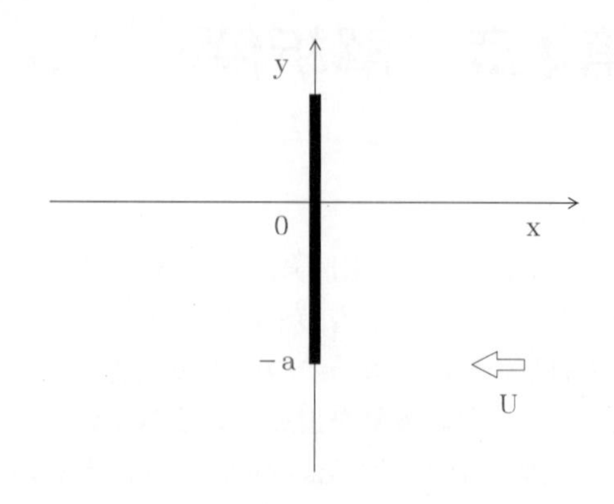

図 4.1.1. 座標系（z-面）

$$
\left.\begin{aligned} F(z) &= -Uz + w(z) \\ &= \Phi(x,y) + i\,\Psi(x,y) \end{aligned}\right\} \qquad (4.1.1)
$$

右辺第 1 項の $-Uz$ が下流（左方）へ向かう流速 U の一様流を示している．第 2 項の $w(z)$ は平板により撹乱された流れを表現する項であるのでこの項を撹乱複素ポテンシャル（perturbed complex potential）と称する．

線形自由表面条件は式 (2.3.1.12) 及び (3.3.1.1 - 3.3.1.3) より以下と書いておく．

$$
\left.\begin{aligned} &\mathrm{Re}\{L[w(z)]\} = 0 \qquad on \quad y = 0 \\ &L \equiv D + i\nu - \mu, \quad D = \frac{d}{dz} \\ &\nu = g/U^2 \end{aligned}\right\} \qquad (4.1.2)
$$

ここで ν は波数，μ は仮想摩擦係数（$\mu \to +0$）である．撹乱複素ポテンシャルが自由表面（$y = 0$）上で満たすべき条件である．

次に撹乱複素ポテンシャルが満たすべき条件は，流れが平板を貫通して流れないこと，すなわち，平板の境界（boundary）に沿って流れることである．この条件を表示する方法は 2 通りある．1 つは平板の法線方向の流速が 0 であることであり，もう 1 つは平板の境界が流線になっていることである．この 2 つの条件は等値な条件であるので，どちらか 1 つを満たしていれば他は自動的に満たされている．前者の条件は以下と書ける．

$$
\frac{\partial \Phi}{\partial x}(z) = 0 \qquad on \quad x = 0,\ -a \leqq y \leqq 0 \qquad (4.1.3)
$$

撹乱複素ポテンシャルで表現すると以下となる．

$$
\mathrm{Re}\{\frac{dw}{dz}(z)\} = U \qquad on \quad x = 0,\ -a \leqq y \leqq 0 \qquad (4.1.4)
$$

後者の条件は流れ関数で表現でき，以下と書ける．

$$
\Psi(0,y) = \Psi_B \ （実定数） \qquad for \quad -a \leqq y \leqq 0 \qquad (4.1.5)
$$

最後に無限遠における撹乱複素ポテンシャルの満たすべき性質について記述する．無限上流（$x \to \infty$）においては撹乱複素流速は 0 である必要がある．

$$\frac{d}{dz}w(z) \to 0 \qquad as \quad x \to \infty \tag{4.1.6}$$

無限下方（$y \to -\infty$）でも同様に以下である必要がある．

$$\frac{d}{dz}w(z) \to 0 \qquad as \quad y \to -\infty \tag{4.1.7}$$

これらの条件の意味するところは，複素ポテンシャル $w(z)$ は無限下流を除く無限遠方で高々対数関数的（渦ないし吹き出しの）特性に留まるということである．さらに波動は無限下流にのみ伝播するという放射条件も必要であるが，この条件は自由表面の条件 (4.1.2) の仮想摩擦係数及び上流の条件 (4.1.6) に含まれている．

一般に，境界条件 (4.1.2) 及び (4.1.3) ないし (4.1.5) と無限境界上の条件 (4.1.6, 4.1.7) の下に複素ポテンシャル $w(z)$ を求める問題を境界値問題（boundary value problem）と称している．

縮約化法

こうした水波問題における境界値問題の解析解を求める有効な方法として reduction 法 [3] という方法がある．本書ではこの方法を縮約化法と訳しておく．この章でも解を求めるのにこの縮約化法を用いる．撹乱複素ポテンシャル $w(z)$ に自由表面条件の演算 L（式 (4.1.2)）を施すと，波動項が現れない，いわば局所波的に縮約化された関数（reduced function）となる．この縮約化関数が満たすべき簡略化された境界条件を解析的に解いておき，最後に逆演算子 $1/L$ を作用させて本来の解を得るという手法である．ロシアの学者が好んで用いた [3]．ただし，解析解を求めるには物体形状が簡単なものにしか適用できず，今のところ，鉛直平板に関してのみ適用できる．この方法を用いたこの問題に関する著者らの論文 [13] に沿って記述して行く．

まず $w(z)$ に L を作用させて縮約化された関数 $f(z)$ を得る．

$$\begin{aligned} Uf(z) &= L[w(z)] \\ &= \frac{dw}{dz}(z) + i\nu w(z) \end{aligned} \tag{4.1.8}$$

すると自由表面条件は以下のような簡単な式となる．

$$\mathrm{Re}\{f(z)\} = 0 \qquad on \quad y = 0 \tag{4.1.9}$$

平板上では境界条件 (4.1.4, 4.1.5) の両式を用いて以下を得る．

$$\mathrm{Re}\{f(z)\} = 1 - \frac{\nu}{U}\Psi_B - \nu y \qquad on \quad x = 0, \quad -a \leqq y \leqq 0 \tag{4.1.10}$$

ここで注意すべきことは式 (4.1.10) は同値である 2 つの境界条件を同時に用いているので，この条件は必要条件に過ぎないことである．後に条件 (4.1.4) ないし (4.1.5) に戻ってそれらを適用させる必要がある．

また，式 (4.1.8) を

$$\frac{dw}{dz}(z) = -i\nu w(z) + Uf(z) \tag{4.1.11}$$

の形に書いておくと，$w(z)$ の導関数（複素流速）の特異性は $f(z)$ の特異性と同一であることがわかる．

次に気づくことは，平板の上端（$x = y = 0$）で式 (4.1.9, 4.1.10) が連続な条件となるには以下でなければならないことである．

$$\Psi_B = U/\nu \tag{4.1.12}$$

この特別な条件を満たす解を正則な解と呼んで，$w_R(z)$ と記しておき，まずはこの解を求めることとする．なお，この条件は無限上流の水面下 $1/\nu$ の位置を流れる流線が平板表面上に達することを意味している．この時条件 (4.1.10) は以下となる．

$$\mathrm{Re}\{f(z)\} = -\nu y \qquad on \quad x = 0, \ -a \leqq y \leqq 0 \tag{4.1.13}$$

さて，条件 (4.1.9) と式 (4.1.13) を満たす解を求めるには複素平面上の線積分に関する知識 [8] を応用した方法を用いるのが一般的であろう．しかしそれは少し難解であるので，ここでは直観的でアプリオリな方法を用いることとする．そのために次の等角写像を導入して，$\zeta = \xi + i\eta$ 面（図 4.1.2）上で議論することとする．

$$z = \frac{1}{2}(\zeta - \frac{a^2}{\zeta}) \tag{4.1.14}$$

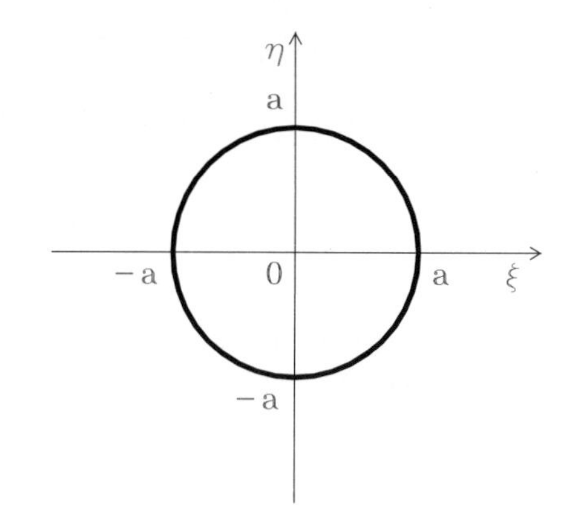

図 4.1.2. ζ-面

この写像は z-面を ζ-面の半径 a の円の外部に写像しており，z-面の実軸を ζ-面の実軸上（$|\xi| \geqq a$）に，平板上の点 $z = iy = ia\sin\theta$ を ζ-面の円上の点 $\zeta = ae^{i\theta}$（$\xi = a\cos\theta, \eta = a\sin\theta$）に写像している．したがって式 (4.1.9) の条件は

$$\mathrm{Re}\{f(\zeta)\} = 0 \qquad on \quad \eta = 0, \quad |\xi| \geqq a \tag{4.1.15}$$

であり，式 (4.1.13) の条件は以下と表わされる．

$$\mathrm{Re}\{f(\zeta)\} = -\nu\eta \qquad on \quad |\zeta| = a, \quad \eta \leqq 0 \tag{4.1.16}$$

上 2 つの条件を満たす解として以下を考えてみる．

$$F_1(\zeta) = -i\frac{a}{\zeta} \tag{4.1.17}$$

この関数は原点に置かれた η 方向の 2 重吹き出しの複素ポテンシャルであるから，$\nu F_1(\zeta)$ は条件 (4.1.15, 4.1.16) を満たしていることが少しの考察からわかるであろう．確認のため $F_1(\zeta)$ の

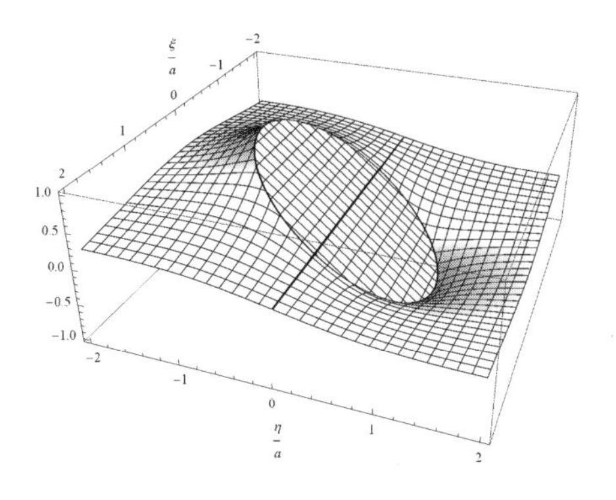

図 4.1.3. $\mathrm{Re}\{F_1(\zeta)\}$ の 3 次元プロット

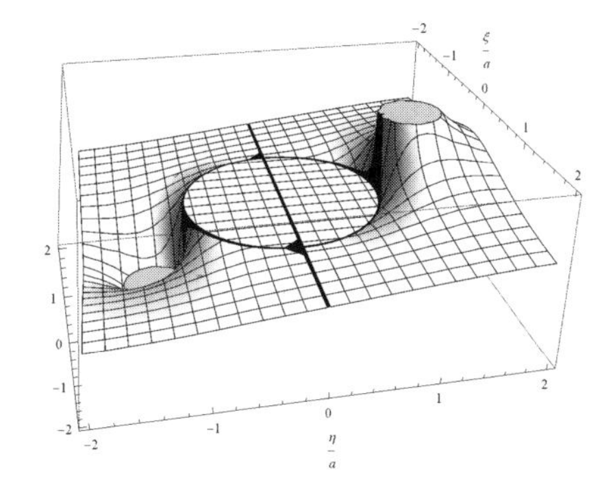

図 4.1.4. $\mathrm{Re}\{f_0(\zeta)\}$ の 3 次元プロット

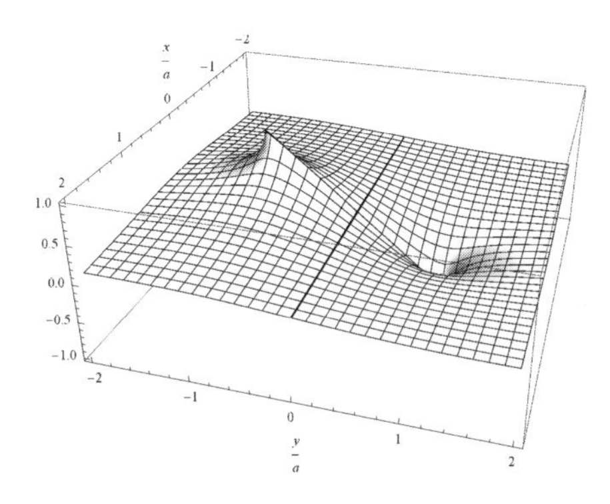

図 4.1.5. $\mathrm{Re}\{F_1(z)\}$ の 3 次元プロット

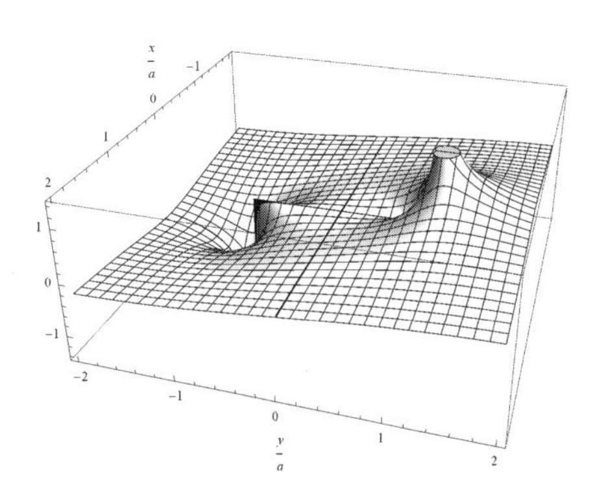

図 4.1.6. $\mathrm{Re}\{f_0(z)\}$ の 3 次元プロット

実部の値の 3 次元プロットを図 4.1.3 に示した．なお半径 1 の円内の値は $\mathrm{Re}\{F_1(\zeta)\} = -\eta/a$ としている．条件 (4.1.15) は任意の ξ の値について成立しており，条件 (4.1.16) については $\eta > 0$ の範囲も含めて成立していることがわかる．

次に以下の関数について考えてみよう．

$$f_0(\zeta) = i\left(\frac{a}{\zeta - ia} + \frac{a}{\zeta + ia}\right) \tag{4.1.18}$$

この関数は点 $\zeta = \pm ia$ に置かれた $-\eta$ 方向の 2 重吹き出しの組であるから条件 (4.1.15) は任意の ξ の値について成立し，条件 (4.1.16) については $\eta > 0$ の範囲についても斉次な（右辺 = 0 とした）条件を満たしていることがわかる．確認のため上式の実部の値の 3 次元プロットを図 4.1.4 に示した．なお円内の値は 0 としている．

変数 ζ を z に戻しておこう．

$$F_1(z) = i\left(\frac{z}{a} - \frac{\sqrt{z^2 + a^2}}{a}\right) \tag{4.1.19}$$

$$f_0(z) = i\,\frac{a}{\sqrt{z^2 + a^2}} \tag{4.1.20}$$

根号の分岐線は $x = 0$, $|y| < a$ であるとしている．各々の関数の z-面における実部の値の3次元プロットを図4.1.5, 4.1.6に示した．$vaF_1(z)$ 関数は条件(4.1.9, 4.1.13)を，$f_0(z)$ 関数は条件(4.1.9)と条件(4.1.13)の斉次な条件を満たしていることがわかろう．

これら2つの関数の性質より，以下の関数は条件(4.1.9, 4.1.13)を満たしている．

$$f(z) = va[F_1(z) + C_1 f_0(z)] \tag{4.1.21}$$

ここで C_1 は任意の実定数であるが，前述したように元の境界条件を満たすように後に決定される．$F_1(z)$ 関数は原点を含む全平面で正則であり，$f_0(z)$ 関数は平板下端（$z = -ai$）で平板を回り込む流れの複素流速の特異性 $1/\sqrt{z+ai}$ を有する以外は原点を含む下半面で正則である．また $|z| \to \infty$ では共に $1/z^2$ の振る舞いをし，この性質を有する正則な解は式(4.1.21)以外に存在しないことは関数論の知識から保証されている[8]．かなりアプリオリな方法であったが，かくして縮約化解を導入することができた．

正則解（regular solution）

次に式(4.1.8)を解かねばならない．そのためには，前章で波特異関数を求める際に用いたように縮約化解の積分表示を導入する必要がある．あらたに $f_2(z)$ も導入しておく．

$$\begin{aligned} F_1(z) &= \mp i \int_0^\infty \frac{1}{k} J_1(ak) e^{\mp kz} dk \\ &= \mp i \frac{a}{2} \int_0^\infty [J_0(ak) + J_2(ak)] e^{\mp kz} dk \end{aligned} \tag{4.1.22}$$

$$f_0(z) = \pm i a \int_0^\infty J_0(ak) e^{\mp kz} dk \tag{4.1.23}$$

$$f_2(z) = \pm i a \int_0^\infty J_2(ak) e^{\mp kz} dk \tag{4.1.24}$$

複号は $x \gtrless 0$ に対応している．これらはベッセル関数のLaplace変換であるが等式の証明は本書の範囲を超えているので省略する．式(4.1.22)は定義より以下の関係がある．

$$F_1(z) = -\frac{1}{2}[f_0(z) + f_2(z)] \tag{4.1.25}$$

ちなみに以下の関係があり，この関数は次節で用いる．

$$\begin{aligned} f_1(z) &= a \frac{d}{dz} F_1(z) \\ &= i a \int_0^\infty J_1(ak) e^{\mp kz} dk \end{aligned} \tag{4.1.26}$$

ここで式(4.1.8)と同様に $F_1(z), f_0(z), f_2(z)$ に対応する複素ポテンシャルを各々 $W_1(z), w_0(z), w_2(z)$ としておく．すなわち

$$\left.\begin{aligned} UF_1(z) &= L[W_1(z)] \\ Uf_0(z) &= L[w_0(z)] \\ Uf_2(z) &= L[w_2(z)] \end{aligned}\right\} \tag{4.1.27}$$

$$W_1(z) = -\frac{1}{2}[w_0(z) + w_2(z)] \tag{4.1.28}$$

この時正則解 $w_R(z)$ は以下と書ける．

$$\left.\begin{aligned} w_R(z) =& \nu a[W_1(z) + C_1 w_0(z)] \\ =& -\frac{1}{2}\nu a[w_2(z) + C_1' w_0(z)] \\ C_1' =& 1 - 2C_1 \end{aligned}\right\} \tag{4.1.29}$$

ここまでの準備により $w_0(z), w_2(z)$ がわかれば求める解 $w_R(z)$ は直ちに求まることがわかろう．

まず $f_0(z)$ から $w_0(z)$ を求めておこう．$f_0(z)$ を変形する．$y < 0$ の領域で考えていることに留意して，x の正負に対応して積分路を正，負の虚軸上に移動する．

$$f_0(z) = \pm i\, a \int_0^{\mp i\infty} J_0(ak)e^{\mp kz}dk \tag{4.1.30}$$

ここで $k = \pm it$ なる変数変換を行うと以下となる．

$$f_0(z) = -a \int_0^{\infty} I_0(at)e^{-itz}dt \tag{4.1.31}$$

これで準備ができたので $1/L$ の演算を行う．

$$\begin{aligned} w_0(z) =& \frac{1}{L}[U f_0(z)] \\ =& -iaU \int_0^{\infty} \frac{1}{t - \nu - i\mu} I_0(at)e^{-itz}dt \end{aligned} \tag{4.1.32}$$

ここで I_0 及び後で出てくる I_2 は変形ベッセル関数である．再び x の正負に応じて積分路を負，正の虚軸上に移動する．この時 $x < 0$ の時には $t = \nu$ における留数項が生ずることに注意して $w_0(z)$ を局所波成分 $w_{0_L}(z)$ と自由波成分 $w_{0_F}(z)$ の和に分解しておく．

$$w_0(z) = w_{0_L}(z) + w_{0_F}(z) \tag{4.1.33}$$

さらに $t = \mp ik$ なる変数変換を施して元に戻すと以下の局所波成分を得る．

$$w_{0_L}(z) = -iaU \int_0^{\infty} \frac{1}{k \mp i\nu} J_0(ak)e^{\mp kz}dk \tag{4.1.34}$$

留数項から得られる自由波成分は以下となる．

$$w_{0_F}(z) = \begin{cases} 0 & for \quad x > 0 \\ 2\pi aUI_0(\nu a)\, e^{-i\nu z} & for \quad x < 0 \end{cases} \tag{4.1.35}$$

まったく同様な演算を行うことによって $w_2(z)$ 関数を求めることができる．

$$w_2(z) = w_{2_L}(z) + w_{2_F}(z) \tag{4.1.36}$$

$$w_{2_L}(z) = -iaU\int_0^\infty \frac{1}{k \mp i\nu} J_2(ak)e^{\mp kz}dk \tag{4.1.37}$$

$$w_{2_F}(z) = \begin{cases} 0 & for \quad x > 0 \\ -2\pi aUI_2(\nu a)\, e^{-i\nu z} & for \quad x < 0 \end{cases} \tag{4.1.38}$$

式 (4.1.34, 4.1.37) の積分の被積分関数を以下のように実部，虚部に分解しておく．

$$\frac{1}{k \mp i\nu}e^{\mp kz} = \frac{1}{k^2+\nu^2}\Big\{[k\cos ky + \nu\sin ky] \\ \pm i[\nu\cos ky - k\sin ky]\Big\}e^{\mp kx} \tag{4.1.39}$$

関数 (4.1.34, 4.1.37) を直接数値積分するには上式の形が便利であろう．本節で示す数値例では上式を用い，適応的数値積分法（Quanc8）[11] によって，$x = 0$ の近傍を除いて数値積分はほぼ成功している．$x = 0$ においては上式をさらに分解した形で，解析形を得ることができるが，本書では必要な公式を除いては表示しない．

以上により解の形が求まったので，再度平板上の境界条件 (4.1.4) ないし (4.1.5) に戻らねばならない．今の場合，流れ関数表示，すなわち，式 (4.1.12) の値を代入した式 (4.1.5) が便利である．すなわち $x = 0$ で式 (4.1.29) は以下を満たす必要がある．

$$-\frac{1}{2}\nu a\,\mathtt{Im}\{w_2(iy) + C_1' w_0(iy)\} = U(y + 1/\nu) \tag{4.1.40}$$

次々節の積分表によれば $x = 0, -a \leqq y \leqq 0$ で変形ベッセル関数を用いて

$$\frac{1}{Ua}\mathtt{Im}\{w_0(iy)\} = -K_0(\nu a)\, e^{\nu y} \tag{4.1.41}$$

$$\frac{1}{Ua}\mathtt{Im}\{w_2(iy)\} = -\frac{2}{\nu a}(\frac{1}{\nu a} + \frac{y}{a}) + K_2(\nu a)\, e^{\nu y} \tag{4.1.42}$$

と表わされるから以下を得る．

$$C_1' = \frac{K_2(\nu a)}{K_0(\nu a)} \tag{4.1.43}$$

したがって式 (4.1.33 - 4.1.35) 及び式 (4.1.36 - 4.1.38) を式 (4.1.29) に代入し，未知定数を式 (4.1.43) で与えれば正則解 $w_R(z)$ の解析的表示が求まったことになる．

$$w_R(z) = \frac{1}{2}\nu a^2 U\Big[\int_0^\infty \frac{1}{k \mp i\nu}J_2(ak)e^{\mp kz}dk - \frac{K_2(\nu a)}{K_0(\nu a)}\int_0^\infty \frac{1}{k \mp i\nu}J_0(ak)e^{\mp kz}dk\Big] \\ + \begin{cases} 0 & for \quad x > 0 \\ \pi\nu a^2 U\Big[I_2(\nu a) - \dfrac{K_2(\nu a)}{K_0(\nu a)}I_0(\nu a)\Big]\, e^{-i\nu z} & for \quad x < 0 \end{cases} \tag{4.1.44}$$

正則解の表わす流れでは平板に働く造波抵抗値も以下のように解析的に求まる．自由波形は

$$\left.\begin{aligned} \eta_F(x) &= \frac{1}{U}\mathtt{Im}\{w_F(x)\} \\ &= A_R \sin \nu x \\ A_R/a &= \pi\nu a\Big[I_2(\nu a) - \frac{K_2(\nu a)}{K_0(\nu a)}I_0(\nu a)\Big] \end{aligned}\right\} \tag{4.1.45}$$

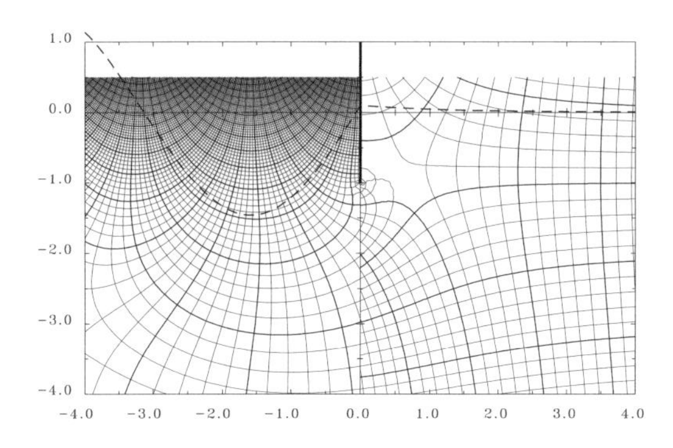

図 4.1.7. 正則解の流線と等ポテンシャル線（νa=1.0, Ψ_B/Ua=1.0, Cw=55.7, $\Delta\Psi/Ua$=0.2）

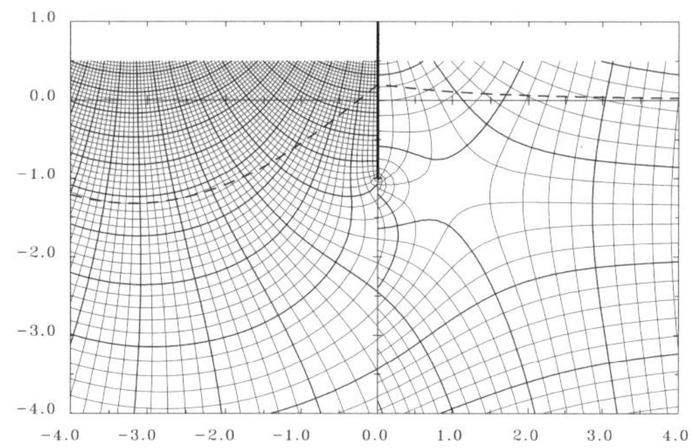

図 4.1.8. 正則解の流線と等ポテンシャル線（νa=0.5, Ψ_B/Ua=2.0, Cw=46.2, $\Delta\Psi/Ua$=0.2）

で表わせるから造波抵抗 R_W は以下となり，解析的に表示される（式 (2.1.16) 参照）．

$$
\begin{aligned}
C_W &= \frac{R_W}{\rho g a^2} \\
&= \frac{1}{4}(A_R/a)^2
\end{aligned}
\tag{4.1.46}
$$

正則解による平板周りの流線と等ポテンシャル線の数値例を図 4.1.7，図 4.1.8 に示す．横軸，縦軸は各々 $x/a, y/a$ を示し，平板は $x = 0, y/a > -1$ に太線にて示してある．流線と等ポテンシャル線の間隔（$\Delta\Psi, \Delta\Phi$）はともに $\Delta\Psi/Ua = 0.2$ であるが，$x < 0$ の領域については倍の間隔としている．以下も同様である．平板上の境界条件が成立していることがわかる．破線で波高 $/a$（の 1/10 の値）が示されている．流れの特徴は，平板周りに流れの裏の面（下向きの流れ）から表の面（上向きの流れ）へ向けての強い循環流（逆流）が存在することである．平板の前方斜め下には流れの分岐点（停留点となっている）が認められる．無限流中の円断面周りの流れに強い循環を付加した時の流れに近似した流れとなっている（図 4.1.12 参照）．線形解が，平板と水面の交点付近で線形の仮定を逸脱していることが原因と考えられるにしろ，なかなか理解し難い流れとなっている．

弱特異固有解

一様流中に物体があり，水面条件が線形である時の境界値問題を Neumann-Kelvin 問題と称することがある．線形自由表面条件を Kelvin の条件といい，物体表面を流体が貫通しないという（法線方向流速を与える）条件をポテンシャル論では Neumann の条件ということから名づけられた．Neumann-Kelvin 問題の解は 1 つに定まるかという（一意性に関する）数学的問題が生じたことがあった．前小節で扱った正則解の範囲では解は 1 つでほぼ間違いはなく，物体と自由表面の交点に弱い特異性を許すと，解は無限に存在するということもいろいろと確かめられてきている．存在性と一意性という事柄は数学における主要なテーマであり，ほとんどは難解な分野に属する．Neumann-Kelvin 問題における存在性と一意性の問題も難しい話ではあるが，具体的に解を示せば本書では良しとしている．

では解が一意ではなく多価であるとはどういう事柄を示すのだろうか？ 以下に簡単な例をあげて説明を試みる．自由表面がない無限流体中の流れの中に円柱がある場合を例として考える．座標系（$\zeta = \xi + i\eta$）は円の半径で無次元化し，複素ポテンシャル（$W(\zeta)$）は一様流速と半径で無次元化しておく．この時，円柱周りの流れの複素ポテンシャルは以下と表わすことができる．

$$\left.\begin{aligned} W(\zeta) &= -\zeta + w(\zeta) \\ w(\zeta) &= -\frac{1}{\zeta} \end{aligned}\right\} \tag{4.1.47}$$

ここで $w(\zeta)$ は撹乱複素ポテンシャルである．この流れの流線と等ポテンシャル線を図 4.1.9 に示した．確かに円柱周りの流れが示されている．この解では $|\zeta| \to \infty$ で $dw/d\zeta \to 1/\zeta^2$ となっていて前小節の正則解に対応している．ここで $|\zeta| \to \infty$ で $dw/d\zeta \to -i/\zeta$ となる解を導入する．

$$w(\zeta) = -\frac{1}{\zeta} - i\Gamma\log(\zeta) \tag{4.1.48}$$

Γ を渦度とする点渦を付け加えたものである．種々の Γ の値に関する流線を図 4.1.10 - 4.1.12 に示した．$\Gamma = 1$ の場合は停留点は ξ 軸から 30° 下にある．これらの流れはすべて円柱周りの流れとなっていて，数学的には渦度 Γ の値を決めることはできない．Γ が大となると停留点は円柱表面を離れた流体中にあり，前小節の流れと類似している．したがって，前小節で扱った流れには大きな渦度が平板周りにあることが推察できる．ともかくこのようにいろいろな解が存在することを示すことができたが，これがすなわち解の多価性という意味である．なお，後流の ξ 軸は対数関数の分岐線で，そこで速度ポテンシャルは $2\pi\Gamma$ だけジャンプしている． なお流れ関数の値はいたるところ連続である．ここで付け加えた点渦の複素ポテンシャルは，円柱表面の境界上で，法線方向流速が 0 という（斉次な）条件を満たしているので,（斉次な）固有解であるという．

以下の等角写像は円柱外部の領域を弦長 4 で迎角 α の平板翼周りに写像する．

$$Z = \zeta + \frac{e^{2i\alpha}}{\zeta} \tag{4.1.49}$$

図 4.1.13 - 4.1.14 には各々$\Gamma = 0, 1$ の場合の平板翼周りの流れを示した（迎角 $\alpha = 30°$）．$\Gamma = 0$ の場合は速度ポテンシャルは連続であるが，後縁で流れは上方に巻き上がっている．$\Gamma = 1$ の場合には，後縁で流れは平板に沿って滑らかに流れていて，実際の流れをよくシミュレイトしているように見える．こうした流れを Kutta の条件を満たしていると称している．後縁少し上から速度ポテンシャルの不連続の線も見える．このように，翼型周りに循環を仮定することにより，翼型周りの流れを理想流体の理論で近似することに成功し，翼理論という学問が発展した．科学技術への貢献は多大なものがある．

さて，Neumann-Kelvin 問題における固有解の問題に立ち返ろう．2 次元 Neumann-Kelvin 問題では，物体表面と水面との交点に，流速が対数関数的特異性を有する斉次な固有解が存在することが知られている．この解を求めてみよう．前々節では，縮約化関数の境界条件として式 (4.1.16) を用いた．本節では式 (4.1.10) の Ψ_B として任意の値をとることができるような縮約化

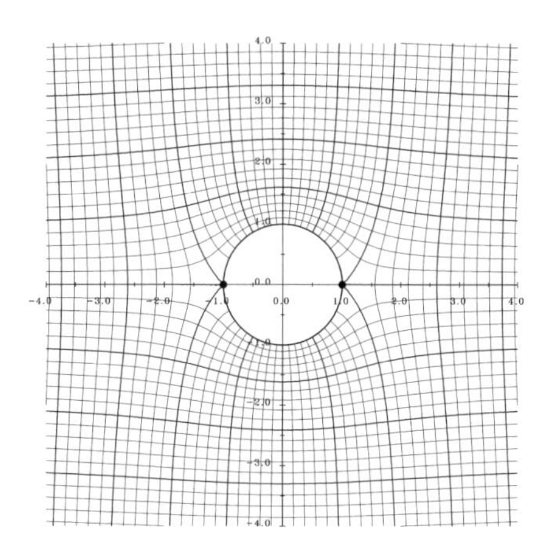

図 4.1.9. 円柱周りの流線と等ポテンシャル線（$\Gamma = 0.0$, $\Delta\Psi = 0.2$）

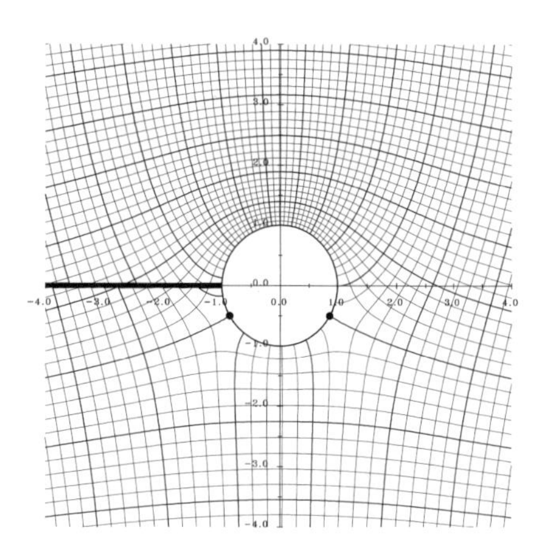

図 4.1.10. 円柱周りの流線と等ポテンシャル線（$\Gamma = 1.0$, $\Delta\Psi = 0.2$）

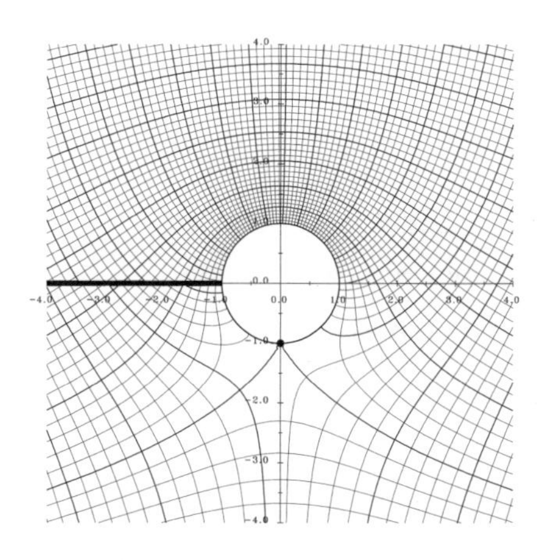

図 4.1.11. 円柱周りの流線と等ポテンシャル線（$\Gamma = 2.0$, $\Delta\Psi = 0.2$）

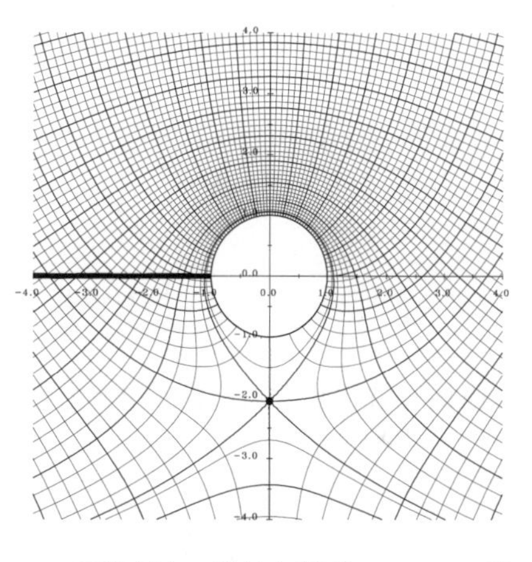

図 4.1.12. 円柱周りの流線と等ポテンシャル線（$\Gamma = 2.546$, $\Delta\Psi = 0.2$）

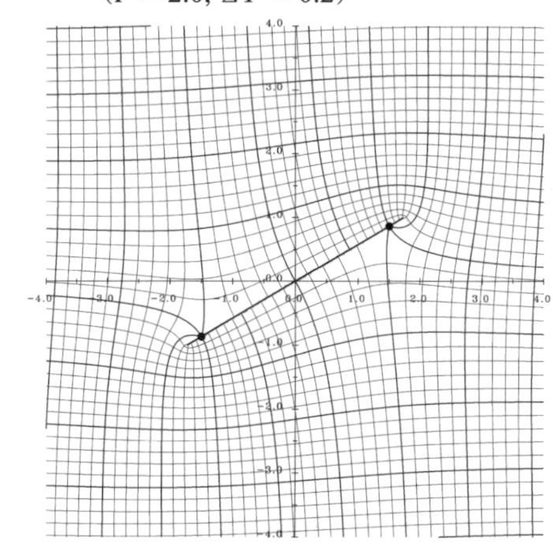

図 4.1.13. 平板翼周りの流線と等ポテンシャル線（$\Gamma = 0.0$, $\Delta\Psi = 0.2$）

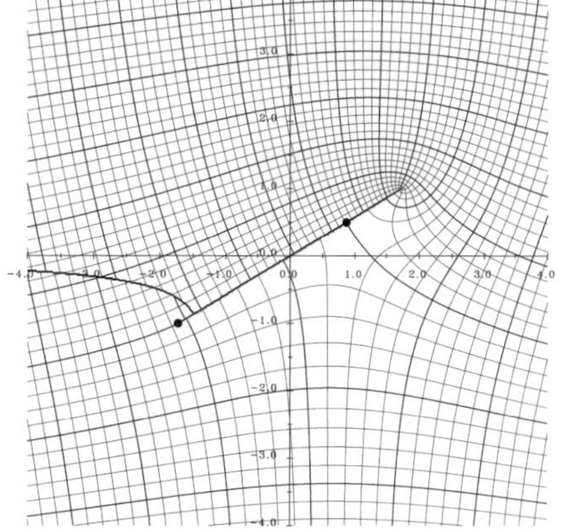

図 4.1.14. 平板翼周りの流線と等ポテンシャル線（$\Gamma = 1.0$, $\Delta\Psi = 0.2$）

関数を求める．この縮約化関数は式 (4.1.15) 及び以下の正規化された条件を満たすものとする．

$$\mathrm{Re}\{f_h(\zeta)\} = 1 \quad on \quad |\zeta| = a,\ \eta < 0 \tag{4.1.50}$$

そこで条件 (4.1.15, 4.1.50) を満足する縮約化関数として以下を採用する．

$$f_h(\zeta) = \frac{2}{\pi}\, i\, [\log(\zeta - a) - \log(\zeta + a)] \tag{4.1.51}$$

これは点 $\zeta = \pm a$ に置かれた点渦の組である．この関数の実部を 3 次元プロットしたものを図 4.1.15 に示す．円内の値は 0 としている．条件 (4.1.50) は実は以下となっていることがわかる．

$$f_h(\zeta) = \begin{cases} 1 & on \quad |\zeta| = a,\ \eta < 0 \\ -1 & on \quad |\zeta| = a,\ \eta > 0 \end{cases} \tag{4.1.52}$$

変数を z に変換する．

$$f_h(z) = \frac{2}{\pi}\, i \log\left[\sqrt{1 + \frac{a^2}{z^2}} - \frac{a}{z}\right] \tag{4.1.53}$$

縮約化関数 $f_h(z)$ の実部の 3 次元プロットを図 4.1.16 に示した．x 軸上で 0 となり，y 軸上で以下となっていることがわかる．

$$\mathrm{Re}\{f_h(z)\} = \begin{cases} -1 & for \quad 0 < y < a \\ 1 & for \quad -a < y < 0 \end{cases} \tag{4.1.54}$$

上式は $z = 0$ で以下の特異性がある．

$$f_h(z) \sim \frac{2}{\pi}\, i \log\frac{z}{a} \tag{4.1.55}$$

これは平板と水面との交点に複素流速が対数関数的な特異性があることを示している．通常，特異性があるとは，複素ポテンシャルが対数関数以上の特異性があることを意味するので，こ

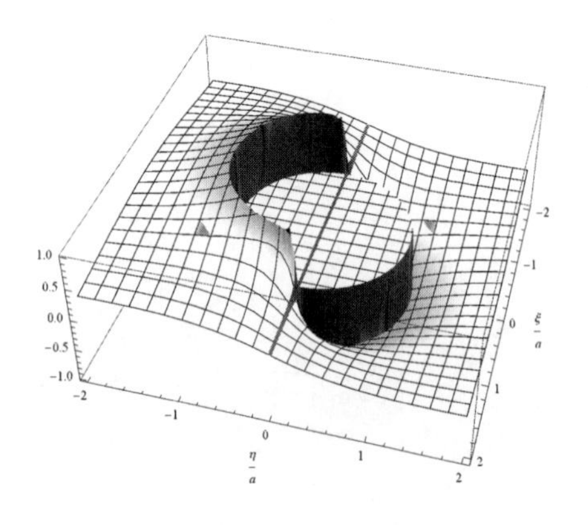

図 4.1.15. $\mathrm{Re}\{f_h(\zeta)\}$ の 3 次元プロット

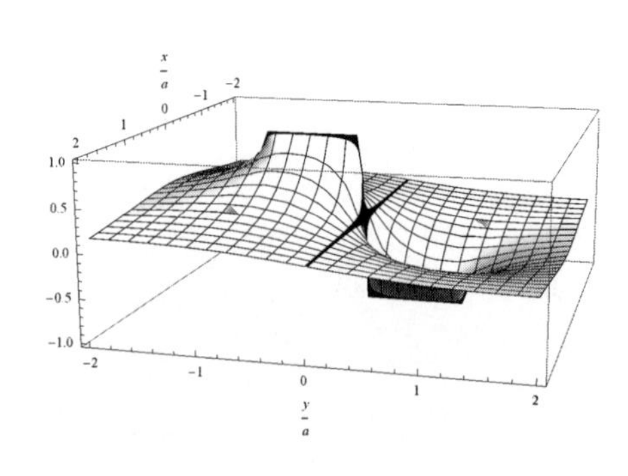

図 4.1.16. $\mathrm{Re}\{f_h(z)\}$ の 3 次元プロット

の特異性を弱特異性（weak singularity）と称する場合がある．また無限遠では以下の性質があり，複素ポテンシャルに換算すると，循環 $2/\pi\, Ua$ の強さの渦と見なせる．

$$f_h(z) \to -\frac{2}{\pi}\, i\, \frac{a}{z} \tag{4.1.56}$$

したがって，この関数の強さが不定であるならば，遠方から見れば，渦の強さだけ不定ということになり，無限領域での不定性と同様のことが生じていることになる．

式 (4.1.53) は以下の積分で書ける．

$$f_h(z) = -\frac{2}{\pi}\, i \int_z^\infty \frac{a}{z^2\sqrt{1+a^2/z^2}} dz \tag{4.1.57}$$

この式の被積分関数は Laplace 変換で表わせるので，その積分をとることにより以下のように表わすことができる．

$$\begin{aligned} f_h(z) &= -\, ai \int_z^\infty dz \int_0^\infty k\, \boldsymbol{JH}(ak) e^{\mp kz} dk \\ &= \mp\, ai \int_0^\infty \boldsymbol{JH}(ak) e^{\mp kz} dk \end{aligned} \tag{4.1.58}$$

上式中の $\boldsymbol{JH}$ 関数は以下の式を略記したものである．

$$\boldsymbol{JH}(ak) = J_1(ak)\boldsymbol{H}_0(ak) + J_0(ak)[\frac{2}{\pi} - \boldsymbol{H}_1(ak)] \tag{4.1.59}$$

ここで，$\boldsymbol{H}_{0,1}$，及び，以下で現れる $\boldsymbol{L}_{0,1}$ は Struve 関数である．縮約化関数の逆変換を以下とおき，局所波成分と自由波成分の和としておく．

$$\begin{aligned} w_{h_0}(z) =& \frac{1}{L}[U f_h(z)] \\ =& w_{h_0 L}(z) + w_{h_0 F}(z) \end{aligned} \tag{4.1.60}$$

前節と同様の演算を施すと以下を得る．

$$w_{h_0 L}(z) = iaU \int_0^\infty \frac{1}{k \mp i\nu} \boldsymbol{JH}(ak) e^{\mp kz} dk \tag{4.1.61}$$

$$w_{h_0 F}(z) = \begin{cases} 0 & for \quad x > 0 \\ -2\pi a U \boldsymbol{I\!L}(\nu a)\, e^{-i\nu z} & for \quad x < 0 \end{cases} \tag{4.1.62}$$

ここで

$$\begin{aligned} \boldsymbol{I\!L}(\nu a) =& \boldsymbol{JH}(-i\,\nu a) \\ =& -I_1(\nu a)\boldsymbol{L}_0(\nu a) + I_0(\nu a)[\frac{2}{\pi} + \boldsymbol{L}_1(\nu a)] \end{aligned} \tag{4.1.63}$$

こうして得られた解は，やはり，平板上の境界条件

$$\mathtt{Im}\{w_h(iy)\} = Const. \tag{4.1.64}$$

を満たしておらず，前節の $W_1(z)$ 関数と同様に，斉次解 $w_0(z)$ を加える必要がある．

$$w_h(z) = w_{h_0}(z) + C_2\, w_0(z) \tag{4.1.65}$$

$w_{h_0}(z)$ の虚部は $x = 0, -a \leqq y \leqq a$ で以下の形を有することがわかっている．

$$\left.\begin{aligned} \frac{1}{Ua}\mathrm{Im}\{w_{h_0}(z)\} &= (T_{h_0} + \frac{1}{\nu a})e^{\nu y} - \frac{1}{\nu a} \\ T_{h_0} &= \frac{1}{Ua}\mathrm{Im}\{w_{h_0}(0)\} \end{aligned}\right\} \tag{4.1.66}$$

また，$w_0(z)$ の虚部は式 (4.1.41) であるので

$$C_2 = \frac{1}{K_0(\nu a)}(T_{h_0} + \frac{1}{\nu a}) \tag{4.1.67}$$

とすれば以下となり，たしかに平板上の境界条件を満たす．

$$\mathrm{Im}\{w_h(iy)\} = -U/\nu \quad for \quad -a \leqq y \leqq 0 \tag{4.1.68}$$

なお定数 T_{h_0} の解析値はわかっていないので，数値的に求めておく必要がある．

こうして得られた解 $w_{h_0}(z)$ は原点に流速が対数関数的な弱い特異性を有し，この解を定数倍した関数もまた解となっているので，弱特異固有解と呼んでおく．

前節の正則解との和をとった関数を以下と置いておく．

$$w(z) = w_R(z) + Cw_h(z) \tag{4.1.69}$$

すると平板上の流れ関数の値は式 (4.1.12, 4.1.68) より以下となる．

$$\Psi_B = \frac{U}{\nu}(1 - C) \tag{4.1.70}$$

逆に Ψ_B を与えたい時は以下とすればよい．

$$C = 1 - \frac{\nu}{U}\Psi_B \tag{4.1.71}$$

自由波形は

$$\eta_F(x) = A \sin \nu x$$

と置いておくと

$$A/a = A_R/a - 2\pi C[\mathbb{L}(\nu a) + C_2 I_0(\nu a)] \tag{4.1.72}$$

造波抵抗は式 (4.1.46) より求まる．

まず $C = 1$ としてみる．この時 $\Psi_B = 0$ である．これは平板前方の水面（$y = 0$）から系外に流出する流量が 0 となることを意味するので流出量なしの流れ（zero-vertical-flux flow）ないし 0-流出解と呼んでおこう．流線の例を図 4.1.17, 4.1.18 に示す．無限前方の水面を通る流線が平板表面上に至っていることがわかる．正則解で見られた平板周りの強い循環流は見られない．原

点付近の $y>0$ に解析接続した流れから，前述した弱い特異性がうかがえる．なお破線で示した波高は原点で 0 となっている．

C の値として

$$C=-\nu a\frac{C_1}{C_2} \tag{4.1.73}$$

とすると，式 (4.1.69) から $w_0(z)$ の項が（したがって，平板下端を回り込む流れの特異性）が消滅し，下端で Kutta の条件を満たす解が得られる．この時平板上の流れ関数の値は以下となり，境界条件は満たされている．

$$\mathrm{Im}\{w(iy)\}=U(\frac{1}{\nu}+y)+Ua\frac{C_1}{C_2} \tag{4.1.74}$$

流線を図 4.1.19 に示す．この流れの平板下端付近の流線を図 4.1.20 に示す．下端を回り込む流れは見られない．なお平板下方付近に見られる流線及び等ポテンシャル線の乱れは $x=0$ 付近で数値積分の精度が上がらないことに起因している．

後流の自由波高の式 (4.1.72) を 0 とする解を作ることもできる．この波なし流れ（wave-free flow）の流線を図 4.1.21 に示す．流れはまったく前後対称となっている．

理解の便のため，式 (4.1.43) で定められる C_1' の値から求まる式 (4.1.29) の C_1 の値を波数を

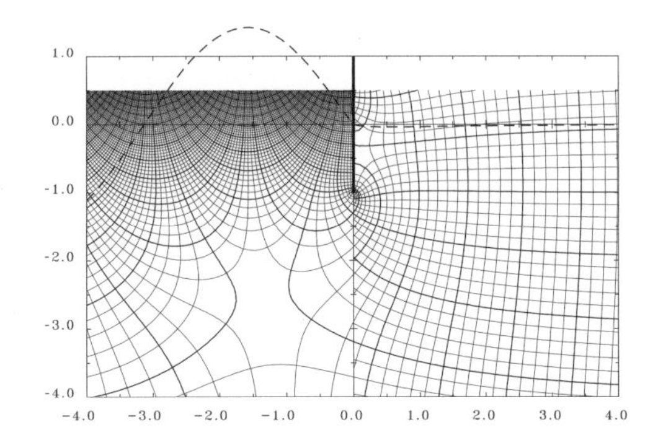

図 4.1.17. 0-流出解（νa=1.0, Ψ_B/Ua=0.0, Cw=52.8, $\Delta\Psi/Ua$=0.2）

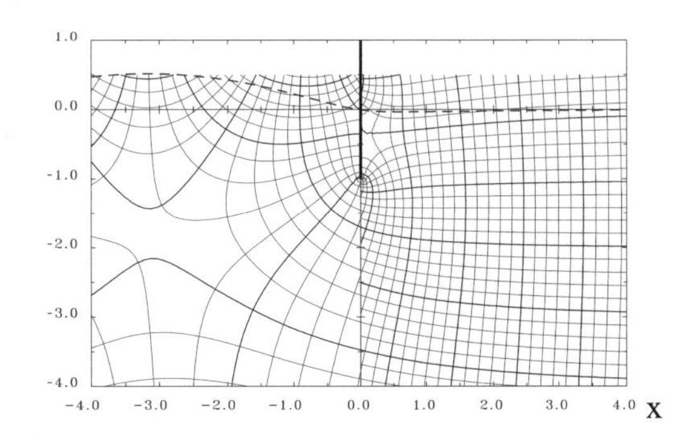

図 4.1.18. 0-流出解（νa=0.5, Ψ_B/Ua=0.0, Cw=7.0, $\Delta\Psi/Ua$=0.2）

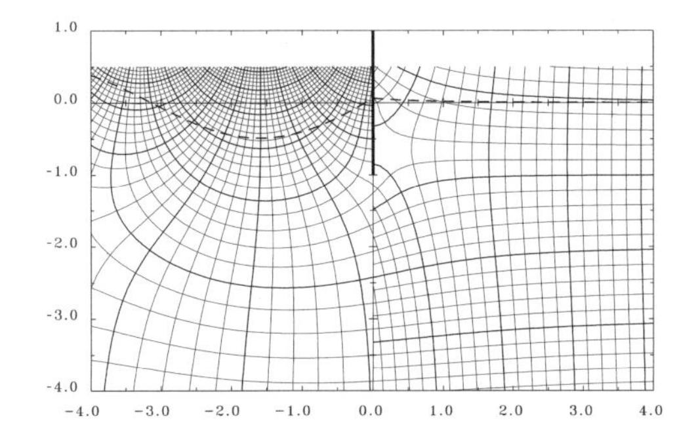

図 4.1.19. Kutta の条件を満たす流れ（νa=1.0, Ψ_B/Ua=0.664, cW=5.5, $\Delta\Psi/Ua$=0.2）

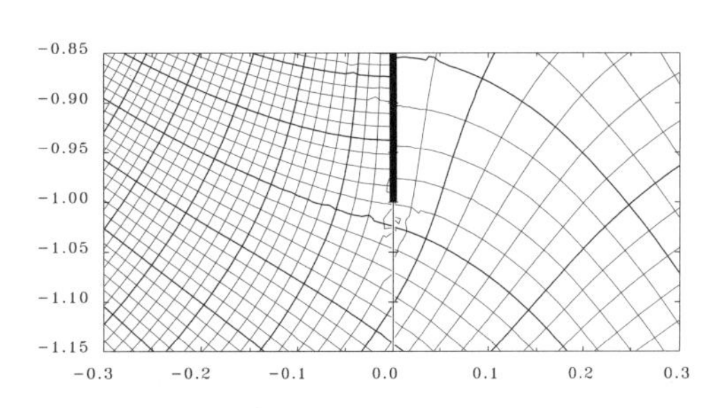

図 4.1.20. Kutta の条件を満たす流れ（νa=1.0, Ψ_B/Ua=0.664, $\Delta\Psi/Ua$=0.02）

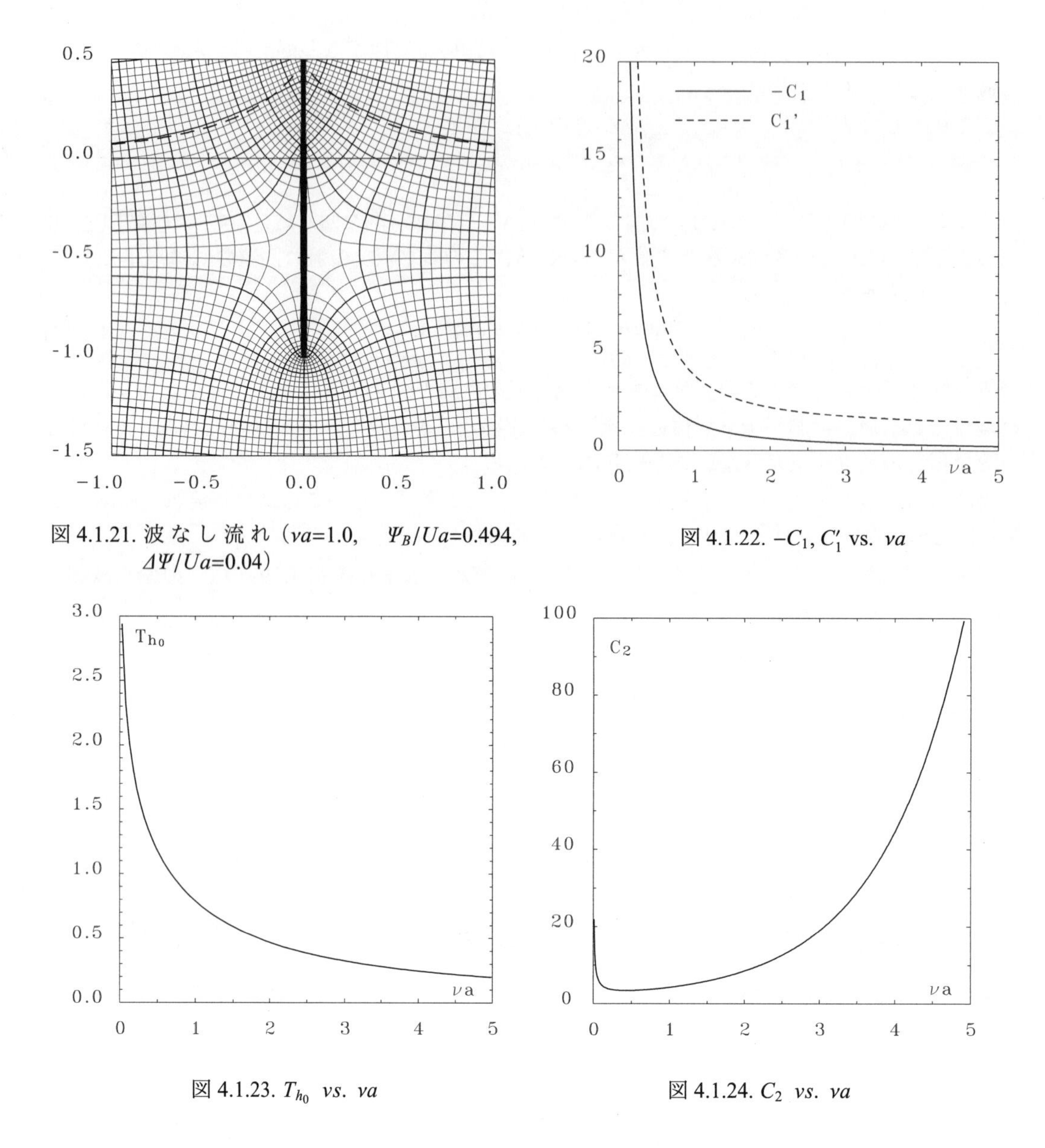

図 4.1.21. 波なし流れ（νa=1.0, Ψ_B/Ua=0.494, $\Delta\Psi/Ua$=0.04）

図 4.1.22. $-C_1$, C_1' vs. νa

図 4.1.23. T_{h_0} vs. νa

図 4.1.24. C_2 vs. νa

横軸に図 4.1.22 に示した．また，式 (4.1.67) 中の T_{h_0} の値を図 4.1.23 に，C_2 の値を図 4.1.24 に示した．

最後に，式 (4.1.71) の関係を図 4.1.25 に示した．横軸に C（弱特異固有解の強さ）をとり，実線にて Ψ_B の値を示している．1 点鎖線は式 (4.1.72) の自由波の振幅（の 1/10，符号あり）を示している．横軸を切る点は波なしの状態を示す．2 点鎖線は $w_0(z)$ 関数の強さを示し，横軸を切る点は Kutta の条件を満たす点である．

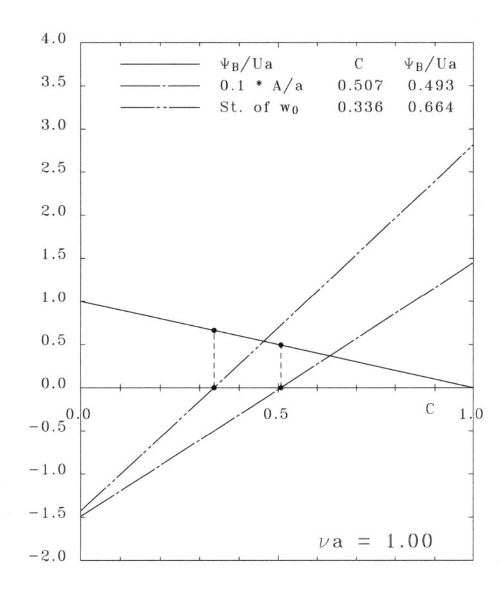

図 4.1.25. Ψ_B et al. vs. C（νa = 1.0）

4.2　II. 周期的波浪中問題（一様流なし）における解析解

この節では周期的波浪中問題（一様流なし）における解析解を導入し，その解の性質などについて解析的に，また，数値計算結果をもとに検討を行う．これらの結果は，前節の問題と同じく，次章の数値計算結果の検証に役立つと同時に表記の問題の解の解析的性質の解明に役立つ．前節に目を通さずに本節に進んだ読者のために，前節と重複した記述となった部分もある．

この問題で解析解が知られているのは，前節と同じく，半没鉛直平板についてのみであり，最初に見出したのは，F. Ursell (1947) [3] である．Ursell の数多い業績の中の輝かしい成果の 1 つである．この解は色々な問題に拡張されて利用されてきており，前節の解もこの解に触発されて開発されたことは言うまでもない．

この解の導入に用いる理論は，前節と同様に本書のレベルを超えている部分があると思われるので，そうした部分は読み飛ばして差支えない．また，Ursell の解法は難解な部分が多いので，本書では前節と同様，別の簡略化した方法を導入している．その方法もアプリオリに過ぎるところがあるかも知れないが，関数論に慣れていれば，より理解しやすいものとなっているはずである．

境界値問題

まず問題を記述する．x の正方向に向かう正弦状入射波中の水面に鉛直に平板が半没している時の水波の回折（diffraction）問題を扱う（なお，5.3 節と入射波の向きは逆である）．座標系は図 4.2.1 に示すものとし，平板の下端の深さは a であるとする．

波動の円周波数を ω とし波数を以下としておく．

$$\kappa = \omega^2/g \tag{4.2.1}$$

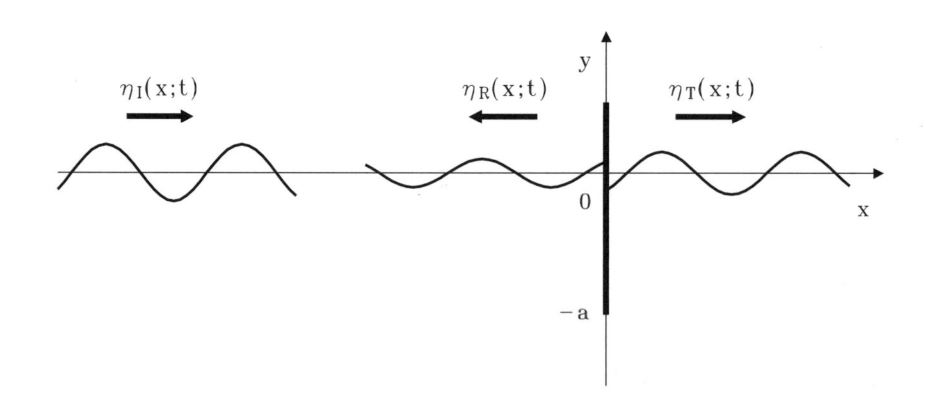

図 4.2.1. 座標系（z-面）

流場は複素ポテンシャルで一般に以下の形で表わされる．

$$\left.\begin{aligned} w_\omega(z;t) &= \mathrm{Re}_j\{w(z)e^{j\omega t}\} \\ w(z) &= w^C(z) + j\,w^S(z) \\ z &= x + iy \end{aligned}\right\} \tag{4.2.2}$$

ここで i は座標系の虚数単位（$i^2 = -1$），j は時間系の虚数単位（$j^2 = -1$）とし，互いに干渉し合わないものとする．また複素ポテンシャル $w(z)$ は j に関する実部（in-phase 成分），虚部（out-of-phase 成分）に分けて書くことができる．Re_j は j に関する実部をとることを意味し，i に関する実部，虚部をとる時は Re_i，Im_i の添字 i を省略して各々Re，Im と書くものとする．また適宜，i と j に関する関係式 (2.3.2.2) を用いる．

自由表面条件は線形であるものとし，式 (2.3.2.19) 及び (3.3.2.4) を参照して，複素ポテンシャルは静止水面上（$y = 0$）で以下を満たすものとする．

$$\left.\begin{aligned} &\mathrm{Re}\{L[w(z)]\} = 0 \qquad on \quad y = 0 \\ &L \equiv \kappa - i\frac{d}{dz} - j\mu \end{aligned}\right\} \tag{4.2.3}$$

ここで $\mu \to +0$ は仮想摩擦係数である．

入射波については 3.3.2 小節の式 (3.3.2.89) 以降で述べたが以下に復習しておく．入射波の複素ポテンシャルを以下と記しておく．

$$\left.\begin{aligned} w_{I_\omega}(z;t) =& \mathrm{Re}_j\{w_I(z)e^{j\omega t}\} \\ w_I(z) =& \frac{\omega}{\kappa}A_0(1 - ij)e^{-i\kappa z} \\ =& w_I^C(z) + jw_I^S(z) \\ w_I^C(z) =& \frac{\omega}{\kappa}A_0e^{-i\kappa z} \\ w_I^S(z) =& -i\frac{\omega}{\kappa}A_0e^{-i\kappa z} = -i\,w_I^C(z) \end{aligned}\right\} \tag{4.2.4}$$

ここで A_0 は入射波の複素振幅であり実数としておく．この時，式 (4.2.4) は以下と書ける．

$$w_{I_\omega}(z;t) = \frac{\omega}{\kappa}A_0\, e^{-i(\kappa z - \omega t)} \tag{4.2.5}$$

この関数は当然，自由表面条件を満たすが，実は自由表面条件の演算子を施すと

$$\begin{aligned} L[w_I(z)] &= [\kappa - i\frac{d}{dz}]\,w_I(z) \\ &= [\kappa - i(-i\kappa)]\,w_I(z) \\ &= 0 \end{aligned} \tag{4.2.6}$$

となり，下半面で虚部も含めて 0 となっている．

また平板上の値は以下となっている．

$$w_I(iy) = \frac{\omega}{\kappa}A_0(1 - ij)\,e^{\kappa y} \tag{4.2.7}$$

虚部をとると

$$\mathrm{Im}\{w_I(iy)\} = -j\frac{\omega}{\kappa}A_0\,e^{\kappa y} \tag{4.2.8}$$

入射波の波形についても同様な形に書いておく．

$$\eta_{I_\omega}(x;t) = \mathrm{Re}_j\{\eta_I(x)e^{j\omega t}\} \tag{4.2.9}$$

式 (2.3.2.17) より

$$\left.\begin{aligned}\eta_I(x) &= -\,j\frac{\omega}{g}\mathrm{Re}\{w_I(x)\}\\ &= -\,jA_0\,e^{-j\kappa x}\end{aligned}\right\} \tag{4.2.10}$$

したがって

$$\eta_{I_\omega}(x;t) = -A_0\sin(\kappa x - \omega t) \tag{4.2.11}$$

本問題で求めるべき回折波の複素ポテンシャルを以下の形で書いておく．

$$w_{d_\omega}(z;t) = \mathrm{Re}_j\{w_d(z)e^{j\omega t}\} \tag{4.2.12}$$

この関数は当然，自由表面条件を満たしていなければならない．

$$\mathrm{Re}\{L[w_d(z)]\} = 0 \qquad on \quad y = 0 \tag{4.2.13}$$

回折波複素ポテンシャルが満たすべき次の条件は，波動が平板を貫通して動揺しないこと，すなわち，平板の境界に沿って流体粒子が動揺していることである．この条件を表示する方法は2通りある．1つは平板の法線（x）方向の流速が0となることであり，他の1つは平板の境界が流線になっていることである．この2つの条件は同値な条件であるので，どちらか1つを満たしていれば他は自動的に満たされる．前者の条件は以下と書ける．

$$\mathrm{Re}\{\frac{dw_d}{dz}(z) + \frac{dw_I}{dz}(z)\} = 0 \qquad for \quad x=0,\ -a \leqq y \leqq 0 \tag{4.2.14}$$

後者の条件を流れ関数で表現すると以下となる．

$$\begin{aligned}\mathrm{Im}\{w_d(z) + w_I(z)\} &= \Psi_B\\ &= \Psi_B^C + j\Psi_B^S \qquad for \quad x=0,\ -a \leqq y \leqq 0\end{aligned} \tag{4.2.15}$$

あるいは

$$\begin{aligned}\mathrm{Im}\{w_d(z)\} &= -\,\mathrm{Im}\{w_I(z)\} + \Psi_B\\ &= j\frac{\omega}{\kappa}A_0\,e^{\kappa y} + \Psi_B \qquad for \quad x=0,\ -a \leqq y \leqq 0\end{aligned} \tag{4.2.16}$$

ここで Ψ_B は未定の（j に関する）複素定数である．

最後に無限遠における回析複素ポテンシャルの満たすべき性質について記述しておく．無限上下流においては以下が成り立つ必要がある．

$$L[\frac{dw_d}{dz}(z)] \to 0 \qquad as \quad |x| \to \infty \tag{4.2.17}$$

無限下方では以下である必要がある．

$$\frac{d}{dz}w_d(z) \to 0 \qquad as \quad y \to -\infty \tag{4.2.18}$$

これらの条件の意味するところは，回折複素ポテンシャル $w_d(z)$ は波動部分を除けば無限遠方で高々対数関数的（渦ないし吹き出しの）特性に留まるということである．さらに回折した波動は外向きにのみ伝播するという放射条件も必要であるが，この条件は自由表面の条件 (4.2.3) に含まれている（仮想摩擦係数により）．

したがって本問題は，境界条件 (4.2.13) 及び (4.2.14) ないし (4.2.15) と無限遠方の条件 (4.2.17, 4.2.18) の下に複素ポテンシャル $w_d(z)$ を求めるという境界値問題（boundary value problem）となる．

縮約化法による解析解の導入

以上の境界値問題を満たす回折波複素ポテンシャル（diffraction complex potential）の解析解を求める有効な方法として reduction 法 [3] という方法がある．本書ではこの方法を縮約化法と訳した．前節と同様この章でも解を求めるのにこの縮約化法を用いる．回折波複素ポテンシャル $w_d(z)$ に自由表面条件の演算 L（式 (4.2.3)）を施すと，波動項が現れない，いわば局所波的な縮約化された関数となる．この縮約化関数として境界条件を満足するような解析的な表示が求まれば，最後に逆演算子 $1/L$ を作用させて本来の解を得るという手法である．ロシアの学者が好んで用いた [3]．ただし，解析解が得られるのは物体形状が簡単なものに限られる．

まず，以下の縮約化関数 $f_d(z)$ を定義する．

$$\left.\begin{aligned} \kappa\Psi_B f_d(z) &= L[w_d(z)] \\ &= \kappa w_d(z) - i\frac{dw_d}{dz}(z) \end{aligned}\right\} \tag{4.2.19}$$

自由表面条件 (4.2.12) より

$$\mathrm{Re}\{f_d(z)\} = 0 \qquad on \quad y = 0 \tag{4.2.20}$$

式 (4.2.6) から以下としてもよいことがわかる．

$$\begin{aligned} \kappa\Psi_B f_d(z) &= L[w_d(z) + w_I(z)] \\ &= \kappa[w_d(z) + w_I(z)] - i[\frac{dw_d}{dz}(z) + \frac{dw_I}{dz}(z)] \end{aligned} \tag{4.2.21}$$

上式の虚部をとれば

$$\kappa\Psi_B \mathrm{Im}\{f_d(z)\} = \kappa\mathrm{Im}\{w_d(z) + w_I(z)\} - \mathrm{Re}\{\frac{dw_d}{dz}(z) + \frac{dw_I}{dz}(z)\} \tag{4.2.22}$$

となるので平板上の境界条件 (4.2.14, 4.2.15) より

$$\mathrm{Im}\{f_d(z)\} = 1 \qquad for \quad x = 0, \ -a \leqq y \leqq 0 \tag{4.2.23}$$

以上より縮約化関数 $f_d(z)$ の満たすべき境界条件は式 (4.2.20) と式 (4.2.23) である．ここで注意しなくてはならないのは式 (4.2.23) は，同値な条件である (4.2.14, 4.2.15) を連立させた必要条件に過ぎないことである．したがって $f_d(z)$ から式 (4.2.19) を解いて $w_d(z)$ が求まったとしても，式 (4.2.14) ないし (4.2.15) を満たしていない可能性があり，これらの個々の条件に立ち返ってその成立を確認する必要がある．この間の事情は前節の場合と同じである．

式 (4.2.20) から鏡像の原理により

$$f_d(\overline{z}) = -\overline{f_d}(z) \tag{4.2.24}$$

したがって，$x = 0,\ |y| \leqq a$ で式 (4.2.23) が成り立つ．すなわち

$$\mathrm{Im}\{f_d(z)\} = 1 \qquad for \quad x = 0,\ |y| \leqq a \tag{4.2.25}$$

この時，$f_d(z)$ の虚部 ψ は虚軸に関して対称となっているはずである．したがって，$x = 0,\ |y| > a$ で $\dfrac{\partial \psi}{\partial x} = 0$, すなわち，$\dfrac{\partial \phi}{\partial y} = 0$ が成り立つ．なお ϕ は $f_d(z)$ の実部であるとする．無限遠の条件を考えれば以下となっている．

$$\mathrm{Re}\{f_d(z)\} = 0 \qquad for \quad x = 0,\ |y| > a \tag{4.2.26}$$

さて，条件 (4.2.20) と式 (4.2.25) を満たすような解を求めるには複素平面上の線積分に関する知識 [8] を応用するのが一般的な方法である．しかしそれは少し難解であるので，ここでも前節にならい，直観的でアプリオリな方法を用いることとする．そのために次の等角写像を導入して，$\zeta = \xi + i\eta$ 面（図 4.1.2）上で議論することとする．

$$z = \frac{1}{2}(\zeta - \frac{a^2}{\zeta}) \tag{4.2.27}$$

この写像は z-面を ζ-面の半径 a の円の外部に写像しており，z-面の実軸を ζ-面の実軸上（$|\xi| \geqq a$）に，平板上の点 $z = iy = ia\sin\theta$ を ζ-面の円上の点 $\zeta = ae^{i\theta}$（$\xi = a\cos\theta,\ \eta = a\sin\theta$）に写像している．したがって式 (4.2.20) の条件は

$$\mathrm{Re}\{f_d(\zeta)\} = 0 \qquad on \quad \eta = 0,\ \ |\xi| \geqq a \tag{4.2.28}$$

であり，式 (4.2.25) の条件は以下と表わされる．

$$\mathrm{Im}\{f_d(\zeta)\} = 1 \qquad on \quad |\zeta| = a \tag{4.2.29}$$

上 2 つの条件を満たす解として以下を考えてみる．

$$f_d(\zeta) = \frac{a}{\zeta - ai} - \frac{a}{\zeta + ai} \tag{4.2.30}$$

この関数は $\zeta = ai, -ai$ に置かれた $\mp\xi$ 方向の 2 重吹き出しの複素ポテンシャルの和であるから，条件 (4.2.28) 及び式 (4.2.29) を満たしていることがわかるであろう．確認のため $f_d(\zeta)$ の実部の値の 3 次元プロットを図 4.2.2 に，虚部の値の 3 次元プロットを図 4.2.3 に示した．なお，半径

a の円内の値は $f_d(\zeta) = i$ としている．条件 (4.2.28) の右辺を 0 とする斉次解は，無限遠で正則な関数の中では 0 以外に存在しない．この点が前節の問題との大きな違いである．

変数 ζ を z に戻しておこう．

$$f_d(z) = i\left(1 - \frac{z}{\sqrt{z^2 + a^2}}\right) \tag{4.2.31}$$

根号の分岐線は $x = 0,\ |y| \leqq a$ であるとしている．$f_d(z)$ 関数の z-面における実部の値の 3 次元プロットを図 4.2.4, 4.2.5 に示した．条件 (4.2.20) 及び (4.2.25) を満たしていることがわかろう．

$f_d(z)$ 関数は平板下端（$z = -ai$）で平板を回り込む流れの複素流速の特異性 $1/\sqrt{z+ai}$ を有する以外は原点を含む下半面で正則である．また $|z| \to \infty$ では $1/z^2$ の振る舞いをし，この性質を有する正則な解は式 (4.2.31) 以外に存在しないことは関数論の知識から保証されている [8]．かなりアプリオリな方法であったが，かくして縮約化解を導入することができた．

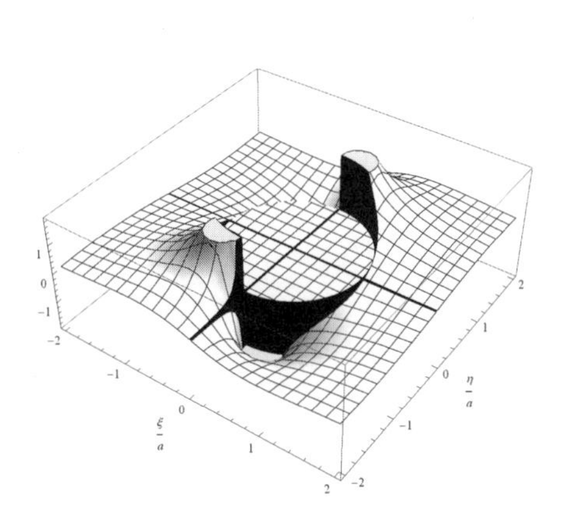

図 4.2.2. Re$\{f_d(\zeta)\}$ の 3 次元プロット

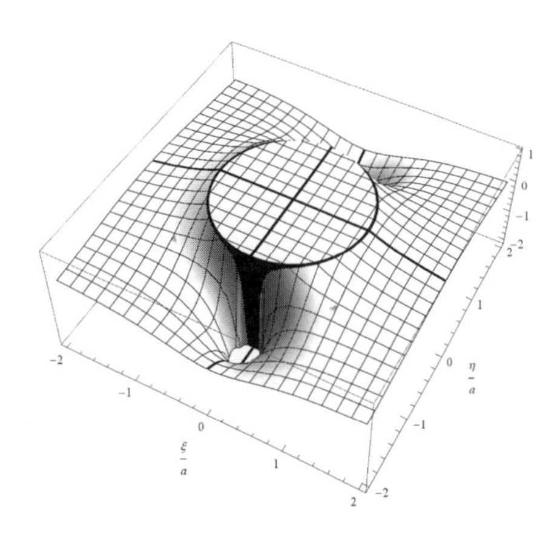

図 4.2.3. Im$\{f_d(\zeta)\}$ の 3 次元プロット

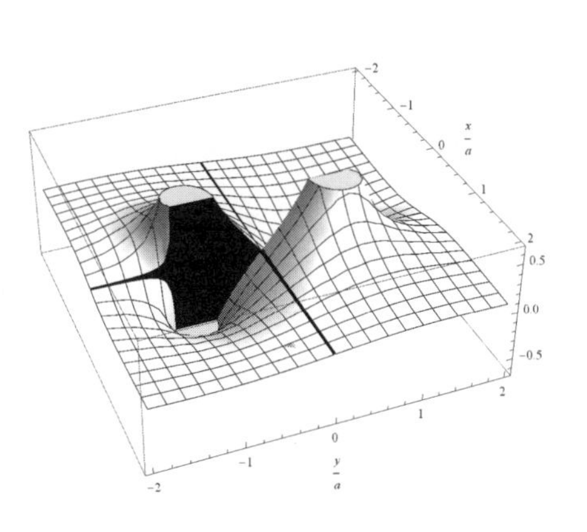

図 4.2.4. Re$\{f_d(z)\}$ の 3 次元プロット

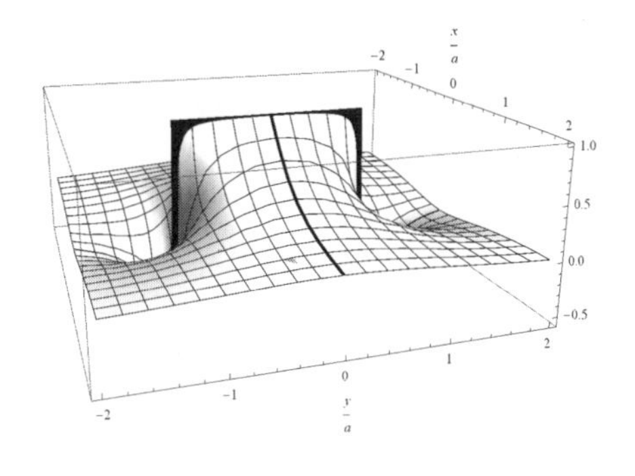

図 4.2.5. Im$\{f_d(z)\}$ の 3 次元プロット

なお，式 (4.2.19) を

$$\frac{dw_d}{dz}(z) = i\,f_d(z) - i\kappa w_d(z) \tag{4.2.32}$$

の形に書いておくと，$w_d(z)$ の導関数（複素流速）の特異性は $f_d(z)$ の特異性と同一であることがわかる．

式 (4.2.31) はベッセル関数のラプラス変換の公式を用いると以下のように表示できる．

$$f_d(z) = ia\int_0^{\infty} J_1(ak)\,e^{\mp kz}dk \tag{4.2.33}$$

ここで，複号は $x \gtrless 0$ に対応している．この式は前節式 (4.1.26) の $f_1(z)$ 関数に他ならない．

$$f_d(z) = f_1(z) = a\frac{d}{dz}F_1(z) \tag{4.2.34}$$

x の正負に応じて積分路を各々負，正の虚軸に変更する．

$$f_d(z) = ia\int_0^{\mp i\infty} J_1(ak)\,e^{\mp kz}dk$$

さらに，$k = \mp it$ なる変数変換を行うと以下を得る．

$$f_d(z) = -ia\int_0^{\infty} I_1(at)\,e^{-itz}dt \tag{4.2.35}$$

ここで I_1 及び後出の K_1 は変形ベッセル関数である．

これで準備が整ったので式 (4.2.19) の逆変換を行う．

$$\begin{aligned} w_d(z) =& \kappa\Psi_B\frac{1}{L}[f_d(z)] \\ =& i\kappa a\Psi_B\int_0^{\infty}\frac{e^{-itz}}{t-\kappa+j\mu}I_1(at)dt \\ =& i\kappa a\Psi_B\Big\{-j\pi I_1(a\kappa)\,e^{-i\kappa z} + \fint_0^{\infty}\frac{e^{-itz}}{t-\kappa}I_1(at)dt\Big\} \end{aligned} \tag{4.2.36}$$

留数項に注意し，$x \gtrless 0$ に応じて積分路を各々負，正の虚軸に戻し，先ほどと逆の変数変換を行うと以下の解析的な表示を得る．

$$w_d(z) = \pm\kappa a\Psi_B(1 \mp ij)\pi I_1(a\kappa)\,e^{-i\kappa z} \pm \kappa a\Psi_B\int_0^{\infty}\frac{e^{\mp kz}}{k \mp i\kappa}J_1(ak)dk \tag{4.2.37}$$

前述したようにこの解が平板上の境界条件を満たしている保証はないが，前節の問題と異なり，定数 Ψ_B のみが未定となっているに過ぎない．

上式の複素ポテンシャル $w_d(z)$ に含まれる積分項の評価を行う．積分項を以下のように実部，虚部に分解しておく.

$$\left.\begin{aligned} S_{1_L}(x,y) + iT_{1_L}(x,y) &= \pm\int_0^\infty \frac{e^{\mp kz}}{k \mp i\kappa} J_1(ak)dk \\ &= \pm\int_0^\infty \frac{k \pm i\kappa}{k^2+\kappa^2}[\cos ky \mp i\sin ky]\, e^{\mp kx} J_1(ak)dk \\ S_{1_L}(x,y) &= \pm\int_0^\infty \frac{k\cos ky + \kappa\sin ky}{k^2+\kappa^2}\, e^{\mp kx} J_1(ak)dk \\ T_{1_L}(x,y) &= \int_0^\infty \frac{\kappa\cos ky - k\sin ky}{k^2+\kappa^2}\, e^{\mp kx} J_1(ak)dk \end{aligned}\right\} \tag{4.2.38}$$

これらの $x = 0$ における積分の解析形のうち，特殊関数で表現できるものについては次節に示した．それらの公式より，平板上（$x = 0,\ -a \leqq y \leqq 0$）で虚部 $T_{1_L}(0,y)$ は以下の表示を有することがわかる.

$$T_{1_L}(0,y) = \frac{1}{\kappa a} - K_1(\kappa a)\, e^{\kappa y} \tag{4.2.39}$$

したがって，$w_d(z)$ の虚部の平板上の値は以下となる.

$$\begin{aligned} \mathrm{Im}\{w_d(iy)\} &= -\, j\kappa a\Psi_B \pi I_1(\kappa a)\, e^{\kappa y} + \kappa a\Psi_B[\frac{1}{\kappa a} - K_1(\kappa a)\, e^{\kappa y}] \\ &= -\, j\kappa a\Psi_B[\pi I_1(\kappa a) - jK_1(\kappa a)]\, e^{\kappa y} + \Psi_B \end{aligned} \tag{4.2.40}$$

平板上の境界条件 (4.2.16) は下式が成り立つ時に満たされていることがわかる.

$$\kappa a\Psi_B = -\frac{\omega}{\kappa}\frac{1}{\pi I_1(\kappa a) - jK_1(\kappa a)}A_0 \tag{4.2.41}$$

あるいは，入射波の原点における速度ポテンシャルの値を ϕ_{I0} としておくと

$$\begin{aligned} \phi_{I0} &= \mathrm{Re}\{w_I(0)\} \\ &= \frac{\omega}{\kappa}A_0 \end{aligned} \tag{4.2.42}$$

であるから，それとの比をとれば以下となる.

$$\frac{\Psi_B}{\phi_{I0}} = -\frac{1}{\kappa a}\frac{1}{\pi I_1(\kappa a) - jK_1(\kappa a)} \tag{4.2.43}$$

式 (4.2.41) を式 (4.2.37) に代入すれば，回折波の複素ポテンシャルは以下のように求まる.

$$\begin{aligned} w_d(z) &= \mp\frac{\omega}{\kappa}(1 \mp ij)\frac{\pi I_1(\kappa a)}{\pi I_1(\kappa a) - jK_1(\kappa a)}A_0\, e^{-i\kappa z} \\ &\mp \frac{\omega}{\kappa}\frac{1}{\pi I_1(\kappa a) - jK_1(\kappa a)}A_0\int_0^\infty \frac{e^{\mp kz}}{k \mp i\kappa}J_1(ak)dk \end{aligned} \tag{4.2.44}$$

かくして，求めるべき解は上式のように解析的に表示することができる.

反射波（reflected wave）の自由波成分の複素ポテンシャルは上式第1項で $x<0$ とすれば

$$
\left.\begin{aligned}
w_{dF}^{-}(z) &= \frac{\omega}{\kappa}(1+ij)\frac{\pi I_1(\kappa a)}{\pi I_1(\kappa a)-jK_1(\kappa a)}A_0\,e^{-i\kappa z}\\
&= w_{dF}^{-C}(z)+w_{dF}^{-S}(z)\\
w_{dF}^{-C}(z) &= \frac{\omega}{\kappa}\frac{\pi I_1(\kappa a)}{\pi I_1(\kappa a)+iK_1(\kappa a)}A_0\,e^{-i\kappa z}\\
w_{dF}^{-S}(z) &= \frac{\omega}{\kappa}\frac{i\pi I_1(\kappa a)}{\pi I_1(\kappa a)+iK_1(\kappa a)}A_0\,e^{-i\kappa z}
\end{aligned}\right\} \tag{4.2.45}
$$

時間項を含めれば

$$
\begin{aligned}
w_{dF_\omega}^{-}(z;t) &= \mathrm{Re}_j\{w_{dF}^{-}(z)\,e^{j\omega t}\}\\
&= \frac{\omega}{\kappa}\frac{\pi I_1(\kappa a)}{\pi I_1(\kappa a)+iK_1(\kappa a)}A_0\,e^{-i(\kappa z+\omega t)}
\end{aligned} \tag{4.2.46}
$$

したがって，この反射波の振幅を A_R とすると反射係数（reflection coefficient）は

$$
\begin{aligned}
C_R = \frac{A_R}{A_0} &= \left|\frac{\pi I_1(\kappa a)}{\pi I_1(\kappa a)+iK_1(\kappa a)}\right|\\
&= \frac{\pi I_1(\kappa a)}{\sqrt{\pi^2 I_1^2(\kappa a)+K_1^2(\kappa a)}}
\end{aligned} \tag{4.2.47}
$$

次に，$x>0$ 方向への回折波は

$$
\left.\begin{aligned}
w_{dF}^{+}(z) &= -\frac{\omega}{\kappa}(1-ij)\frac{\pi I_1(\kappa a)}{\pi I_1(\kappa a)-jK_1(\kappa a)}A_0\,e^{-i\kappa z}\\
&= w_{dF}^{+C}(z)+w_{dF}^{+S}(z)\\
w_{dF}^{+C}(z) &= -\frac{\omega}{\kappa}\frac{\pi I_1(\kappa a)}{\pi I_1(\kappa a)-iK_1(\kappa a)}A_0\,e^{-i\kappa z}\\
w_{dF}^{+S}(z) &= \frac{\omega}{\kappa}\frac{i\pi I_1(\kappa a)}{\pi I_1(\kappa a)-iK_1(\kappa a)}A_0\,e^{-i\kappa z}
\end{aligned}\right\} \tag{4.2.48}
$$

時間項を含めれば

$$
\begin{aligned}
w_{dF_\omega}^{+}(z;t) &= \mathrm{Re}_j\{w_{dF}^{+}(z)\,e^{j\omega t}\}\\
&= -\frac{\omega}{\kappa}\frac{\pi I_1(\kappa a)}{\pi I_1(\kappa a)-iK_1(\kappa a)}A_0\,e^{-i(\kappa z-\omega t)}
\end{aligned} \tag{4.2.49}
$$

透過波（transmitted wave）の自由波成分の複素ポテンシャルは $x>0$ 方向の回折波と入射波の合成波であるから，式 (4.2.4) と式 (4.2.48) より

$$
\begin{aligned}
w_{TF}(z) &= \frac{\omega}{\kappa}A_0(1-ij)\Big[1-\frac{\pi I_1(\kappa a)}{\pi I_1(\kappa a)-jK_1(\kappa a)}\Big]e^{-i\kappa z}\\
&= -j\frac{\omega}{\kappa}A_0(1-ij)\frac{K_1(\kappa a)}{\pi I_1(\kappa a)-jK_1(\kappa a)}e^{-i\kappa z}
\end{aligned} \tag{4.2.50}
$$

時間項を含めれば

$$
\begin{aligned}
w_{TF_\omega}(z;t) =& \mathrm{Re}_j\{w_{TF}(z)\,e^{j\omega t}\} \\
=& -i\,\frac{\omega}{\kappa}\frac{K_1(\kappa a)}{\pi I_1(\kappa a) - iK_1(\kappa a)}A_0\,e^{-i(\kappa z-\omega t)}
\end{aligned}
\tag{4.2.51}
$$

したがって，この透過波の振幅を A_T とすると透過係数（transmission coefficient）は

$$
C_T = \frac{A_T}{A_0} = \frac{K_1(\kappa a)}{\sqrt{\pi^2 I_1^2(\kappa a) + K_1^2(\kappa a)}}
\tag{4.2.52}
$$

以上の結果より，エネルギーの保存則，すなわち，入射波の持つエネルギーは，透過波のエネルギーと反射波のエネルギーの和であること，具体的には，$A_0^2 = A_T^2 + A_R^2$ を容易に確かめることができる．

次に，平板に働く水平方向の力を求めておこう．そのためには，平板上の速度ポテンシャルの値が必要である．式 (4.2.44) において，$x = \pm 0$ とし，右辺を j に関する実部，虚部に分解しておく．

$$
\left.
\begin{aligned}
w_d^C(z)/\phi_{I_0} =& \mp\frac{\pi I_1(\kappa a)}{\pi I_1(\kappa a) \mp iK_1(\kappa a)}\,e^{\kappa y} \\
& \mp\frac{\pi I_1(\kappa a)}{(\pi I_1(\kappa a))^2 + (K_1(\kappa a))^2}\int_0^\infty \frac{e^{\mp iky}}{k \mp i\kappa}J_1(ak)dk \\
w_d^S(z)/\phi_{I_0} =& i\frac{\pi I_1(\kappa a)}{\pi I_1(\kappa a) \mp iK_1(\kappa a)}\,e^{\kappa y} \\
& \mp\frac{K_1(\kappa a)}{(\pi I_1(\kappa a))^2 + (K_1(\kappa a))^2}\int_0^\infty \frac{e^{\mp iky}}{k \mp i\kappa}J_1(ak)dk
\end{aligned}
\right\}
\tag{4.2.53}
$$

上式の実部をとれば速度ポテンシャルが求まる．

$$
\left.
\begin{aligned}
\phi_d^C(\pm 0, y)/\phi_{I_0} =& \mp\frac{(\pi I_1(\kappa a))^2}{(\pi I_1(\kappa a))^2 + (K_1(\kappa a))^2}\,e^{\kappa y} \\
& \mp\frac{\pi I_1(\kappa a)}{(\pi I_1(\kappa a))^2 + (K_1(\kappa a))^2}\int_0^\infty \frac{k\cos ky + \kappa\sin ky}{k^2 + \kappa^2}J_1(ak)dk \\
\phi_d^S(\pm 0, y)/\phi_{I_0} =& \mp\frac{\pi I_1(\kappa a)K_1(\kappa a)}{(\pi I_1(\kappa a))^2 + (K_1(\kappa a))^2}\,e^{\kappa y} \\
& \mp\frac{K_1(\kappa a)}{(\pi I_1(\kappa a))^2 + (K_1(\kappa a))^2}\int_0^\infty \frac{k\cos ky + \kappa\sin ky}{k^2 + \kappa^2}J_1(ak)dk
\end{aligned}
\right\}
\tag{4.2.54}
$$

これらの値を平板上で積分するのに以下の積分公式を用いる．

$$
\left.
\begin{aligned}
&\int_{-a}^0 e^{\kappa y}\,dy/a = \frac{1}{\kappa a}(1 - e^{-\kappa a}) \\
&\int_{-a}^0 \frac{k\cos ky + \kappa\sin ky}{k^2 + \kappa^2}J_1(ak)\,dy/a = \frac{\pi}{2\kappa a}[(2\,e^{-\kappa a} - 1)I_1(\kappa a) + \boldsymbol{L}_1(\kappa a)]
\end{aligned}
\right\}
\tag{4.2.55}
$$

ここで $\boldsymbol{L}_1$ は Struve 関数である．平板前後の速度ポテンシャルの差を以下としておく，

$$
\Delta\phi_d^{C,S}(y) = \phi_d^{C,S}(+0, y) - \phi_d^{C,S}(-0, y)
\tag{4.2.56}
$$

すると平板に働く水平方向の力は以下のように解析的に求まる．

$$
\left.\begin{aligned}
\frac{F_x^C}{\rho g a A_0} &= -\int_{-a}^{0} \frac{\Delta\phi_d^C(y)}{\phi_{I_0}}\, dy/a \\
&= \frac{2}{\kappa a}\frac{(\pi I_1(\kappa a))^2}{(\pi I_1(\kappa a))^2 + (K_1(\kappa a))^2}(1 - e^{-\kappa a}) \\
&\quad + \frac{\pi}{\kappa a}\frac{\pi I_1(\kappa a)}{(\pi I_1(\kappa a))^2 + (K_1(\kappa a))^2}[(2\, e^{-\kappa a} - 1) I_1(\kappa a) + \boldsymbol{L}_1(\kappa a)] \\
\frac{F_x^S}{\rho g a A_0} &= -\int_{-a}^{0} \frac{\Delta\phi_d^S(y)}{\phi_{I_0}}\, dy/a \\
&= \frac{2}{\kappa a}\frac{\pi I_1(\kappa a) K_1(\kappa a)}{(\pi I_1(\kappa a))^2 + (K_1(\kappa a))^2}(1 - e^{-\kappa a}) \\
&\quad + \frac{\pi}{\kappa a}\frac{K_1(\kappa a)}{(\pi I_1(\kappa a))^2 + (K_1(\kappa a))^2}[(2\, e^{-\kappa a} - 1) I_1(\kappa a) + \boldsymbol{L}_1(\kappa a)]
\end{aligned}\right\} \tag{4.2.57}
$$

最後に平板の下方 $x = 0,\ |y| \leqq a$ での回折波複素ポテンシャル $w_d(z)$ の連続性を確かめておこう．虚部（流れ関数）は自由波項は連続，局所波項（T_{1_L}）も連続であることは容易に確かめられる．実部（速度ポテンシャル）については，自由波項について $x = \pm 0$ で以下の不連続がある．

$$
\mp\frac{\omega}{\kappa}\frac{\pi I_1(\kappa a)}{\pi I_1(\kappa a) - jK_1(\kappa a)} A_0\, e^{\kappa y} \tag{4.2.58}
$$

一方，実部の局所波項については

$$
-\frac{\omega}{\kappa}\frac{1}{\pi I_1(\kappa a) - jK_1(\kappa a)} A_0 S_{1L}(0, y) \tag{4.2.59}
$$

だけ不連続があるが次節より

$$
S_{1L}(0, y) = \mp\pi I_1(\kappa a)\, e^{\kappa y} \tag{4.2.60}
$$

であるので式 (4.2.53) と式 (4.2.54) の不連続は確かに打ち消しあっている．また，平板上での $w_d(z)$ の虚部は以下であることも容易に得られる．

$$
\begin{aligned}
\mathtt{Im}\{w_d(iy)\} &= \Psi_B - \mathtt{Im}\{w_I(z)\} \\
&= \Psi_B - j\kappa a \Psi_B[\pi I_1(\kappa a) - jK_1(\kappa a)]\, e^{\kappa y}
\end{aligned} \tag{4.2.61}
$$

数値計算結果

以上の解析解を数値化し図示しておこう．難かしいのは局所波成分（式 (4.2.38) の積分項）であるが，前節と同じく適応的数値積分法（Quanc8）[11] により $x = 0$ のごく近傍を除いては十分な精度で計算できる．

まず，複素ポテンシャルの in-phase 成分，out-of-phase 成分の実部，虚部の値の等高線（流線と等ポテンシャル線）を図 4.2.6 - 4.2.9 に図示した．前の 2 図は $\kappa a = 1.0$ の時で，後の 2 図は $\kappa a = 0.5$ の時である．左側の図が in-phase 成分で，右側の図が out-of-phase 成分である．横軸，縦軸は各々 $x/a, y/a$ の座標であり，$x/a = 0, -1 < y/a < 0$ に半没平板が立っている．流線は，

いずれの図でも，平板に沿って流れており，平板上の境界条件が満たされていることがわかる．out-of-phase 成分では流れは左右対称となっている．平板下端では，いずれも，急激に回り込む流れが見られる．流線，等ポテンシャル線の間隔として，キャプションに $\Delta\Psi = 0.02$ と記してあるのは $0.02 * A_0\,\omega/\kappa$ であることを意味している．$y = 0$ 付近に破線で示した曲線は入射波形を示し，実線は全波形を示している．なお，入射波の片振幅は $A_0/a = 0.2$ の場合を示している．

こうした流線と等ポテンシャル線による流れの表示は，3.3.2 小節で指摘したように，なかなか，実際の流れの様子をつかみづらい．そこで，同小節で開発した近似流跡線法を適用した．この方法では各点における複素流速の値が必要であるが，前述までの複素ポテンシャルは容易に微分でき，数値化もほとんど同様にでき，問題はない．波数は $\kappa a = 2.0, 1.0, 0.5, 0.25$ とし，左側の図は平板近場の流跡線群を，右側の図は平板遠場の流跡線群を示している．波数が大なる

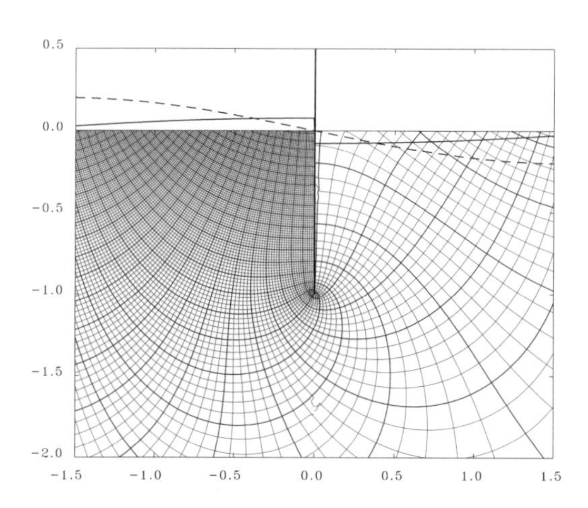

図 4.2.6. 平板周りの流線と等ポテンシャル線（in-phase 成分，$\kappa a = 1.0$，$\Delta\Psi = 0.02$）

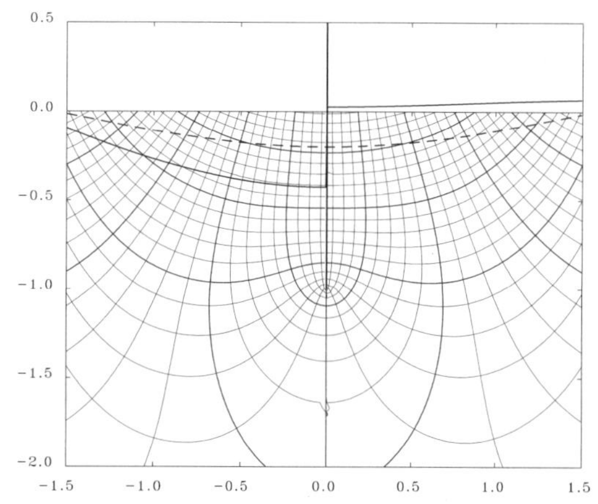

図 4.2.7. 平板周りの流線と等ポテンシャル線（out-of-phase 成分，$\kappa a = 1.0$，$\Delta\Psi = 0.02$）

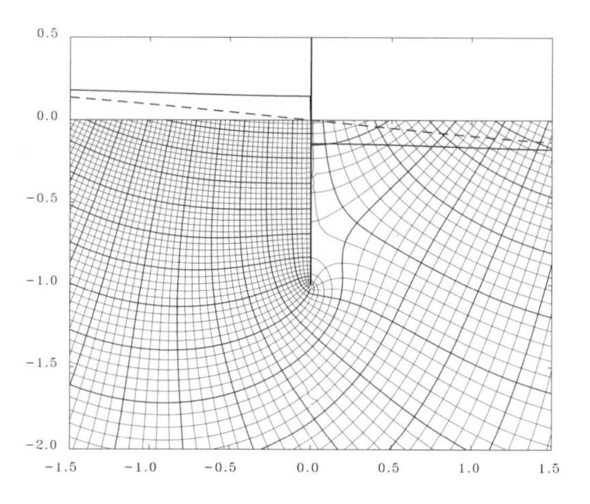

図 4.2.8. 平板周りの流線と等ポテンシャル線（in-phase 成分，$\kappa a = 0.5$，$\Delta\Psi = 0.02$）

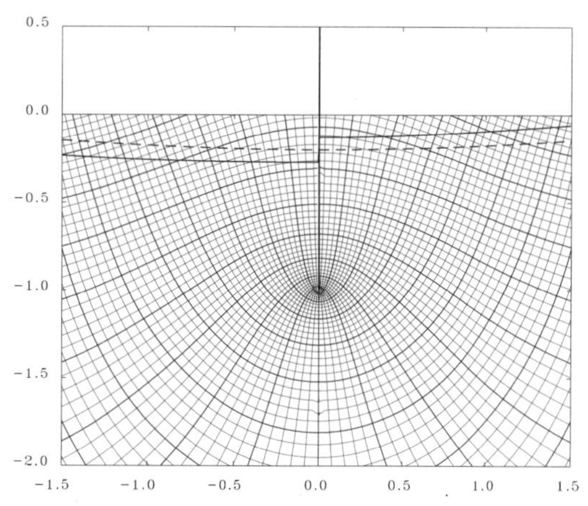

図 4.2.9. 平板周りの流線と等ポテンシャル線（out-of-phase 成分，$\kappa a = 0.5$，$\Delta\Psi = 0.02$）

時（$\kappa a = 2.0, 1.0$）は平板の入射波側（前方，$x < 0$）の波動はほとんど停留波の流場となっており（図 3.3.2.33 参照）平板後方 $x > 0$）にはほとんど波動は生じていない．前方の波高は入射波の波高の約 2 倍の大きさとなっている．なお，入射波の片振幅は，近場では $A_0/a = 0.1$ とし，遠場では $A_0/a = 0.15$ としている．また，平板下端を回り込む流れも大きくはない．波数が小となり，波長が長くなると，後方に透過する波動が大きくなり，平板前方の波動も進行波の要素が大きくなり，入射波がそのまま透過するような状態に近づく（図 3.3.2.32 参照）．また，平板下端を回り込む流れも激しくなってくる．ただし，この回り込む流れの影響はそれほど遠方には伝わらず，下端近傍に限られていることがわかる．

読者の皆さんにお見せできないのが残念であるが，これらの流跡線群を動画にすると，あたかも水槽で実験しているような感覚が得られ，楽しいものである．

次に，参考のため式 (4.2.43) の Ψ_B の値を図 4.2.18 に示した．また，透過係数（式 (4.2.52)）と反射係数（式 (4.2.47)）の解析値を図 4.2.19 に示す．波数が小（波長が大）の時には，入射波はほとんど透過し，波数が大（波長が小）の時には入射波はほとんど反射することがわかる．

また，平板前後の $x/a = \pm 0.001$ における速度ポテンシャルの値の差を図 4.2.20-4.2.23 に示した．多少の乱れが見られるが $x/a = 0$ 付近で数値積分の精度が上がらないためである．

最後に，平板に働く水平力を図 4.2.24 に示した．

前節の定常造波問題における垂直半没平板に関する流れでは，無限遠で対数関数的振る舞いをする弱特異解の存在が明らかとなった．本節の周期的波浪中問題においてもその存在について検討を行ったが解析解を得るに至らなかった．後の数値解法の節では，その存在はほぼ確かめることができたと考えているだけに残念である．

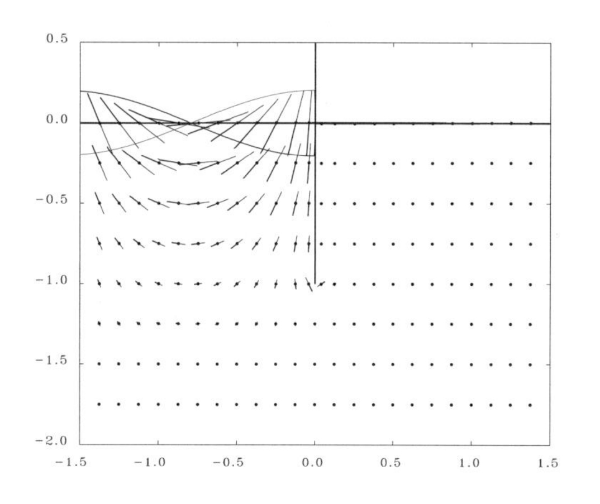

図 4.2.10. 平板近場の流跡線（κa = 2.0）

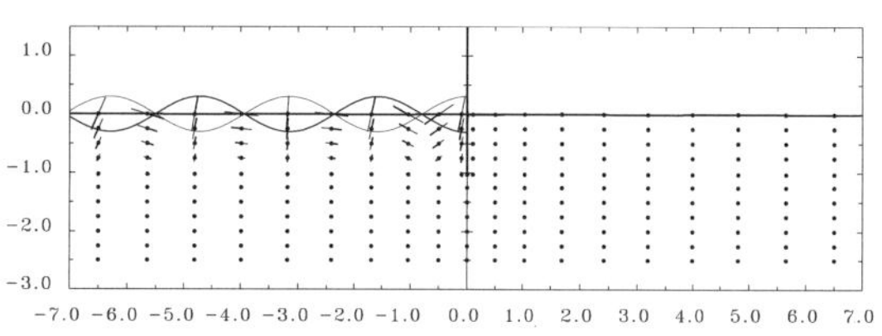

図 4.2.11. 平板遠場の流跡線（κa = 2.0）

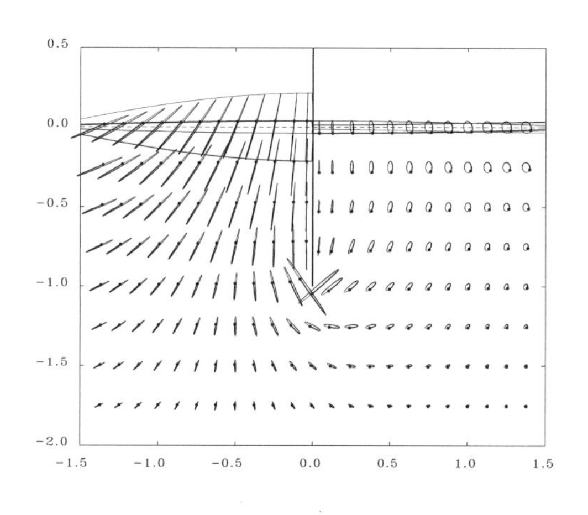

図 4.2.12. 平板近場の流跡線（κa = 1.0）

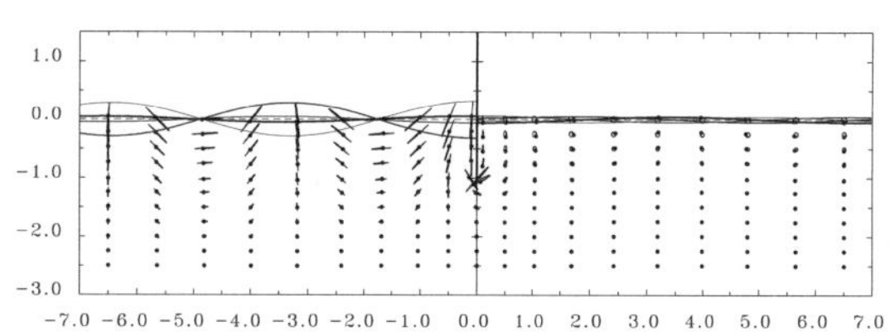

図 4.2.13. 平板遠場の流跡線（κa = 1.0）

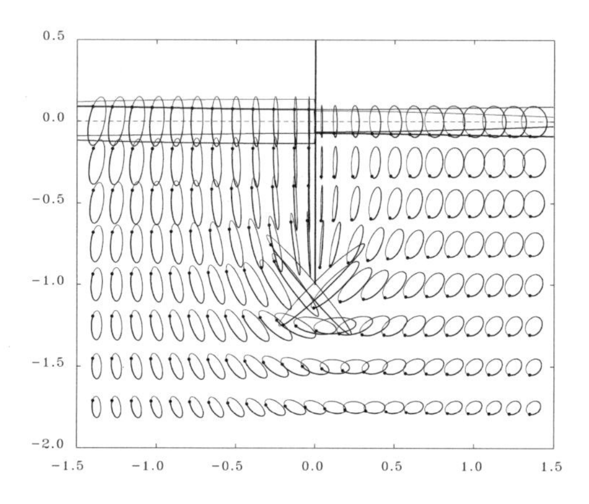

図 4.2.14. 平板近場の流跡線（κa = 0.5）

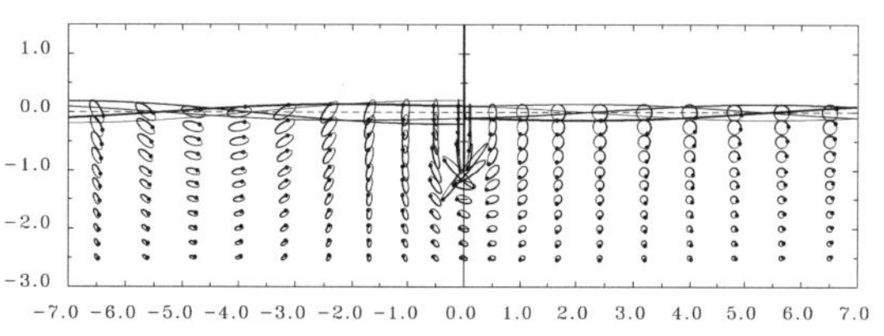

図 4.2.15. 平板遠場の流跡線（κa = 0.5）

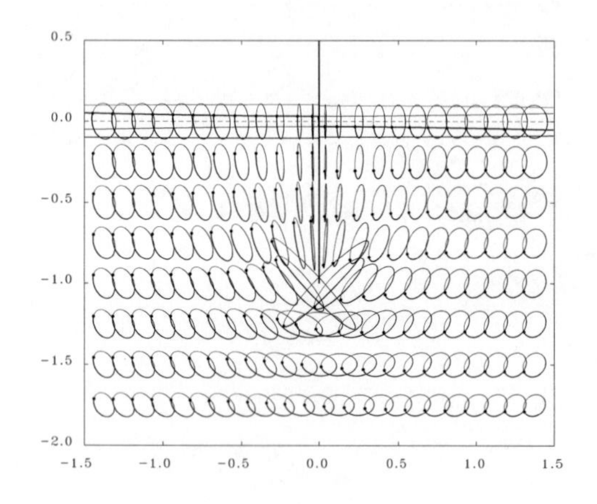

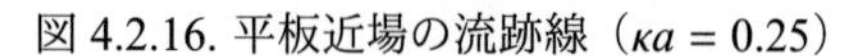

図 4.2.16. 平板近場の流跡線（$\kappa a = 0.25$）

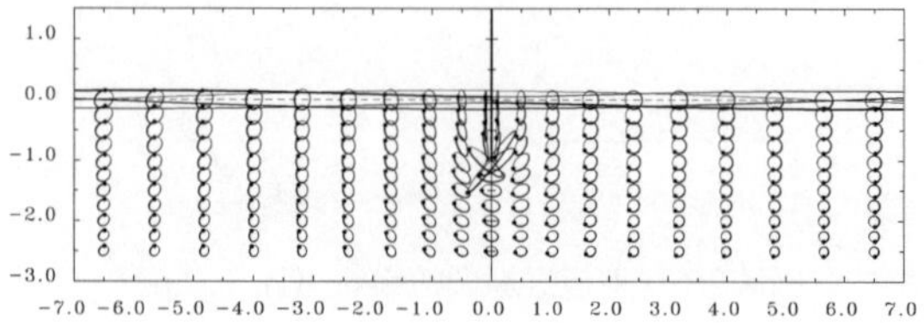

図 4.2.17. 平板遠場の流跡線（$\kappa a = 0.25$）

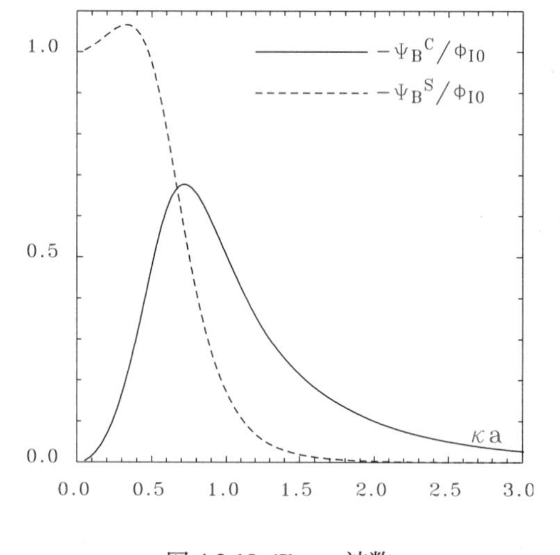

図 4.2.18. Ψ_B vs. 波数

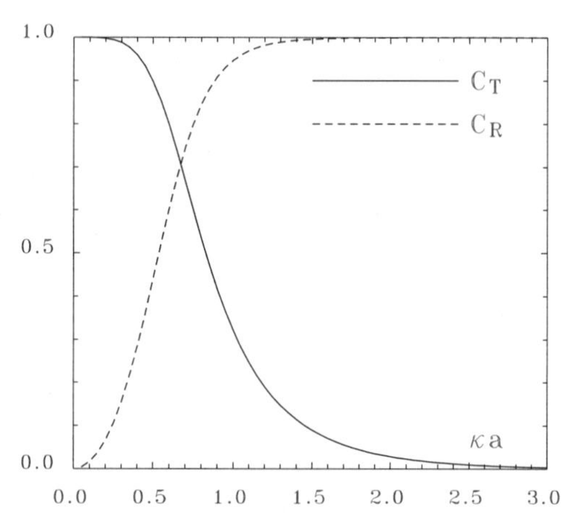

図 4.2.19. 透過係数と反射係数 vs. 波数

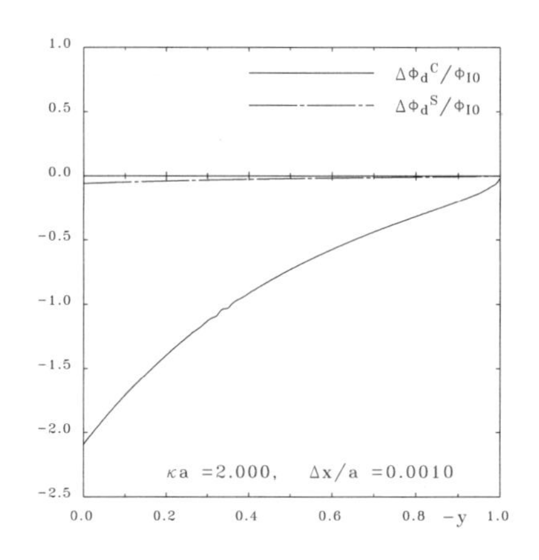

図 4.2.20. 速度ポテンシャルの値の前後差（κa = 2.0）

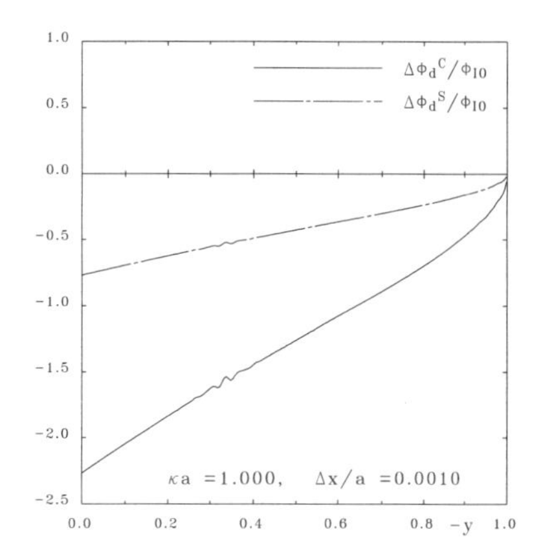

図 4.2.21. 速度ポテンシャルの値の前後差（κa = 1.0）

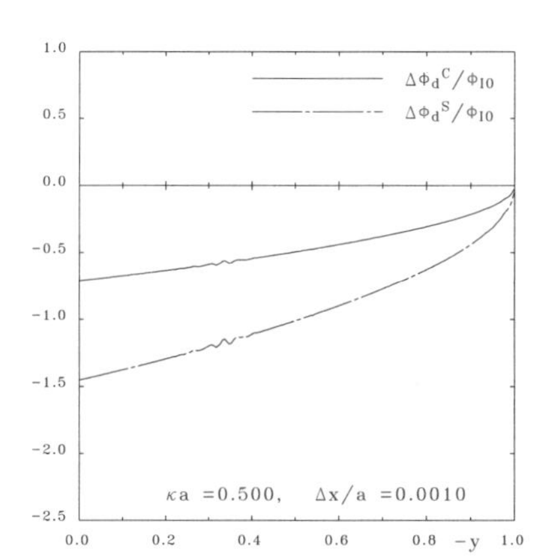

図 4.2.22. 速度ポテンシャルの値の前後差（κa = 0.5）

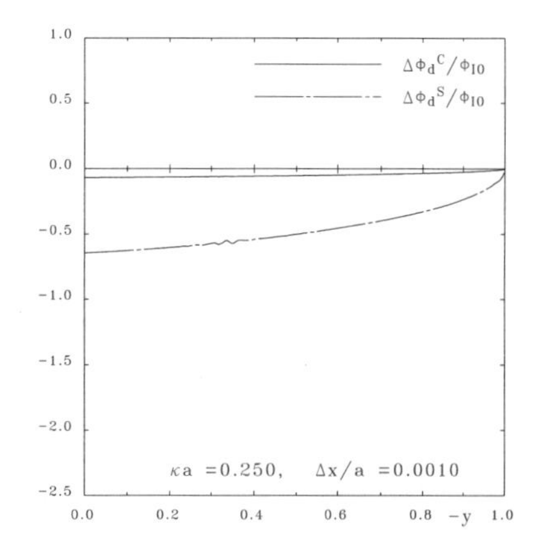

図 4.2.23. 速度ポテンシャルの値の前後差（κa = 0.25）

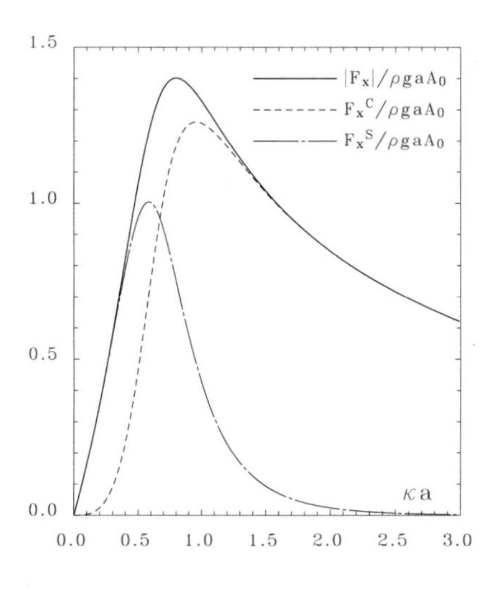

図 4.2.24. 水平力 vs. 波数

4.3 関連積分表

この節では前々節，前節で用いたベッセル関数を含んだ積分式の内，$x = 0$ で解析値がわかっている公式を示した．表中，$N = 0, 1, 2$ として，J_N はベッセル関数，I_N, K_N は変形ベッセル関数，$\boldsymbol{L}_N$ は Struve 関数をそれぞれ示している [9].

表の左上の欄に積分形を示してある．その被積分関数部分の‘ ∗ ’印に，その右側に示した関数が代入された時の積分値が，その下側の欄に示されるという構成となっている．積分形の欄の下側には y の範囲が示されており，その範囲の y の値の時の積分が，その右側の欄に示されている．なお，表中の‘ — ’記号は，積分の解析値が通常の特殊関数で表現できないか，不明であることを示している．

表 4.3.1. J_0 関数に関する積分公式

$\int_0^\infty * \; J_0(ak)dk$	$\frac{\nu}{k^2+\nu^2}\cos ky$	$-\frac{k}{k^2+\nu^2}\sin ky$	$-\frac{k}{k^2+\nu^2}\cos ky$	$-\frac{\nu}{k^2+\nu^2}\sin ky$
$y = 0$	$\frac{\pi}{2}[I_0(\nu a) - \boldsymbol{L}_0(\nu a)]$	0	$-K_0(\nu a)$	0
$-a \leqq y \leqq 0$	—	—	$-K_0(\nu a)\cosh(\nu y)$	$-K_0(\nu a)\sinh(\nu y)$
$y \leqq -a$	$\frac{\pi}{2}I_0(\nu a)\, e^{\nu y}$	$\frac{\pi}{2}I_0(\nu a)\, e^{\nu y}$	—	—

表 4.3.2. J_1 関数に関する積分公式

$\int_0^\infty * \; J_1(ak)dk$	$\frac{\nu}{k^2+\nu^2}\cos ky$	$-\frac{k}{k^2+\nu^2}\sin ky$	$\frac{k}{k^2+\nu^2}\cos ky$	$\frac{\nu}{k^2+\nu^2}\sin ky$
$y = 0$	$\frac{1}{\nu a} - K_1(\nu a)$	0	$-\frac{\pi}{2}[I_1(\nu a) - \boldsymbol{L}_1(\nu a)]$	0
$-a \leqq y \leqq 0$	$\frac{1}{\nu a} - K_1(\nu a)\cosh(\nu y)$	$-K_1(\nu a)\sinh(\nu y)$	—	—
$y \leqq -a$	—	—	$-\frac{\pi}{2}I_1(\nu a)\, e^{\nu y}$	$-\frac{\pi}{2}I_1(\nu a)\, e^{\nu y}$

表 4.3.3. J_2 関数に関する積分公式 - 1

$\int_0^\infty * \ J_2(ak)dk$	$\frac{\nu}{k^2+\nu^2}\cos ky$	$-\frac{k}{k^2+\nu^2}\sin ky$
$y=0$	$\frac{\nu a}{3}-\frac{\pi}{2}[I_2(\nu a)-\boldsymbol{L}_2(\nu a)]$	0
$-a \leqq y \leqq 0$	—	—
$y \leqq -a$	$-\frac{\pi}{2}I_2(\nu a)\,e^{\nu y}$	$-\frac{\pi}{2}I_2(\nu a)\,e^{\nu y}$

表 4.3.4. J_2 関数に関する積分公式 - 2

$\int_0^\infty * \ J_2(ak)dk$	$-\frac{k}{k^2+\nu^2}\cos ky$	$-\frac{\nu}{k^2+\nu^2}\sin ky$
$y=0$	$-\frac{2}{(\nu a)^2}+K_2(\nu a)$	0
$-a \leqq y \leqq 0$	$-\frac{2}{(\nu a)^2}+K_2(\nu a)\cosh(\nu y)$	$-\frac{2}{(\nu a)^2}y+K_2(\nu a)\sinh(\nu y)$
$y \leqq -a$	—	—

第5章　境界値問題の数値解法

本章は，本書で最も主要な章である．前々章で波特異関数を求めた3つの水波問題について，2次元状の任意な物体形状に関する解を求める方法について述べるからである．前章までに述べてきたことは，本章を記述する上での準備とも言える．本章での解法は，境界値問題を境界積分方程式という形で表現し，それを離散化した連立方程式で近似して解くという方法が主である．境界値問題を，境界積分方程式で表現する方法は各種知られているが，本書では2.2節で述べたGreenの積分公式を用いる方法のみに限定する．未知となる変数の数学的，物理的意味が明らかだからである．

例題として用いる対象物体形状は，問題にもよるが，全没円柱，水中翼に始まり，前章で扱った半没鉛直平板，半没円柱（楕円柱）から滑走する板状の物体に及ぶ．

記述の順番としてはまず

5.1　無限領域一様流中の物体周りの流れ

の節で，境界積分方程式の解法に関する基礎的事項を学び，以降の節は前章までと同じく

5.2　I. 定常造波問題

5.3　II. 周期的波浪中問題（一様流なし）

5.4　III. 一様流中の周期的造波問題

の順でその解法について述べる．

5.1節で，この章全体で用いる手法に関する基礎的事項について述べている．各々の節は独立して読めるようにしているが，まずはこの節に目を通してから他の節に進むようお願いする．

5.1　無限領域一様流中の物体周りの流れの解法

本節では無限領域一様流中の物体周りの流れに関する境界値問題の解法，及びその数値解について記述する．

無限領域とは，対象とする有限な大きさの物体以外に，流れ場の無限遠方を含めて壁や水面，底などによって制限されていない領域を示している．流れは，xの正の方向から負の方向に一様流速Uで流れているものとし，その流れの中に有限な大きさの物体が置かれているという問題を扱う．この問題を例にとって，以下の節で扱う解法の基礎的部分を説明している．したがって，以下の各水波問題へ進む前に，この節に目を通しておくことが望ましい．

最初の小節では，物体に揚力が働かない（物体周りに循環がない）状態の流れに関する境界値問題を扱う．解をGreenの積分形にて表示し，物体表面上の点における表示として，2種の

境界積分方程式と呼ばれる方程式を導く．その際速度ポテンシャルを未知関数とする方法を Φ-法とし，接線方向流速を未知関数とする方法を q-法と名付けた．

次の小節で物体に揚力が働く（物体周りに循環がある）状態の流れに関する境界値問題を扱う．前小節と同様にして，2種の境界積分方程式を導く．ここでは，物体周りの循環量は数学的には不定であること，その決定法としてKuttaの条件が実現象に近い流れを与えることについて述べる．

その後，これら2種の境界積分方程式を離散化した数値解法を示し，円柱，翼型を用いた数値例を示すことにする．また，Kuttaの条件と境界の分割法との関連について述べる．

最後に，揚力体を扱うのに必須である，対数関数のGreen積分表示とその分岐線の扱いについて，小節をあらためて述べることにする．

5.1.1 非揚力体周りの流れに関する境界積分方程式の導入

本小節では，無限領域中に，閉じた2次元状物体形状 C_B があり，x の負方向へ流速 U の一様流が流れている流場を考える（図5.1.1.1参照）．領域中の点を $z = x + iy$ とし，流場は以下の複素ポテンシャルで表わされるとしておく．

$$\begin{aligned} F(z) &= \Phi(x,y) + i\,\Psi(x,y) \\ &= -\,Uz + f(z) \\ f(z) &= \phi(x,y) + i\psi(x,y) \end{aligned} \tag{5.1.1.1}$$

ここで，$-Uz$ は x の負方向への一様流を示す．$f(z)$ は撹乱複素ポテンシャルであり，C_Σ，C_B で囲まれた領域で一価正則であるとする．この仮定は，物体 C_B が非揚力体（流れの中で y 方向に揚力が働かない物体）であることを示し，無限遠での $f(z)$ の展開の主要項は，対数関数項を含まず x 方向の2重吹き出しであり，以下の漸近表示を有することを意味している．

$$f(z) \sim \frac{A}{2\pi}\frac{1}{z} + O\left(\frac{1}{z^2}\right) \qquad as \quad |z| \to \infty \tag{5.1.1.2}$$

撹乱複素ポテンシャルに含まれる定数項は0としている．このことで一般性は失われない．解は物体上で，流れが物体表面を貫通しないという条件

$$\frac{\partial \Phi}{\partial n}(x,y) = -U\frac{\partial x}{\partial n} + \frac{\partial \phi(x,y)}{\partial n} = 0 \qquad on \quad C_B \tag{5.1.1.3}$$

あるいは物体表面が流線となっているという条件

$$\Psi(x,y) = \Psi_B \qquad on \quad C_B \tag{5.1.1.4}$$

を満たしているものとする．ここで Ψ_B は実定数である．

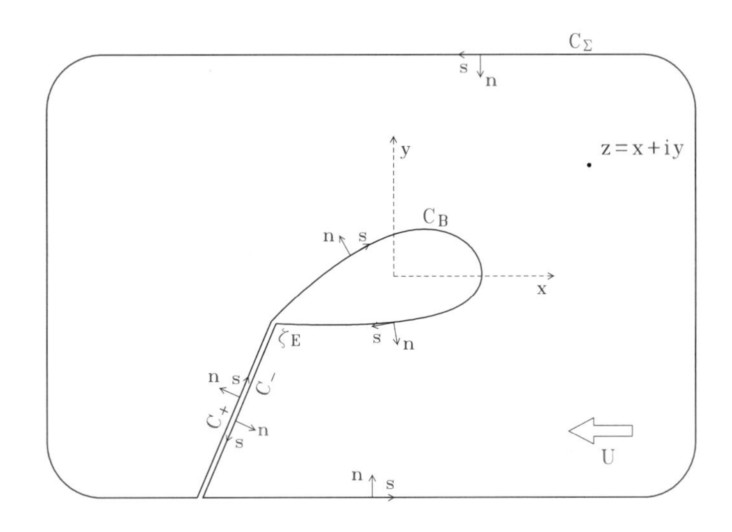

図 5.1.1.1. 積分経路 $C_B + C_- + C_\Sigma + C_+$

こうした境界上の条件を満たす解を求める問題を境界値問題（boundary value problem）と称している．この境界値問題を解くのに，Green の積分公式の複素表示 (2.2.19) を用いる．この積分公式は閉曲線内の領域中の点について，成立する式であるから，境界 C_B から境界 C_Σ へスリット $C_\mp$ を設けて，閉曲線を作る（図 5.1.1.1 参照）．経路 $C_B + C_+ + C_\Sigma + C_-$ 上の積分で解は以下のように表示できる．

$$f(z) = \frac{1}{2\pi} \int_{C_B + C_- + C_\Sigma + C_+} \left[\frac{\partial f}{\partial n}(\zeta) L(z,\zeta) - f(\zeta) \frac{\partial}{\partial n} L(z,\zeta) \right] ds \tag{5.1.1.5}$$

ここで $\zeta = \xi + i\eta$ は境界上の点を示し

$$z - \zeta = r\, e^{i\theta} \tag{5.1.1.6}$$

と置いて，核関数について以下の定義をしておく．

$$\left.\begin{aligned} G(z,\zeta) &= \log(z - \zeta) \\ &= L(z,\zeta) + i\,\Theta(z,\zeta) \\ L(z,\zeta) &= \log r \\ \Theta(z,\zeta) &= \theta \end{aligned}\right\} \tag{5.1.1.7}$$

L，Θ 関数の変数の記述法は関数論的には正しくないが便宜上こうしておく．正しくは式 (2.2.12) のように記すべきである．また，以下でも，$\zeta = \xi + i\eta$ と置いて，$\Phi(\xi,\eta)$ などと書くべき所を $\Phi(\zeta)$ などと書く場合もある．

各積分経路上で積分の評価を行っておく．$C_\mp$ 上については法線方向の微分は符号が異なるの

で $C_{\mp}$ 上の積分は打ち消しあって 0 となる．C_{Σ} 上では以下の評価式を得る．

$$\frac{\partial f}{\partial n} \sim O(\frac{1}{r^2}), \quad L \sim O(\log r), \quad ds \sim O(r)$$
$$f \sim O(\frac{1}{r}), \quad \frac{\partial}{\partial n}L \sim O(\frac{1}{r})$$

したがって C_{Σ} を無限遠にとれば C_{Σ} 上の積分は 0 となる．以上より結局，解は C_B 上の積分のみで表示されることになり以下を得る．

$$f(z) = \frac{1}{2\pi}\int_{C_B}\Big[\frac{\partial f}{\partial n}(\zeta)L(z,\zeta) - f(\zeta)\frac{\partial}{\partial n}L(z,\zeta)\Big]ds \tag{5.1.1.8}$$

C_B 内部に任意な正則関数を定義し，上式の積分中の $f(z)$ に代入する．すると C_B 外部の点 z では，積分は 0 となるので C_B 内部の正則関数として速度 U の一様流の複素ポテンシャル $U\zeta$ を採用すると次式を得る．

$$0 = \frac{1}{2\pi}\int_{C_B}\Big[U\frac{\partial \zeta}{\partial n}(\zeta)L(z,\zeta) - U\zeta\frac{\partial}{\partial n}L(z,\zeta)\Big]ds \tag{5.1.1.9}$$

上 2 式の差をとると，式 (5.1.1.1) の関係を使って以下を得る．

$$f(z) = F(z) + Uz = \frac{1}{2\pi}\int_{C_B}\Big[\frac{\partial F}{\partial n}(\zeta)L(z,\zeta) - F(\zeta)\frac{\partial}{\partial n}L(z,\zeta)\Big]ds \tag{5.1.1.10}$$

上式に式 (5.1.1.3) 及び (5.1.1.4) の境界条件を代入すると以下を得る．

$$f(z) = F(z) + Uz = \frac{1}{2\pi}\int_{C_B}\Big[i\,\frac{\partial \Phi}{\partial s}(\zeta)L(z,\zeta) + \Phi(\zeta)\frac{\partial}{\partial s}\Theta(z,\zeta)\Big]ds \tag{5.1.1.11}$$

上式を導入する際，以下の Cauchy-Riemann の関係式

$$\frac{\partial \Phi}{\partial s} = \frac{\partial \Psi}{\partial n}, \quad \frac{\partial L}{\partial n} = -\frac{\partial \Theta}{\partial s}$$

及び

$$\int_{C_B}\frac{\partial \Theta}{\partial s}(z,\zeta) = \Big[\Theta(z,\zeta)\Big]_{\zeta_E}^{\zeta_E} = 0$$

なる関係を用いた．式 (5.1.1.11) 右辺第 2 項を部分積分し上の関係を用いると以下を得る．

$$f(z) = F(z) + Uz = \frac{i}{2\pi}\int_{C_B}\frac{\partial \Phi}{\partial s}(\zeta)G(z,\zeta)ds \tag{5.1.1.12}$$

ここでは，速度ポテンシャルは至る所で連続であることを用いている．また，核関数が $G(z,\zeta)$ に変化したことに注意する（式 (5.1.1.7) 参照）．さらに部分積分すると以下を得る．

$$f(z) = F(z) + Uz = -\frac{i}{2\pi}\int_{C_B}\Phi(\zeta)\frac{\partial G}{\partial s}(z,\zeta)ds \tag{5.1.1.13}$$

以上得られた 3 式 (5.1.1.11 - 5.1.1.13) が本項での基本式となる．式 (5.1.1.12) は，核関数が $iG(z,\zeta)$ であるから，渦分布による積分表示式であり，(5.1.1.13) は，法線方向 2 重吹き出しによる積分表示式である．

これらの式から，数値計算により解を求めるのに便利な式を導く．まず，式 (5.1.1.11) あるいは式 (5.1.1.13) の実部をとって以下を得る．

$$\Phi(z) - \frac{1}{2\pi}\int_{C_B} \Phi(\zeta)\frac{\partial \Theta}{\partial s}(z,\zeta)ds = -Ux \tag{5.1.1.14}$$

さらに，領域中の点 z を物体表面 C_B に限りなく近づけ，極限をとると以下を得る．

$$\frac{1}{2}\Phi(z) - \frac{1}{2\pi}⨍_{C_B} \Phi(\zeta)\frac{\partial \Theta}{\partial s}(z,\zeta)ds = -Ux \qquad for \quad z \quad on \quad C_B \tag{5.1.1.15}$$

ここで積分記号 $⨍$ は領域中の点 z と境界上の点 ζ が一致する点で，Cauchy の主値をとることを意味する．上式は Φ（境界上の速度ポテンシャルの値）を未知数とする積分方程式である．このように速度ポテンシャルを未知数として積分方程式を解く方法を本書では Φ-法と呼ぶことにする．なお，C_B 上の点 z 近傍の C_ϵ 上の積分は以下のように留数の半分であることを用いている（図 5.1.1.2）．

$$\int_{C_\epsilon} \frac{\partial \Theta}{\partial s}(z,\zeta)ds = \pi \tag{5.1.1.16}$$

$z \to C_B$ の時，こうした留数項が生ずるのは核関数に $\dfrac{\partial \Theta}{\partial s} = -\dfrac{\partial L}{\partial n} \sim \dfrac{1}{r}$ の特異性がある時のみであるが注意を要する．式 (5.1.1.15) は境界積分方程式と呼ばれ，離散化すると物体表面上の Φ の値を数値的に求めることができる．境界積分方程式を離散化する際に，式 (5.1.1.16) の関係を数値的に正しく処理できる場合には式 (5.1.1.14) の形式のまま扱うのが便利な場合もある．5.2 節以降ではそうした方法を用いている．

次に，式 (5.1.1.11) あるいは式 (5.1.1.12) の虚部をとると以下を得る．

$$\Psi(z) - \frac{1}{2\pi}\int_{C_B} \frac{\partial \Phi}{\partial s}(\zeta)L(z,\zeta)ds = -Uy \tag{5.1.1.17}$$

さらに，領域中の点 z を物体表面 C_B に限りなく近づけて極限をとり，境界条件 (5.1.1.14) を代入すると以下を得る．

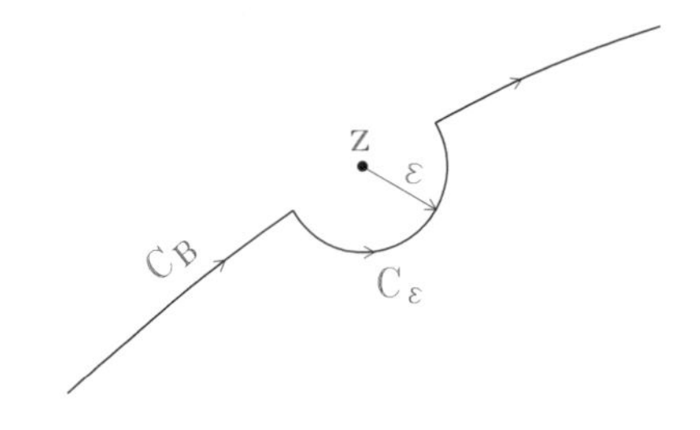

図 5.1.1.2. $z \to C_B$ の時の積分経路

$$\Psi_B - \frac{1}{2\pi}\int_{C_B} \frac{\partial \Phi}{\partial s}(\zeta)L(z,\zeta)ds = -Uy \qquad for \quad z \quad on \quad C_B \tag{5.1.1.18}$$

上式は Ψ_B 及び $q = \dfrac{\partial \Phi}{\partial s}$（各々，境界上の流れ関数及び接線方向の流速の値）を未知数とする積分方程式である．このように流速を未知数として積分方程式を解く方法を本書では q-法と呼んでいる．この式の解は一意に定まらず，$\Phi(z)$ の一価性の条件として次の付加条件などが必要である．

$$\Gamma = -\int_{C_B} \frac{\partial \Phi}{\partial s}(\zeta)ds = 0 \tag{5.1.1.19}$$

詳しい意味は次々項の数値計算法の項で明らかとなる．

式 (5.1.1.13) の表示式が，遠場で最初に仮定した式 (5.1.1.2) の漸近表示となることを確認しておこう．当式が式 (5.1.1.12) より導かれたということは物体表面上で速度ポテンシャルに不連続がなく，次小節で扱う，対数関数が第 1 漸近項として現れないことに注意しておく．式 (5.1.1.13) を以下と変形しておく．

$$f(z) = -\frac{i}{2\pi}\int_{C_B}\Phi(\zeta)\frac{\partial G}{\partial s}(z,\zeta)ds$$
$$=\frac{i}{2\pi}\int_{C_B}\Phi(\zeta)\frac{1}{z-\zeta}d\zeta \tag{5.1.1.20}$$

遠場で次の展開をし

$$\frac{1}{z-\zeta} = \frac{1}{z}(1+\frac{\zeta}{z}+\frac{\zeta^2}{z^2}+\cdots)$$

その第 1 項のみで近似する．

$$f(z) \sim \frac{i}{2\pi}\frac{1}{z}\int_{C_B}\Phi(\zeta)[d\xi + id\eta]$$
$$= -\frac{1}{2\pi}\int_{C_B}\Phi(\zeta)d\eta\,\frac{1}{z} + \frac{1}{2\pi}\int_{C_B}\Phi(\zeta)d\xi\,\frac{i}{z} \tag{5.1.1.21}$$

右辺第 1 項は x-方向 2 重吹き出しで確かに式 (5.1.1.2) 通りとなっている．第 2 項は y-方向 2 重吹き出しである．ここで速度ポテンシャルは $\Phi(\zeta) = -U\xi + \phi(\zeta)$ と書けるので，第 2 項の寄与は攪乱項 $\phi(\zeta)$ のオーダーであるので通常は高次の項としてよい．少なくとも，物体が薄い場合や，形状が上下で対称に近い場合は高次となる．また，例えば，円柱周りの流れでは上式は厳密解と一致している．さらに，第 1 項の積分は，$U\times$ 物体断面積と付加質量 m_{11} を水の密度 ρ で除した値の和であり，第 2 項の積分は付加質量 m_{12} を水の密度 ρ で除した値ともなっている [4]．

以上は無限領域一様流中の非揚力体周りの流れを記述する複素ポテンシャルが式 (5.1.1.5) の表示式を出発点として式 (5.1.1.12) のように物体周りの接線方向速度の渦分布で与えられることを見てきた．一方，2.2 節で見たように出発点とすべき表示は各種ある．参考のため式 (2.2.15) を出発点とする以下の表示を採用した場合について見ておこう．

$$f(z) = \frac{1}{2\pi i}\int_{C_B+C_-+C_\Sigma+C_+}\Big[\psi(\zeta)\frac{\partial}{\partial n}G(z,\zeta) - \frac{\partial\phi}{\partial s}(\zeta)G(z,\zeta)\Big]ds \tag{5.1.1.22}$$

境界 $C_\mp$ 上の積分は 0 となること，また，無限遠における各量の振る舞いから C_Σ 上の積分も 0 となることは前述した場合と同一である．したがって上式は以下となる．

$$f(z) = \frac{1}{2\pi i}\int_{C_B}\Big[\psi(\zeta)\frac{\partial}{\partial n}G(z,\zeta) - \frac{\partial\phi}{\partial s}(\zeta)G(z,\zeta)\Big]ds \tag{5.1.1.23}$$

物体内部に速度 U の一様流を仮定すると外部の点で以下の式が成立する．

$$0 = \frac{1}{2\pi i}\int_{C_B}\Big[U\eta\frac{\partial}{\partial n}G(z,\zeta) - U\frac{\partial x}{\partial s}(\zeta)G(z,\zeta)\Big]ds \tag{5.1.1.24}$$

式 (5.1.1.23) との差をとると境界条件 (5.1.1.4) より

$$f(z) = \frac{1}{2\pi i}\Psi_B \int_{C_B} \frac{\partial}{\partial n} G(z,\zeta)ds - \frac{1}{2\pi i}\int_{C_B} \frac{\partial \Phi}{\partial s}(\zeta)G(z,\zeta)ds \tag{5.1.1.25}$$

式 (2.2.13) の関係を用いれば右辺第 1 項はやはり 0 となり，式 (5.1.1.25) は式 (5.1.1.12) と一致することが示された．

5.1.2 揚力体周りの流れに関する境界積分方程式の導入

前項では，非揚力体周りの流れに関する境界積分方程式を導いた．しかしその方法は，例えば，翼型周りの流れの解析には適さない．何となれば，翼型は揚力を発生する形状だからである．揚力体周りの流れに関する撹乱複素ポテンシャルは，無限遠で以下の展開を有する．

$$f(z) \sim \frac{\Gamma}{2\pi i}\log(z-\zeta_E) + \frac{A}{2\pi}\frac{1}{z} + O(\frac{1}{z^2}) \qquad as \quad |z| \to \infty \tag{5.1.2.1}$$

なお撹乱複素ポテンシャルに含まれる定数項は前と同様 0 としている．この展開の特に第 1 項は物体に以下の揚力が生じていることにより生ずる．

$$L = \rho U \Gamma \tag{5.1.2.2}$$

ここで，ζ_E は翼後端であり，この点から無限遠に達する線を対数関数の分岐線としておく（図 5.1.1.1 参照）．なお，便宜上 ζ_E は翼後端にとっているが物体の表面上にあればどこでも構わない．また，無限遠も下流にとる必要はないが，分岐線が物体形状を横切らないことが必要である．この時，経路 $C_{\mp}$ を横切る時 $f(z)$ の実部 $\phi(z)$ は Γ だけ不連続となっている．

$$-\Gamma = \Delta\phi(z) = \phi_-(z) - \phi_+(z) \quad for \quad z \quad on \quad C_{\mp} \tag{5.1.2.3}$$

なお，虚部 $\psi(z)$ 及び複素流速は経路 $C_{\mp}$ 上を含めて至る所一価連続であるものとする．解の満たすべき境界条件は式 (5.1.1.3, 5.1.1.4) と変わらない．

さて，解 $f(z)$ は式 (5.1.1.5) で表示されることには変わりはない．ただし非揚力体周りの流れでは経路 $C_\Sigma + C_{\mp}$ 上の積分は 0 であったが，無限遠で対数関数的振る舞いをする時には 0 とはならない．経路 $C_\Sigma + C_{\mp}$ 上の積分は，式 (5.1.5.10) を参照すれば以下となる．

$$\frac{\Gamma}{2\pi}\arg(z-\zeta_E) = \frac{\Gamma}{2\pi}\Theta(z,\zeta_E)$$

したがって，撹乱複素ポテンシャル $f(z)$ の表示式は以下となる．

$$f(z) = \frac{\Gamma}{2\pi}\Theta(z,\zeta_E) + \frac{1}{2\pi}\int_{C_B}\left[\frac{\partial f}{\partial n}(\zeta)L(z,\zeta) - f(\zeta)\frac{\partial}{\partial n}L(z,\zeta)\right]ds \tag{5.1.2.4}$$

右辺の積分項は C_B の外部で一価正則であり，第 1 項は分岐線 $C_{\mp}$ の上下で実部が Γ だけジャンプする式 (5.1.2.1) の性質を表現していることがわかる．

前項と同様に，上式に一様流の内部流れの表示式を加え，境界条件を考慮すると，前項の式 (5.1.1.11) に対応して以下を得る．

$$f(z) = F(z) + Uz = \frac{\Gamma}{2\pi}\Theta(z,\zeta_E) + \frac{1}{2\pi}\int_{C_B}\left[i\frac{\partial\Phi}{\partial s}(\zeta)L(z,\zeta) + \Phi(\zeta)\frac{\partial}{\partial s}\Theta(z,\zeta)\right]ds \tag{5.1.2.5}$$

右辺の積分項の第2項を以下のように部分積分する．

$$\frac{1}{2\pi}\int_{C_B}\Phi(\zeta)\frac{\partial}{\partial s}\Theta(z,\zeta)ds = \frac{1}{2\pi}\Big[\Phi(\zeta)\Theta(z,\zeta)\Big]_{\zeta_{E\mp}} - \frac{1}{2\pi}\int_{C_B}\frac{\partial\Phi}{\partial s}(\zeta)\Theta(z,\zeta)ds$$

上式右辺第1項は式 (5.1.2.5) の右辺第1項と打ち消しあって，結局以下を得る．

$$f(z) = F(z) + Uz = \frac{i}{2\pi}\int_{C_B}\frac{\partial\Phi}{\partial s}(\zeta)G(z,\zeta)ds \tag{5.1.2.6}$$

核関数が $G(z,\zeta)$ に変化したことに注意する．この式は実は式 (5.1.1.12) と一致している．さらに部分積分すると以下を得る．

$$f(z) = F(z) + Uz = -\frac{i}{2\pi}\Gamma G(z,\zeta_E) - \frac{i}{2\pi}\int_{C_B}\Phi(\zeta)\frac{\partial G}{\partial s}(z,\zeta)ds \tag{5.1.2.7}$$

式 (5.1.2.5-5.1.2.7) が本項の基本式となる．これらの式から，数値計算により解を求めるのに役立つ式を以下に導いておく．

まず，式 (5.1.2.5) あるいは式 (5.1.2.7) の実部をとり，領域中の点 z を物体表面 C_B に限りなく近づけ，極限をとると以下を得る．

$$\frac{1}{2}\Phi(z) - \frac{1}{2\pi}\int_{C_B}\Phi(\zeta)\frac{\partial\Theta}{\partial s}(z,\zeta)ds = -Ux + \frac{\Gamma}{2\pi}\Theta(z,\zeta_E) \qquad for\ \ z\ \ on\ \ C_B \tag{5.1.2.8}$$

右辺の Γ が0の時の解，すなわち，式 (5.1.1.14) の解を $\Phi^0(z)$ とし，右辺第1項を0とし，$\Gamma = 1$ とした時の解を $\phi^h(z)$ とすると，上式の解は以下の線形結合で表わされるはずである．

$$\Phi(z) = \Phi^0(z) + \Gamma\phi^h(z) \tag{5.1.2.9}$$

したがって解 $\Phi(z)$ は Γ の値だけ不定であり，解を一意に定めるには，式 (5.1.1.19) の一価性の条件，ないし，次のいわゆる Kutta の条件などが必要である．

$$\frac{\partial\Phi}{\partial s}(\zeta_E\ \ on\ \ C_-) = -\frac{\partial\Phi}{\partial s}(\zeta_E\ \ on\ \ C_+) \tag{5.1.2.10}$$

次に，式 (5.1.2.5) あるいは式 (5.1.2.6) の虚部をとり，領域中の点 z を物体表面 C_B に限りなく近づけて極限をとり，境界条件 (5.1.1.4) を代入すると以下を得る．

$$\Psi_B - \frac{1}{2\pi}\int_{C_B}\frac{\partial\Phi}{\partial s}(\zeta)L(z,\zeta)ds = -Uy \qquad for\ \ z\ \ on\ \ C_B \tag{5.1.2.11}$$

上式の解は, 前項で述べたように，解を一意に定めるには前述のような付加条件が必要である．詳しい意味は次節の数値解法の節で明らかとなる．

確認のため，式 (5.1.2.6) の別の導入法を示しておく．複素流速に関する Cauchy の積分公式を用いる方法である．式 (5.1.2.1) より主要項は以下である．

$$f'(z) \sim \frac{\Gamma}{2\pi i}\frac{1}{z-\zeta_E} - \frac{A}{z^2} + O(\frac{1}{z^3}) \tag{5.1.2.12}$$

複素流速 $f'(z)$ は Cauchy の積分公式により以下と表示される．

$$f'(z) = -\frac{1}{2\pi i}\int_{C_B+C_\Sigma}\frac{f'(\zeta)}{z-\zeta}d\zeta \tag{5.1.2.13}$$

積分領域 C_Σ を無限遠に移行させる．すなわち $r=|\zeta|\to\infty$ で以下のオーダー評価ができる．

$$\frac{f'(\zeta)}{z-\zeta} = O(\frac{1}{r^2}) \quad , d\zeta = O(r) \tag{5.1.2.14}$$

したがって，C_Σ 上の積分は 0 に収束し，以下を得る．

$$f'(z) = -\frac{1}{2\pi i}\int_{C_B}\frac{f'(\zeta)}{z-\zeta}d\zeta \tag{5.1.2.15}$$

C_B の内部で一様流を仮定する（複素ポテンシャル Uz，複素流速 U）．

$$0 = -\frac{1}{2\pi i}\int_{C_B}\frac{U}{z-\zeta}d\zeta \tag{5.1.2.16}$$

2 式の差をとると以下の表示を得る．

$$f'(z) = -\frac{1}{2\pi i}\int_{C_B}\frac{F'(\zeta)}{z-\zeta}d\zeta \tag{5.1.2.17}$$

積分路 C_B 上で以下が成り立つ．

$$\begin{aligned}\frac{dF}{d\zeta}(\zeta)d\zeta &= dF(\zeta)\\ &= \frac{\partial F}{\partial s}(\zeta)ds\\ &= (\frac{\partial \Phi}{\partial s} - i\frac{\partial \Phi}{\partial n})ds\\ &= \frac{\partial \Phi}{\partial s}ds\end{aligned} \tag{5.1.2.18}$$

すなわち

$$f'(z) = -\frac{1}{2\pi i}\int_{C_B}\frac{\partial \Phi}{\partial s}(\zeta)\frac{1}{z-\zeta}ds \tag{5.1.2.19}$$

最後の式では境界条件 (5.1.1.3) を用いた．z について積分すると式 (5.1.2.1) を参照して以下を得る．

$$f(z) = \frac{i}{2\pi}\int_{C_B}\frac{\partial \Phi}{\partial s}(\zeta)G(z,\zeta)ds \tag{5.1.2.20}$$

この式は式 (5.1.1.12, 5.1.2.6) に他ならない．なお，以下の展開を利用している．

$$\log(z-\zeta) = \log z - \sum_{n=1}^{\infty}\frac{1}{n}\left(\frac{\zeta}{z}\right)^n \quad as \quad |z|\to\infty \tag{5.1.2.21}$$

5.1.3 境界積分方程式の数値解法

式 (5.1.1.15, 5.1.1.18) 及び式 (5.1.2.8, 5.1.2.11) は境界上の条件を表現する積分方程式であるから境界積分方程式（boundary integral equation, BIE）と呼ばれており，この式を用いて解を求める方法を境界積分方程式法（BIE method）と呼んでいる．数値計算する場合には，境界を細かい要素に分解することから，もっと一般に，境界要素法（boundary element method, BEM）と呼ぶ場合がある． これは強度計算などで用いる，領域を細かい領域に分解する方法を有限要素法（finite element method, FEM）と呼ぶことに対応させた呼び方である．

境界要素法には，古くから，境界上（あるいは，物体内部）に吹き出しや，法線方向2重吹き出しを分布させる方法が行われていた．それらの方法では，得られた解の物理的意味が，直感的にはわかりづらいものがあった．それらに比べ境界積分方程式法では解の物理的（あるいは数学的）意味がより明確であるという特徴を有している．

本書では前述のように，式 (5.1.1.15) ないし式 (5.1.2.8) の積分方程式を用いる方法を Φ-法と称し，式 (5.1.1.18) ないし式 (5.1.2.11) の積分方程式を用いる方法を q-法と名付けておく．本小節では，前小節で得られた各々2つの境界積分方程式の数値解法について述べる．

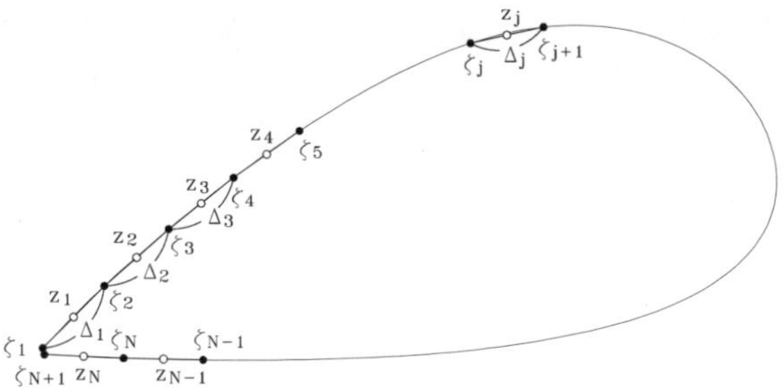

図 5.1.3.1. C_B の分割

Φ-法

まず Φ-法，すなわち，式 (5.1.1.15) 及び式 (5.1.2.8) の境界積分方程式の数値解法について述べる．

式中の積分に関して境界 C_B を細かい N 個の線分に分割して近似する（図 5.1.3.1 参照）．j 番目の線分を Δ_j としその両端を ζ_j, ζ_{j+1} としておく．すなわち

$$C_B \doteqdot \sum_{j=1}^{N} \Delta_j, \quad \Delta_j = \overline{\zeta_j \, \zeta_{j+1}}$$

分割の方法は線分の長さの変化を滑らかにすることと，未知関数の変化が大なる場所で分割を細かくするなどの注意が必要である．未知関数 $\Phi(z)$ は各線分上で一定値 Φ_j とし，境界積分方程式を満たす点 $z_i = x_i + iy_i$ は線分 Δ_i の中点とする．点 z_i における式 (5.1.1.15) ないし式 (5.1.2.8) の左辺は以下と近似できる．

$$\begin{aligned}\frac{1}{2}\Phi(z_i) - \frac{1}{2\pi}\int_{C_B}\Phi(\zeta)\frac{\partial\Theta}{\partial s}(z,\zeta)ds &\doteqdot \frac{1}{2}\Phi_i - \frac{1}{2\pi}\sum_{j=1}^{N(j\neq i)}\Phi_j\int_{\Delta_j}\frac{\partial\Theta}{\partial s}(z_i,\zeta)ds \\ &= \frac{1}{2}\Phi_i - \sum_{j}^{j\neq i}\Phi_j\Delta\Theta^*_{i,j}\end{aligned} \tag{5.1.3.1}$$

最後の式では総和記号中の始点，終点（=1,N）は省略して記しており，$\Delta\Theta^*_{i,j}$ は各区間で積分を行った下記の量を示している．

$$\left.\begin{aligned}\Delta\Theta^*_{i,j} &= \Theta^*_{i,j+1} - \Theta^*_{i,j} \\ \Theta^*_{i,j} &= \frac{1}{2\pi}\Theta(z_i, \zeta_j)\end{aligned}\right\} \qquad (5.1.3.2)$$

この関数は，式 (5.1.1.7) に示すように対数関数の虚部，すなわち，点 ζ_j から見た点 z_i の偏角（の $1/2\pi$）であるから，対数関数の分岐線が関係していて取り扱いに注意が必要である．

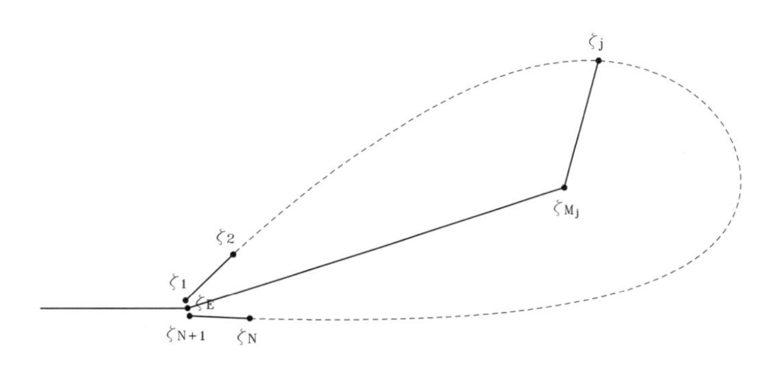

図 5.1.3.2. 対数関数の分岐線

対数関数 $\log(z, \zeta_j)$ の分岐線を図 5.1.3.2 のような折れ線とすると便利である．ここで点 ζ_j は境界上の点である．物体内に点 ζ_{M_j} をとり，物体後端（最後端である必要はない）の点を ζ_E とし，点 ζ_j から各点を図のように結び，点 ζ_E から下流の無限遠点を結んだ水平線を分岐線とする．これらの線は境界線を横切らないように設定する必要がある．そのためには，点 ζ_{M_j} は点 ζ_j と点 ζ_E を見通せる点とする必要がある．理論上は点 $\zeta_1, \zeta_{N+1}, \zeta_E$ は同一点でよいが，数値計算上の煩雑な注意を避けるために，点 ζ_1, ζ_{N+1} は近接した別個の点とし，点 ζ_E をそれらの点の中点とするのが便利である．こうした分岐線を有する対数関数をプログラムすることはそれほど容易ではない．3.3.4 節にその方法について述べた．

以上の準備の下に非揚力体に関する式 (5.1.1.15) を離散化して近似すると以下を得る．

$$\frac{1}{2}\Phi_i - \sum_{j}^{j\neq i} \Phi_j \Delta\Theta^*_{i,j} = -Ux_i \quad for \quad i = 1, 2, ..., N \qquad (5.1.3.3)$$

なお，式 (5.1.1.15) のような連続した量の関係を，孤立した（離散的な，disrete）点に関する量の関係 (5.1.3.3) で近似することを離散化する（desretize）という．上式をマトリックス形式で書くと以下となる．

$$
\begin{bmatrix}
1/2 & -\Delta\Theta^*_{1,2} & \cdots & -\Delta\Theta^*_{1,j} & \cdots & -\Delta\Theta^*_{1,N-1} & -\Delta\Theta^*_{1,N} \\
-\Delta\Theta^*_{2,1} & 1/2 & \cdots & -\Delta\Theta^*_{2,j} & \cdots & -\Delta\Theta^*_{2,N-1} & -\Delta\Theta^*_{2,N} \\
\vdots & & & \vdots & & \vdots & \vdots \\
-\Delta\Theta^*_{i,1} & -\Delta\Theta^*_{i,2} & \cdots & -\Delta\Theta^*_{i,j} & \cdots & -\Delta\Theta^*_{i,N-1} & -\Delta\Theta^*_{i,N} \\
\vdots & & & \vdots & & \vdots & \vdots \\
-\Delta\Theta^*_{N-1,1} & -\Delta\Theta^*_{N-1,2} & \cdots & -\Delta\Theta^*_{N-1,j} & \cdots & 1/2 & -\Delta\Theta^*_{N-1,N} \\
-\Delta\Theta^*_{N,1} & -\Delta\Theta^*_{N,2} & \cdots & -\Delta\Theta^*_{N,j} & \cdots & -\Delta\Theta^*_{N,N-1} & 1/2
\end{bmatrix}
\times
\begin{bmatrix}
\Phi_1 \\ \Phi_2 \\ \vdots \\ \Phi_j \\ \vdots \\ \Phi_{N-1} \\ \Phi_N
\end{bmatrix}
=
\begin{bmatrix}
-Ux_1 \\ -Ux_2 \\ \vdots \\ -Ux_i \\ \vdots \\ -Ux_{N-1} \\ -Ux_N
\end{bmatrix}
\tag{5.1.3.4}
$$

ここで，係数マトリックスは $N \times N$ の正方行列であり，対角要素はすべて 1/2 である．上の連立方程式を解くことによって，解ベクトル Φ_j を求めることができる. なお，上式を以下のように記述しておく.

$$
\sum_{j=1}^{N} A_{i,j} s_j = r_i \quad for \quad i = 1, 2, ..., N \tag{5.1.3.5}
$$

この時，式 (5.1.3.3) の係数マトリックスの各行の総和は点 z_i を見る $C_B + C_\pm + C_\Sigma + C_\epsilon$ 上の積分を近似した量であるから，以下の式のように 1 となる．この関係は数値計算上の 1 つの検証項目となろう．水波問題についても同様である．

$$
\sum_{j=1}^{N} A_{i,j} \doteqdot \frac{1}{2\pi} \oint \frac{\partial\Theta(z_i, \zeta)}{\partial s} ds = 1 \quad for \quad i = 1, 2, ..., N \tag{5.1.3.6}
$$

揚力体に関する式 (5.1.2.8) に関しては離散化すると以下を得る．

$$
\frac{1}{2}\Phi_i - \sum_{j}^{j \neq i} \Phi_j \Delta\Theta^*_{i,j} = -Ux_i + \frac{\Gamma}{2\pi}\Theta(z_i, \zeta_E) \quad for \quad i = 1, 2, ..., N \tag{5.1.3.7}
$$

ここで循環量 Γ は以下の式で表わされる．

$$
\begin{aligned}
\Gamma &= -\int_{C_B} \frac{\partial\Phi}{\partial s}(\zeta) ds \\
&\doteqdot \Phi_1 - \Phi_N
\end{aligned} \tag{5.1.3.8}
$$

また $\Theta(z_i, \zeta_E)$ は以下としてよい．

$$
\frac{1}{2\pi}\Theta(z_i, \zeta_E) = \Theta^*_{i,1} = \Theta^*_{i,N+1} \tag{5.1.3.9}
$$

したがって循環項を左辺に移行し上式を代入すると式 (5.1.3.7) は以下となる．

$$\frac{1}{2}\Phi_i - \sum_{j}^{j\neq i} \Phi_j \Delta\Theta^*_{i,j} - \Phi_1\Theta^*_{i,1} + \Phi_N\Theta^*_{i,N+1} = -Ux_i \quad for \quad i = 1, 2, ..., N \tag{5.1.3.10}$$

この式をマトリックス形式で書くと式 (5.1.3.3) の係数マトリックスに下記のマトリックスを加えた式となる．

$$\begin{bmatrix} -\Theta^*_{1,1} & 0 & \cdots\cdots & 0 & \Theta^*_{1,N+1} \\ -\Theta^*_{2,1} & 0 & \cdots\cdots & 0 & \Theta^*_{2,N+1} \\ \vdots & \vdots & & \vdots & \vdots \\ -\Theta^*_{i,1} & 0 & \cdots\cdots & 0 & \Theta^*_{i,N+1} \\ \vdots & \vdots & & \vdots & \vdots \\ -\Theta^*_{N-1,1} & 0 & \cdots\cdots & 0 & \Theta^*_{N-1,N+1} \\ -\Theta^*_{N,1} & 0 & \cdots\cdots & 0 & \Theta^*_{N,N+1} \end{bmatrix} \tag{5.1.3.11}$$

すなわち，係数マトリックスの第 1 列と第 N 列に式 (5.1.3.10) 右辺の第 3,4 項を各々加えればよいわけである．この演算を行っても，式 (5.1.3.9) の関係より，やはり，式 (5.1.3.6) は成り立っている．

さて，N 元連立方程式 (5.1.3.10) は，実は，解は一意に定まらない．それは，式 (5.1.3.10) の係数マトリックスの行列式が 0 となっているからである．この時，解は不定であるか，不能つまり解が存在しないかのいずれかである．こうしたことをどう確かめるか，あるいはどういう条件を付加して，どう解くか，が問題となってくる．非揚力体に関する式 (5.1.3.3) については，通常用いる，ガウスの掃出し法等で数値的に解くことができる．しかし，式 (5.1.3.10) についてはガウスの掃出し法では解くことができない．それに代わる有力な方法が知られているが，境界値問題ではあまり利用されていないようであるので，紹介しておく．詳しくはフォーサイス [11] を参照してほしい．古い教科書であるので参照が難しい時は，項目をネット上などで検索してほしい．それは「特異値分解法（singular value decomposition (SVD) method)」という方法である．以下概説するが専門外であるので誤りがある恐れがあることを断っておく．連立方程式を以下と書いておく．

$$A\boldsymbol{s} = \boldsymbol{r} \tag{5.1.3.12}$$

以下大文字はマトリックス，太小文字はベクトルを示す．係数マトリックス A は $M\times N$ の実数を要素とする行列で M と N は異なっていて良い．行列 A は以下のように分解できる．

$$A = U\Sigma V^* \tag{5.1.3.13}$$

ここで U, V は各々$M\times M, N\times N$ の直行行列（転置行列が逆行列となる行列）である．Σ は $M\times N$ の対角行列（対角要素以外はゼロ）であり，対角要素は正値である．この対角要素 σ_i が特異値と呼ばれ，上のような分解が特異値分解と呼ばれている．なお上添え字（*）は転置を意味する．

この時，式 (5.1.3.12) は以下となる．

$$\Sigma V^* \boldsymbol{s} = U^* \boldsymbol{r} \tag{5.1.3.14}$$

この式の i 番目の要素は以下の形に書ける．

$$\sigma_i s_i' = r_i' \quad for \quad i = 1, 2, ..., N \tag{5.1.3.15}$$

A の行列式が 0 であるならば，左辺のいずれかが 0 となっている．その時，右辺の値が 0 でなければ，解は不能である．0 であれば，解は不定であり，固有解が存在することになる．ただし，0 とは，数値計算上の話であるから，他と比べて極めて小なる値の事である．解が不能でなければ，上式より，最小自乗解と固有解を求めることができる．この優れた方法を用いれば，式 (5.1.3.10) が 1 つの固有解を有すること，したがって，それを定める条件式は 1 つでよいことがわかるのである．

今の問題に戻って，最小自乗解と 1 つの固有解の要素を各々Φ_i^0, ϕ_i^e としておこう．すると，解はそれらの線形結合で以下と書ける．

$$\Phi_i = \Phi_i^0 + k\phi_i^e \quad for \quad i = 1, 2, ..., N \tag{5.1.3.16}$$

解を 1 つに定める条件の 1 つは，物体周りの循環（揚力）が 0 であること（$\Phi_1 = \Phi_N$）である．この条件から k は以下と定められる．

$$k = -\frac{\Phi_N^0 - \Phi_1^0}{\phi_N^e - \phi_1^e} \tag{5.1.3.17}$$

このように，まず $N \times N$ の係数マトリックスを特異値分解して最小自乗解と固有解を求め，付加条件により固有解の強さを決定することにより，式 (5.1.3.10) の解を 1 つに定めることができる．後の数値計算によれば，最小自乗解は物体周りの循環 0 の解に相当していることがわかる．

固有解の個数があらかじめわかっている場合にはもう 1 つの方法がある．付加条件を直に係数マトリックスに付加する方法である．物体周りの循環が Γ であるという条件は，係数マトリックスの $N+1$ 番目の行及び右辺ベクトルの $N+1$ 番目の要素として各々以下を付け加えればよいわけである．

$$\begin{bmatrix} 1 & 0 & \cdots\cdots & 0 & -1 \end{bmatrix} \quad \begin{bmatrix} \Gamma \end{bmatrix} \quad for \quad i = N+1 \tag{5.1.3.18}$$

この時，係数マトリックスは $(N+1) \times N$ の行列となるが，特異値分解法は問題なく解いてくれる．このように，連立方程式の条件の数と，未知数の数が一致している必要がないという点も，特異値分解法が優れている点である．また，Kutta の条件，すなわち，端点上下で流速が一致するという条件を課すのであれば，端点近傍の数点（2 次式近似なら 3 点）の解から，端点における流速を計算する式を表現すればよい．少し煩雑となるが以下にその式を書いておこう．点

z_1, z_2, z_3 間の間隔を ds_1, ds_2 としておき

$$\left.\begin{aligned} A_{N+1,1} &= (2\,ds_1 + ds_2)\,ds_2/\varDelta \\ A_{N+1,2} &= -\,(ds_1 + ds_2)^2/\varDelta \\ A_{N+1,3} &= ds_1^2/\varDelta \\ \varDelta &= ds_1\,ds_2\,(ds_1 + ds_2) \end{aligned}\right\} \tag{5.1.3.19}$$

もう 1 つの端点については，点 z_N, z_{N-1}, z_{N-2} 間の間隔を ds_1, ds_2 としておき，同様に

$$\left.\begin{aligned} A_{N+1,N-2} &= -\,ds_2^2/\varDelta \\ A_{N+1,N-1} &= (ds_1 + ds_2)^2/\varDelta \\ A_{N+1,N} &= -\,(ds_1 + 2\,ds_2)\,ds_1/\varDelta \\ \varDelta &= ds_1\,ds_2\,(ds_1 + ds_2) \end{aligned}\right\} \tag{5.1.3.20}$$

としておけばよい．マトリックス形式で書くと式 (5.1.3.18) の代わりに以下とすればよい．

$$\begin{bmatrix} A_{N+1,1} & A_{N+1,2} & A_{N+1,3} & 0 & \cdots\cdots & 0 & A_{N+1,N-2} & A_{N+1,N-1} & A_{N+1,3} \end{bmatrix} \quad \begin{bmatrix} 0 \end{bmatrix} \quad for\ \ i = N+1 \tag{5.1.3.21}$$

以上により，物体表面上の速度ポテンシャルの値が求まれば，領域中の点 z における複素ポテンシャルの値は以下の式により求められる．

$$\left.\begin{aligned} F(z) &= -\,Uz + f(z) \\ f(z) &= -\frac{i}{2\pi}\varPhi_1 G(z,\zeta_2) - \frac{i}{2\pi}\sum_{j=2}^{N-1}\varPhi_j[G(z,\zeta_{j+1}) - G(z,\zeta_j)] + \frac{i}{2\pi}\varPhi_N G(z,\zeta_N) \end{aligned}\right\} \tag{5.1.3.22}$$

撹乱複素流速については以下の式により求められる．

$$\frac{df(z)}{dz} = -\frac{i}{2\pi}\varPhi_1\frac{dG}{dz}(z,\zeta_2) - \frac{i}{2\pi}\sum_{j=2}^{N-1}\varPhi_j[\frac{dG}{dz}(z,\zeta_{j+1}) - \frac{dG}{dz}(z,\zeta_j)] + \frac{i}{2\pi}\varPhi_N\frac{dG}{dz}(z,\zeta_N) \tag{5.1.3.23}$$

この流速の表示式は物体近傍では精度が悪い．

q-法

次に，q-法，すなわち，式 (5.1.1.18) ないし式 (5.1.2.11) の境界積分方程式を離散化した数値解法について述べる．境界は $\varPhi$-法と同じように N 個に分割し，各小区間上で未知量である接線方向流速は一定値をとるものとする．j 番目の小区間での流速を q_j（s 方向を正としている（図 5.1.1.1 参照））とすると，式 (5.1.1.18) ないし式 (5.1.2.11) の左辺は以下と書ける．

$$\varPsi_B - \frac{1}{2\pi}\int_{C_B}\frac{\partial\varPhi}{\partial s}(\zeta)L(z,\zeta)ds \fallingdotseq \varPsi_B - \frac{1}{2\pi}\sum_{j=1}^{N} q_j\int_{\varDelta_j} L(z,\zeta)ds \tag{5.1.3.24}$$

対数関数の積分は解析形を用意するのが精度がよく便利である．関数 G_{int} を以下と定義しておく．

$$\left.\begin{aligned}\int_{\Delta_j} L(z,\zeta)ds &= \mathrm{Re}\{G_{int}(z,\zeta_{j+1},\zeta_j)\}\\ G_{int}(z,\zeta_2,\zeta_1) &= \int_{\zeta_1}^{\zeta_2} G(z,\zeta)ds\end{aligned}\right\} \tag{5.1.3.25}$$

今

$$d\zeta = e^{i\gamma}ds$$

としておけば

$$ds = e^{-i\gamma}d\zeta$$

であるから以下を得る．

$$\left.\begin{aligned}G_{int}(z,\zeta_2,\zeta_1) &= -e^{-i\gamma}\Big[(z-\zeta)\log(z-\zeta)-1\Big]_{\zeta_1}^{\zeta_2}\\ e^{-i\gamma} &= \frac{|\zeta_2-\zeta_1|}{\zeta_2-\zeta_1}\end{aligned}\right\} \tag{5.1.3.26}$$

ここで，対数関数の分岐線は図 5.1.3.2 と同様にとるが，ζ_M 点については，ζ_1, ζ_2 で共通（例えば ζ_{M_1} 点）とする．3 角形 $\zeta_1, \zeta_2, \zeta_{M_1}$ の内部では特に定義しないでもよい．また，ζ_1 と ζ_2 を入れ替えても値は変わらない．

以上から，式 (5.1.1.18) ないし式 (5.1.2.11) は以下の連立方程式に離散化される．

$$\begin{bmatrix} A_{1,1} & A_{1,2} & \cdots & A_{1,j} & \cdots & A_{1,N} & 1\\ \vdots & \vdots & & \vdots & & \vdots & \vdots\\ \vdots & \vdots & & \vdots & & \vdots & \vdots\\ A_{i,1} & A_{i,2} & \cdots & A_{i,j} & \cdots & A_{i,N} & 1\\ \vdots & \vdots & & \vdots & & \vdots & \vdots\\ \vdots & \vdots & & \vdots & & \vdots & \vdots\\ A_{N,1} & A_{N,2} & \cdots & A_{N,j} & \cdots & A_{N,N} & 1\end{bmatrix} \times \begin{bmatrix} q_1\\ \vdots\\ \vdots\\ q_j\\ \vdots\\ \vdots\\ q_N\\ \Psi_B\end{bmatrix} = \begin{bmatrix} -Uy_1\\ \vdots\\ \vdots\\ -Uy_i\\ \vdots\\ \vdots\\ -Uy_N\end{bmatrix} \tag{5.1.3.27}$$

ここで

$$A_{i,j} = -\frac{1}{2\pi}\mathrm{Re}\{G_{int}(z_i,\zeta_{j+1},\zeta_j)\} \quad for \quad i,j=1,2,...,N \tag{5.1.3.28}$$

係数マトリックスは $N\times(N+1)$ 行列で，未知数より条件数が少ない．それでも，特異値分解法は，最小自乗解 q_{0_j}, Ψ_{B_0} と，固有解 q_{E_j}, Ψ_{B_E} を与えてくれる．したがって，解は以下と書ける．

$$\left.\begin{aligned}q_j &= q_{0_j} + k\,q_{E_j}\\ \Psi_B &= \Psi_{B_0} + k\,\Psi_{B_E}\end{aligned}\right\} \tag{5.1.3.29}$$

定数 k は Kutta の条件

$$q_1 + q_N = 0 \tag{5.1.3.30}$$

あるいは循環を与える以下の条件

$$\Gamma = -\oint q ds \doteqdot -\sum_{j=1}^{N} q_j |\zeta_{j+1} - \zeta_j| \tag{5.1.3.31}$$

により決定すればよい．後の数値計算によれば，最小自乗解は循環 0 の解とは限らない．

あらかじめ付加条件を係数マトリックスに与えておく方法もある．Kutta の条件を採用するなら（$N+1$）行目は以下とすればよい．

$$\begin{bmatrix}1 & 0 & \cdots\cdots & 0 & 1 & 0\end{bmatrix} \quad \begin{bmatrix}0\end{bmatrix} \quad for \quad i = N+1 \tag{5.1.3.32}$$

循環量を与えるのであれば以下とすればよい．

$$\begin{bmatrix}-|\zeta_2 - \zeta_1| & -|\zeta_3 - \zeta_2| & \cdots & -|\zeta_{j+1} - \zeta_j| & \cdots & -|\zeta_N - \zeta_{N-1}| & -|\zeta_{N+1} - \zeta_N| & 0\end{bmatrix} \quad \begin{bmatrix}\Gamma\end{bmatrix} \tag{5.1.3.33}$$

以上により物体表面上の接線方向流速及び流れ関数の値が求まれば，攪乱複素ポテンシャルは以下のように計算できる．

$$f(z) = \frac{i}{2\pi} \sum_{j=1}^{N} q_j G_{int}(z, \zeta_{j+1}, \zeta_j) \tag{5.1.3.34}$$

この表示式は物体近傍でも精度は悪くない．

5.1.4 数値解の例

前小節までで学んだことをまとめると，無限領域中の物体周りの流れに関する境界値問題は，物体表面上の速度ポテンシャルの値，ないし，流速を未知数とする境界積分方程式を解くことに帰結する．非揚力物体周りの流れは，揚力物体周りの流れの1つの特殊な場合である．無数に存在し得る解から解を1つに定めるには，速度ポテンシャルの値が領域中で一価である（物体周りの循環が0である）という条件，あるいは，Kuttaの条件（あるいは物体周りの循環量を与える）という付加条件が必要であることである．この小節では，2次元円柱，翼型を例題として，境界積分方程式の数値解の例を示す．まずはΦ-法を用いた例を示し，次にq-法を用いて比較を行う．

1) Φ-法

最初に非揚力物体に関するΦ-法を用いた例として一様流中に置かれた2次元円柱（円断面）周りの流れを解析する．用いる境界積分方程式は離散化した式(5.1.3.3)すなわち式(5.1.3.4)である．図5.1.4.1に円柱境界を40の小区間に等分割した図を示す（座標は円の半径aで無次元化している）．境界上の黒点は分割小区間の端点を，白点はその区間の中点を示す．$\arg(\zeta_1) = \pi-\epsilon$, $\arg(\zeta_{N+1}) = -\pi+\epsilon$とし，対数関数の分岐線上の$\zeta_M$点は円の中心，点$\zeta_E$は円周上の$\theta = \pi$の位置としている．

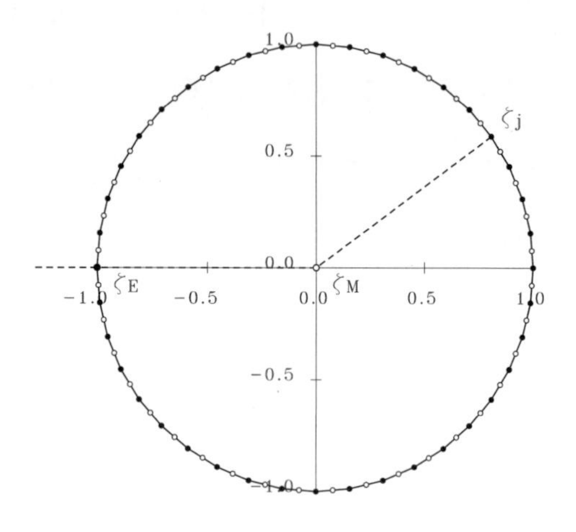

図5.1.4.1. 円柱境界の分割（等分割法；N=40）

境界積分方程式(5.1.3.3)を速度ポテンシャルΦについて解くと，図5.1.4.2の黒丸で示す解

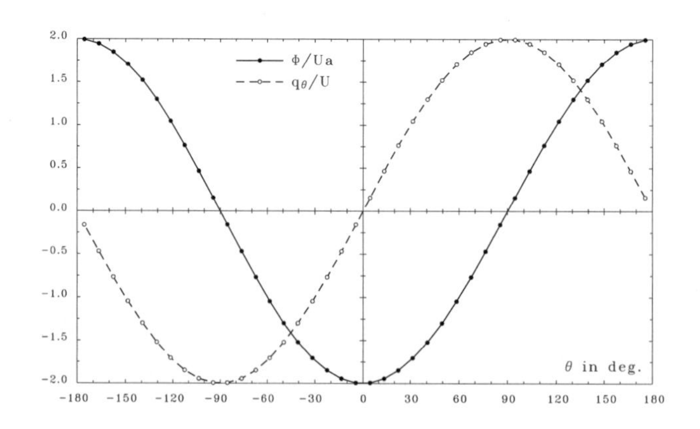

図5.1.4.2. Φ-法による非揚力解と流速分布

が得られる．ここで，一様流速は U としている．この解を 2 次式近似することにより数値微分して求めた流速を同図に白丸で示した．なお，q_θ は θ 方向の流速を正としている．これらの解析解は以下の通りであり図と比較すると精度よく解けていることがわかる．

$$\left.\begin{aligned}\Phi(\theta)/Ua &= -2\cos\theta \\ q_\theta(\theta)/U &= 2\sin\theta\end{aligned}\right\} \tag{5.1.4.1}$$

解を式 (5.1.3.22) に代入して複素ポテンシャルを求めれば，円柱周りの流線と等ポテンシャル線を描くことができる（図 5.1.4.3）．

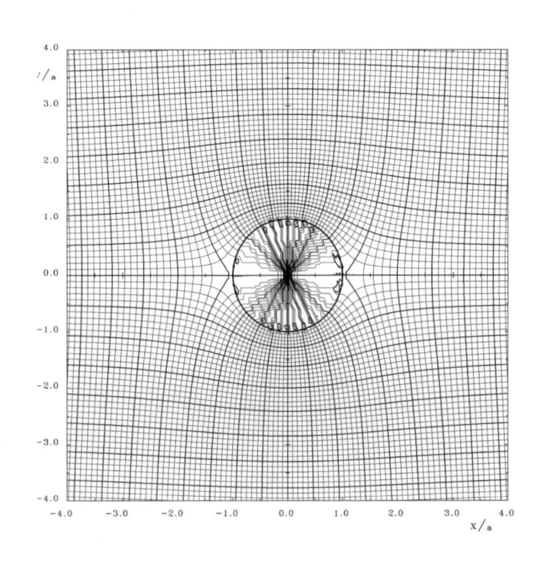

図 5.1.4.3. 非揚力解による円柱周りの流線と等ポテンシャル線（$\Delta\Phi/Ua = 0.1$）

次に，円柱周りに循環が存在する場合，すなわち，揚力体としての解を求める．用いる境界積分方程式は式 (5.1.3.10) すなわち式 (5.1.3.4) に式 (5.1.3.11) を加えた式である．この場合には，境界の両端点付近で精度が悪くなるので，端点近傍を細かくした不等分割法を採用する必要がある（図 5.1.4.4）．$N \times N$ の係数マトリックスを用意して特異値分解法を採用すると 1 つの固有解が存在することが判明する．そこで，円柱周りの循環量を与えて解くこととする．すなわち，付加条件として式 (5.1.3.18) を付け加えて解く．与える循環量は $\Gamma/Ua = 2\pi$ としておく．

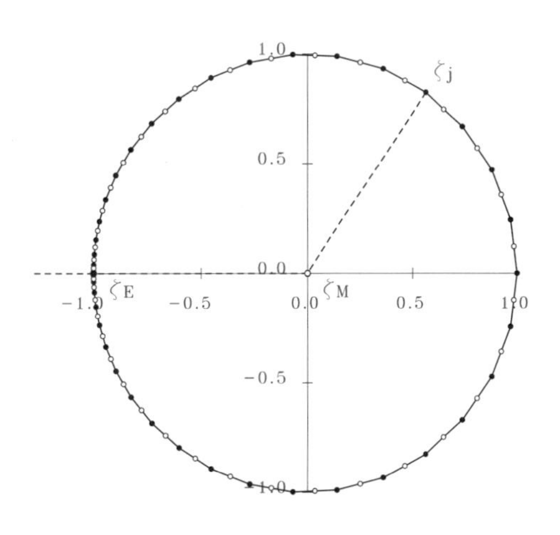

図 5.1.4.4. 円柱境界の分割（不等分割法；N=40）

得られた解を図 5.1.4.5 の黒丸にて示す．

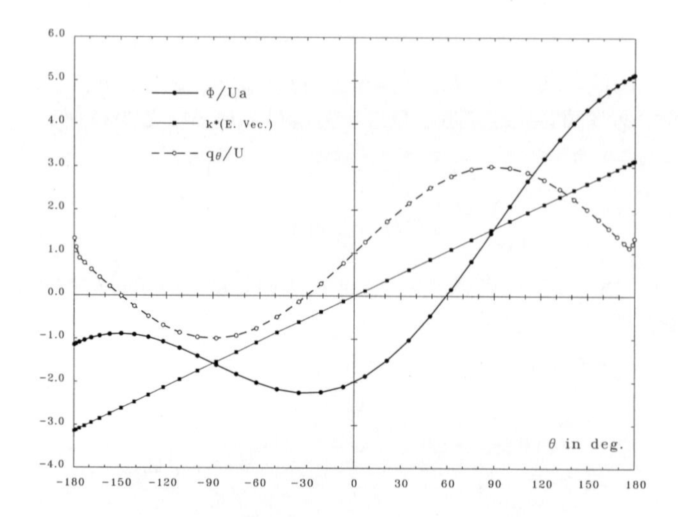

図 5.1.4.5. Φ-法による揚力解（$\Gamma/Ua = 2\pi$），固有解と流速分布

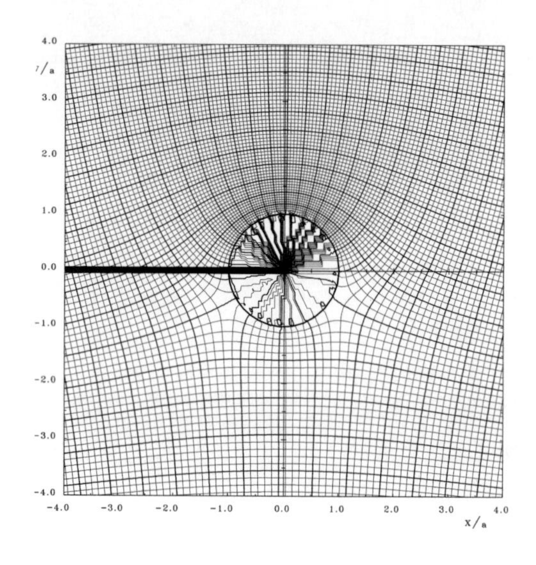

図 5.1.4.6. 揚力解（$\Gamma/Ua = 2\pi$）による円柱周りの流線と等ポテンシャル線（$\Delta\Phi/Ua = 0.1$）

式 (5.1.3.16) の右辺第 2 項の形の固有解を黒四角印で示してある．図中の白丸は，解を 2 次式近似して求めた流速分布である．解析解は以下の式で表わされる．

$$\left.\begin{aligned}\Phi(\theta)/Ua &= -2\cos\theta + \frac{\Gamma/Ua}{2\pi}\theta \\ q_\theta(\theta)/U &= 2\sin\theta + \frac{\Gamma/Ua}{2\pi}\end{aligned}\right\} \tag{5.1.4.2}$$

図と比較すると，速度ポテンシャルは固有解を含め良い一致を示す．一方，流速分布については両端点付近で精度が落ちる．この点の改善方法はなかなかなさそうである．得られた解を式 (5.1.3.22) に代入して複素ポテンシャルを求めれば，円柱周りの流線と等ポテンシャル線を描くことができる（図 5.1.4.6）．円柱表面上の停留点（stagnation point，淀み点とも）はほぼ正確に $\theta = -30°, -150°$ にあることがわかる．なお，この問題における最小自乗解は非揚力解であった．

次に，翼型周りの流れを解析してみよう．翼型としては NACA の 4 文字シリーズとして知られている内の NACA4412 翼型を採用した．翼型形状とその分割（迎角 $\alpha = 5°$,N=20 の場合）を図 5.1.4.7, 5.1.4.8 に示す．座標は翼弦長（cord length）c で無次元化してある．両図では境界分割法が異なっている．図中黒点は分割小区間の端点を，白丸はその中点を示している．翼型内部の小白点は ζ_{M_j} を示し，後縁（trailing edge, T.E.）を ζ_E 点とした．なお，NACA の翼型の計算式では，翼厚は後縁で 0 となっていないことを利用して，ζ_E 点はその厚さの中点としている．図 5.1.4.7 は前縁（leading edge，L.E.）と同様に後縁近傍でも細かい分割法を採用している（分割法-1 と称する）のに対し，図 5.1.4.8 では後縁付近は粗い分割法（分割法-2 と称する）を採用している．円柱での経験からは，揚力物体では，後縁近傍で細かい分割法が有効であった．ところが後に見るように，揚力物体では，後縁近傍で粗い分割法が有効であった．その理由については後述することにする．まず，迎角 $\alpha = 15°$ の NACA4412 翼型について，分割法-1 により境界を分割（$N = 200$）し，式 (5.1.3.3) すなわち式 (5.1.3.4) を用いて非揚力解を求めた結果を図 5.1.4.9 に示す．図中黒丸が速度ポテンシャルの値である．上（下）側の黒丸が翼上（下）面の値を示す．後縁付近で急激に正の無限大に発散しているように見える．数値微分した流速を白丸にて示してある．やはり上（下）側の白丸が翼上（下）面の値を示す．下面の流速は後縁に向かうにつれて負に発散しているように見え，おそらくは後縁から上方に巻き上がる流れを表現している．上面の流速は，後縁に向かって，いったん，流速 0 になるかに見えて，また正に発散している．後に，図 5.1.4.14 の流線に見るように，後縁付近では，下面から上面に向かって，急激に巻き上げるような流れが生じているように見える．こうした流れが表面上の流速分布，あるいは，速度ポテンシャルに反映されていない．理由は明言できないが，後縁付近の分解能が足りないからと言えそうである．

次に，迎角 $\alpha = 15°$ の NACA4412 翼型について，やはり分割法-1 により境界を分割（$N = 200$）し，式 (5.1.3.10) を用い，1 個の固有解を決定するために，Kutta の条件 (5.1.3.21) を付加して解いた結果を図 5.1.4.10 に示す．黒丸が速度ポテンシャルであり，白丸が流速である．円柱の場合と同様に後縁近傍での流速の精度が悪いが，後縁での上下面の流速は一致している．

最後に，同じ問題を分割法-2 で解いた結果を図 5.1.4.11 に示す．上方の速度ポテンシャル（黒丸）及び流速（白丸）が翼上面の値である．また，圧力分布を図 5.1.4.12 に示す．後縁での流

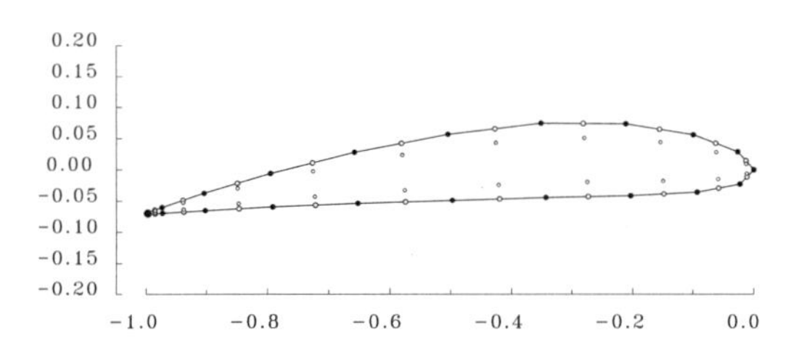

図 5.1.4.7. NACA4412 翼型境界の分割法-1（$N = 20$）

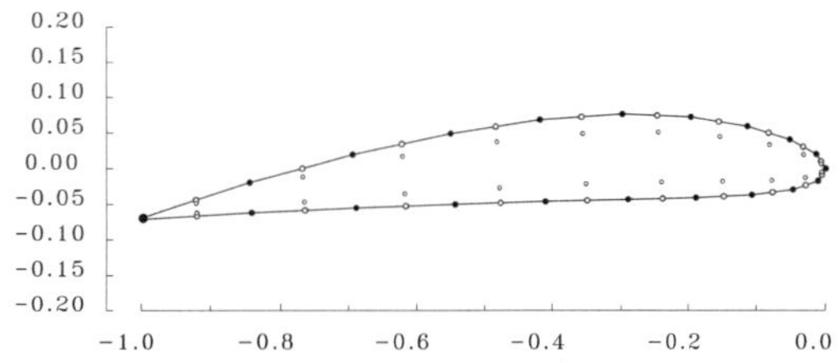

図 5.1.4.8. NACA4412 翼型境界の分割法-2（$N = 20$）

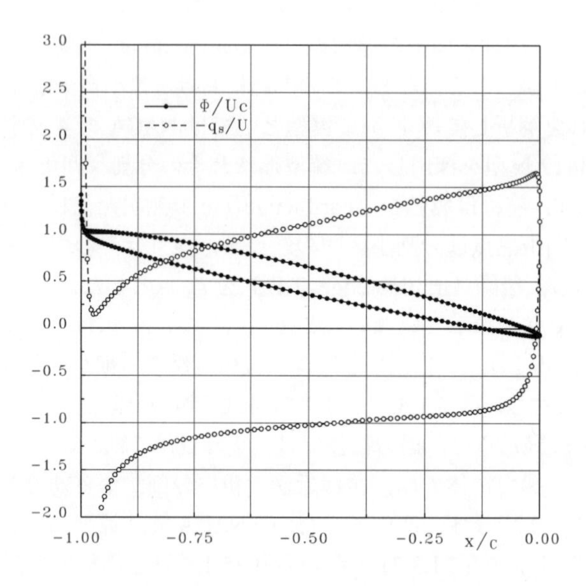

図 5.1.4.9. *Φ*-法による NACA4412（$\alpha = 15°$）の非揚力解と流速分布（分割法-1; N=200）

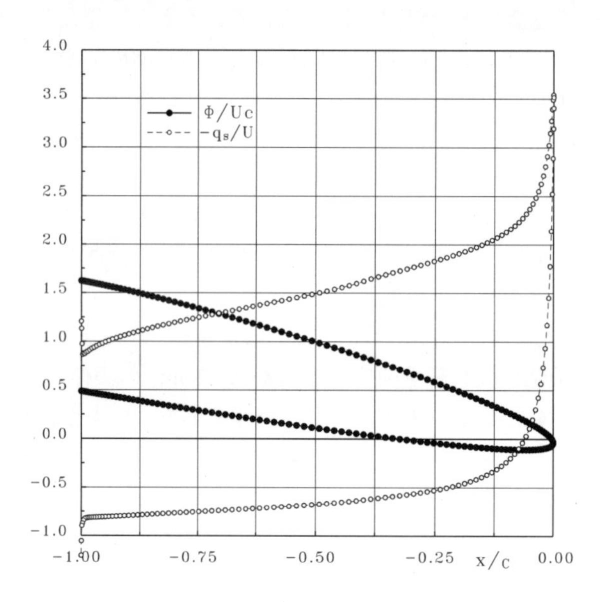

図 5.1.4.10. *Φ*-法による NACA4412（$\alpha = 15°$）の揚力解（Kutta の条件）と流速分布（分割法-1; N=200）

速のおかしな挙動はなくなっており，圧力分布も実験値に見られるような分布となっていることがわかる．なお，圧力は以下の式で定義される圧力係数で示している．

$$C_p = \frac{P - P_\infty}{\frac{1}{2}\rho U^2} = 1 - (\frac{q_s}{U})^2 \tag{5.1.4.3}$$

Φ 法の利点の 1 つは揚力係数が直ちに求まるという点である．揚力及び揚力係数は以下の式

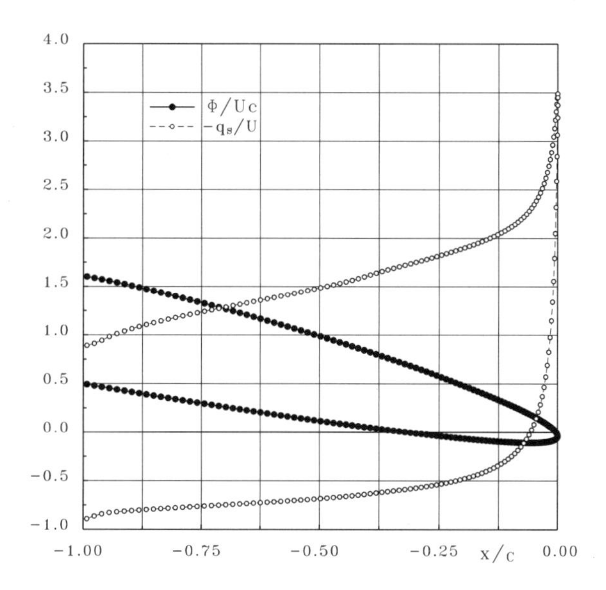

図 5.1.4.11. Φ-法による NACA4412（$\alpha = 15°$）の揚力解（Kutta の条件）と流速分布（分割法-2; N=200）

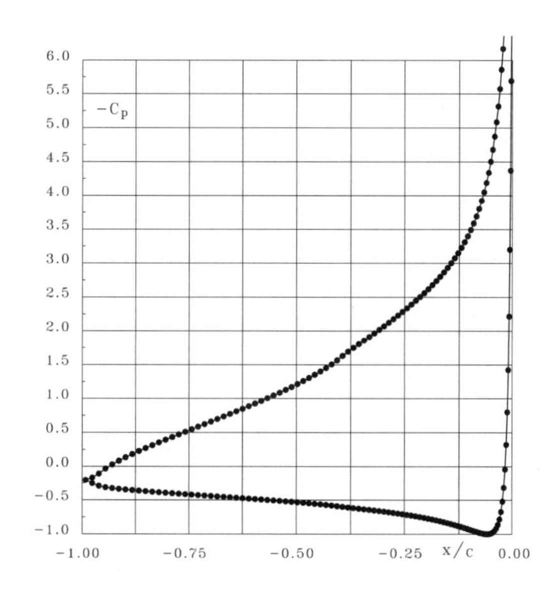

図 5.1.4.12. Φ-法による NACA4412（$\alpha = 15°$）の圧力分布（分割法-2; N=200）

で求められる．

$$\left.\begin{aligned} L &= \rho U \Gamma c = \rho U(\Phi_1 - \Phi_N)c \\ C_l &= \frac{L}{\frac{1}{2}\rho U^2 c} = 2(\Phi_1 - \Phi_N) \end{aligned}\right\} \tag{5.1.4.4}$$

NACA4412 翼と対象翼 NACA0012 翼について計算した揚力係数を図 5.1.4.13 に示した．

NACA の実験データに比べ，値，勾配とも大きいが，他のポテンシャル計算とは良い一致を示している．

解を式 (5.1.3.22) に代入して複素ポテンシャルを求めれば，翼型周りの流線と等ポテンシャル線を描くことができる．図 5.1.4.14 に非揚力体としての NACA4412（$\alpha = 15°$）翼型周りの流線と等ポテンシャル線を，図 5.1.4.15 に Kutta の条件を満たす場合の流線と等ポテンシャル線を示した．非揚力体としての流れは，前述したように後縁で巻き上がるような流線が見られ，また，速度ポテンシャル線には後縁付近を含め流場全般に不連続な領域が見られない．Kutta の条件を満たす解は，後縁付近で滑らかな流れとなっている一方，後縁から後方では速度ポテンシャルに不連続が見られる．

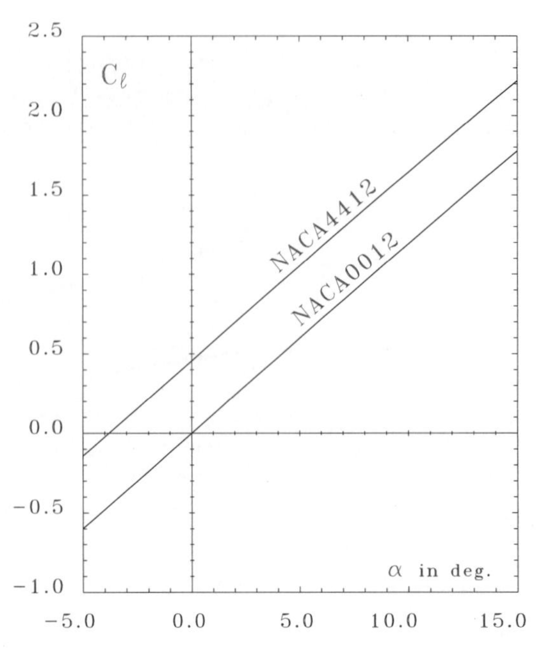

図 5.1.4.13. Φ-法による NACA4412 と NACA0012 翼型の揚力係数

最後に，なぜ分割法-2，すなわち後縁付近の分割を粗くした方が良い結果が得られるのかについて考察を試みる．後縁近傍の翼形状と，その付近の実際の流れとの関連，及び，その流れをポテンシャル流れでほどよくシミュレイトする分割法と，Kutta の条件という技法について考えてみよう．多くの翼型は後縁付近は楔状となっていて，紙のようなカスプ状ではない．翼型が実在流体（空気，水）中を進行している場合を考えよう．迎角が大の場合には，後縁上面は大きな渦領域に覆われ，いわゆる失速（stall）状態になる．迎角が小の場合には，流れは後縁の下面，あるいは上面に沿って流れ，あるいはそれらの中間的な流れであったり，それらの間を不安定に繰り返したりしている．その時，楔状の後縁付近には，ごく小さな剥離領域が観察されるのが普通であるが，大きく巻き上がったりはしていない．このことが，翼型の大きな特徴であり，この特質が大きな揚力を生み出すもととなっているわけである．この現象はそもそも実在流体の粘性の性質が作り出していると考えられる． こうした流れを非粘性のポテンシャル流れでシミュレイトするために考案された工夫が Kutta の条件である．ポテンシャル流れで楔状後縁近くの流れを作り出すと，後縁を回り込む流れか，後縁の中心線を流れる流れのどちらかとなる．後者の流れが，実際の翼型の後縁近傍の流れに近い流れとなる．この時，楔の頂点は停留点となり，その点での流速は 0 となる（前述の回り込む流れでは，流速は発散する）．したがって，Kutta の条件は，後縁での流速を 0 にすればよいではないかということになる．

ところが困ったことに，この流速 0 になるなりかたはきわめて急激であって，この現象を数値的に表現しようとすると，通常の境界の分割法では追い付けない．しかしながら，停留点近傍では流れは対象で，対応する点では圧力（したがって，流速）が等しいという性質がある．そこで，むしろ後縁付近をあまり細かく分解（停留点にあまり近接）せず，翼面上下の対応する

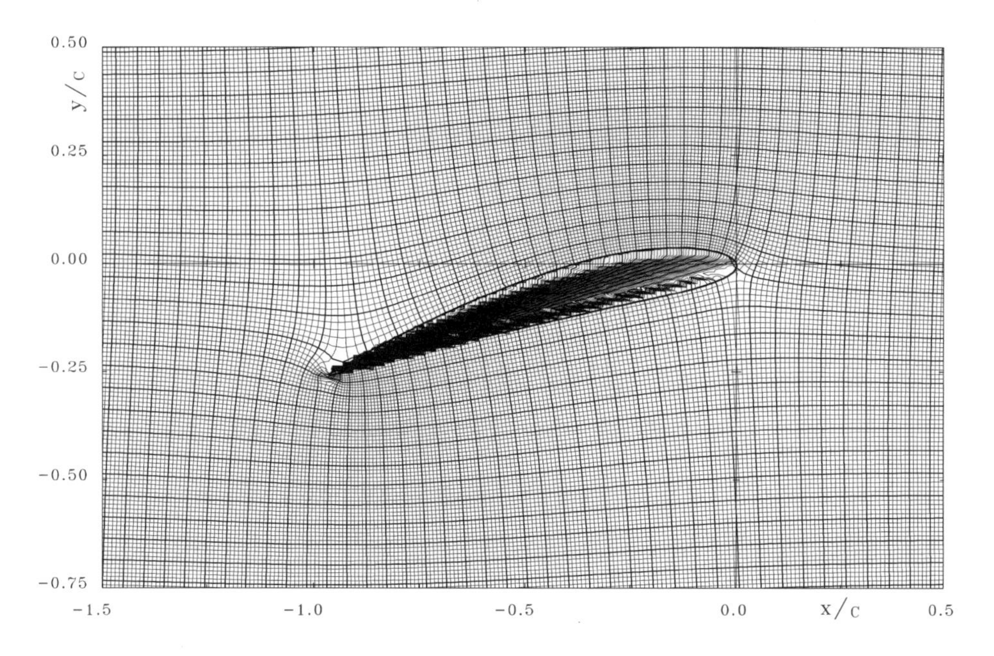

図 5.1.4.14. 非揚力体としての NACA4412（$\alpha = 15°$）翼型周りの流線と等ポテンシャル線（Φ-法，分割法-1，$\Delta\Phi/Uc = 0.01, \Psi_B/Uc = 0.104$）

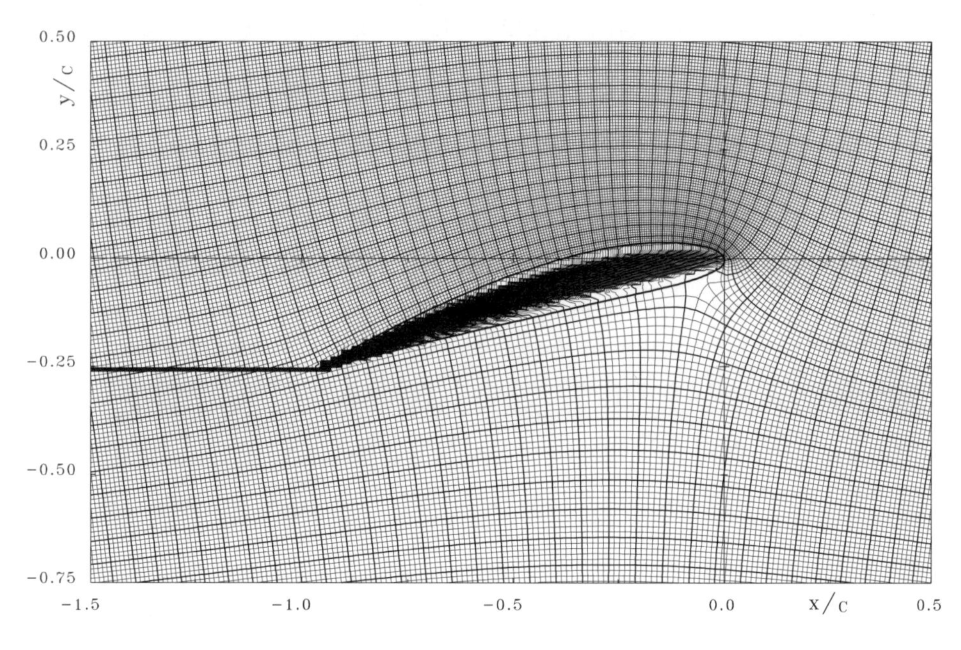

図 5.1.4.15. Kutta の条件を満たす NACA4412（$\alpha = 15°$）翼型周りの流線と等ポテンシャル線（Φ-法，分割法-2，$\Delta\Phi/Uc = 0.01, \Psi_B/Uc = 0.334$）

点で流速を一致させるという条件を採用するということになった．これがいわゆる Kutta の条件であり，後縁付近は，適当に粗い分割にしておくという工夫が有効となる理由だと考えられる．

2) ***q*-法**

ここからは q-法による数値計算結果を示す．連立方程式 (5.1.3.27) に循環量を与える条件式 (5.1.3.33) を加えた式を用いて，円柱周りの流れを解析した．不等分割法による解を図 5.1.4.16 に示す．図中白丸は最小自乗解で，循環 0 の解であり，白四角は式 (5.1.3.29) の固有解である．両者の和が求める解で黒丸で示してある．解析解（式 (5.1.4.2)）とよく一致している．解を式 (5.1.3.34) に代入して得られる複素ポテンシャルから円柱周りの流線と等ポテンシャルを描いた図が図 5.1.4.17 である．図 5.1.4.6 とほぼ同一である．

q-法を翼型 NACA4412（$\alpha = 15°$）に適用した例を示す．循環量を与える方式で，分割法-1 で非揚力物体として解いた結果を図 5.1.4.18 に示す．

黒丸が解の流速分布である．後縁近くでは，前述の Φ-法の解及び q-法の分割法-2 で求めた解（図は省略）よりこの解の方がずっとすぐれており，後縁で巻き上がる流れの流速と，翼上面の停留点（流速 0）をよく表現している．図中には式 (5.1.3.34) から求めた境界上の速度ポテンシャルを白丸にて示してある．速度ポテンシャルに関しても前述の Φ-法の解よりずっと現実的な解となっている．ただし，この解より求めた流線，等ポテンシャル線は，前述の Φ-法の解及び q-法の分割法-2 で求めた解（図は省略）とほぼ同一であった．

Kutta の条件を満たす解を分割法-2 で求めて図 5.1.4.19 に示す．図中には境界上の速度ポテンシャルの値も示した．ともに Φ-法の解（図 5.1.4.11）とほぼ同一である．圧力分布に直したものを図 5.1.4.20 に示す．Φ-法の解（図 5.1.4.12）に比べて後縁付近の振る舞いがより現実に近い印象がある．

q-法による流線と等速度ポテンシャル線を図 5.1.4.21, 5.1.4.22 に示す．Φ-法の解（図 5.1.4.14, 5.1.4.15）とほぼ同一である．後縁付近を拡大した流線の図を図 5.1.4.23, 5.1.4.24 に示す．Φ-法に比べて翼型近傍の流れがよく表現されている．

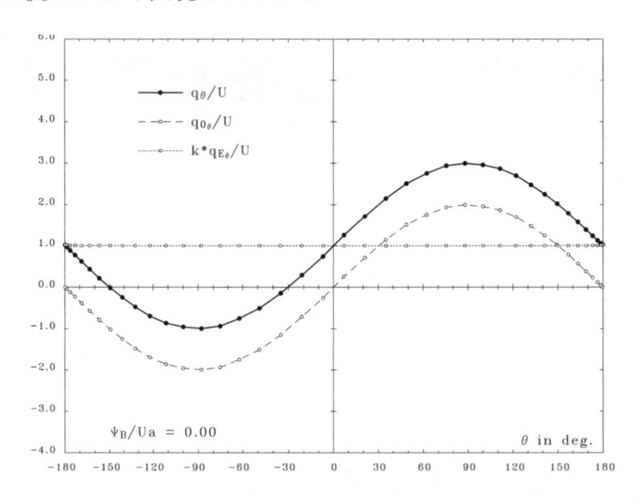

図 5.1.4.16. q-法による揚力解（$\Gamma/Ua = 2\pi$）と最小自乗解，固有解（N=40）

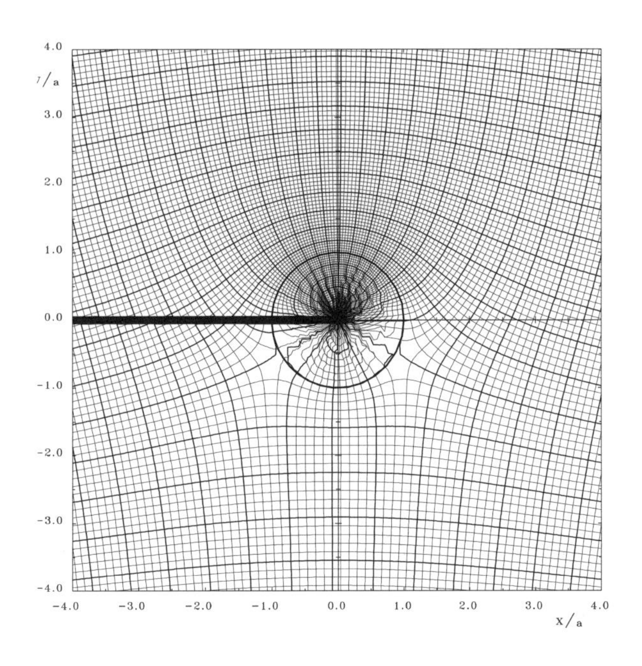

図 5.1.4.17. q-法の揚力解（$\Gamma/Ua = 2\pi$）による円柱周りの流線と等ポテンシャル線（$\Delta\Phi/Ua = 0.1$）

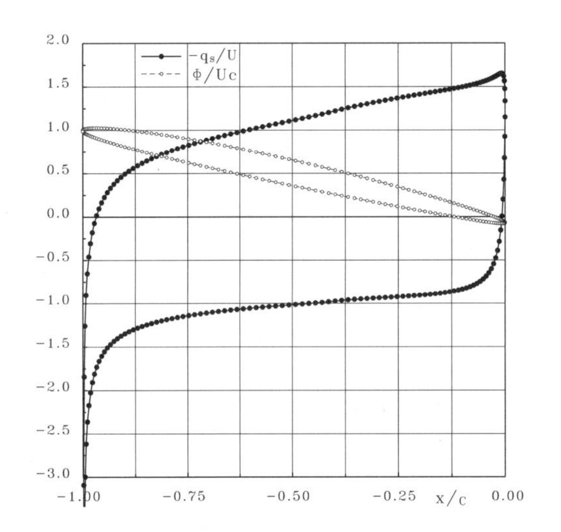

図 5.1.4.18. q-法による NACA4412（α =15°）の非揚力解と速度ポテンシャル（分割法-1; N=200）

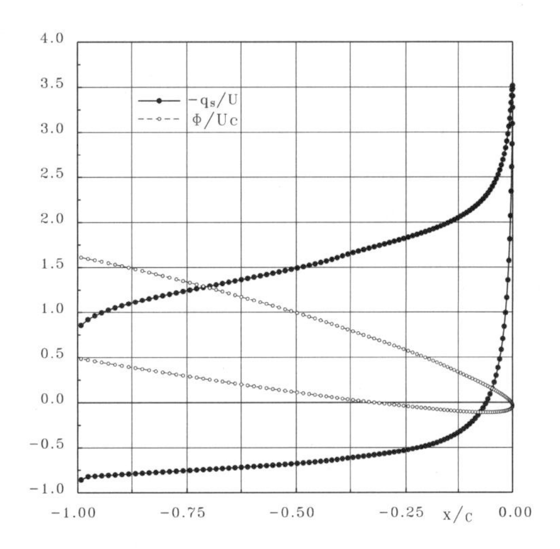

図 5.1.4.19. q-法による NACA4412（α = 15°）の Kutta の条件を満たす解と速度ポテンシャル（分割法-2; N=200）

この方法では揚力を求める方法がいくつかある．解（接線方向流速）をそのまま積分して速度ポテンシャルの差（循環）を求めて式 (5.1.4.4) に代入する方法，式 (5.1.3.34) から両端点における速度ポテンシャルの値を求める方法，流速の自乗（圧力）（の y 方向成分）を積分する方法などである．どの方法によっても大差はなく結果は図 5.1.4.13 とほぼ同一であった．

さて，Φ-法と q-法の得失であるが，Φ-法では速度ポテンシャルの値が解として求まるので揚

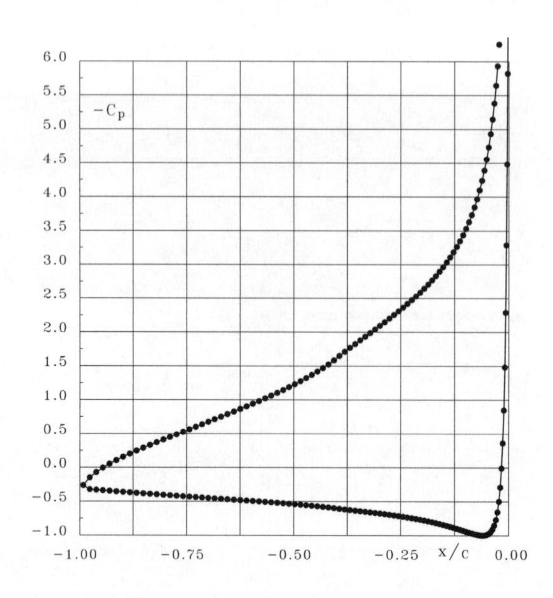

図 5.1.4.20. q-法による NACA4412（α = 15°）の圧力分布（分割法-2; N=200）

力の計算が楽であるが，流速を計算するのに数値微分を行わざるを得ず，また，その精度に若干の問題がある．一方，q-法では，解として境界上の流速という物理量が求まる利点がある．また Kutta の条件を与える際に数値微分が不要という利点もあるなど，少し有利であろう．ただし，問題によっては，Φ-法が扱いやすい場合もあろう．

異なる解法が存在し，互いに比較できることは，解の信頼性を高めることにつながり，大切なことである．解析解との比較が 1 番望ましいのであるが，それが叶わない時にはなおさらのことである．したがって，どちらがより好ましいかではなく，異なる方法による結果の比較こそが大事であると認識したい．

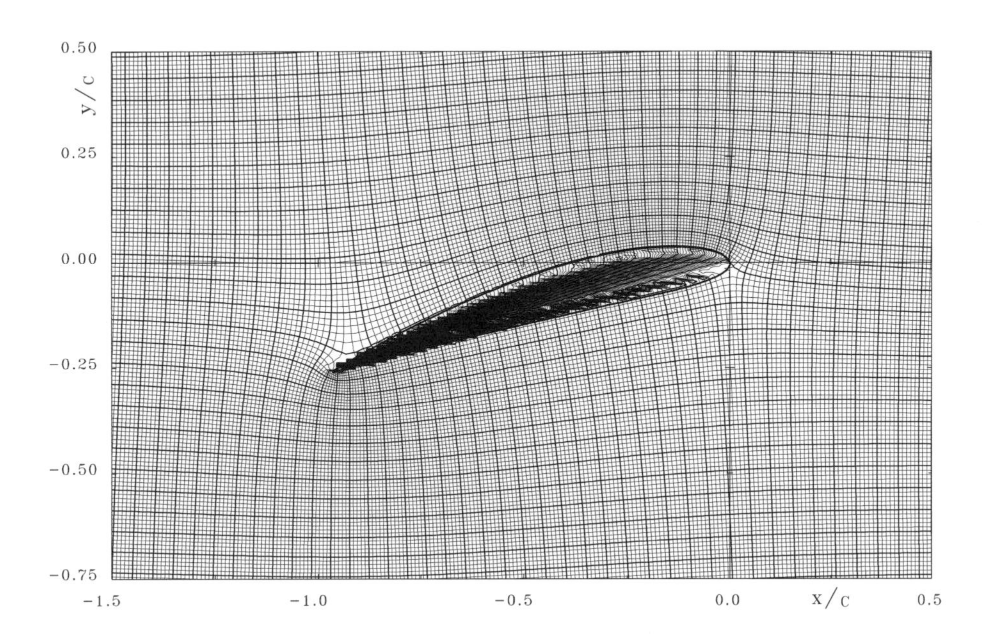

図 5.1.4.21. 非揚力体としての NACA4412（$\alpha = 15°$）翼型周りの流線と等ポテンシャル線（q-法，分割法-1，$\Delta\Phi/Uc = 0.01$，$\Psi_B/Uc = 0.104$）

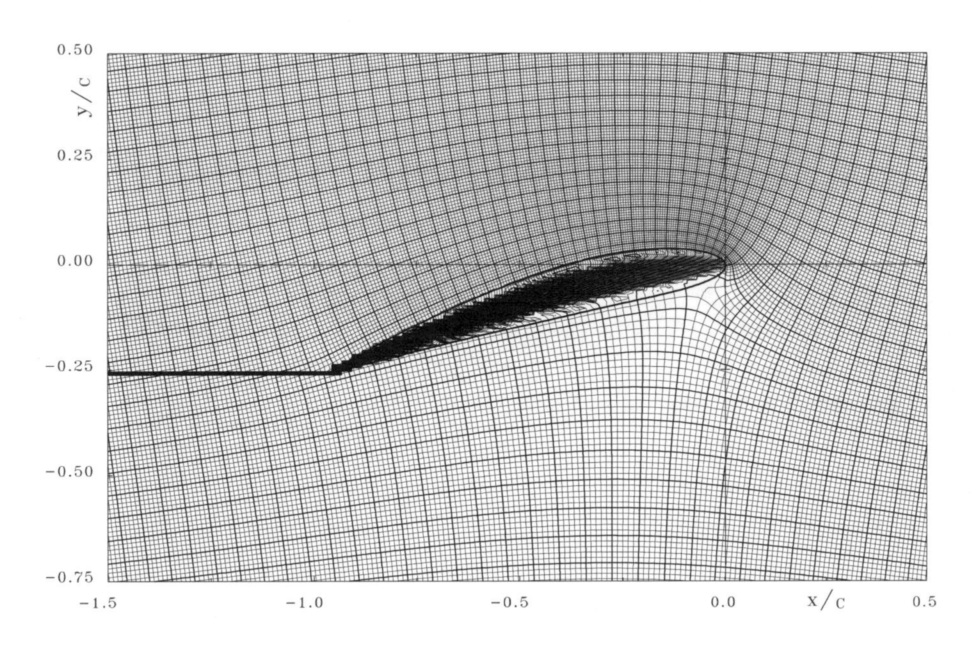

図 5.1.4.22. Kutta の条件を満たす NACA4412（$\alpha = 15°$）翼型周りの流線と等ポテンシャル線（q-法，分割法-2，$\Delta\Phi/Uc = 0.01$，$\Psi_B/Uc = 0.334$）

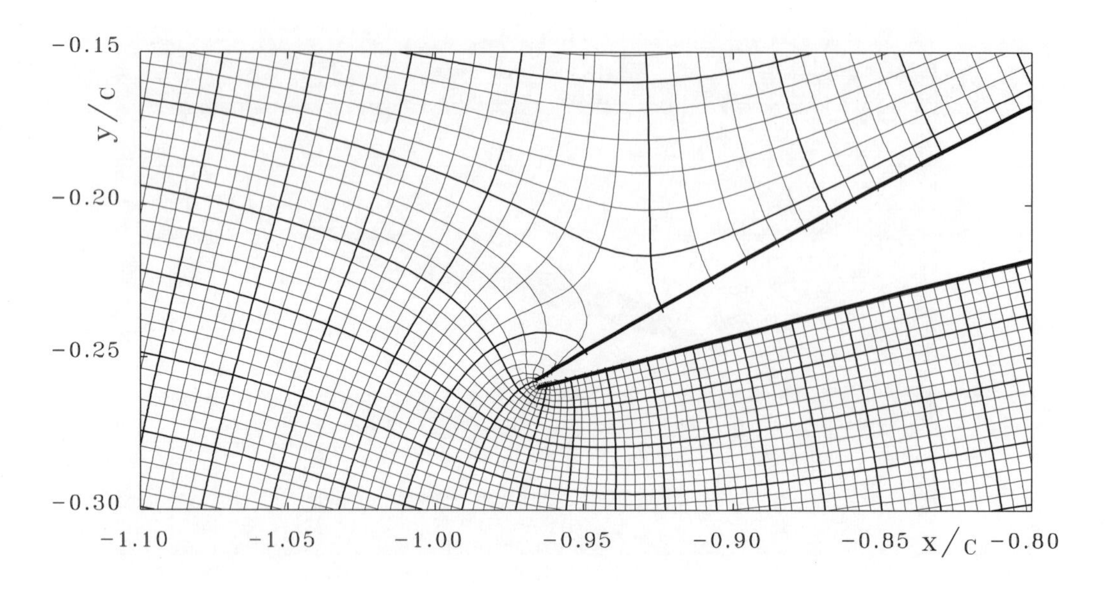

図 5.1.4.23. 非揚力体としての NACA4412（$\alpha = 15°$）後縁周りの流線と等ポテンシャル線（q-法，分割法-1，$\varDelta\Phi/Uc = 0.005$，$\Psi_B/Uc = 0.104$）

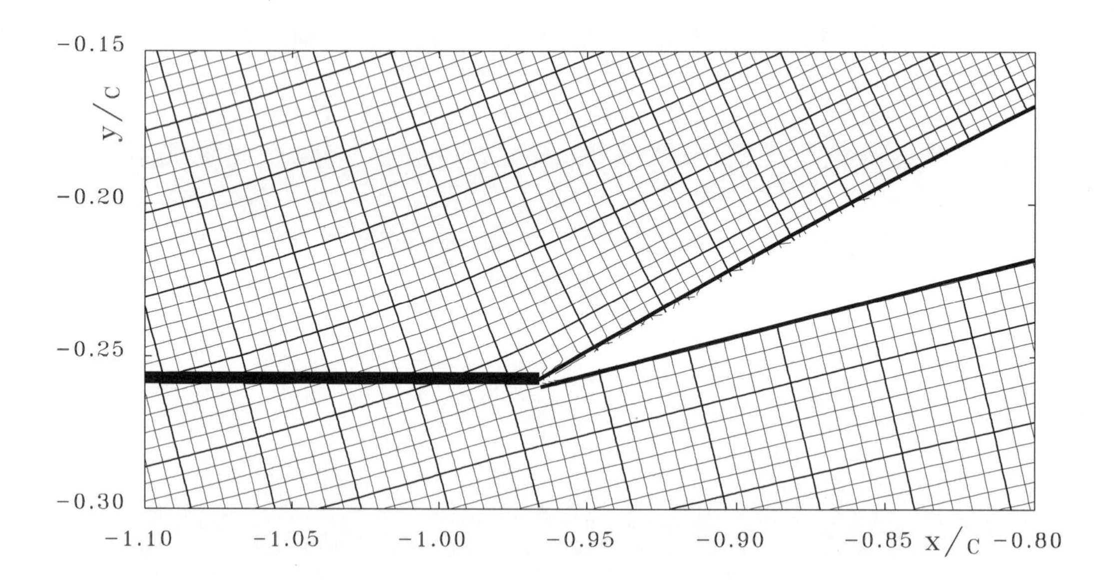

図 5.1.4.24. Kutta の条件を満たす NACA4412（$\alpha = 15°$）後縁周りの流線と等ポテンシャル線（q-法，分割法-2，$\varDelta\Phi/Uc = 0.005$，$\Psi_B/Uc = 0.334$）

3) Joukowski 翼型

前小節までに示した数値計算法による，円柱周りの流れの数値解析結果は，Φ-法，q-法ともに解析解と比較してよい一致を見ている．翼型周りの流れの数値解析結果については，Φ-法による結果と，q-法の結果はよく一致している．以上の結果から，本数値解析法の正しさと有効性は示されたと言ってよいと思われるが，さらに，翼型について解析解と比較して一致が確認できれば万全であろう．そこで本小節では，Joukowski 翼型に関する解析解との比較を試みた．

Joukowski 翼型は Joukowski 変換によって得ることができる．Joukowski 変換とは以下のような等角写像をいう．

$$Z = \zeta + \frac{l^2}{\zeta} \tag{5.1.4.5}$$

ここで l は正の実定数である．この写像は，ζ 面における，中心を $\zeta_C = \xi_C + i\eta_C$ とする半径 a の円（基本円と称しておく）の外の領域を Z 面における翼型形状の外の領域に写像する．この翼型が Joukowski 翼型と呼ばれており，基本円の中心，半径のとり方で種々の形状の翼型が得られる．本小節で用いる翼型は Milne-Thomson [1] の教科書の例題の翼型とした．具体的な数値は教科書に掲載された図（Fig.7·31(iii)）から計った以下の寸法を用いることとした．

$$\left.\begin{aligned} &l = 29.4mm, \quad a = 32.4mm \\ &\xi_C = l/10 = 2.94mm \\ &\eta_C = \xi_C \times \tan 30^\circ = 1.70mm \end{aligned}\right\} \tag{5.1.4.6}$$

図 5.1.4.25 には Milne-Thomson による幾何学的作図法を示してある．基本円の中心（ξ_C, η_C）

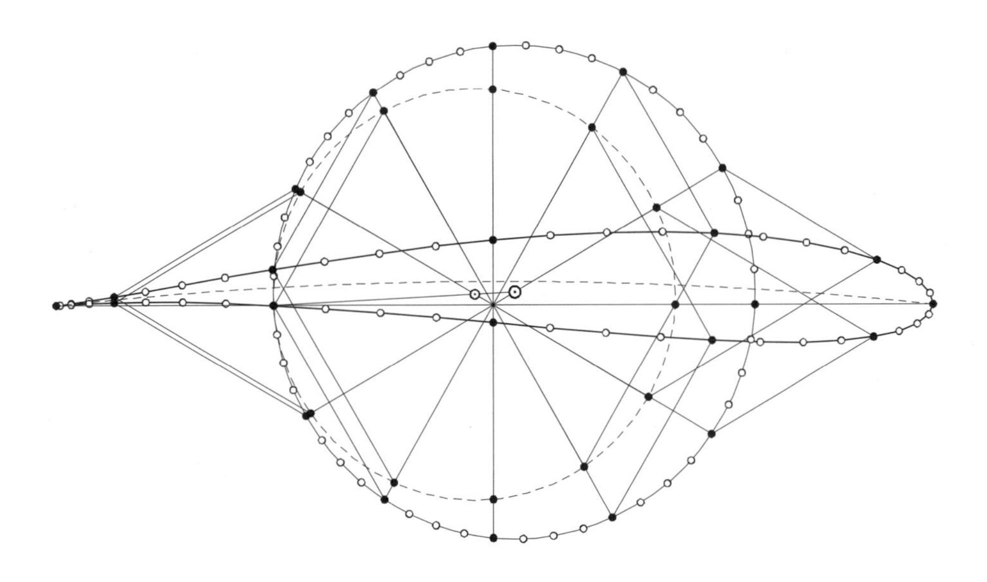

図 5.1.4.25. 基本円と Joukowski 翼型

は大きな 2 重円印．原点から 30° おきに基本円（の弧上の黒点）まで直線を引いてある．黒点の間に 30/4° おきに白丸を付しておいた．基本円の中心から基本円が実軸を切る位置（翼型の後縁に対応）に補助線を引いてある．その補助線と $\theta = 150°$ の線の交点を中心（小さい 2 重円印）とし，基本円と後縁で接する補助円を破線で描いてある．原点から基本円，補助円へ引いた各々のベクトルの和により翼型が求められる（詳細は Milne-Thomson [1] を参照）．こうして得られた Joukowski 翼型は翼厚比約 12%，キャンバー 2.6%であり，基本円の中心から基本円後縁に向かうベクトルの角度は $\beta = -177.0°$ である．なお，Joukowski 翼型については著者も詳しく勉強していないので，誤り等あればご指摘願いたい．

計算の便のため翼弦長（c）を 1 と正規化しておく．Milne-Thomson の例では弦長は 118.6mm となるので，比例計算から，基本円の半径 a_0 と中心 ζ_{C_0} などは以下とすればよい．

$$\left.\begin{aligned} a_0 &= 0.2732 \\ \zeta_{C_0} &= 0.02479 + 0.01431\, i \\ l_0 &= 0.2479 \end{aligned}\right\} \tag{5.1.4.7}$$

この基本円から以下の Joukowski 変換により Joukowski 翼型が得られる．

$$z = \zeta_{C_0} + \zeta + \frac{l_0^2}{\zeta_{C_0} + \zeta}\,; \qquad \zeta = a_0 e^{i\theta} \tag{5.1.4.8}$$

以上の Joukowski 翼型を，翼弦長を $x/c = -0.5 \sim 0.5$ となるようにするには，座標を x の負方向に $\Delta x = 0.00415$ だけ移動すればよい．そうして得られた基本円とその中心（黒丸点）及び Joukowski 翼型形状を図 5.1.4.26 に示す．Joukowski 翼型上の白丸は基本円上の 5° おきの点に対応している点である．

迎角 α で一様流が基本円に流入するものとする．この時複素ポテンシャルは以下で表わされる．

$$W(\zeta) = -U(\zeta e^{i\alpha} + \frac{a_0^2}{\zeta e^{i\alpha}}) - i\frac{\Gamma}{2\pi}\log(\zeta/a_0) \tag{5.1.4.9}$$

図 5.1.4.26 に流線と等ポテンシャル線を示した．後縁から出ている破線は対数関数の分岐線を示している．基本円周りの循環の値 Γ は基本円後縁を停留点とするので以下とすればよい．

$$\left.\begin{aligned} \gamma &= \alpha + \beta + \pi \\ \Gamma &= 4\pi U a_0 \sin\gamma \end{aligned}\right\} \tag{5.1.4.10}$$

基本円中心から x 軸に平行な後流の線上で速度ポテンシャルの値は循環量だけのジャンプがある．図 5.1.4.27 には対応する Joukowski 翼型周りの流れを示してある．後縁で Kutta の条件が満たされていることがわかる．図には翼上の流速（$q_s/U \times 0.2$）を実線で，速度ポテンシャルの値（$\Phi/Uc \times 0.2$）を破線で示してある．また，揚力係数は以下の式で求められる．

$$C_l = \frac{\rho U \Gamma}{\frac{1}{2}\rho U^2 c} = \frac{2\Gamma}{Uc} \tag{5.1.4.11}$$

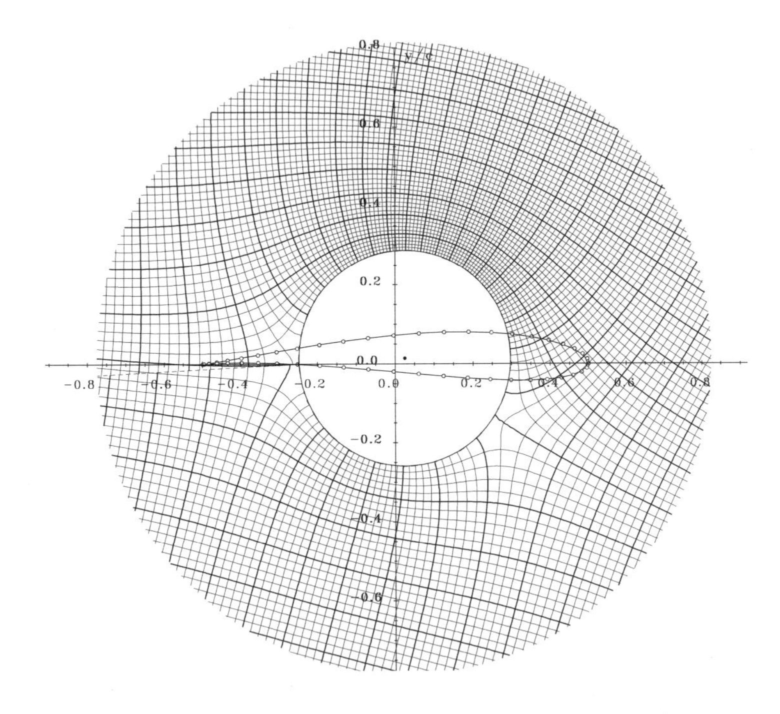

図 5.1.4.26. 基本円周りの流れ（$\alpha = 15°, \varDelta\Psi/Uc = 0.02$）

以上の解析解の結果を前小節までの q-法，Φ-法の計算結果と比べる．翼型の後縁は，基本円上で後縁をわずか（±0.3°）ずらして隙間を開けてあり，境界の分割は基本円上で行っており後縁付近をある程度の粗い分割となるようにしてある．Joukowski 翼型の後縁は尖点（カスプ）状となっているので，対数関数の翼内の分岐点（ζ_M）の選定は注意深く行う必要がある．分割数を 60 とした場合の q-法により得られた流れを図 5.1.4.28 に示す．前図との一致はよい．ただし，複素ポテンシャルの値には座標変換に伴う定数を加えている．図 5.1.4.29 に q-法による翼上の速度ポテンシャルの値と流速（白丸）を解析解（実線と破線）と比較して示す．よく一致していると言ってよい．図 5.1.4.30 には Φ-法による結果との比較を示す．速度ポテンシャルは解析値の変化に少し及ばない．流速もピークの一致など少し劣る．

最後に揚力係数の値を図 5.1.4.31 に比較した．実線は式 (5.1.4.10, 5.1.4.11) の解析値で，白丸は q-法による値であり，一致はよい．

以上の Joukowski 翼型を対象とした解析値と数値解との比較から，本書で採用した境界積分方程式に基づく数値解析法は，q-法，Φ-法ともに翼型に関しても，有効な方法であることが確かめられた．

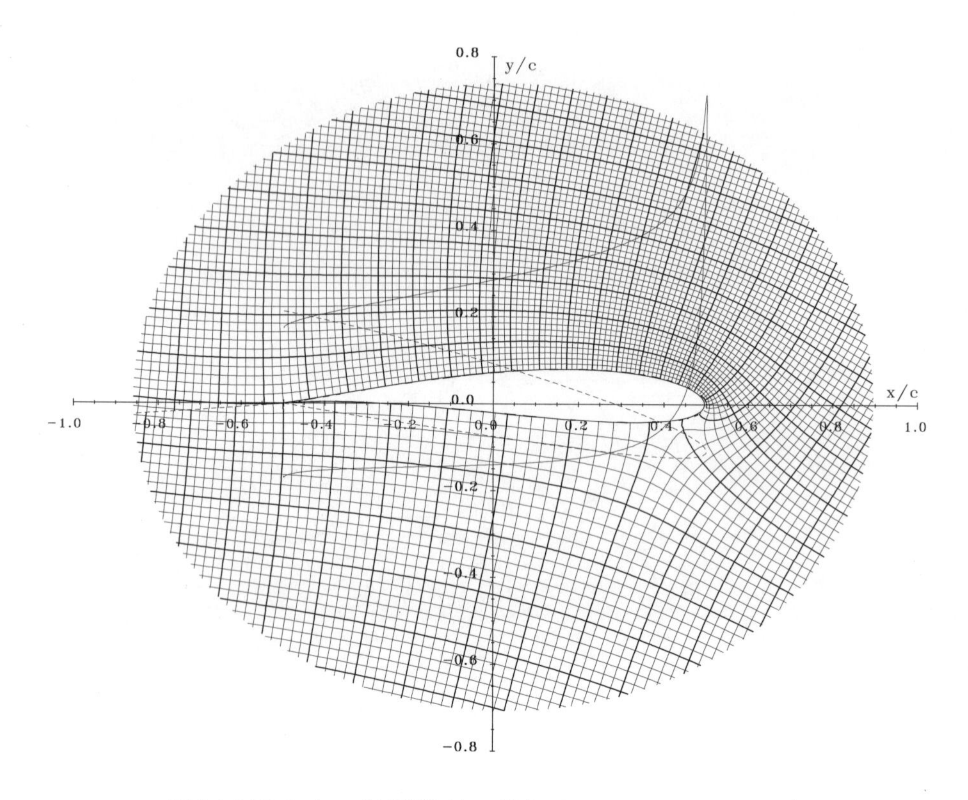

図 5.1.4.27. Joukowski 翼型周りの流れ（$\alpha = 15°, \Delta\Psi/Uc = 0.02$）

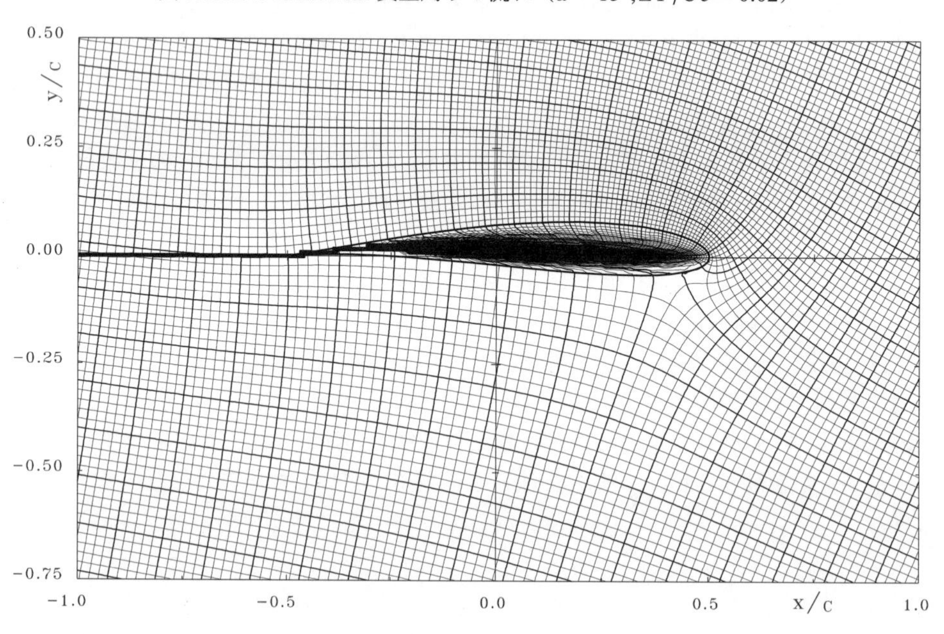

図 5.1.4.28. q-法による Joukowski 翼型周りの流線と等ポテンシャル線（$\Delta\Psi/Uc = 0.02$）

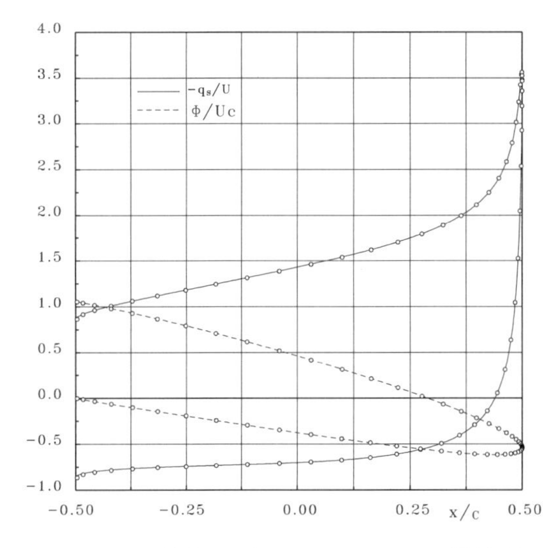

図 5.1.4.29. q-法（N=60）による Joukowski 翼型周りの流速分布と速度ポテンシャルの比較

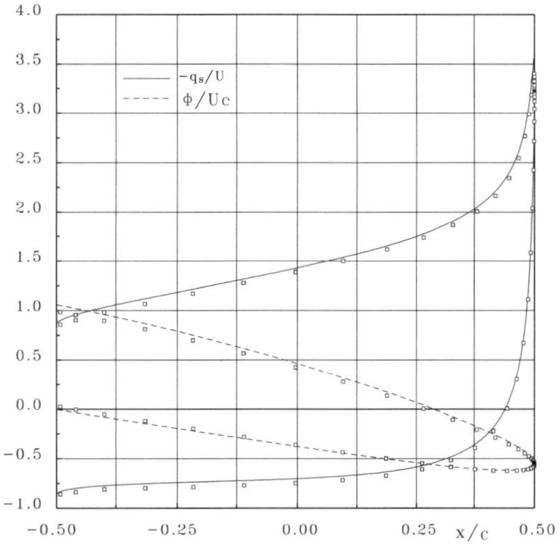

図 5.1.4.30. Φ-法（N=60）による Joukowski 翼型周りの流速分布と速度ポテンシャルの比較

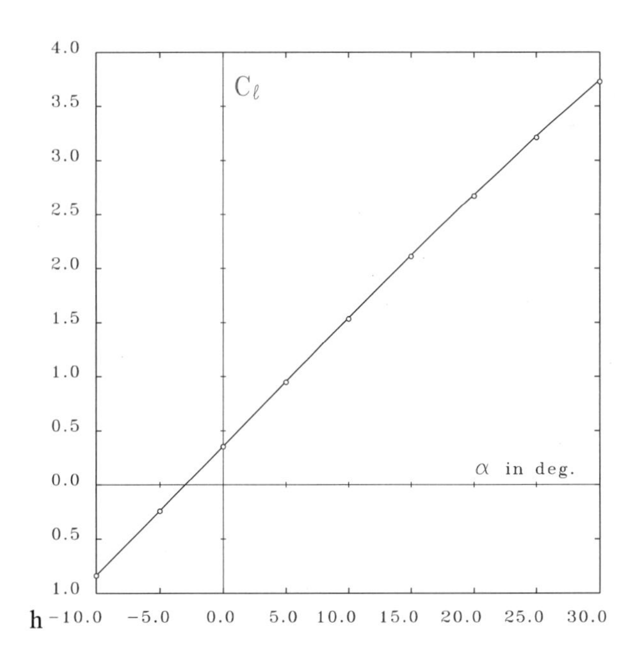

図 5.1.4.31. Joukowski 翼型の揚力係数の比較

5.1.5 対数関数の Green 積分表示

本小節では 5.1.1 小節で用いた対数関数の Green 積分公式の証明を行っておく．興味のない読者は読み飛ばしてよい．

$z = r_1 e^{i\varphi_1}$ を領域中の点，$\zeta = re^{i\varphi}$ を経路上の点として，以下の Green の積分公式を定義しておく．なお対数関数の分岐線は原点からの偏角 φ_0 の線上としている．

$$g(z) = \frac{1}{2\pi}\int_{C_\epsilon+C_-+C_R+C_+}\left[\frac{\partial}{\partial n}\log\zeta\log|z-\zeta| - \log\zeta\frac{\partial}{\partial n}\log|z-\zeta|\right]ds \tag{5.1.5.1}$$

ここで積分経路は，原点を囲む半径の十分小なる円 C_ϵ，対数関数の分岐線上の C_-，半径の十分大なる円 C_R，分岐線上の C_+ からなる閉曲線とし，方向は図 5.1.5.1 に図示する通りとする．ds は積分線素，n は法線方向を示す．この関数が対数関数 $\log z$ となっていることは，右辺が対数関数の Green 積分であるから明らかである．この小節で明らかにしたいのは，各積分経路による寄与がどうなっているかである．なお，z, ζ の定義域は以下であるものとする．

$$\varphi_0 - 2\pi \ < \ \arg z,\ \arg\zeta \ \leqq \ \varphi_0$$

対数関数を以下のように分解しておく．

$$\log(z-\zeta) = \log\gamma + i\varphi \tag{5.1.5.2}$$

ここで

$$z - \zeta = \gamma e^{i\varphi}$$

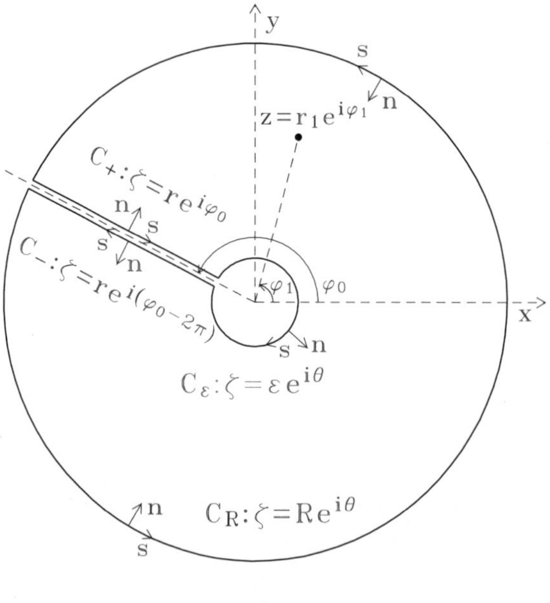

図 5.1.5.1. 積分経路 $C_\epsilon + C_- + C_R + C_+$

Cauchy-Riemann の関係式より以下である．

$$\frac{\partial}{\partial s}\log\gamma = \frac{\partial}{\partial n}\varphi \tag{5.1.5.3}$$

$$\frac{\partial}{\partial n}\log\gamma = -\frac{\partial}{\partial s}\varphi \tag{5.1.5.4}$$

積分経路 $C_\epsilon + C_- + C_R + C_+$ 上で φ の値域は，$\epsilon \to 0, R \to \infty$ の時，各々の積分経路上で以下のように変化することを注意しておく．

$$\begin{aligned}
&\varphi = \varphi_1 \quad (\text{変化せず}) && on\ C_\epsilon \\
&\varphi = \varphi_1 \sim \varphi_0 + \pi && on\ C_- \\
&\varphi = \varphi_0 + \pi \sim \varphi_0 + 3\pi && on\ C_R \\
&\varphi = \varphi_0 + 3\pi \sim \varphi_1 + 2\pi && on\ C_+
\end{aligned}$$

積分経路 C_ϵ 上の積分を以下のように書いておく．

$$g_\epsilon(z) = \frac{1}{2\pi}\int_{C_\epsilon}\left[\frac{\partial}{\partial n}\log\zeta\log|z-\zeta| - \log\zeta\frac{\partial}{\partial n}\log|z-\zeta|\right]ds$$

右辺の積分第 1 項は以下のように変形できる．

$$\begin{aligned}
\int_{C_\epsilon}\frac{\partial}{\partial n}\log\zeta\log|z-\zeta| &= \int_{C_\epsilon}\frac{\partial}{\partial\epsilon}(\log\epsilon + i\theta)\log\gamma\, ds \\
&\to \int_{\varphi_0}^{\varphi_0+2\pi}\frac{1}{\epsilon}\log|z|\,\epsilon\, d\theta \quad as \quad \epsilon \to 0 \\
&= 2\pi\log|z|
\end{aligned}$$

右辺の積分第 2 項は以下となる．

$$\begin{aligned}
\int_{C_\epsilon}\log\zeta\frac{\partial}{\partial n}\log|z-\zeta|\, ds &= -\int_{C_\epsilon}\log\zeta\frac{\partial}{\partial s}\varphi\, ds \\
&= \Big[\log\zeta\cdot\varphi\Big]_{C_\epsilon} + \int_{C_\epsilon}\frac{\partial}{\partial s}\log\zeta\cdot\varphi\, ds
\end{aligned}$$

ここで式 (5.1.5.4) の関係を用い，また，部分積分を行っている．さらに各項は以下となる．

$$\begin{aligned}
\text{右辺第 1 項} &\to \Big[(\log\epsilon + i\theta)\varphi_1\Big]_{\theta=\varphi_0-2\pi}^{\theta=\varphi_0} \quad as \quad \epsilon \to 0 \\
&= 2\pi i\varphi_1 \\
\text{右辺第 2 項} &\to -\int_{\varphi_0-2\pi}^{\varphi_0}\frac{1}{\epsilon}\frac{\partial}{\partial\theta}(\log\epsilon + i\theta)\cdot\varphi_1\epsilon\, d\theta \quad as \quad \epsilon \to 0 \\
&= -2\pi i\varphi_1
\end{aligned}$$

以上より以下を得る．

$$g_\epsilon(z) = \log|z| \quad as \quad \epsilon \to 0 \tag{5.1.5.5}$$

積分経路 $C_{\mp}$ 上の積分を調べる．

$$g_{\mp}(z) = \frac{1}{2\pi}\int_{C_{\mp}}[\frac{\partial}{\partial n}\log\zeta\log|z-\zeta| - \log\zeta\frac{\partial}{\partial n}\log|z-\zeta|]ds$$

右辺の積分第1項は以下となる．

$$\int_{C_{\mp}}\frac{\partial}{\partial n}\log\zeta\log|z-\zeta|\,ds = \int_{C_{\mp}}\pm\frac{1}{r}\frac{\partial}{\partial\theta}(\log r + i\theta)\cdot\log\gamma\,dr$$
$$=0$$

右辺の積分第2項は以下となる．

$$\begin{aligned}\int_{C_{\mp}}\log\zeta\frac{\partial}{\partial n}\log|z-\zeta|\,ds =& -\int_{C_{\mp}}\mp\log\zeta\frac{\partial}{\partial r}\varphi\,dr\\ =& -\int_{C_-}[(\log r + i\varphi_0 - 2\pi i) - (\log r + i\varphi_0)]\frac{\partial}{\partial r}\varphi\,dr\\ &\to 2\pi i\Big[\varphi\Big]_{\varphi=\varphi_1}^{\varphi=\varphi_0+\pi} \quad as \quad R\to\infty,\ \epsilon\to 0\\ &=2\pi i(\varphi_0 - \varphi_1 + \pi)\\ &=2\pi i(\varphi_0 + \pi) - 2\pi i\arg z\end{aligned}$$

ここで式 (5.1.5.4) の関係を用いた．以上より以下を得る．

$$g_{\mp}(z) = i\arg z - i(\varphi_0 + \pi) \quad as \quad R\to\infty,\ \epsilon\to 0 \tag{5.1.5.6}$$

最後に C_R 上の積分を行う．

$$g_R(z) = \frac{1}{2\pi}\int_{C_R}[\frac{\partial}{\partial n}\log\zeta\log|z-\zeta| - \log\zeta\frac{\partial}{\partial n}\log|z-\zeta|]ds$$

右辺の積分第1項は以下となる．

$$\begin{aligned}\int_{C_R}\frac{\partial}{\partial n}\log\zeta\log|z-\zeta|\,ds =& -\int_{C_R}\frac{\partial}{\partial R}(\log R + i\theta)\cdot\log\gamma\,R\,d\theta\\ &\to -\int_{\varphi_0-2\pi}^{\varphi_0}\frac{1}{R}\log R\cdot R\,d\theta \quad as \quad R\to\infty\\ &= -2\pi\log R\end{aligned}$$

右辺の積分第2項は以下となる．

$$\begin{aligned}\int_{C_R}\log\zeta\frac{\partial}{\partial n}\log|z-\zeta|\,ds =& -\int_{C_R}\log\zeta\frac{\partial}{\partial s}\varphi\,ds\\ =& -\Big[\log\zeta\cdot\varphi\Big]_{C_R} + \int_{C_R}\frac{\partial}{\partial s}\log\zeta\cdot\varphi\,ds\end{aligned}$$

ここで式 (5.1.5.4) の関係を用い，また，部分積分を行っている．さらに各項は以下となる．

$$
\begin{aligned}
\text{右辺第 1 項} \to & \Big[(\log R + i\theta)\varphi_1\Big]_{\theta=\varphi_0-2\pi,\, \varphi=\varphi_0+\pi}^{\theta=\varphi_0,\, \varphi=\varphi_0+3\pi} \quad as \quad R \to \infty \\
&= -2\pi \log R - 2\pi i(2\varphi_0 + \pi) \\
\text{右辺第 2 項} \to & \int_{C_R} \frac{1}{R}\frac{\partial}{\partial\theta}(\log R + i\theta)\cdot(\theta+\pi)R\, d\theta \quad as \quad R \to \infty \\
&= i\Big[\frac{1}{2}\theta^2 + \pi\theta\Big]_{\theta=\varphi_0-2\pi}^{\theta=\varphi_0} \\
&= 2\pi i \varphi_0
\end{aligned}
$$

以上より以下を得る．

$$
g_R(z) = i(\varphi_0 + \pi) \quad as \quad R \to \infty \tag{5.1.5.7}
$$

$C_\mp$ と C_R 上の積分の和は以下となる．

$$
g_\mp(z) + g_R(z) = i \arg z \tag{5.1.5.8}
$$

C_ϵ 上の積分を加え合わせると以下を得ることができ，対数関数に関する Green の積分表示式を確かめることができた．

$$
\begin{aligned}
g(z) &= g_\epsilon(z) + g_\mp(z) + g_R(z) \\
&= \log|z| + i \arg z \\
&= \log z \qquad as \quad R \to \infty,\ \epsilon \to 0
\end{aligned} \tag{5.1.5.9}
$$

以上で式 (5.1.5.1) の Green の積分公式が $R \to \infty$, $\epsilon \to 0$ の時に確かに $\log z$ となることが証明できた．そして，式 (5.1.5.5, 5.1.5.8) の結果は R, ϵ の極限をとる操作に関わらず正しいことは，

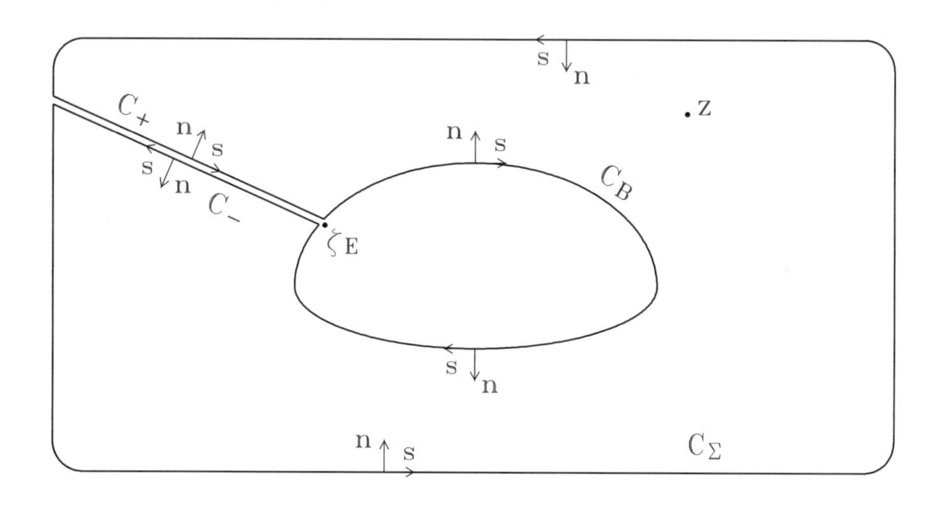

図 5.1.5.2. 積分経路 $C_B + C_- + C_\Sigma + C_+$

正則な関数に関する Green の積分が 0 になることから自明である [4]．積分路 $C_{\mp}$ 及び C_{ϵ} の出発点位置が $\zeta \to 0$ である限りは積分路をいかように（互いに交差しない限りにおいては）変形させせようと結果は不変である．

積分経路を図 5.1.5.2 のごとく変更する．原点にあった対数関数の特異点を点 ζ_E に移動し，図 5.1.5.1 の経路 C_{ϵ} を，対数関数の分岐線と逆方向に膨らませ，物体形状を擬した C_B に変形している．経路 C_R も適当に変形しておきそれを C_{Σ} としておく．この時，式 (5.1.5.5, 5.1.5.8) を参照して以下を得る．

$$\left.\begin{array}{r}\displaystyle\frac{1}{2\pi}\int_{C_B}\Big[\frac{\partial}{\partial n}\log(z-\zeta_E)\log|z-\zeta|-\log(z-\zeta_E)\frac{\partial}{\partial n}\log|z-\zeta|\Big]ds=\log|z-\zeta_E| \\ \displaystyle\frac{1}{2\pi}\int_{C_-+C_\Sigma+C_+}\Big[\frac{\partial}{\partial n}\log(z-\zeta_E)\log|z-\zeta|-\log(z-\zeta_E)\frac{\partial}{\partial n}\log|z-\zeta|\Big]ds=i\arg(z-\zeta_E)\end{array}\right\} \tag{5.1.5.10}$$

5.2　I. 定常造波問題

本節では I. 定常造波問題における境界値問題の解法，及びその数値解について記述する．

5.2.1 小節では，没水体（円柱，水中翼）に関する解の表示法と境界積分方程式法による数値解法について述べ，本節で用いる解法の基礎を学ぶ．物体に働く力である圧力抵抗と揚力について運動量定理の面からの検証も行う．

5.2.2 小節では，前小節で用いた手法を，水面を物体がよぎる場合，すなわち半没物体周りの流れに応用する方法について述べる．主としてこの問題を本書では Neumann-Kelvin 問題と呼んでいる．半没物体が水面を切る点付近で解に特異性がない場合の解を正則解と称した．その点に（弱い）特異性を許すと固有解が存在し一般に解は不定であることを示している．解を 1 つに定めるための条件として 0-流出解を提案したほか，他の解の応用の可能性について述べる．

5.2.3 小節では，前 2 小節で述べた境界積分方程式法による方法とは異なる，多重極展開法による解法について述べる．この方法は主として次節の周期的波浪中問題の解法として開発された方法であるが，本問題にも適用でき，並行した議論ができる．また，境界積分方程式法による結果との比較をすることにより，互いに精度などの検証ができる．波なしポテンシャルの導入を行い，波浪中問題でいう Ursell-田才法の本問題への適用と，Lewis Form 形状について述べる．

5.2.4 小節では，翼に近い形状が水面を滑走するという（滑走板）問題に関する解法を扱う．この問題ではフルード数により滑走板の浸水長や姿勢（水から見た形状）が変化するという前小節までの手法では扱えない特有の問題があり，そうした問題に即した近似解法が開発されている．造波抵抗理論の先駆けともなった問題でもあるので，古い解析的手法による結果との比較も行い，飛沫抵抗の計算法の開発も行った．

5.2.1　没水体

この小節では一様流中に置かれた没水体（submerged body，全没物体とも）に関する定常造波問題を扱う．

1) 境界条件

座標系などは図 5.2.1.1 のようにとり，$y = 0$ に静止水面があり水深は無限に深いものとする．没水体周りの流れは複素ポテンシャルで表現する．

$$\left.\begin{aligned} F(z) &= -Uz + f(z) \\ z &= x + iy \\ F(z) &= \Phi(x,y) + i\Psi(x,y) \\ f(z) &= \phi(x,y) + i\psi(x,y) \end{aligned}\right\} \tag{5.2.1.1}$$

没水体による乱れは小なるものとして自由表面条件は線形条件 (2.3.1.11)

$$\left.\begin{aligned} \frac{\partial^2\phi}{\partial x^2} + \nu\frac{\partial\phi}{\partial y} = 0 \\ \mathrm{Re}\left\{\frac{d^2 f}{dz^2} + i\nu\frac{df}{dz}\right\} = 0 \end{aligned}\right\} \quad on \quad y = 0 \tag{5.2.1.2}$$

ないし式 (2.3.1.12) が成り立っているものとする．

$$\left.\begin{aligned} \frac{\partial\phi}{\partial x} - \nu\psi = 0 \\ \mathrm{Re}\left\{\frac{df}{dz} + i\nu f\right\} = 0 \end{aligned}\right\} \quad on \quad y = 0 \tag{5.2.1.3}$$

物体形状は閉じており，流場に吹き出し特異性はないものとしているので上式右辺はすべての x の位置で 0 である．

物体表面上の境界条件は式 (5.1.1.3)

$$\frac{\partial\Phi}{\partial n}(x,y) = -U\frac{\partial x}{\partial n} + \frac{\partial\phi(x,y)}{\partial n} = 0 \qquad on \quad C_B \tag{5.2.1.4}$$

ないし式 (5.1.1.4)

$$\Psi(x,y) = \Psi_B\,(\text{実定数}) \qquad on \quad C_B \tag{5.2.1.5}$$

が成立しているものとする．無限下方では自由表面及び物体の影響はなくなり，以下とし（底条件）

$$f'(z) = \frac{df}{dz} \to 0 \quad as \quad y \to -\infty \tag{5.2.1.6}$$

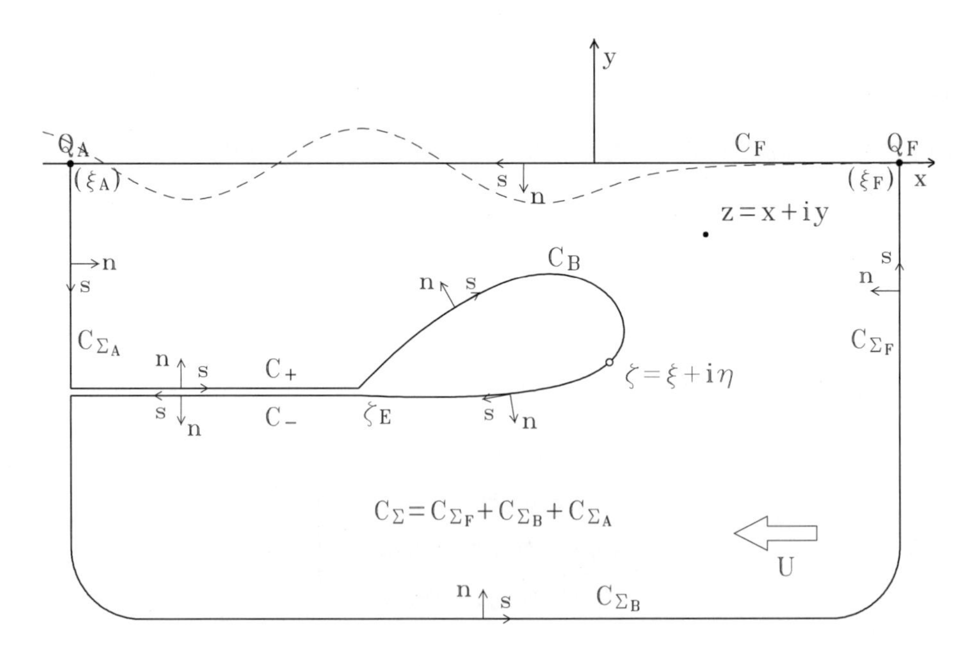

図 5.2.1.1. 没水体に関する定常造波問題

無限前方では以下の放射条件を満たすものとする．

$$f'(z) \to 0 \quad as \quad x \to \infty \tag{5.2.1.7}$$

さらに，無限前方の複素ポテンシャルの定数項も 0 に収束するものとする．すなわち以下を満たすものとする．

$$f(z) \to 0 \quad as \quad x \to \infty \tag{5.2.1.8}$$

以上の境界条件と仮定の下に，遠場で，複素ポテンシャル及びその導関数は以下の形を仮定してよい．

$$\left.\begin{aligned} f(z) &\sim \frac{\Gamma}{2\pi} W_\Gamma(z,\zeta_0) + \frac{m}{2\pi} W_m(z,\zeta_1) \\ f'(z) &\sim -\frac{\Gamma}{2\pi} W_\mu(z,\zeta_0) + \frac{m}{2\pi}\frac{dW_m}{dz}(z,\zeta_1) \end{aligned}\right\} \tag{5.2.1.9}$$

ここで W_Γ は波渦特異関数，W_m, W_μ はそれぞれ $x, -y$ 方向の波 2 重吹き出しであり（3.3.1 項参照），ζ_0, ζ_1 は物体内部の点を示し，Γ 及び m は実定数である．

2) 解の表示

この問題の解である複素ポテンシャルの積分表示式を求めることとする．式 (2.2.15) の形を採用し，前述のことより $\phi_0 = 0$ とする．

$$f(z) = \frac{1}{2\pi i}\int_C \Big[\psi(\xi,\eta)\frac{\partial G}{\partial n}(z,\zeta) - \frac{\partial \phi}{\partial s}(\xi,\eta)G(z,\zeta)\Big]ds \tag{5.2.1.10}$$

ここで核関数は $G(z,\zeta) = \log(z-\zeta)$ であり，積分は $C = C_B + C_F + C_\Sigma + C_\pm$ 上とする（図 5.2.1.1 参照）．s と n に関する偏微分はそれぞれ経路の接線方向，法線方向の微分である．$C_\pm$ のスリットを設けたのは，波渦の存在の可能性による速度ポテンシャルの不連続のためである．

核関数に領域内で正則な関数を加えても，結果は変わらないから，核関数を波渦特異関数で置き換える事ができる．G 関数と式 (3.3.1.28) の W_Γ 関数を参照して以下を得る．なお，$2\pi i$ が 2π に変わっていることに注意.

$$f(z) = \frac{1}{2\pi}\int_C \Big[\psi(\xi,\eta)\frac{\partial W_\Gamma}{\partial n}(z,\zeta) - \frac{\partial \phi}{\partial s}(\xi,\eta)W_\Gamma(z,\zeta)\Big]ds \tag{5.2.1.11}$$

以下では，各積分経路上で上式各項の評価を行う．まず，自由表面 C_F（$\eta = 0$）上の積分を調べるため以下と置いておく．

$$f_F(z) = \frac{1}{2\pi}\int_{C_F} \Big[\psi(\xi,0)\frac{\partial W_\Gamma}{\partial \eta}(z,\xi) - \frac{\partial \phi}{\partial \xi}(\xi,0)W_\Gamma(z,\xi)\Big]d\xi \tag{5.2.1.12}$$

自由表面上で波渦は以下の関係がある (3.3.1.68).

$$\frac{\partial W_\Gamma}{\partial \eta}(z,\xi) = \nu W_\Gamma(z,\xi) \quad for \quad \eta = 0$$

したがって式 (5.2.1.12) は以下となり

$$f_F(z) = -\frac{1}{2\pi}\int_{C_F}[\frac{\partial\phi}{\partial\xi}(z,\xi) - \nu\psi(z,\xi)]W_\Gamma(z,\xi)d\xi \tag{5.2.1.13}$$

条件 (5.2.1.3) より $f_F(z) = 0$ となる．これが式 (5.2.1.10) の表示を選んだ理由である．

波特異関数の関係 $\dfrac{\partial W_\Gamma}{\partial n} = \dfrac{\partial W_Q}{\partial s}$(3.3.1.67) より以下としておく．

$$f(z) = \frac{1}{2\pi}\int_C\Big[\psi(\xi,\eta)\frac{\partial W_Q}{\partial s}(z,\zeta) - \frac{\partial\phi}{\partial s}(\xi,\eta)W_\Gamma(z,\zeta)\Big]ds \tag{5.2.1.14}$$

物体表面（C_B）上の積分を考える．

$$f_B(z) = \frac{1}{2\pi}\int_{C_B}\Big[\psi(\xi,\eta)\frac{\partial W_Q}{\partial s}(z,\zeta) - \frac{\partial\phi}{\partial s}(\xi,\eta)W_\Gamma(z,\zeta)\Big]ds \tag{5.2.1.15}$$

C_B 内部に一様流 $f_i(z) = -Uz = -Ux - iUy$ を想定すると物体外部の点で以下が成立する．

$$0 = \frac{1}{2\pi}\int_{C_B}\Big[-U\eta\frac{\partial W_Q}{\partial s}(z,\zeta) + U\frac{\partial x}{\partial s}(\xi,\eta)W_\Gamma(z,\zeta)\Big]ds \tag{5.2.1.16}$$

2 式の和をとると以下を得る．

$$f_B(z) = \frac{1}{2\pi}\int_{C_B}\Big[\Psi(\xi,\eta)\frac{\partial W_Q}{\partial s}(z,\zeta) - \frac{\partial\Phi}{\partial s}(\xi,\eta)W_\Gamma(z,\zeta)\Big]ds \tag{5.2.1.17}$$

物体表面上の境界条件 (5.2.1.5) より右辺第 1 項は 0 となるから結局以下を得る．

$$f_B(z) = -\frac{1}{2\pi}\int_{C_B}\frac{\partial\Phi}{\partial s}(\xi,\eta)W_\Gamma(z,\zeta)ds \tag{5.2.1.18}$$

前方の経路（C_{Σ_F}，$\xi = \Xi > 0$）上の積分を考える．

$$f_{\Sigma_F}(z) = \frac{1}{2\pi}\int_{C_{\Sigma_F}}\Big[\psi(\xi,\eta)\frac{\partial W_Q}{\partial s}(z,\zeta) - \frac{\partial\phi}{\partial s}(\xi,\eta)W_\Gamma(z,\zeta)\Big]ds \tag{5.2.1.19}$$

無限前方（$\Xi \to \infty$）では式 (5.2.1.9) 及び 3.3.1 小節の波特異関数の遠場での振る舞いの式を参照して以下の評価を得る．

$$f(\zeta) = C_1\frac{1}{\zeta} + O(\frac{1}{\zeta^2})$$
$$f'(\zeta) = -C_1\frac{1}{\zeta^2} + O(\frac{1}{\zeta^3})$$

ここで C_1 は実の定数である．したがって，被積分関数は以下の評価となる．

$$\psi(\Xi,\eta) \sim C_1\frac{\eta}{\Xi^2+\eta^2}$$
$$\frac{\partial\phi}{\partial s}(\Xi,\eta) = \frac{\partial\phi}{\partial\eta}(\Xi,\eta) \sim C_1\frac{2\Xi\eta}{(\Xi^2+\eta^2)^2}$$

積分中の核関数は以下の評価となる．

$$W_\Gamma(z,\zeta) \sim -4\pi\, e^{\nu(y+\eta)}\, e^{-i\nu(x-\Xi)}$$

$$\frac{\partial W_Q}{\partial s}(z,\zeta) = \frac{\partial W_Q}{\partial \eta}(z,\zeta) \sim 4\pi\nu i\, e^{\nu(y+\eta)}\, e^{-i\nu(x-\Xi)}$$

これらの評価式を式 (5.2.1.19) に代入すると以下の 2 式の積分の評価を行えばよいことになる．これらの積分は少し複雑な特殊関数となるが，$\Xi \to \infty$ で評価を行うと各々以下となる．

$$\int_{-\infty}^{0} \frac{\eta}{\Xi^2+\eta^2} e^{\nu\eta} d\eta = -\frac{1}{(\nu\Xi)^2} + O(\frac{1}{\Xi^3})$$

$$\int_{-\infty}^{0} \frac{\Xi\eta}{(\Xi^2+\eta^2)^2} e^{\nu\eta} d\eta = -\frac{1}{\nu^2\Xi^3} + O(\frac{1}{\Xi^4})$$

したがって以下の評価式を得る．

$$f_{\Sigma_F}(z) = O(\frac{1}{\Xi^2}) \quad as \quad \Xi \to \infty \tag{5.2.1.20}$$

後方の経路（C_{Σ_A}，$\xi = -\Xi < 0$）上の積分を考える．

$$f_{\Sigma_A}(z) = \frac{1}{2\pi} \int_{C_{\Sigma_A}} \left[\psi(\xi,\eta)\frac{\partial W_Q}{\partial s}(z,\zeta) - \frac{\partial \phi}{\partial s}(\xi,\eta) W_\Gamma(z,\zeta)\right] ds \tag{5.2.1.21}$$

無限後方（$\Xi \to \infty$）では以下の評価を得る．

$$f(\zeta) \sim C_2\, e^{\nu(\eta+\eta_0)}\, e^{-i\nu(-\Xi-\xi_0)}$$

$$f'(\zeta) \sim -i\nu C_2\, e^{\nu(\eta+\eta_0)}\, e^{-i\nu(-\Xi-\xi_0)}$$

ここで C_2 は実の定数である．したがって，被積分関数は以下の評価となる．

$$\psi(\Xi,\eta) \sim C_2\, e^{\nu\eta}$$

$$\frac{\partial \phi}{\partial s}(\Xi,\eta) = -\frac{\partial \phi}{\partial \eta}(\Xi,\eta) \sim -\nu C_2\, e^{\nu\eta}$$

積分中の核関数は以下の評価となる．

$$W_\Gamma(z,\zeta) \sim 2\,\frac{\eta+1/\nu}{\Xi}$$

$$\frac{\partial W_Q}{\partial s}(z,\zeta) = -\frac{\partial W_Q}{\partial \eta}(z,\zeta) = W_\mu(z,\zeta) \sim -2\frac{\eta+1/\nu}{\Xi^2}$$

次の積分がわかっている．

$$\int_{-\infty}^{0} e^{\nu\eta} d\eta = \frac{1}{\nu}\,, \quad \int_{-\infty}^{0} \eta\, e^{\nu\eta} d\eta = \frac{1}{\nu^2}$$

したがって以下の評価式を得る．

$$f_{\Sigma_A}(z) = O(\frac{1}{\Xi}) \quad as \quad \Xi \to \infty \tag{5.2.1.22}$$

下方の経路（C_{Σ_B}，$\eta = -H < 0$）上の積分を考える．

$$f_{\Sigma_B}(z) = \frac{1}{2\pi} \int_{C_{\Sigma_B}} \Big[\psi(\xi,\eta)\frac{\partial W_Q}{\partial s}(z,\zeta) - \frac{\partial \phi}{\partial s}(\xi,\eta) W_\Gamma(z,\zeta)\Big] ds \tag{5.2.1.23}$$

無限下方（$H \to \infty$）では以下の評価を得る．

$$f(\zeta) \sim C_3 \frac{1}{\zeta}$$
$$f'(\zeta) \sim -C_3 \frac{1}{\zeta^2}$$

ここで C_3 は実の定数である．したがって，被積分関数は以下の評価となる．

$$\psi(\xi,-H) \sim C_3 \frac{1}{H}$$
$$\frac{\partial \phi}{\partial s}(\xi,-H) = \frac{\partial \phi}{\partial \xi}(\xi,-H) \sim C_3 \frac{1}{H^2}$$

積分中の核関数は以下の評価となる．

$$W_\Gamma(z,\zeta) = \pi + O(\frac{1}{H})$$
$$\frac{\partial W_Q}{\partial s}(z,\zeta) = \frac{\partial W_Q}{\partial \xi}(z,\zeta) = W_m(z,\zeta) = -2\frac{z - \xi + i/\nu}{H^2} + O(\frac{1}{H^3})$$

したがって被積分関数について以下の評価式を得る．

$$\psi(\xi,\eta)\frac{\partial W_Q}{\partial s}(z,\zeta) - \frac{\partial \phi}{\partial s}(\xi,\eta) W_\Gamma(z,\zeta) = O(\frac{1}{H^2}) \quad as \quad H \to \infty \tag{5.2.1.24}$$

今，H の無限大への発散の仕方を以下のように仮定しておく．

$$H = O(\Xi)$$

すると式 (5.2.1.23) は以下の評価式となる．

$$f_{\Sigma_B}(z) = O(\frac{1}{\Xi}) \quad as \quad \Xi \to \infty \tag{5.2.1.25}$$

式 (5.2.1.20, 5.2.1.22, 5.2.1.25) を総合すると Σ 上の積分について以下の評価式を得る．

$$f_\Sigma(z) = O(\frac{1}{\Xi}) \quad as \quad \Xi \to \infty \tag{5.2.1.26}$$

このことは，Σ の積分領域を無限遠方に発散させた時この積分は 0 に収束することを示している．

残るは $C_\pm$ 上の積分であるが，この経路の上下で不連続になるのは，速度ポテンシャルであり，流れ関数及び流速は連続である．したがって，この経路の上下で，被積分関数は符号が異なるだけであり，積分値は 0 である．

以上のことから，この問題における複素ポテンシャルは物体表面 C_B 上の接線方向速度を強さとする波渦分布の積分表示式で表示できることがわかった．

$$f(z) = -\frac{1}{2\pi}\int_{C_B}\frac{\partial\Phi}{\partial s}(\xi,\eta)W_\Gamma(z,\zeta)ds \tag{5.2.1.27}$$

以上の積分表示式の導入方法は複雑に過ぎると感じる読者は多いと思う．すっきりした導入方法はロシアの（というよりソヴィエトの，と言った方がよいかも）流体力学者 N. E. Kochin (1937, [3], 1901-1944) により導かれた．ただし彼の方法は高度すぎて，直感的に見通せないうらみがある．それが彼の方法をまず紹介しなかった理由である．以下に，その方法を著者なりにアレンジして紹介する．

Cauchy の積分公式による複素流速の表示から始める．複素ポテンシャルを用いないのは式 (5.2.1.8) の仮定から，複素ポテンシャルに含まれる対数関数が無限遠で発散することと，分岐線の取り扱いの問題が生じるためである．複素ポテンシャルは式 (5.1.2.13) と同じく以下と書ける．

$$f'(z) = -\frac{1}{2\pi i}\int_{C_B+C_F+C_\Sigma}\frac{f'(\zeta)}{z-\zeta}d\zeta \tag{5.2.1.28}$$

$$=f'_B(z) + f'_{F\Sigma}(z) \tag{5.2.1.29}$$

ここで

$$f'_B(z) = -\frac{1}{2\pi i}\int_{C_B}\frac{f'(\zeta)}{z-\zeta}d\zeta \tag{5.2.1.30}$$

は式 (5.1.2.19) と同様に以下と変形できる．

$$f'_B(z) = -\frac{1}{2\pi i}\int_{C_B}\frac{\partial\Phi}{\partial s}(s)\frac{1}{z-\zeta}ds \tag{5.2.1.31}$$

$f(z)$ 関数が自由表面条件 (5.2.1.3) を満たす時，その導関数も自由表面条件を満たすから式 (5.2.1.28) も条件 (5.2.1.3) を満たす．また，底条件 (5.2.1.6)，放射条件 (5.2.1.7) を満たしている．

以下の複素ポテンシャルを考える．

$$\begin{aligned}g(z) &=\frac{1}{2\pi}\int_{C_B}\frac{\partial\Phi}{\partial s}(s)W_\mu(z,\zeta)ds\\&=\frac{1}{2\pi}\int_{C_B}\frac{\partial\Phi}{\partial s}(s)\Big[\frac{i}{z-\zeta}+\frac{i}{z-\overline{\zeta}}-2\nu S_\nu(z-\overline{\zeta})\Big]ds\end{aligned} \tag{5.2.1.32}$$

明らかに，$g(z)$ 関数は自由表面条件 (5.2.1.3) を満たし，また，底条件 (5.2.1.6)，放射条件 (5.2.1.8) を満たす．上式第 1 項は $f'_B(z)$ 関数と一致している．すなわち

$$g(z) = f'_B(z) + \frac{1}{2\pi}\int_{C_B}\frac{\partial\Phi}{\partial s}(s)\Big[\frac{i}{z-\overline{\zeta}}-2\nu S_\nu(z-\overline{\zeta})\Big]ds \tag{5.2.1.33}$$

次に，$f'(z)$ 関数と $g(z)$ 関数の差の関数を考える．

$$h(z) = f'(z) - g(z) \tag{5.2.1.34}$$

$$= f'_{F\Sigma}(z) - \frac{1}{2\pi}\int_{C_B}\frac{\partial\Phi}{\partial s}(s)\Big[\frac{i}{z-\overline{\zeta}} - 2\nu S_\nu(z-\overline{\zeta})\Big]ds \tag{5.2.1.35}$$

以下，C_Σ を無限遠方にとって考える．この時，この関数は下半面で正則であり，実軸上で自由表面条件 (5.2.1.3) を，無限下方で底条件 (5.2.1.6) を，無限前方で放射条件 (5.2.1.8) を満たす．

さらに，次の関数を考える．

$$A(z) = h'(z) + i\nu h(z) \tag{5.2.1.36}$$

$h(z)$ 関数が自由表面条件を満たすのであるから

$$\mathrm{Re}\{A(z)\} = 0 \quad on \quad y = 0 \tag{5.2.1.37}$$

Schwarz の鏡像原理より

$$A(\overline{z}) = -\overline{A(z)} \tag{5.2.1.38}$$

とすることにより上半面に解析接続できる．したがって，$A(z)$ 関数は全平面で正則な関数となり，Liouville の定理により定数に限られる．式 (5.2.1.37) より以下となる．

$$A(z) = iC \quad (C : 実数) \tag{5.2.1.39}$$

式 (5.2.1.36) を解くと以下となり

$$h(z) = iC'\,e^{-i\nu z} + \frac{C}{\nu} \quad (C' : 定数)$$

$h(z)$ 関数の無限遠の条件より実は全平面で以下でなければならない．

$$h(z) = 0 \tag{5.2.1.40}$$

このことは $f'(z)$ 関数が $g(z)$ 関数と一致することを示している．すなわち，以下が成立するのである．

$$f'(z) = \frac{1}{2\pi}\int_{C_B}\frac{\partial\Phi}{\partial s}(s)W_\mu(z,\zeta)ds \tag{5.2.1.41}$$

上式 (5.2.1.41) を無限前方より積分すると式 (5.2.1.9) を参照して以下の積分表示式を得る．

$$f(z) = -\frac{1}{2\pi}\int_{C_B}\frac{\partial\Phi}{\partial s}(s)W_\Gamma(z,\zeta)ds \tag{5.2.1.42}$$

この式は式 (5.2.1.27) に他ならない．これが Kochin 流の証明である．

上式を部分積分すると以下の積分表示式を得る．

$$f(z) = \frac{1}{2\pi}\Gamma W_\Gamma(z,\zeta_E) + \frac{1}{2\pi}\int_{C_B}\Phi(s)\frac{\partial W_\Gamma}{\partial s}(z,\zeta)ds \tag{5.2.1.43}$$

ここで

$$\Gamma = \Delta\Phi = -[\Phi(\zeta_E^{upper}) - \Phi(\zeta_E^{lower})] \tag{5.2.1.44}$$

は翼端（ζ_E）における速度ポテンシャルの値の上下の差（x 負号）である．

式 (5.2.1.43) の積分表示式が遠場で式 (5.2.1.9) の漸近形になることを確かめておこう．右辺第1 項は一致しているから第 2 項について比較すれば良い．以下の変形が可能である．

$$\begin{aligned}\Phi(s)\frac{\partial W_\Gamma}{\partial s}(z,\zeta)ds =& \Phi[s_\xi\frac{\partial W_\Gamma}{\partial \xi} + s_\eta\frac{\partial W_\Gamma}{\partial \eta}]ds\\ =& \Phi[\frac{\partial W_\Gamma}{\partial \xi}d\xi + \frac{\partial W_\Gamma}{\partial \eta}d\eta]\\ =& \Phi(s)W_\mu(z,\zeta)d\xi + \Phi(s)W_m(z,\zeta)d\eta\end{aligned}$$

ここで s_ξ, s_η は接線ベクトル s のそれぞれ x-方向，y-方向の成分である．上式第 1 項は第 2 項に比し遠場で高次であるから，確かに式 (5.2.1.43) は遠場で式 (5.2.1.9) となる．

3) 境界積分方程式と数値解法

以上の解の積分表示式について，点 z を物体表面上に限りなく近づけると前節と同様に境界積分方程式を得る．その時，積分表示式 (5.2.1.27, 5.2.1.42) の虚部については式 (5.1.1.18) 及び式 (5.1.2.11) を参照して以下の q-法の境界積分方程式を得る．

$$\Psi_B + \frac{1}{2\pi}\int_{C_B}\frac{\partial \Phi}{\partial s}(s)\mathrm{Im}\{W_\Gamma(z,\zeta)\}ds = -Uy \quad for \quad z \quad on \quad C_B \tag{5.2.1.45}$$

この方程式の解を一意に定めるためには，非揚力体については，一価性の条件

$$\Gamma = \int_{C_B}\frac{\partial \Phi}{\partial s}(s)ds = 0 \tag{5.2.1.46}$$

揚力物については Kutta の条件

$$\frac{\partial \Phi}{\partial s}(\zeta_E^{lower}) = -\frac{\partial \Phi}{\partial s}(\zeta_E^{upper}) \tag{5.2.1.47}$$

が必要である．

積分表示式 (5.2.1.43) の実部については形式的には以下と変形でき Φ-法の境界積分方程式を得る．

$$\Phi(z) - \frac{1}{2\pi}\int_{C_B}\Phi(s)\,\mathrm{Re}\Big\{\frac{\partial W_\Gamma}{\partial s}(z,\zeta)\Big\}ds = -Ux + \frac{\Gamma}{2\pi}\mathrm{Re}\{W_\Gamma(z,\zeta_E)\} \quad for \quad z \quad on \quad C_B \tag{5.2.1.48}$$

ただし，被積分関数の核関数項の特異性から z 点を流体領域から無限に物体表面に近づけた極限をとると式 (5.1.1.16) を参照して左辺第 1 項は $\frac{1}{2}\Phi(z)$ となり積分は主値をとることに注意しておく．

これらの境界積分方程式は，前節で見たように，離散化して連立方程式で近似することによって数値的に解くことができる．物体境界を図 5.1.3.1 に示すように分割し，未知数を各小区間で一定値とすることによって積分を離散化する．

まず，q-法について離散化を行う．$q_j = \dfrac{\partial \Phi}{\partial s}(z_j)$ とし，渦核関数の小区間における積分を式 (3.3.1.72, 3.3.1.73) を参照して以下としておく．

$$W_{\Gamma_{int}}(z, \zeta_{j+1}, \zeta_j) = \int_{\Delta_j} W_\Gamma(z, \zeta) ds \tag{5.2.1.49}$$

この時境界積分方程式 (5.2.1.45) は以下と離散化できる．

$$\Psi_B + \sum_{j=1}^{N} A_{i,j}\, q_j = -Uy_i \quad for \quad i = 1, 2, ..., N \tag{5.2.1.50}$$

ここで

$$A_{i,j} = \frac{1}{2\pi} \mathrm{Im}\{W_{\Gamma_{int}}(z_i, \zeta_{j+1}, \zeta_j)\} \tag{5.2.1.51}$$

Kutta の条件，ないし，物体周りの循環を与えるには式 (5.1.3.30, 5.1.3.31) を付加すればよい．解が求まれば，撹乱複素ポテンシャルは式 (5.2.1.42) より以下の式で求められる．

$$f(z) = -\frac{1}{2\pi} \sum_{j=1}^{N} q_j W_{\Gamma_{int}}(z, \zeta_{j+1}, \zeta_j) \tag{5.2.1.52}$$

次に，Φ-法については式 (5.2.1.48) を離散化すると以下を得る．

$$\Phi_i - \sum_j \Phi_j \varDelta\Theta^*_{i,j} - \Phi_1 \Theta^*_{i,1} + \Phi_N \Theta^*_{i,N+1} = -Ux_i \quad for \quad i = 1, 2, ..., N \tag{5.2.1.53}$$

ここで

$$\left.\begin{aligned} \varDelta\Theta^*_{i,j} &= \Theta^*_{i,j+1} - \Theta^*_{i,j} \\ \Theta^*_{i,j} &= \frac{1}{2\pi} \mathrm{Re}\{W_\Gamma(z_i, \zeta_j)\} \end{aligned}\right\} \tag{5.2.1.54}$$

ただし，$\Theta^*_{i,j}$ の主要項である対数関数 $\log(z_i - \zeta_j)$ の分岐線のとり方に注意すべきであって，3.3.4 小節に述べた水中翼用の対数関数（とその分岐線）を採用することによって式 (5.2.1.48) で触れた留数項の問題は解決される（図 3.3.1.5, 3.3.1.6）．この時物体表面上の点 ζ_j から ζ_M, ζ_E を通る分岐線は物体表面と交わらないことが必要である．式 (5.1.3.6) の関係（$\sum_{j=1}^{N} A_{ij} = 1$）は式 (5.2.1.53) についても成立する．また，$\Theta^*_{i,j}$ に含まれるもう 1 つの対数関数 $\log(z_i - \overline{\zeta_j})$ の分岐線は波動項に含まれる $S_\kappa(z_i - \overline{\zeta_j})$ と同様に $\overline{\zeta_j}$ より上方にとればよい．

上の連立方程式は 1 つの固有解を有することは前節と同様であり，それを定める方法も前節で述べたことと同様であるのでここでは省略する．領域中の点 z における撹乱複素ポテンシャルの値は以下の式により求められる．

$$f(z) = \frac{1}{2\pi}\Phi_1 W_\Gamma(z, \zeta_2) + \frac{1}{2\pi}\sum_{j=2}^{N-1}\Phi_j[W_\Gamma(z, \zeta_{j+1}) - W_\Gamma(z, \zeta_j)] - \frac{1}{2\pi}\Phi_N W_\Gamma(z, \zeta_N) \tag{5.2.1.55}$$

4) 造波抵抗と運動量定理

まず，物体に働く抗力，揚力を物体表面上の圧力積分によって求めておく．物体表面の圧力分布は q 法の解を用いるのが適していよう．j-番目の物体線素上の圧力を p_j，大気圧を p_∞ としておくと，圧力係数は以下で表わせられる．

$$C_{p_j} = \frac{p_j - p_\infty}{1/2\,\rho U^2} = 1 - (q_j/U)^2 \tag{5.2.1.56}$$

なお，静水圧は抗力に寄与しないし，静的浮力は考慮していない．物体の代表長さを c，圧力抵抗を D，揚力を L とし，圧力抵抗係数，揚力係数を各々以下としておく．

$$C_D = \frac{D}{1/2\,\rho U^2 c}, \quad C_L = \frac{L}{1/2\,\rho U^2 c} \tag{5.2.1.57}$$

各々は以下で求められる．

$$C_D - i\,C_L = i\sum_{j=1}^{N} C_{p_j}\,(\zeta_{j+1} - \zeta_j) \tag{5.2.1.58}$$

次に造波抵抗を求めておく．撹乱複素ポテンシャルの無限下流での振る舞いを以下としておく．

$$f(z) \sim UH_\nu\,e^{-i\nu z} \tag{5.2.1.59}$$

ここで，$H_\nu = H_\nu^C + i\,H_\nu^S$ は Kochin 関数（Kochin の H 関数）と称される [3]． この時下流での自由波の波高は式 (2.3.1.5) より

$$\begin{aligned}\eta(x) =& \frac{1}{U}\,\mathtt{Im}\{f(x)\}\\ \sim& \mathtt{Im}\{H_\nu\,e^{-i\nu x}\}\end{aligned} \tag{5.2.1.60}$$

したがって H_ν は自由波の複素振幅を示す．q-法では式 (5.2.1.52) に式 (3.3.1.73) を代入し，式 (3.1.14) の S_ν 関数の漸近表示を参照すれば以下を得る．

$$\nu H_\nu = -2i\sum_{j=1}^{N}\frac{q_j}{U}\,e^{i\alpha_j}\left[e^{i\nu\bar{\zeta}}\right]_{\zeta_j}^{\zeta_{j+1}} \tag{5.2.1.61}$$

ここで α_j は区間 Δ_j の x 軸となす角である．Φ-法では式 (5.2.1.55) に式 (3.3.1.30) の漸近表示を代入すれば以下となる．

$$\nu H_\nu = -2\nu c\left\{\frac{\Phi_1}{Uc}\,e^{i\nu\bar{\zeta}_2} + \sum_{j=2}^{N-1}\frac{\Phi_j}{Uc}[e^{i\nu\bar{\zeta}_{j+1}} - e^{i\nu\bar{\zeta}_j}] - \frac{\Phi_N}{Uc}\,e^{i\nu\bar{\zeta}_N}\right\} \tag{5.2.1.62}$$

造波抵抗を R_W とし造波抵抗係数を C_W としておくと自由波のエネルギーの式 (2.1.16) より以下と表わされる．ここで c は翼長である．

$$\left.\begin{aligned}R_W =& \frac{1}{4}\rho g\left|H_\nu\right|^2\\ C_W =& \frac{R_W}{1/2\,\rho U^2 c} = \frac{1}{2\nu c}\left|\nu H_\nu\right|^2\end{aligned}\right\} \tag{5.2.1.63}$$

圧力抗力と造波抵抗の関係を知るために，運動量の保存則（運動量定理とも）について調べてみる．運動量定理とは，「物体表面を含めた検査面から検査面内の流体が受ける外力（その反力が物体などが受ける流体力）は，検査面から流出する運動量（増加）と一致する」という物理法則のことであって，x-方向の運動量の保存則は式で表わすと以下となる．

$$\int_{C_B+C_F+C_\Sigma}(\rho\frac{\partial\Phi}{\partial x}\frac{\partial\Phi}{\partial n}+p_T n_x)ds=0 \tag{5.2.1.64}$$

ここで $\Phi=-Ux+\phi$ は全速度ポテンシャルであり，p_T は総圧力で動圧 p_D と静水圧 p_S との和で表わされる．なお，n_x は法線方向単位ベクトル n の x-方向成分である．

$$\left.\begin{aligned} p_T &= p_D+p_S \\ p_D &= \frac{1}{2}\rho(U^2-\nabla\Phi\nabla\Phi) \\ p_S &= -\rho gy \end{aligned}\right\} \tag{5.2.1.65}$$

静水圧 p_S は式 (5.2.1.64) に寄与しないので p_T の代わりに p_D としてよい．物体に働く（負の x 方向の）圧力抗力（前述の D と同じ）を以下と書いておく．

$$R_P=\int_{C_B}p_D n_x ds \tag{5.2.1.66}$$

式 (5.2.1.64) の第 1 項は C_B 上で 0 であるから，上式は，以下と表わされる．なお，以下では偏微分は添字で表わす．

$$\left.\begin{aligned} R_P &= R_F+R_\Sigma \\ R_F &= -\int_{C_F}(\rho\Phi_x\Phi_n+p_T n_x)ds \\ R_\Sigma &= -\int_{C_\Sigma}(\rho\Phi_x\Phi_n+p_T n_x)ds \end{aligned}\right\} \tag{5.2.1.67}$$

C_F 上の積分 R_F について考えると $n_x=0$，$\Phi_n=-\phi_y$ であり，以下が成り立つ．

$$\begin{aligned} \Phi_x\Phi_n &= U\phi_y-\phi_x\phi_y \\ &= -U\psi_x+\frac{1}{\nu}\phi_x\phi_{xx} \end{aligned}$$

ここで，Cauchy-Riemann の関係式と線形自由表面条件の関係を用いた．上式に代入すると以下を得る．

$$\begin{aligned} R_F &= \rho\int_{\xi_A}^{\xi_F}(U\psi_x-\frac{1}{\nu}\phi_x\phi_{xx})dx \\ &= \rho\Big[U\psi-\frac{1}{2\nu}\phi_x^2\Big]_{\xi_A}^{\xi_F} \\ &= -\rho U\psi(\xi_A)+\frac{1}{2}\rho g\eta^2(\xi_A) \end{aligned} \tag{5.2.1.68}$$

無限前方では撹乱はないこと（放射条件）を用いており，$\eta(\xi_A)=\dfrac{U}{g}\phi_x(\xi_A)$ は, 自由表面（$y=0$）後端における波高を示している．なお，積分を ds から $d\xi$ に変換する際に以下の関係があることに注意する．

$$\int_{Q_F}^{Q_A} ds=-\int_{\xi_F}^{\xi_A} d\xi=\int_{\xi_A}^{\xi_F} d\xi$$

次に，検査面 C_Σ 上の積分 R_Σ について考える．検査面 C_B 上で被積分関数は 0 となり，検査面 C_{Σ_F} 上では一様流のみとなることを考慮すると以下となる．

$$\begin{aligned}R_\Sigma&=\rho\int_{-\infty}^{0}\left\{U^2-\Phi_x^2-\frac{1}{2}(U^2-\Phi_x^2-\phi_y^2)\right\}dy\\&=\rho U\psi(Q_A)-\frac{1}{2}\int_{-\infty}^{0}(\phi_x^2-\phi_y^2)\,dy\end{aligned}\tag{5.2.1.69}$$

ここで最後の積分は無限下流の検査面 C_{Σ_A} 上の積分である．

上の 2 式を式 (5.2.1.65) に代入すると以下を得る．

$$R_P=\frac{1}{2}\rho g\eta^2(Q_A)-\frac{1}{2}\rho\int_{-\infty}^{0}(\phi_x^2-\phi_y^2)\,dy\tag{5.2.1.70}$$

この式は造波抵抗を運動量表示したものである．この式に Kochin 関数の表示 (5.2.1.59, 5.2.1.60) を代入する．

$$\left.\begin{aligned}\eta(\xi_A)&=H_\nu^S\cos\nu\xi_A-H_\nu^C\sin\nu\xi_a\\\phi_x(\xi_A,y)&=\nu U(H_\nu^S\cos\nu\xi_A-H_\nu^C\sin\nu\xi_a)e^{\nu y}\\\phi_y(\xi_A,y)&=\nu U(H_\nu^C\cos\nu\xi_A+H_\nu^S\sin\nu\xi_a)e^{\nu y}\end{aligned}\right\}\tag{5.2.1.71}$$

上第 1 式を式 (5.2.1.70) 第 1 項に代入すると以下を得る．

$$\frac{1}{2}\rho g({H_\nu}^{S\,2}\cos^2\nu\xi_A+{H_\nu}^{C\,2}\sin^2\nu\xi_A-2H_\nu^C H_\nu^S\cos\nu\xi_A\sin\nu\xi_A)$$

上第 2,3 式を式 (5.2.1.70) 第 2 項に代入し積分すると以下を得る．

$$\frac{1}{4}\rho g\left[({H_\nu}^{C\,2}-{H_\nu}^{S\,2})(\cos^2\nu\xi_A-\sin^2\nu\xi_A)-4H_\nu^C H_\nu^S\cos\nu\xi_A\sin\nu\xi_A\right]$$

両式の和をとると以下を得る．

$$R_p=\frac{1}{4}\rho g\left|H_\nu\right|^2\tag{5.2.1.72}$$

式 (5.2.1.63) と比較して

$$R_p(=D)=R_w\tag{5.2.1.73}$$

が証明された．すなわち没水体に働く圧力効力は造波抵抗に等しいことが示された．初めてこの証明を読んだ読者は，入り組んだ式の演算に辟易とされた方も多いことと推察するが，最後の式は美しい．3 次元問題ではさらに複雑となる．ここらが造波抵抗理論が難解だと言われる理由の 1 つであろう．

揚力は y-方向の運動量定理から求まる．静水圧による静的浮力については除外しておくと，y-方向の運動量の保存則（運動量定理）は以下の式で表わされる．

$$\int_{C_B+C_F+C_\Sigma} (\rho\Phi_y\Phi_n + p_D n_y)ds = 0 \tag{5.2.1.74}$$

物体に働く y-方向の揚力は

$$L_P = -\int_{C_B} p_D n_y ds \tag{5.2.1.75}$$

であり，物体表面上の境界条件を考えると運動量定理の式は以下となる．

$$\left.\begin{aligned} L_P &= L_F + L_\Sigma \\ L_F &= \int_{C_F} (\rho\Phi_y\Phi_n + p_D\, n_y)ds \\ L_\Sigma &= \int_{C_{\Sigma_A}} \rho\Phi_y\Phi_n ds \end{aligned}\right\} \tag{5.2.1.76}$$

L_Σ については，C_{Σ_B} 上の積分は積分領域を無限下方にとれば 0 となり，C_{Σ_F} 上の積分も積分領域を無限前方にとれば 0 になること，及び，C_{Σ_A} 上で $n_y = 0$ であることを用いている．少し演算を行うと以下となる．

$$\left.\begin{aligned} L_F &= \rho U\phi(\xi_A, 0) + \frac{1}{2}\rho\int_{\xi_A}^{\infty} [\phi_x^2(x,0) - \phi_y^2(x,0)]\, dx \\ L_\Sigma &= -\rho U\int_{-\infty}^{0} \phi_y(\xi_A, y)\, dy + \rho\int_{-\infty}^{0} \phi_x(\xi_A, y)\phi_y(\xi_A, y)\, dy \\ &= -\rho U\phi(\xi_A, 0) + \rho U\Gamma + \rho\int_{-\infty}^{0} \phi_x(\xi_A, y)\phi_y(\xi_A, y)\, dy \end{aligned}\right\} \tag{5.2.1.77}$$

最終行では，C_{Σ_A} 上の分岐線での速度ポテンシャルの差は循環量であることを用いている．両式を式 (5.2.1.76) に代入すると以下の式を得る．

$$L_P = \rho U\Gamma + \frac{1}{2}\rho\int_{\xi_A}^{\infty} [\phi_x^2(x,0) - \phi_y^2(x,0)]\, dx + \rho\int_{-\infty}^{0} \phi_x(\xi_A, y)\phi_y(\xi_A, y)\, dy \tag{5.2.1.78}$$

最後の項を Kochin 関数で表示して積分すると以下となる．

$$= \rho U\Gamma + \frac{1}{2}\rho\int_{\xi_A}^{\infty} [\phi_x^2(x,0) - \phi_y^2(x,0)]\, dx + \frac{1}{4}\rho g\, \mathtt{Im}\{H_\nu^2 e^{-2i\nu\xi_A}\} \tag{5.2.1.79}$$

この式は（線形自由表面条件を満たす）水面がある場合の Kutta-Joukowski の定理である．第 1 項が無限領域における揚力を示し，第 2,3 項が水面がある場合の補正項である．第 3 項は波形が腹ないし節の点では 0 となっている．

5) 数値解の例

全没円柱　全没円柱を例にして，まず q 法の式 (5.2.1.50) を数値的に解いた．円柱半径を a とし，中心の没水深度を $h/a=2$ の場合としている（図 5.2.1.6 を参照）．前節にならい分割は不等分割としている（図 5.1.4.4 参照）．式 (5.2.1.50) は前節の式 (5.1.3.29) のように最小自乗解と 1 つの固有解を有する．横軸に円柱前端を 0° とする反時計周りの角度 θ をとり，流速分布の最小自乗解及び固有解（に k 値を乗じた量）を図 5.2.1.2 に各々白丸，白三角印にて示してある．循環 $\Gamma/Ua=0$ の条件で k 値を定めて得られた解を黒丸にて図中に示してある．参考のため無限領域中の値を破線にて示している．

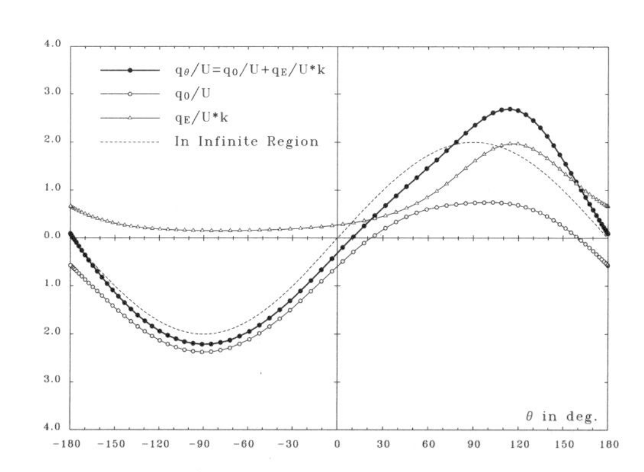

図 5.2.1.2. q-法による全没円柱周りの流速分布の最小自乗解と固有解（$h/a=2$, $Fn_a=1.0$, $\Gamma=0$, $N=80$）

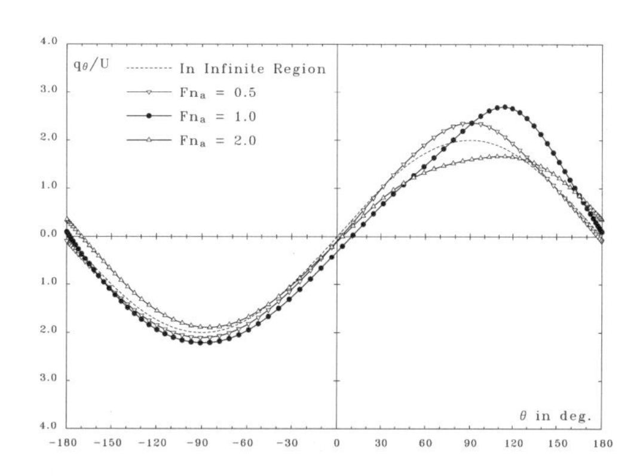

図 5.2.1.3. q-法による全没円柱周りの流速分布（$h/a=2$, $Fn_a=0.5, 1.0, 2.0$, $\Gamma=0$, $N=80$）

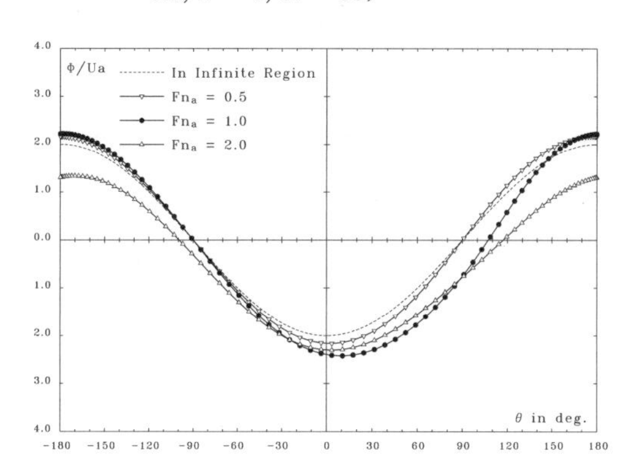

図 5.2.1.4. q-法による全没円柱周りの速度ポテンシャル（$h/a=2$, $Fn_a=0.5, 1.0, 2.0$, $\Gamma=0$, $N=80$）

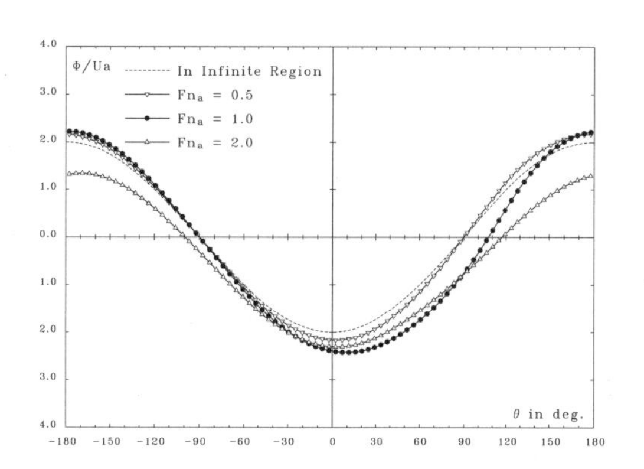

図 5.2.1.5. Φ-法による全没円柱周りの速度ポテンシャル（$h/a=2$, $Fn_a=0.5, 1.0, 2.0$, $\Gamma=0$, $N=80$）

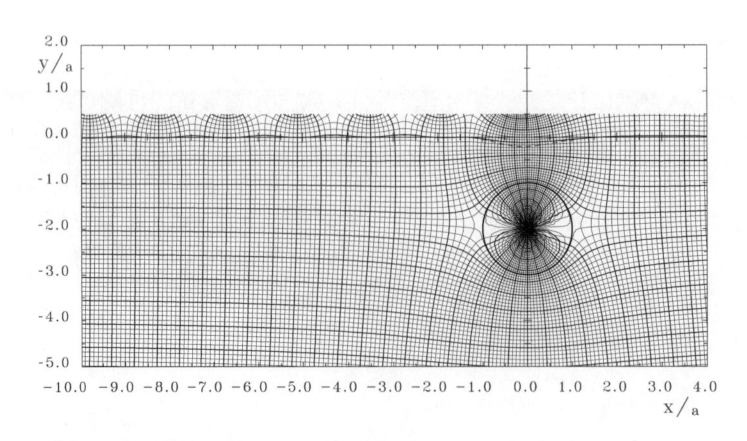

図 5.2.1.6. 全没円柱周りの流線と等ポテンシャル線（h/a = 2, Fn_a = 0.5, Γ = 0, Ψ_B/Ua = 1.69, N = 80, $\Delta\Psi/Uc$ = 0.10）

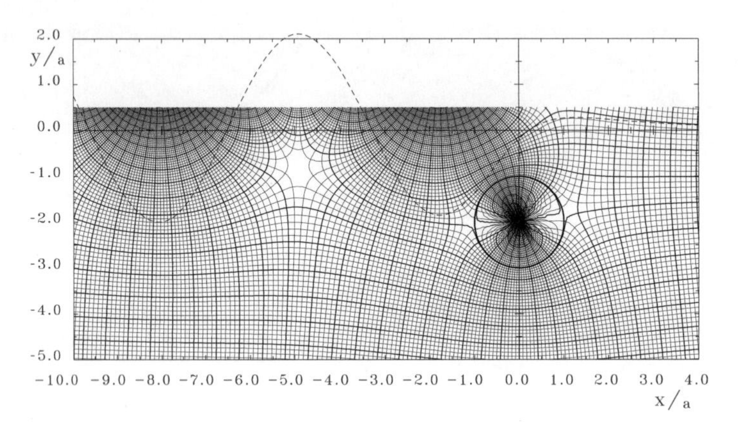

図 5.2.1.7. 全没円柱周りの流線と等ポテンシャル線（h/a = 2, Fn_a = 1.0, Γ = 0, Ψ_B/Ua = 1.49, N = 80, $\Delta\Psi/Uc$ = 0.10）

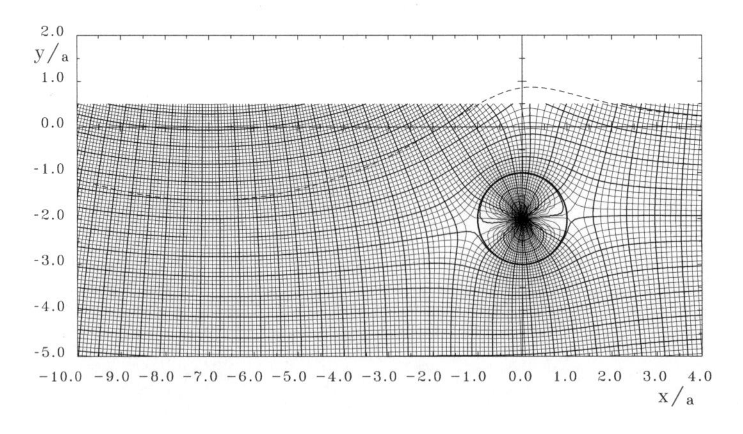

図 5.2.1.8. 全没円柱周りの流線と等ポテンシャル線（h/a = 2, Fn_a = 2.0, Γ = 0, Ψ_B/Ua = 1.98, N = 80, $\Delta\Psi/Uc$ = 0.10）

図 5.2.1.3 には，半径をベースとするフルード数（$Fn_a = U/\sqrt{ga} = 1/\sqrt{\nu a}$）を 3 種変えて，流速分布を示している．$\theta = 90°$ 付近で，低速では上部の水面が下がる効果で流速が速くなっている（図 5.2.1.6 参照）のに比し，高速では上部の水面が上昇する効果で流速が低下している（図 5.2.1.8 参照）ことがわかる．下方では無限領域中の値とあまり変化がなく水面の影響があまり現れないことがわかる．

式 (5.2.1.52) を用いて計算した円柱状の速度ポテンシャルの値を図 5.2.1.4 に示した．Φ 法 (5.2.1.53) で求めた（等分割）速度ポテンシャルの値を図 5.2.1.5 に示す．両者よく一致していることがわかる．

3 種のフルード数における円柱周りの流線と等ポテンシャル線を実線にて，波高（a で無次元化）を破線にて図 5.2.1.6 - 5.2.1.8 に示した．これらの図は q 法によるものであるが，Φ 法によるものと良い一致が得られている．

式 (5.2.1.58) で計算される圧力抵抗と揚力の係数を半径をベースとするフルード数を横軸に図 5.2.1.9 に示した．q-法の式 (5.2.1.61, 5.2.1.63) で計算した造波抵抗と圧力抵抗との一致は良好であることは確かめてある．しかし，Φ-法による Kochin 関数 (5.2.1.62) から計算した造波抵抗値は項数が小さいと多少精度が悪いようである．抗力係数はフルード数 0.5 ぐらいから急激に増大し，フルード数 1.05 で最大値をとり，フルード数増大と共に徐々に 0 に収束して行く．揚力係数はフルード数 0 で水面を固体壁とした時の値約 0.46 から増加し，フルード数 0.8 程度で最大となり，その後減少し，フルード数 1.2 で 0 となり，その後負の値（沈下力）となる．なお，この間，物体表面上の流れ関数の値（Ψ/Ua）は 1.5 から 1.7 ぐらいでほとんど大きな値の変化はない．

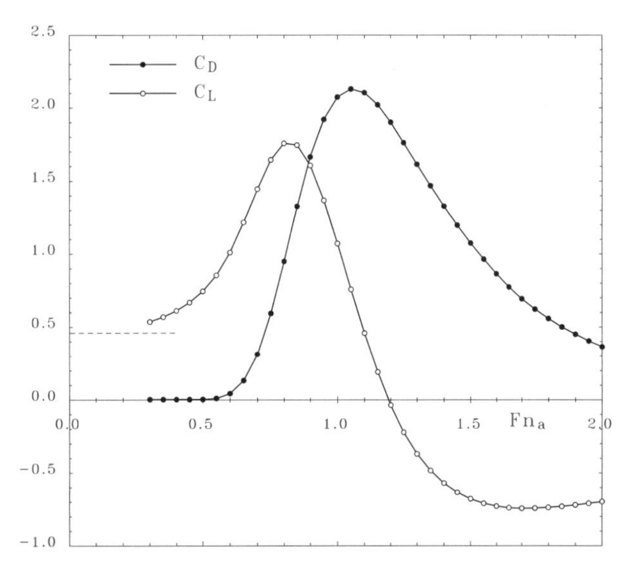

図 5.2.1.9. 全没円柱の揚力と造波抵抗（vs. Fn_a）（$h/a = 2$, $\Gamma = 0$, $N = 80$）

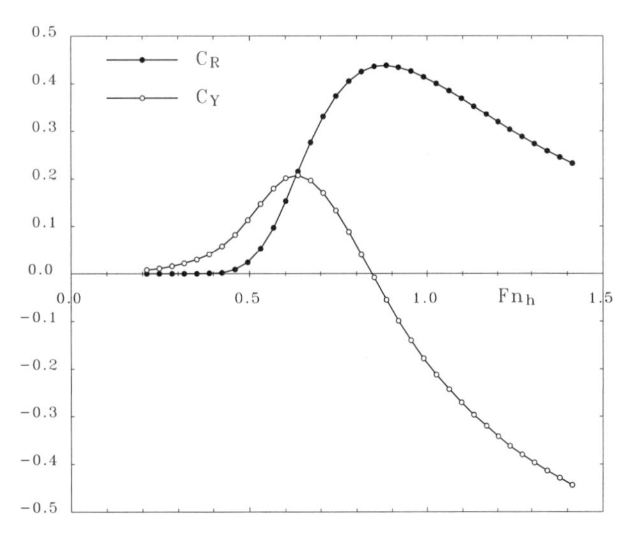

図 5.2.1.10. 全没円柱の揚力と抗力（vs. Fn_h）（$h/a = 2$, $\Gamma = 0$, $N = 80$）

他の計算結果と比較するために以下のフルード数及び抗力係数，揚力係数に変換してみた．

$$Fn_h = \frac{U}{\sqrt{gh}}, \quad C_R = \frac{R_W}{\pi \rho g a^2}, \quad C_Y = \frac{L}{\pi \rho g a^2}$$

結果を図 5.2.1.10 に示す．Havelock(1936, [3]) の興味深い計算結果と比較して，良い一致を確かめている．

一様流中の半没垂直平板に関する解析解の節（4.1 節）で見たように，定常造波問題には固有解が存在し，場合によっては造波抵抗が 0 となる解が存在する．本問題でも図 5.2.1.2 で示したように，最小自乗解と固有解が存在している．最小自乗解の Kochin 関数を $H_0 = H_0^C + iH_0^S$ とし，固有解の Kochin 関数を $H_0 = H_E^C + iH_E^S$ としておき，固有解の強さを k としておく．この時，全 Kochin 関数は $H_\nu = H_0 + kH_E$ となる．造波抵抗は全 Kochin 関数の絶対値の自乗に比例するから，造波抵抗を最小とする k 値は以下の式で与えられる．

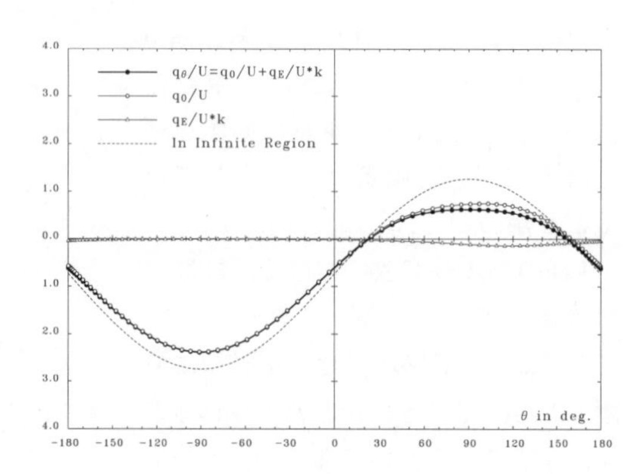

図 5.2.1.11. q-法による全没円柱周りの流速分布（波なし解）（$h/a = 2$, $Fn_a = 1.0$, $\Gamma/Ua = -4.62$, $N = 80$）

$$\frac{\partial}{\partial k}|H_\nu|^2 = 0$$

この式を解くと以下となる．

$$k = -\frac{H_0^C H_E^C + H_0^S H_E^S}{(H_E^C)^2 + (H_E^S)^2} \tag{5.2.1.80}$$

この k の値を使った円柱周りの速度分布を図 5.2.1.11 に示す．この解の造波抵抗はほぼ 0 となっている．得られた流線等を図 5.2.1.12 に示す．流線及び波形からは自由波の波高はほとんど 0 であることがうかがえる．他のフルード数の場合を含めて，造波抵抗 0（波なし解）となる時の，循環の値はかなり大きな負の値である．円柱周りに時計回りの大きな渦を生じさせていることに対応し，翼型で言えば，負の迎角があることに対応している．

没水円柱，没水楕円柱の場合の数値計算によれば，どのフルード数においても式 (5.2.1.80) の条件で造波抵抗 0 が実現できるようである．ただし，理論的な証明はできていない．任意の物体形状についても成り立つのかどうかは明らかではない．無限下流での複素ポテンシャルの漸近形が式 (5.2.1.9) のようになっていて，波渦，波 2 重吹き出しの特異点（ζ_0, ζ_1）が同一の点であれば造波抵抗 0 が実現できそうである．なお，x-方向 2 重吹き出し $W_m(z, \zeta_0)$ と波渦 $-\nu W_\Gamma(z, \zeta_0)$ との和は式 (3.3.1.28, 3.3.1.38) より波なしとなっている．

一様流中の没水円柱周りの流れの実現象はどうなっているかというと，粘性の効果が大きく，また，水面の効果も大で，それらが影響し合って，とても複雑な流れとなっている．抗力，揚力係数もレイノルズ数，フルード数に関して複雑な挙動をしている．水面の波高が大きい場合に

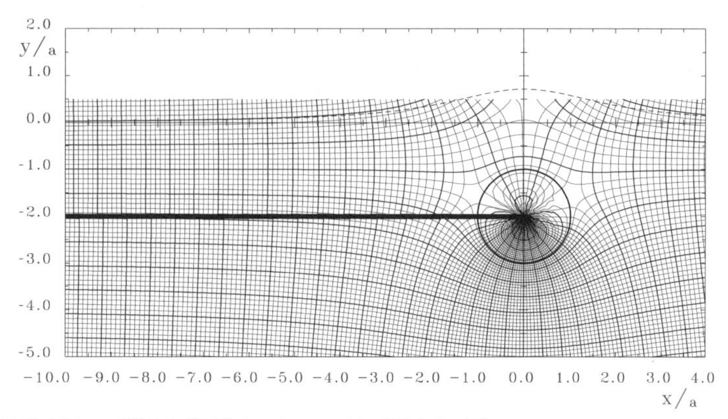

図 5.2.1.12. 全没円柱周りの流線と等ポテンシャル線（波なし解）($h/a = 2$, $Fn_a = 1.0$, $\Gamma/Ua = -4.62$, $\Psi_B/Ua = 1.15$, $N = 80$)

は，波崩れの現象も加わり，なかなか，現象そのものをひとくくりに説明することは困難である．したがって，本数値計算結果と実現象との比較は残念ながらあまり意味がないようである．

水中翼　次に，揚力物体として翼型 NACA4412 を対象に数値解の例を示す．翼弦長を c とし，翼弦長ベースのフルード数を $Fn_c = U/\sqrt{gc} = 1/\sqrt{\nu c}$ とする．翼前縁の没水深度 $h/c = 0.75$，迎角 $\alpha = 8°$ の翼型 NACA4412 周りの流れを q-法で Kutta の条件を満たすようにして解き，結果を 5 種のフルード数に関して図 5.2.1.13 に示す．反時計方向流速を正値としているので，図中正の流速値は翼型の（停留点より）上面の流速を，負値は下面の流速を示している．流速を式 (5.2.1.56) により圧力分布に直して図 5.2.1.14 に示す．上面と下面の圧力の差の面積がほぼ揚力となる．フルード数 0.5，0.6 で揚力係数が大となり，高速になると揚力係数が減少していることがわかる．図 5.2.1.15 にはフルード数 0.6 の時の，迎角を半分（$\alpha = 4°$）とした場合，没水深度を倍（$h/c = 1.5$）とした場合の圧力分布を示した．

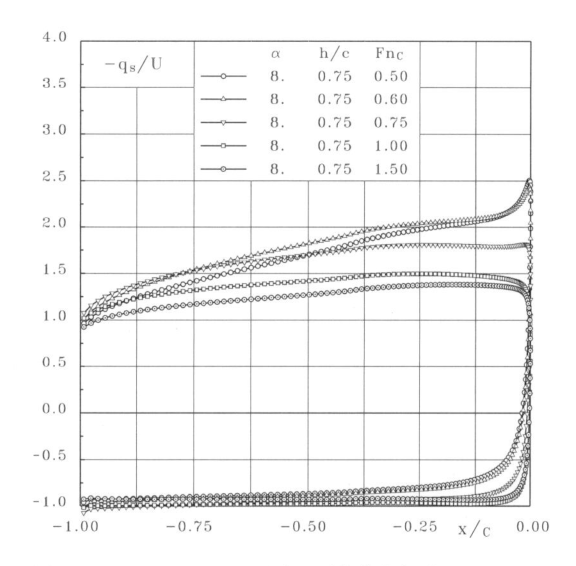

図 5.2.1.13. NACA4412 周りの流速分布（$\alpha = 8°$, $h/c = 0.75$, $N = 200$, $Fn_c = 0.5 \sim 1.5$）

なお，Φ-法による計算結果は精度が劣っている．特に圧力分布のピークの値が項数を少なくすると十分に立ち上がらないようで，揚力係数も過少に計算される．

式 (5.2.1.63) を用いて計算した NACA4412 翼型の造波抵抗係数をフルード数を横軸に図 5.2.1.16 に示す．これらの値は式 (5.2.1.58) から求めた圧力抵抗係数とよい一致を示す．同式を用いた

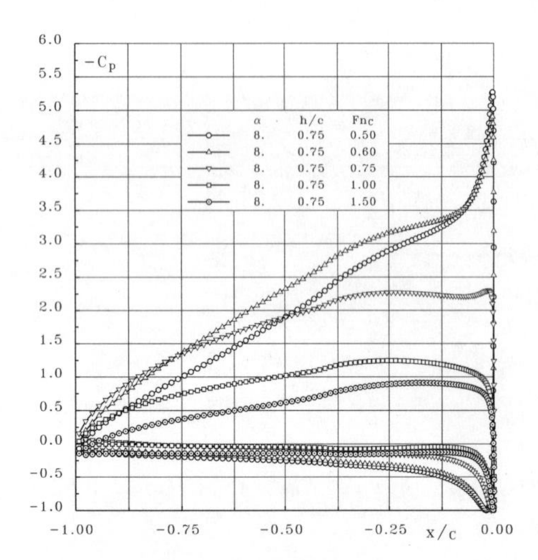

図 5.2.1.14. NACA4412 周りの圧力分布（$\alpha = 8°$, $h/c = 0.75$, $N = 200$, $Fn_c = 0.5 \sim 1.5$）

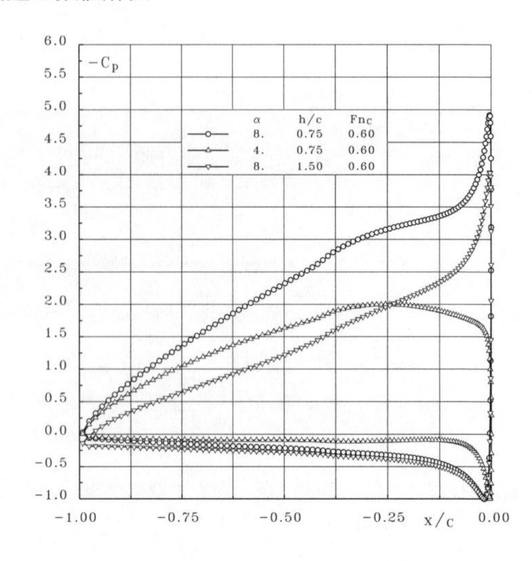

図 5.2.1.15. NACA4412 周りの圧力分布（$N = 200$）

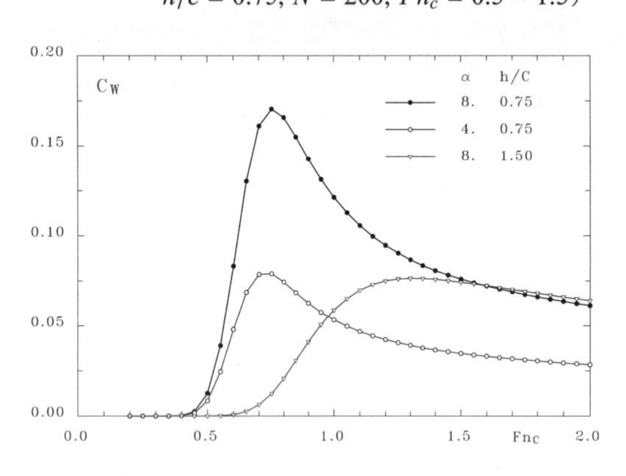

図 5.2.1.16. NACA4412 の造波抵抗係数

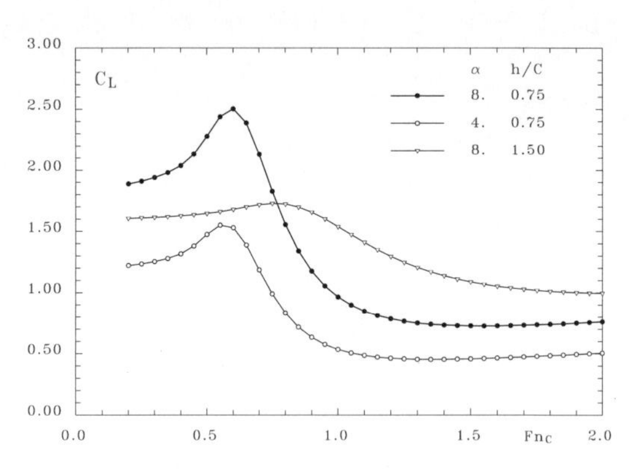

図 5.2.1.17. NACA4412 の揚力係数

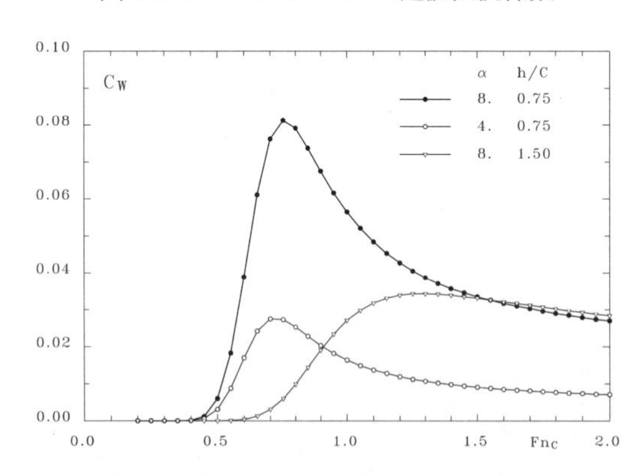

図 5.2.1.18. NACA0012 の造波抵抗係数

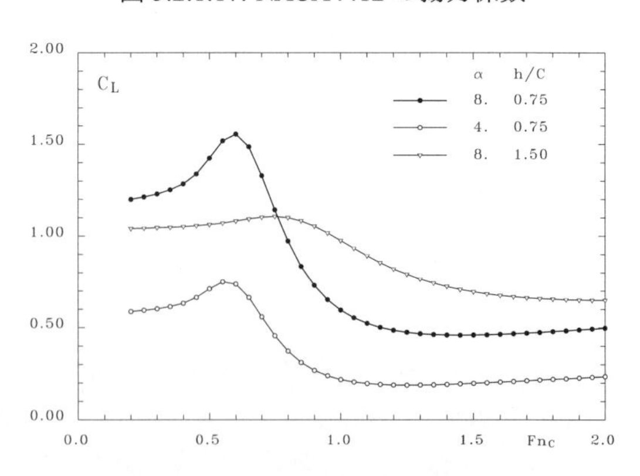

図 5.2.1.19. NACA0012 の揚力係数

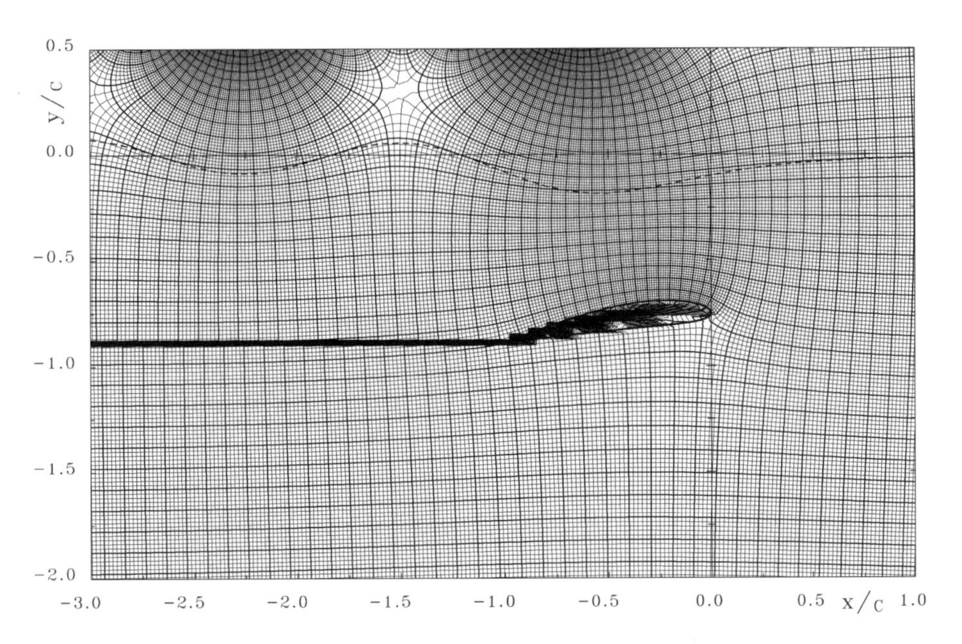

図 5.2.1.20. NACA4412 周りの流線と等ポテンシャル線（$\alpha = 8°$, $h/c = 0.75$, $Fn_c = 0.50$, $N = 80$, $\varDelta\Psi/Uc = 0.02$）

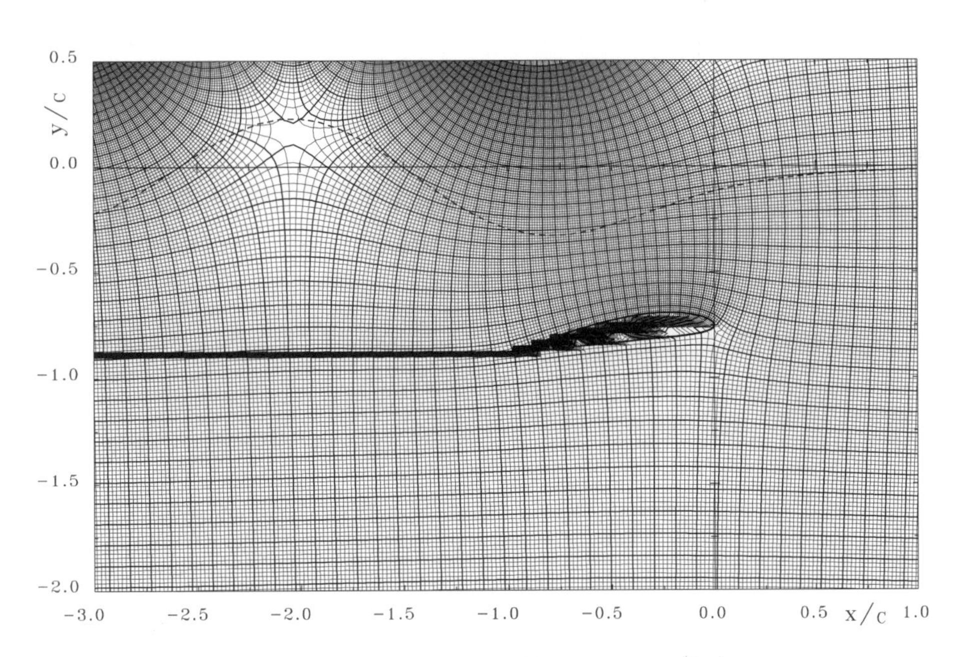

図 5.2.1.21. NACA4412 周りの流線と等ポテンシャル線（$\alpha = 8°$, $h/c = 0.75$, $Fn_c = 0.60$, $N = 80$, $\varDelta\Psi/Uc = 0.02$）

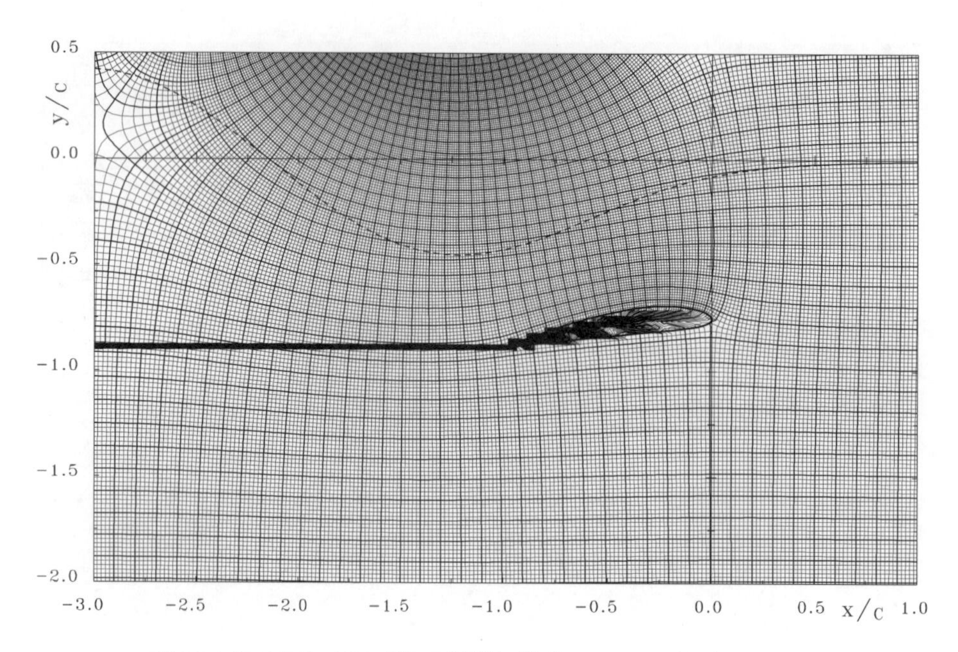

図 5.2.1.22. NACA4412 周りの流線と等ポテンシャル線（$\alpha = 8°$, $h/c = 0.75$, $Fn_c = 0.75$, $N = 80$, $\Delta\Psi/Uc = 0.02$）

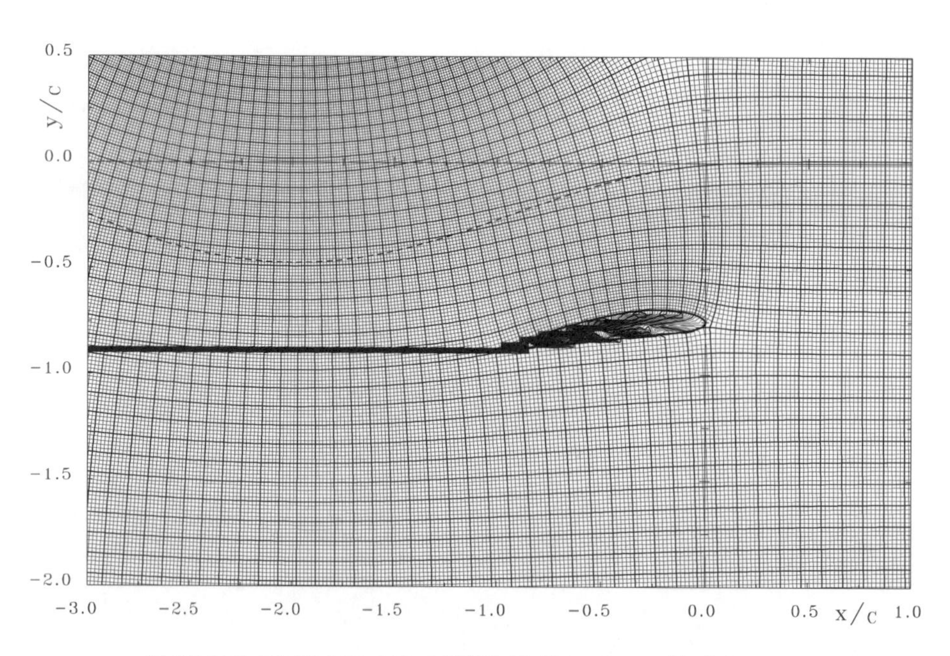

図 5.2.1.23. NACA4412 周りの流線と等ポテンシャル線（$\alpha = 8°$, $h/c = 0.75$, $Fn_c = 1.00$, $N = 80$, $\Delta\Psi/Uc = 0.02$）

揚力係数の値を図 5.2.1.17 に示す．造波抵抗係数は，没水深度 $h/c = 0.75$，迎角 $\alpha = 8°$ の場合には，フルード数 0.75 付近で最大となり，流速増大と共に漸次減少していく．迎角を 1/2 とすると，高速域で，造波抵抗係数も約半減する．没水深度を大きくすると，造波抵抗係数が最大となるフルード数は高速側に移動し，ピークは緩やかになっている．揚力係数は，没水深度 $h/c = 0.75$，迎角 $\alpha = 8°$ の場合には，フルード数 0.6 付近で最大となり，高速側で急速に減少し，さらにゆっくりと増大している．迎角を 1/2 とすると，おおむね 1/2~2/3 程度になる．没水深度を大きくすると，低速側では，揚力は低下するが，高速側では増大する．フルード数 0 の極限では，各々，水面を固体壁とする場合の揚力値に漸近している．参考のため，NACA0012 翼型の造波抵抗係数，揚力係数の変化を図 5.2.1.18, 5.2.1.19 に示した．定性的振る舞いは，NACA4412 翼型の場合とほとんど同一である．

没水深度 $h/c = 0.75$，迎角 $\alpha = 8°$ の場合の NACA4412 翼型周りの流線及び等ポテンシャル線を図 5.2.1.20 - 5.2.1.23 に示した．図中破線は波面を示している．フルード数 0.5 の低速では破線の波形と，無限前方で静止水面となる流線は，翼直上を除けばよく一致しており，線形理論が比較的よく成立しているように見える．高速（フルード数 0.6~0.75）になると，水面の流線と波形とのかい離は大きくなっている．特に，水面の流線は波高が高くなっている部分で，上方に発散している．水面形状の近似として，水面の流線は線形近似の波形より近似度が高いことから，この現象は，実現象における波崩れを示唆していると考えられる．さらに高速になると（フルード数 1.0 以上）波形と水面の流線の一致度が増してきて，線形近似が妥当となってくることがうかがえる．

水中翼の迎角を負にすると造波抵抗が減少するという現象があるようである．そこで NACA4412 翼について造波抵抗が極大となるフルード数 0.75 において，迎角を漸減させ，造波抵抗値が極小となる迎角を見出してみた．その時の迎角は $\alpha = -5.5°$ で造波抵抗係数は約 $C_W = 0.003$（$C_L = -0.347$）であった．翼周りの圧力分布を図 5.2.1.24 に，流線を図 5.2.1.25 に示した．若干の後続波が見られ，完全に波なしとはならないようである．NACA0012 翼については，造波抵抗係数が最小となる迎角は $\alpha = -2.1°$ で造波抵抗係数は約 $C_W = 0.0003$（$C_L = -0.322$）であった．流線は図 5.2.1.26 に示すようにほぼ完全に波なしとなっている．

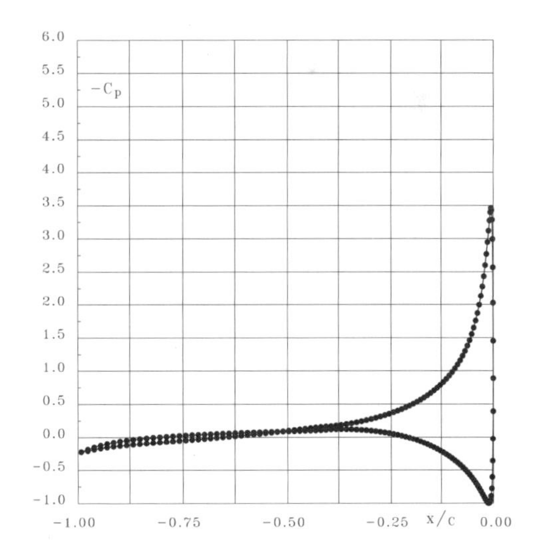

図 5.2.1.24. 造波抵抗最小の時の NACA4412 周りの圧力分布（$Fn_c = 0.75$, $\alpha = -5.5°$, $h/c = 0.75$, $N = 200$）

実現象との比較を十分に行ってはいないが，おおむね，以下のようなことは言えるだろう．特に，水面の非線形性が弱い状態では，抗力，揚力などについて，本計算結果の振る舞いは定性的にはかなり参考となり得るだろう．水面の非線形性についても，流線の水面がよい近似となる可能性がある．流線の水面は，また，波崩れの指標ともなりそうである．負の迎角の時，造波抵抗が0ないし極小となることを示した実験を知らないが，CFDの計算結果では確かにそうなるようである．

最後に，圧力積分から計算して求めた揚力と運動量の保存則より求まるKutta-Joukowski型の揚力の式(5.2.1.78)あるいは式(5.2.1.79)との一致を確かめておこう．NACA4412翼型が図5.2.1.21と同一の条件にある時の水面の波形を図5.2.1.27に実線で示している．図の右端には，翼周りの循環から求めた揚力係数の値（同式右辺第1項，1.99）を一点鎖線で示している．その線付近から左方に伸びる波打つ破線（C_{L_p}）が式(5.2.1.79)の値である．同式右辺第2項はシンプソン則によって積分し，第3項はKochin関数で計算している．翼より上流では（$\xi_A > 0$）波動が存在しないので本来なら式(5.2.1.78)を使うべきであるが，Kochin関数を使っているために波打っている．下流に行き（$\xi_A < 0$）局所波が小となるに従い，一定値に近づき，圧力積分による揚力係数の値（2.41）とほぼ同じ値に収束する．かくして，式(5.2.1.78, 5.2.1.79)の揚力の表示は圧力揚力と一致することを数値的にも確かめることができた．なお，高速，低速，深度大の時は無限流体中の値（$\rho U\Gamma$）と圧力揚力との差は小となる．

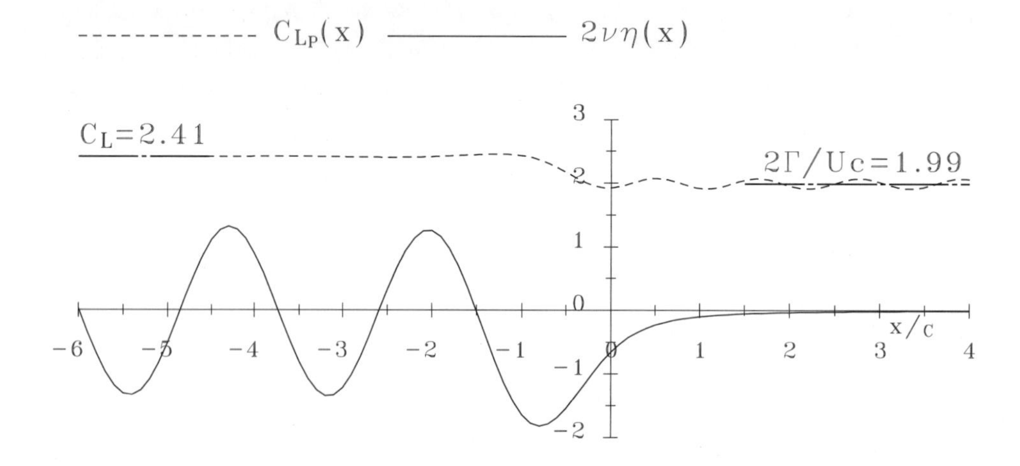

図5.2.1.27. 運動量定理による揚力の計算（NACA4412, $\alpha = 8°$, $h/c = 0.75$, $Fn_c = 0.60$, $N = 80$）

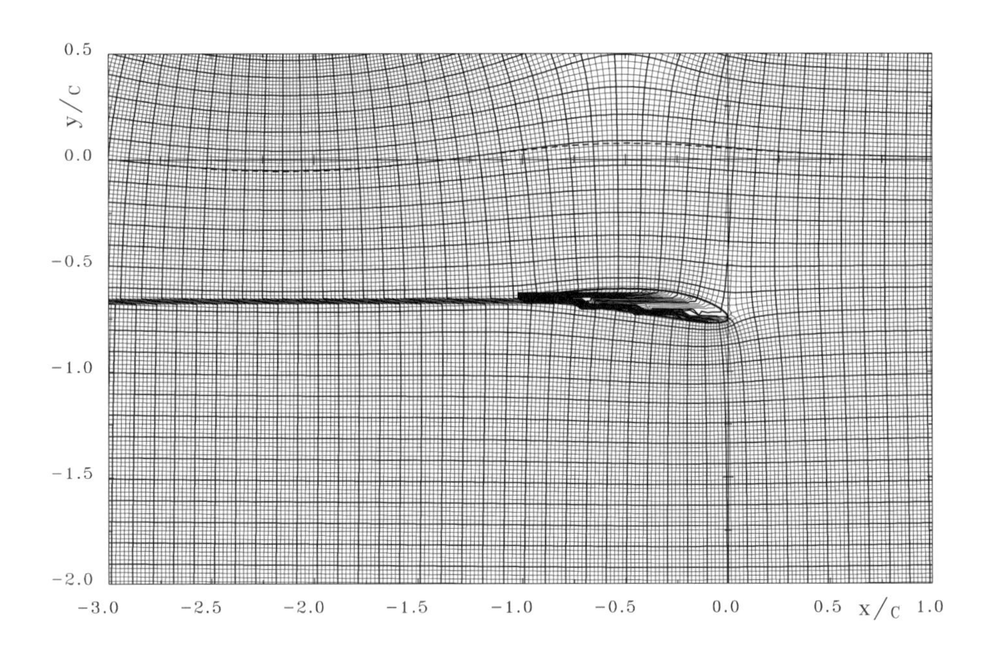

図 5.2.1.25. 造波抵抗最小の時の NACA4412 周りの流線と等ポテンシャル線
（$Fn_c = 0.75$, $\alpha = -5.5°$, $h/c = 0.75$, $N = 200$, $\varDelta\Psi/Uc = 0.02$）

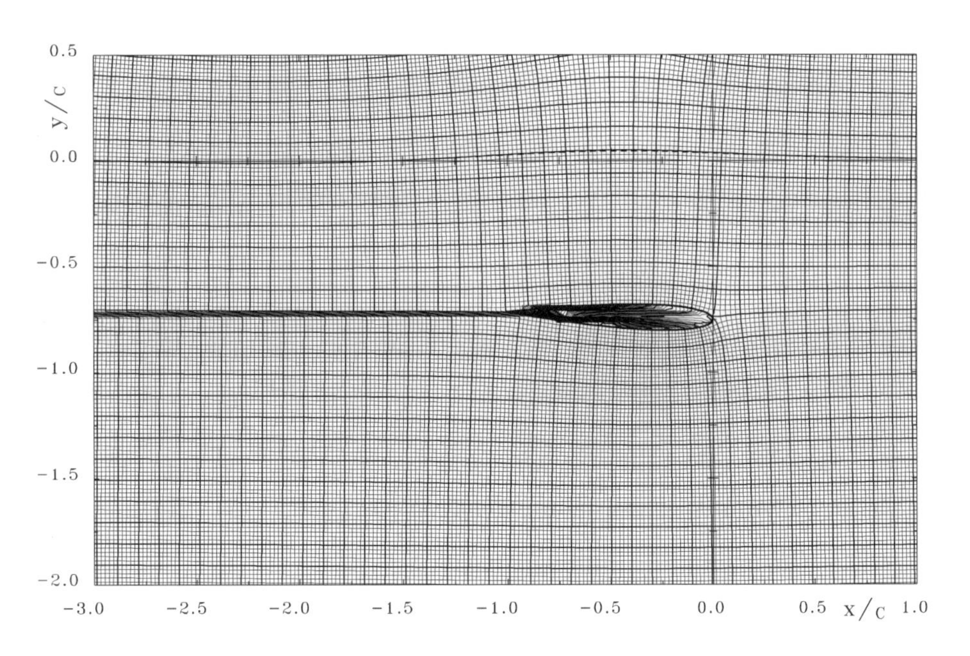

図 5.2.1.26. 造波抵抗最小の時の NACA0012 周りの流線と等ポテンシャル線
（$Fn_c = 0.75$, $\alpha = -2.1°$, $h/c = 0.75$, $N = 200$, $\varDelta\Psi/Uc = 0.02$）

5.2.2　Neumann-Kelvin 問題（半没物体）

1) Neumann-Kelvin 問題とは

本小節名のタイトルである Neumann-Kelvin 問題（以下，N-K 問題，N-K 解等と略記する場合がある）について説明しておく．

水上を航行する船舶に働く造波抵抗を解析的に求める方法は，古く，J. H. Michell (1989)，T. H. Havelock (1909) によって開発され，Michell-Havelock の理論と呼ばれた．船の形状が（幅が長さに比し）十分薄いという薄翼理論と同様な仮定の下に導かれたので薄船理論（thin ship theory）とも呼ばれた [3]．この理論の与える造波抵抗値は，船体が十分薄く幅/長さ比が 1/20 程度の時は実験値とよい一致を示すのであるが，1/10 程度になるともはやよい一致は認められなくなる．

実用船型の造波抵抗値の算定を実用に供するべく各種の理論的な試みがなされた．これに費やされた努力は甚大なものがあったのであるが，ついに成功を収めるに至らなかった．現状では CFD（Computational Fluid Dynamics，数値流体力学）による計算が，かなりの精度で造波抵抗値を与えるようになっているようであるが，それまでの理論のどの部分に不備があったかを十分究明するには至っていないのが現状である．

薄船理論を改善する試みの中に現れた 1 つの改善策が，いわゆる Neumann-Kelvin 理論である．自由表面条件としては線形のものを採用し，船体表面上の境界条件は静止水面下の船体表面上で厳密に満たす解を求めようとする理論である．R.Brard (1972) その他により提唱され，その解析的表示の問題点が明らかにされた．その際，線形自由表面条件は Kelvin 卿 (1887) [3] により導かれたとしてその名を取り（航行する 3 次元船の作る波紋を Kelvin 波（Kelvin pattern）という），船体条件は数学の境界値問題で法線方向流速を与える問題，すなわち Neumann 問題（第 3 境界値問題とも）からその名を取って，Neumann-Kelvin 問題と名付けたことに始まる．ちなみに，Kelvin 卿は本名を William Thomson といい，熱力学第 3 法則の発見，絶対温度の導入，ジュール・トムソン効果の発見などで有名である他，海底電線敷設工事に関わったり，羅針盤，測深儀の発明，渦定理，鞍部点法，孤立波の発見など当時の広範囲な理工学部門に業績を残している．Kelvin 卿は，また，最近話題になっている「結び目理論」の端緒にも関わっていたようである．

Neumann-Kelvin 解の積分表示式には，静止水面上の積分も含まれ，部分積分により，船体と静止水面との交線上の特異点分布（線積分項, line-integral-term と称された）が，船体表面上の積分に付加されることが示された（3 次元問題では後述するように前後両端点の吹き出しが対応する）．この線積分項に関連して解の多価性（解が一意に定まらない）の議論もあった．また，3 次元問題では N-K 問題の信頼すべき数値解は得られていない．以上の経緯を踏まえると，2 次元 N-K 問題の解を求めて，その性質を明らかにすることは，3 次元問題への理解と，数値解を得るための手がかりともなり得るはずである．

N-K 問題なる名称が，線形自由表面条件を満たし，物体表面上の境界条件を満たす問題について名付けられたとすると，本書で扱うほとんどの問題は，広義の意味で N-K 問題と称することができるということになる．しかし，著者は，その名が冠せられた最初の問題にちなんで，Neumann-Kelvin 問題とは，定常造波問題に限られ，しかも，対象物体は，半没している物体（半没物体，semi-submerged body）あるいは同じ意味ではあるが水面を貫通している物体（surface piercing body）であるという, 狭義の意味に限って使いたいという思いが強い．そのため，本書では，Neumann-Kelvin 問題という時は狭義の意味で用いることとする．

2) 境界条件

座標系は図 5.2.2.1 のようにとり，$y=0$ に静止水面があって水深は無限に深いものとする．物体は 1 個の半没物体（C_B）で，前後端は水面を点 P_F（$x=\xi_F, y=0$），P_A（$x=\xi_A, y=0$）で横切っているものとする．半没物体周りの流れを複素ポテンシャルで表現しておく．

$$\left.\begin{aligned} F(z) &= -Uz + f(z) \\ z &= x + iy \\ F(z) &= \Phi(x,y) + i\Psi(x,y) \\ f(z) &= \phi(x,y) + i\psi(x,y) \end{aligned}\right\} \tag{5.2.2.1}$$

無限下方においては，物体及び自由表面の影響は及ばず，以下が成立するものとし（底条件）

$$f'(z) = \frac{df}{dz}(z) \to 0 \quad as \quad y \to -\infty \tag{5.2.2.2}$$

無限前方では以下の放射条件を満たすものとする．

$$f'(z) \to 0 \quad as \quad x \to \infty \tag{5.2.2.3}$$

半没物体による乱れは小さいものとして自由表面条件は線形条件 (2.3.1.11) を満たすものとする．

$$\mathrm{Re}\left\{\frac{d^2 f}{dz^2} + i\nu\frac{df}{dz}\right\} = \frac{\partial^2\phi}{\partial x^2} + \nu\frac{\partial\phi}{\partial y} = 0 \quad on \quad y = 0 \tag{5.2.2.4}$$

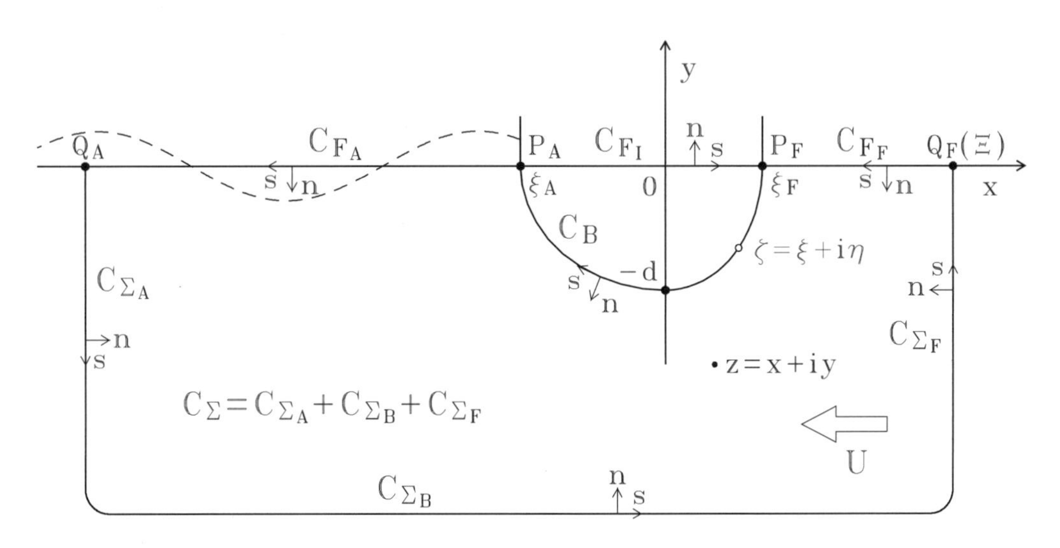

図 5.2.2.1. 半没物体に関する定常造波問題（Neumann-Kelvin 問題）

ここで波数 ν は以下である．

$$\nu = g/U^2$$

この条件については，物体前後端付近でそもそも線形の条件が成立することに疑問がある．この点については後に議論することにする．上式を x について積分すると式 (2.3.1.12) にならって以下が成立する．

$$\mathrm{Re}\{\frac{df}{dz} + i\nu f\} = \frac{\partial\phi}{\partial x} - \nu\psi = \begin{cases} -\nu\Lambda_F\ (=0) & on \quad C_{F_F} \\ -\nu\Lambda_A & on \quad C_{F_A} \end{cases} \tag{5.2.2.5}$$

上式右辺は積分定数であるが，物体前方では $\Lambda_F = 0$ としておく．

物体表面上の境界条件は式 (5.1.1.3)

$$\frac{\partial\Phi}{\partial n}(x,y) = -U\frac{\partial x}{\partial n} + \frac{\partial\phi(x,y)}{\partial n} = 0 \qquad on \quad C_B \tag{5.2.2.6}$$

ないし式 (5.1.1.4) が成立しているものとする．

$$\Psi(x,y) = \Psi_B\ (\text{実定数}) \qquad on \quad C_B \tag{5.2.2.7}$$

著者は長いこと水面を斜めに横切る物体形状については，N-K 問題の解とはならないと信じていたが，この説には根拠がないようである．数値的には水面を斜めに横切る物体形状に関しても問題なく解を求めることができている．

3) 正則解と弱特異解の積分表示式

自由表面条件 (5.2.2.5) の $x < \xi_A$ における条件について，まず $\Lambda_A = 0$ の場合について解の積分表示式を求めることにする．すなわち，自由表面条件は以下の斉次なものとする．

$$\frac{\partial\phi}{\partial x} - \nu\psi = 0 \qquad on \quad C_{F_F} + C_{F_A} \tag{5.2.2.8}$$

上の仮定の下に，遠場で複素ポテンシャル及びその導関数は以下の形に仮定できる．

$$\left.\begin{aligned} f(z) &\sim \frac{m}{2\pi}W_m(z,\zeta_1) \\ f'(z) &\sim \frac{m}{2\pi}\frac{dW_m}{dz}(z,\zeta_1) \end{aligned}\right\} \tag{5.2.2.9}$$

ここで ζ_1 は物体内部の点を示し，m は実定数である．また，第1式右辺の定数項は0であるものとする．

この問題の解である複素ポテンシャルの積分表示式を求める．前節と同様に式 (2.2.15) の形を採用する．

$$f(z) = \frac{1}{2\pi i}\int_C \left[\psi(\xi,\eta)\frac{\partial}{\partial n}G(z,\zeta) - \frac{\partial\phi}{\partial s}(\xi,\eta)G(z,\zeta)\right]ds \tag{5.2.2.10}$$

ここで核関数は $G(z,\zeta) = \log(z-\zeta)$ であり，積分経路 C は

$$C = C_B + C_F + C_\Sigma \qquad (C_F = C_{F_F} + C_{F_A},\quad C_\Sigma = C_{\Sigma_A} + C_{\Sigma_B} + C_{\Sigma_F})$$

である．s, n に関する偏微分はそれぞれ経路の接線方向，法線方向の微分である．この問題では解に波渦の成分を仮定していないので，前問題のように流体領域中にスリットを設ける必要はない．

核関数に領域内で正則な関数を加えても結果は変わらないから，核関数を波渦特異関数で置き換えることができる [4]．なお，$2\pi i$ が 2π に変わっていることに注意.

$$f(z) = \frac{1}{2\pi}\int_C \Big[\psi(\xi,\eta)\frac{\partial W_\Gamma}{\partial n}(z,\zeta) - \frac{\partial\phi}{\partial s}(\xi,\eta)W_\Gamma(z,\zeta)\Big]ds \tag{5.2.2.11}$$

以下では，各積分路上で上式各項の評価を行う.

まず，自由表面 $C_F(y=0)$ 上の積分について調べる.

$$f_F(z) = -\frac{1}{2\pi}\int_{-\infty}^{\xi_A}\,{}_{\xi_F}^{\infty}\Big[\psi(\xi,0)\frac{\partial W_\Gamma}{\partial \eta}(z,\xi) - \frac{\partial\phi}{\partial \xi}(\xi,0)W_\Gamma(z,\xi)\Big]d\xi \tag{5.2.2.12}$$

自由表面上の波渦は以下の関係 (3.3.1.68) がある.

$$\frac{\partial W_\Gamma}{\partial \eta}(z,\xi) = \nu W_\Gamma(z,\xi)$$

したがって，式 (5.2.2.12) は以下となる.

$$f_F(z) = \frac{1}{2\pi}\int_{-\infty}^{\xi_A}\,{}_{\xi_F}^{\infty}\Big[\frac{\partial\phi}{\partial\xi}(\xi,0) - \nu\psi(\xi,0)\Big]W_\Gamma(z,\xi)d\xi \tag{5.2.2.13}$$

条件 (5.2.2.8) より以下を得る.

$$f_F(z) = 0 \tag{5.2.2.14}$$

次に，遠方の積分経路 C_Σ 上の積分について考える.

$$f_\Sigma(z) = \frac{1}{2\pi}\int_{C_\Sigma} \Big[\psi(\xi,\eta)\frac{\partial W_\Gamma}{\partial n}(z,\zeta) - \frac{\partial\phi}{\partial s}(\xi,\eta)W_\Gamma(z,\zeta)\Big]ds \tag{5.2.2.15}$$

ここで被積分関数 ψ, $\dfrac{\partial\phi}{\partial s}$ については，式 (5.2.2.9) の仮定及び第 3.3.1 小節での波特異関数の遠場での振る舞いの式を参照すれば以下の漸近特性を得る．C_{Σ_F} 上において

$$f(\zeta) \sim C_1\frac{1}{\zeta},\quad f'(\zeta) \sim -C_1\frac{1}{\zeta^2}$$

C_{Σ_A} 上においては

$$f(\zeta) \sim C_2 e^{i\nu\zeta},\quad f'(\zeta) \sim -i\nu C_2 e^{i\nu\zeta}$$

C_{Σ_B} 上においては

$$f(\zeta) \sim C_3 \frac{1}{\zeta}, \quad f'(\zeta) \sim -C_3 \frac{1}{\zeta^2}$$

の振る舞いをする．この性質は前節の没水体に関する解の遠場における振る舞いと同じである．したがって，同様に，C_Σ を遠方にとることにより以下の評価を得る．

$$f_\Sigma(z) \to 0 \tag{5.2.2.16}$$

残った，物体表面上の積分について考えよう．$\zeta = \xi + i\eta$ としておく．

$$f(z) = \frac{1}{2\pi} \int_{C_B} \left[\psi(\zeta) \frac{\partial W_\Gamma}{\partial n}(z,\zeta) - \frac{\partial \phi}{\partial s}(\zeta) W_\Gamma(z,\zeta) \right] ds \tag{5.2.2.17}$$

この表示式を変形するために，物体内部，すなわち，C_B と C_{F_I} で囲まれた領域内で正則な以下の関数を定義する．

$$f_I(z) = \phi_I(z) + i\,\psi_I(z) \tag{5.2.2.18}$$

すると，物体外部の点 z で式 (5.2.2.11) と同形の以下の式が成り立つ．

$$0 = \frac{1}{2\pi} \int_{C_B + C_{F_I}} \left[\psi_I(\zeta) \frac{\partial W_\Gamma}{\partial n}(z,\zeta) - \frac{\partial \phi_I}{\partial s}(\zeta) W_\Gamma(z,\zeta) \right] ds \tag{5.2.2.19}$$

$f_I(z)$ 関数は以下の自由表面条件を満たしているものとする．

$$\frac{\partial \phi_I}{\partial x} - \nu\psi_I = -\nu\Lambda_I \quad on \quad C_{F_I} \tag{5.2.2.20}$$

内部流として流速 U の一様流を考える．すなわち

$$f_I(\zeta) = U\zeta \tag{5.2.2.21}$$

この時自由表面条件 (5.2.2.20) 右辺の値は以下である．

$$\Lambda_I = -\frac{1}{\nu} U \tag{5.2.2.22}$$

式 (5.2.2.19) の被積分関数は C_{F_I} 上で以下の値をとる．

$$\psi_I = 0, \quad \frac{\partial \phi_I}{\partial s} = \frac{\partial \phi_I}{\partial \xi} = U$$
$$W_\Gamma(z,\xi) = \frac{1}{\nu} \frac{\partial W_\Gamma}{\partial \eta}(z,\xi) = \frac{1}{\nu} \frac{\partial W_\Gamma}{\partial \xi}(z,\xi)$$

なお，式 (5.2.2.21) と式 (3.3.1.67, 3.3.1.68) の関係を用いた．また C_B 上で以下となる．

$$\psi_I = U\eta, \quad \frac{\partial \phi_I}{\partial s} = U \frac{\partial \xi}{\partial s}$$

以上を式 (5.2.2.19) に代入すると以下となる．

$$0 = \frac{1}{2\pi}\Lambda_I\Big[W_Q(z,\xi)\Big]_{\xi_A}^{\xi_F} + \frac{1}{2\pi}\int_{C_B}\Big[U\eta\frac{\partial W_\Gamma}{\partial n}(z,\zeta) - U\frac{\partial \xi}{\partial s}(\xi,\eta)W_\Gamma(z,\zeta)\Big]ds \tag{5.2.2.23}$$

式 (5.2.2.17) の積分表示式と上式との差をとると式 (5.2.2.7) の物体表面上の境界条件を用いて以下を得る．

$$f(z) = \frac{1}{2\pi}\int_{C_B}\Big[\Psi_B\frac{\partial W_\Gamma}{\partial n}(z,\zeta) - \frac{\partial \Phi}{\partial s}(\xi,\eta)W_\Gamma(z,\zeta)\Big]ds - \frac{1}{2\pi}\Lambda_I\Big[W_Q(z,\xi)\Big]_{\xi_A}^{\xi_F} \tag{5.2.2.24}$$

ここで以下の関係を用いた．

$$\frac{\partial \Phi}{\partial s} = -U\frac{\partial \xi}{\partial s} + \frac{\partial \phi}{\partial s},\quad \Psi_B = -U\eta + \psi \qquad on\ \ C_B$$

さらに式 (3.3.1.67) より導かれる

$$\frac{\partial W_\Gamma}{\partial n} = \frac{\partial W_Q}{\partial s}$$

の関係を用いると Ψ_B の項は積分できて結局以下の積分表示式を得る．

$$f(z) = -\frac{1}{2\pi}\int_{C_B}\frac{\partial \Phi}{\partial s}(\zeta)W_\Gamma(z,\zeta)ds - \frac{1}{2\pi}(\Psi_B + \Lambda_I)\Big[W_Q(z,\xi)\Big]_{\xi_A}^{\xi_F} \tag{5.2.2.25}$$

以上で自由表面条件 (5.2.2.8) を満たす半没物体周りの流れを表示する複素ポテンシャルの積分表示式が導かれた．また，この解の積分表示式が無限遠方で式 (5.2.2.9) の形となっていることを指摘しておく．

次に，前節の Kochin の方法に似た方法による導入法について記しておこう．式 (5.2.2.10) の積分表示式と式 (5.2.2.17) の積分表示式との一致が示されれば良い．式 (5.2.2.17) の表示を $g(z)$ と置いておく．

$$g(z) = \frac{1}{2\pi}\int_{C_B}\Big[\psi(\zeta)\frac{\partial W_\Gamma}{\partial n}(z,\zeta) - \frac{\partial \phi}{\partial s}(\zeta)W_\Gamma(z,\zeta)\Big]ds \tag{5.2.2.26}$$

式 (5.2.2.10) の $f(z)$ は斉次な自由表面条件 (5.2.2.8) を満たしている．同式を以下のように書き直しておく．

$$\mathrm{Re}\{\frac{df}{dz} + i\nu f\} = 0 \qquad on\ \ C_{F_F} + C_{F_A} \tag{5.2.2.27}$$

式 (5.2.2.10) の右辺の値は領域外の点で 0 である．このことを以下のように記しておく．

$$f(z) = \frac{df}{dz}(z) = 0 \quad for\ \ z\ \ out\ \ of\ \ C \tag{5.2.2.28}$$

したがって物体内部の自由表面 C_{F_I} 上では以下となる．

$$\mathrm{Re}\{\frac{df}{dz} + i\nu f\} = 0 \qquad on\ \ C_{F_I} \tag{5.2.2.29}$$

一方，$g(z)$ 関数の核関数 $W_\Gamma(z,\zeta)$ は斉次な自由表面条件を満たすから $g(z)$ 関数も同様にして以下の自由表面条件を満たす．

$$\mathrm{Re}\{\frac{dg}{dz}+i\nu g\}=0 \quad on \quad C_{F_F}+C_{F_I}+C_{F_A} \tag{5.2.2.30}$$

式 (5.2.2.10) の $f(z)$ 関数と $g(z)$ 関数の差を $h(z)$ 関数としておく．

$$h(z)=f(z)-g(z) \tag{5.2.2.31}$$

この関数は定義より C_B 上及び物体内も含めて下平面全体で正則であり，以下の斉次な自由表面条件を満たす．

$$\mathrm{Re}\{\frac{dh}{dz}+i\nu h\}=0 \quad on \quad C_{F_F}+C_{F_I}+C_{F_A} \tag{5.2.2.32}$$

したがって $\dfrac{dh}{dz}(z)+i\nu h(z)$ 関数は Schwarz の鏡像原理により上半面に解析接続でき，Liouvill の定理より定数となる．

$$\frac{dh}{dz}(z)+i\nu h(z)=iC \quad (C:\text{実定数}) \tag{5.2.2.33}$$

この微分方程式は簡単に解くことができ，前節と同様な議論から以下でなければならないことが導かれる．

$$h(z)=0 \tag{5.2.2.34}$$

このことは式 (5.2.2.10) の表示が式 (5.2.2.17) と一致することを示している．これが Kochin 流の証明である．

以上に導いた積分表示式 (5.2.2.25) は物体表面上の接線方向流速を強さとする波渦分布と物体前後端に置かれた強さがそれぞれ

$$\pm\frac{1}{2\pi}(\Psi_B-\frac{1}{\nu}U) \tag{5.2.2.35}$$

の点波吹き出しで表現されていることを示している．なお，水面上の波吹き出しは式 (3.3.1.69 - 3.3.1.71) に見たように弱い特異性を有している．この弱特異性は

$$\Psi_B=\frac{1}{\nu}U \tag{5.2.2.36}$$

の時消滅するので，この条件を満たす解を正則解（regular solution）と称することにする．また

$$\Psi_B=0 \tag{5.2.2.37}$$

を満たす解は，無限前方の静止水面を流れる流体が物体表面上に達するので，その流れを流出量なしの流れ，あるいは 0-流出解（zero-vertical-flux flow）と呼ぶことにし，式 (5.2.2.36) の正則の条件を満たさない解を一般に弱特異解（weak singular solution）と呼ぶことにする．

今見てきたように，式 (5.2.2.25) の積分表示式は，Ψ_B の値を任意に与えることができることを示している．すなわち，この問題の解として物体の両端点に弱特異性を許すならば，固有解が存在していることになる．その具体的な形については次項に示すことにする．

4) 弱特異固有解の積分表示式

前項では自由表面条件 (5.2.2.5) の右辺が 0 の場合（斉次条件）の解の積分表示式を導いた．本項では $\Lambda_A \neq 0$ の場合の表示を求めておく．解の形を以下としておく．

$$F(z) = -Uz + f(z) + f_A(z) \tag{5.2.2.38}$$

ここで $f(z)$ は前項で求まる解である．$f_A(z)$ を物体の後端（P_A, $x = \xi_A$）に置いた波吹き出しを含む以下の形に書いておく．

$$\left.\begin{aligned} f_A(z) &= \Phi_A(x,y) + i\Psi_A(x,y) \\ &= -\frac{1}{2\pi}\Lambda_A W_Q(z,\xi_A) + g_A(z) \\ g_A(z) &= \phi_A(x,y) + i\psi_A(x,y) \end{aligned}\right\} \tag{5.2.2.39}$$

複素ポテンシャル $f_A(z)$ は以下の自由表面条件を満たすものとする．

$$\mathrm{Re}\{\frac{df_A}{dz} + i\nu f_A\} = \frac{\partial\Phi_A}{\partial x} - \nu\Psi_A = \begin{cases} 0 & on \quad C_{F_I} + C_{F_F} \\ -\nu\Lambda_A & on \quad C_{F_A} \end{cases} \tag{5.2.2.40}$$

$f_A(z)$ に含まれる波吹き出し項はこの自由表面条件を満たすから $g_A(z)$ 項は以下の斉次な自由表面条件を満たせばよい．

$$\mathrm{Re}\{\frac{dg_A}{dz} + i\nu g_A\} = \frac{\partial\phi_A}{\partial x} - \nu\psi_A = 0 \qquad on \quad C_F \tag{5.2.2.41}$$

また，$g_A(z)$ 関数は無限遠方で以下の振る舞いをし，

$$g_A(z) \sim \frac{m}{2\pi} W_m(z,\zeta_1) \tag{5.2.2.42}$$

物体外部の下辺面のいたる所で正則であるものとする．$f_A(z)$ 関数に関する物体表面上の境界条件は以下であればよい．

$$\left.\begin{aligned} &\frac{\partial\Phi_A}{\partial n}(z) = 0 \\ \text{あるいは} \\ &\Psi_A(z) = \Psi_A^* \ (const.) \end{aligned}\right\} \quad on \quad C_B \tag{5.2.2.43}$$

今，C_B と C_{F_I} の境界で囲まれた物体内部の領域で式 (5.2.2.39) の波吹き出し項と一致する正則な関数を以下としておく．

$$-\frac{1}{2\pi}\Lambda_A W_Q(z,\xi_A) = \phi_Q(z) + i\psi_Q(z) \tag{5.2.2.44}$$

すると流体領域，すなわち，物体外部の点 z で以下が成り立つ．

$$0 = \frac{1}{2\pi}\int_{C_B+C_{F_I}} \Big[\psi_Q(\zeta)\frac{\partial W_\Gamma}{\partial n}(z,\zeta) - \frac{\partial\phi_Q}{\partial s}(\zeta)W_\Gamma(z,\zeta)\Big]ds \tag{5.2.2.45}$$

物体内部の静止水面，すなわち，C_{F_I} 上で

$$\frac{\partial W_\Gamma}{\partial n}(z,\xi)=\frac{\partial W_\Gamma}{\partial \eta}(z,\xi)=\nu W_\Gamma(z,\xi)$$

であるから C_{F_I} 上の被積分関数は以下となる．

$$\psi_Q(\xi)\frac{\partial W_\Gamma}{\partial n}(z,\xi)-\frac{\partial \phi_Q}{\partial s}(\xi)W_\Gamma(z,\xi)=[\nu\psi_Q(\xi)-\frac{\partial \phi_Q}{\partial \xi}(\xi)]W_\Gamma(z,\xi)=0 \tag{5.2.2.46}$$

このように C_{F_I} 上の積分は 0 であるから式 (5.2.2.45) は以下となる．

$$0=\frac{1}{2\pi}\int_{C_B}\left[\psi_Q(\zeta)\frac{\partial W_\Gamma}{\partial n}(z,\zeta)-\frac{\partial \phi_Q}{\partial s}(\zeta)W_\Gamma(z,\zeta)\right]ds \tag{5.2.2.47}$$

ところで $g_A(z)$ 関数は前項の $f(z)$ 関数と同様の性質を有しているから，式 (5.2.2.17) と同様に $C_{F_F}+C_{F_A}+C_\Sigma$ 上の積分は 0 となり C_B 上の積分で以下と表示できる．

$$g_A(z)=\frac{1}{2\pi}\int_{C_B}\left[\psi_A(\zeta)\frac{\partial W_\Gamma}{\partial n}(z,\zeta)-\frac{\partial \phi_A}{\partial s}(\zeta)W_\Gamma(z,\zeta)\right]ds \tag{5.2.2.48}$$

前式との和をとると

$$g_A(z)=\frac{1}{2\pi}\int_{C_B}\left[\Psi_A(\zeta)\frac{\partial W_\Gamma}{\partial n}(z,\zeta)-\frac{\partial \Phi_A}{\partial s}(\zeta)W_\Gamma(z,\zeta)\right]ds \tag{5.2.2.49}$$

境界条件 (5.2.2.43) より

$$g_A(z)=\frac{1}{2\pi}\Psi_A^*\int_{C_B}\frac{\partial W_\Gamma}{\partial n}(z,\zeta)ds-\frac{1}{2\pi}\int_{C_B}\frac{\partial \Phi_A}{\partial s}(\zeta)W_\Gamma(z,\zeta)ds \tag{5.2.2.50}$$

右辺の第 1 項は $\frac{\partial W_\Gamma}{\partial n}=\frac{\partial W_Q}{\partial s}$ より積分できて以下を得る．

$$g_A(z)=-\frac{1}{2\pi}\Psi_A^*\Big[W_\Gamma(z,\xi)\Big]_{\xi_A}^{\xi_F}-\frac{1}{2\pi}\int_{C_B}\frac{\partial \Phi_A}{\partial s}(\zeta)W_\Gamma(z,\zeta)ds \tag{5.2.2.51}$$

右辺第 1 項は $g_A(z)$ 関数の正則性の仮定から

$$\Psi_A^*=0 \tag{5.2.2.52}$$

でなければならない．したがって，以下を得る．

$$\left.\begin{aligned}g_A(z)&=-\frac{1}{2\pi}\int_{C_B}\frac{\partial \Phi_A}{\partial s}(\zeta)W_\Gamma(z,\zeta)ds\\ f_A(z)&=-\frac{1}{2\pi}\Lambda_A W_Q(z,\xi_A)-\frac{1}{2\pi}\int_{C_B}\frac{\partial \Phi_A}{\partial s}(\zeta)W_\Gamma(z,\zeta)ds\end{aligned}\right\} \tag{5.2.2.53}$$

この解は式 (5.2.2.38) が物体表面上の境界条件を満たし，Λ_A として任意の値をとれるから，後端点 P_A に弱特異性を有する固有解である．

今までは物体後流で非斉次な自由表面条件 (5.2.2.40) を満たす解として式 (5.2.2.39) の形を仮定したのであるが，以下のように物体前端（P_F, $x=\xi_F$）に波吹き出しを置いても実現できる．

$$\left.\begin{aligned} f_F(z) =& \Phi_F(x,y)+i\Psi_F(x,y) \\ =& -\frac{1}{2\pi}\Lambda_F W_Q(z,\xi_A)+g_F(z) \\ g_F(z) =& \phi_F(x,y)+i\psi_F(x,y) \end{aligned}\right\} \tag{5.2.2.54}$$

複素ポテンシャル $f_F(z)$ は以下の自由表面条件を満たす．

$$\mathrm{Re}\{\frac{df_F}{dz}+i\nu f_F\}=\frac{\partial\Phi_F}{\partial x}-\nu\Psi_F=\begin{cases}0 & on\quad C_{F_F} \\ -\nu\Lambda_F & on\quad C_{F_I}+C_{F_A}\end{cases} \tag{5.2.2.55}$$

この自由表面条件は物体内部の自由表面 C_{F_I} で非斉次であることが式 (5.2.2.40) と異なっている．物体表面上の境界条件は以下である．

$$\left.\begin{aligned} &\frac{\partial\Phi_F}{\partial n}(z)=0 \\ &\text{あるいは} \\ &\Psi_F(z)=\Psi_F^*\ (const.) \end{aligned}\right\}\quad on\quad C_B \tag{5.2.2.56}$$

以下，$f_A(z)$ 関数と同様の演算を行う．ただし今の場合は式 (5.2.2.46) は 0 にならないので式 (5.2.2.46) に C_{F_I} 上の積分が残ることに注意をすれば以下の表示を得る．

$$g_F(z)=-\frac{1}{2\pi}(\Psi_F^*+\Lambda_F)\Big[W_\Gamma(z,\xi)\Big]_{\xi_A}^{\xi_F}-\frac{1}{2\pi}\int_{C_B}\frac{\partial\Phi_F}{\partial s}(\zeta)W_\Gamma(z,\zeta)ds \tag{5.2.2.57}$$

ただし，$g_F(z)$ 関数の正則性より

$$\Psi_F^*=-\Lambda_F \tag{5.2.2.58}$$

でなければならない．したがって，以下を得る．

$$\left.\begin{aligned} g_F(z) =& -\frac{1}{2\pi}\int_{C_B}\frac{\partial\Phi_F}{\partial s}(\zeta)W_\Gamma(z,\zeta)ds \\ f_F(z) =& -\frac{1}{2\pi}\Lambda_F W_Q(z,\xi_F)-\frac{1}{2\pi}\int_{C_B}\frac{\partial\Phi_F}{\partial s}(\zeta)W_\Gamma(z,\zeta)ds \end{aligned}\right\} \tag{5.2.2.59}$$

この解も，Λ_F を任意の値とする前端に弱特異性を有する固有解となっている．

さらに，

$$\Lambda_F+\Lambda_A=0 \tag{5.2.2.60}$$

とすれば

$$f_F(z)+f_A(z) \tag{5.2.2.61}$$

なる関数は $\Psi_B = \Lambda_F = -\Lambda_A$ の値を任意に与えた時の，前項で示唆した固有解となっている．したがって，前項で求めた弱特異解は正則解に式 (5.2.2.60) の関係を満たす 2 つの弱特異固有解を加えた形で表わすことができるわけである．

5) 解の一般表示式

前項で，弱特異固有解 $f_F(z)$（に含まれる Λ_F の値）は，物体表面上の流れ関数の値を規定すること，$f_A(z)$（に含まれる Λ_A の値）は，物体表面上の流れ関数の値には寄与しないことが判明した．したがって，物体前後端に弱特異性を有する N-K 解は一般に以下の形の積分表示式で表わされることになる．

$$\begin{aligned} f(z) &= -\frac{1}{2\pi}\int_{C_B}\frac{\partial\Phi}{\partial s}(\zeta)W_\Gamma(z,\zeta)ds - \frac{1}{2\pi}(\Psi_B+\Lambda_I)W_Q(z,\xi_F) + \frac{1}{2\pi}(\Psi_B+\Lambda_I-\Lambda_A)W_Q(z,\xi_A) \\ &= -\frac{1}{2\pi}\int_{C_B}\frac{\partial\Phi}{\partial s}(\zeta)W_\Gamma(z,\zeta)ds - \frac{1}{2\pi}(\Psi_B+\Lambda_I)\Big[W_Q(z,\xi)\Big]_{\xi_A}^{\xi_F} - \frac{1}{2\pi}\Lambda_A W_Q(z,\xi_A) \end{aligned} \tag{5.2.2.62}$$

この解は物体表面上で以下の境界条件を満たし，

$$\Psi(z) = \Psi_B \ \text{（定数）} \ \ on \ \ C_B \tag{5.2.2.63}$$

自由表面条件は以下を満たしている．

$$\mathrm{Re}\{\frac{df}{dz}+i\nu f\} = \frac{\partial\phi}{\partial x}-\nu\psi = \begin{cases} 0 & on \ \ C_{F_F} \\ -\nu(\Psi_B+\Lambda_I) & on \ \ C_{F_I} \\ -\nu\Lambda_A & on \ \ C_{F_A} \end{cases} \tag{5.2.2.64}$$

なお式 (5.2.2.22) より

$$\Lambda_I = -\frac{1}{\nu}U$$

ここで Ψ_B 及び Λ_A の値は各々任意に与えることができる．

解 $f(z)$ が正則解となる条件は以下である．

$$\left.\begin{aligned} \Lambda_A &= 0 \\ \Psi_B &= -\Lambda_I \end{aligned}\right\} \tag{5.2.2.65}$$

0-流出解となる条件は以下である．

$$\left.\begin{aligned} \Lambda_A &= 0 \\ \Psi_B &= 0 \end{aligned}\right\} \tag{5.2.2.66}$$

さらに，s を微小量として $\Psi_B = -s$ とすると，物体表面より s だけ下方の点で近似的に以下が成り立つ．

$$\Psi(x,y-s) = \Psi_B - \frac{\partial\Psi}{\partial y}(x,y)\,s \doteqdot \Psi_B + s = 0$$

すなわち，物体が s だけ沈下した位置で 0-流出の条件が成立していることになり，沈下した物体を近似的に表現していることになる.

上の解を規定する Ψ_B，Λ_A の量を別の物理量で置き換えておこう．物体前端の点 P_F の直前の水面の波高 η_F は自由表面条件 (2.3.1.10) より，ϵ を小なる正値として

$$\nu\eta_F = \nu\eta(\xi_F) = \frac{1}{U}\frac{\partial\phi}{\partial x}(\xi_F + \epsilon, 0)$$

自由表面条件 (5.2.2.64) より

$$= \frac{\nu}{U}\psi(\xi_F + \epsilon, 0)$$

点 P_F 付近で流れ関数は連続であるから

$$= \frac{\nu}{U}\psi(\xi_F, -\epsilon)$$

と物体表面上の流れ関数の値と一致するから結局以下となっている.

$$\eta_F = \frac{1}{U}\Psi_B \tag{5.2.2.67}$$

物体後端の点 P_A の直後の水面の波高 η_A は

$$\nu\eta_A = \nu\eta(\xi_A) = \frac{1}{U}\frac{\partial\phi}{\partial x}(\xi_A - \epsilon, 0)$$

自由表面条件 (5.2.2.64) より

$$= \frac{\nu}{U}\psi(\xi_A - \epsilon, 0) - \frac{\nu}{U}\Lambda_A$$

点 P_A 付近での流れ関数の連続性より

$$= \frac{\nu}{U}\psi(\xi_A, -\epsilon) - \frac{\nu}{U}\Lambda_A$$

より以下を得る.

$$\eta_A = \frac{1}{U}(\Psi_B - \Lambda_A) \tag{5.2.2.68}$$

なお，正則解では $\nu\eta_F = \nu\eta_A = 1$，0-流出解では $\nu\eta_F = \nu\eta_A = 0$ である．両式より，物体前後端の波高 η_F, η_A を与えるならば Ψ_B，Λ_A の値は各々以下とすればよいことになる.

$$\left.\begin{aligned}\Psi_B &= U\eta_F\\ \Lambda_A &= U(\eta_F - \eta_A)\end{aligned}\right\} \tag{5.2.2.69}$$

6) 境界積分方程式と数値解法

式 (5.2.2.62) の積分表示式から数値解を求めるのに適した q-法の境界積分方程式を求めておこう．左辺は式 (5.2.2.1) より

$$
\begin{aligned}
f(z) =& F(z) + Uz \\
=& [Ux + \Phi(x,y)] + i[Uy + \Psi(x,y)]
\end{aligned}
\tag{5.2.2.70}
$$

と書けるから，点 z を物体境界上の点とすれば，両辺の虚部をとることにより以下の境界積分方程式を得る．

$$
\begin{aligned}
\frac{1}{2\pi}\int_{C_B}\frac{\partial\Phi}{\partial s}(\zeta)\mathrm{Im}\{W_\Gamma(z,\zeta)\}ds = -Uy - \Psi_B - \frac{1}{2\pi}(\Psi_B + \Lambda_I)\mathrm{Im}\{W_Q(z,\xi_F)\} \\
+ \frac{1}{2\pi}(\Psi_B + \Lambda_I - \Lambda_A)\mathrm{Im}\{W_Q(z,\xi_A)\}
\end{aligned}
\tag{5.2.2.71}
$$

なお，左辺積分中の核関数は対数関数的特異性を有するので可積分であり，また物体表面の表裏で連続な関数であるので z を表面上に近づけた時留数項は生じない．

次に，Φ-法を適用するために変形を行っておく．式 (5.2.2.62) 右辺第 1 項を部分積分すると以下を得る．

$$
\begin{aligned}
f(z) =& \frac{1}{2\pi}\int_{C_B}\Phi(\zeta)\frac{\partial W_\Gamma}{\partial s}(\zeta)(z,\zeta)ds + \frac{1}{2\pi}\Big[\Phi(\xi,0)W_\Gamma(z,\xi)\Big]_{\xi_A}^{\xi_F} \\
&- \frac{1}{2\pi}(\Psi_B + \Lambda_I)W_Q(z,\xi_F) + \frac{1}{2\pi}(\Psi_B + \Lambda_I - \Lambda_A)W_Q(z,\xi_A)
\end{aligned}
\tag{5.2.2.72}
$$

実部をとると以下を得る．

$$
\begin{aligned}
\Phi(x,y) - \frac{1}{2\pi}\fint_{C_B}\Phi(\zeta)\mathrm{Re}\Big\{\frac{\partial W_\Gamma}{\partial s}(z,\zeta)\Big\}ds - \frac{1}{2\pi}\Big[\Phi(\xi,0)\mathrm{Re}\{W_\Gamma(z,\xi)\}\Big]_{\xi_A}^{\xi_F} \\
= -Ux - \frac{1}{2\pi}(\Psi_B + \Lambda_I)\mathrm{Re}\{W_Q(z,\xi_F)\} \\
+ \frac{1}{2\pi}(\Psi_B + \Lambda_I - \Lambda_A)\mathrm{Re}\{W_Q(z,\xi_A)\}
\end{aligned}
\tag{5.2.2.73}
$$

ここで z を流体領域中から物体表面上に近づけた時に生ずる留数項を考慮すれば左辺第 1 項は $\frac{1}{2}\Phi(z)$ となり積分は主値積分となることは没水体について述べた通りである．

次に離散化を行う．物体表面 C_B を点 P_F から 点 P_A にむかって N 個の直線状の小区間に分割しておく（図 5.2.2.2 参照）．各小区間内で，未知量は一定値をとるものとする．まず，q-法については式 (5.2.2.71) を離散化すると，$q_i = \left(\frac{\partial\Phi}{\partial s}\right)_i$ に関する以下の連立方程式を得る．

$$
\sum_{j=1}^{N} A_{i,j}\,q_j = -Uy_i - \Psi_B - \frac{1}{2\pi}(\Psi_B + \Lambda_I)\mathrm{Im}\{W_Q(z_i,\xi_F)\} + \frac{1}{2\pi}(\Psi_B + \Lambda_I - \Lambda_A)\mathrm{Im}\{W_Q(z_i,\xi_F)\}
$$

$$
for \quad i = 1, 2, ..., N
\tag{5.2.2.74}
$$

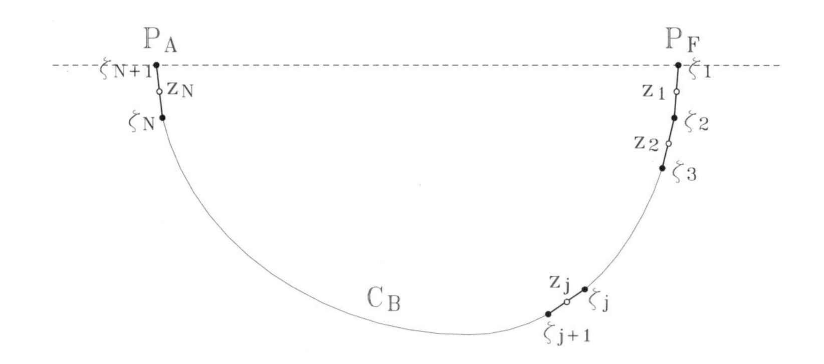

図 5.2.2.2. C_B の分割

ここで

$$A_{i,j} = \frac{1}{2\pi}\mathrm{Im}\{W_{\Gamma_{int}}(z_i, \zeta_{j+1}, \zeta_j)\} \tag{5.2.2.75}$$

次に，Φ-法については式 (5.2.2.73) を離散化して，Φ_i に関する以下の連立方程式を得る．

$$\begin{aligned} &\Phi_i - \sum_{j=1}^{N} \Phi_j \Delta\Theta^*_{i,j} - \Phi_1 \Theta^*_{i,1} + \Phi_N \Theta^*_{i,N+1} = \\ &\quad -Ux_i - \frac{1}{2\pi}(\Psi_B + \Lambda_I)\mathrm{Re}\{W_Q(z_i, \xi_F)\} + \frac{1}{2\pi}(\Psi_B + \Lambda_I - \Lambda_A)\mathrm{Re}\{W_Q(z_i, \xi_F)\} \quad for \quad i = 1, 2, ..., N \end{aligned} \tag{5.2.2.76}$$

ただし

$$\left.\begin{aligned} \Delta\Theta^*_{i,j} &= \Theta^*_{i,j+1} - \Theta^*_{i,j} \\ \Theta^*_{i,j} &= \frac{1}{2\pi}\mathrm{Re}\{W_\Gamma(z_i, \zeta_j)\} \end{aligned}\right\} \tag{5.2.2.77}$$

ここで没水体について式 (5.2.1.54) について述べたことと同様の注意が必要で，$\Theta^*_{i,j}$ の主要項である対数関数 $\log(z_i - \zeta_j)$ の分岐線は 3.3.4 小節で述べた半没物体用分岐線を用いること，及び，分岐線の中間点 ζ_M の直上には物体表面がないことが必要である．また，$\sum_{j=1}^{N} A_{ij} = 1$ なる関係がこの問題でも成立している．

7) 造波抵抗と運動量の保存則

この項では（半没物体に関する）N-K 問題における各種の保存則について述べる．

まず，体積質量の保存則については，物体表面上で $\dfrac{\partial \Phi}{\partial n} = 0$ であるから以下が成り立つべきである．

$$Q_V = -\int_{C_\Sigma + C_F} \frac{\partial \Phi}{\partial n} ds = 0 \tag{5.2.2.78}$$

ところで $\dfrac{\partial \Phi}{\partial n} = -\dfrac{\partial \Psi}{\partial s}$ であるから

$$Q_V = \int_{C_\Sigma + C_F} \frac{\partial \Psi}{\partial s} ds = \left[\Psi\right]_{P_A}^{P_F}$$

となり，流れ関数は境界上を含め連続であるから $\Psi(P_A) = \Psi(P_F) = \Psi_B$ より上式右辺の値は 0 となり，確かに式 (5.2.2.78) は成立している．この式の物理的解釈を行えば，無限前方の水面上の点 Q_F での流れ関数の値は 0 であり，物体表面上の流れ関数の値は Ψ_B であるから，物体前面の静止水面 C_{F_F} より Ψ_B の体積質量が単位時間当たり流出しており，同じ流量の水が後方の静止水面 C_{F_A} 及び検査面 C_{Σ_A} から流入していることを意味している．後方の水面上の点 Q_A を波高（$\nu\eta = \phi_x/U$）0 の点にとると，その点では流れ関数の値は式 (5.2.2.5) より，$\Psi = \psi = \Lambda_A$ であるから，C_{F_A} から $\Psi_B - \Lambda_A$ の流量だけ流入し，C_Σ から Λ_A の流量が流入していることになる．前端の波吹き出しが Ψ_B の流量を前方に吹き出し，後端の波吸い込みが $\Psi_B - \Lambda_A$ の流量を吸い込んでいるという解釈もできる．

次に，物体に働く抗力に関連する x 方向の運動量の保存則（運動量定理）について調べる．流体中の圧力を以下と書いておく．

$$\left.\begin{aligned} p_T &= p_D + p_S \\ p_D &= \frac{1}{2}\rho\,(U^2 - \nabla\Phi\nabla\Phi) \\ p_S &= -\rho g y \end{aligned}\right\} \tag{5.2.2.79}$$

N-K 問題の x-方向の運動量の保存則は式で表わすと以下となる．

$$\int_{C_B + C_F + C_\Sigma} (\rho \frac{\partial \Phi}{\partial x} \frac{\partial \Phi}{\partial n} + p_T\, n_x) ds = 0 \tag{5.2.2.80}$$

静水圧 p_S は上式に寄与しないので p_T の代わりに p_D としてよい．物体に働く圧力抵抗を以下と書いておく．

$$R_P = \int_{C_B} p_D n_x ds \tag{5.2.2.81}$$

式 (5.2.2.80) の第 1 項は C_B 上で 0 であるから，上式は，以下と表わされる．なお，以下では偏微分は添字で表わす．

$$\left.\begin{aligned} R_P &= R_{F_F} + R_{F_A} + R_\Sigma \\ R_{F_F} &= -\int_{C_{F_F}} (\rho\Phi_x\Phi_n + p_T\, n_x) ds \\ R_{F_A} &= -\int_{C_{F_A}} (\rho\Phi_x\Phi_n + p_T\, n_x) ds \\ R_\Sigma &= -\int_{C_\Sigma} (\rho\Phi_x\Phi_n + p_T\, n_x) ds \end{aligned}\right\} \tag{5.2.2.82}$$

$C_F = C_{F_F} + C_{F_A}$ 上では $n_x = 0$，$\Phi_n = -\phi_y$ であり，以下が成り立つ．

$$\begin{aligned}\Phi_x\Phi_n =& U\phi_y - \phi_x\phi_y \\ =& -U\psi_x + \frac{1}{\nu}\phi_x\phi_{xx}\end{aligned}$$

したがって

$$\begin{aligned}R_{F_F} =& \rho\int_{P_F}^{Q_F}(U\psi_x - \frac{1}{2\nu}\phi_x\phi_{xx})dx \\ =& \rho\Big[U\psi - \frac{1}{2\nu}\phi_x^2\Big]_{P_F}^{Q_F} \\ =& -\rho U\Psi_B + \frac{1}{2}\rho g\eta_F^2\end{aligned} \tag{5.2.2.83}$$

及び

$$\begin{aligned}R_{F_A} =& \rho\Big[U\psi - \frac{1}{2\nu}\phi_x^2\Big]_{Q_A}^{P_A} \\ =& \rho U\Psi_B - \frac{1}{2}\rho g\eta_A^2 - \rho U\psi(Q_A) + \frac{1}{2\nu}\rho\phi_x^2(Q_A)\end{aligned} \tag{5.2.2.84}$$

を得，また，以下を得る．

$$\begin{aligned}R_\Sigma =& \rho\int_{-\infty}^{0}\Big\{U^2 - \Phi_x^2 - \frac{1}{2}(U^2 - \Phi_x^2 - \phi_y^2)\Big\}dy \\ =& \rho U\psi(Q_A) - \frac{1}{2}\rho\int_{-\infty}^{0}(\phi_x^2 - \phi_y^2)\,dy\end{aligned} \tag{5.2.2.85}$$

最後の積分は下流の検査面 C_{Σ_A} 上の積分である．以上を式 (5.2.2.82) に代入すると以下の式を得る．

$$R_P = R_f + \varDelta R \tag{5.2.2.86}$$

ここで

$$R_f = -\frac{1}{2}\rho\int_{-\infty}^{0}(\phi_x^2 - \phi_y^2)dy + \frac{1}{2}\rho g\eta^2(Q_A) \tag{5.2.2.87}$$

は造波抵抗である．無限下流での撹乱複素ポテンシャル及び波形を Kochin 関数 $H_\nu = H_\nu^C + iH_\nu^S$ で表わしておく．

$$f(z) \sim f_f(z) = UH_\nu e^{-i\nu z} \tag{5.2.2.88}$$

$$\eta(x) \sim \mathtt{Im}\{H_\nu e^{-i\nu z}\} \tag{5.2.2.89}$$

$$H_\nu = 2\int_{C_B}\Phi_s/U\,e^{i\nu\bar{\zeta}}ds - 2i(\Psi_B + \Lambda_I)/U\,e^{i\nu\xi_F} + 2i(\Psi_B + \Lambda_I - \Lambda_A)/U\,e^{i\nu\xi_A} \tag{5.2.2.90}$$

この時前小節の式 (5.2.1.68 - 5.2.1.70) より造波抵抗は以下で表わされ

$$R_f = \frac{1}{4}\rho g|H_\nu|^2 \tag{5.2.2.91}$$

補正項は以下となる．

$$\begin{aligned}\varDelta R &= \frac{1}{2}\rho g(\eta_F^2 - \eta_A^2) \\ &= \frac{1}{2}\rho\nu[\varPsi_B^2 - (\varPsi_B - \varLambda_A)^2]\end{aligned} \quad (5.2.2.92)$$

この項は物体前後端における水面の上昇（下降）に伴う静水圧による補正を示している．3次元N-K問題においても同様な関係があり，補正項は船体と水面の交点からなる線積分で表わすことができる．

最後に，y 方向の運動量の保存則について述べておく．静水圧による静的浮力については除外しておくと y 方向の運動量の保存則は以下と書ける．

$$\int_{C_B+C_F+C_\Sigma} (\varPhi_n \varPhi_y + p_D n_y) ds = 0 \quad (5.2.2.93)$$

物体に働く揚力（動的浮力）を以下としておく．

$$L_p = -\int_{C_B} p_D n_y ds \quad (5.2.2.94)$$

式 (5.2.2.93) の関係を用いると以下の式を得る．

$$L_p = \rho U\{\phi(P_F) - \phi(P_A)\} + \frac{1}{2}\rho\int_{C_{F_F}+C_{F_A}} (\phi_x^2 - \phi_y^2) dx + \rho\int_\infty^0 \phi_x\phi_y dy \quad (5.2.2.95)$$

右辺の最後の積分は無限下流の検査面上の積分を示す．上式はN-K問題の半没物体に関するKutta-Joukowskiの定理である．右辺第1項が $\rho U\varGamma$（$\varGamma$：循環量）に相当し，第2,3項は水面の波動による補正項である．最後の項をKochin関数を用いて積分すれば（検査面の x 座標を $\varXi_A$ としておく）以下を得る．

$$L_p \sim L_f = \rho U\{\phi(P_F) - \phi(P_A)\} + \frac{1}{2}\rho\int_{\varXi_A,\xi_F}^{\xi_A,\infty} (\phi_x^2 - \phi_y^2) dx + \frac{1}{4}\rho g\,\mathrm{Im}\{H_\nu^2 e^{-2i\nu\varXi_A}\} \quad (5.2.2.96)$$

8) 数値解の例-1（半没円柱）

数値解の例として，まずは，半没円柱周りの流れを考える．円柱半径を a とし，円の中心を原点（水面）におく．すなわち，喫水は $d = a$ である．半没円柱の表面を前端（P_F）から後端（P_A）まで時計周りに N 個の線分に分割する（図 5.2.2.2 参照）．その際前後端付近は分割を細かくしておく．細分された線分の中点（$z_j, j = 1 \sim N$）を境界条件を合わせる点とし，原点から点 z_j を見る角度を $\theta_j = 0 \sim -90 \sim -180$ としておく．

正則解，及び 0-流出解の場合について，q-法を用いて解いた結果を図 5.2.2.3 - 5.2.2.8 に示す．波数は上から $\nu a = 0.4, 0.6, 0.8$ であり，左側が正則解，右側が 0-流出解である．白丸と実線にて示すのが，解，すなわち接線方向の流速 q_s/U の分布である．正則解では $q_s/U < 0$ であるので逆流であることを示しており，0-流出解で $q_s/U = 0$ となっている点は停留点を示している．図中白四角は解の流速分布を式 (5.2.2.62) に代入して計算した表面上の速度ポテンシャルの値を示している．Φ-法により求めた表面上の速度ポテンシャルの値を細破線にて示す．両者の一致は，高速では良いが，低速では少し差異がある．後述する多重極展開法（MPE-method と記した）による速度ポテンシャルの値を太破線にて示してあり，q-法の結果とほとんど一致している．したがって，q-法にくらべ，Φ-法は精度が少し良くないと言える．理由は，式 (5.2.2.76) 左辺第 3，4 項と第 2 項との関連に問題があるようであるが，詳しくは不明である．Φ-法も分割をより細かくして行けば，q-法の結果に近づく．なお，同式左辺第 1 項に 1/2 を乗じ，第 2 項で $i = j$ での和をとらない方法では精度はかなり悪くなることを注意しておく．

q-法による半没円柱周りの流線と等ポテンシャル線群を図 5.2.2.9 - 5.2.2.12 に示す．右方が上流であり，上の図が正則解，下の図が 0-流出解である．円柱表面上に流向を矢印で示してある．正則解では後流の大きな波動の影響で，円柱前下方の流場中に停留点を生じ，物体近傍に逆流が生じている．こうしたことは実現象としてはなかなか発生しにくい現象のように思われる．無限前方の静止水面付近の流れは，物体前方で静止水面から上方に大きく流出しているように見える．物体表面上の流れ関数の値は $\Psi/Ua = 1/\nu a$ となっているので，この流量だけ前方の静止水面から上方に流出していることになる．0-流出解では無限前方の静止水面を流れる流線は，物体前方で少し下方に窪んでから物体表面にぶつかり停留点となっている．この場合には前方の静止水面からの流出はない．その後流線は上下に分かれ，下方を流れる流線は物体表面に沿って下流へ流れ，後端に達して上方に流れている．

図中には無次元波高 $\nu\eta = g\eta/U^2$ を破線にて示してある．物体前後端が停留点となっているとすれば無次元波高は 1/2 となるはずであるが，正則解では 1 であり，0-流出解では 0 となっている．

どちらの解も実現象の近似として合理的ではないように思われるが，流れ全体を見た時には，0-流出解の方がまだ実現象近いように思える．ただし，粘性現象や，砕波現象が生じていないという仮定の下の想像である．

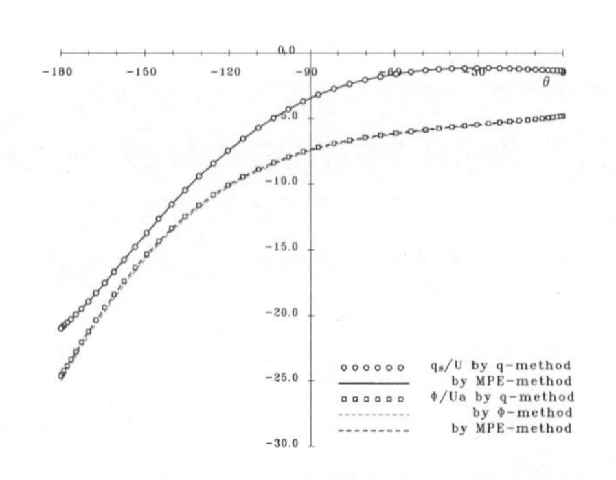

図 5.2.2.3. 半没円柱周りの流速分布及び速度ポテンシャルの比較（正則解, $\nu a = 0.4$, $\Psi_B/Ua = 2.5$, $\Lambda_A = 0$, $N = 50$）

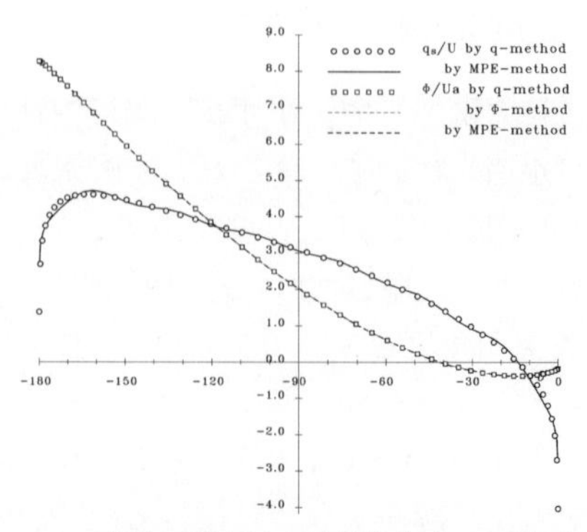

図 5.2.2.4. 半没円柱周りの流速分布及び速度ポテンシャルの比較（0-流出解, $\nu a = 0.4$, $\Psi_B/Ua = 0.0$, $\Lambda_A = 0$, $N = 50$）

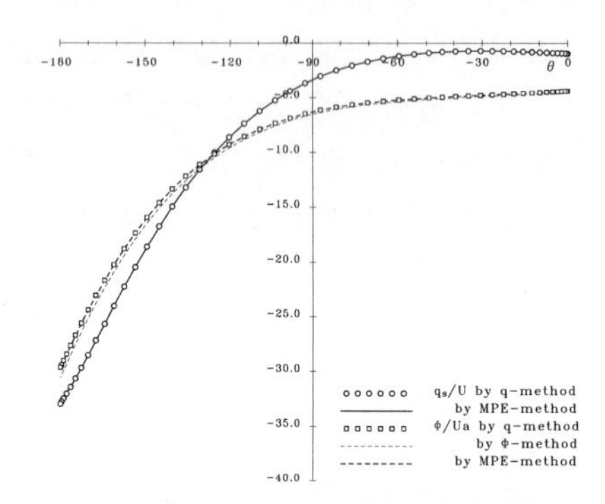

図 5.2.2.5. 半没円柱周りの流速分布及び速度ポテンシャルの比較（正則解, $\nu a = 0.6$, $\Psi_B/Ua = 1.67$, $\Lambda_A = 0$, $N = 50$）

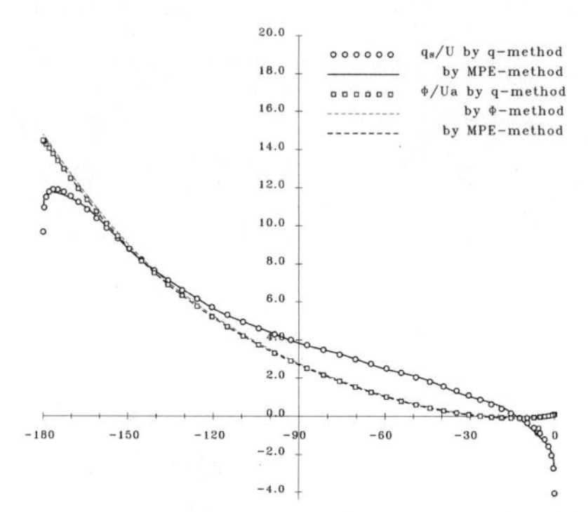

図 5.2.2.6. 半没円柱周りの流速分布及び速度ポテンシャルの比較（0-流出解, $\nu a = 0.6$, $\Psi_B/Ua = 0.0$, $\Lambda_A = 0$, $N = 50$）

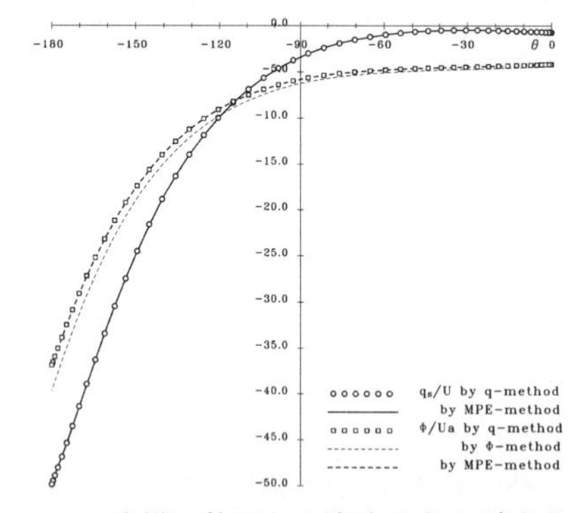

図 5.2.2.7. 半没円柱周りの流速分布及び速度ポテンシャルの比較（正則解, $\nu a = 0.8$, $\Psi_B/Ua = 1.25$, $\Lambda_A = 0$, $N = 50$）

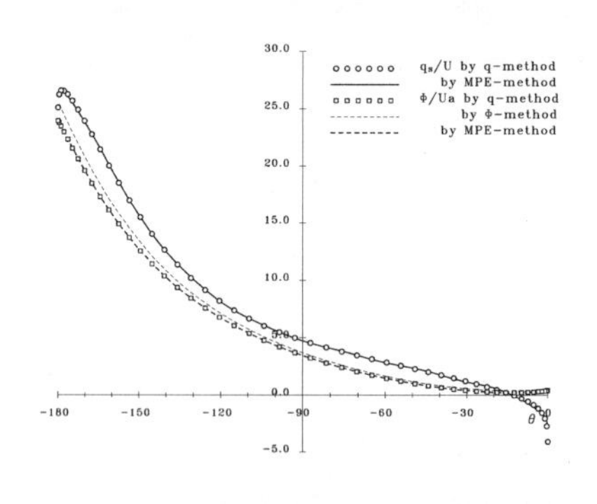

図 5.2.2.8. 半没円柱周りの流速分布及び速度ポテンシャルの比較（0-流出解, $\nu a = 0.8$, $\Psi_B/Ua = 0.0$, $\Lambda_A = 0$, $N = 50$）

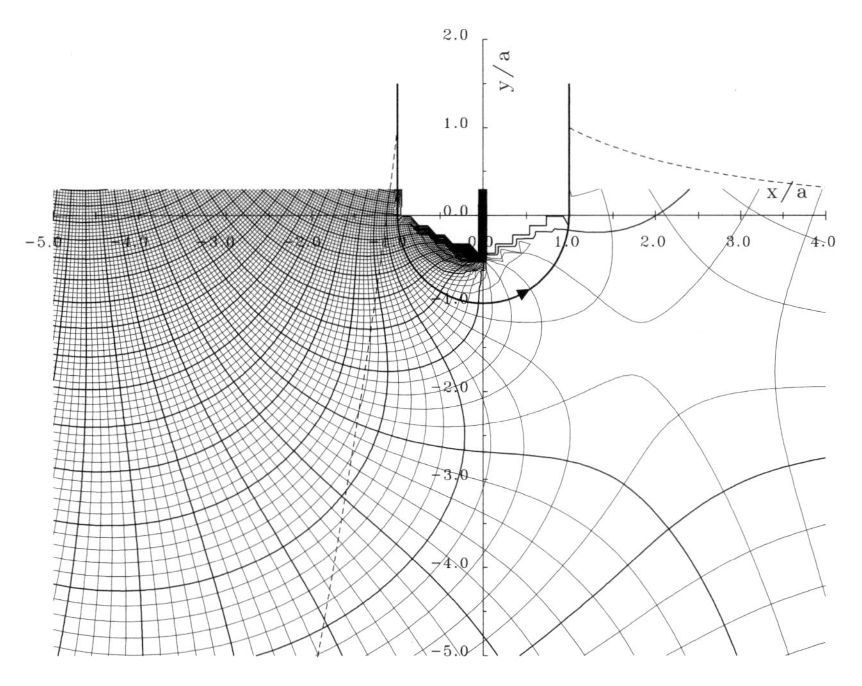

図 5.2.2.9. 半没円柱周りの流線と等ポテンシャル線（正則解，$\nu a = 0.4$, $\Psi_B/Ua = 2.5$, $\Lambda_A = 0$, $\Delta\Psi/aU = 0.5$, $C_{Rp} = 204.3$, $C_{Lp} = -90.7$）

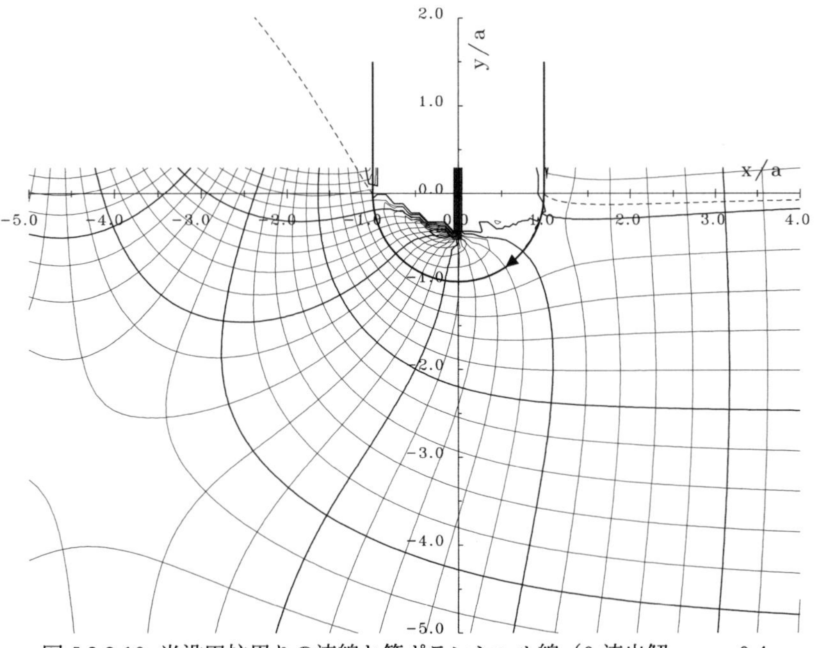

図 5.2.2.10. 半没円柱周りの流線と等ポテンシャル線（0-流出解，$\nu a = 0.4$, $\Psi_B/Ua = 0.0$, $\Lambda_A = 0$, $\Delta\Psi/aU = 0.5$, $C_{Rp} = 15.5$, $C_{Lp} = -17.6$）

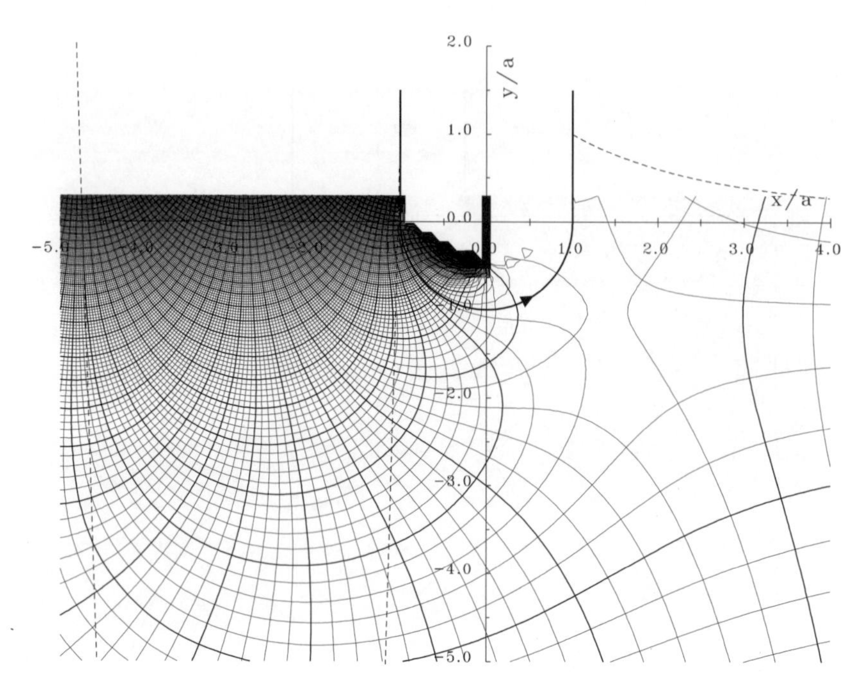

図 5.2.2.11. 半没円柱周りの流線と等ポテンシャル線（正則解，$\nu a = 0.8$, $\Psi_B/Ua = 1.67$, $\Lambda_A = 0$, $\Delta\Psi/aU = 0.5$, $C_{R_p} = 842.3$, $C_{Lp} = -266.6$）

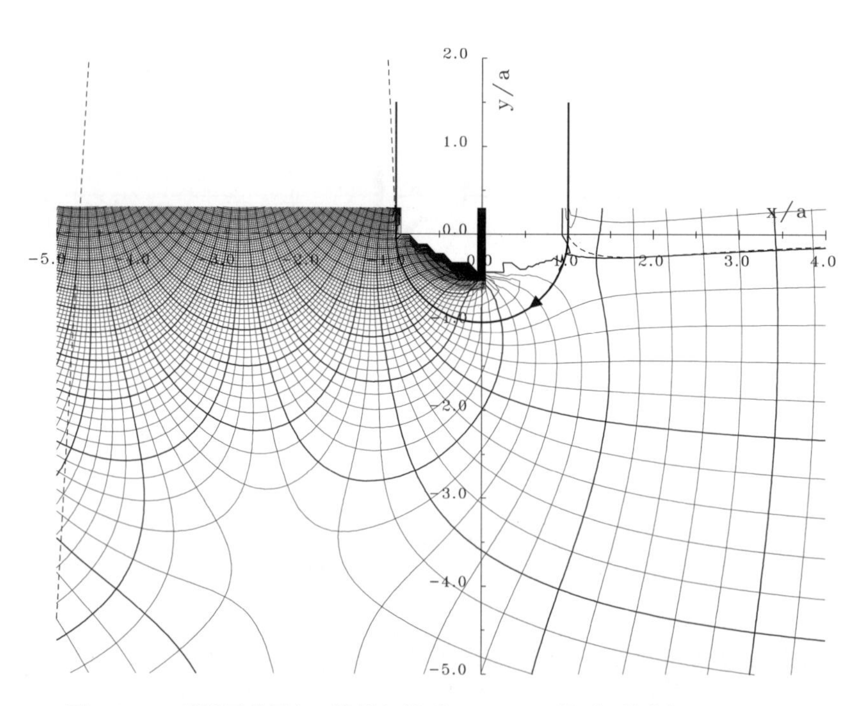

図 5.2.2.12. 半没円柱周りの流線と等ポテンシャル線（0-流出解，$\nu a = 0.8$, $\Psi_B/Ua = 0.0$, $\Lambda_A = 0$, $\Delta\Psi/aU = 0.5$, $C_{R_p} = 297.0$, $C_{L_p} = -126.2$）

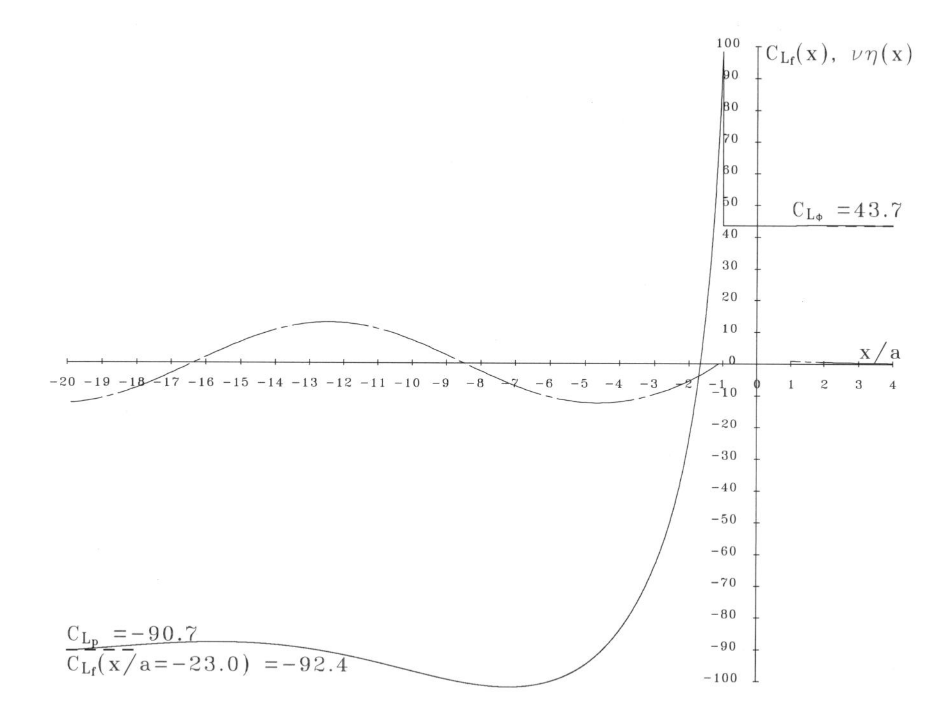

図 5.2.2.13. 運動量定理による揚力の計算（正則解，$\nu a = 0.4$, $\Psi_B/Ua = 2.5$, $\Lambda_A = 0$, $N = 50$）

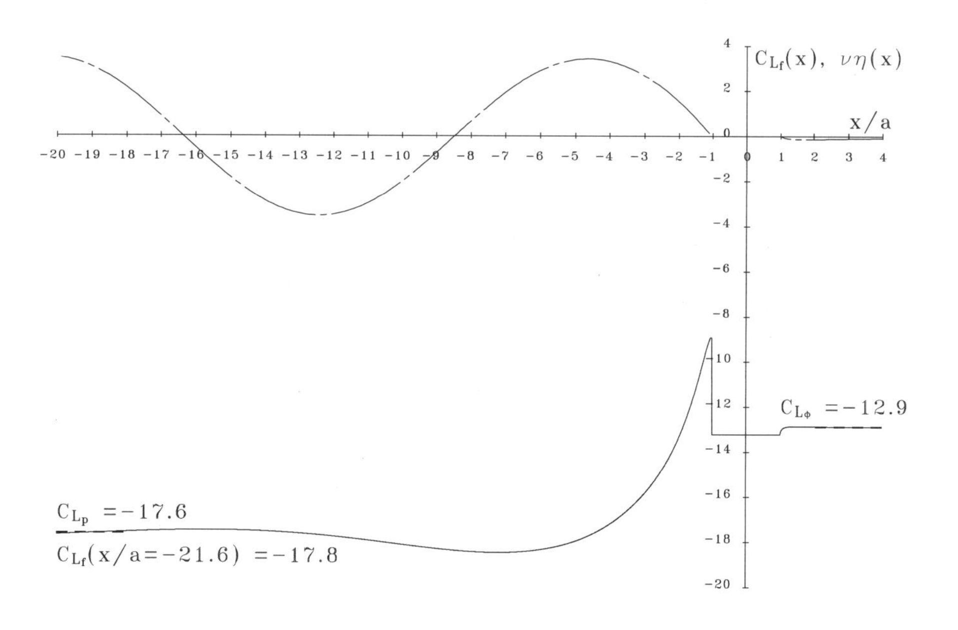

図 5.2.2.14. 運動量定理による揚力の計算（0-流出解，$\nu a = 0.4$, $\Psi_B/Ua = 0.0$, $\Lambda_A = 0$, $N = 50$）

以上の図のキャプションには，以下で定義する圧力抵抗係数と揚力係数の値を示してある（式 (5.2.2.81, 5.2.2.94) 参照）．

$$C_{R_p} = \frac{R_p}{1/2\rho U^2 a}, \quad C_{L_p} = \frac{L_p}{1/2\rho U^2 a} \tag{5.2.2.97}$$

これらの数値は不合理に大きな値である．ただし，圧力抵抗と造波抵抗との運動量関係式 (5.2.2.86) が成立することは数値的に確認している．また，圧力から計算される揚力と，流場の量から計算される揚力との運動量の関係式 (5.2.2.96) については図 5.2.2.13, 5.2.2.14 より確認できる．図中 1 点鎖線は円柱前後の波形を示している．図の右方に記した C_{L_ϕ} は式 (5.2.2.96) 右辺第 1 項を示す．物体上流から同式右辺第 2 項の積分を行いつつ物体前縁（$x/a = 1$）に達する．物体後縁 $x/a = -1$ からは右辺第 3 項を加えながら積分を続行する．そのため，後縁では値は第 3 項分だけ不連続となる．積分は右辺の値が一定値に達するまで行い，その結果と圧力から計算される揚力との比較を行っている．両者の一致はほぼ数値誤差の範囲にとどまっているとしてよいだろう．

さて，いずれにしろ，これらの解と実現象との間には大きな差が認められる．この不一致は何に由来するのだろうか？ 前節で検討した没水物体に関する解については，そこそこ，実現象に即していると言えそうである．このことから考えると，物体が水面を切っていることにその原因を求めるのが妥当のようである．物体前端の水面付近には実現象でも停留点に近い流れが観察される．停留点の点近傍では流速が 0 になる，言い換えれば，撹乱流速が一様流の流速に等しくなるわけである．このことは，線形自由表面条件の成立要件，すなわち，撹乱が一様流速に比べて十分小であるということに反していることになる．したがって，本法による前後端付近の流れは基本的に正しくないということになり，その点に留意して本法の結果の利用法などについて考えるべきであろう．

著者は，長いこと，N-K 問題における半没物体は前後端で静止水面と直行していなければ，解は正しく求めることはできないと信じていたことは前述した通りである．そう信じた理由は判然としないが，どうもその思い込みは正しくないようである．その証左を以下に示しておく．図 5.2.2.15 - 5.2.2.18 に半没円の喫水を $\Delta d/a = 0.5, 0.3$ だけ上下させた場合の各々の正則解及び 0-流出解による流線と等ポテンシャル線を示す．なお，等高線の間隔は後半部は粗くしている．水面と直交しない浮体のそれぞれについて正しく解けているようであり，前後端付近においても，不都合な点は見受けられない．なお，物体内の流れは無視すると見易いかもしれない．

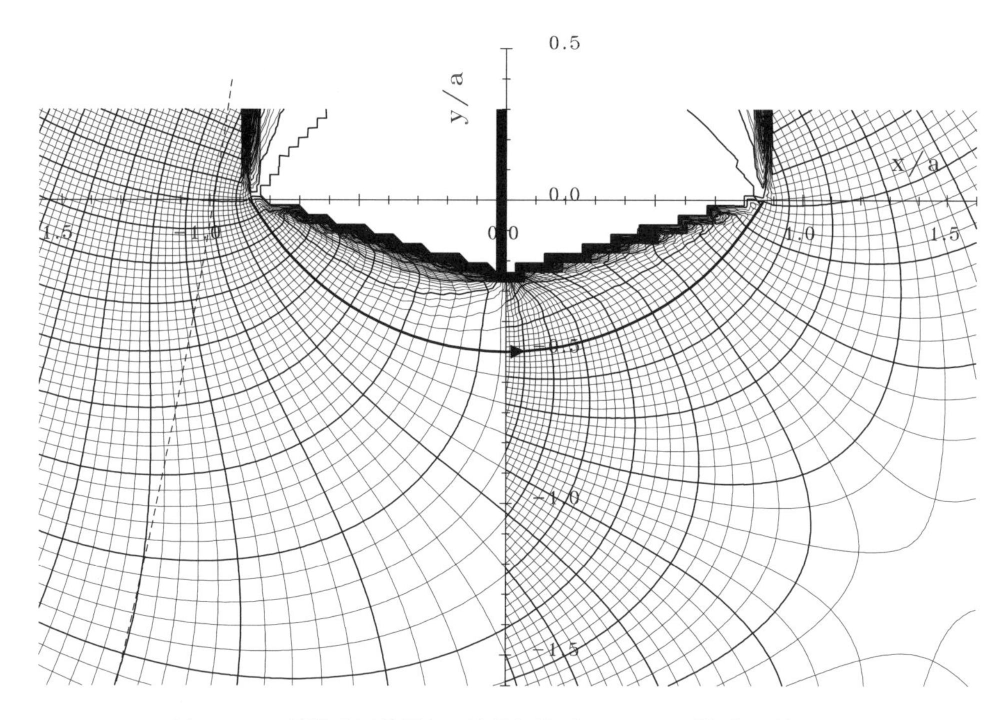

図 5.2.2.15. 浅没水円柱周りの流線と等ポテンシャル線（正則解, $\nu a = 0.4$, $\Psi_B/Ua = 2.5$, $\Lambda_A = 0$, $\Delta\Psi/aU = 0.05$）

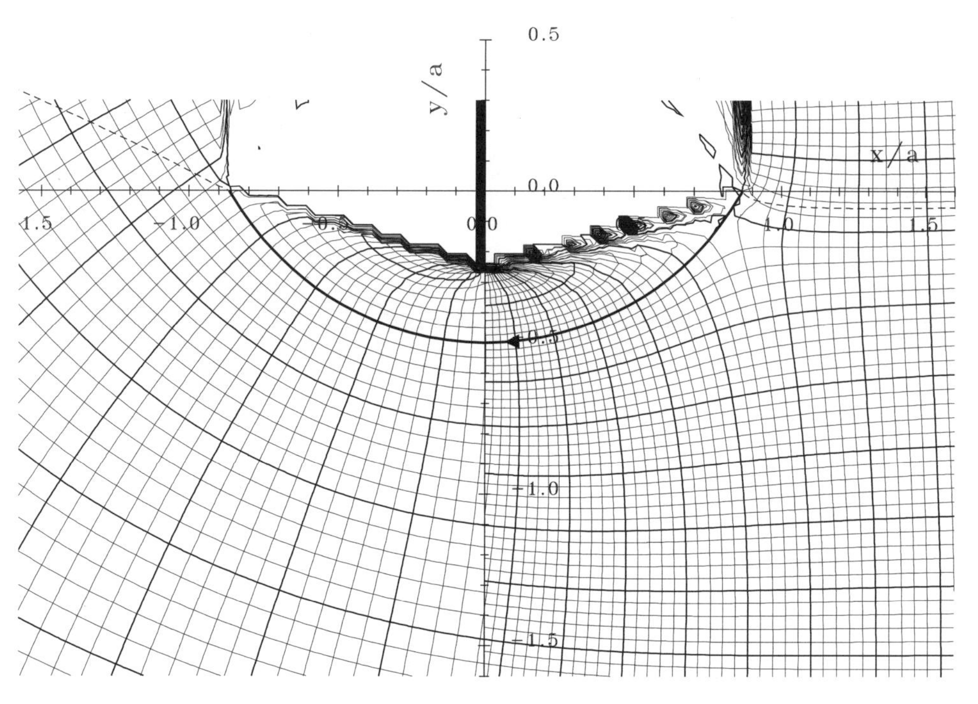

図 5.2.2.16. 浅没水円柱周りの流線と等ポテンシャル線（0-流出解, $\nu a = 0.4$, $\Psi_B/Ua = 0.0$, $\Lambda_A = 0$, $\Delta\Psi/aU = 0.05$）

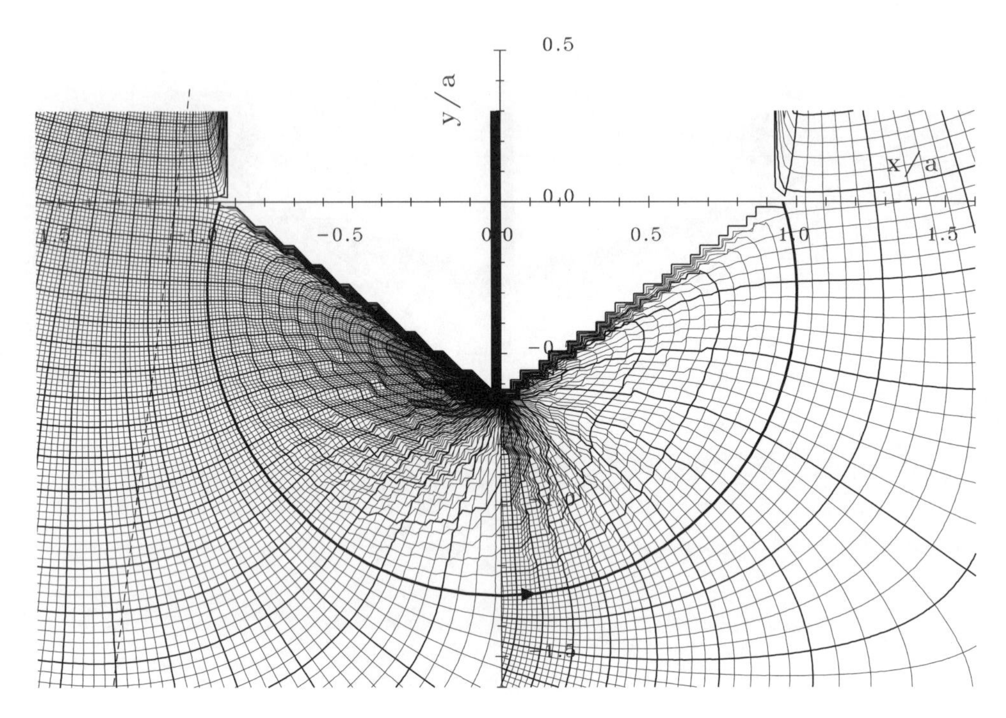

図 5.2.2.17. 深没水円柱周りの流線と等ポテンシャル線（正則解, $\nu a = 0.4$, $\Psi_B/Ua = 2.5$, $\Lambda_A = 0$, $\Delta\Psi/aU = 0.05$）

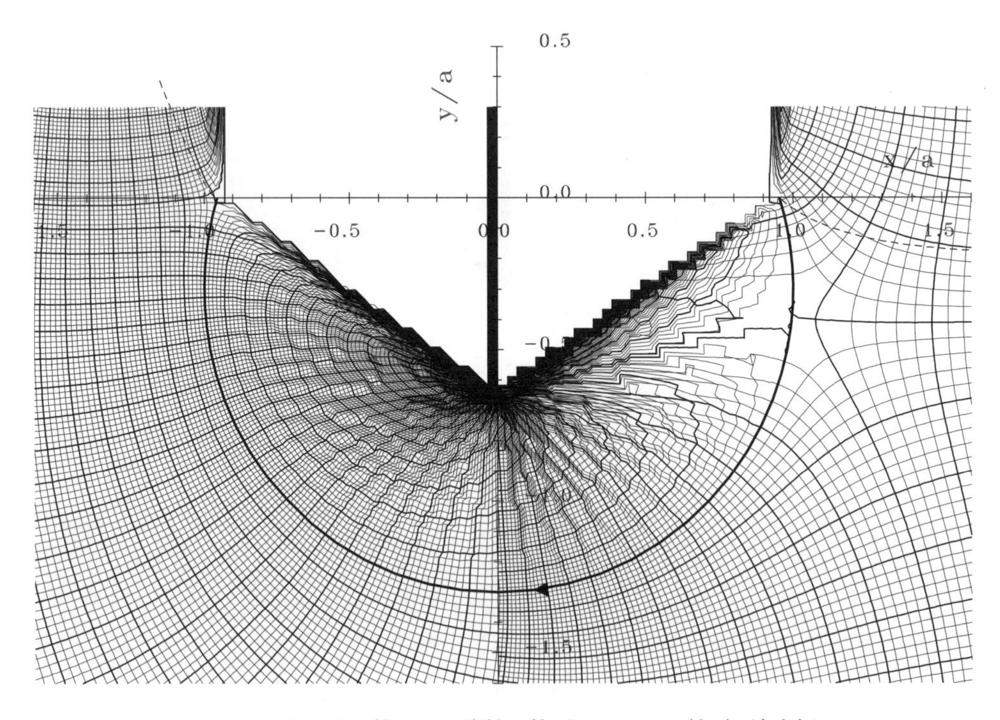

図 5.2.2.18. 深没水円柱周りの流線と等ポテンシャル線（0-流出解, $\nu a = 0.4$, $\Psi_B/Ua = 0.0$, $\Lambda_A = 0$, $\Delta\Psi/aU = 0.05$）

9) 数値解の例-2（伴流模型と滑走解）

以上の検討では N-K 解からは実現象の解明，ないし，実現象を利用するに際しての有益な情報を得ることは，かなり難しいことが推測される．

以下には，2 つの役立つ可能性のある例を挙げておく．どちらも，有益性や，3 次元問題の解決への糸口となるかどうかについては十分な検討を経たものではないことをお断りし，将来の検討を期待しておく．

第 1 の例は，N-K 解の積分表示式 (5.2.2.62) の最後の項が 0 とならない解の利用である．つまり，前後端の吸い込み，吹き出しの強さが同一ではない解である．例を図 5.2.2.19 に示す．前端の波高を $\nu\eta_F = 0$ とし，後端の波高を $\nu\eta_A = -1$ とした例である．後端下に停留点が生じており，そこから上方の流れは剥離流（伴流）と見なすことが可能である．このように完全流体の流れに伴流らしき現象を作り出す流れモデルを伴流模型と呼ぶ場合がある．この場合の抵抗係数，揚力係数は現実的である．こうした弱特異解を伴流模型として利用できる可能性があるかも知れない．前縁や伴流の後端などでは，水面が崩れるいわゆる砕波現象も生じているはずである．砕波モデルとしての弱特異解の利用も考えられる．

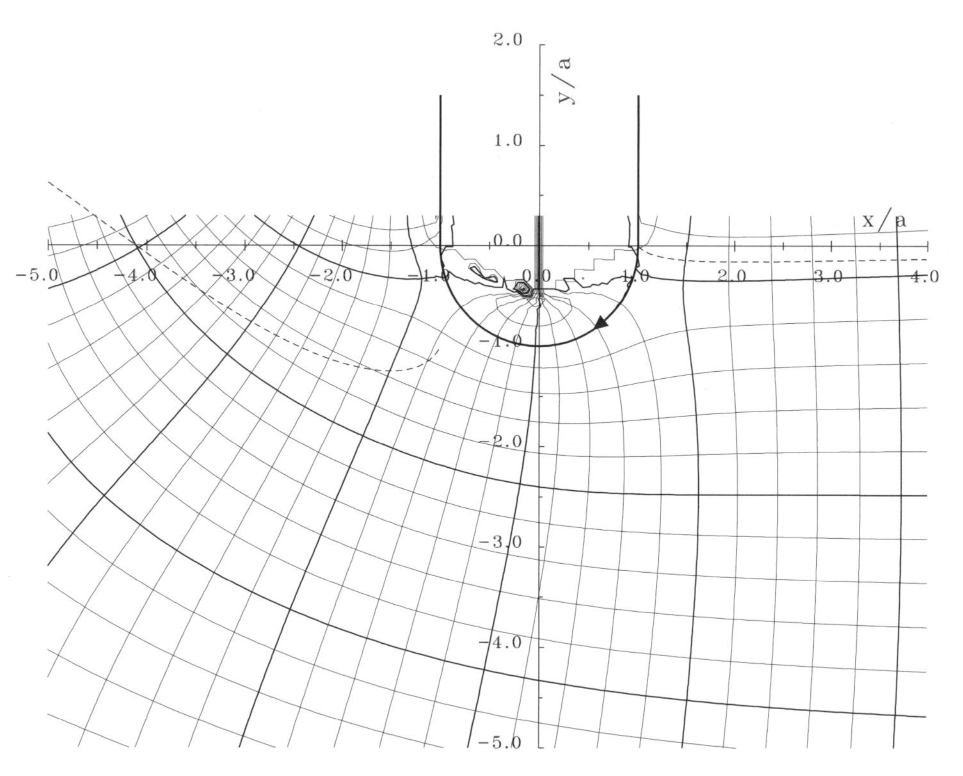

図 5.2.2.19. 半没円柱周りの流線と等ポテンシャル線（弱特異解，$\nu a = 0.4$,
$\Psi_B = 0$, $\Lambda_A/Ua = 2.5$, $\Delta\Psi/aU = 0.5$, $C_{R_p} = 1.8$, $C_{Lp} = -6.3$）

もう1つの例は切り立った船尾形状（トランサムという）を有する水面を滑走する物体周りの流れの解析法に関するものである．3次元物体ではモーターボートに相当し，滑走とは，トランサム船尾の切り立った下端から水面が剥がれて流れる現象を言う．モーターボートではその後左右の切り立った水面がぶつかり合い，後方に盛大に波しぶきを上げるのは湖水などでよく見られる現象である．こうした現象は，高速で航走する小型の艇によく見られ，古くは魚雷艇，現在ではミサイル艇などに特有な現象であるため，よく軍用の研究対象とされてきた．その結果，多くの有益な知見が得られてはいるが，数値計算によって現象を詳しく再現するには至っていないのが現状である．この点は，一般の船舶の造波抵抗などの算定が難しいことと歩を一にして，解決が望まれる分野の1つである．次章で扱う滑走板理論という理論が大本命の解決法であるが，造波抵抗理論と同様の難点を有しており，純数値的方法の出発点にもなりづらいという現実がある．そうした見地から，N-K解の利用が可能かどうかの検討はされるべきであると考えている．そこで案出した方法の結果を次図に示す．物体は滑走物体を模しているが，トランサム部には壁はなく，その壁を前部の船底と船首部に折り返した形状としている．そうしたことにより，トランサム下部で流れが滑らかに船底に沿って流れるようにすることができている．こうした流れが3次元でも実現できれば，その流れが純数値的方法の第1近似解として利用できるかも知れない．

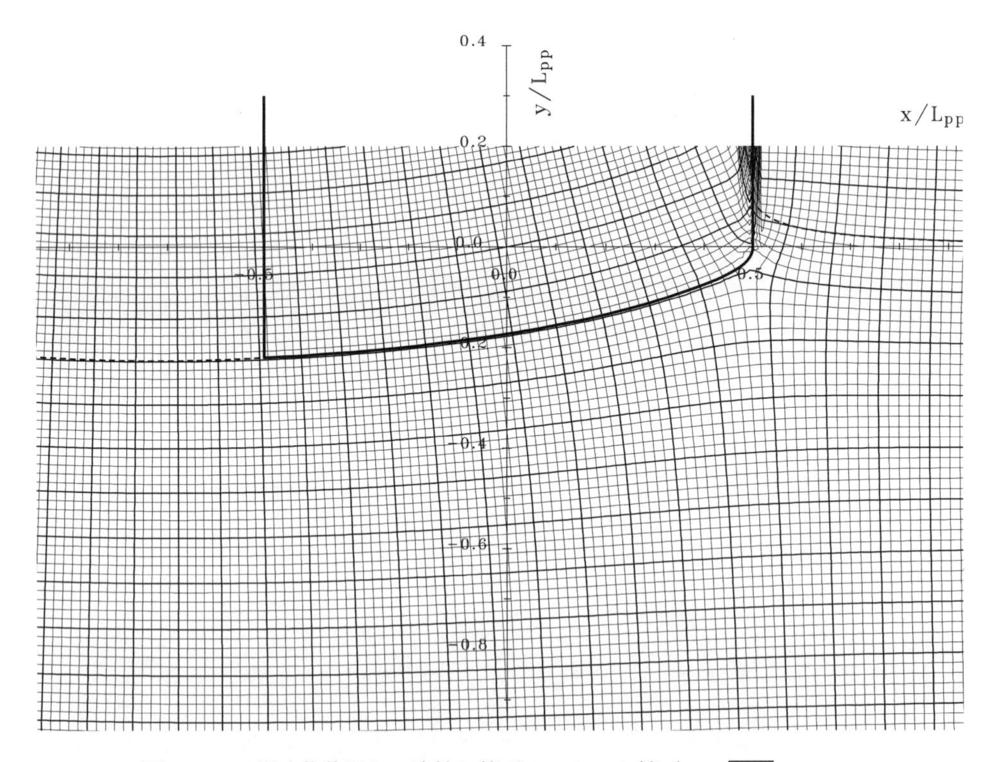

図 5.2.2.20. 滑走物体周りの流線と等ポテンシャル線（$U/\sqrt{gL_{pp}} = 1.0$, $\Psi_B/UL_{pp} = 0.095$, $\Lambda_A/UL_{pp} = 0.053$, $\Delta\Psi/UL_{pp} = 0.02$）

10) 数値解の例-3（半没鉛直平板）

数値解の最後の例として，半没鉛直平板を取り上げる．半没鉛直平板は第 4.1 章で示した解析解が求められている例である．q-法で求めた解と解析解の比較を行う．

まず，q-法の積分表示式は式 (5.2.2.62) を用いる．この時，右辺第 2 項は平板の場合には，前端，後端は一致しているから 0 である．したがって，半没鉛直平板周りの流れは以下の積分表示式で表わされる．なお，平板は原点を通り，下端は $y = -a$ としている．

$$f(z) = -\frac{1}{2\pi}\int_0^{-a} \Delta q_s(\zeta) W_\Gamma(z,\zeta) dy - \frac{1}{2\pi}\Lambda_A W_Q(z,0) \tag{5.2.2.98}$$

ここで $\Delta q_s(\zeta)$ は以下で表わされ，上添字 ± はそれぞれ平板の前面, 後面の値を示し，v は y-方向の流速を示している．

$$\begin{aligned}\Delta q_s(\zeta) &= \left\{\frac{\partial\Phi}{\partial s}(\zeta)\right\}^+ + \left\{\frac{\partial\Phi}{\partial s}(\zeta)\right\}^- \\ &= -v^+(\zeta) + v^-(\zeta) \\ &= -\frac{\partial}{\partial y}[\Phi^+(\zeta) - \Phi^-(\zeta)]\end{aligned} \tag{5.2.2.99}$$

式 (5.2.2.98) の虚部をとると境界条件 (5.2.2.7) より以下の境界積分方程式を得る．

$$\frac{1}{2\pi}\int_0^{-a} \Delta q_s(\zeta)\mathrm{Im}\{W_\Gamma(z,\zeta)\}dy = -Uy - \Psi_B - \frac{1}{2\pi}\Lambda_A \mathrm{Im}\{W_Q(z,0)\} \tag{5.2.2.100}$$

平板を図 5.2.2.21 のように細分しメッシュ内で $\Delta q_s(\zeta)$ を一定値とすれば，上式は Δq_{s_j} を未知数とする q-法の連立方程式を得る．左辺の積分を式 (5.2.2.99) を利用して部分積分すれば，Φ-法の連立方程式を得ることができるが式及び数値計算結果は省略する．

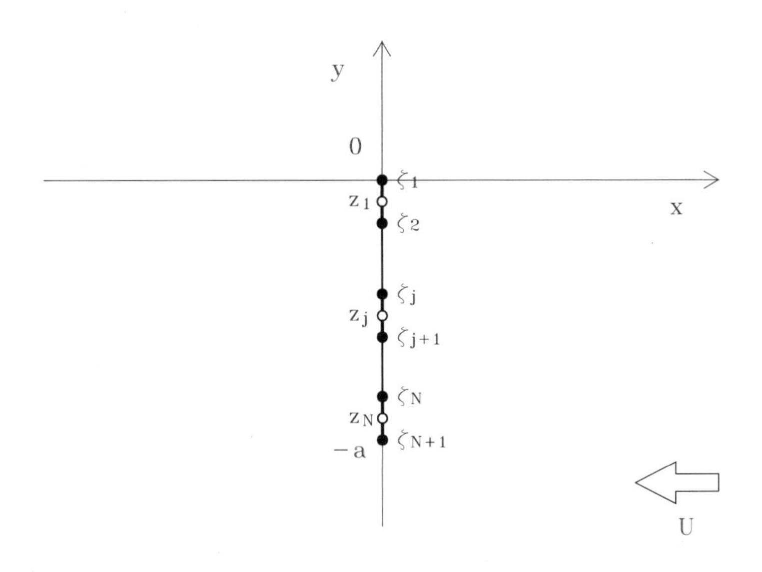

図 5.2.2.21. 半没鉛直平板の分割法

正則解，及び 0-流出解については，式 (5.2.2.100) 右辺の Ψ_B の値を与えれば解くことができる．Kutta の条件を満たす解については，Ψ_B の値も未知数として下端で式 (5.2.2.99) を 0 とする条件を付与すれば解くことができる．以下本項では Kutta の条件を満たす解についてのみ結果を示すことにする．

図 5.2.2.22 には q-法による $\nu a = 1.0$ における Kutta の条件を満たす解の流線及び等ポテンシャル線を示す．解析解によるもの（図 4.1.19）とよく一致している．この解による Ψ_B の値は解析解と一致しているが，圧力抵抗値は少し高めである．この解から計算される平板上の流速分布と解析値との一致が後述のように悪いことが原因であろう．速度の差はよく一致している．

図 5.2.2.23 - 5.2.2.24 には $\nu a = 0.5$ における Kutta の条件を満たす解の各々q-法と解析解による流線及び等ポテンシャル線を示す．これらはよく一致しているが，圧力抵抗値は解析解の造波抵抗値より少し高めである．

Kutta の条件を満たす解の q-法による式 (5.2.2.99) の値，及び平板上の流速分布を解析値と比較した図を図 5.2.2.25, 5.2.2.26 に示す．流速の差の解析値との一致は大変良好であるが，流速分布そのものは特に上端付近で良くない．

同じく q-法による速度ポテンシャルの値及び平板前後面の速度ポテンシャルの値の差を図 5.2.2.27, 5.2.2.28 に比較して示した．q-法と解析値との一致は良い．

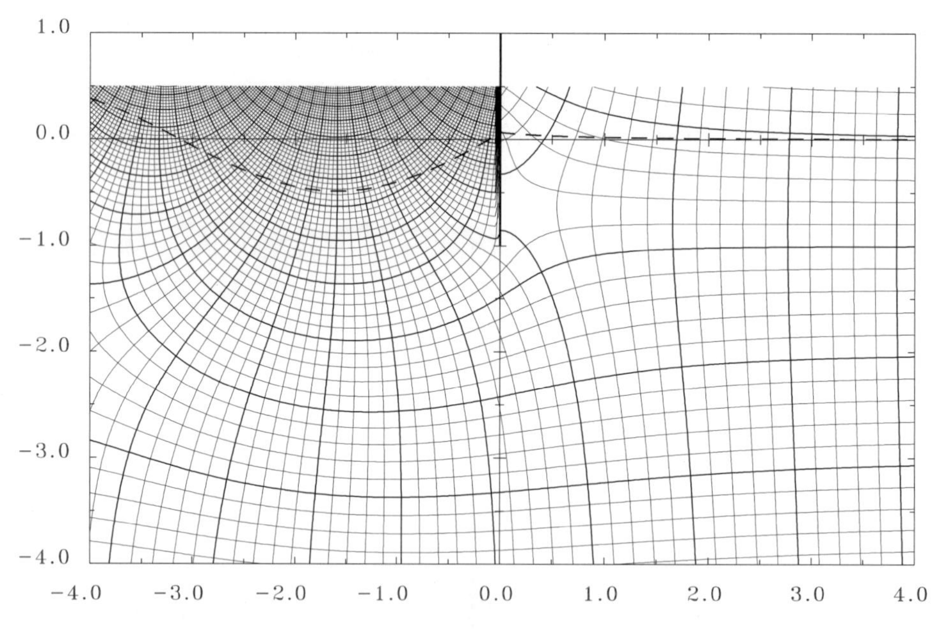

図 5.2.2.22. q-法による Kutta の条件を満たす流れ（$\nu a = 1.0$, $\Psi_B/Ua = 0.664$, $\Delta\Psi/Ua = 0.2$, $C_{Dp} = 6.7$, $N = 30$）

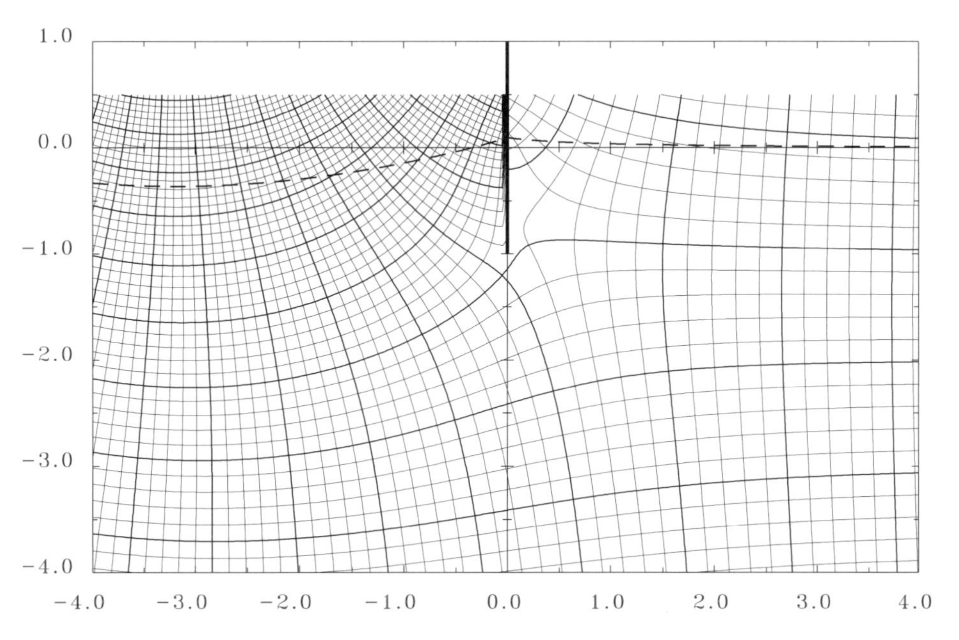

図 5.2.2.23. q-法による Kutta の条件を満たす流れ（$\nu a = 0.5$, $\Psi_B/Ua = 0.958$, $\Delta\Psi/Ua = 0.2$, $C_{Dp} = 4.4$, $N = 30$）

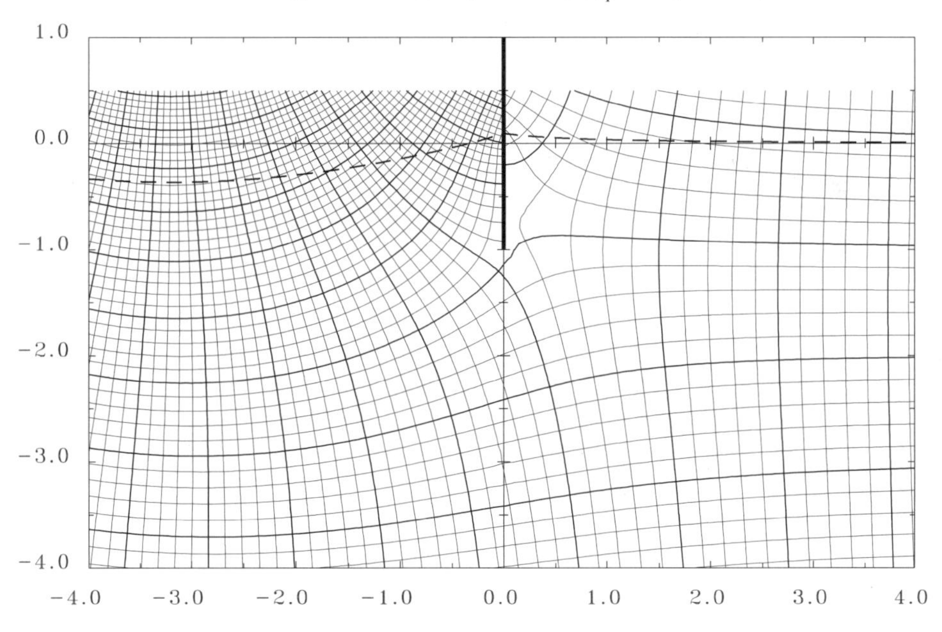

図 5.2.2.24. 解析解による Kutta の条件を満たす流れ（$\nu a = 0.5$, $\Psi_B/Ua = 0.958$, $\Delta\Psi/Ua = 0.2$, $C_W = 3.2$）

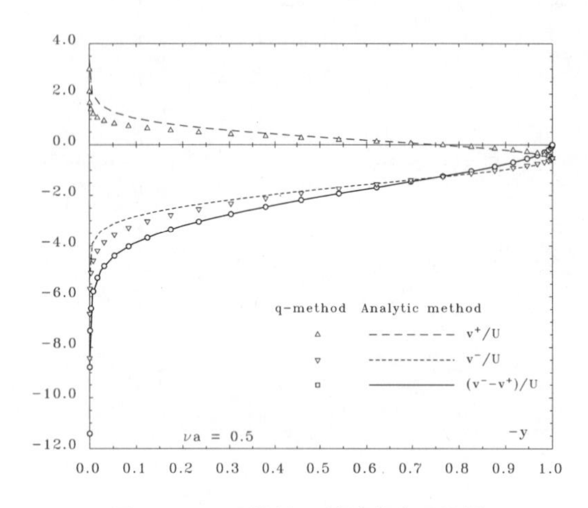

図 5.2.2.25. 平板上の流速分布の比較（$\nu a = 0.5$, $N = 30$）

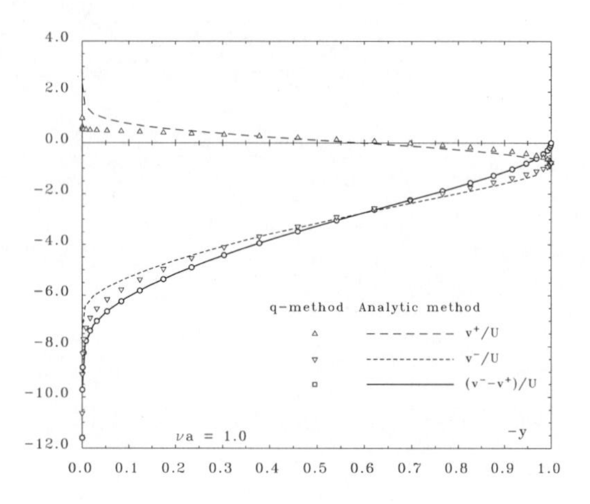

図 5.2.2.26. 平板上の流速分布の比較（$\nu a = 1.0$, $N = 30$）

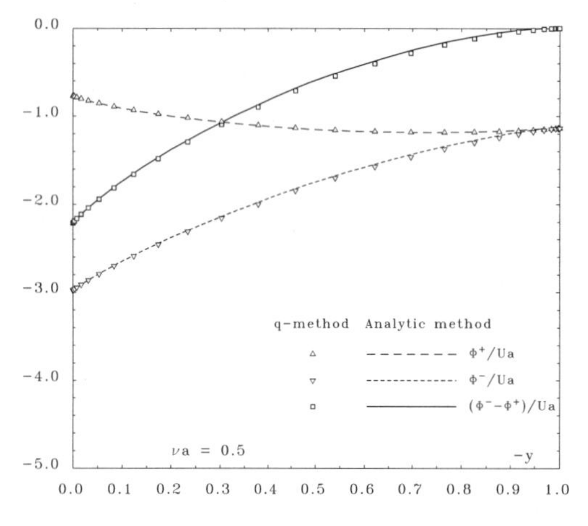

図 5.2.2.27. 平板上の速度ポテンシャル分布の比較（$\nu a = 0.5$, $N = 30$）

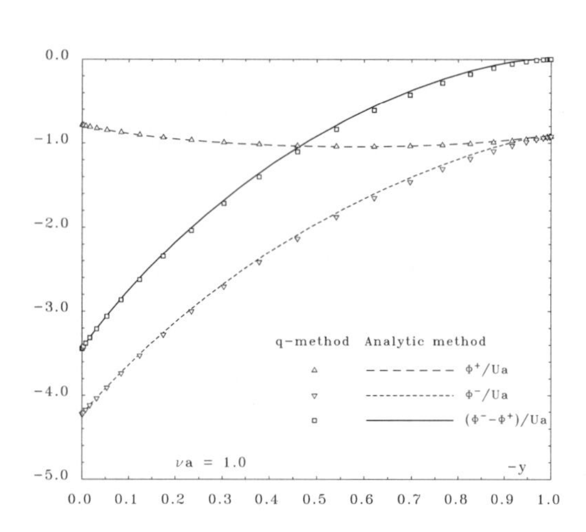

図 5.2.2.28. 平板上の速度ポテンシャル分布の比較（$\nu a = 1.0$, $N = 30$）

実現象との比較

最後に，実現象との比較について少し触れておこう．本節で扱った現象は，実現象でいえば，回流水槽などの流れの水面に鉛直に平板を差し込んだ時などに生じる現象と比較されるであろう．そうした実験による典型的な流れの様相を記しておく（図 5.2.2.29）．平板前方の水面は静止水面から盛り上がり，その前方では弱い波崩れが観察される．平板前面の水面直下には前方剥離渦と言われる弱い渦領域があり，その下方に停留点が存在する．前方剥離渦はいわば死水領域であるので停留点圧力は水面まで達せず，前方の水面上昇は水頭（$U^2/2g$）の 7-8 割にとどまる．平板によりせき止められた流れは平板下端を通過する．この時流れは Kutta の条件を満たすように，下端から剥離し，後流に大きな渦領域を形成する．この領域で水面は大きく乱れて，静止水面より低下する．そこではもちろんのこと，その後方には明確な波動は観察されない．さらに高速に（正確には無次元波数 νa が小さく）なると，平板下端から滑らかな水面が現れるが，その後大きな波崩れを起こして渦領域となる．この場合も後流には，明確な波動は観察されない．これらが，一様流中に置かれた半没平板周りの流れの実現象のあらましである．

こうした実現象は，以上で示してきた線形理論による，どの流れとも類似していない．この不一致の原因は主として 2 つある．1 つは，実現象では粘性の影響が大きいことが考えられる．剥離現象については自由流線理論などの援用がないと，理想流体での扱いは難しいであろう．もう 1 つは，前述したように，線形化した自由表面条件の適用が正しいかどうかという問題である．平板前方の水面付近には停留点が存在するはずであるが，その点付近の撹乱速度は一様流速と同程度であり，水面高さは水頭に達するはずである．これらは，線形の仮定を逸脱している．したがって，この点だけでは，N-K 問題は半没物体周りの流れの近似としてはあまりふさわしくない，と言えるかもしれないのである．しかしながら，理論的価値は高いはずであるし，3 次元問題への切り口という側面もあり，また，工学的にもまだまだ利用方法が考えられるはずである．ここでは，結論は急がない方が良いと言うにとどめておこう．

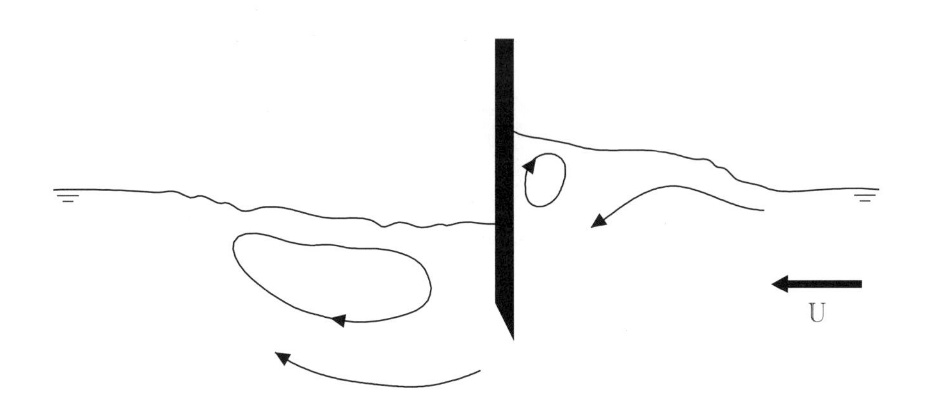

図 5.2.2.29. 一様流中に置かれた半没平板周りの流れ

3次元問題への提言

以上で2次元 Neumann-Kelvin 問題の解の性質のほとんどを明らかとしたと思われるが，それらから3次元造波抵抗理論への提言なり，改良の見通しなりが得られるかを少し検討しておきたい．

2次元問題では前後端に弱い特異性を有する固有解が存在することが示されたので3次元問題においても弱特異性を有する固有解はあるとしてもよさそうである．固有解を特性づける付加条件として何が考えられるだろうか．2次元問題では0-流出条件が物理的に妥当であると思われたが，この条件は3次元問題においては船側波の波高が0となることを意味する．造波抵抗理論の改良に展望が持てなかった時代では，著者はこの提案も有力な改良案の1つと考えていたが，少し制約が強すぎるかも知れないと思い始めている．

造波抵抗理論の進展の現状を著者はほとんど知らないのであるが，一部の計算では（正則な）Neumann-Kelvin 解が造波抵抗について有望な値を与えるとの情報もある．一方波形解析に関して，計算結果と実験値との一致の度合いが問題となるが，船首波の非線形な現象が相違の主原因との見方もあるようで，そうであるのなら，CFD の解と N-K 解との比較をすることに意味が出てきそうである．波形解析結果が両者で近いようであれば N-K 解も有力なツールとなる可能性が強い．

そうした場合には，弱特異固有解の存在意義はなくなってくるが，本文でも少し触れたように固有解は沈下量に関連した性質を有することから，沈下，トリムの姿勢変化の効果を近似的に表現できるという点が利用できそうである．

2次元 N-K 解が実現象をうまく表現できていないかも知れないが，この点が3次元問題に寄与できていればもって瞑すべしだろう．

5.2.3 多重極展開法

1) 多重極展開法

前小節, 前々小節では，定常造波問題について境界積分方程式法による数値解法を示した．本小節では多重極展開法（method of multi-pole expansion）による解法について記述する．複数の解法の結果の一致を確かめることは，各解法の信頼度を高めると同時に，各解法の精度などの検証に役立つ．この多重極展開法は周期的波浪中問題（一様流なし）で開発された方法であり，その方法とほぼ並行した議論が可能である．

この小節における記号，式の表現方法について述べておく．今までの章，節では，各物理量は次元を有する量として記述してきたのであるが，本小節では，式の記述上の事情により，各量は無次元量として扱うことにする．長さに関する量は物体の代表長さ（ほとんどは物体の喫水 a）で無次元化し，他の量は代表長さと一様流速 U で無次元化されているものとする．

半没物体に関する解の内，正則解，ないし正則部分，すなわち，式 (5.2.2.62) の積分項に関する他の表示式を求めることにする．正則部分を $f_0(z)$ と書いておく．この関数の縮約化関数を以下としておく（4.1 節参照）．

$$g(z) = L[f_0(z)] \tag{5.2.3.1}$$

ここで L は式 (3.3.1.3) ないし式 (4.1.2) で示される自由表面条件を表わす演算子である．

$$L = \frac{d}{dz} + i\nu - \mu \tag{5.2.3.2}$$

$g(z)$ 関数は $|z| \geqq 1$ の領域で正則であり，自由表面条件より以下を満たすとしてよい．すなわち，対象物体は半没円柱にごく近い形状であることを仮定している．

$$\mathrm{Re}\{g(z)\} = 0 \qquad\qquad for \quad y = 0 \tag{5.2.3.3}$$

この関数は a_n を実定数として以下と展開できる．

$$g(z) = i\sum_{n=1}^{\infty} \frac{a_n}{z^n} \tag{5.2.3.4}$$

各項は式 (3.1.1) より次の積分表示を有する．

$$\frac{1}{z^n} = i\,\frac{(-1)^{n-1}}{(n-1)!}\Big(\frac{d}{dz}\Big)^{n-1}\int_0^{\infty} e^{-ikz}dk \qquad\qquad for \quad \mathrm{Im}\{z\} < 0, \quad n \geqq 1 \tag{5.2.3.5}$$

L の逆演算子を作用させると，式 (3.1.3) を参照して以下を得る．

$$\begin{aligned}\frac{1}{L}\Big[\frac{1}{z^n}\Big] &= \frac{(-1)^n}{(n-1)!}\Big(\frac{d}{dz}\Big)^{n-1}\int_0^{\infty} \frac{1}{k-\nu-i\mu}e^{-ikz}dk \\ &= \frac{(-1)^n}{(n-1)!}\Big(\frac{d}{dz}\Big)^{n-1}S_{\nu}(z)\end{aligned} \tag{5.2.3.6}$$

S_ν 関数の導関数の関係 (3.1.16) より高次の導関数については以下の関係がある．

$$\left(\frac{d}{dz}\right)^n S_\nu(z) = (-i\nu)^n S_\nu(z) + (-1)^n \sum_{k=1}^{n} (i\nu)^{n-k} \frac{(k-1)!}{z^k} \tag{5.2.3.7}$$

したがって解 $f_0(z)$ は以下と表示される．

$$\begin{aligned} f_0(z) =& \frac{1}{L} i \sum_{n=1}^{\infty} \frac{a_n}{z^n} \\ =& \sum_{n=1}^{\infty} A_n i^n [S_\nu(z) + \sum_{k=1}^{n-1} \frac{(k-1)!}{(i\nu z)^k}] \end{aligned} \tag{5.2.3.8}$$

ここで係数 A_n は実数で以下である．

$$A_n = \frac{(-1)^{2n-1}}{(n-1)!} \nu^{n-1} a_n$$

さらに，奇数次項と偶数次項とに分解しておく．

$$\begin{aligned} f_0(z) =& \sum_{n=0}^{\infty} (-1)^n A_{2n+1} \left[i S_\nu(z) + i \sum_{k=1}^{2n} \frac{(k-1)!}{(i\nu z)^k} \right] + \sum_{n=1}^{\infty} (-1)^n A_{2n} \left[S_\nu(z) + \sum_{k=1}^{2n-1} \frac{(k-1)!}{(i\nu z)^k} \right] \\ =& \sum_{n=0}^{\infty} A_{2n+1} f_{2n+1}(z) + \sum_{n=1}^{\infty} A_{2n} f_{2n}(z) \end{aligned} \tag{5.2.3.9}$$

S_ν 関数を原点に置いた波 2 重吹き出しで置き換える（式 (3.3.1.38, 3.3.1.50) 参照）．

$$\left. \begin{aligned} i S_\nu(z) =& \frac{1}{2\nu} W_m(z, 0) \\ S_\nu(z) =& -\frac{1}{2\nu} W_\mu(z, 0) + \frac{i}{\nu z} \end{aligned} \right\} \tag{5.2.3.10}$$

また，他の項は波なしポテンシャルで置き換えることができる．波なしポテンシャルとは，上で示した波特異関数と違い，線形自由表面条件を満たしてはいるが後流に波動が伝播しない，いわば局所波動のみの複素ポテンシャルを示している．その導入法や，他の例などは次項で示すこととし，ここでは以下の関数のみを用いる．

$$h_n(z) = \frac{1}{z^n}(1 - i\frac{n}{\nu z}) \qquad for \quad n \geqq 1 \tag{5.2.3.11}$$

奇数次項の総和の部分の 2 項ずつの和をとると奇数次の波なしポテンシャルの和となる．

$$\begin{aligned} \sum_{k=1}^{2n} \frac{(k-1)!}{(i\nu z)^k} =& \sum_{k=1}^{n} \frac{(2k-2)!}{(i\nu)^{2k-1}} \left(\frac{1}{z^{2k-1}} - i \frac{2k-1}{(\nu z)^{2k}} \right) \\ =& i \sum_{k=1}^{n} (-1)^k \frac{(2k-2)!}{\nu^{2k-1}} h_{2k-1}(z) \end{aligned}$$

したがって，奇数次項は以下となる．

$$f_{2n+1}(z) = (-1)^n\Big[\frac{1}{2\nu}W_m(z,0) + \sum_{k=1}^{n}(-1)^{k-1}\frac{(2k-2)!}{\nu^{2k-1}}h_{2k-1}(z)\Big] \tag{5.2.3.12}$$

偶数次項の総和の部分の第 1 項は式 (5.2.3.10) の下式右辺第 1 項と相殺し，第 2 項以下の 2 項ずつの和をとると偶数次の波なしポテンシャルの和となる．

$$\begin{aligned}\sum_{k=2}^{2n-1}\frac{(k-1)!}{(i\nu z)^k} &= \sum_{k=1}^{n}\frac{(2k-1)!}{(i\nu)^{2k}}\Big(\frac{1}{z^{2k}} - i\frac{2k}{(\nu z)^{2k+1}}\Big)\\ &= i\sum_{k=1}^{n}(-1)^k\frac{(2k-1)!}{\nu^{2k}}h_{2k}(z)\end{aligned}$$

したがって，偶数次項は以下となる．

$$f_{2n}(z) = (-1)^{n+1}\Big[\frac{1}{2\nu}W_\mu(z,0) + \sum_{k=1}^{n}(-1)^{k-1}\frac{(2k-1)!}{\nu^{2k}}h_{2k}(z)\Big] \tag{5.2.3.13}$$

以上をまとめると正則解として以下の簡単な表示式を得る．

$$f_0(z) = \sigma_1 W_m(z,0) + \sigma_2 W_\mu(z,0) + \sum_{n=1}^{\infty}\sigma_{n+2}h_n(z) \tag{5.2.3.14}$$

ここで係数 σ_k（$k = 1, 2, 3, ...$）はすべて実数である．解を 2 重吹き出し以上の高次の極の特異点の展開式で表現していることから，こうした解の表現を多重極展開法と呼んでいる．弱特異解の場合は以下とすればよい．

$$f(z) = \sigma_1 W_m(z,0) + \sigma_2 W_\mu(z,0) + \sum_{n=1}^{\infty}\sigma_{n+2}h_n(z) - \frac{1}{2\pi}(\Psi_B + \Lambda_I)\Big[W_Q(z,\xi)\Big]_{\xi_A}^{\xi_F} - \frac{1}{2\pi}\Lambda_A W_Q(z,\xi_A) \tag{5.2.3.15}$$

各係数は物体表面上の境界条件 (5.2.2.7) を適用して求めることができる．

流速の計算に関しては式 (5.2.3.11) の導関数が必要となる．

$$\frac{dh_n}{dz}(z) = -\frac{n}{z^{n+1}}\Big(1 - i\,\frac{n+1}{\nu z}\Big) \qquad for \quad n \geqq 1 \tag{5.2.3.16}$$

Kochin 関数は以下のように波なしポテンシャルの項以外の項の係数のみで計算できる．

$$H = -4\pi\nu(\sigma_1 + i\sigma_2) - 2i\,(\Psi_B + \Lambda_I)\,e^{i\nu\xi_F} + 2i\,(\Psi_B + \Lambda_I - \Psi_A)\,e^{i\nu\xi_A} \tag{5.2.3.17}$$

多重極展開法による数値計算例を示す．半没円柱周りの流れを多重極展開法により求め，流線と等ポテンシャル線を描いた図を図 5.2.3.1, 5.2.3.2 に示す．q-法による解（図 5.2.2.9, 5.2.2.10）とまったく同一であるが，多重極展開法では特異性は原点にのみあるので，円柱内部の流線等に違いが見られる．多重極展開の項数は $M = 14$（波動項は 2 項，波なし項は 12 項）であり，境界条件を適用する点数は $N = 50$ とし最小自乗法を用いている．

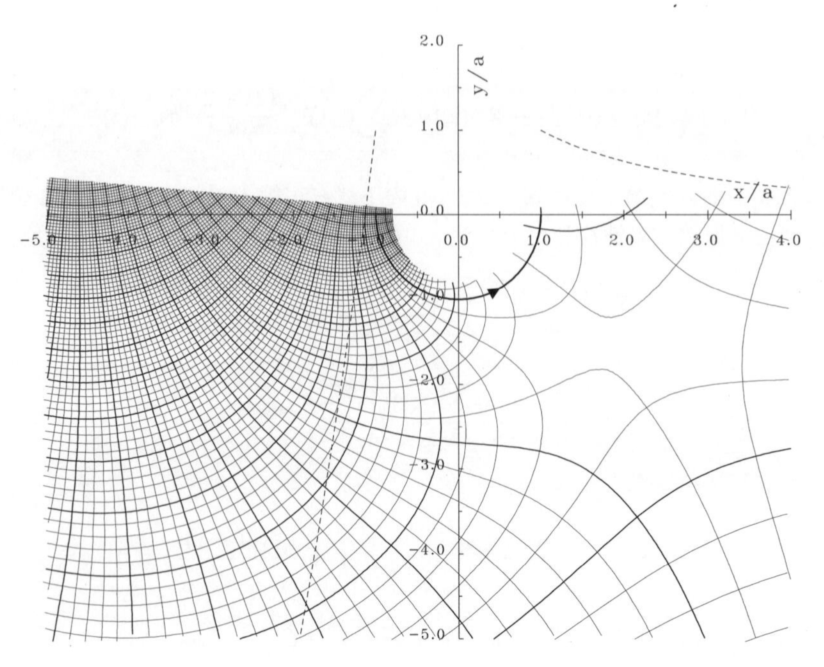

図 5.2.3.1. 多重極展開法による半没円柱周りの流線と等ポテンシャル線（正則解, $M = 14$, $N = 50$, $\nu a = 0.4$, $\Delta\Psi/aU = 0.5$, $C_{Rp} = 204.5$, $C_{Lp} = -91.2$）

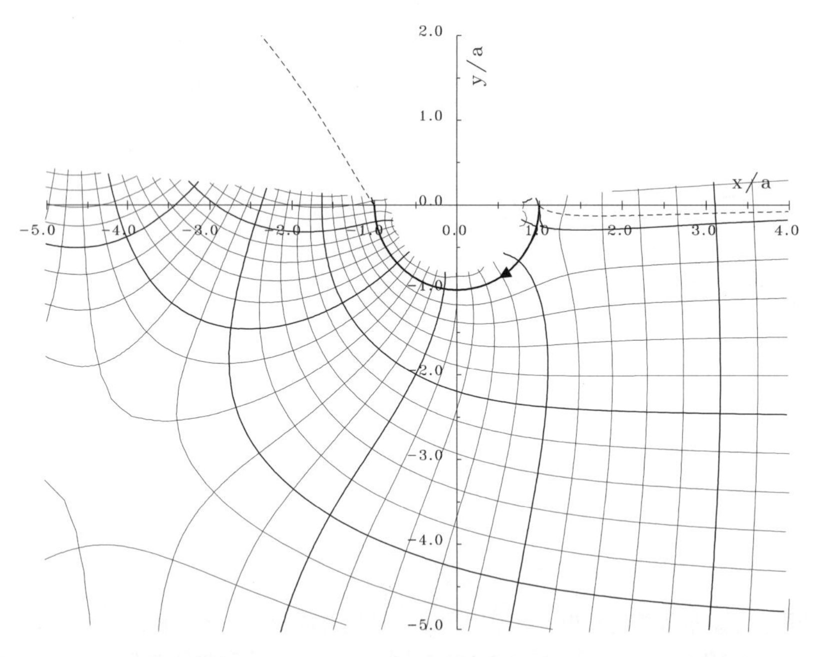

図 5.2.3.2. 多重極展開法による半没円柱周りの流線と等ポテンシャル線（0-流出解, $M = 14$, $N = 50$, $\nu a = 0.4$, $\Delta\Psi/aU = 0.5$, $C_{Rp} = 15.4$, $C_{Lp} = -17.7$）

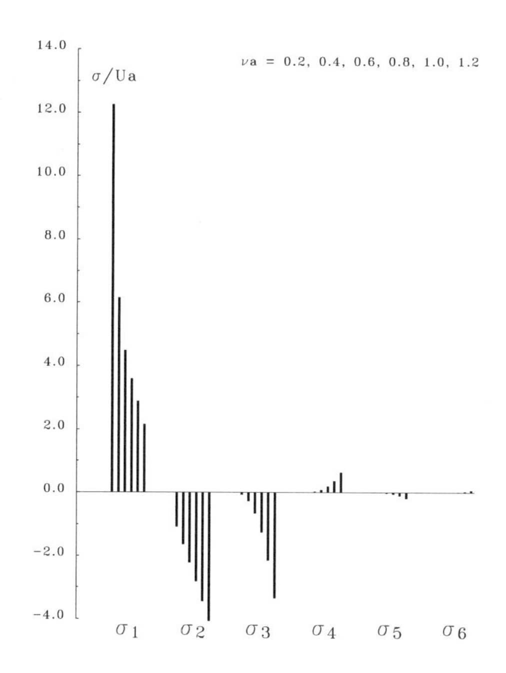

図 5.2.3.3. 多重極展開法による半没円柱周りの流れの解：$\sigma_1 \sim \sigma_6$ の比較（正則解，$M = 14$, $N = 50$, $\nu a = 0.2, 0.4, 0.6, 0.8, 1.0, 1.2$）

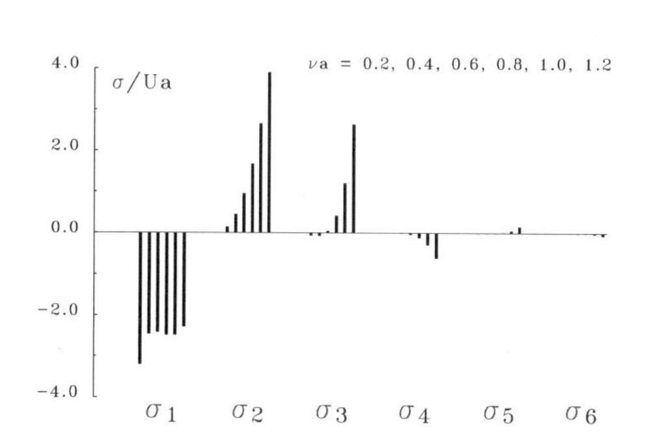

図 5.2.3.4. 多重極展開法による半没円柱周りの流れの解:$\sigma_1 \sim \sigma_6$ の比較（0-流出解, $M = 14$, $N = 50$, $\nu a = 0.2, 0.4, 0.6, 0.8, 1.0, 1.2$）

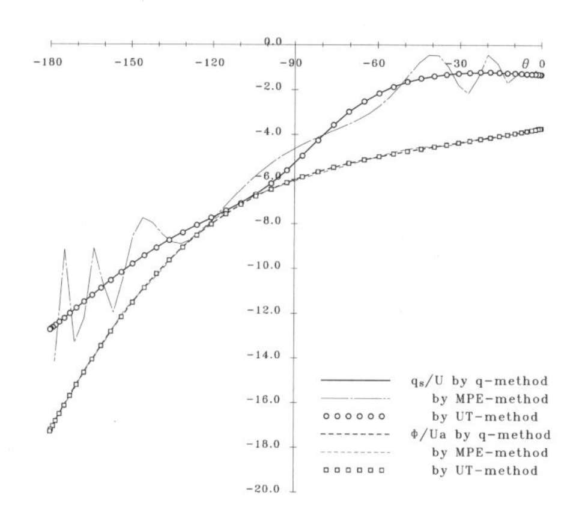

図 5.2.3.5. 半没楕円柱（$H_0 = 0.5$, $\sigma = 0.785$）周りの流速分布及び速度ポテンシャルの比較（正則解，$\nu a = 0.4$, $\Psi_B/Ua = 2.5$, $M = 14$, $N = 50$）

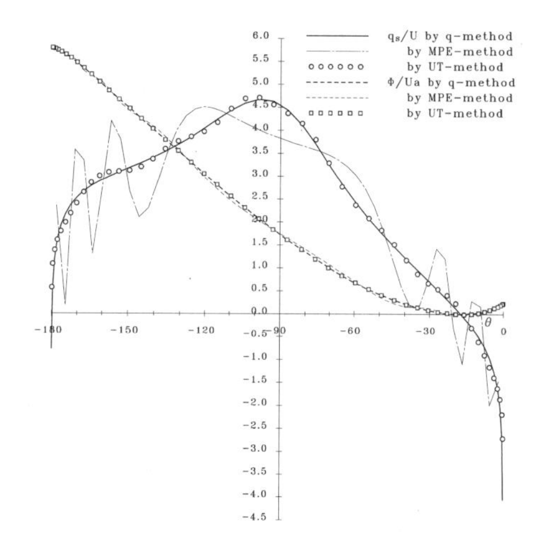

図 5.2.3.6. 半没楕円柱（$H_0 = 0.5$, $\sigma = 0.785$）周りの流速分布及び速度ポテンシャルの比較（0-流出解，$\nu a = 0.4$, $\Psi_B/Ua = 0$, $M = 14$, $N = 50$）

最初の 6 項の強さ σ_i を各波数について図 5.2.3.3, 5.2.3.4 に示した．σ_1 の左端の棒グラフは波数 $\nu a = 0.2$ の時の値を，右端は波数 $\nu a = 1.2$ の時の値を示している．他の項についても同様である．第 2 項以降は波数増大（低速化）とともに増大する傾向があるが，項数が大きくなると共に急激に 0 に収束する．その点がこの方法の優れたところである．

物体形状が円形から外れると精度が低下する．特に物体近傍の流速分布の精度，流線に乱れが生ずる．物体長を半減させた半没楕円柱（形状は図 5.2.3.11, 5.2.3.12 参照）について見てみる．図 5.2.3.5, 5.2.3.6 には，3 種の方法により計算した楕円柱周りの流速分布と速度ポテンシャル分布を示している（caption 中の記号 H_0, σ は Lewis Form 形状を示す．説明は後述）．q-法，多重極展開法（MPE-method と記述）と後述する Ursell-田才法（UT-method と記述）による解の比較である．横軸 θ は物体の縦座標を y とする時，$\theta = \sin^{-1}(y/a)$（a：喫水）としている．本法による流速は境界条件を合わせた点における値を 1 点鎖線でつないであり，q-法と後述の Ursell-田才法の結果に比べ大きく乱れている．

この欠点を補うべく，円から等角写像された物体に多重極展開法を適用できるように開発された方法が Ursell-田才法である．その方法の説明をする前に，準備として波なしポテンシャルと，それの等角写像について説明しておくことにする．

2) 波なしポテンシャルと等角写像

まず，3.3.1 小節で示した，線形自由表面条件を満たす複素ポテンシャルの求め方について復習し，波なしポテンシャルの求め方について学ぶ．波なしポテンシャルのいくつかの例を挙げ，等角写像後の表示法を示し，多重極展開法を拡張した次項の Ursell-田才法の準備とする．

下半面に特異性を有する解析関数を $f_0(z)$ とし，下半面で正則な解析関数を $f_1(z)$ とする時それらの和

$$f(z) = f_0(z) + f_1(z) \tag{5.2.3.18}$$

が以下の線形自由表面条件を満たすものとする．

$$\mathrm{Re}\{Lf(z)\} = 0 \qquad on \quad y = 0 \tag{5.2.3.19}$$

この時，3.3.1 小節によれば $f_1(z)$ 関数が以下の関係を満たしていれば $f(z)$ は線形自由表面条件を満たす．

$$f_1(z) = -\frac{\overline{L}}{L}[\overline{f_0}(z)] \tag{5.2.3.20}$$

すなわち $f(z)$ が以下の形をしていれば線形自由表面条件を満たすことになる．

$$f(z) = f_0(z) - \frac{\overline{L}}{L}[\overline{f_0}(z)] \tag{5.2.3.21}$$

前に見てきたように，$f_0(z)$ が波を出さなくとも $\frac{1}{L}$ の作用素が波を作っているわけである．

今 $f_0(z)$ 関数が, 下半面で特異点以外で正則な関数 $g_0(z)$ を用いて

$$f_0(z) = \overline{L}[g_0(z)] \tag{5.2.3.22}$$

の形をしていれば，言い換えればこのような形の $f_0(z)$ を与えてやれば，波なしポテンシャルを作ることができる．この時 $f(z)$ は式 (5.2.3.21) より

$$f(z) = \overline{L}[g_0(z) - \overline{g_0}(z)] \tag{5.2.3.23}$$

となるから $g_0(z)$ 関数が波なしであればこの関数も波を出さないことになる．また，作用素 L を施せば以下となり，$y = 0$ で線形自由表面条件を満たしていることがわかる．

$$\begin{aligned} L[f(z)] =& L\overline{L}[g_0(z) - \overline{g_0}(z)] \\ =& [D^2 + \nu^2][g_0(z) - \overline{g_0}(z)] \end{aligned} \tag{5.2.3.24}$$

$g_0(z) - \overline{g_0}(z)$ のように，$\overline{L}$ を作用させた時波なしポテンシャルとなる関数を原始波なしポテンシャルと呼んでおき，原始波なしポテンシャルの族を $\mathbf{M}$ と書いておく．すなわち

$$g_0(z) - \overline{g_0}(z) \in \mathbf{M} \tag{5.2.3.25}$$

関数 $\psi(z)$ を z に関する実解析関数とすると，上式の虚部関数と見なせるから

$$i\psi(z) \in \mathbf{M} \tag{5.2.3.26}$$

ここで，実解析関数とは，変数 z が実数の時値が実数となる解析関数をいう．$\psi(z)$ 関数を z に関して微分した関数，積分した関数も，実解析関数であるから以下が言える．

$$i\frac{d^n}{dz^n}\psi(z), \quad i\int\cdots\int^z \psi(z)dz^n \in \mathbf{M} \tag{5.2.3.27}$$

いくつかこの方式で求められる波なしポテンシャルの例を見てみよう．

$$\psi(z) = \frac{1}{\nu z^n} \quad for \quad n \geqq 1$$

とすると，この関数から得られる波なしポテンシャルは以下で与えられる．

$$\begin{aligned} h_n(z) =& \overline{L}\,[\frac{i}{\nu z^n}] \\ =& \frac{1}{z^n}(1 - i\frac{n}{\nu z}) \end{aligned} \tag{5.2.3.28}$$

これは式 (5.2.3.11) で用いた波なしポテンシャルに他ならない．一様流中にこの波なしポテンシャル（負符号，$n = 1$）をおくと図 5.2.3.7 のような流線となり，波数が大の時，原点を中心とする半径 1 の半没円柱に近い閉じた流線が得られる．なお破線は波高を示しており，波なしであることがわかる．したがって，この波なしポテンシャルの列は半没円柱に近い流れを表現するのに適していることがわかる．

次に

$$g_0(z) = \log(z + ih) \quad h > 0$$

とすると，対応する波なしポテンシャルは以下のように得られる．

$$\begin{aligned} \nu h_0(z) \equiv f_0(z) &= \overline{L}\,[\,\log(z + ih) - \log(z - ih)] \\ &= \frac{1}{z + ih} - \frac{1}{z - ih} - i\,\log\frac{z + ih}{z - ih} \\ &\quad (\,= -\,W_m(z, -ih) + \nu W_\Gamma(z, -ih)) \end{aligned} \tag{5.2.3.29}$$

なお，最終行に括弧つきで示した関係は波なしの例として3.3.1小節で指摘した関係である．一様流中にこの波なしポテンシャル（負符号）をおくと図5.2.3.8のような流線が得られる．負の循環を有する半径1の没水円柱周りの流れに近い．したがって，この波なしポテンシャル及び次の例にみる波なしポテンシャルの列は全没円柱に近い流れを表現するのに適していることがわかろう．また，波なしの没水体の形状を推測するのに役立とう．

さらに

$$g_n(z) = \frac{A}{(z + ih)^n} \quad h > 0,\ n \geqq 1$$

とすると，対応する波なしポテンシャルは以下のように得られる．

$$\begin{aligned} h_n(z) &= \overline{L}\,[\frac{A}{(z + ih)^n} - \frac{\overline{A}}{(z - ih)^n}] \\ &= \frac{i\nu\overline{A}}{(z - ih)^n} - \frac{i\nu A}{(z + ih)^n} - \frac{nA}{(z + ih)^{n+1}} + \frac{n\overline{A}}{(z - ih)^{n+1}} \end{aligned} \tag{5.2.3.30}$$

最後に，平面 z 上の図形が，平面 ζ 上の図形（たとえば円）の等角写像 $z = z(\zeta)$ によって表現されている場合の，波なしポテンシャルの ζ 面における表示について考えよう．$\psi(z)$ 関数が z 平面で

$$\psi(z) \in \mathbf{M}(z)$$

の時，

$$\psi(z) = \psi(z(\zeta)) = \varphi(\zeta)$$

である $\varphi(\zeta)$ 関数は，z 平面で，原始波なしポテンシャルとなっており，このことを以下と書いておく．

$$\varphi(\zeta) \in \mathbf{M}(\zeta)$$

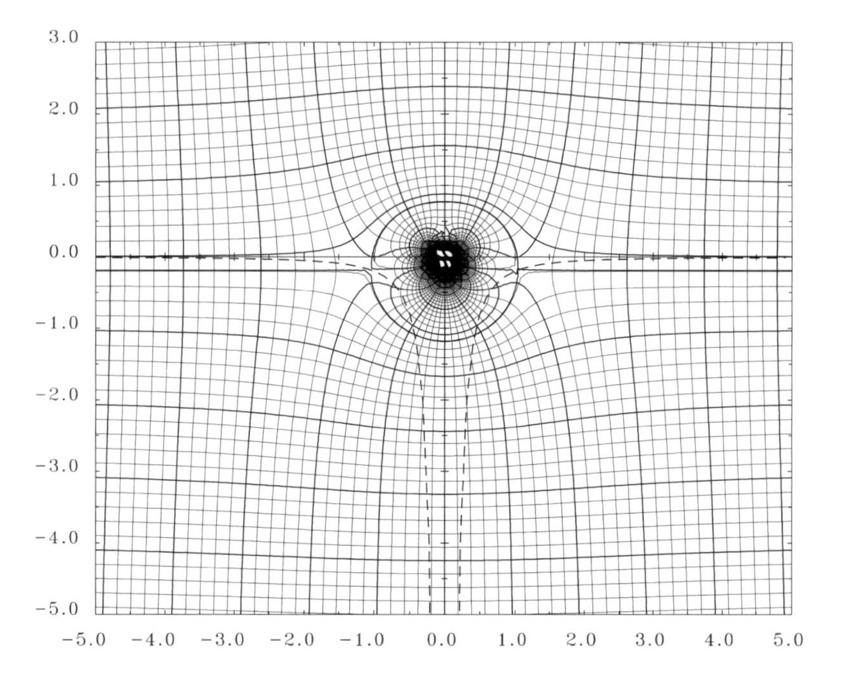

図 5.2.3.7. 一様流中の波なしポテンシャル $(-z-h_1(z))$ の流線と等ポテンシャル線（$\nu=5,\ \Psi_B=0.188,\ \varDelta\Psi=0.2$）

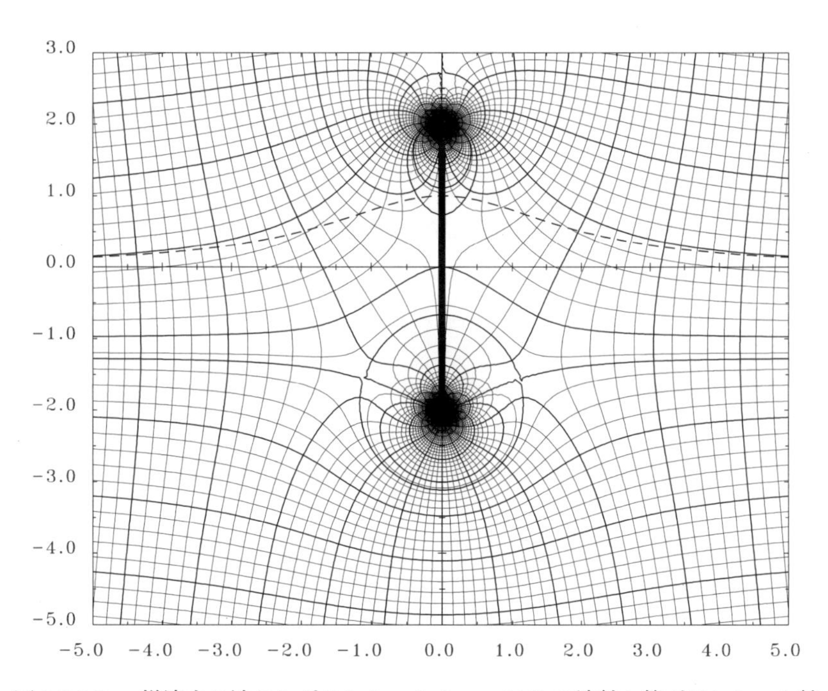

図 5.2.3.8. 一様流中の波なしポテンシャル $(-z-f_0(z))$ の流線と等ポテンシャル線（$\nu=0.75,\ h=2.0,\ \Psi_B=1.271,\ \varDelta\Psi=0.2$）

今，$z(\zeta)$ 関数が ζ に関して実解析関数であるとする．下半面で特異点以外で正則な関数 $g_0(z)$ について

$$g_0(z) = g_0(z(\zeta)) = h_0(\zeta)$$

と書いておくと

$$\overline{g_0}(z) = \overline{g_0}(z(\zeta)) = \overline{h_0}(\zeta)$$

であるから以下が成り立つ．

$$h_0(\zeta) - \overline{h_0}(\zeta) \in \mathbf{M}(\zeta)$$

ζ に関する実解析関数を $\varphi(\zeta)$ としておくと前と同様に以下も成り立つ．

$$i\varphi(\zeta),\quad i\frac{d^n}{d\zeta^n}\varphi(\zeta),\quad i\int\cdots\int^{\zeta}\varphi(\zeta)d\zeta^n \in \mathbf{M}(\zeta) \tag{5.2.3.31}$$

これらの原始波なしポテンシャルに作用素 $\overline{L}$ を作用させると波なしポテンシャルが得られる．

ところで，演算子 L は

$$\begin{aligned} L =& \frac{d}{dz} + i\nu \\ =& \zeta_z \frac{d}{d\zeta} + i\nu \end{aligned} \tag{5.2.3.32}$$

と表わされるから以下を得る．

$$\begin{aligned} \overline{L} =& \overline{\zeta_z} \frac{d}{d\overline{\zeta}} - i\nu \\ =& \zeta_z \frac{d}{d\zeta} - i\nu \end{aligned} \tag{5.2.3.33}$$

ここで上述のことから $\bar{z}(\zeta) = z(\zeta)$ を用いた．

上式中の ζ_z が ζ に関して陽の関数でない場合には，波なしポテンシャルはやはり ζ に関して陽に表示されない．そこで

$$i\int^{z}\varphi(\zeta)\,dz = i\int^{\zeta}\varphi(\zeta)z_{\zeta}\,d\zeta \ \in\ \mathbf{M}(\zeta)$$

の形を採用すれば波なしポテンシャルは以下となる．

$$\begin{aligned} f(z) =& [\frac{d}{dz} - i\nu]\, i\int^{z}\varphi(\zeta)\,dz \\ =& i\varphi(\zeta) + \nu\frac{1}{D_{\zeta}}z_{\zeta}\,\varphi(\zeta) \end{aligned} \tag{5.2.3.34}$$

この表示は，ζ に関して陽となっている．ここで

$$\frac{1}{D_{\zeta}} = \int^{\zeta} d\zeta$$

例として，ζ 面の単位円の外部を z 面の左右対称な図形の外部に写像する以下の写像関数を考え

$$z/M = \zeta + \sum_{n=1}^{N} \frac{a_{2n-1}}{\zeta^{2n-1}} \tag{5.2.3.35}$$

$\varphi(\zeta)$ 関数として以下を考える．

$$\varphi(\zeta) = \frac{1}{\zeta^{m+1}} \quad m \geqq 1 \tag{5.2.3.36}$$

この時，式 (5.2.3.34) を $f_m^*(\zeta)$ としておくと以下の波なしポテンシャルを得る．

$$\begin{aligned} f_m(\zeta) &= -\frac{m}{\nu M} f_m^*(\zeta) \\ &= \frac{1}{\zeta^m}\Big(1 - i\frac{m}{\nu M\zeta}\Big) - \frac{m}{\zeta^m}\sum_{n=1}^{N}\frac{2n-1}{2n+m}\frac{a_{2n-1}}{\zeta^{2n}} \end{aligned} \tag{5.2.3.37}$$

導関数は

$$\begin{aligned} v_m(\zeta) &= \frac{df_m}{d\zeta}(\zeta) \\ &= -\frac{m}{\zeta^{m+1}}\Big(1 - i\frac{m+1}{\nu M\zeta}\Big) + \frac{m}{\zeta^{m+1}}\sum_{n=1}^{N}(2n-1)\frac{a_{2n-1}}{\zeta^{2n}} \end{aligned} \tag{5.2.3.38}$$

次項で用いる Lewis-Form 変換

$$z/M = \zeta + \frac{a_1}{\zeta} + \frac{a_3}{\zeta^3} \tag{5.2.3.39}$$

の場合には各々は以下となる．

$$f_m(\zeta) = \frac{1}{\zeta^m}\Big(1 - i\frac{m}{\nu M\zeta}\Big) - \frac{m}{\zeta^m}\Big(\frac{1}{2+m}\frac{a_1}{\zeta^2} + \frac{3}{4+m}\frac{a_3}{\zeta^4}\Big) \tag{5.2.3.40}$$

$$v_m(\zeta) = \frac{df_m}{d\zeta}(\zeta) = \frac{m}{\zeta^{m+1}}\Big[i\frac{m+1}{\nu M\zeta} - \Big(1 - \frac{a_1}{\zeta^2} - \frac{3a_3}{\zeta^4}\Big)\Big] \tag{5.2.3.41}$$

流速は

$$\begin{aligned} \frac{df_m}{dz}(\zeta) &= \frac{1}{\frac{dz}{d\zeta}}\frac{df_m}{d\zeta} \\ &= -\frac{m}{M\zeta^{m+1}}\left[1 - i\frac{m+1}{\nu M\zeta\Big(1 - \frac{a_1}{\zeta^2} - \frac{3a_3}{\zeta^4}\Big)}\right] \end{aligned} \tag{5.2.3.42}$$

これらの表示式は，波浪中問題で Lewis-Form 形状に関する ζ 面での波なしポテンシャルの表示として，田才 (1959) が提案した表示に対応するものである．

3) Ursell-田才法

多重極展開法は対象図形が円柱形から外れると，精度が低下することを見てきた．そこで開発された方法が前項の最後に示した Lewis-Form 形状に関連した波なしポテンシャルの応用である．この方法は波浪中問題で Ursell により開発された多重極展開法を田才が拡張した方法であるので，わが国では Ursell-田才法と称されている．この方法は Lewis-Form 変換 (5.2.3.39) によって円から等角写像された物体形状に適用される．なお，Lewis-Form 変換については次項で少し詳しく述べる．

Ursell-田才法とは多重極展開法の表示式 (5.2.3.14) の波なしポテンシャル $h_n(z)$ 関数の代わりに式 (5.2.3.40) の波なしポテンシャル $f_m(\zeta)$ 関数を用いる方法である．

$$f(z) = \sigma_1 W_m(z,0) + \sigma_2 W_\mu(z,0) + \sum_{m=1}^{\infty} \sigma_{m+2} f_m(\zeta) - \frac{1}{2\pi}(\Psi_B + \Lambda_I)\Big[W_Q(z,\xi)\Big]_{\xi_A}^{\xi_F} - \frac{1}{2\pi}\Lambda_A W_Q(z,\xi_A) \tag{5.2.3.43}$$

関数 $f_m(\zeta)$ だけ，変数が z ではなく ζ であることに注意が必要である．流れ関数に関する境界条件は，この波なしポテンシャルに関してのみ ζ 面上の単位円上で適用するわけである．

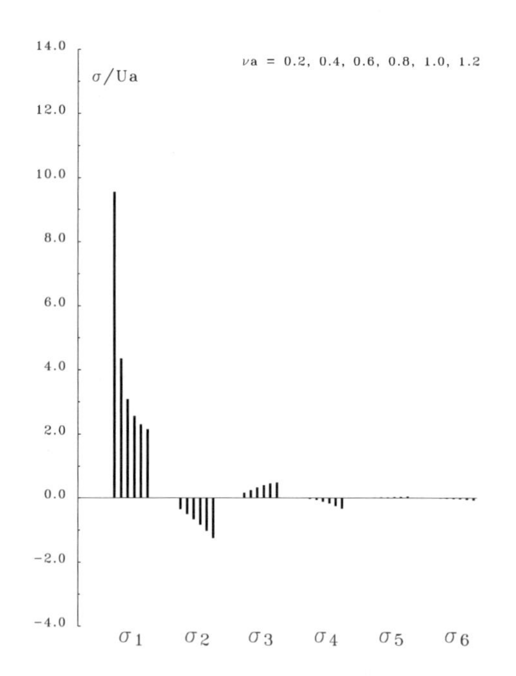

図 5.2.3.9. Ursell-田才法による半没楕円柱（H_0 = 0.5, σ = 0.785）周りの解：$\sigma_1 \sim \sigma_6$（正則解， M = 14, N = 50, νa = 0.2, 0.4, 0.6, 0.8, 1.0, 1.2）

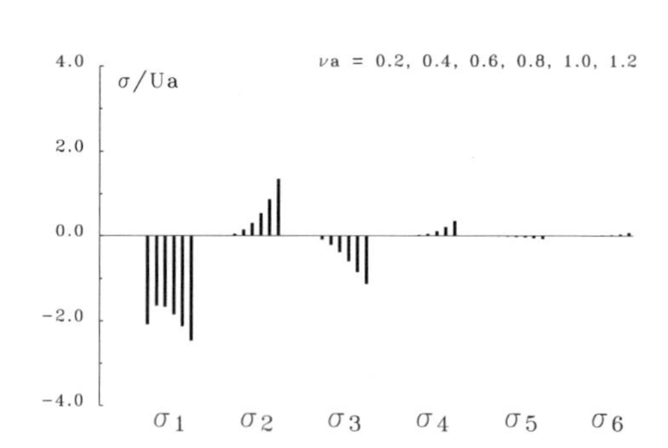

図 5.2.3.10. Ursell-田才法による半没楕円柱（H_0 = 0.5, σ = 0.785）周りの解：$\sigma_1 \sim \sigma_6$（0-流出解 M = 14, N = 50, νa = 0.2, 0.4, 0.6, 0.8, 1.0, 1.2）

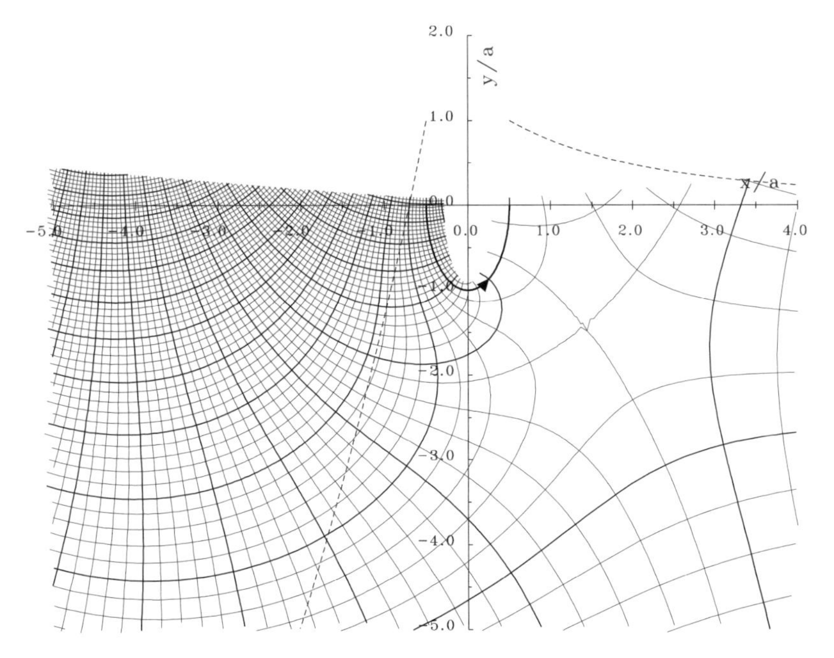

図 5.2.3.11. Ursell-田才法による半没楕円柱（$H_0 = 0.5$, $\sigma = 0.785$）周りの流線と等ポテンシャル線（正則解，$M = 14$, $N = 50$, $\nu a = 0.4$, $\Psi_B/Ua = 2.5$, $\varDelta\Psi/aU = 0.5$, $C_{Rp} = 96.7$, $C_{Lp} = -35.8$）

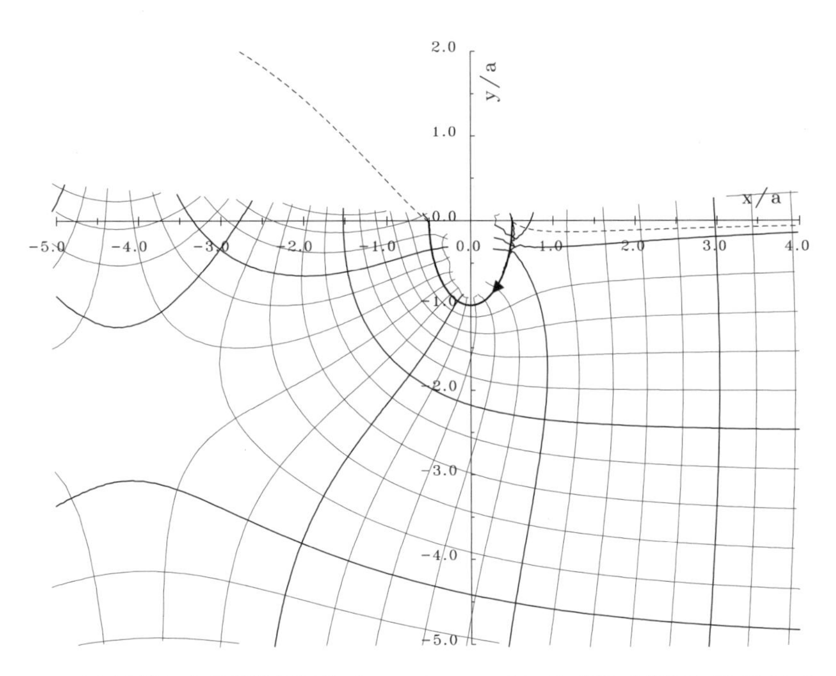

図 5.2.3.12. Ursell-田才法による半没楕円柱（$H_0 = 0.5$, $\sigma = 0.785$）周りの流線と等ポテンシャル線（0-流出解，$M = 14$, $N = 50$, $\nu a = 0.4$, $\Psi_B/Ua = 0.0$, $\varDelta\Psi/aU = 0.5$, $C_{Rp} = 7.9$, $C_{Lp} = -10.9$）

Ursell-田才法による半没楕円柱周りの流れの流線等を図 5.2.3.11, 5.2.3.12 に示した．楕円柱近傍の流れは乱れもなく正しく解けているようである．係数 $\sigma_i (i = 1 \sim 6)$ は図 5.2.3.9, 5.2.3.10 に示したように収束性は良い．楕円柱表面の速度ポテンシャルの大きさ，流速分布を図 5.2.3.5, 5.2.3.6 に UT-method として示してある．多重極展開法とは異なり，q-法との一致も良い．

参考のために，この楕円柱における Lewis-Form 変換（$H_0 = 0.5, \sigma = 0.785$）の波なしポテンシャル $f_1(\zeta)$ の z 面における流線を図 5.2.3.13 に示した（caption 中の M, a_1, a_3 については次項参照）．$\Psi_B = 0.190$ の時の流線（太線）が閉じており，それが与えられた楕円柱の形状に近い形状をしている．このことが，Ursell-田才法が多重極展開法に比べて精度が良い理由であろう．ただし，この流線と元の図形は完全には一致していないし，波数によっても，流線は変化することから，この方法があらゆる Lewis-Form 形状に関して精度が良いことは保証されないであろう．つまり，展開式 (5.2.3.40) はすべての Lewis-Form 形状に関しては完全系ではなさそうである．

次に，Lewis-Form 形状として，$H_0 = 1.0, \sigma = 0.5$ の形状を例にとる（S1 と称することにする）．本法による流線等を図 5.2.3.14, 5.2.3.15 に示す．速度ポテンシャルと流速分布を，q-法の解と比較して図 5.2.3.16, 5.2.3.17 に示す．両者の一致は良いが，q-法では変化の激しい底付近の分割をさらに細かくすべきであろう．この Lewis-Form 変換の波なしポテンシャルの第 1 項について流線を図 5.2.3.18 に示した．S1 物体の窪みが十分に表現されていないので，もっと窪みが大きくなると精度は落ちてくるであろうことが推測できる．

最後に，Lewis-Form 形状として，$H_0 = 1.0, \sigma = 0.95$ の形状を例にとる（S2 と称することにする）．本法による流線等を図 5.2.3.19, 5.2.3.20 に示す．速度ポテンシャルと流速分布を，q-法

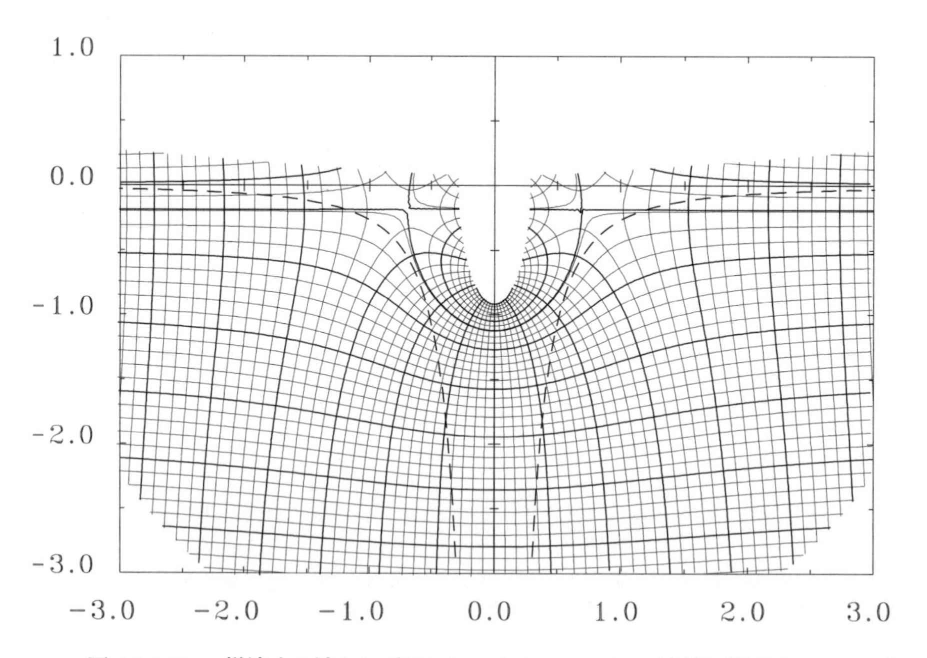

図 5.2.3.13. 一様流中の波なしポテンシャル $(-z - f_1(z))$ の流線と等ポテンシャル線
（$M = 0.75,\ a_1 = -0.333,\ a_3 = 0.0,\ \nu = 5,\ \Psi_B = 0.190,\ \Delta\Psi = 0.1$）

の解と比較して図 5.2.3.21, 5.2.3.22 に示す．両者の一致は良い．この Lewis-Form 変換の波なしポテンシャルの第 1 項について流線を図 5.2.3.23 に示した．S2 物体の底面が十分に表現されていないので，もっとビルジ部分が張り出してくると精度は落ちてくるであろう．

一般に Lewis-Form 形状が限界図形に近ずくと，Ursell-田才法も有効ではなく q-法が役立つと思われる．その場合でも流速の変化が大なる近辺ではメッシュ分割は細かくするなどの注意が必要である．

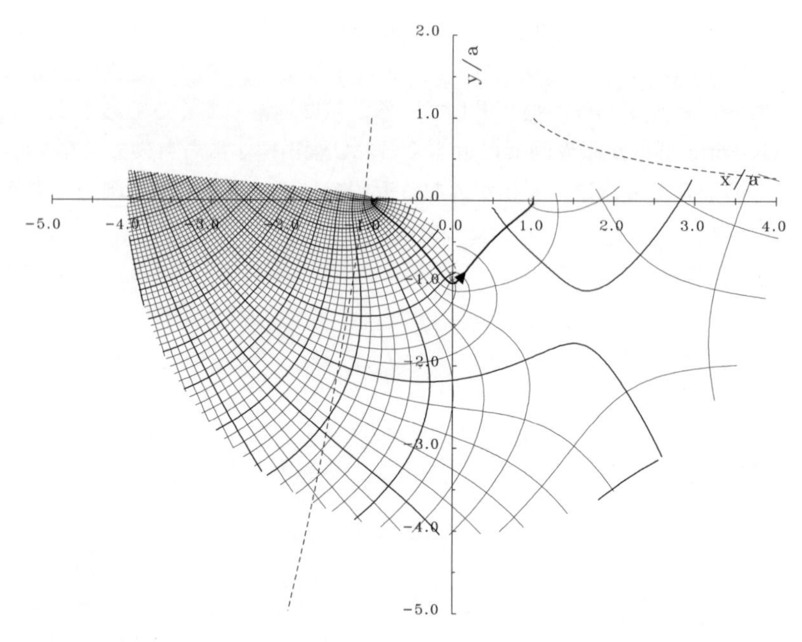

図 5.2.3.14. Ursell-田才法による Lewis-Form 形状 S1（$H_0 = 1.0$, $\sigma = 0.5$）周りの流線と等ポテンシャル線（正則解，$M = 14$, $N = 50$, $\nu a = 0.4$, $\Psi_B/Ua = 2.5$, $\varDelta\Psi/aU = 0.5$, $C_{Rp} = 139.2$, $C_{Lp} = -112.6$）

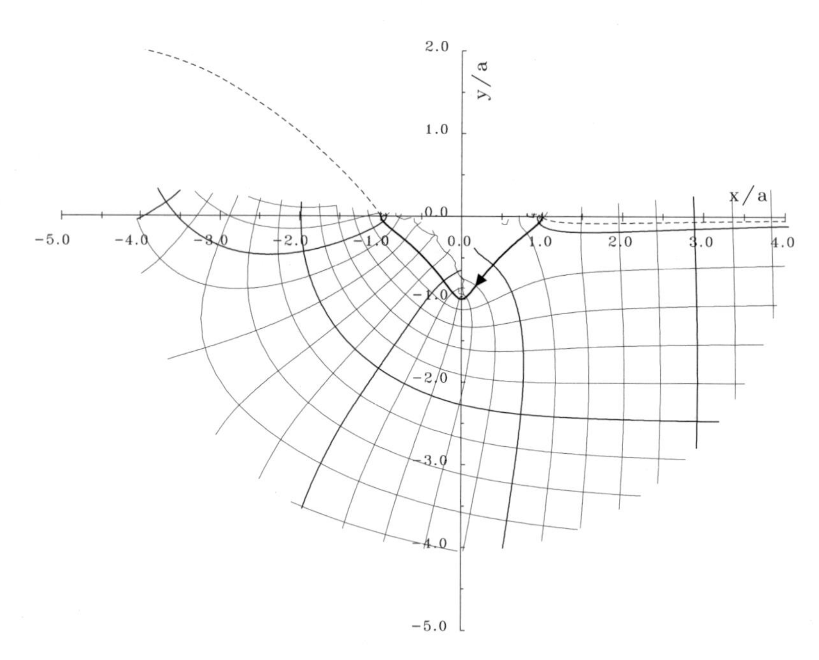

図 5.2.3.15. Ursell-田才法による Lewis-Form 形状 S1（$H_0 = 1.0$, $\sigma = 0.5$）周りの流線と等ポテンシャル線（0-流出解，$M = 14$, $N = 50$, $\nu a = 0.4$, $\Psi_B/Ua = 0.0$, $\varDelta\Psi/aU = 0.5$, $C_{Rp} = 5.6$, $C_{Lp} = -10.4$）

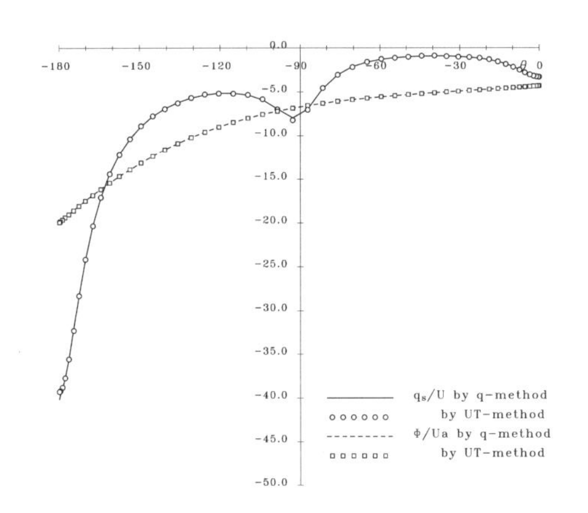

図 5.2.3.16. Ursell-田才法による Lewis-Form 形状 S1（$H_0 = 1.0, \sigma = 0.5$）周りの流速分布及び速度ポテンシャルの比較（正則解, $M = 14$, $N = 50$, $\nu a = 0.4$, $\Psi_B/Ua = 2.5$）

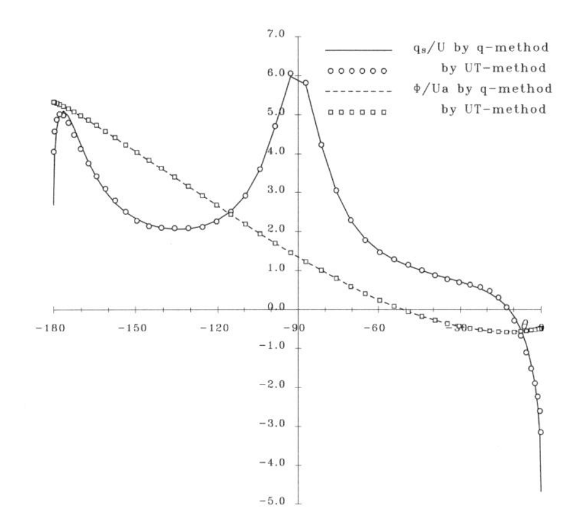

図 5.2.3.17. Ursell-田才法による Lewis-Form 形状 S1（$H_0 = 1.0, \sigma = 0.5$）周りの流速分布及び速度ポテンシャルの比較（0-流出解, $M = 14$, $N = 50$, $nua = 0.4$, $\Psi_B/Ua = 2.5$）

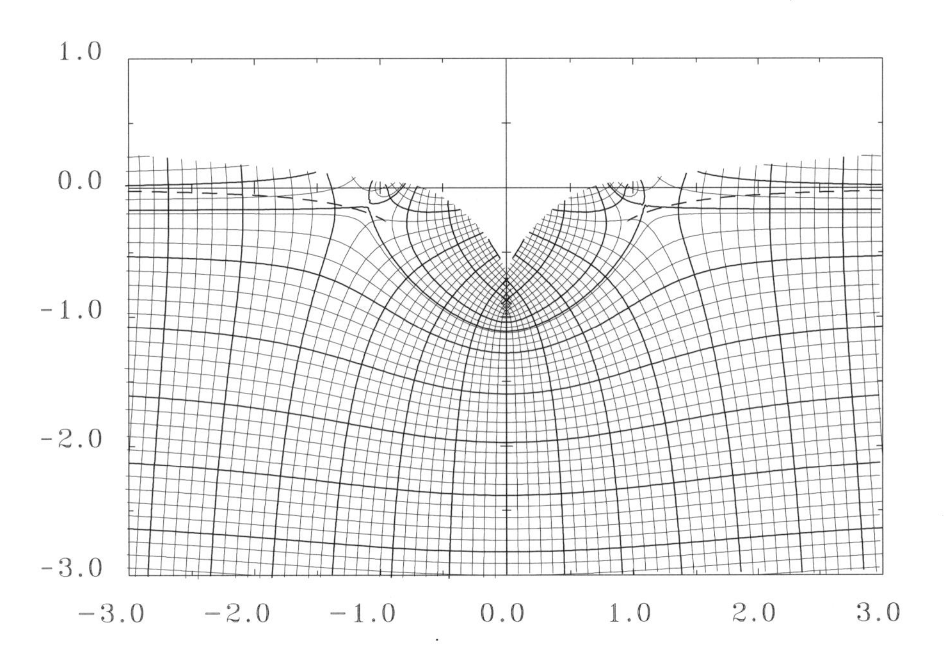

図 5.2.3.18. 一様流中の波なしポテンシャル $(-z - f_1(z))$ の流線と等ポテンシャル線（$M = 0.843$, $a1 = 0.0$, $a3 = 0.1863$, $\nu = 5$, $\Psi_B = 0.175$, $\Delta\Psi = 0.1$）

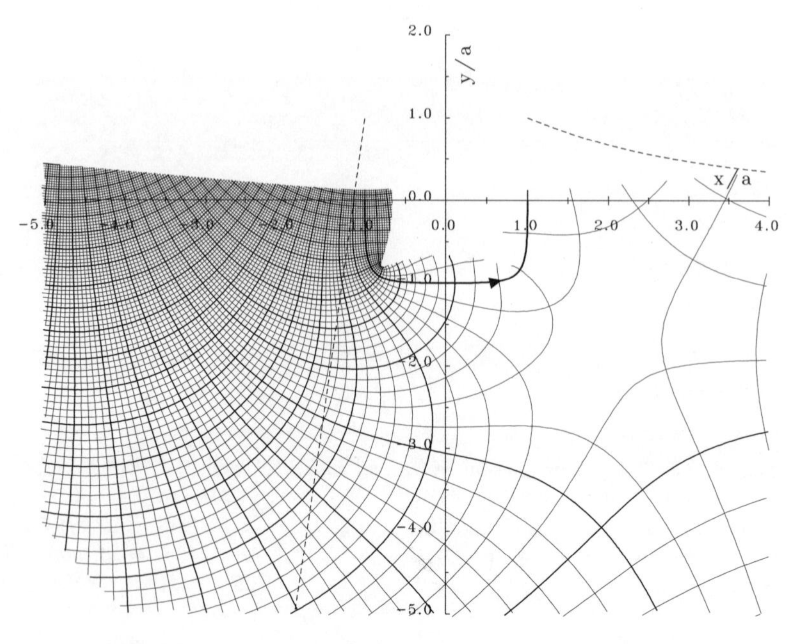

図 5.2.3.19. Ursell-田才法による Lewis-Form 形状 S2（H_0 = 1.0, σ = 0.95）周りの流線と等ポテンシャル線（正則解， M = 14, N = 50, νa = 0.4, Ψ_B/Ua = 2.5, $\varDelta\Psi/aU$ = 0.5, C_{Dp} = 268.2, C_{Lp} = −82.6）

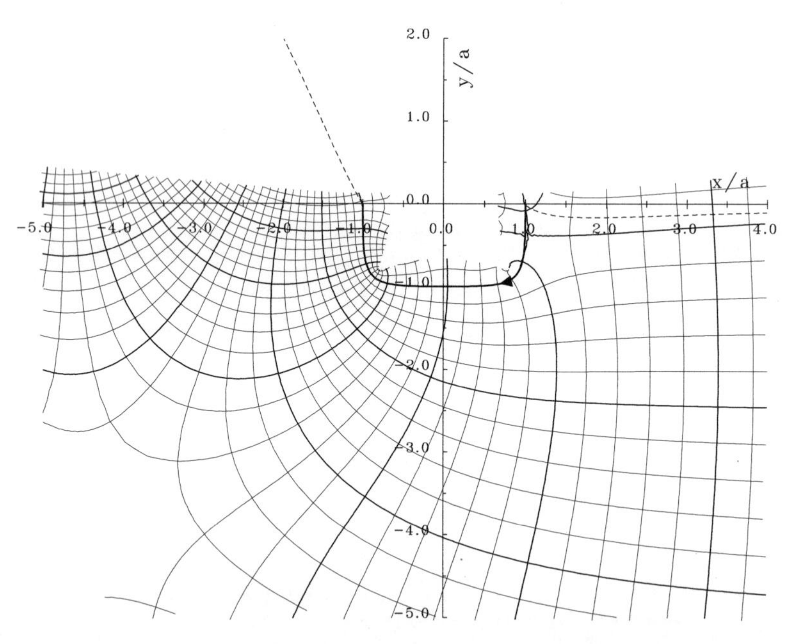

図 5.2.3.20. Ursell-田才法による Lewis-Form 形状 S2（H_0 = 1.0, σ = 0.95）周りの流線と等ポテンシャル線（0-流出解， M = 14, N = 50, νa = 0.4, Ψ_B/Ua = 0.0, $\varDelta\Psi/aU$ = 0.5, C_{Dp} = 30.7, C_{Lp} = −25.4）

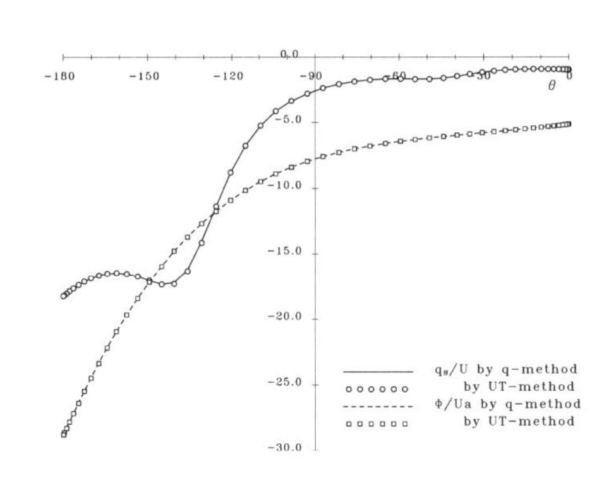

図 5.2.3.21. Lewis-Form 形状 S2（H_0 = 1.0, σ = 0.95）周りの流速分布及び速度ポテンシャルの比較（正則解， M = 14, N = 50, νa = 0.4, Ψ_B/Ua = 2.5, Λ_A = 0）

図 5.2.3.22. Lewis-Form 形状 S2（H_0 = 1.0, σ = 0.95）周りの流速分布及び速度ポテンシャルの比較（0-流出解， M = 14, N = 50, νa = 0.4, Ψ_B/Ua = 2.5, Λ_A = 0）

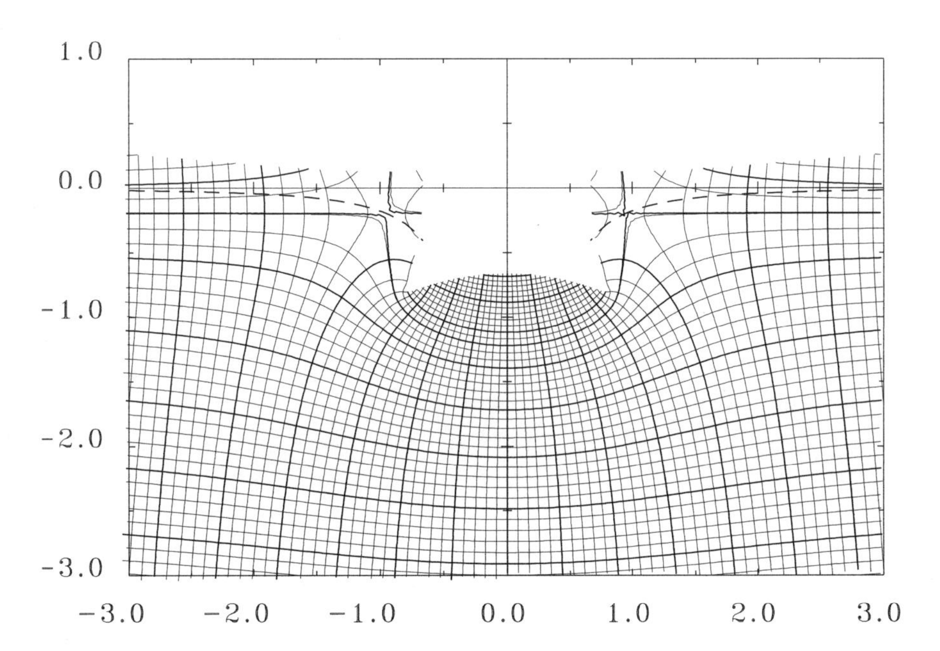

図 5.2.3.23. 一様流中の波なしポテンシャル $(-z - f_1(z))$ の流線と等ポテンシャル線（M = 1.1189, a_1 = 0.0, a_3 = −0.1063, ν = 5, Ψ_B = 0.196, $\Delta\Psi$ = 0.1）

4) 没水体に関する多重極展開法

没水円柱に近い没水体形状に関しても多重極展開法が可能である．一様流中の没水体周りの流れの複素ポテンシャルを以下としておく．

$$F(z) = -z + \sigma_0 h_0(z,h) + \sigma_1^R W_m(z,-ih) + \sigma_1^I W_\mu(z,-ih) + \sum_{n=2}^{N} [\sigma_n^R h_{n-1}^R(z,h) + \sigma_n^I h_{n-1}^I(z,h)] \tag{5.2.3.44}$$

ここで，$\sigma_0, \sigma_n^{R,I}$ は実係数で，W_m, W_μ 関数は波2重吹き出しを示し，$h_0(z,h)$ 関数は式(5.2.3.29)の波なしポテンシャルを示す．$h_n^{R,I}(z,h)$ 関数は式(5.2.3.30)の波なしポテンシャルに関して各々 $A = i/2\nu,\ -1/2\nu$ とした時の波なしポテンシャルを示す．

$$\left.\begin{aligned} h_n^R(z,h) &= \frac{1}{2}\frac{1}{(z+ih)^n}\left[1 - i\frac{n}{\nu}\frac{1}{z+ih}\right] + \frac{1}{2}\frac{1}{(z-ih)^n}\left[1 - i\frac{n}{\nu}\frac{1}{z-ih}\right] \\ h_n^I(z,h) &= \frac{i}{2}\frac{1}{(z+ih)^n}\left[1 - i\frac{n}{\nu}\frac{1}{z+ih}\right] - \frac{i}{2}\frac{1}{(z-ih)^n}\left[1 - i\frac{n}{\nu}\frac{1}{z-ih}\right] \end{aligned}\right\} \tag{5.2.3.45}$$

$h \to 0$ の時 $h_i^R(z,h)$ は式(5.2.3.28)と一致し，$h_i^I(z,h)$ は0となる．

没水円柱周りの循環0の流れをこの方法で求めたものを図5.2.3.24に示す．式(5.2.3.44)中の σ_0 は0としている．q-法による図5.2.1.7と同一のものが得られている．得られた係数分布を図5.2.3.25に示す．ただし，波なしポテンシャルの項（$n \geqq 1$）は5倍してあることに注意．収束は極めて速い．

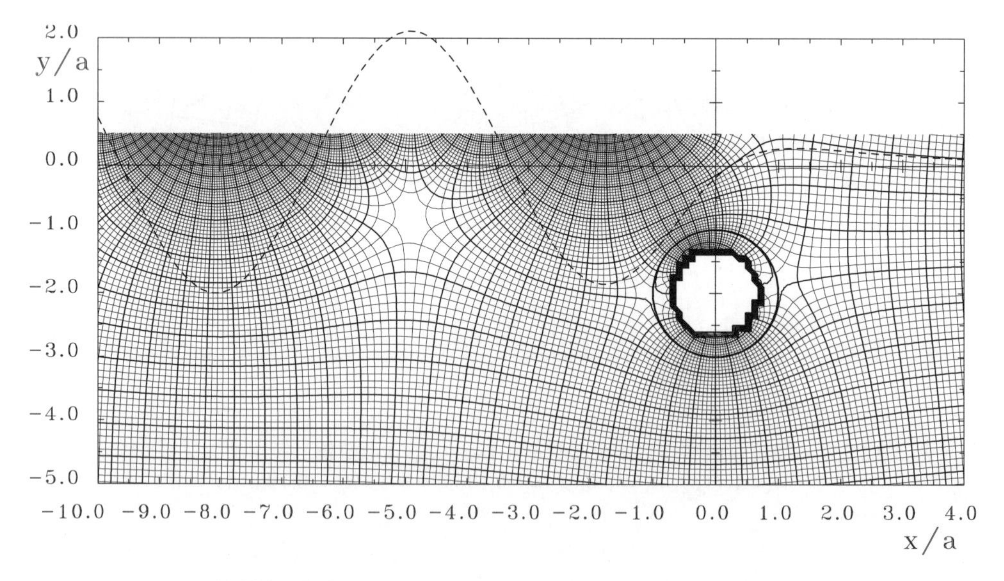

図5.2.3.24. 多重極展開法による循環0の全没円柱周りの流線と等ポテンシャル線
（$h = 2, \nu = 1.0,\ \Gamma = 0,\ \Psi_B = 1.49,\ N = 7, M = 36,\ \varDelta\Psi = 0.10$）

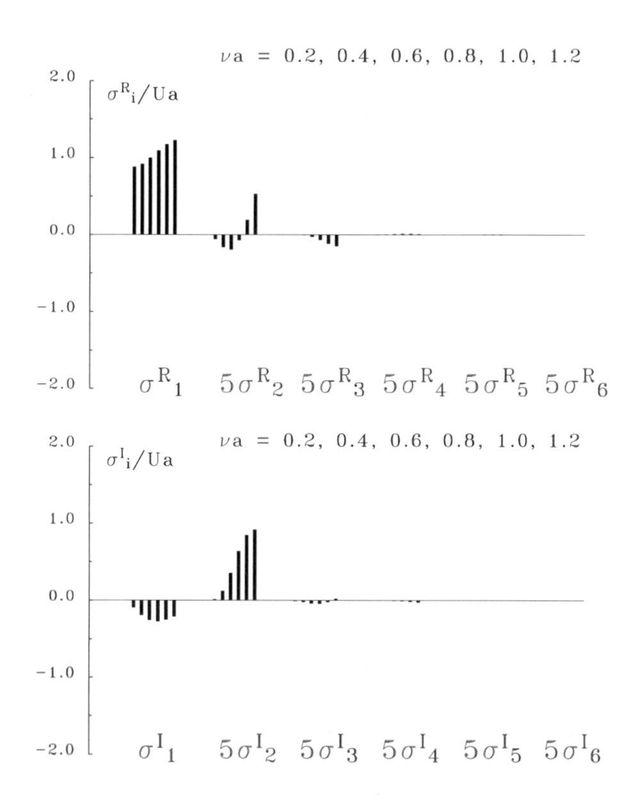

図 5.2.3.25. 多重極展開法による全没円柱周りの流れの解 ($h = 2, \nu = 1.0,\ \Gamma = 0,\ N = 7, M = 36$)

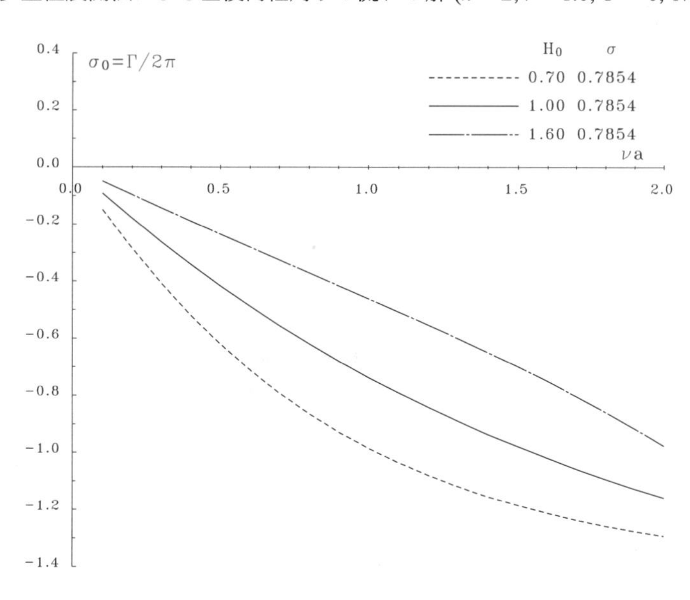

図 5.2.3.26. 全没円柱と楕円柱の波なし条件

次に，σ_0 の項を含めると，固有解が存在し循環の値を与えたり，波なし（造波抵抗最小）の条件を課すことができる．波なしの状態の流線図を図 5.2.3.27 に示す．q-法による図 5.2.1.12 と同一である．この時，$n \geqq 2$ の波なしポテンシャルはほとんど 0 となっている．没水円，及び他の Lewis Form 断面形においても波なし状態が得られる．これは数学的に証明できる事柄のように思えるが将来の課題であり，どのような物体形状についても言えるかは不明である．波なしとなる σ_0 の値を円と 2 つの楕円について図 5.2.3.26 に示す．

なお，円状から離れた物体形状については半没物体と同様に精度は良くない場合がある．楕円形では横縦比が 1.6~0.9 の範囲外は精度が悪くなる．次項で述べる S1 シリーズの Lewis Form 形状では面積係数が 0.7~0.9 外では精度が悪い．半没物体に関しては田才法が有効であったが，没水体に関しては適当な（実解析関数からなる）等角写像が見当たらないので有効ではない．これも将来の検討課題である．

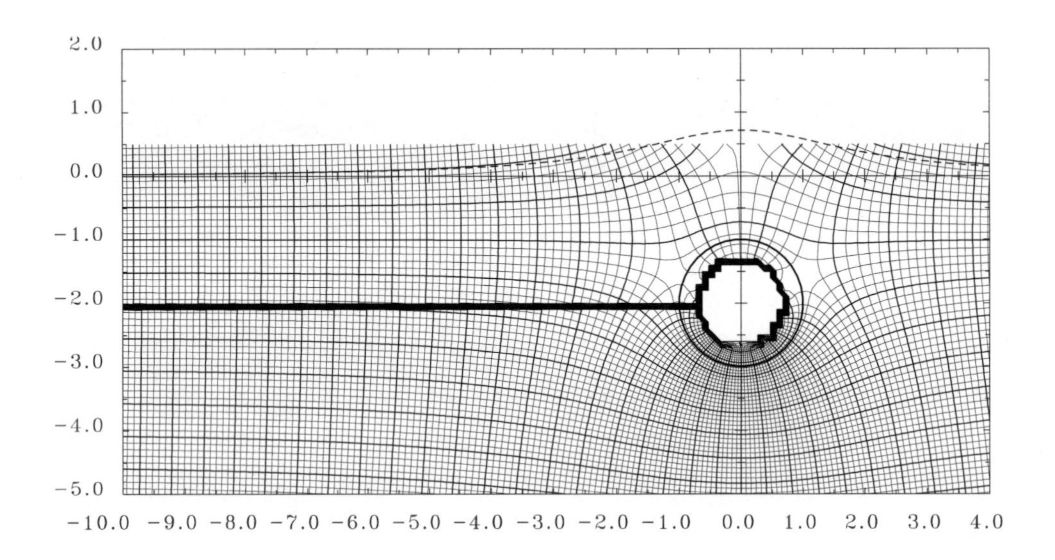

図 5.2.3.27. 波なし状態の流線と等ポテンシャル線（$h = 2, \nu = 1.0$, $\Gamma = -4.63$, $\Psi_B = 1.15$, $N = 7, M = 36$, $\Delta\Psi = 0.10$）

5) Lewis Form 形状

Lewis-Form 変換と Lewis-Form 形状についてまとめておく．

ζ 面の単位円外部の領域を，z 面の左右上下対称な形状外部の領域に写像する等角写像は一般に式 (5.2.3.35) と書ける．z 面の図形として船体断面を想定した項数の少ない下記の変換を船舶工学の分野では Lewis-Form 変換と呼び，Lewis-Form 変換により得られる図形を Lewis-Form（形状）と呼んでいる．

$$z/M = \zeta + \frac{a_1}{\zeta} + \frac{a_3}{\zeta^3} \tag{5.2.3.46}$$

ただし，a_1, a_3 及び縮率 M は実数である．$2l$ を物体の水線長，T を喫水とすれば

$$\left.\begin{aligned} M &= \frac{l}{1 + a_1 + a_3} \\ \frac{l}{T} &= \frac{1 + a_1 + a_3}{1 - a_1 + a_3} \end{aligned}\right\} \tag{5.2.3.47}$$

また，断面積 S_0，面積係数 σ は

$$\sigma = \frac{S_0}{2lT} = \frac{\pi}{4} H_0 \frac{1 - a_1^2 - 3a_3^2}{(1 + a_1 + a_3)^2} \tag{5.2.3.48}$$

で表わされるので，σ と H_0 を与えれば a_1, a_3 を決定できる．

具体的には

$$\frac{M}{T} = \frac{1}{4}\left[3(H_0 + 1) - \sqrt{(H_0 + 1)^2 + 8H_0(1 - 4\sigma/\pi)}\right] \tag{5.2.3.49}$$

及び

$$\left.\begin{aligned} a_1 &= \frac{H_0 - 1}{2M/T} \\ a_3 &= \frac{H_0 + 1}{2M/T} - 1 \end{aligned}\right\} \tag{5.2.3.50}$$

なお，写像関数が単葉でなければならないとすると以下のような制限がある．

$$\left.\begin{aligned} &1 + a_1 - 3a_3 \geqq 0, \qquad 1 - a_1 - 3a_3 \geqq 0 \\ &a_3 \geqq -\frac{1}{3}, \qquad 1 + a_1 + a_3 \geqq 0 \\ &1 - a_1 + a_3 \geqq 0 \end{aligned}\right\} \tag{5.2.3.51}$$

以下の図では，左側の図が横軸を a_3 縦軸を a_1 とした図で，5 角形の内部が上の条件を満たす領域である．図 5.2.3.28 は $a_3 = 0$ で $a_1 = -1 \sim 1, 0.25$ と変化させた時の Lewis-Form 形状の変化を示したものである．左側の図に（a_3, a_1）の座標に記号を付し，右側の図に対応する Lewis-Form 形状を同一の記号を付して記してある．ただし，$a_1 > 0$ では H_0 は 1 を超えるので

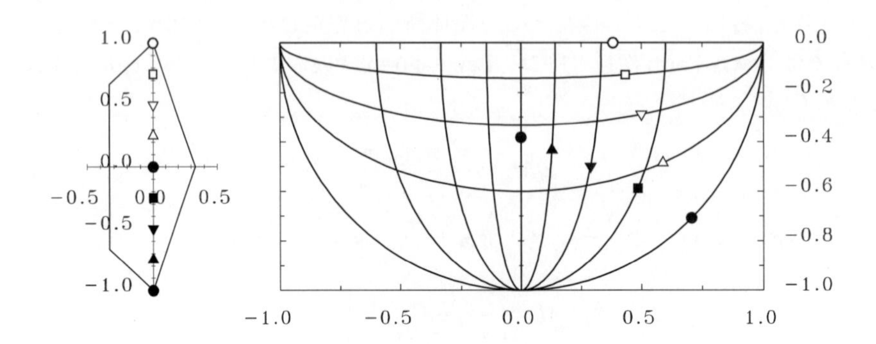

図 5.2.3.28. (*a*3, *a*1) 座標と Lewis-Form 形状（楕円シリーズ）

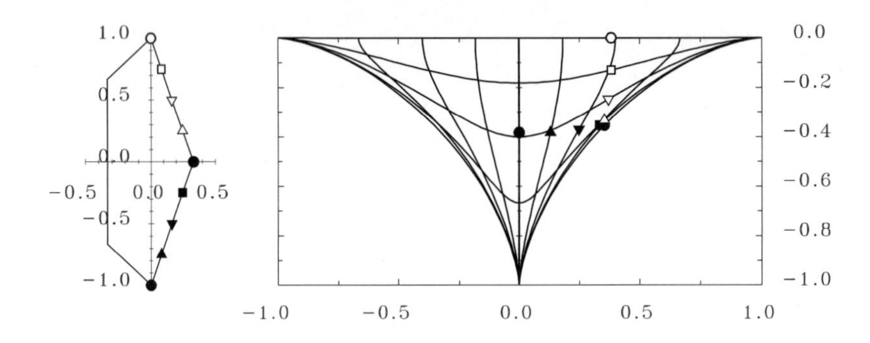

図 5.2.3.29. (*a*3, *a*1) 座標と Lewis-Form 形状（1-カスプシリーズ）

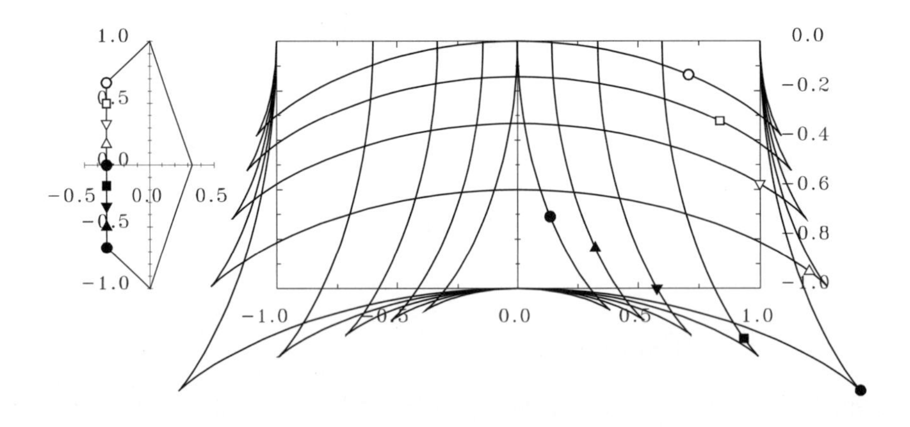

図 5.2.3.30. (*a*3, *a*1) 座標と Lewis-Form 形状（2-カスプシリーズ）

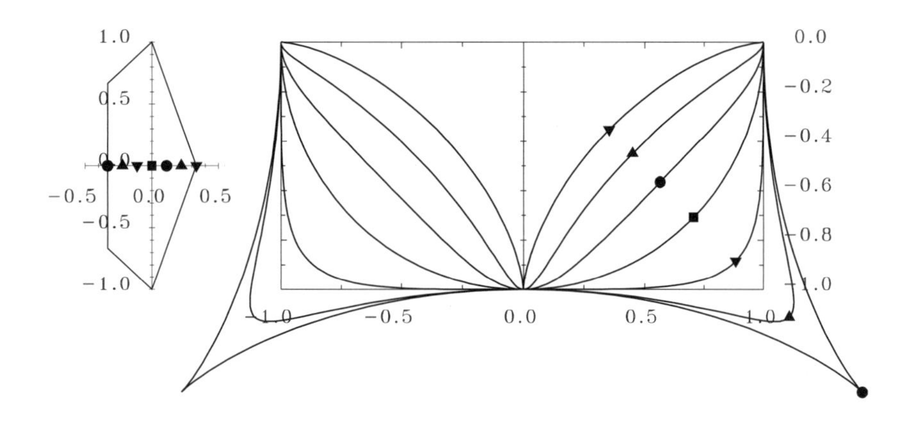

図 5.2.3.31. (*a*3, *a*1) 座標と Lewis-Form 形状（船尾（S1）シリーズ）

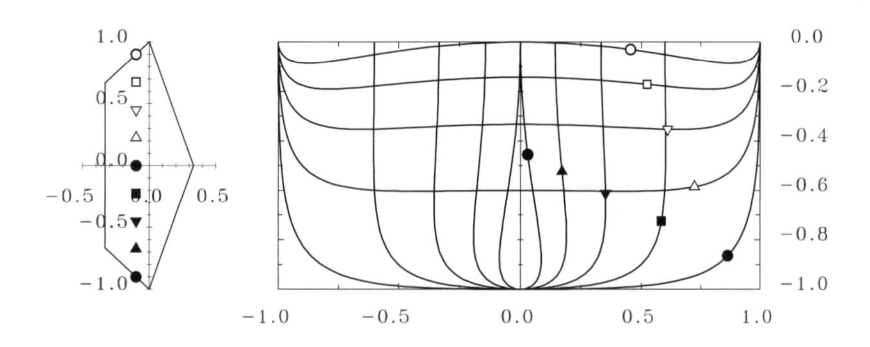

図 5.2.3.32. (*a*3, *a*1) 座標と Lewis-Form 形状（船首（S2）シリーズ）

図形の大きさを H_0 で除している（記号は白抜きとしている）．この例では図形はすべて楕円形で，$\sigma = \pi/4$ である．

以下の 2 種は，限界図形である．

最後の 2 種は，(a_3, a_1）の内部領域の点に対応する図形を示した．

5.2.4　滑走板理論

ここまで，一様流中に置かれた固定物体周りの流れを扱う定常造波問題について，自由表面条件として線形の条件を用いた問題を扱ってきた．物体に関する境界条件として物体表面上の厳密な条件（法線方向流速＝ 0，あるいは，全流れ関数の値＝定数）を適用し，全没物体（5.2.1 小節）と半没物体（5.2.2 - 3 小節）についてその解法と数値解の例について示して来た．

特に半没物体については前小節に見たように，実現象に即した議論が必ずしも行える段階にないという事も事実である．それに比し，本小節で扱う問題は，飛行艇の発達に伴って（直接惹起されたわけではないようだが），高速で水上を滑走する物体の周りの流れに関する理論であり，かなりの程度で実現象と比較し得る結果が得られる．1930 年代には，重力を無視し得る高速の極限の状態について，自由流線理論による解析法が開発され，定性的にも，定量的にも詳しい解析が可能となった．同時に，ロシアの学者たちは，本書で扱っている造波抵抗理論を用いて，高速ではあるが，重力の影響を取り入れた理論を発達させた．それは滑走する板状の物体の深度，傾き，曲率等がすべて小であって，線形の仮定が成立するという条件の下にであった．こうした理論を本書では滑走板理論と呼んでいる．

その理論はまた薄翼理論と類似した議論が可能であって，板の形状は静止水面上の圧力分布で表現できるという利点を有する．このことを利用して，わが国の丸尾孟教授は造波理論を用いた滑走板周りの流れと抵抗に関する多くの重要な研究を行った．このように本小節で扱う問題は歴史的にも奥が深く，その変遷や，周辺の事柄にも興味深い点が多々あるのであるが，これらは本書で網羅して記述するには荷が重すぎる．Wehausen [3] が良い教科書であるが，さらに興味のある読者は丸尾 [12] 及び著者 [13] の解説を参照されたい．

1) 滑走板理論と解の表示

滑走板理論を以下に展開する．そこではあらためて線形自由表面条件を導入する．その理由は，物体（滑走板）表面上の境界条件が自由表面条件として表現され，物体形状は静止水面上の圧力分布（薄翼理論では循環分布）で表現されるからである．

まず，流れの概略を図 5.2.4.1 の a）図に示す．x の正方向から流速 U の一様流があり，その水面（$y = 0$ を静止水面とする）上に板（斜線部）が斜めに固定されて滑走している．ここで滑走（planing, gliding）という用語は，流速が高速である時，物体後縁で水面が，底面に沿って滑らかに流れている状態を意味している．翼理論ではこのことを Kutta の条件と呼んでおり，当分野でもそのように呼んでいる．このような運動学的に表現される現象は，後縁における水中の圧力は大気圧と一致するという動力学的な条件で表現できる．この時物体の後縁から上部の形状は，水の流れから見ると意味を有せず，ただ後縁を有する板状に見えるので，この物体を滑走板（hydro-plane, planing plate, glider）と称するわけである．

滑走板の前縁付近では，前方の水面は静止水面より上昇し，前縁より少し後方に停留点が生ずるはずである．この停留点に至る流線は無限前方の水面より下方の流線が至ると考えられる．水面とその流線との間の流量は滑走板より前方に飛沫（spray, splash）となって飛び散っていると考える．その流量は単位時間当たり $\rho\Psi_B$ である（無限前方の水面より Ψ_B/U だけ下方の位置の流線が停留点に至る）としておく．この量は，重力を無視した高速の極限の理論（Wagner, Green [3]）によれば，滑走板の長さを L，トリム角を α とすると以下で与えられる．

$$\frac{1}{UL}\Psi_B = \frac{\pi}{4}\alpha^2 \tag{5.2.4.1}$$

したがって α が小とすると（のちの線形化のための条件）高次の微小量となっていることになる．この関係が重力が作用している場合でも成立していると仮定しても良いだろう．

次に，前縁直後に停留点があるとすると，その点で，圧力は停留点圧力となり，流れの水頭分だけ（$U^2/2g$）水面が上昇し，Neumann–Kelvin 問題で見たように，線形の仮定から外れることになる．しかしながら，α が小の滑走板を用いた実験によれば，前縁で水面は水頭には及ばず，水面上昇は極めて小に留まることが観察されるのである．したがって，前縁付近では水面は，”かなり”滑らかに滑走板の下に流れ込み，飛沫状の現象は”かなり”弱い現象であると言える．

こうした事情は線形理論の有効性に期待を抱かせるものである．ただし，停留点のような現象を無視するようなことは理論に何らかの歪を与えることは避けがたく，事実，滑走板形状を表現する圧力分布は前縁で無限大に発散する場合が生ずるのである．

図 a) の流れに関する境界条件を記述しておこう．流れは複素ポテンシャルで表わされるもの

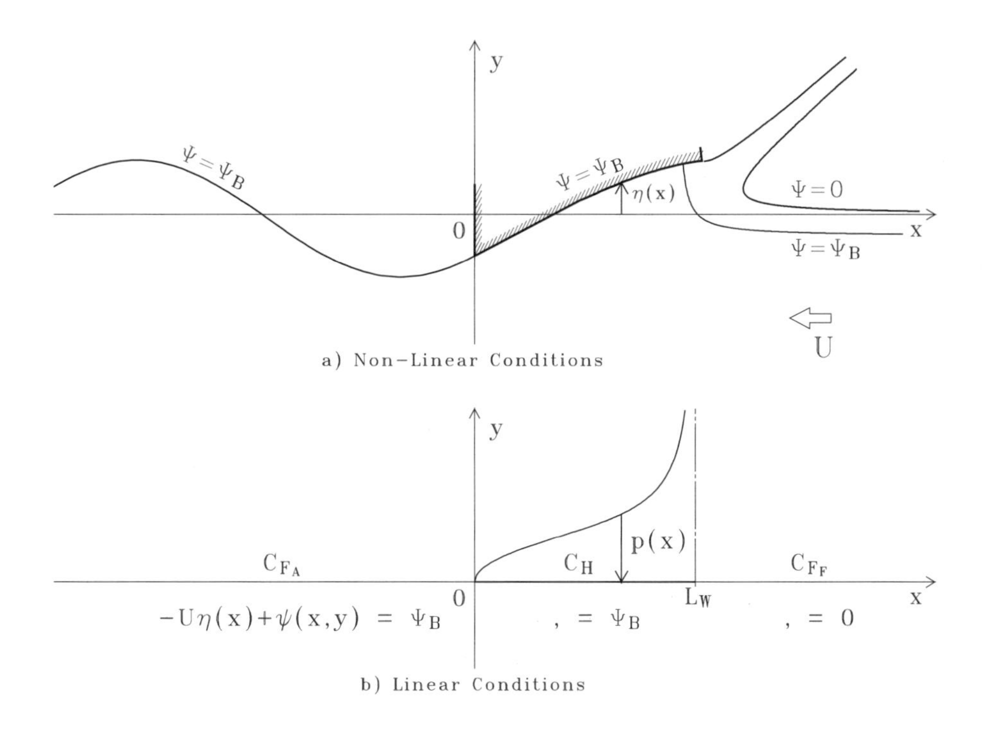

図 5.2.4.1. 滑走板周りの a) 流れのモデルと b) 線形自由表面条件

とする．

$$
\left.\begin{aligned}
F(z) &= \Phi(x,y) + i\Psi(x,y) \\
&= -Uz + f(z) \\
f(z) &= \phi(x,y) + i\psi(x,y) \\
z &= x + iy
\end{aligned}\right\} \tag{5.2.4.2}
$$

重力加速度を g，波数を $\nu = g/U^2$ としておく．飛沫の流量 $\rho\Psi_B$ は当面 0 でないものとして議論を進めておく．こうすることには 2 つの利点があり，1 つはこの量の導入により数値解法が容易になるという数値手法に関することであるが，もう 1 つは滑走板前面が切り立っている形状の場合のようにこの量が線形理論の枠組みの中でも無視し得ない場合も生ずるからである．

自由表面，滑走板上の運動学的境界条件は流れ関数を用いて以下のように書ける．

$$
-Uy + \psi(x,y) = \begin{cases} 0 & on \quad C_{F_F} \\ \Psi_B & on \quad C_H \\ \Psi_B & on \quad C_{F_A} \end{cases} \tag{5.2.4.3}
$$

ここで C_{F_F}, C_{F_A} はそれぞれ滑走板前後の水面を，C_H は滑走板を示す．

水面上の動力学的境界条件は，水面上の圧力が大気圧（=0）と一致するという条件であるから，以下のように書ける．

$$
\frac{1}{2}\left[\Phi_x^2(x,y) + \Phi_y^2(x,y)\right] + g\eta(x) = \frac{1}{2}U^2 \quad on \quad C_{F_F}, C_{F_A} \tag{5.2.4.4}
$$

なお，水面の形状を

$$
y = \eta(x) \tag{5.2.4.5}
$$

としている．滑走板の形状も上式で書けるものとし，滑走板に働く圧力を $p(x)$ としておけば，滑走板上の動力学的条件は以下と書ける．

$$
p(x)/\rho = \frac{1}{2}\left[U^2 - \Phi_x^2(x,y) - \Phi_y^2(x,y)\right] - g\eta(x) \quad on \quad C_H \tag{5.2.4.6}
$$

Neuman-Kelvin 問題と比較してみるとわかるように，上の条件は問題を解くためには不要であり，問題の解が得られれば圧力は上式により直ちに求められるわけである．しかしながら，この式を用いて未知関数として圧力項を導入することにより，物体表面上の境界条件を $y = 0$ 上の条件に線形化することが可能となるわけである．

滑走板の傾斜，曲率，排水量がすべて微小な量であるとし，上の境界条件を静止水面（$y = 0$）上で展開し，一様流からの撹乱の 2 次以上の項を無視すると以下の線形の境界条件が導かれる．この時 Ψ_B は式 (5.2.4.1) からは高次の量と見なされるが，前記の理由により無視しないものとする．運動学的境界条件 (5.2.4.3) は線形化すると以下となる．

$$
-U\eta(x) + \psi(x,0) = \begin{cases} 0 & on \quad C_{F_F} \\ \Psi_B & on \quad C_H \\ \Psi_B & on \quad C_{F_A} \end{cases} \tag{5.2.4.7}
$$

ここで，C_{F_F}, C_{F_A}, C_H は静止水面（$y=0$）上に投影された，各々，前方の水面，後方の水面及び滑走板の境界を示すものとする（図 5.2.4.1-b) 参照）．

圧力方程式 (5.2.4.4, 5.2.4.6) を線形化すると以下を得る．

$$U\phi_x(x,0) - g\eta(x) = \begin{cases} 0 & on \quad C_{F_F}, C_{F_A} \\ p(x)/\rho & on \quad C_H \end{cases} \tag{5.2.4.8}$$

ここで諸量の無次元化を行い境界条件等を整理しておく．座標，速度ポテンシャルや流速は静止時の滑走板の長さ L_0，一様流速 U で，圧力は ρU^2（ρ : 水の密度）で無次元化しておき，無次元波数は以下としておく．

$$\nu = \frac{gL_0}{U^2} \tag{5.2.4.9}$$

式 (5.2.4.7, 5.2.4.8) より波高（ないし滑走板形状）$\eta(x)$ を消去すると以下の線形自由表面条件を得る．

$$\phi_x(x,0) - \nu\psi(x,0) = \begin{cases} 0 & on \quad C_{F_F} \\ p(x) - \nu\Psi_B & on \quad C_H \\ -\nu\Psi_B & on \quad C_{F_A} \end{cases} \tag{5.2.4.10}$$

波形及び滑走板形状は次の関係式で表わされる．

$$\nu\eta(x) = \begin{cases} \phi_x(x,0) & = \begin{cases} \nu\psi(x,0) & on \quad C_{F_F} \\ \nu[\psi(x,0) - \Psi_B] & on \quad C_{F_A} \end{cases} \\ \phi_x(x,0) - p(x) & = \quad \nu[\psi(x,0) - \Psi_B] \quad on \quad C_H \end{cases} \tag{5.2.4.11}$$

以上より，線形化された滑走板問題とは，線形自由表面条件 (5.2.4.10) を満たす流れの C_H 上の圧力分布 $p(x)$ を，与えられた滑走板形状に関する C_H 上の式 (5.2.4.11) の関係を満たすように求めることに帰着する．

さらに，圧力は後縁における以下の Kutta の条件を満たす必要がある．

$$p(0) = 0 \tag{5.2.4.12}$$

また，上流に波動は伝播しないという放射条件を解は満たしていなければならない．

$$f(z) \to 0 \quad as \quad x \to \infty \tag{5.2.4.13}$$

以上の条件を満たす解 $f(z)$ は，Neumann-Kelvin 問題の解の積分表示式 (5.2.2.11) を参照して以下のように表示することができる．

$$f(z) = \frac{1}{2\pi}\int_C \Big[\psi(\xi,\eta)\frac{\partial W_\Gamma}{\partial n}(z,\zeta) - \frac{\partial \phi}{\partial s}(\xi,\eta)W_\Gamma(z,\zeta)\Big]ds \tag{5.2.4.14}$$

ここで $W_\Gamma(z,\zeta)$ は波渦特異関数である．閉曲線 C は $C = C_{F_F} + C_H + C_{F_A} + C_\Sigma$ であり，C_Σ は無限前方，後方，下方の境界である（図 5.2.2.1 参照，積分方向，法線方向記号も同図と同じである）．

今考えている滑走板問題は 5.2.2 小節で展開した正則な Neumann-Kelvin 問題と比較すると，物体形状が異なるだけであるから，同様に，C_Σ 上の積分は 0 と見なすことができる（式 (5.2.2.16) 参照）．したがって，法線方向，積分方向を考慮すると，式 (5.2.4.14) は $y = 0$ 上の積分で以下と書ける．

$$f(z) = \frac{1}{2\pi}\int_{-\infty}^{\infty}\Big[\frac{\partial\phi}{\partial\xi}(\xi,0)W_\Gamma(z,\xi) - \psi(\xi,0)\frac{\partial W_\Gamma}{\partial\eta}(z,\xi)\Big]d\xi \qquad (5.2.4.15)$$

ここで式 (3.3.1.68) の 3 番目の関係

$$\frac{\partial W_\Gamma}{\partial\eta}(z,\xi) = \nu W_\Gamma(z,\xi) \qquad (5.2.4.16)$$

を用いると下式となる．

$$f(z) = \frac{1}{2\pi}\int_{-\infty}^{\infty}\Big[\frac{\partial\phi}{\partial\xi}(\xi,0) - \nu\psi(\xi,0)\Big]W_\Gamma(z,\xi)d\xi \qquad (5.2.4.17)$$

条件 (5.2.4.10) を代入すると

$$f(z) = \frac{1}{2\pi}\int_{0}^{L_W} p(\xi)W_\Gamma(z,\xi)d\xi - \frac{\nu}{2\pi}\Psi_B\int_{-\infty}^{L_W} W_\Gamma(z,\xi)d\xi \qquad (5.2.4.18)$$

式 (5.2.4.16) は式 (3.3.1.67) の 1 番目の関係を用いると以下となるから

$$\nu W_\Gamma(z,\xi) = \frac{\partial W_\Gamma}{\partial\eta}(z,\xi) = \frac{\partial W_Q}{\partial\xi}(z,\xi) \qquad (5.2.4.19)$$

上式を用いて式 (5.2.4.18) 右辺第 2 項を積分すると結局以下を得る．

$$f(z) = \frac{1}{2\pi}\int_{0}^{L_W} p(\xi)W_\Gamma(z,\xi)d\xi - \frac{1}{2\pi}\Psi_B W_Q(z,L_w) \qquad (5.2.4.20)$$

ここで $W_Q(z,\zeta)$ は波吹き出し特異関数であり，L_w は滑走板の浸水長の先端の x 座標である（図 5.2.4.1-b) 参照）．

前式の虚部をとり，式 (5.2.4.11) の最後の式に代入すれば以下の境界積分方程式を得る．

$$\mathrm{Im}\Big\{\frac{1}{2\pi}\int_{0}^{L_W} p(\xi)W_\Gamma(x,\xi)d\xi\Big\} - \Psi_B\Big[1 + \mathrm{Im}\{\frac{1}{2\pi}W_Q(x,\xi)\}\Big] = \eta(x) \quad for \quad 0 < x < L_w \qquad (5.2.4.21)$$

右辺の滑走板の形状 $\eta(x)$ を与え，Kutta の条件 (5.2.4.12) を用いると，未知関数である圧力分布 $p(x)$ と滑走板上の流れ関数の値 Ψ_B を求めることができる．

今，浸水長 L_w を固定しておき，滑走板形状 $\eta_0(x)$ に関する解を $p_0(x), \Psi_{B_0}$ としておこう．他の滑走板形状 $\eta_1(x)$ に関する解を $p_1(x), \Psi_{B_1}$ とする．この時，滑走板形状の線形結合

$$\eta(x) = \eta_0(x) + \beta\eta_1(x) \qquad (5.2.4.22)$$

に関する解は

$$\left.\begin{aligned} p(x) &= p_0(x) + \beta p_1(x) \\ \Psi_B &= \Psi_{B_0} + \beta \Psi_{B_1} \end{aligned}\right\} \tag{5.2.4.23}$$

とやはり線形結合で求めることができる．したがって

$$\beta = -\Psi_{B_0} / \Psi_{B_1} \tag{5.2.4.24}$$

とすれば式 (5.2.4.23) より $\Psi_B = 0$ の時の解を得ることができる．$\eta_1(x) = 1$ とするならば，β は滑走板の上昇量を与えていることになる．後述するように $\eta_1(x) = x$ とするならば，β はトリム量を与えたことになる．

数値解を求めるために境界 C_H を細分しておく．

$$\left.\begin{aligned} 0 = \xi_{N+1} < \xi_N < \ldots < \xi_{j+1} < \xi_j < \cdots < \xi_1 = L_w \\ \Delta\xi_j = \overline{\xi_{j+1}, \xi_j} \\ x_j = \frac{1}{2}(\xi_{j+1} + \xi_j) \end{aligned}\right\} \tag{5.2.4.25}$$

添え字 j の付け方は Neumann-Kelvin 問題のそれに倣った（図 5.2.2.2 参照）．両端点での解の変化は大きいので端点付近を細かくしておく必要がある．メッシュ$\Delta\xi_j$ 内で圧力は一定値 p_j としておくと，点 x_i における $\Delta\xi_j$ の積分は以下となる（式 (3.3.1.72) 参照）．

$$A_{ij} = \mathrm{Im}\left\{\frac{1}{2\pi}\int_{\xi_{j+1}}^{\xi_j} W_\Gamma(x_i, \xi)\, d\xi\right\} = \mathrm{Im}\left\{\frac{1}{2\pi} W_{\Gamma_{int}}(x_i, \xi_j, \xi_{j+1})\right\} \tag{5.2.4.26}$$

あるいは式 (3.3.1.75) の関係を用いれば

$$= \frac{1}{\nu}\left[\mathrm{Im}\left\{\frac{1}{2\pi} W_Q(x_i, \xi)\right\}\right]_{\xi_{j+1}}^{\xi_j} \tag{5.2.4.27}$$

以上の離散化を行うと式 (5.2.4.21) の境界積分方程式は以下の連立方程式で近似できる．

$$\sum_{j=1}^{N} A_{ij}\, p_j + A_{i\,N+1} \Psi_B = \eta_i \tag{5.2.4.28}$$

ここで

$$\left.\begin{aligned} A_{i\,N+1} &= -\left[1 + \mathrm{Im}\{\frac{1}{2\pi} W_Q(x_i, \xi_1)\}\right] \\ \eta_i &= \eta(x_i) \end{aligned}\right\} \tag{5.2.4.29}$$

数値解の例を示す．η_0 として $\eta_0(x) = \alpha_0 x$（傾き α_0 の平板）を採用して連立方程式 (5.2.4.28) を解く．また，$\eta_1(x) = 1$（上昇量）として前述の方法にて $\Psi_B = 0$ となる解を求める．なお，1 回式 (5.2.4.28) の係数マトリクスの逆マトリクスを求めておけば，右辺に別の量を採用しても，再度逆マトリクスを計算する必要はない．

結果を図 5.2.4.2 に示す．横軸の x 座標は浸水長 L_w で無次元化しており，数種のフルード数 $Fn = U/\sqrt{gL_w}$ について圧力分布を示している．なお，圧力分布は積分値（揚力に相当する）が 1 になるよう正規化している．図中には，低速の極限の時の圧力（静水圧）を一点鎖線にて，重力が無視できるフルード数無限大における薄翼理論の解

$$p(x) \sim p_0 \sqrt{\frac{x}{1-x}} \tag{5.2.4.30}$$

を破線にて示してある．フルード数を $Fn \to 0$ として計算すると静水圧に，$Fn \to \infty$ とすると式 (5.2.4.30) にそれぞれ近づくことを確かめている．

滑走板に働く揚力，圧力抵抗は各々以下としてよいだろう．

$$\left.\begin{aligned} L &= \int_0^{L_w} p(x)dx \\ R_p &= \int_0^{L_w} p(x)\frac{d\eta}{dx}(x)dx \end{aligned}\right\} \tag{5.2.4.31}$$

各々を係数で表わし，離散量で表わせば以下となる．

$$\left.\begin{aligned} C_L &= \frac{L}{1/2\,\rho U^2 L_0} = 2\sum_j p_j \varDelta\xi_j \\ C_D &= \frac{R_p}{1/2\,\rho U^2 L_0} = 2\sum_j p_j \left(\frac{d\eta}{dx}\right)_j \varDelta\xi_j \end{aligned}\right\} \tag{5.2.4.32}$$

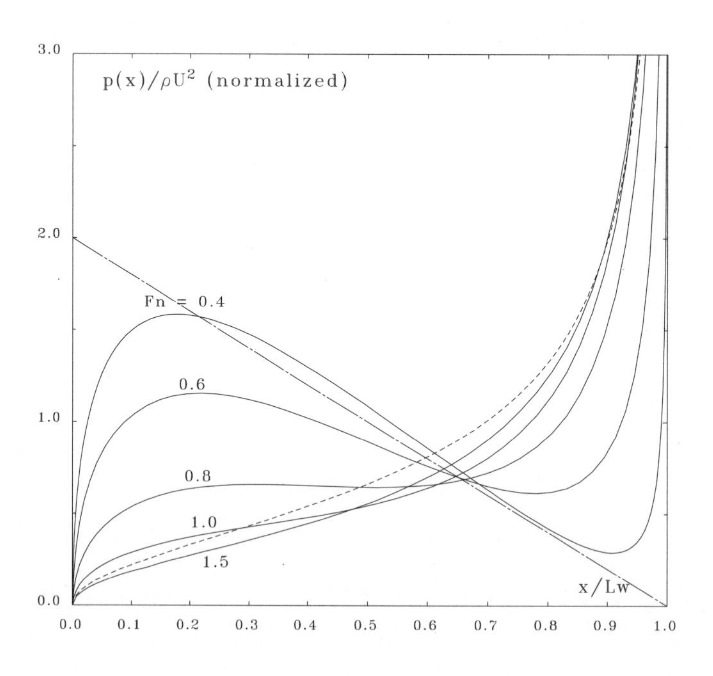

図 5.2.4.2. 平板上の圧力分布

造波抵抗係数は以下で求められる．

$$C_W = \frac{R_W}{1/2\,\rho U^2 L_0} = \frac{1}{2}\nu\left|H_\nu\right|^2 \tag{5.2.4.33}$$

ここで Kochin 関数は以下となる．

$$\nu H_\nu = 2i\sum_j p_j(e^{i\nu\xi_{j+1}} - e^{i\nu\xi_j}) - 2i\Psi_B e^{i\nu L_W} \tag{5.2.4.34}$$

圧力分布が式 (5.2.4.30) の形で先端で発散する時には，圧力抵抗と造波抵抗は一致せず，式 (5.2.4.31) の圧力積分から圧力抵抗は造波抵抗と次式の飛沫抵抗 R_S の和となることを丸尾 [14] が解析的に示した．

$$\left.\begin{aligned} R_P =& R_W + R_S \\ R_S =& \pi\frac{p_0^2 L_W}{2\rho U^2} \end{aligned}\right\} \tag{5.2.4.35}$$

上式中の p_0 は式 (5.2.4.30) の圧力が先端で $1/\sqrt{1-x}$ の形で発散する時の強さであり解析的には極めて明瞭な量である．しかしながらこの量（p_0）を数値的に精度よく求めるのは非常に困難なことである．その理由の 1 つは図 5.2.4.17 に見るように先端付近で圧力の計算値の精度が悪いことが揚げられる．圧力をフーリエ級数に展開するなどの他の方法を試みても解決しない．そこで飛沫抵抗については次の運動量の保存則 (運動量定理とも) による解析を試みた．また，飛沫抵抗の他の解釈も行った．

抗力に関して運動量定理を適用しておく．物理量を明瞭にしておくために，以下この項に限り，諸量は次元を有するものとしておく．滑走板問題における x-方向の運動量の保存則は以下と書ける．

$$\int_{C_{F_A}+C_H+C_\epsilon+C_{F_F}+C_\Sigma} (\rho\Phi_x\Phi_n + p_T n_x)\,ds = 0 \tag{5.2.4.36}$$

ここで積分領域は C_ϵ を除いて，積分表示式 (5.2.4.14) の所で前述した通りであるが，C_ϵ は滑走板先端部分を下方に迂回する半径 ϵ の小半円を意味する．これは先端における特異性を考慮したものである．

式 (5.2.4.36) 中の p_T は総圧を示す．

$$\left.\begin{aligned} p_T =& p_D + p_S \\ p_D =& \frac{1}{2}\rho\,(U^2 - \nabla\Phi\nabla\Phi) \\ =& \rho U\phi_x - \frac{1}{2}\rho\,(\phi_x^2 + \phi_y^2) \\ p_S =& -\rho g y \end{aligned}\right\} \tag{5.2.4.37}$$

静圧 p_S は積分に寄与しないので $p_T = p_D$ としてよい．

積分経路 $C_{F_A} + C_H + C_{F_F}$ 上では以下が成り立つ（式 (5.2.4.7) 参照）ので

$$n_x = 0, \quad \Phi_n(x,0) = -\phi_y(x,0) = \psi_x(x,0) = U\frac{d\eta}{dx}(x) \tag{5.2.4.38}$$

以下を得る（式 (5.2.4.8) 参照）.

$$\begin{aligned}\Phi_x\Phi_n(x,0) &= (-U + \phi_x(x,0))U\frac{d\eta}{dx}(x) \\ &= -U^2\frac{d\eta}{dx}(x) + g\eta(x)\frac{d\eta}{dx}(x) + \begin{cases} 0 & on \quad C_{F_F}, C_{F_A} \\ \dfrac{1}{\rho}p(x)\dfrac{d\eta}{dx}(x) & on \quad C_H \end{cases}\end{aligned} \tag{5.2.4.39}$$

積分の符号については以下に注意する（今までも断りなく使っていた，点 $Q_{F,A}$ は図 5.2.1.1 参照）.

$$\int_{Q_F}^{Q_A} ds = \int_{-\infty}^{\infty} dx$$

式 (5.2.4.36) 中の前方の自由表面 C_{F_F} 上の積分（負号を付す）を R_{F_F} とすると

$$\begin{aligned}R_{F_F} &= -\int_{C_{F_F}} (\rho\Phi_x\Phi_n + p_T n_x)\,ds \\ &= -\rho\int_{L_W+\epsilon}^{\infty} [-U^2\frac{d\eta}{dx}(x) + g\eta(x)\frac{d\eta}{dx}(x)]dx \\ &= -\rho U^2\eta(L_W+\epsilon) + \frac{1}{2}\rho g\eta^2(L_W+\epsilon)\end{aligned} \tag{5.2.4.40}$$

無限前方での波高は 0 であること，前縁で波高に不連続があることを考慮している.

同様に後方の自由表面 C_{F_A} 上の積分（同じく負号を付す）を R_{F_A} とすると

$$R_{F_A} = \rho U^2[\eta(0) - \eta(Q_A)] - \frac{1}{2}\rho g[\eta^2(0) - \eta^2(Q_A)] \tag{5.2.4.41}$$

点 Q_A は $x \to -\infty$ の x-座標である.

滑走板 H 上の積分（負号を付す）を R_H とすると

$$\begin{aligned}R_H &= \rho\int_0^{L_W-\epsilon} [U^2\frac{d\eta}{dx} - g\eta(x)\frac{d\eta}{dx}(x) - \frac{1}{\rho}p(x)\frac{d\eta}{dx}(x)]dx \\ &= \rho U^2[\eta(L_W-\epsilon) - \eta(0)] - \frac{1}{2}\rho g[\eta^2(L_W-\epsilon) - \eta^2(0)] - \int_0^{L_W-\epsilon} p(x)\frac{d\eta}{dx}(x)\,dx\end{aligned} \tag{5.2.4.42}$$

右辺最後の項は（負号を付した）圧力抵抗 R_P と以下の関係がある.

$$\left.\begin{aligned}\int_0^{L_W-\epsilon} p(x)\frac{d\eta}{dx}(x)\,dx &= R_P - \varDelta R_P \\ \varDelta R_P &= \int_{L_W-\epsilon}^{L_W} p(x)\frac{d\eta}{dx}(x)\,dx\end{aligned}\right\} \tag{5.2.4.43}$$

遠方 C_Σ 上の積分（負号を付す）は Neumann-Kelvin 問題の式 (5.2.2.85) と同一で（式 (5.2.4.7) を参照）以下となる．

$$R_\Sigma = \rho U \Psi_B + \rho U^2 \eta(Q_A) - \frac{1}{2}\rho \int_{-\infty}^{0} [\phi_x^2(Q_A, 0) - \phi_y^2(Q_A, 0)] dy \tag{5.2.4.44}$$

ここで，上式右辺の最後の項と式 (5.2.4.41) の右辺最後の項の和は造波抵抗 R_f であり，式 (5.2.4.33) の R_W と一致する．

$$\begin{aligned} R_f =& R_W \\ =& \frac{1}{2}\rho g \eta^2(Q_A) - \frac{1}{2}\rho \int_{-\infty}^{0} [\phi_x^2(Q_A, 0) - \phi_y^2(Q_A, 0)] dy \end{aligned} \tag{5.2.4.45}$$

最後の C_ϵ 上の積分（負号を付す）は式そのままにしておく．

$$R_\epsilon = \int_{C_\epsilon} (\rho \Phi_x \Phi_n + p_T n_x)\, ds \tag{5.2.4.46}$$

この抵抗成分が，圧力が先端で発散する時に，$\epsilon \to 0$ の極限で 0 にならない場合がある．その時，この抵抗成分がいわゆる飛沫抵抗になるのであるが，数値的に $\epsilon \to 0$ の極限を精度よく求めることができない．そのため，ϵ の値は有限にしておく必要がある．なお，数値的には $\epsilon \to 0$ として行くと第 1 項の積分が主要項となって行く．

以上の記号を用いて式 (5.2.4.36) を表わせば以下となる．

$$R_{F_A} + R_H + R_\epsilon + R_{F_F} + R_\Sigma = 0 \tag{5.2.4.47}$$

上式に式 (5.2.4.40 - 5.2.4.46) を代入し，整理すると圧力抵抗 R_P を得る．

$$\left.\begin{aligned} R_P &= R_f + R_S \\ R_S &= R_\epsilon + \varDelta R_P + \rho U \Psi_B - \rho U^2 [\eta(L_W + \epsilon) - \eta(L_W - \epsilon)] \\ &\quad + \frac{1}{2}\rho g [\eta^2(L_W + \epsilon) - \eta^2(L_W - \epsilon)] \end{aligned}\right\} \tag{5.2.4.48}$$

R_S が ϵ の値を有限にした時の飛沫抵抗の表示式である．これより，圧力抵抗 R_P は，第 1 項の造波抵抗と第 2 項の飛沫抵抗の和で表わされることが判明した．

先端で圧力に特異性がなく $\epsilon \to 0$ の極限で R_ϵ 及び $\varDelta R_P$ が 0 となる場合には以下の関係があるので

$$\rho U \Psi_B = \lim_{\epsilon \to 0} \rho U^2 [\eta(L_W + \epsilon) + \eta(L_W - \epsilon)] \tag{5.2.4.49}$$

R_S の最後の項のみが残り，それは静水圧抵抗である（N-K 問題における式 (5.2.2.86, 5.2.2.92) 参照）．$\Psi_B = 0$ の場合はその項も 0 となる．

先端を迂回する半円の半径 ϵ は，圧力を区分内で一定としているので，区分の中央にとるのが適当と考えられる (式 (5.2.4.25) 参照)．その区間番号を j_ϵ とすれば

$$\epsilon = L_w - x_{j_\epsilon} \tag{5.2.4.50}$$

この時，ΔR_P は以下とすればよい．

$$\Delta R_P = \sum_{j=1}^{j_\epsilon - 1} p_j (\frac{d\eta}{dx})_j \Delta\xi_j + \frac{1}{2} p_{j_\epsilon} (\frac{d\eta}{dx})_{j_\epsilon} \Delta\xi_{j_\epsilon} \tag{5.2.4.51}$$

j_ϵ をあまり小さな値にすると離散誤差が大きくなる．分割数 N の 1/10 程度が適当な値のようである．半円上の積分 R_ϵ については通常の数値積分公式などで積分すればよい．飛沫抵抗の式 (5.2.4.48) はあまり美しい式とは言えないが，後述のように数値的には正しい式であることがわかる．

飛沫抵抗については色々の解釈がされてきている．平板翼の先端に働くいわゆる翼端吸引力（suction force）（が働かない場合には抗力成分となる）との関連や，非線形現象との関連から先端付近の邪魔板によるエネルギー回復（がなければ抗力となる）などの説明がなされてきた．しかし，いずれも完全な説得力を有するとは著者は考えていない．先端付近の流れの詳細や，特異性を調べてみると，どれも当てはまらないように思えるからである．本書では，圧力分布による先端付近の流れが，結果として式 (5.2.4.48) で表わされる x-方向の運動量を流体に与えており，それが抵抗成分になっているという解釈に留めておこう．ただし，先端付近の運動量積分から導けるという面からは翼端吸引力の考え方に近いということは言えよう．

2) 浸水長及び姿勢変化

与えられた滑走板形状 $y = \eta(x)$ とその浸水長 $0 \leqq x \leqq L_W$ について，解である圧力 $p(x)$ 及び Ψ_B の値は境界積分方程式 (5.2.4.21) を離散化した連立方程式 (5.2.4.28) と Kutta の条件により求めることができる．その時，一般には $\Psi_B = 0$ とはならない．先端が切り立っていないとすれば $\Psi_B = 0$ となる解が求める解であることは先に述べた．また，前節で述べたように滑走板の姿勢を変化させれば $\Psi_B = 0$ の場合の解は求まるが，姿勢を固定しておくと，浸水長を変化させないとこの条件を満たすことができない．そして，滑走板問題において浸水長を求めることは難題の 1 つとなっている．Ψ_B と浸水長の関係は非線形であるから，いくつかの浸水長を与えて解を求めておき，逐次近似法などを援用することにより，$\Psi_B = 0$ となる浸水長を定めることは可能である．

この項では，座標，速度ポテンシャルや流速は，静止時の滑走板長さ L_0，一様流速 U で，圧力は ρU^2 で無次元化した量を扱う．滑走板が姿勢自由の状態で滑走している時は，その姿勢は，滑走板の重量とモーメントが，流体から滑走板が受ける圧力による揚力，トリムモーメントと釣りあうように定められねばならない．このように姿勢変化した時の滑走板の形状及び浸水長を次の形で記述しておく．

$$\eta(x) = \eta_0(x) + \alpha x + \beta \quad for \quad 0 \leqq x \leqq L_W \tag{5.2.4.52}$$

ここで $y = \eta_0(x)$ は静止時の滑走板の形状を示し，α はトリム角の変化量を，β は後縁の上昇量を示す．この式は線形結合であるから，対応する解 $p(x), \Psi_B$ も，それぞれ，滑走板形状 $\eta_0(x), x, 1$

に対応する解の線形結合で表わされる．

$$\left.\begin{aligned} p(x) &= p_0(x) + \alpha p_X(x) + \beta p_1(x) \\ \Psi_B &= \Psi_{B_0} + \alpha \Psi_{B_X} + \beta \Psi_{B_1} \end{aligned}\right\} \tag{5.2.4.53}$$

ここで添え字 0, X, 1 は，それぞれ，滑走板形状 $\eta_0(x)$, x, 1 に対応する解を示す．なお，各々の圧力分布は Kutta の条件を満たしているものとする．

滑走板の排水容積 ∇，重心位置 X_G は以下の式で表わされる．

$$\left.\begin{aligned} \nabla &= -\int_0^1 \eta_0(x)dx \\ X_G &= -\frac{1}{\nabla}\int_0^1 x\,\eta_0(x)dx \end{aligned}\right\} \tag{5.2.4.54}$$

解が満たすべき釣りあいの式は以下である．

$$\left.\begin{aligned} \int_0^{L_W} p(x)dx &= \nu\nabla \\ \int_0^{L_W} x\,p(x)dx &= \nu X_G \nabla \end{aligned}\right\} \tag{5.2.4.55}$$

ここで，滑走板形状 $\eta_0(x)$, x, 1 に関する揚力，トリムモーメントを以下としておく．

$$\left.\begin{aligned} L_i &= \int_0^{L_W} p_i(x)dx \\ M_i &= \int_0^{L_W} x\,p_i(x)dx \end{aligned}\right\} \quad for \quad i = 0,\ 1,\ X \tag{5.2.4.56}$$

以上より釣りあいの式は以下と書ける．

$$\left.\begin{aligned} L_0 + \alpha L_X + \beta L_1 &= \nu\nabla \\ M_0 + \alpha M_X + \beta M_1 &= \nu X_G \nabla \end{aligned}\right\} \tag{5.2.4.57}$$

上式を α, β について解けば姿勢（α, β）が求まり，式 (5.2.4.53) より解 $p(x)$, Ψ_B が求まる．さらに，逐次近似法などを適用することより，$\Psi_B = 0$ となる浸水長をもとめれば，自由航走時の滑走板の浸水長，姿勢が求められる．

3) 数値解の例-1（トリム固定の滑走平板）

トリム固定状態の滑走平板についての数値解の例を示す．迎角 α_0 を一定とし，浸水長 L_W は $\Psi_B = 0$ を満たすように求め，上昇量 β は上下方向の力の釣りあいから求めるものとする．静止状態の浸水長を L_0 としておくと容積排水量は以下である．

$$\nabla = \frac{1}{2}\alpha_0 L_0^2 \tag{5.2.4.58}$$

図 5.2.4.3 にフルード数 $Fn = U/\sqrt{gL_0} = 1.0$ の時の，浸水長を変化させた時の Ψ_B の値の変化を実線で示した．$L_W/L_O \doteqdot 0.903$ の時に $\Psi_B = 0$ となり，浸水長が決定できる．

滑走板が平板の場合，滑走板に働く圧力抵抗は式 (5.2.4.31) より

$$R_p = \alpha_0 L \tag{5.2.4.59}$$

揚力は排水量と釣りあい

$$L = \rho g \nabla \tag{5.2.4.60}$$

であるから以下が成り立つ．

$$\frac{R_p}{\rho g \alpha_0 \nabla} = 1 \tag{5.2.4.61}$$

図には式 (5.2.4.34, 5.2.4.33) から求めた造波抵抗を 3 角印で示し，式 (5.2.4.48) で求めた飛沫抵抗を加えた量を黒丸印で示してある．造波抵抗と飛沫抵抗の和は $\Psi_B \neq 0$ の時を含めてほぼ 1 となっており，圧力抵抗と一致していることが確かめられた．これは飛沫抵抗としての式 (5.2.4.48) の表示の正当性を意味していよう．

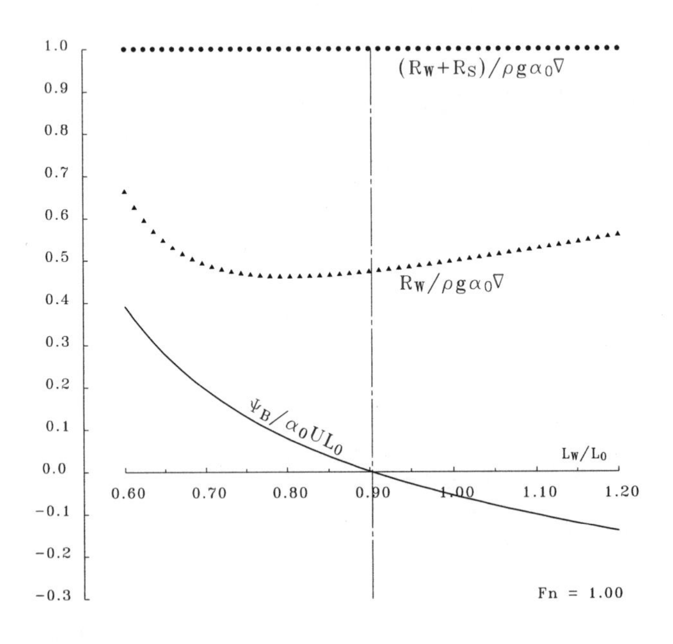

図 5.2.4.3. 浸水長変化による Ψ_B，造波抵抗，飛沫抵抗の変化（$Fn = 1.0$）

フルード数 $Fn = U/\sqrt{gL_0} = 1.0$ の時の，浸水長の 3 種の状態，すなわち

$$
\begin{aligned}
L_W/L_0 &= 0.80 \quad (\Psi_B = 0.079) \\
&= 0.903 \quad (\Psi_B \doteqdot 0) \\
&= 1.05 \quad (\Psi_B = -0.079)
\end{aligned}
$$

の状態の時の圧力分布；$p(x)/\rho U^2$，波形 2 種；$\nu\eta(x)$, $\nu(\eta(x) + \Psi_B/U)$ 及び滑走板上（$y = 0$）の x-方向流速；$u(x, 0)/U)$ を各々図 5.2.4.4 - 5.2.4.6 に示した．$\Psi_B > 0$ の時（図 5.2.4.4）には，滑走板前方の波形は滑走板前縁で滑走板より上方にあり，滑走板（実線）の上方の破線との間の流量が系外に流出していることがわかる．$\Psi_B < 0$ の時（図 5.2.4.6）には逆に前縁から破線との間の流量が系外より流入している．

図 5.2.4.7 には $Fn = 1$, $\Psi_B = 0$ の時の流線と等ポテンシャル線を示してある．迎角が小の場合（図では $\alpha_0 = 0.2$）には静止水面より上方も含めて，滑走板（太実線）に沿ったながれが実現できている．

図 5.2.4.8 には図 5.2.4.7 と同状態（$\alpha_0 = 1$ としている）の前縁付近の撹乱流れ（一様流成分 $-Uz$ を含まない）の流線と等ポテンシャル線を示した．前縁 (0.903, 0.0) の前方を大きく下から上方に向かう流れが観察される．この流れは $\Psi_B = 0$ の場合の流れであるが，$\Psi_B \neq 0$ としても，流れの様相は大きく変わらない．この図からでは前縁付近の流れの特異性を推測することは難しく，それを知るには解析的な手法が望まれよう．

図 5.2.4.9 にはフルード数を変化させた時の浸水長の変化を実線で示してある．低フルード数で浸水長は静止時より長くなるが，高フルード数になると急激に減少する．図には破線で上昇量の計算結果（β/β_0）を示してある．ここで $\beta_0 = \alpha_0 L_0$ は静止時の後縁の喫水である．低フルード数では沈下し，高フルード数では 1 を超え，滑走板全体が静止水面より上方にあることを示している．一点鎖線で示した量 L_1 は滑走板が単位上昇した時の揚力の増加量であるからフルード数が 1.2 以上では上下動に関して不安定になることを示している．滑走板の不安定性はポーポイジング（porpoising）と呼ばれており，大概は敬遠される現象である．浸水長，上昇量については実験結果と $Fn < 1.2$ ではかなりの程度で一致している．実験では $Fn > 0.8$ で滑走状態となり，上下不安定となるフルード数もほぼ対応している．

図 5.2.4.10 にはフルード数変化による造波抵抗値の変化を実線にて示し，それに式 (5.2.4.48) で計算した飛沫抵抗を加えた全抵抗を白丸印にて示した．高フルード数領域で飛沫抵抗の計算精度が悪いようである．実験では滑走が始まり，ポーポイズが発生するまでのフルード数領域（$0.8 < Fn < 1.2$）で抵抗値の（排水量と迎角の積）との比はほぼ 1 となっている．

最後にトリムを固定した滑走平板の滑走する様子を図 5.2.4.11 に示した．低フルード数で沈下し，高フルード数で後縁も水上に出ていることがわかる．

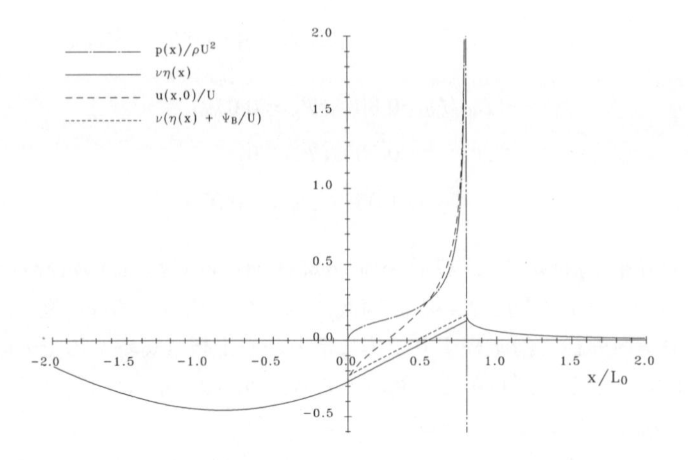

図 5.2.4.4. 圧力分布と波形（$Fn = 1.0$, $L_W/L_0 = 0.800$, $\Psi_B/\alpha_0 U L_0 = 0.079$, $\alpha_0 = 0.5$）

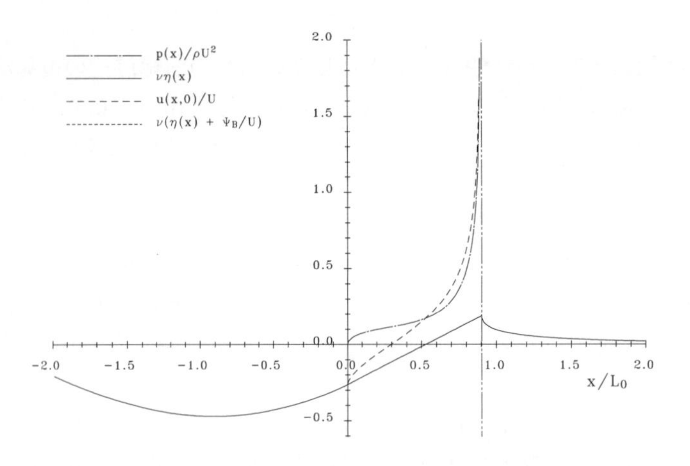

図 5.2.4.5. 圧力分布と波形（$Fn = 1.0$, $L_W/L_0 = 0.903$, $\Psi_B/\alpha_0 U L_0 = 0.0$, $\alpha_0 = 0.5$）

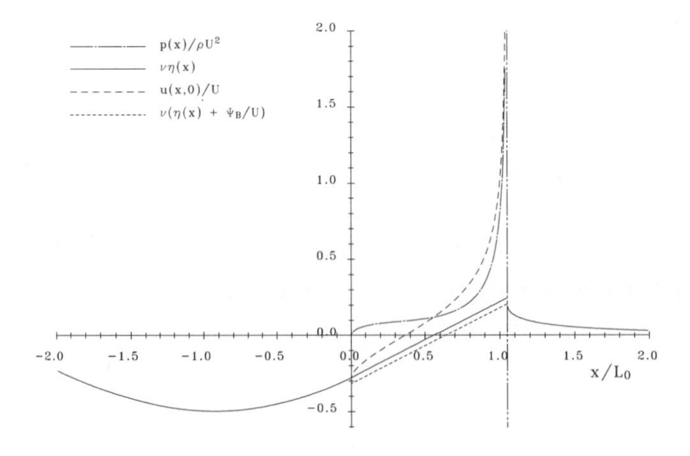

図 5.2.4.6. 圧力分布と波形（$Fn = 1.0, L_W/L_0 = 1.05$, $\Psi_B/\alpha_0 U L_0 = -0.079$, $\alpha_0 = 0.5$）

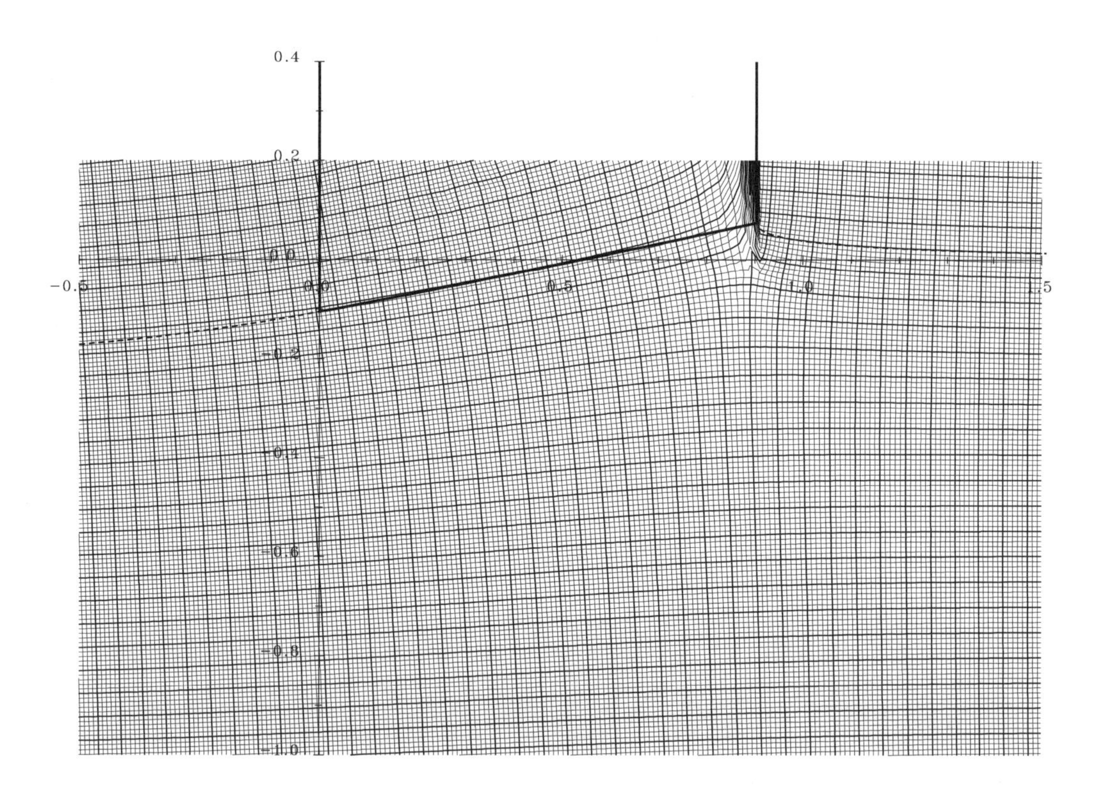

図 5.2.4.7. 流線と等ポテンシャル線（$Fn = 1.0$, $L_W/L_0 = 0.903$, $\Psi_B/\alpha_0 UL_0 = 0.0$, $\alpha_0 = 0.2$, $\varDelta\Psi/UL_0 = 0.01$）

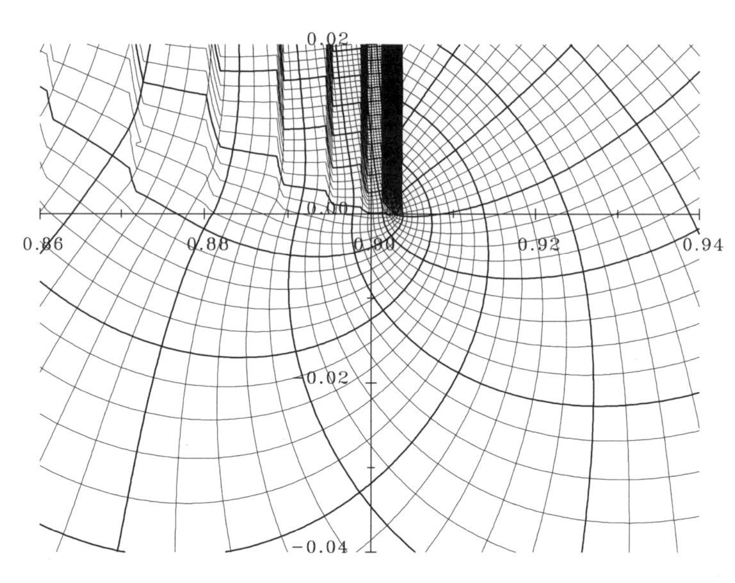

図 5.2.4.8. 前縁近傍の撹乱複素ポテンシャルの流線と等ポテンシャル線（$Fn = 1.0$, $L_W/L_0 = 0.903$, $\Psi_B/\alpha_0 UL_0 = 0.0$, $\alpha_0 = 1$, $\varDelta\Psi/UL_0 = 0.005$）

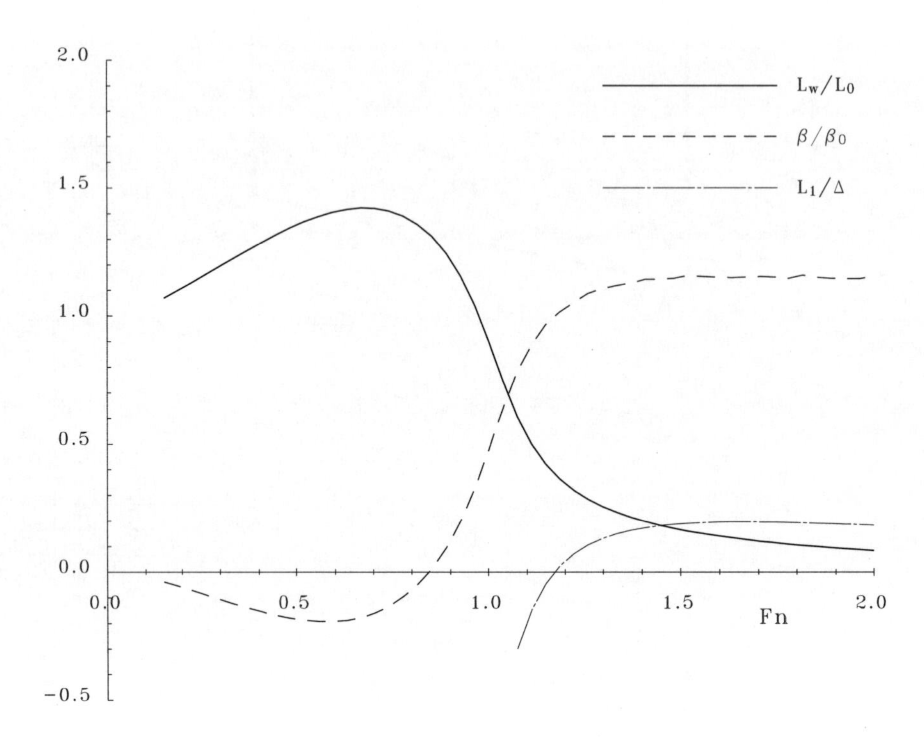

図 5.2.4.9. 浸水長，上昇量及び単位上昇量当たりの揚力

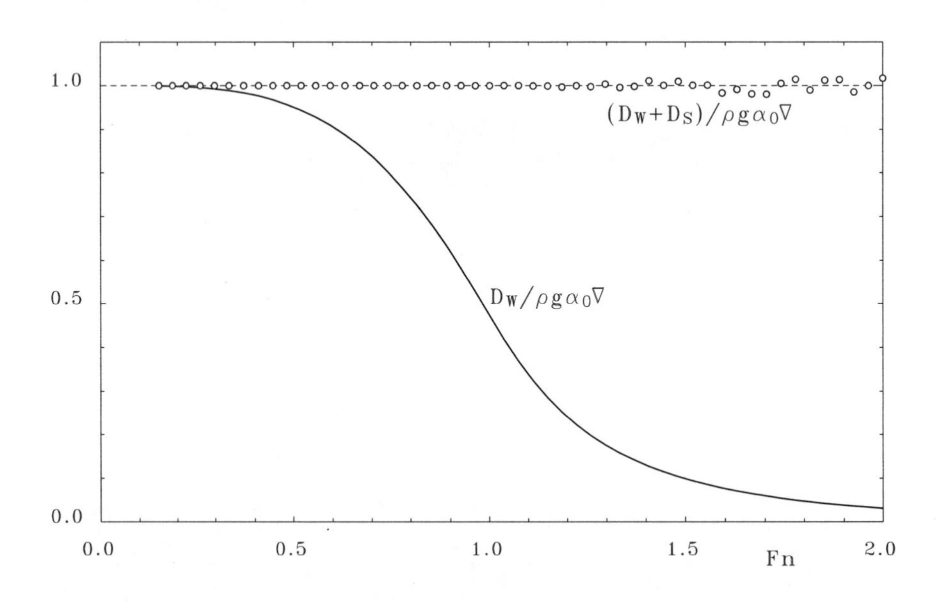

図 5.2.4.10. 造波抵抗と飛沫抵抗との和（全抵抗）

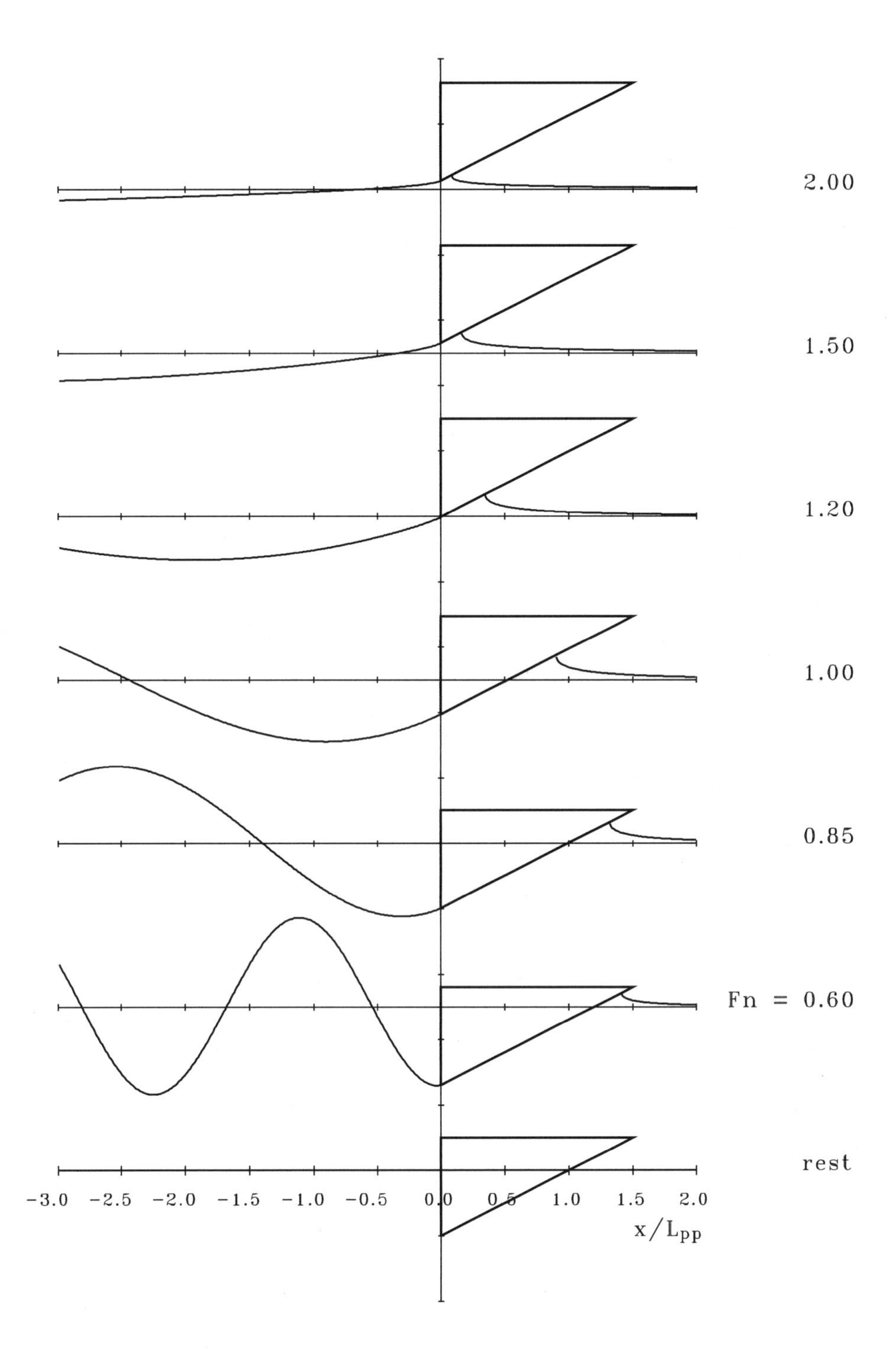

図 5.2.4.11. 各種フルード数におけるトリム固定滑走板の姿勢と波形

4) 数値解の例-2（トリム自由の滑走平板）

次に，トリムも自由な状態の滑走平板についての計算結果を示す．姿勢は釣りあいの式(5.2.4.57)より求まる．フルード数を変化させた時の浸水長，トリム角及び上昇量の変化を図5.2.4.12に示す．浸水長はフルード数が0.5付近を超えるとほとんど一定値をとる．これは，高フルード数領域では圧力分布はほぼ波数0の極限のそれに漸近し（図5.2.4.2参照），その圧力中心は前端から1/4 L_W である（翼理論からわかっている）ことと，一方，滑走板の重心は後縁より1/3 L_0 であることより，L_W/L_0 の値は $4/9 \fallingdotseq 0.44$ に近づくからである（図5.2.4.15参照）．

一方，フルード数が0.5付近で沈下は最大となり，また，トリムも最大となる．高フルード数領域では，滑走板後縁はほぼ静止水面と一致し，トリム角は負の値になってゆく．

実験と比較すると，浸水長はポーポイジングの始まる $Fn = 0.8$ 付近まではよく一致するが，沈下量は滑走のはじまる $Fn = 0.6$ までは理論値の半分程度であり，それを超えるとほぼ一致する．トリム角は低速で理論値の半分程度であり $Fn = 0.8$ 付近以上で理論と対応がよくなっている．

フルード数を横軸に造波抵抗，それに飛沫抵抗を加えた全抵抗を図5.2.4.13に示す．全抵抗はやはり排水量と迎角の積と一致する．

姿勢不安定性を調べるために，単位上昇量当たりの揚力と単位トリム当たりのトリムモーメントの変化を図5.2.4.14に示した．$Fn > 0.6$ で縦不安定性が示され，$Fn > 1.2$ では上下不安定であることが示唆される．実験的には $Fn > 0.6$ でも強制的に姿勢変化をさせると弱いポーポイジングを起こすこともあるようである．

最後に理論の示す姿勢の変化を図5.2.4.15に示した．

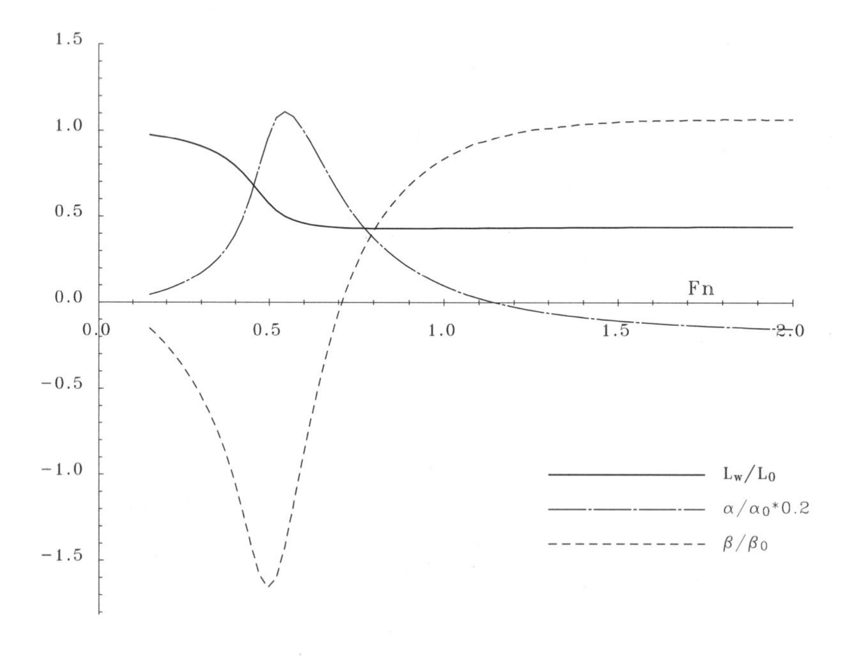

図5.2.4.12. 浸水長，トリム角及び上昇量

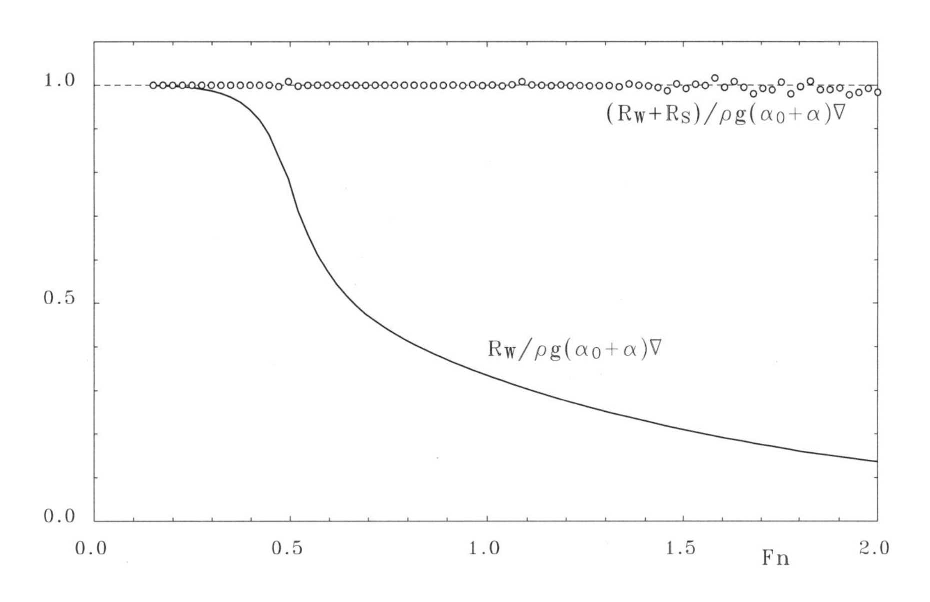

図 5.2.4.13. 造波抵抗と飛沫抵抗との和（全抵抗）

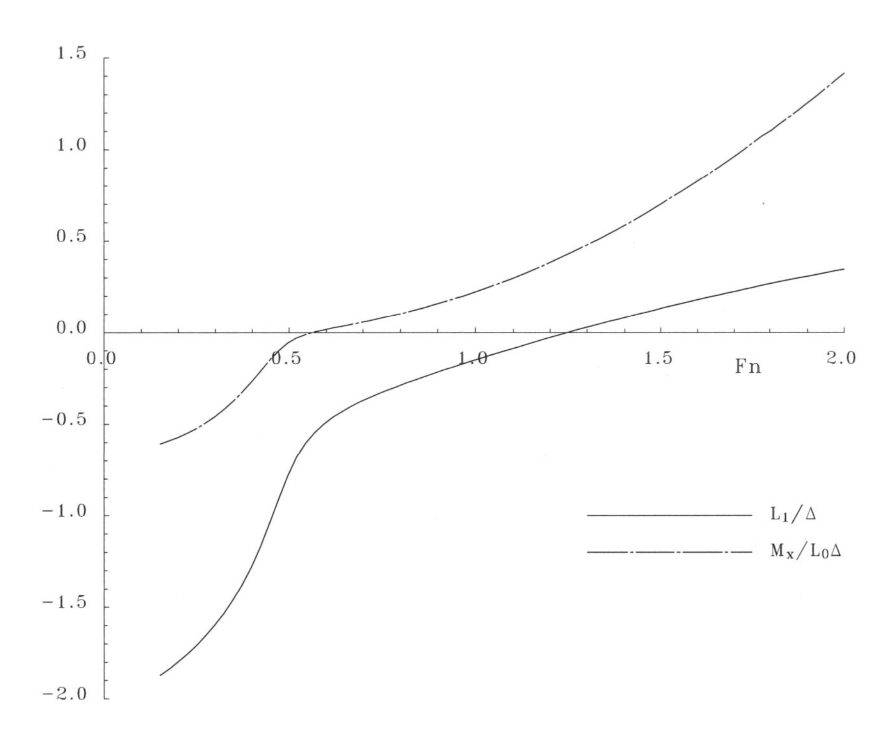

図 5.2.4.14. 単位上昇量当たりの揚力と単位トリム当たりのトリムモーメント

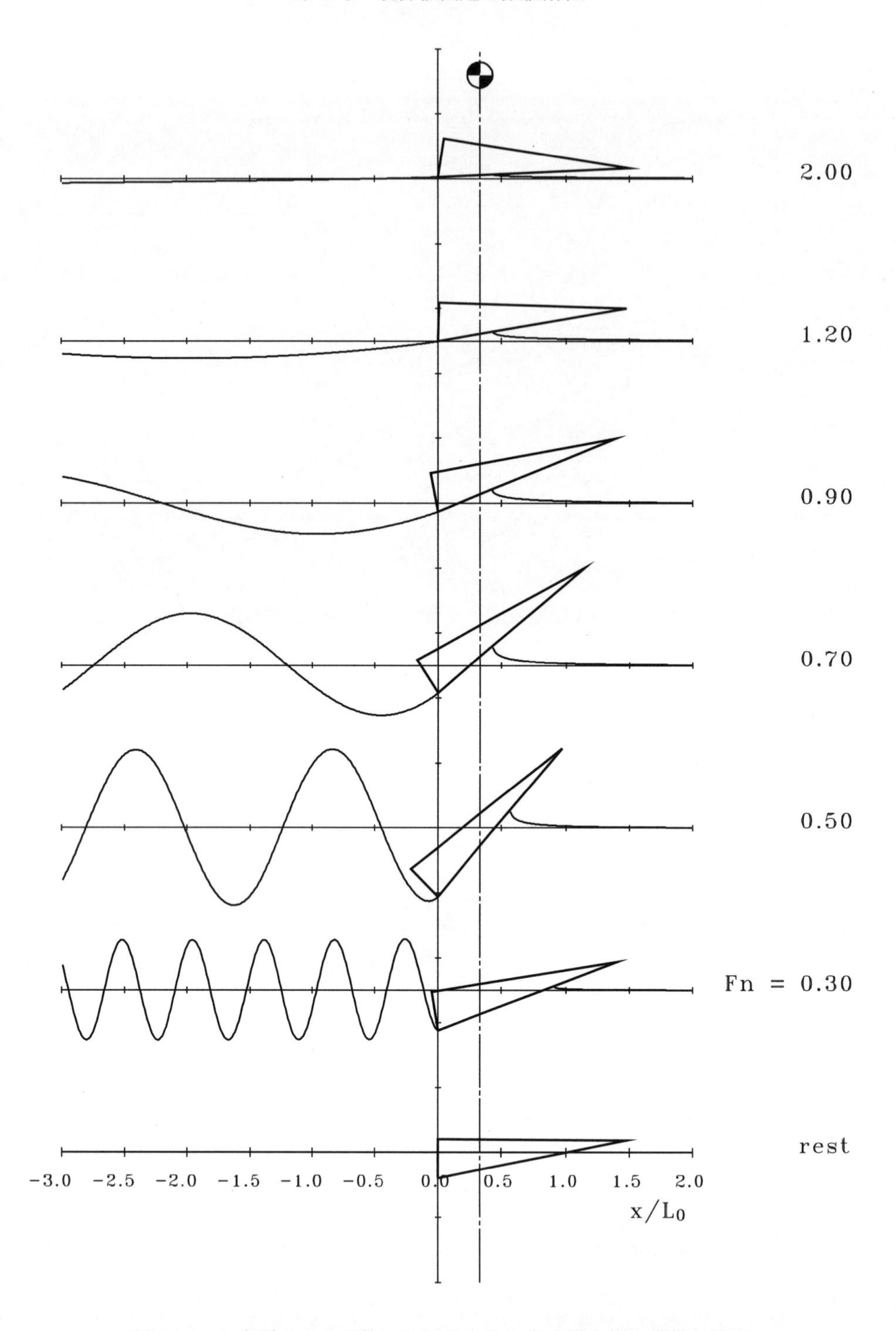

図 5.2.4.15. 各種フルード数におけるトリム自由滑走板の姿勢と波形

5) 解析解との比較

本小節で展開してきた滑走板問題の解法が正しい解を与えており，かつ，その数値解の精度が十分であることを確かめるために，解析解の知られている問題（丸尾 [14], 1947）に適用することを試みた．

丸尾は以下の座標 ξ を用いている．

$$2\xi/l = 1 - 2x/L_W \tag{5.2.4.62}$$

すなわち滑走板は $-l/2(FP) \leqq \xi \leqq l/2(AP)$ にあるものとし（l は滑走板長），一様流の向きも ξ の負方から流れているものとしている．

丸尾は滑走板上の圧力分布を以下とした時

$$p(\xi) = \frac{P}{\pi l}\frac{1-\dfrac{2\xi}{l}}{\sqrt{1-\left(\dfrac{2\xi}{l}\right)^2}} \tag{5.2.4.63}$$

滑走板形状は以下で与えられることを示した．

$$\eta(\xi_0) = -\frac{P}{\pi\rho U^2}\left\{\int_0^{\xi_0}\frac{(1-u)\sin\kappa_0(\xi_0-u)}{\sqrt{1-u^2}}du + \frac{\pi}{2}[2J_1(\kappa_0)+H_0(\kappa_0)+Y_0(\kappa_0)]\cos\nu\xi_0 + \frac{\pi}{2}[2J_0(\kappa_0)-H_1(\kappa_0)-Y_1(\kappa_0)]\sin\nu\xi_0 + \frac{\pi}{2}\right\} \tag{5.2.4.64}$$

ただし $\xi_0 = 2\xi/l,\ \kappa_0 = \nu/2$．ここで $J_{0,1}$, $Y_{0,1}$ は各々第 1,2 種の Bessel 関数，$H_{0,1}$ は Struve 関数を示す．

式中の不定積分は $|u| < 1$ について u のべき級数に展開し項別積分を行うことにより評価できるとされている．この式より計算した滑走板形状を図 5.2.4.16 に示した．座標は本小節のものに変換してある．フルード数（$Fn = U/\sqrt{gl}$）により滑走板形状と姿勢が変化している．フルード数を大とすると平板に近づく．本小節では滑走板形状を与えて圧力分布を求める解法について述べてきたのに対し，丸尾は逆の方法により，滑走板形状と圧力分布の関係について解析的な解を与えたわけである．

そこで，各フルード数について与えられた滑走板形状について前述の方法により解（圧力分布）を求め，式 (5.2.4.63) との一致具合を確かめ，解析的に与えられる揚力，造波抵抗，飛沫抵抗と比較することを試みた．

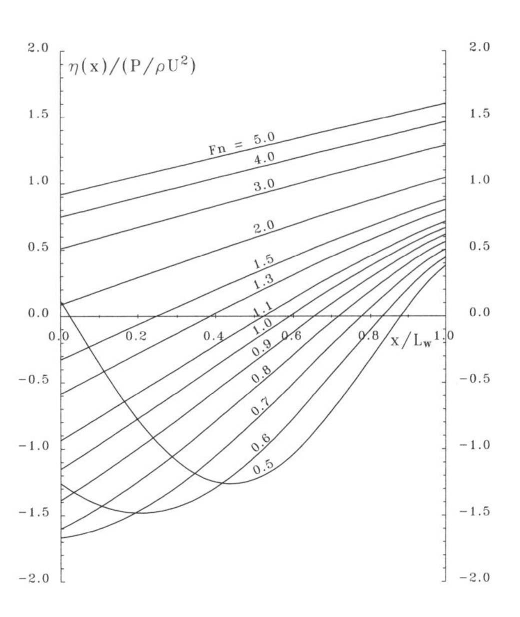

図 5.2.4.16. 各種フルード数における滑走板形状

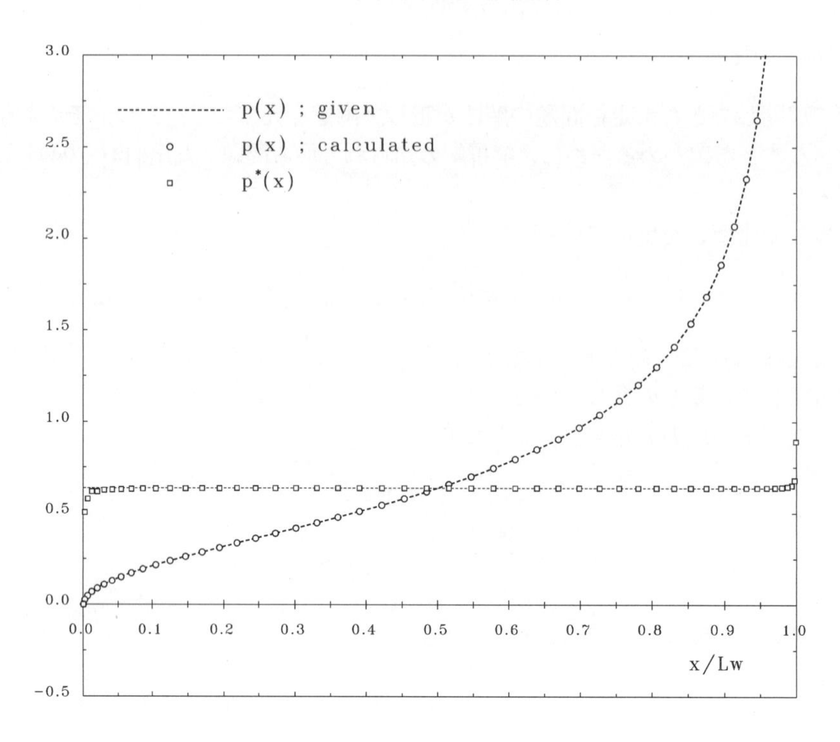

図 5.2.4.17. 圧力分布の比較（Fn=1.0）

1例としてフルード数1.0における圧力分布について本小節の方法により得られたものと式(5.2.4.63)の値とを図5.2.4.17に比較した．横軸は本小節の座標で示している．太破線で示すのが式(5.2.4.63)の圧力分布で，白丸印が本書の方法で求めた圧力である．圧力分布は良い一致を示しており，Ψ_B の値もほぼ0が得られている．得られた圧力分布を式(5.2.4.63)の値で除した値 $p^*(x)$（正しくは $2/\pi \fallingdotseq 0.637$ となる）を白四角印で示した．ほぼ正しく一定値をとるが，特に前縁付近では精度が悪い．発散する量を離散化する手法で求めることに原因がある．こうした離散化した方法で式(5.2.4.63)の P の値を正確に求めることが一般には困難（今の問題のように一定値であれば可能ではあるが）であることが推測され，このことが飛沫抵抗を精度よく求めることの困難さの原因となっている．

次に揚力について比較する．この問題での揚力係数 C_L 及び迎角 α を以下としておく．

$$\left.\begin{aligned} C_L &= \frac{P}{1/2\rho U^2 l} \\ \alpha &= \frac{\eta(-1) - \eta(1)}{l} \end{aligned}\right\} \tag{5.2.4.65}$$

迎角は解析解では以下と表わされる．

$$\alpha = \frac{1}{2} C_L [2J_0(\kappa_0)\sin\kappa_0 + J_1(\kappa_0)\cos\kappa_0 - Y_1(\kappa_0)\sin\kappa_0] \tag{5.2.4.66}$$

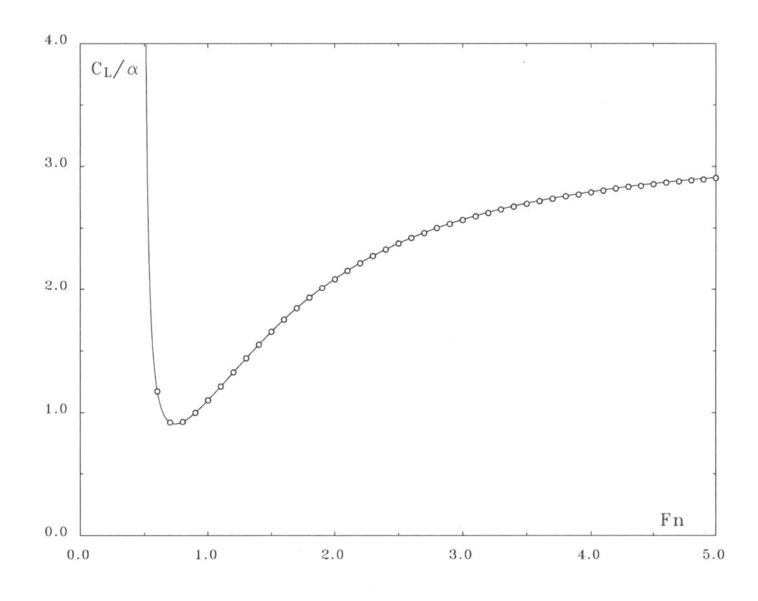

図 5.2.4.18. 揚力係数の比較

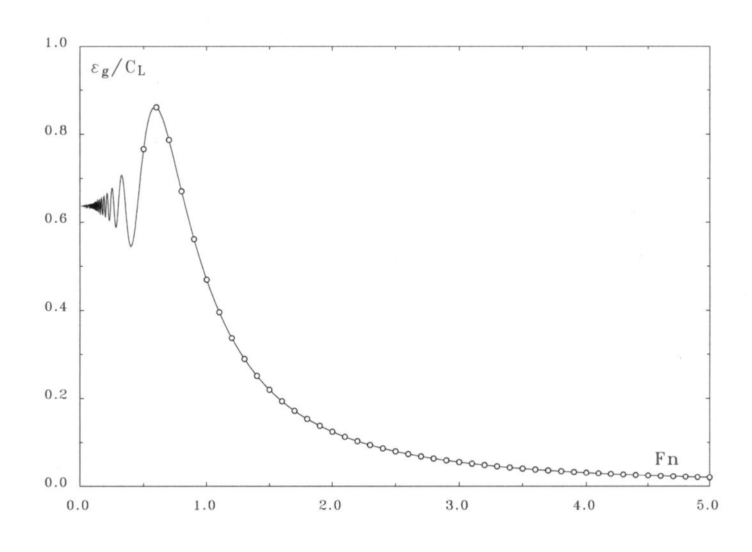

図 5.2.4.19. 造波抵抗の抗重比/揚力係数の比較

図 5.2.4.18 に C_L/α の値の解析値を実線で，計算値を白丸印で示した．両者はよく一致している．

式 (5.2.4.63) の圧力分布による造波抵抗は以下である．

$$R_W = \frac{gP^2}{\rho U^4}[J_0^2(\kappa_0) + J_1^2(\kappa_0)] \tag{5.2.4.67}$$

造波抵抗の抗重比は揚力係数 C_L を用いて以下と表現される．

$$\epsilon_g = \frac{R_W}{P} = C_L \kappa_0 [J_0^2(\kappa_0) + J_1^2(\kappa_0)] \tag{5.2.4.68}$$

ϵ_g / C_L の上式の解析値を図 5.2.4.19 に実線で，計算結果を白丸印にて示した．一致はやはり良好である．

今の場合には飛沫抵抗は解析的に以下のように簡単に表わされる．

$$R_s = \frac{2P^2}{\pi \rho U^2 l} \tag{5.2.4.69}$$

抗重比で表わせば

$$\epsilon_s = \frac{R_s}{P} = \frac{1}{\pi} C_L \tag{5.2.4.70}$$

図 5.2.4.20 には造波抵抗の抗重比と迎角の比を破線で，それに飛沫抵抗を加えた全抵抗値を実線で示し，それぞれの計算値を各々白丸印，白四角印で示した．さらに，式 (5.2.4.48) による飛沫抵抗値を造波抵抗に加えた値を黒三角印にて示した．

図 5.2.4.21 には，飛沫抵抗の計算精度を見るために，以下に示す造波抵抗，飛沫抵抗の係数とそれらの和である全抵抗係数を示してある．

$$C_w = \frac{R_w}{1/2 \rho U^2 l}, \quad C_s = \frac{R_s}{1/2 \rho U^2 l} \tag{5.2.4.71}$$

造波抵抗係数の解析値を破線で，計算値を白丸印で示し，全抵抗の解析値を実線，計算値を白四角印で示してある．

飛沫抵抗係数の解析値は $4/\pi \doteqdot 1.273$ で，その計算値を黒三角印にて示した．それに造波抵抗係数を加えた量も黒丸印で示してある．この計算例では飛沫抵抗の計算値は低速で少し精度が悪いが，おおむねよく一致しているとみてよい．

以上の解析値と計算値との比較からも，本書で展開した解法が有効であることが示されたと考えてよかろう．

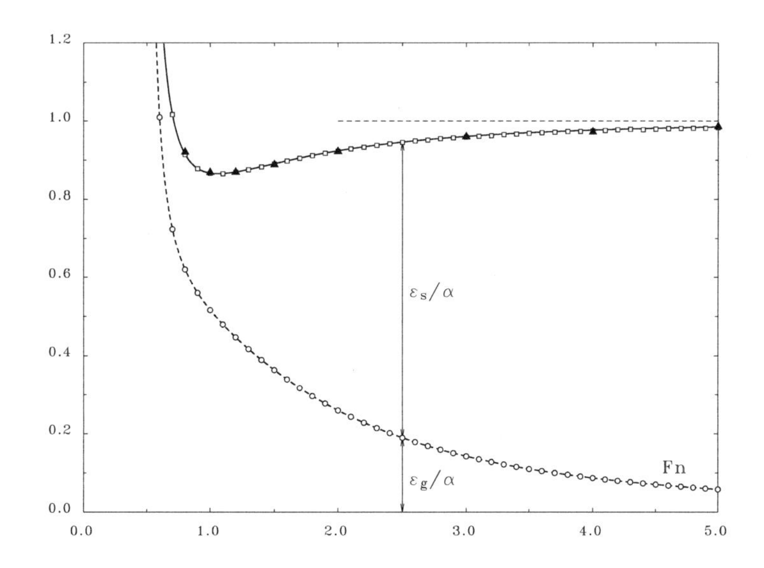

図 5.2.4.20. 造波抵抗，飛沫抵抗の抗重比/迎角の比較

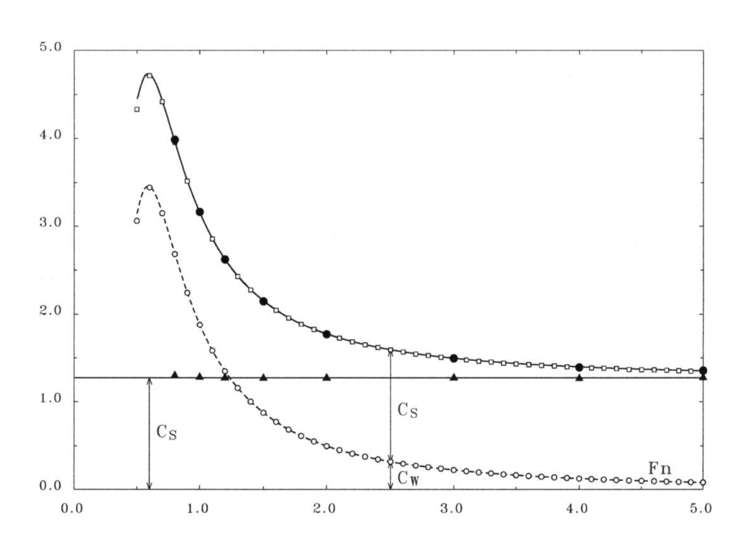

図 5.2.4.21. 飛沫抵抗係数の比較

5.3 II. 周期的波浪中問題（一様流なし）

本節では標題の問題における境界値問題の解法，及び，その数値解について記述する．

この問題においては，前節の問題とは異なり，船舶工学分野で，実際に応用されているので，詳しい解説がなされており [15]，最近では優れた成書 [16, 17] が出版されている．こうした実情，及び，著者がこの分野の専門家とは言い難いことなどを勘案して，以下の範囲の記述に限った．

本書では主として標記問題の境界値問題の解法のみを扱う．周期的入射波中に固定された物体が置かれている時の境界値問題，すなわち，回折（diffraction）問題の境界要素法による解法，その結果としての反射率，透過率及び波浪強制力などを求めること，そして，物体が周期的に微小動揺している時の発散波の大きさを求める発散（radiation）問題の境界要素法による解法，その結果としての流体力（付加質量と減衰係数）などを求めることとする．

これらの問題に関して従来行われていた方法（境界積分方程式法）は，本書では，Φ-法と称している方法である．その解法について少し詳しく述べたのち，数値解を示している．

diffraction 問題に関する数値解は半没円柱を主対象とし，波形，流線，流跡線の他，透過，反射係数，波浪強制力を図示している．また，固有波数（この分野では通常 irregular frequency）の簡易な特定法についても述べている．

radiation 問題についても，半没円柱を主対象とし，波形，流線，流跡線，及び付加質量，減衰係数の計算結果を図示した．

半没円柱の他には非対称物体，矩形柱，浅あるいは深喫水の半没円柱を対象に数値計算結果を示している．

解法については Φ-法以外の例として，本書でいう q-法とさらに Ψ-法を取り上げ，全没円柱，半没円柱，鉛直半没平板を対象として数値解の比較を行っている．弱特異解の存在と応用の可能性についても述べている．

最後に多重極展開法（Ursell 法）を取り上げ，波なしポテンシャルの導入法，半没円柱，全没円柱に関する数値解の図示，他の解法の結果との比較などを行っている．この方法については著者の力不足や，時間的制約もあり，簡略な紹介に留まっており，詳しい議論や Ursell-田才法についての紹介に踏み込めなかったことは残念である．なお，本書では多重極展開法とは波なしポテンシャルを用いた方法のみをいう．

また，没水体についての多重極展開法の紹介と，没水円柱の造波機，波吸収（波浪発電？）装置への応用の可能性に触れている．

5.3.1 diffraction 問題の Φ-法による解法

この小節では周期的入射波中に固定された，水面を貫いている半没物体（surface piercing body, semi-submerged body）周りの波動の解析法について述べる．物体は入射波（incident wave）を回折（diffraction）する．回折波は入射側に反射する（reflect）波及び透過する（transmit）波からなる．こうした波動に関する問題を diffraction 問題という（図 5.3.1.1 参照）．

1) 境界条件と入射波

流場は 2 次元的であるとし，一様流は存在しないものとする．波動は円周波数 ω で調和振動をしている場合のみを扱う．

まず，周期的波浪中問題における複素ポテンシャルの本書における表示法について述べておく．波動を表わす複素ポテンシャルを 2.3.2 小節を参照し，以下のように表示する．

$$f_\omega(z\,;t) = \mathrm{Re}_j\{f(z)e^{j\omega t}\} \tag{5.3.1.1}$$

ここで j は虚数単位（$j^2 = -1$）であるが座標系 $z = x + iy$ の虚数単位 i とは互いに作用し合わないものとする．i, j に関する関係は式 (2.3.2.2) にまとめてあるが，その 1 番目の関係が主として用いられる．虚数単位 i に関する実部 Re_i，虚部 Im_i の記号には添え字 i は特に強調する場合を除いて省いている．$f(z)$ は j に関しても複素数であるとし

$$f(z) = f^C(z) + jf^S(z) \tag{5.3.1.2}$$

のように記しており式 (5.3.1.1) の j に関する実部をとれば

$$f_\omega(z\,;t) = f^C(z)\cos\omega t - f^S(z)\sin\omega t \tag{5.3.1.3}$$

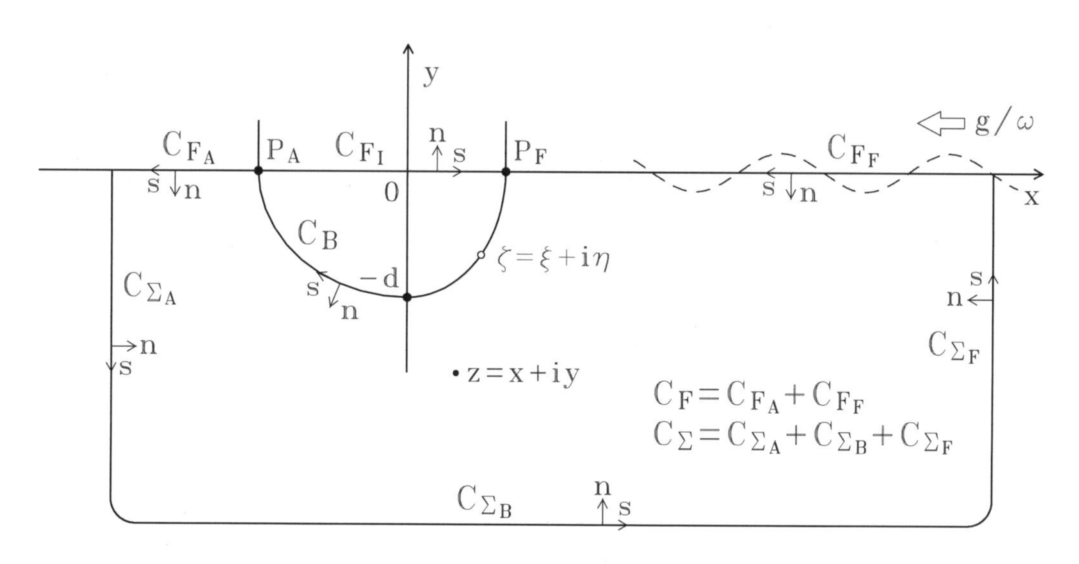

図 5.3.1.1. 入射波中の半没物体に関する diffraction 問題

となる．$f^C(z)$ を $f(z)$ の in-phase 成分（あるいは余弦成分），$f^S(z)$ を $f(z)$ の out-of-phase 成分（あるいは正弦成分）の複素ポテンシャルと呼ぶことにする．

$f(z)$ の i に関する実部（速度ポテンシャル），虚部（流れ関数）は各々 $\phi(x,y), \psi(x,y)$ と記し，それらの j に関する実部，虚部（流れ関数）はそれぞれ以下のように記すものとする．

$$f(z) = \phi(x,y) + i\psi(x,y) \tag{5.3.1.4}$$

$$\left.\begin{aligned} \phi(x,y) &= \phi^C(x,y) + j\phi^S(x,y) \\ \psi(x,y) &= \psi^C(x,y) + j\psi^S(x,y) \end{aligned}\right\} \tag{5.3.1.5}$$

式 (5.3.1.1 - 5.3.1.5) の記法は本節を通じて共通して使用するものとし，断らないで使用する場合がある．ちなみに，最近では，流場を表わす速度ポテンシャルとして式 (5.3.1.3) の i に関する実部をとった

$$\begin{aligned} \phi_\omega(x,y\,;t) &= \phi^C(x,y)\cos\omega t - \phi^S(x,y)\sin\omega t \\ &= \mathrm{Re}_j\left\{[\phi^C(x,y) + j\phi^S(x,y)]e^{j\omega t}\right\} \end{aligned} \tag{5.3.1.6}$$

の第 1 式，あるいは第 2 式の j をすべて i で置き換えた式とする方式が広く採用されているようである．しかしながら，本問題は 2 次元問題であるから，関数論の知識を活用できる方式を本書では採用することとした．この方法は前節の定常造波問題，次節の一様流ありの場合の問題との整合性が考慮されている．式 (5.3.1.1 - 5.3.1.5) のような記法は，著者独自のものではなく，古くはよく用いられていた方式でもある [3]．ただ，式 (2.3.2.2) の関係は本書が初出かもしれない．

自由表面の波高は同様に以下と記すものとする．

$$\begin{aligned} y &= \eta_\omega(x\,;t) \\ &= \mathrm{Re}_j\{\eta(x)e^{j\omega t}\} \end{aligned} \tag{5.3.1.7}$$

$\eta(x)$ を j の成分に関して分解して

$$\eta(x) = \eta^C(x) + j\eta^S(x) \tag{5.3.1.8}$$

としておくと以下と書ける．

$$y = \eta^C(x)\cos\omega t - \eta^S(x)\sin\omega t \tag{5.3.1.9}$$

周期的波浪中問題（一様流なし）における複素ポテンシャル $f(z)$ が満たすべき線形自由表面条件は式 (2.3.2.19) 及び式 (2.3.2.20) より以下と書ける．

$$\mathrm{Re}\left\{\kappa f(z) - i\frac{df}{dz}(z)\right\} = 0 \qquad on \quad y = 0 \tag{5.3.1.10}$$

あるいは

$$\kappa\phi(x,0) - \frac{\partial\phi}{\partial y}(x,0) = \kappa\phi(x,0) + \frac{\partial\psi}{\partial x}(x,0) = 0 \tag{5.3.1.11}$$

なお κ は波数で g を重力加速度として

$$\kappa = \frac{\omega^2}{g} \tag{5.3.1.12}$$

ただし，式 (5.3.1.10, 5.3.1.11) の右辺は斉次（0）ではなく定数となる場合もあることは注意しておく．

複素ポテンシャルとの関係は式 (2.3.2.13),(2.3.2.17) より以下と表わされる．

$$\eta(x) = j\frac{1}{\omega}\mathtt{Im}\Big\{\frac{df}{dz}(x)\Big\} = -j\frac{\omega}{g}\mathrm{Re}\{f(x)\} \tag{5.3.1.13}$$

式 (2.3.2.14, 2.3.2.18) から成分で表わせば

$$\left.\begin{aligned}\eta^C(x) &= -\frac{1}{\omega}\mathtt{Im}\Big\{\frac{df^S}{dz}(x)\Big\} = \frac{\omega}{g}\mathrm{Re}\{f^S(x)\}\\ \eta^S(x) &= \frac{1}{\omega}\mathtt{Im}\Big\{\frac{df^C}{dz}(x)\Big\} = -\frac{\omega}{g}\mathrm{Re}\{f^C(x)\}\end{aligned}\right\} \tag{5.3.1.14}$$

次に入射波の表示について記しておく．x の正及び負方向に進行する正弦状の波を入射波と称し，以下のように記しておく．以下の複号は入射波の進行する方向が各々 x の正方向及び負方向であることに対応させている．

$$\begin{aligned}\eta_{0_\omega}(x\,;t) =& A_0^C\cos(\omega t \mp \kappa x) - A_0^S\sin(\omega t \mp \kappa x)\\ =& \mathrm{Re}_j\Big\{A_0(j)e^{j(\omega t\mp\kappa x)}\Big\}\end{aligned} \tag{5.3.1.15}$$

なお，$A_0(j)$ は複素振幅で以下としている．

$$A_0(j) = A_0^C + jA_0^S \tag{5.3.1.16}$$

波形から逆に複素ポテンシャルを導いておく．式 (5.3.1.7) 及び (2.3.2.2) の第 2 式を参照すれば以下と書ける．

$$\begin{aligned}\eta_0(x) =& A_0(j)e^{\mp j\kappa x}\\ =& \mathrm{Re}_i\Big\{(1\mp ij)A_0(j)e^{-i\kappa x}\Big\}\\ =& \mathrm{Re}_i\Big\{(1\mp ij)A_0(j)e^{-i\kappa z}\Big\}\Big|_{y=0}\end{aligned} \tag{5.3.1.17}$$

式 (5.3.1.13) と比較すれば対応する入射波の複素ポテンシャルは以下とすればよいことがわかる．

$$f_0(z) = j(1\mp ij)\frac{g}{\omega}A_0(j)e^{-i\kappa z} \tag{5.3.1.18}$$

式 (5.3.1.1) 右辺に代入して時間項を含む形で表示すると以下を得る．

$$\begin{aligned}f_{0_\omega}(z\,;t) =& \mathrm{Re}_j\Big\{f_0(z)e^{j\omega t}\Big\}\\ =& \pm i\frac{g}{\omega}A_0(\pm i)e^{-i(\kappa z\mp\omega t)}\end{aligned} \tag{5.3.1.19}$$

2) diffraction 問題

以上の準備のもとに，本小節で扱う diffraction 問題を記述しておく．計算結果の照合を容易とするため，入射波の進行方向や諸量の無次元化方法は，多くの著者が行っている方式にならうことにする．入射波は x の正の方向から入射しているものとし，式 (5.3.1.15 - 5.3.1.19) の複号は下段の値を採用する．波形は下式で表わされるものとする（$a_0 > 0$）．

$$\left.\begin{aligned} \eta_{0_\omega}(x\,;t) &= -\,a_0\cos(\omega t + \kappa x) \\ \eta_0(x) &= -\,a_0 e^{j\kappa x} \end{aligned}\right\} \tag{5.3.1.20}$$

すなわち複素振幅は以下であり

$$A_0(j) = -a_0 \tag{5.3.1.21}$$

入射波の複素ポテンシャル式 (5.3.1.19) は以下となる．

$$f_{0_\omega}(z\,;t) = i\,\frac{ga_0}{\omega}e^{-i(\kappa z+\omega t)} \tag{5.3.1.22}$$

上式を以下と置いておく．

$$f_{0_\omega}(z\,;t) = \mathrm{Re}_j\Big\{\frac{ga_0}{j\omega}f_0(z)e^{j\omega t}\Big\} \tag{5.3.1.23}$$

この時 $f_0(z)$ は式 (5.3.1.18) を書き直して以下となる．

$$\left.\begin{aligned} f_0(z) &=(1 + i\,j)e^{-i\kappa z} \\ f_0^C(z) &= e^{-i\kappa z} \\ f_0^S(z) &= ie^{-i\kappa z} = i f_0^C(z) \end{aligned}\right\} \tag{5.3.1.24}$$

この表示は式 (5.3.1.18) を ga_0/ω で無次元化し，時間軸を $1/j = e^{-\pi/2j}$ だけ移動した式となっている．

式 (5.3.1.23) の表示を式 (5.3.1.13) の波形と複素ポテンシャルの関係式に代入すると以下を得る．

$$\left.\begin{aligned} \eta_0(x) &= -\,j\frac{\omega}{g}\mathrm{Re}\Big\{\frac{ga_0}{j\omega}f_0(x)\Big\} \\ &= -\,a_0\mathrm{Re}\,\{f_0(x)\}\ (= -a_0e^{j\kappa x}) \\ \eta_0^C(x) &= -a_0\mathrm{Re}\,\Big\{f_0^C(x)\Big\} = -a_0\cos\kappa x \\ \eta_0^S(x) &= -a_0\mathrm{Re}\,\Big\{f_0^S(x)\Big\} = -a_0\sin\kappa x \end{aligned}\right\} \tag{5.3.1.25}$$

ここで上式の第 1 式から第 2 式を導くのに式 (2.3.2.2) の第 2 式の関係を用いた．式 (5.3.1.14) にあった余弦（正弦）成分の波形が正弦（余弦）成分の速度ポテンシャルで表現されるといったまぎらわしい関係が解消されているように見える．

しかし，時間を含む表示で見てみると複素ポテンシャルは式 (5.3.1.23) より以下と書ける．

$$f_{0_\omega}(z\,;t) = \frac{ga_0}{\omega} f_0^S(z)\cos\omega t + \frac{ga_0}{\omega} f_0^C(z) sin\omega t \tag{5.3.1.26}$$

対して，波形は以下と書ける．

$$\eta_{0_\omega}(x\,;t) = \eta_0^C(x)\cos\omega t - \eta_0^S(x) sin\omega t \tag{5.3.1.27}$$

したがって，例えば時刻 0 では流場と波形は各々以下となり

$$\left.\begin{aligned} f_{0_\omega}(z\,;0) &= \frac{ga_0}{\omega} f_0^S(z) \\ \eta_{0_\omega}(x\,;0) &= \eta_0^C(x) = -a_0\cos\kappa x \end{aligned}\right\} \tag{5.3.1.28}$$

流場は正弦成分で表現されるのに，その時の波形は余弦成分で表わされる．時刻 $\omega t = \pm\pi/2$ では以下となる．

$$\left.\begin{aligned} f_{0_\omega}(z\,;\pm\pi/2\omega) &= \pm\frac{ga_0}{\omega} f_0^C(z) \\ \eta_{0_\omega}(x\,;\pm\pi/2\omega) &= \mp\,\eta_0^S(x) = \pm a_0\sin\kappa x \end{aligned}\right\} \tag{5.3.1.29}$$

これらの関係は，以下の回折波動，全波動についても同様の関係があり，流場（流線と等ポテンシャル線）と波形を描く時に悩ましい問題となる．本書ではなるべく現象に即した図の表示を行うことにする．

入射波中に固定された物体を置いた時の回折波を含む全流場（図 5.3.1.1 参照）も式 (5.3.1.23) と同様に次のように記しておく．

$$\begin{aligned} F_\omega(z\,;t) &= \mathrm{Re}_j\left\{\frac{ga_0}{j\omega}F(z)e^{j\omega t}\right\} \\ &= f_{0_\omega}(z\,;t) + f_{d_\omega}(z\,;t) \end{aligned} \tag{5.3.1.30}$$

ここで

$$f_{d_\omega}(z\,;t) = \mathrm{Re}_j\left\{\frac{ga_0}{j\omega} f_d(z)e^{j\omega t}\right\} \tag{5.3.1.31}$$

$f_{0_\omega}(z\,;t), f_0(z)$ は前述の x の正方向から来る入射波を示し，$f_{d_\omega}(z\,;t), f_d(z)$ は物体により回折した波動（回折波，diffraction wave）を表わしているものとする．なお，研究者によっては $f_{0_\omega}(z\,;t) + f_{d_\omega}(z)$ を回折波，$f_{d_\omega}(z\,;t)$ を散乱波（scattering wave）と称する場合もあるようである．

$F(z), f_0(z), f_d(z)$ 関数の j, i に関する実部，虚部の表示を各々以下としておく．

$$\left.\begin{aligned}
F(z) &= f_0(z) + f_d(z)\\
&= \Phi(x,y) + i\,\Psi(x,y)\\
&= F^C(z) + jF^S(z)\\
&= [\Phi^C(x,y) + j\,\Phi^S(x,y)] + i\,[\Psi^C(x,y) + j\,\Psi^S(x,y)]\\
f_0(z) &= f_0^C(z) + j\,f_0^S(z) = \phi_0(x,y) + i\,\psi_0(x,y)\\
&= [\phi_0^C(x,y) + j\,\phi_0^S(x,y)] + i\,[\psi_0^C(x,y) + j\,\psi_0^S(x,y)]\\
f_d(z) &= f_d^C(z) + j\,f_d^S(z) = \phi_d(x,y) + i\,\psi_d(x,y)\\
&= [\phi_d^C(x,y) + j\,\phi_d^S(x,y)] + i\,[\psi_d^C(x,y) + j\,\psi_d^S(x,y)]
\end{aligned}\right\} \tag{5.3.1.32}$$

この時 $F_\omega(z\,;t)$ は式 (5.3.1.30) より以下と書ける．

$$\begin{aligned}
F_\omega(z\,;t) &= \mathrm{Re}_j\left\{\frac{ga_0}{j\omega}[F^C(z) + jF^S(z)]e^{j\omega t}\right\}\\
&= \frac{ga_0}{\omega}F^S(z)\cos\omega t + \frac{ga_0}{\omega}F^C(z)\sin\omega t
\end{aligned} \tag{5.3.1.33}$$

対応する波形は式 (5.3.1.13) より

$$\begin{aligned}
\eta(x) &= \eta^C(x) + j\eta^S(x)\\
&= -\,j\frac{\omega}{g}\mathrm{Re}\left\{\frac{ga_0}{j\omega}[F^C(x) + jF^S(x)]\right\}\\
&= -\,a_0[\Phi^C(x,0) + j\Phi^S(x,0)]
\end{aligned}$$

となるので以下となる．

$$\begin{aligned}
\eta_\omega(x\,;t) &= \mathrm{Re}_j\{\eta(x)e^{j\omega t}\}\\
&= -\,a_0\Phi^C(x,0)\cos\omega t + a_0\Phi^S(x,0)\sin\omega t
\end{aligned} \tag{5.3.1.34}$$

時刻 0 では各々は以下となり

$$\left.\begin{aligned}
F_\omega(z\,;0) &= \frac{ga_0}{\omega}F^S(z)\\
\eta_\omega(x\,;0) &= \eta^C(x) = -a_0\Phi^C(x,0)
\end{aligned}\right\} \tag{5.3.1.35}$$

時刻 $\omega t = \pm\pi/2$ では各々は以下となる．

$$\left.\begin{aligned}
F_\omega(z\,;\pm\pi/2\omega) &= \pm\,\frac{ga_0}{\omega}F^C(z)\\
\eta_\omega(x\,;\pm\pi/2\omega) &= \mp\,\eta^S(x) = \pm a_0\Phi^S(x,0)
\end{aligned}\right\} \tag{5.3.1.36}$$

入射波の複素ポテンシャル $f_0(z)$ と回折波の複素ポテンシャル $f_d(z)$ は，共に，線形自由表面条件 (5.3.1.10) を満たす．

$$\left.\begin{aligned}\mathrm{Re}\Big\{\kappa f_0(z) - i\frac{df_0}{dz}(z)\Big\} &= 0\\ \mathrm{Re}\Big\{\kappa f_d(z) - i\frac{df_d}{dz}(z)\Big\} &= 0\end{aligned}\right\} \quad on \quad y = 0 \tag{5.3.1.37}$$

回折波は遠方では“外側に出て行く”正弦状進行波となっているはずであり，この条件を放射条件（radiation condition）と呼んでいる．この条件を課すことにより解 $f_d(z)$ は一意に定まる．波形でこの放射条件を表現すれば以下の漸近表示となる．なお，以降の式中の複号は $x \to \pm\infty$ に対応している．

$$\left.\begin{aligned}\eta_{d_\omega}(x\,;t) = \mathrm{Re}_j\{\eta_d(x)e^{j\omega t}\} &\sim \mathrm{Re}_j\Big\{-jH_d^{\pm}(j)e^{j(\omega t\mp\kappa x)}\Big\}\\ \eta_d(x) \sim -jH_d^{\pm}(j)e^{\mp j\kappa x} &= \mathrm{Re}_i\Big\{\mp i(1\mp ij)H_d^{\pm}(j)e^{-i\kappa x}\Big\}\end{aligned}\right\} \quad as \quad x \to \pm\infty \tag{5.3.1.38}$$

ここで $jH_d^{\pm}(j)$ は $x \to \pm\infty$ における回折波の複素振幅を示し，Kochin 関数（Kochin の H 関数）と称している．N. E. Kochin(1937), M. D. Haskind(1946) がもっと一般化した意味で導入した量であったが [3]，現在ではもっぱら無限遠方の波形の複素振幅の意味で使われている．そうした意味で，定常造波問題で用いる振幅関数（amplitude function）なる用語を用いる場合もある．

この放射条件を複素ポテンシャルで表示すると式 (5.3.1.18 - 5.3.1.19, 5.3.1.31) を参照して以下となる．

$$\left.\begin{aligned}f_{d_\omega}(z\,;t) &= \mathrm{Re}_j\Big\{\frac{ga_0}{j\omega}f_d(z)e^{j\omega t}\Big\} \sim \mathrm{Re}_j\{j(1\mp ij)\frac{g}{\omega}H_d^{\pm}(j)e^{-i\kappa z+j\omega t}\}\\ &= \frac{ga_0}{\omega}H_d^{\pm}(\pm i)/a_0 e^{-i(\kappa z\mp\omega t)}\\ f_d(z) &\sim f_d^{\pm}(z) = j(1\mp ij)H_d^{\pm}(j)e^{-i\kappa z}\end{aligned}\right\} \quad as \quad x \to \pm\infty \tag{5.3.1.39}$$

上式は以下の微分関係式（$\mathrm{Re}_j\{$ 下式 $e^{j\omega t}\}$ の意味とする）でも表現でき，その形式は一般に Sommerfeld の放射条件と呼ばれている．

$$\frac{df_d}{dz} \sim \mp j\kappa f_d(z) \qquad as \quad x \to \pm\infty \tag{5.3.1.40}$$

次に物体表面上の境界条件を導入する．全速度ポテンシャルを以下と記しておく．

$$\Phi_\omega(x,y\,;t) = \mathrm{Re}_i\Big\{F_\omega(z\,;t)\Big\} \tag{5.3.1.41}$$

diffraction 問題では物体は固定されていると仮定しているから任意の時刻において物体表面上で以下が成り立つ．

$$\frac{\partial\Phi_\omega}{\partial n}(x,y\,;t) = 0 \qquad on \quad C_B \qquad for \quad any \quad t \tag{5.3.1.42}$$

この条件は次の条件と等価である．

$$\frac{\partial \Phi}{\partial n}(x,y)=\frac{\partial \phi_0}{\partial n}(x,y)+\frac{\partial \phi_d}{\partial n}(x,y)=0 \qquad on \quad C_B \tag{5.3.1.43}$$

j に関する成分に分離して書けば以下となる．

$$\left.\begin{aligned}\frac{\partial \Phi^C}{\partial n}(x,y)&=\frac{\partial \phi_0^C}{\partial n}(x,y)+\frac{\partial \phi_d^C}{\partial n}(x,y)=0\\ \frac{\partial \Phi^S}{\partial n}(x,y)&=\frac{\partial \phi_0^S}{\partial n}(x,y)+\frac{\partial \phi_d^S}{\partial n}(x,y)=0\end{aligned}\right\} \qquad on \quad C_B \tag{5.3.1.44}$$

この物体表面上の境界条件は流れ関数でも表示できる．

$$\Psi(x,y)=\psi_0(x,y)+\psi_d(x,y)=\Psi_B\ (=\Psi_B^C+j\,\Psi_B^S) \qquad on \quad C_B \tag{5.3.1.45}$$

3) 解の表示と境界積分方程式

本小節では diffraction 問題における解の表示と，それに基づく境界積分方程式を求め，その解法について述べる．ただし，厳密さを好まなかったり，結果のみを知りたい読者は，筋だけを追って細部は跳ばして読んでいただけばよい．

diffraction 問題の解である回折波の複素ポテンシャル $f_d(z)$ の積分表示式を求める．基本となる表示式として式 (2.2.16) の第 2 式を用いることとする．ただし $\psi_0=0$ としておく．

$$f_d(z)=-\frac{1}{2\pi}\int_C\left[\phi_d(\xi,\eta)\frac{\partial}{\partial n}G(z,\zeta)-\frac{\partial \phi_d}{\partial n}(\xi,\eta)G(z,\zeta)\right]ds \tag{5.3.1.46}$$

ここで核関数は $G(z,\zeta)=\log(z-\zeta)$ であり，積分経路 C は以下である（図 5.3.1.1 参照）．

$$C=C_B+C_F+C_\Sigma \quad (C_F=C_{F_F}+C_{F_A},\ C_\Sigma=C_{\Sigma_A}+C_{\Sigma_B}+C_{\Sigma_F})$$

核関数に領域内で正則な関数を加えても結果は変わらないから $G(z,\zeta)$ の代わりに式 (3.3.2.22, 3.3.2.23) の波吹き出し $W_Q(z,\zeta)$ を用いる．

$$f_d(z)=-\frac{1}{2\pi}\int_C\left[\phi_d(\xi,\eta)\frac{\partial}{\partial n}W_Q(z,\zeta)-\frac{\partial \phi_d}{\partial n}(\xi,\eta)W_Q(z,\zeta)\right]ds \tag{5.3.1.47}$$

各境界上で積分の評価を行う．無限下方（$y\to-\infty$）では波動は指数関数的に小さくなっているから C_{Σ_B} 上の積分は 0 である（注：$f_d(z)$ が $\log z$ に比例する場合には必ずしも正しくない）．また，無限遠方（$x\to\pm\infty$）では，$W_Q(z,\zeta)$ は式 (3.3.2.71) により，また，$f_d(z)$ は式 (5.3.1.40) により，共に Sommerfeld の放射条件を満たすことから第 1 項と第 2 項は一致し，$C_{\Sigma_A}, C_{\Sigma_F}$ 上の積分はやはり 0 となる．確認のため C_{Σ_A} 上すなわち $\xi\to-\infty$ で詳しく見ておこう．まず下式が成り立つ．

$$\phi_d(\xi,\eta)\frac{\partial}{\partial n}W_Q(z,\zeta)=\phi_d(\xi,\eta)\frac{\partial}{\partial \xi}W_Q(z,\zeta)=-\phi_d(\xi,\eta)\frac{\partial}{\partial x}W_Q(z,\zeta)$$

$$\sim j\kappa\phi_d(\xi,\eta)W_Q(z,\zeta)$$

ここで $\dfrac{\partial}{\partial x}W_Q(z,\zeta)$ の振る舞いに関しては $\xi \to -\infty$ と $x \to \infty$ とは同義であるから式 (3.3.2.71) の第 1 式の複号の上側をとっている．なお，記号 $\sim$ は $\mathrm{Re}_j\{$式 $e^{j\omega t}\}$ as $x \to \infty$ の時に成り立つことを意味することに注意する．次に下式が成り立つ．

$$\frac{\partial \phi_d}{\partial n}(\xi,\eta)W_Q(z,\zeta) = \frac{\partial \phi_d}{\partial \xi}(\xi,\eta)W_Q(z,\zeta)$$

$$\sim j\kappa\phi_d(\xi,\eta)W_Q(z,\zeta)$$

ここで $\xi \to -\infty$ であるから式 (5.3.1.40) の複号の下側をとっている．両式の差は 0 に収束するので C_{Σ_A} 上の積分は 0 としてよい．C_{Σ_F} 上の積分についても同様に 0 としてよい．

自由表面上では自由表面条件 (5.3.1.10 - 5.3.1.11) より

$$\frac{\partial \phi_d}{\partial n}(\xi,0) = -\frac{\partial \phi_d}{\partial \eta} = -\mathrm{Re}_i\left\{i\frac{df_d}{dz}\right\} = -\mathrm{Re}_i\left\{\kappa f_d\right\}$$

$$= -\kappa\phi_d(\xi,0) \qquad on \quad \eta = 0 \tag{5.3.1.48}$$

また，式 (3.3.2.70) より

$$\frac{\partial W_Q}{\partial n}(z,\xi) = -\frac{\partial W_Q}{\partial \eta} = -\kappa W_Q(z,\xi) \tag{5.3.1.49}$$

であるから C_F 上の積分値も 0 となる．したがって，式 (5.3.1.47) の積分表示式は C_B 上のみの積分で表示される．

$$f_d(z) = -\frac{1}{2\pi}\int_{C_B}\Big[\phi_d(\xi,\eta)\frac{\partial}{\partial n}W_Q(z,\zeta) - \frac{\partial \phi_d}{\partial n}(\xi,\eta)W_Q(z,\zeta)\Big]ds \tag{5.3.1.50}$$

上式右辺は点 z が物体内部の点であれば 0 値をとる．

さらに，物体内部に入射波の複素ポテンシャル $f_0(z)$ を仮定すると外部領域の点 z について以下が成り立つ．

$$0 = \frac{1}{2\pi}\int_{C_B+C_{F_I}}\Big[\phi_0(\xi,\eta)\frac{\partial}{\partial n}W_Q(z,\zeta) - \frac{\partial \phi_0}{\partial n}(\xi,\eta)W_Q(z,\zeta)\Big]ds \tag{5.3.1.51}$$

上式右辺は点 z が物体内部の点であれば $f_0(z)$ の値をとる．物体内部の静止水面 C_{F_I} 上で f_0, W_Q 関数が自由表面条件を満たすことから，前と同様に C_{F_I} 上の積分は 0 となり，上式は C_B 上の積分のみとなる．式 (5.3.1.50) との差をとれば以下の表示を得る．

$$f_d(z) = -\frac{1}{2\pi}\int_{C_B}\Big[\Phi(\xi,\eta)\frac{\partial}{\partial n}W_Q(z,\zeta) - \frac{\partial \Phi}{\partial n}(\xi,\eta)W_Q(z,\zeta)\Big]ds$$

境界条件 (5.3.1.38) を適用すれば結局以下の積分表示式を得る．

$$f_d(z) = -\frac{1}{2\pi}\int_{C_B}\Phi(\xi,\eta)\frac{\partial}{\partial n}W_Q(z,\zeta)ds \tag{5.3.1.52}$$

また，Cauchy-Riemann の関係式に類似の式 (3.3.2.68) の第 1,2 式を適用すれば以下を得る．

$$f_d(z) = \frac{1}{2\pi}\int_{C_B}\Phi(\xi,\eta)\frac{\partial}{\partial s}W_\Gamma(z,\zeta)ds \tag{5.3.1.53}$$

この積分表示式は，z が物体外部の点であれば $f_d(z)$ の値をとるが，z が物体内部の点の時は $-f_0(z)+i\Psi_B$ の値をとることは，その導入過程から明らかである．この表示の実部をとることによる解法を一様流中の問題の解法にならって Φ-法と呼んでおこう．

上式を部分積分すると以下を得る．

$$f_d(z) = \frac{1}{2\pi}\Big[\Phi(\xi,0)W_\Gamma(z,\zeta)\Big]_{P_F}^{P_A} - \frac{1}{2\pi}\int_{C_B}\frac{\partial\Phi}{\partial s}(\xi,\eta)W_\Gamma(z,\zeta)ds \tag{5.3.1.54}$$

この積分表示式は本書でいう q-法の表示である．波浪中問題では流速量はあまり意味を持たないので，この表示式を利用する利点はない．ただし，本問題に斉次な特異解が存在するとすれば上式右辺第 1 項の Φ の値を任意に与えた解ということになるわけである．このことはのちに議論する．

積分表示式 (5.3.1.53) は，$f_d(z) = F(z) - f_0(z)$ を用いて，i に関する実部をとれば，式 (3.3.2.46) を参照して以下を得る（$\Phi(x,y) = \phi_0(x,y) + \phi_d(x,y)$）．

$$\Phi(x,y) - \frac{1}{2\pi}\int_{C_B}\Phi(\xi,\eta)\frac{\partial}{\partial s}S_\Gamma(z,\zeta)ds = \phi_0(x,y) \tag{5.3.1.55}$$

点 z を物体外部より物体表面上に近づけた極限を（留数項に注意して）とれば Φ に関する境界積分方程式となる．これが上述の Φ-法である．以下 Φ-法に関する数値計算法について述べる．

この境界積分方程式を数値計算用に離散化しておこう．物体表面 C_B を点 P_F から P_A に向かって N 個の直線状の小区間に分割しておく（図 5.3.1.2 参照）．各小区間で未知量 Φ_i は一定値をとるものとして，境界積分方程式 (5.3.1.55) を離散化する．

$$\sum_{j=1}^{N} A_{ij}\Phi_j = \phi_{0_i} \qquad for \quad i = 1,2,\cdots,N \tag{5.3.1.56}$$

なお，以降，区間の順番 i, j と空間及び時間項の虚数単位 i, j は同じ文字を用いるが，混同する恐れがない場合は他の文字に置き換えない．係数行列は核関数を小区間で積分して以下となる．

$$A_{ij} = \delta_{ij} - \frac{1}{2\pi}[S_\Gamma(z_i,\zeta_{j+1}) - S_\Gamma(z_i,\zeta_j)] \tag{5.3.1.57}$$

ここで δ_{ij} は以下である．

$$\delta_{ij} = \begin{cases} 0 & for \quad i \neq j \\ 1 & for \quad i = j \end{cases} \tag{5.3.1.58}$$

また，S_Γ 関数の j に関する実部 S_Γ^C は $z_i-\zeta_{j+1}, z_i-\zeta_j$ に関する偏角を含むので，点 z_i は物体外部の（極限の）点であるとしなければならない．そのためには，$W_\Gamma(z,\zeta)$ を計算する際に，(3.3.2.42)

式の関数に含まれる $\log(z-\zeta)$ 関数の偏角の計算に注意する必要がある．具体的には，分岐線を点 ζ から物体内部の点 ζ_M を通り無限上方に向かう折れ線とする対数関数 $\log NK(z,\zeta,\zeta_M)$（3.3.4 小節第 2 項参照）を用いればよい．すると $\log(z-\zeta_j)-\log(z-\zeta_{j+1})$ の分岐線は，ζ_M から上方へ向かう分岐線が打ち消しあうので，$\overline{\zeta_j\zeta_M\zeta_{j+1}}$ だけとなり，ζ_{j+1} と ζ_{j+1} の中点 z_j は物体外部の点と見なされ（図 5.3.1.2 参照）留数項は考慮する必要がない．この波渦関数を $W_\Gamma^{NK}(z,\zeta,\zeta_M)$ と名付けた（式 (3.3.2.45) 以下の文参照）．

式 (5.3.1.56) の未知量ベクトル Φ_i，係数行列 A_{ij}，右辺ベクトル ϕ_{0_i} は各々 j に関する実部，虚部に分解されるから，各実数量に関する以下の連立方程式となる．

$$\left.\begin{aligned}\sum_{j=1}^{N} A_{ij}^C \Phi_j^C - \sum_{j=1}^{N} A_{ij}^S \Phi_j^S &= \phi_{0_i}^C \\ \sum_{j=1}^{N} A_{ij}^C \Phi_j^C + \sum_{j=1}^{N} A_{ij}^C \Phi_j^S &= \phi_{0_i}^S\end{aligned}\right\} \quad for \quad i=1,2,\cdots,N \tag{5.3.1.59}$$

ここで

$$\left.\begin{aligned}A_{ij} &= A_{ij}^C + jA_{ij}^S \\ A_{ij}^C &= \delta_{ij} - \frac{1}{2\pi}[S_\Gamma^C(z_i,\zeta_{j+1}) - S_\Gamma^C(z_i,\zeta_j)] \\ A_{ij}^S &= -\frac{1}{2\pi}[S_\Gamma^S(z_i,\zeta_{j+1}) - S_\Gamma^S(z_i,\zeta_j)]\end{aligned}\right\} \tag{5.3.1.60}$$

係数 A_{ij} については以下の関係があるので数値計算上の検証に用いることができる．

$$\left.\begin{aligned}\sum_{j=1}^{N} A_{ij}^C - \frac{1}{2\pi}[S_\Gamma^C(z_i,\zeta_1) - S_\Gamma^C(z_i,\zeta_{N+1})] &\fallingdotseq 1 + \frac{1}{2\pi}\int_{C_B+C_{F_I}} \frac{\partial S_\Gamma^C}{\partial s} ds = 1 \\ \sum_{j=1}^{N} A_{ij}^S - \frac{1}{2\pi}[S_\Gamma^S(z_i,\zeta_1) - S_\Gamma^S(z_i,\zeta_{N+1})] &\fallingdotseq \frac{1}{2\pi}\int_{C_B+C_{F_I}} \frac{\partial S_\Gamma^S}{\partial s} ds = 0\end{aligned}\right\} \tag{5.3.1.61}$$

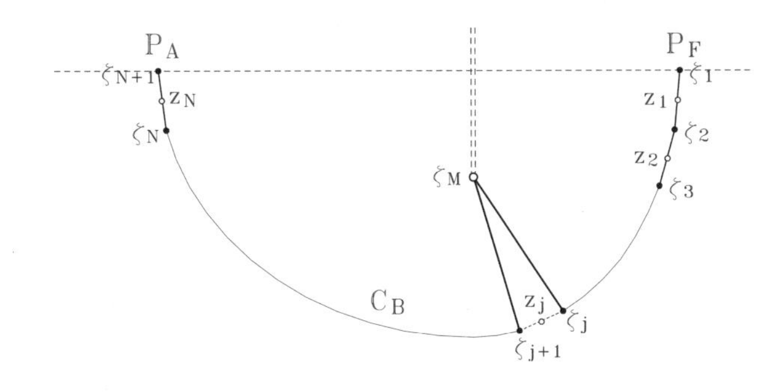

図 5.3.1.2. 物体表面の分割と分岐線の設定

また係数 A_{ij} の対角要素については以下となることも確かめておくと安心であろう．

$$\left.\begin{aligned} A_{ii}^C &\to 0.5 \\ A_{ii}^S &\to 0 \end{aligned}\right\} \quad as \quad \kappa \to \infty \quad or \quad \kappa \to 0 \tag{5.3.1.62}$$

式 (5.3.1.59) の連立方程式の係数マトリックスをマトリックス形式で記して見やすくしておく．

$$\left[\begin{array}{c|c} A_{ij}^C & -A_{ij}^S \\ \hline A_{ij}^S & A_{ij}^C \end{array}\right] \times \begin{bmatrix} \Phi_j^C \\ -- \\ \Phi_j^S \end{bmatrix} = \begin{bmatrix} \phi_{0_i}^C \\ -- \\ \phi_{0_i}^S \end{bmatrix} \tag{5.3.1.63}$$

後に詳しく調べることにするが，連立方程式 (5.3.1.59) には，波数 κ がある値（固有値）の時に，係数マトリックスが特異になり，その時固有解が存在することが知られている．したがって，波数が固有値の時，解は一意に決められない．その固有解とは，物体内部に物体表面上の斉次な境界条件を満たす解であることが後に示される．物体形状を水槽容器と見た時，水槽内に生ずる停留波（standing wave）の周期と入射波の周期が一致する時，その波数が固有波数（Eigen wave number, Eigen frequency, この分野では irregular frequncy とも呼ばれる）となっているのである．ただし水槽壁で波形が節となる停留波であって，実現象として観測される水槽壁で波形が腹となる停留波とは異なる．

こうした問題を解析するのに適した方法が 5.1.3 小節で紹介した特異値分解法であるが，その方法の適用は後述することとし，ここでは固有解を除去する方法について述べておく．なお，通常の波数の範囲であれば固有値は 3~4 個程度を考慮すればよかろう．そこで，物体内部の静止水面上（水面である必要はないが）に 3 個（一般に N_{add} 個としておく）程度の点を仮定し（$z_{N+i}; i = 1, 2, \cdots, N_{add}$），固有解が存在しない場合には，その点では $f_d(z) = 0$ となっているはずであるので以下の条件が固有解除去の条件となる．

$$\frac{1}{2\pi}\int_{C_B} \Phi(\xi,\eta)\frac{\partial}{\partial s}W_\Gamma(z_{N+i},\zeta)ds = -f_0(z_{N+i}) \qquad for \quad i = 1, 2, \cdots, N_{add} \tag{5.3.1.64}$$

実部のみをとり離散化して示せば以下である．

$$\left.\begin{aligned} A_{2N+i\,j}\Phi_{\mathrm{j}} &= \phi_{0_{2N+i}} \\ A_{2N+i\,j} &= -\frac{1}{2\pi}[S_\Gamma(z_{N+i},\zeta_{j+1}) - S_\Gamma(z_{N+i},\zeta_j)] \\ \phi_{0_{2N+i}} &= \phi_0(z_{N+i}) \end{aligned}\right\} \tag{5.3.1.65}$$

この条件を j に関する実部，虚部に分離して，前述の連立方程式（$2N \times 2N$）に加えればよい．

マトリクス表示すれば以下となる．

$$
\begin{bmatrix} A^C_{ij} & -A^S_{ij} \\ A^S_{ij} & A^C_{ij} \\ A^C_{2N+ij} & -A^S_{2N+ij} \\ A^S_{2N+ij} & A^C_{2N+ij} \end{bmatrix} \times \begin{bmatrix} \Phi^C_j \\ \Phi^S_j \end{bmatrix} = \begin{bmatrix} \phi^C_{0_i} \\ \phi^S_{0_i} \\ \phi^C_{0_{2N+i}} \\ \phi^S_{0_{2N+i}} \end{bmatrix} \tag{5.3.1.66}
$$

物体内部の点の選択は停留波を効率よく除去できれば良いので，実のところ適当でよいのであるが著者は以下としている．

$$
\left.\begin{aligned} z_{N+i} &= x_{PA} + dx * i \qquad for \quad i = 1, 2, \cdots, N_{add} \\ dx &= (x_{PF} - x_{PA}) * 0.98/(N_{add} + 1) \\ N_{add} &= 3 \end{aligned}\right\} \tag{5.3.1.67}
$$

以上により，物体表面上の速度ポテンシャルの値，$\Phi(\xi,\eta) = \Phi^C + \Phi^S = \phi_0 + \phi_d$ が求まれば，任意の点 z における流場の複素ポテンシャル及び複素流速の値は式 (5.3.1.53) より以下で求めることができる．

$$
\left.\begin{aligned} f_d(z) &= \frac{1}{2\pi} \sum_{k=1}^{N} [W_\Gamma(z,\zeta_{k+1}) - W_\Gamma(z,\zeta_k)]\Phi_k \\ \frac{df_d}{dz}(z) &= -\frac{1}{2\pi} \sum_{k=1}^{N} [W_\mu(z,\zeta_{k+1}) - W_\mu(z,\zeta_k)]\Phi_k \end{aligned}\right\} \tag{5.3.1.68}
$$

波渦 $W_\Gamma(z,\zeta)$ に含まれる $\log(z-\zeta)$ の分岐線のとり方に工夫をしておこう．$W_\Gamma(z,\zeta_{j+1})$ に含まれる $\log(z-\zeta_{j+1})$ の分岐線を ζ_{j+1} から鉛直上方にとり，$W_\Gamma(z,\zeta_j)$ に含まれる $\log(z-\zeta_j)$ の分岐線を ζ_j から ζ_{j+1} を通り，ζ_{j+1} から鉛直上方にとれば（$\log NK(z,\zeta,\zeta_M)$ 関数の ζ_M を ζ_{j+1} とすればよい），鉛直上方に向かう分岐線は消しあい，結局，分岐線は $\overline{\zeta_j\zeta_{j+1}}$ のみとなる（図 5.3.1.3 参照）．この波渦関数を $W^d_\Gamma(z,\zeta_2,\zeta_1)$ と名付けた（式 (3.3.2.45) 以下の文参照）．この時，物体外部では $f_d(z)$ となり，物体内部では $f_0(z)$ となる．ただし，こうした計算法を各小区間上で行うと，波動部（具体的には S_κ 関数）の計算が 2 重となり計算の負担となるが，少しの工夫で 2 重の計算は対数関数のみとするようにできる．

波形は式 (2.3.2.17) より以下で求まる．

$$
\eta_d(x) = -j\frac{\omega}{g}\mathrm{Re}\Big\{\frac{ga_0}{j\omega}f_d(x)\Big\} = -a_0\mathrm{Re}\{f_d(x)\} \tag{5.3.1.69}
$$

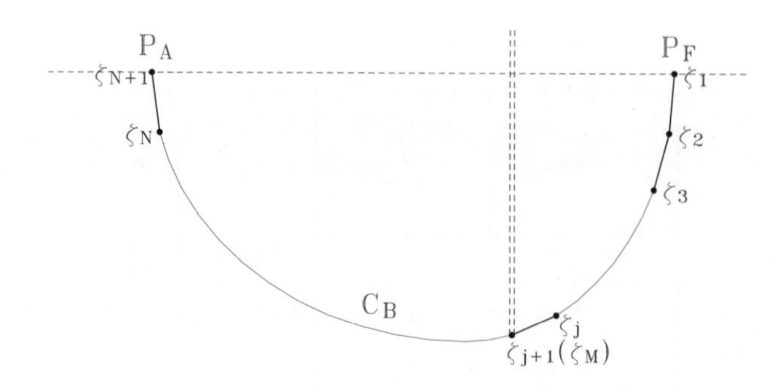

図 5.3.1.3. 分岐線の変更と物体表面の分割

離散化すれば式 (5.3.1.68) より

$$\eta_d(x) = -a_0 \frac{1}{2\pi} \sum_{k=1}^{N} \mathrm{Re}[W_\Gamma(x, \zeta_{k+1}) - W_\Gamma(x, \zeta_k)]\Phi_k \tag{5.3.1.70}$$

4) Kochin 関数，反射率と透過率，波浪強制力

diffraction 複素ポテンシャル $f_d(z)$ の遠方における漸近形から Kochin 関数，及び反射波と透過波の波高を求め，入射波が物体により回折された時の波の反射率（反射係数）と透過率（透過係数）を求める．

遠方 $x \to \pm\infty$ で，波渦は式 (3.3.2.44) より以下の漸近形を有する．

$$W_\Gamma(z, \zeta) \sim \mp 2\pi(1 \mp ij)e^{-i\kappa(z-\bar{\zeta})} \qquad as \quad x \to \pm\infty \tag{5.3.1.71}$$

これを式 (5.3.1.53) に適用すると以下を得る．

$$\begin{aligned} f_d(z) &\sim f_d^{\pm}(z) \\ &= \mp (1 \mp ij)\, e^{-i\kappa z} \int_{C_B} \Phi(\xi, \eta) \frac{\partial}{\partial s} e^{i\kappa\bar{\zeta}} ds \end{aligned} \tag{5.3.1.72}$$

上式の表示から式 (5.3.1.39) の形を導いて Kochin 関数 $H_d^{\pm} = H_d^{C\pm} + jH_d^{S\pm}$ を求めておく．$x \to \pm\infty$ で $f_{d_\omega}(z\,;t)$ 関数は定義より以下のように書ける．

$$\begin{aligned} f_{d_\omega}(z\,;t) &\sim f_{d_\omega}^{\pm}(z\,;t) \\ &= \mathrm{Re}_j\left\{\frac{ga_0}{j\omega} f_d^{\pm}(z) e^{j\omega t}\right\} \\ &= \mathrm{Re}_j\left\{\mp(1 \mp ij)\, e^{-i\kappa z + j\omega t} \frac{ga_0}{j\omega} \int_{C_B} \Phi(\xi, \eta) \frac{\partial}{\partial s} e^{i\kappa\bar{\zeta}} ds\right\} \\ &= \mp \left[e^{-i\kappa z} \frac{ga_0}{j\omega} \int_{C_B} \Phi(\xi, \eta) \frac{\partial}{\partial s} e^{i\kappa\bar{\zeta}} ds\right]_{i \to \pm j} e^{j\omega t} \end{aligned} \tag{5.3.1.73}$$

ここで $i \to \pm j$ は [ ] の中の i を $\pm j$ で置き換えることを意味している．上式の $e^{-i\kappa z}$ を [ ] の外に出して書き換える．

$$
\begin{aligned}
f_{d_\omega}^{\pm}(z;t) &= \mp\left[\frac{ga_0}{j\omega}\int_{C_B}\Phi(\xi,\eta)\frac{\partial}{\partial s}e^{i\kappa\bar{\zeta}}ds\right]_{i\to\pm j} e^{\mp j\kappa z+j\omega t} \\
&=\mathrm{Re}_j\left\{\mp(1\mp ij)\left[\frac{ga_0}{j\omega}\int_{C_B}\Phi(\xi,\eta)\frac{\partial}{\partial s}e^{i\kappa\bar{\zeta}}ds\right]_{i\to\pm j} e^{-i\kappa z+j\omega t}\right\}
\end{aligned}
\tag{5.3.1.74}
$$

式 (5.3.1.39) より以下と書ける．

$$
f_{d_\omega}^{\pm}(z;t) = \mathrm{Re}_j\left\{j(1\mp ij)\frac{ga_0}{j\omega}H_d^{\pm}(j)/a_0\, e^{-i\kappa z+j\omega t}\right\}
\tag{5.3.1.75}
$$

両式を比較して以下の Kochin 関数を得る．

$$
\begin{aligned}
H_d^{\pm}(j)/a_0 &= \pm j\left[\int_{C_B}\Phi(\xi,\eta)\frac{\partial}{\partial s}e^{i\kappa\bar{\zeta}}ds\right]_{i\to\pm j} \\
&= \pm j\int_{C_B}\Phi(\xi,\eta)\frac{\partial}{\partial s}e^{\pm j\kappa(\xi\mp j\eta)}ds
\end{aligned}
\tag{5.3.1.76}
$$

離散化した解 Φ_j で表わすと以下となる．

$$
H_d^{\pm}(j)/a_0 = \pm j\sum_{k=1}^{N}\Phi_k\left[e^{\pm j\kappa(\xi\mp j\eta)_{k+1}} - e^{\pm j\kappa(\xi\mp j\eta)_k}\right]
\tag{5.3.1.77}
$$

遠方 $x \to \pm\infty$ での波形を $\eta_d^{\pm}(x)$ としておくと式 (5.3.1.38) より

$$
\eta_d^{\pm}(x) = -jH_d^{\pm}(j)\,e^{\mp j\kappa x}
\tag{5.3.1.78}
$$

$x \to \infty$ では入射波と合成された波動となっている．式 (5.3.1.17) と式 (5.3.1.76) より

$$
\left.
\begin{aligned}
\eta^{-}(x) &=\eta_0(x) + \eta_d^{-}(x) \\
&=(-a_0 - jH_d^{-}(j))e^{j\kappa x} \\
&= -\,jH_{0d}^{-}e^{j\kappa x} \\
H_{0d} &= -\,a_0 j + H_d^{-}
\end{aligned}
\right\}
\tag{5.3.1.79}
$$

以上より反射率 C_R 及び透過率 C_T は各々以下となる．

$$
\left.
\begin{aligned}
C_R &=|H_d^{+}/a_0| \\
C_T &=|H_{0d}^{-}/a_0|
\end{aligned}
\right\}
\tag{5.3.1.80}
$$

入射波の波エネルギーは，反射波の波エネルギーと透過波の波エネルギーとの和になるはずであるから以下の関係が成り立つ．

$$
C_R^2 + C_T^2 = 1
\tag{5.3.1.81}
$$

波動圧力による物体に働く力を波浪強制力（wave exciting force）と呼んでいる．圧力は動的圧力のみを扱う．動的圧力のうち（流速の自乗に比例する）非線形項を無視すると線形動的圧力は Bernoulli の定理より以下で表わされる．

$$\begin{aligned} p_\omega(x,y\,;t) &= -\rho\frac{\partial\Phi_\omega}{\partial t}(x,y\,;t) \\ &= -\rho\mathrm{Re}_j\left\{j\omega\frac{ga_0}{j\omega}\Phi(x,y)e^{j\omega t}\right\} \\ &= -\rho g a_0\mathrm{Re}_j\{\Phi(x,y)e^{j\omega t}\} \end{aligned} \tag{5.3.1.82}$$

右辺を

$$\mathrm{Re}_j\left\{p(x,y)e^{j\omega t}\right\}$$

とおけば入射波 ϕ_0 と回折波 ϕ_d による圧力は以下と書ける．

$$p(x,y) = -\rho g a_0\Phi(x,y) \tag{5.3.1.83}$$

波浪強制力は物体表面上の圧力積分によって得られる．(x,y,θ) 方向に働く複素強制力，モーメントを各々(X_d,Y_d,M_d) とすれば以下が得られる．

$$\begin{aligned} \begin{Bmatrix} X_d \\ Y_d \\ M_d \end{Bmatrix} &= -\int_{C_B} p(x,y)\begin{Bmatrix} n_x \\ n_y \\ xn_y - yn_x \end{Bmatrix} ds \\ &= \rho g a_0\int_{C_B}\Phi\begin{Bmatrix} n_x \\ n_y \\ xn_y - yn_x \end{Bmatrix} ds \end{aligned} \tag{5.3.1.84}$$

x 方向に働く波浪強制力の時間変化を記しておく．

$$\begin{aligned} X_{d_\omega}(t) &= \mathrm{Re}_j\{X_d\,e^{j\omega t}\} \\ &= X_d^C\cos\omega t - X_d^S\sin\omega t \end{aligned} \tag{5.3.1.85}$$

としておくと時刻 0 では

$$X_{d_\omega}(0) = X_d^C = \rho g a_0\int_{C_B}\Phi^C n_x ds \tag{5.3.1.86}$$

時刻 $\pm\pi/2\omega$ では以下となる．

$$X_{d_\omega}(\pm\pi/2\omega) = \mp X_d^S = \mp\rho g a_0\int_{C_B}\Phi^S n_x ds \tag{5.3.1.87}$$

他のモードでも同様である．

離散量を用いれば以下と書ける．

$$\begin{Bmatrix} X_d \\ Y_d \\ M_d \end{Bmatrix} = \rho g a_0 \sum_{k=1}^{N} \Phi_k \begin{Bmatrix} n_x \\ n_y \\ x n_y - y n_x \end{Bmatrix}_k \Delta s_k \tag{5.3.1.88}$$

無次元化した波浪強制力は以下と書ける．b を物体半幅として

$$\frac{1}{\rho g a_0 b} \begin{Bmatrix} X_d \\ Y_d \\ M_d/b \end{Bmatrix} = \sum_{k=1}^{N} \Phi_k \begin{Bmatrix} n_x \\ n_y \\ (x n_y - y n_x)/b \end{Bmatrix}_k \Delta s_k/b \tag{5.3.1.89}$$

5.3.2　radiation 問題の Φ-法 による解法

この小節では浮体が周期的に微小動揺している時に発散（radiation）される波動を求めるという radiation 問題（発散問題）について述べる．

1) 境界条件

流場は diffraction 問題と同様に2次元的であるとし，一様流は存在しないものとする．浮体は円周波数 ω で微小に調和振動している場合のみを扱う（図 5.3.2.1 参照）．

波動を表わす複素ポテンシャル及び波形，自由表面条件等は diffraction 問題と同様に式(5.3.1.1 - 5.3.1.14) 等と表わされるものとする．

今，浮体は3つのモードで微小動揺しているとして各モードの境界条件を記しておく．まず，浮体が x 方向に微小動揺している場合を考えよう．2次元状浮体を長い浮体の横断面と見れば，左右揺れ（sway）に相当する．物体形状は以下のように表現できる．

$$F_B(x, y\,; t) = 0 \tag{5.3.2.1}$$

浮体が x 方向に微小振幅 X (> 0) で動揺しているものとする（なお，X は複素振幅としても以下の議論は変わらない）．物体表面上の点の x 座標及び速度は以下と書ける．

$$\left.\begin{aligned} x &= x_0 + \mathrm{Re}_j\left\{Xe^{j\omega t}\right\} \\ \frac{\partial x}{\partial t} &= \mathrm{Re}_j\left\{j\omega Xe^{j\omega t}\right\} \end{aligned}\right\} \tag{5.3.2.2}$$

ここで x_0 は動揺の中立点であり，$\dfrac{\partial x}{\partial t}$ はその点の x 方向移動速度である．この動揺浮体周りの

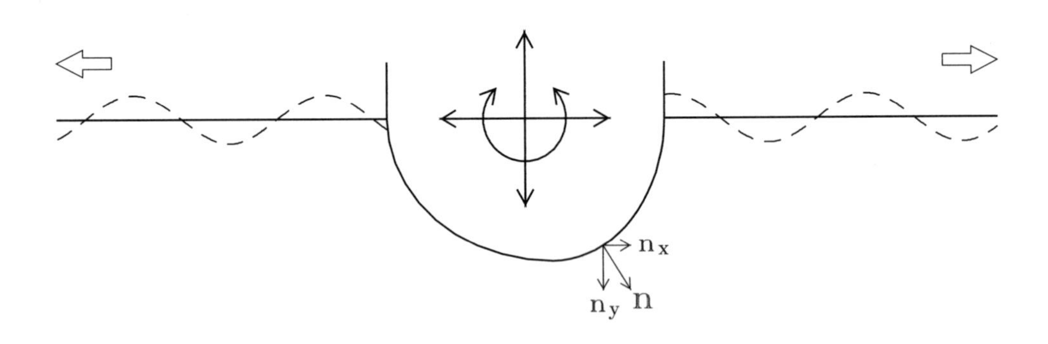

図 5.3.2.1. 半没物体に関する radiation 問題

波動場を複素ポテンシャルで以下と書いておく.

$$\left.\begin{aligned} f_{X_\omega}(z\,;t) =& \mathrm{Re}_j\{j\omega X f_X(z)e^{j\omega t}\} \\ =& \phi_{X_\omega}(x,y\,;t) + i\psi_{X_\omega}(x,y\,;t) \\ \phi_{X_\omega}(x,y\,;t) =& \mathrm{Re}_j\{j\omega X\phi_X(x,y)e^{j\omega t}\} \\ \phi_X(x,y) =& \phi_X^C(x,y) + j\phi_X^S(x,y) \end{aligned}\right\} \tag{5.3.2.3}$$

ここで複素ポテンシャル $f_X(z)$ は長さの次元を有し，その複素流速は無次元となっていることに注意する.

前節と同様に複素ポテンシャル及び波形の時間変化に関する表示について調べておく.

$$f_X(z) = f_X^C(z) + jf_X^S(z) \tag{5.3.2.4}$$

と書いておくと

$$f_{X_\omega}(z\,;t) = -\omega X f_X^S(z)\cos\omega t - \omega X f_X^C(z)\sin\omega t \tag{5.3.2.5}$$

となる．対応する波形は式 (5.3.1.13) より

$$\begin{aligned} \eta(x) =& -j\frac{\omega}{g}\mathrm{Re}_i\,\{j\omega X f_X(x)\} \\ =& \frac{\omega^2}{g}X[\phi_X^C(x,0) + j\phi_X^S(x,0)] \end{aligned} \tag{5.3.2.6}$$

と表わされるから

$$\left.\begin{aligned} \eta_X^C(x) =& \kappa X\phi_X^C(x,0) \\ \eta_X^S(x) =& \kappa X\phi_X^S(x,0) \end{aligned}\right\} \tag{5.3.2.7}$$

となり，以下を得る.

$$\eta_{X_\omega}(x\,;t) = \kappa X\phi_X^C(x,0)\cos\omega t - \kappa X\phi_X^S(x,0)\sin\omega t \tag{5.3.2.8}$$

したがって，複素ポテンシャル及び波形は時刻 0 で各々

$$\left.\begin{aligned} f_{X_\omega}(z\,;0) =& -\omega X f_X^S(z) \\ \eta_{X_\omega}(x\,;0) =& \eta_X^C(x) = \kappa X\phi_X^C(x,0) \end{aligned}\right\} \tag{5.3.2.9}$$

となり時刻 $\pm\pi/2\omega$ で以下となる.

$$\left.\begin{aligned} f_{X_\omega}(z\,;\pm\pi/2\omega) =& \mp\,\omega X f_X^C(z) \\ \eta_{X_\omega}(x\,;\pm\pi/2\omega) =& \mp\,\eta_X^S(x) = \mp\kappa X\phi_X^S(x,0) \end{aligned}\right\} \tag{5.3.2.10}$$

複素ポテンシャル $f_{X_\omega}(z\,;t)$ に関する物体表面上の境界条件は以下と書ける.

$$\frac{\partial\phi_{X_\omega}}{\partial n}(x,y\,;t) = \frac{\partial x}{\partial t}\,n_x(x,y) \tag{5.3.2.11}$$

なお，物体表面上の単位法線ベクトルを $\mathrm{n} = (n_x, n_y)$ としている（図 5.3.2.1 参照）．式 (5.3.2.2, 5.3.2.3) を代入すれば両辺は以下となる．

$$\mathrm{Re}_j\{j\omega X \frac{\partial \phi_X}{\partial n}(x,y)\, e^{j\omega t}\} = \mathrm{Re}_j\{j\omega X n_x\, e^{j\omega t}\} \qquad for \quad any \quad t \tag{5.3.2.12}$$

したがって以下と書いても良い．

$$\left.\begin{aligned} \frac{\partial \phi_X}{\partial n}(x,y) &= n_x \\ \frac{\partial \phi_X^C}{\partial n}(x,y) &= n_x \\ \frac{\partial \phi_X^S}{\partial n}(x,y) &= 0 \end{aligned}\right\} \tag{5.3.2.13}$$

次に浮体が y 方向に微小振幅 $Y\,(>0)$ で上下揺（heave）している場合を考える．物体表面上の y 座標は以下の動揺をしているとする．

$$\left.\begin{aligned} y &= y_0 + \mathrm{Re}_j\left\{Y e^{j\omega t}\right\} \\ \frac{\partial y}{\partial t} &= \mathrm{Re}_j\left\{j\omega Y e^{j\omega t}\right\} \end{aligned}\right\} \tag{5.3.2.14}$$

この動揺による波動を以下の複素ポテンシャルで表わす．

$$\left.\begin{aligned} f_{Y_\omega}(z\,;t) &= \mathrm{Re}_j\{j\omega Y f_Y(z) e^{j\omega t}\} \\ &= \phi_{Y_\omega}(x,y\,;t) + i\psi_{Y_\omega}(x,y\,;t) \\ \phi_{Y_\omega}(x,y\,;t) &= \mathrm{Re}_j\{j\omega Y \phi_Y(x,y) e^{j\omega t}\} \\ \phi_Y(x,y) &= \phi_Y^C(x,y) + j\phi_Y^S(x,y) \end{aligned}\right\} \tag{5.3.2.15}$$

この時境界条件は以下と書ける．

$$\frac{\partial \phi_{Y_\omega}}{\partial n}(x,y\,;t) = -\frac{\partial y}{\partial t}[-n_y(x,y)] = \frac{\partial y}{\partial t}\, n_y(x,y) \tag{5.3.2.16}$$

式 (5.3.2.14, 5.3.2.15) より

$$\mathrm{Re}_j\{j\omega Y \frac{\partial \phi_Y}{\partial n}(x,y)\, e^{j\omega t}\} = \mathrm{Re}_j\{j\omega Y n_y\, e^{j\omega t}\} \qquad for \quad any \quad t \tag{5.3.2.17}$$

すなわち

$$\left.\begin{aligned} \frac{\partial \phi_Y}{\partial n}(x,y) &= n_y \\ \frac{\partial \phi_Y^C}{\partial n}(x,y) &= n_y \\ \frac{\partial \phi_Y^S}{\partial n}(x,y) &= 0 \end{aligned}\right\} \tag{5.3.2.18}$$

3 つ目のモードとして，浮体が原点を中心として横揺（roll）している場合を考える．物体表面上の点（$x = r\cos\theta, y = r\sin\theta$）が微小振幅を $\Theta(>0)$ として以下の動揺をしているものとする．

$$\left.\begin{aligned} \theta &= \theta_0 + \mathrm{Re}_j\left\{\Theta e^{j\omega t}\right\} \\ \frac{\partial\theta}{\partial t} &= \mathrm{Re}_j\left\{j\omega\Theta e^{j\omega t}\right\} \end{aligned}\right\} \tag{5.3.2.19}$$

その点の x, y 方向の速度をそれぞれ（u, v）とすると

$$\left.\begin{aligned} u &= -y\frac{\partial\theta}{\partial t} \\ v &= x\frac{\partial\theta}{\partial t} \end{aligned}\right\} \tag{5.3.2.20}$$

この動揺による波動を以下で表わす．なお，b は代表長さであるが半幅としておく．

$$\left.\begin{aligned} f_{\Theta_\omega}(z\,;t) &= \mathrm{Re}_j\{j\omega\Theta b f_\Theta(z)e^{j\omega t}\} \\ &= \phi_{\Theta_\omega}(x,y\,;t) + i\psi_{\Theta_\omega}(x,y\,;t) \\ \phi_{\Theta_\omega}(x,y\,;t) &= \mathrm{Re}_j\{j\omega\Theta b\phi_\Theta(x,y)e^{j\omega t}\} \\ \phi_\Theta(x,y) &= \phi_\Theta^C(x,y) + j\phi_\Theta^S(x,y) \end{aligned}\right\} \tag{5.3.2.21}$$

この時，境界条件は以下と書ける．

$$\begin{aligned} \frac{\partial\phi_{\Theta_\omega}}{\partial n} &= un_x + vn_y \\ &= (xn_y - yn_x)\frac{\partial\theta}{\partial t} \end{aligned} \tag{5.3.2.22}$$

両辺は以下と書けるから

$$\mathrm{Re}_j\{j\omega\Theta b\frac{\partial\phi_\Theta}{\partial n}(x,y)\,e^{j\omega t}\} = \mathrm{Re}_j\{j\omega\Theta(xn_y - yn_x)\,e^{j\omega t}\} \quad for \quad any \quad t \tag{5.3.2.23}$$

以下を得る．

$$\frac{\partial\phi_\Theta}{\partial n} = (xn_y - yn_x)/b \tag{5.3.2.24}$$

2) 解の表示と境界積分方程式

本小節では radiation 問題における解の表示と，それに基づく境界積分方程式を導き，その解法について述べる．radiation 問題の 3 つの解 $f_X(z), f_Y(z), f_\Theta(z)$ を代表して $f_r(z)$（$r = X, Y, \Theta$）と書いておく．振幅 X, Y, Θ も R_r（$r = X, Y, \Theta$）で代表しておく．

$$f_r(z) = \phi_r(x,y) + i\psi_r(x,y) \tag{5.3.2.25}$$

$f_r(z)$ の無限遠での性質（Sommerfeld の条件など），及び，水面上の線形自由表面条件は diffraction 問題の解 $f_d(z)$ とまったく同一であるので $f_d(z)$ の積分表示式 (5.3.1.50) と同一の積分表示が可能である．

$$f_r(z) = -\frac{1}{2\pi}\int_{C_B}\Big[\phi_r(\xi,\eta)\frac{\partial}{\partial n}W_Q(z,\zeta) - \frac{\partial\phi_r}{\partial n}(\xi,\eta)W_Q(z,\zeta)\Big]ds \tag{5.3.2.26}$$

式 (5.3.1.52, 5.3.1.53) と同様に右辺第 1 項の波吹き出し核関数を波渦で書き換えれば以下の積分表示式を得る．

$$f_r(z) = \frac{1}{2\pi}\int_{C_B}\phi_r(\xi,\eta)\frac{\partial}{\partial s}W_\Gamma(z,\zeta)ds + \frac{1}{2\pi}\int_{C_B}\frac{\partial\phi_r}{\partial n}(\xi,\eta)W_Q(z,\zeta)ds \tag{5.3.2.27}$$

上の積分表示式の実部をとり右辺第 1 項を左辺に移行すれば以下の境界積分方程式となる．

$$\phi_r(z) - \frac{1}{2\pi}\int_{C_B}\phi_r(\xi,\eta)\frac{\partial}{\partial s}S_\Gamma(z,\zeta)ds = \frac{1}{2\pi}\int_{C_B}\frac{\partial\phi_r}{\partial n}(\xi,\eta)S_Q(z,\zeta)ds \tag{5.3.2.28}$$

ここで $S_\Gamma(z,\zeta), S_Q(z,\zeta)$ はそれぞれ波渦，波吹き出しの実部である（式 (3.3.2.46, 3.3.2.24) 参照）．上式の左辺は diffraction 問題の式 (5.3.1.55) の左辺の Φ の代わりに ϕ_r を代入した式と一致する．したがって，上式の点 z を物体表面上に近づけ極限をとった境界積分方程式の左辺は diffraction 問題のそれと一致するので，右辺を変更するだけで，同一の離散化と解法が利用可能である．固有波数も同一であるのでその付近の周期では固有解除去の必要がある．式 (5.3.2.26) の物体内部の値は式 (5.3.2.28) の右辺と一致するので条件式 (5.3.1.64) の右辺の値は z_{N+i} を内部の点として以下とすればよい．

$$\frac{1}{2\pi}\int_{C_B}\frac{\partial\phi_r}{\partial n}(\xi,\eta)S_Q(z_{N+i},\zeta)ds \tag{5.3.2.29}$$

境界積分方程式の右辺の離散化を行っておく．右辺ベクトルを $B_i = B_i^C + jB_i^S$ とし，物体表面上の区間 $\Delta_j = \zeta_{j+1} - \zeta_j$ で $\dfrac{\partial\phi_r}{\partial n}$ は一定値としておく．

$$\begin{aligned} B_i &= \frac{1}{2\pi}\int_{C_B}\frac{\partial\phi_r}{\partial n}(\xi,\eta)S_Q(z_i,\zeta)ds \\ &= \frac{1}{2\pi}\sum_{j=1}^{N}\Big(\frac{\partial\phi_r}{\partial n}\Big)_j\int_{\Delta_j}S_Q(z_i,\zeta)ds \\ &= \frac{1}{2\pi}\sum_{j=1}^{N}\Big(\frac{\partial\phi_r}{\partial n}\Big)_j S_{Q_{int}}(z_i,\zeta_{j+1},\zeta_j) \end{aligned} \tag{5.3.2.30}$$

ここで $S_{Q_{int}}$ 関数は波吹き出し W_Q の区間積分 $W_{Q_{int}}$ の実部を示す（式 (3.3.2.77 - 3.3.2.78) 参照）．以下としておくと便利である．

$$\begin{aligned} C_{ij} &= C_{ij}^C + j\,C_{ij}^S \\ &= S_{Q_{int}}(z_i,\zeta_{j+1},\zeta_j) \end{aligned} \tag{5.3.2.31}$$

この時右辺ベクトルは以下と書ける．

$$B_i = \frac{1}{2\pi}\sum_{j=1}^{N} C_{ij}\Big(\frac{\partial \phi_r}{\partial n}\Big)_j \tag{5.3.2.32}$$

解 ϕ_r が求まれば複素ポテンシャル $f_r(z)$ は式 (5.3.2.27) により以下で求められる．

$$f_r(z) = \frac{1}{2\pi}\sum_{j=1}^{N} \phi_{r_j}[W_\Gamma(z,\zeta_{j+1}) - W_\Gamma(z,\zeta_j)] + \frac{1}{2\pi}\sum_{j=1}^{N}\Big(\frac{\partial \phi_r}{\partial n}\Big)_j W_{Q_{int}}(z,\zeta_{j+1},\zeta_j) \tag{5.3.2.33}$$

複素流速は以下で求まる．

$$\frac{df_r}{dz}(z) = -\frac{1}{2\pi}\sum_{j=1}^{N} \phi_{r_j}[W_\mu(z,\zeta_{j+1}) - W_\mu(z,\zeta_j)] + \frac{1}{2\pi}\sum_{j=1}^{N}\Big(\frac{\partial \phi_r}{\partial n}\Big)_j V_{Q_{int}}(z,\zeta_{j+1},\zeta_j) \tag{5.3.2.34}$$

波形は式 (2.3.2.17) より以下で求まる．

$$\begin{aligned}\eta_r(x) =& -j\frac{\omega}{g}\mathrm{Re}\{j\omega R_r f_r(x)\}\\ =&\kappa R_r \mathrm{Re}\{f_r(x)\}\end{aligned} \tag{5.3.2.35}$$

3) Kochin 関数，付加質量係数と減衰力係数

radiation 複素ポテンシャル $f_r(z)$ の遠方における漸近形から Kochin 関数を求める．式 (5.3.2.27) において波渦は $x \to \pm\infty$ で式 (5.3.1.71) の漸近形を有し，波吹き出しは式 (3.3.2.23) より以下の漸近形を有する．

$$W_Q(z,\zeta) \sim \pm 2\pi i(1 \mp ij)e^{-i\kappa(z-\bar{\zeta})} \qquad as \quad x \to \pm\infty \tag{5.3.2.36}$$

これらを適用すると以下を得る．

$$\begin{aligned}f_r(z) \sim& f_r^{\pm}(z)\\ =& \mp(1 \mp ij)\, e^{-i\kappa z}\int_{C_B} \phi_r(\xi,\eta)\frac{\partial}{\partial s}e^{i\kappa\bar{\zeta}}ds \pm i(1 \mp ij)\, e^{-i\kappa z}\int_{C_B}\frac{\partial \phi_r}{\partial n}(\xi,\eta)\, e^{i\kappa\bar{\zeta}}ds\end{aligned} \tag{5.3.2.37}$$

時間項を含めれば以下の表示となる．$x \to \pm\infty$ で

$$\begin{aligned}f_{r_\omega}(z\,;t) \sim& f_{r_\omega}^{\pm}(z\,;t)\\ =&\mathrm{Re}_j\Big\{j\omega R_r f_r^{\pm}(z)e^{j\omega t}\Big\}\\ =&\mathrm{Re}_j\Big\{\mp(1 \mp ij)\, j\omega R_r e^{-i\kappa z + j\omega t}\int_{C_B}\phi_r(\xi,\eta)\frac{\partial}{\partial s}e^{i\kappa\bar{\zeta}}ds\Big\}\\ &+\mathrm{Re}_j\Big\{\pm i(1 \mp ij) j\omega R_r e^{-i\kappa z + j\omega t}\int_{C_B}\frac{\partial \phi_r}{\partial n}(\xi,\eta)e^{i\kappa\bar{\zeta}}ds\Big\}\end{aligned} \tag{5.3.2.38}$$

上式の内 $e^{i\kappa\bar{\zeta}}$ の項のみ i 記号を $\pm j$ 記号に置き換えておく（そうしても結果は変わらない）．なお下式中の $i \to \pm j$ はそのことを示している．

$$f_{r_\omega}^{\pm}(z\,;t) = \mathrm{Re}_j\Big\{\mp(1 \mp ij)\, j\omega R_r e^{-i\kappa z + j\omega t}\int_{C_B}\phi_r(\xi,\eta)\frac{\partial}{\partial s}e^{i\kappa\bar{\zeta}}\Big|_{i\to\pm j}ds\Big\}$$
$$+\,\mathrm{Re}_j\Big\{\pm i(1 \mp ij) j\omega R_r e^{-i\kappa z + j\omega t}\int_{C_B}\frac{\partial\phi_r}{\partial n}(\xi,\eta)e^{i\kappa\bar{\zeta}}\Big|_{i\to\pm j}ds\Big\} \tag{5.3.2.39}$$

この radiation 複素ポテンシャルの漸近形を式 (5.3.1.39) のように Kochin 関数で表わしておく．

$$\left.\begin{aligned} f_{r_\omega}^{\pm}(z\,;t) &= \mathrm{Re}_j\Big\{j(1 \mp ij)\frac{g}{\omega}H_r^{\pm}(j)\, e^{-i\kappa z + j\omega t}\Big\} \\ f_r^{\pm}(z) &= \frac{1}{\kappa R_r}(1 \mp ij)H_r^{\pm}(j)\, e^{-i\kappa z} \end{aligned}\right\} \tag{5.3.2.40}$$

両式を比較して以下を得る．

$$H_r^{\pm}(j) = \mp\kappa R_r\int_{C_B}\phi_r(\xi,\eta)\frac{\partial}{\partial s}e^{\pm j\kappa(\xi\mp j\eta)}ds + j\kappa R_r\int_{C_B}\frac{\partial\phi_r}{\partial n}(\xi,\eta)e^{\pm j\kappa(\xi\mp j\eta)}ds \tag{5.3.2.41}$$

上式を離散化しておこう．右辺第 1 項は容易である．右辺第 2 項を離散化するため以下の積分を考える．

$$I_k^{\pm} = \int_{\zeta_k}^{\zeta_{k+1}} e^{\pm j\kappa\left\{\substack{\bar{\zeta}\\ \zeta}\right\}}ds$$

なお $\{\ \}$ の上下は複号に対応しているものとする．また

$$ds = e^{\pm j\alpha}\left\{\begin{matrix} d\bar{\zeta} \\ d\zeta \end{matrix}\right\}$$

としておくと

$$I_k^{+} = e^{j\alpha}\int_{\zeta_k}^{\zeta_{k+1}} e^{j\kappa\bar{\zeta}}d\bar{\zeta} = -\frac{j}{\kappa}e^{j\alpha}\Big[e^{j\kappa\bar{\zeta}}\Big]_{\zeta_k}^{\zeta_{k+1}}$$
$$I_k^{-} = e^{-j\alpha}\int_{\zeta_k}^{\zeta_{k+1}} e^{-j\kappa\zeta}d\zeta = \frac{j}{\kappa}e^{-j\alpha}\Big[e^{-j\kappa\zeta}\Big]_{\zeta_k}^{\zeta_{k+1}} = \overline{I_k^{+}}$$

以上を式 (5.3.2.41) に代入すると $\dfrac{\omega}{g\kappa} = \dfrac{1}{\omega}$ であるから以下となる．

$$H_r^{\pm}(j) = \mp\,\kappa R_r\sum_{k=1}^{N}\phi_{r_k}\Big[e^{\pm j\kappa(\xi\mp j\eta)}\Big]_{\zeta_k}^{\zeta_{k+1}} \pm R_r\sum_{k=1}^{N}\Big(\frac{\partial\phi_r}{\partial n}\Big)_k e^{\pm j\alpha}\Big[e^{\pm j\kappa(\xi\mp j\eta)}\Big]_{\zeta_k}^{\zeta_{k+1}}$$
$$= \mp\,\kappa R_r\sum_{k=1}^{N}\Big\{\phi_{r_k} - \frac{1}{\kappa}\Big(\frac{\partial\phi_r}{\partial n}\Big)_k e^{\pm j\alpha}\Big\}\Big[e^{\pm j\kappa(\xi\mp j\eta)}\Big]_{\zeta_k}^{\zeta_{k+1}} \tag{5.3.2.42}$$

また，波形の漸近形は $x \to \pm\infty$ で以下となる．

$$\eta_r^{\pm}(x) = -jH_r^{\pm}(j)\,e^{\mp j\kappa x} \tag{5.3.2.43}$$

なお，他の著者の計算結果との比較の便のために以下の定義の Kochin 関数を導入しておく．

$$\begin{aligned} H_r^{*\pm}(j) &= \frac{\pm j}{\mp\kappa R_r} H_r^{\pm}(j) \\ &= -\frac{j}{\kappa R_r} H_r^{\pm}(j) \\ &= \pm j \sum_{k=1}^{N} \left\{ \phi_{r_k} - \frac{1}{\kappa}\left(\frac{\partial\phi_r}{\partial n}\right)_k e^{\pm j\alpha} \right\} \left[e^{\pm j\kappa(\xi\mp j\eta)} \right]_{\zeta_k}^{\zeta_{k+1}} \end{aligned} \tag{5.3.2.44}$$

上の方式の Kochin 関数を用いれば複素ポテンシャル f_{r_ω} の $x \to \pm\infty$ における漸近形は以下と書ける．

$$\left.\begin{aligned} f_{r_\omega}^{\pm}(z\,;t) &= -\,\omega R_r \mathrm{Re}_j\{(1 \mp ij)H_r^{*\pm}(j)\,e^{-i\kappa z + j\omega t}\} \\ &= -\,\omega R_r H_r^{*\pm}(\pm i)\,e^{-i\kappa z \pm i\omega t} \\ f_r^{\pm}(z) &= j(1 \mp ij)H_r^{*\pm}(j)\,e^{-i\kappa z} \end{aligned}\right\} \tag{5.3.2.45}$$

最後に物体表面上の圧力分布を求め，それによる流体力を求めておく．r 方向に動揺する浮体が放射する波動中の動的圧力は線形化して以下と書ける．

$$\begin{aligned} p_{r_\omega}(x,y\,;t) &= \mathrm{Re}_j\{p_r(x,y)e^{j\omega t}\} \\ &= -\,\rho\frac{\partial\phi_{r_\omega}}{\partial t}(x,y\,;t) \\ &= -\,\rho \mathrm{Re}_j\{(j\omega)^2 R_r \phi_r(x,y)e^{j\omega t}\} \qquad for \quad r = X, Y, \Theta \end{aligned} \tag{5.3.2.46}$$

上式の 1 番目の式と 3 番目の式を比較して以下を得る．

$$p_r(x,y) = \rho\omega^2 R_r \phi_r(x,y) \qquad for \quad r = X, Y, \Theta \tag{5.3.2.47}$$

この r 方向の動揺による波動圧力が物体の（x, y, θ）方向に働く流体力，モーメントは各々以下と書ける．

$$\begin{aligned} \begin{Bmatrix} X_r \\ Y_r \\ M_r \end{Bmatrix} &= -\int_{C_B} p_r(x,y) \begin{Bmatrix} n_x \\ n_y \\ xn_y - yn_x \end{Bmatrix} ds \\ &= -\,\rho\omega^2 R_r \int_{C_B} \phi_r \begin{Bmatrix} n_x \\ n_y \\ xn_y - yn_x \end{Bmatrix} ds \qquad for \quad r = X, Y, \Theta \end{aligned} \tag{5.3.2.48}$$

X 方向の流体力の時間変化を記しておく．

$$X_{r_\omega}(t) = \mathrm{Re}\left\{X_r e^{j\omega t}\right\}$$
$$= X_r^C \cos\omega t - X_r^S \sin\omega t \tag{5.3.2.49}$$

としておくと時刻 0 では

$$X_{r_\omega}(0) = X_r^C = -\rho\omega^2 R_r \int_{C_B} \phi_r^C n_x ds \tag{5.3.2.50}$$

時刻 $\pm\pi/2\omega$ では以下となる．

$$X_{r_\omega}(\pm\pi/2\omega) = \mp X_r^S = \pm\rho\omega^2 R_r \int_{C_B} \phi_r^S n_x ds \tag{5.3.2.51}$$

他の方向の流体力についても同様である．

以上の流体力を動揺の加速度と速度に比例する量に分解しておく．例えば x 方向の動揺による x 方向に働く力に関しては以下の関係がある．

$$X_x = m\ddot{x} + n\dot{x}$$
$$= -\omega^2 X m + j\omega X n \tag{5.3.2.52}$$

上式より m は付加質量（added mass）と見なせ，n は減衰（damping）係数を示していることがわかる． 一般に，r 方向の動揺による（x, y, θ）方向に働く流体力 (X_r, Y_r, M_r) は以下と書ける．

$$\left.\begin{aligned} X_r &= -\omega^2 R_r\, m_{xr} + j\omega R_r\, n_{xr} \\ Y_r &= -\omega^2 R_r\, m_{yr} + j\omega R_r\, n_{yr} \\ M_r &= -\omega^2 R_r^2 m_{\theta r} + j\omega R_r^2 n_{\theta r} \end{aligned}\right\} \quad for \quad r = X, Y, \Theta \tag{5.3.2.53}$$

式 (5.3.2.48, 5.3.2.53) を等置し，両辺を $\rho\omega^2 R_r b^2$ で割って付加質量と減衰を無次元化する．なお，運動のモードを $r = (X, Y, \Theta)$ とする．

$$\left.\begin{aligned} &\begin{Bmatrix} A_{xr} \\ A_{yr} \\ A_{\theta r} \end{Bmatrix} - j \begin{Bmatrix} B_{xr} \\ B_{yr} \\ B_{\theta r} \end{Bmatrix} = \frac{1}{\rho b^2} \begin{Bmatrix} m_{xr}/\epsilon_r \\ m_{yr}/\epsilon_r \\ m_{\theta r}/b\epsilon_r \end{Bmatrix} - j\frac{1}{\rho\omega b^2} \begin{Bmatrix} n_{xr}/\epsilon_r \\ n_{yr}/\epsilon_r \\ n_{\theta r}/b\epsilon_r \end{Bmatrix} \\ &\qquad = -\int_{C_B} \phi_r(x, y) \begin{Bmatrix} n_x \\ n_y \\ (xn_y - yn_x)/b \end{Bmatrix} ds/b \\ &\epsilon_{x,y,\theta} = (1, 1, b) \end{aligned}\right\} \quad for \quad r = X, Y, \Theta \tag{5.3.2.54}$$

4) Haskind の関係

前小節で扱った diffraction 問題と今小節の radiation 問題における力及び Kochin 関数から導かれるエネルギーとの間には互いに密接な関係がある．それらを導くことは本書の手に余るので他の資料（[15] [16]）を参照してもらうこととして結果の式のみを示す．それらの関係式を数値的に検証することにより数値計算の妥当性を確かめることができる．

まずは radiation 問題について以下が成り立つ．

$$A_{ij} = A_{ji}, \quad B_{ij} = B_{ji} \qquad for \quad i, j = X, Y, \Theta \tag{5.3.2.55}$$

減衰係数については，次の Kochin 関数によるエネルギー量

$$E_{ij} = \frac{1}{2b^2}(H_i^{*+}\overline{H_j^{*+}} + H_i^{*-}\overline{H_j^{*-}}) \tag{5.3.2.56}$$

との間に以下の関係がある．

$$B_{ij} = E_{ij} \tag{5.3.2.57}$$

また，Kochin 関数について

$$H_\theta^{*+}/H_x^{*+} = l_w \quad （実数） \tag{5.3.2.58}$$

の関係があり，以下が成立する．

$$B_{x\theta}/B_{xx} = B_{\theta\theta}/B_{\theta x} = l_w \tag{5.3.2.59}$$

diffraction 問題の解と radiation 問題の解との間には密接な関係があり，Haskind の関係として知られている．

$$\frac{1}{\rho g a_0 b}\begin{Bmatrix} X_d \\ Y_d \\ M_d/b \end{Bmatrix} = H_r^{*+}/b \tag{5.3.2.60}$$

radiation 波と diffraction 波との間にも関係があり，特に物体が左右対称であれば以下の式が成り立つ．

$$\left.\begin{aligned} H_d^{\pm}(j)/a_0 &= j\, e^{j\epsilon_y}\cos\epsilon_y \mp e^{j\epsilon_x}\sin\epsilon_x \\ \epsilon_r &= arg(j\,\overline{H_r^{*+}}) \quad for \quad r = X, Y \end{aligned}\right\} \tag{5.3.2.61}$$

5.3.3　数値解の例

diffraction 問題

以上の解法により得られた解の例を以下に示す．まずは diffraction 問題の解とし，対象物体は半没円柱とする．式 (5.3.1.66) において $N_{add} = 3$ とした境界要素法の連立方程式を，5.1.3 小節で紹介した特異値分解法（SVD）を用いて解いている．図 5.3.3.1 に波数 $\kappa d = 1$ の時の解 Φ^C 及び Φ^S 分布を, 横軸を θ（半円の中心から見た半没円柱の境界点の角度）として示している．これらの量は ga_0/ω で無次元化してある．速度ポテンシャル $\Phi^{C,S}$ を数値微分して得られた流速分布 $q^{C,S}$ も図示してある（図中には円柱上の流れ関数の値 $\Psi_B^{C,S}$ も記してある）．この波数においては式 (5.3.1.64) の N_{add} は 0 でも構わない．また，物体表面の分割数は $N = 80$ としている．本節における数値計算は断らない限りはすべて，いわゆる単精度で行っている．

この解を式 (5.3.1.68) に代入すれば回折波動が求まり，式 (5.3.1.70) により回折波が計算できる．波形及び以下に示す流線，流跡線においては式 (5.3.1.33, 5.3.1.34) に基づく時間経過を採用していることに注意する．図 5.3.3.2 の上段が入射波を示し，中段が回折波を示す．下段はそれらの合成波である．太実線で示した波形を時刻 0 のそれとすれば，太破線は 1/4 周期前の時刻の波動であり，細実線は 1/2 周期前の，細破線は 3/4 周期前の波形である．半没円柱は d（=半径）を喫水として $-1 \leq x/d \leq 1$ にある．その間の波高は入射波，回折波を合成すると本計算法では 0 となることがわかる．

半没円柱周りの流線と等ポテンシャル線を図 5.3.3.3, 5.3.3.4 に示す．図中の波高（入射波高で無次元化）は 1/2 の値を描いている．図 5.3.3.3 は正弦成分（時刻 0）の，図 5.3.3.4 は余弦成分（時刻は $\omega t = \pi/2$）のそれである．共に半円柱表面上の境界条件を満たしており，半円柱内では速度ポテンシャル，流れ関数ともに値はほぼ 0 となっていることがわかる．ただし，流線はある瞬間の流線であるので，必ずしも波動を直観的に把握するのに適しているとは言えない．そこで，3.3.2 小節で開発した近似流跡線を，式 (5.3.1.68) 第 2 式の流速から求めて描いた図が図 5.3.3.5 である．

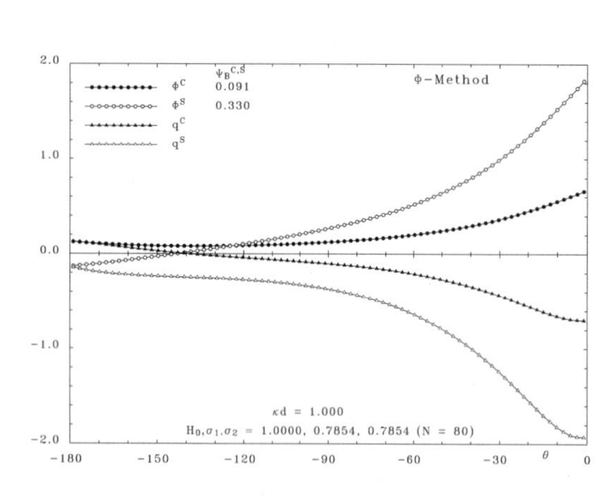

図 5.3.3.1. 半没円柱に関する diffraction 問題の Φ-法による解

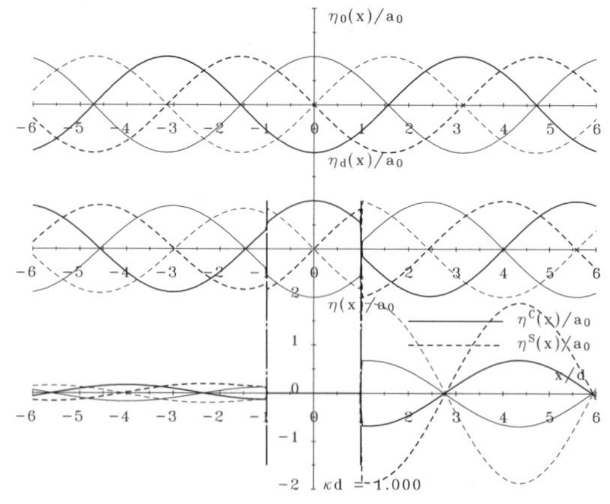

図 5.3.3.2. 半没円柱周りの波形：入射波，回折波，合成波（$\kappa d = 1.0$）

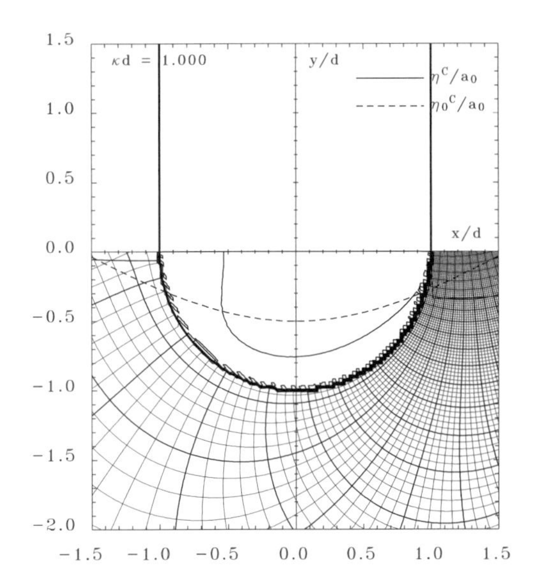

図 5.3.3.3. 半没円柱周りの流線と等ポテンシャル線（正弦成分，時刻 $t = 0$, $\kappa d = 1.0$, $\Psi_B^S = 0.330$, $N = 80$）

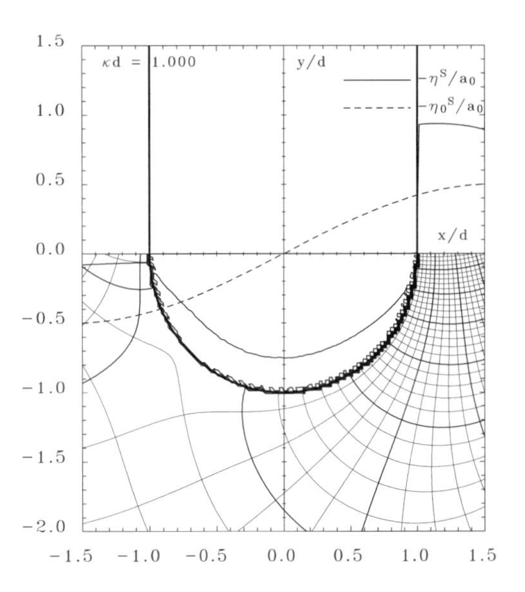

図 5.3.3.4. 半没円柱周りの流線と等ポテンシャル線（余弦成分，時刻 $\omega t = \pi/2$, $\kappa d = 1.0$, $\Psi_B^C = 0.091$, $N = 80$）

円柱前面の波動はほぼ停留波状であり，少し離れた後方では進行波状の波動となっている（少し見にくいが）．なおこの図では波高は最大波高が 0.2 となるようにしてある．

以上の波形，流線，流跡線などから，解は diffraction 問題の正しい解となっていると考えてよいだろう．

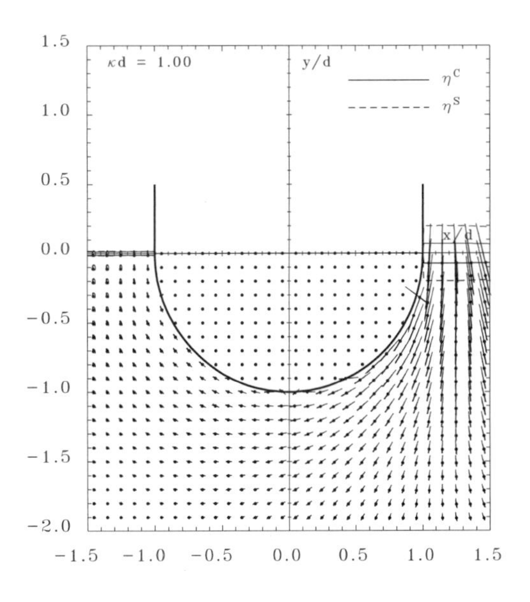

図 5.3.3.5. 半没円柱周りの流跡線（$\kappa d = 1.0, N = 80$）

波数を変化させて，式 (5.3.1.80) の反射係数，透過係数を計算した図を図 5.3.3.6 に示した．エネルギー保存則である式 (5.3.1.81) も数値誤差の範囲で成立していること，また，解析解（4.2 節）との一致も確かめている．

図 5.3.3.7 には式 (5.3.1.89) で求めた波浪強制力を太線にて示してある．半没円柱には原点周りの波強制モーメントは働かないことに注意する．同図には非対称物体の波浪強制力も示してある．この物体の形状は図 5.3.3.22 以下にて示す．

ここで半没円柱に関する固有波数について調べておこう．$N_{add} = 0$ とし，波数を固有波数で

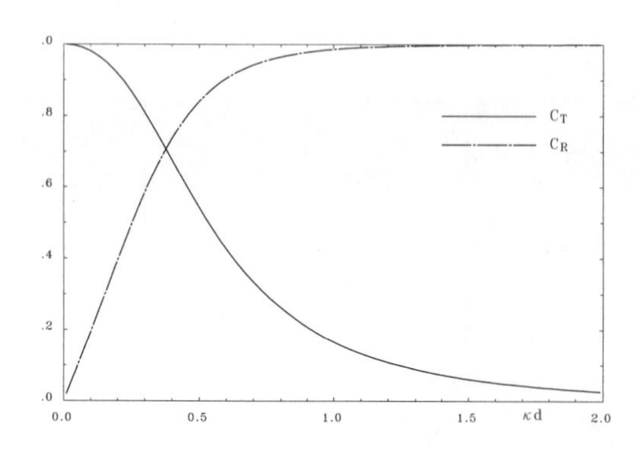

図 5.3.3.6. 半没円柱に関する透過及び反射係数

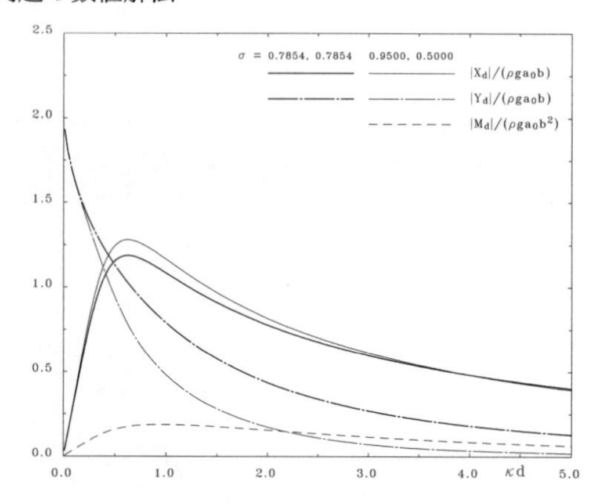

図 5.3.3.7. 半没円柱に関する波浪強制力

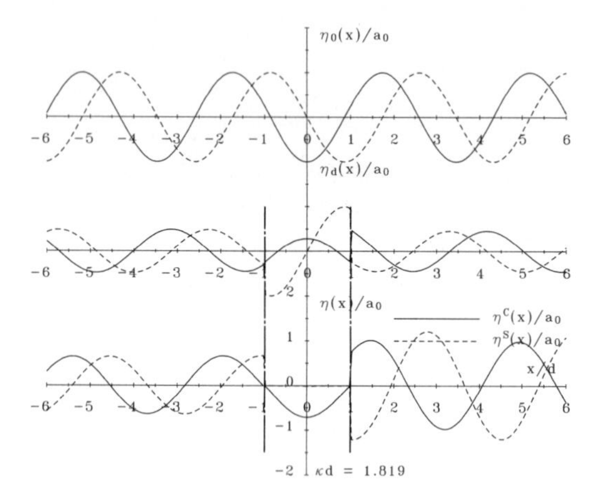

図 5.3.3.8. 半没円柱周りの波形：入射波，回折波，合成波（N_{add} = 0, κd = 1.819）

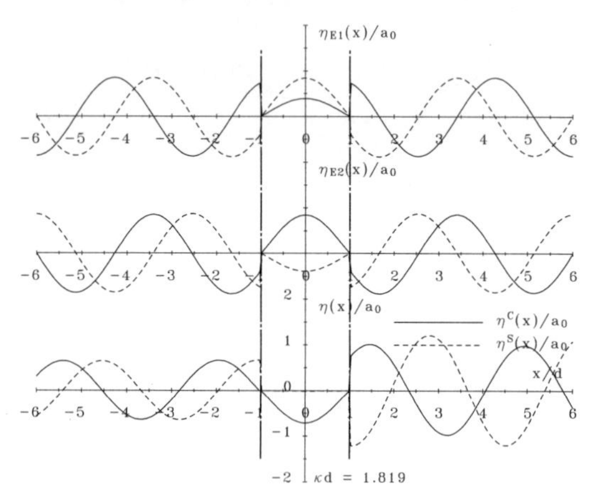

図 5.3.3.9. 半没円柱周りの波形：2 つの固有波，合成波（κd = 1.819）

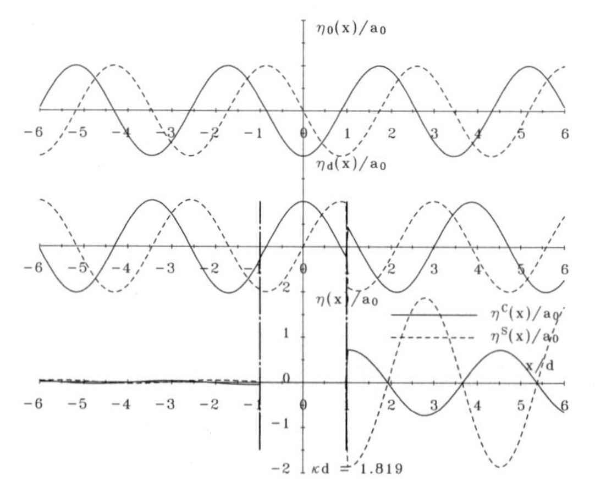

図 5.3.3.10. 半没円柱周りの波形：入射波，回折波，合成波（N_{add} = 3, κd = 1.819）

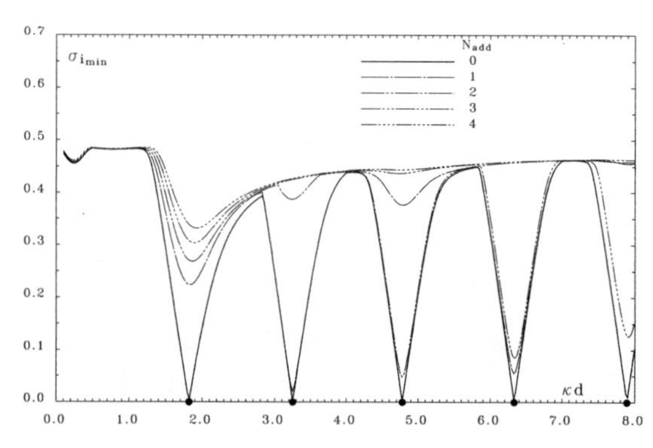

図 5.3.3.11. 各種 N_{add} の値における最小特異値 $\sigma_{i_{min}}$ の変化

ある $\kappa d = 1.819$ とし解を求め，半没円柱周りの波形を描いたものを図 5.3.3.8 に示す．上段から入射波，回折波，それらの合成波である．物体内部の合成波の余弦成分の波高は端点を除いて 0 となっておらず正しい解となっていないことがわかる．特異値分解法によれば，この時，ほとんど 0 となる特異値が 2 個（各々の特異値は一致している）存在することがわかる（式 (5.1.3.15) の σ_i が特異値）．それらの特異値に対応する解（固有解）の波形を図 5.3.3.9 に示した．上段，中段の波形がそれであり，下段は前図と同じく合成波である．2 つの固有解は物体内部の端点で波高が 0 となる 1 種の停留波であることがわかる．なお，固有解の流線等は後に図示する．また，固有解を式 (5.3.1.63) に代入すると，右辺ベクトルの各要素は 0 となっていることが確認できる．物体内部の水面の N_{add} 個の点に固有解除去の条件 (5.3.1.64) を付加してやると図 5.3.3.10 のような波形を得て，正しい解を得ることができた．

こうした特異値（常に正値）の最小値を波数を変えてプロットしてやれば，固有波数を見つけることができる．その図を図 5.3.3.11 に太実線にて示す．固有波数の近傍では特異値の最小値は直線的に変化するので固有波数の数値を求めることは容易であり，$\kappa d = 1.819, 3.253, 4.778, 6.330, 7.890, \ldots$ が固有波数であることがわかる．この場合の固有波数は解析的に求めることは可能と思われる [3] が検討していない．図には N_{add} をいろいろ変えた時の特異値の最小値の変化を示した．この方法によれば，固有波数の値をかなりの精度で特定できる他に，付加条件の利き方が量的に評価できるという利点も有する．特異値分解法を利用する方法の利点の 1 つである．特異値の最小値は大きいほど好ましくはあるが，ほぼ完全な 0 値をとらない限りは精度に大きな影響を及ぼさないことは確認されている．したがって，今の問題については波数をそれほど大きくしなければ $N_{add} = 3$ 程度で十分であることがわかる．

radiation 問題

radiation 問題における境界積分方程式 (5.3.2.28) の解（ωXd などで無次元化した速度ポテンシャル）を半没円柱を例にとり図 5.3.3.12 に示す．モード 1（X, sway）の動揺については左右反対称となっており，モード 2（Y, heave）の動揺については左右対称，モード 3（Θ, roll）の動揺については 0 値となっている．以下に示す波形及び流線，流跡線においては式 (5.3.2.3) に基づく時間経過を採用していることに注意する．また，他著者の計算結果との比較を容易とするため y 方向の符号を逆にした場合もある．

図 5.3.3.13 には上段から，各々モード 1,2,3 の半没円柱の動きとそれの引き起こす波動を示してある．物体の動きは，太い実線で描いたものが時刻 0 における位置を示し，細実線は半周期前の時刻における位置を示している．波動は太実線が時刻 0 の時の波形を，太破線は 1/4 周期前の，細実線は 1/2 周期前の，細破線は 3/4 周期だけ前の時刻の波形を示している．モード 3 の動揺は半没円柱周りには何の攪乱も引き起こさない．著者はこれらの図を動画化して楽しんでいる．

図 5.3.3.14, 5.3.3.15 には sway している半没円柱周りの，時刻 0（負の正弦成分），1/4 周期前（負の余弦成分）の時刻における流線と等ポテンシャル線を描いてある．時刻 0 では物体は右端一杯から左方へ動き始めた時であるから，流線は物体表面に沿っている．1/4 周期前では物体は右方へ向かって最大速度で動いているので流線は物体表面を突き抜けているように見える．な

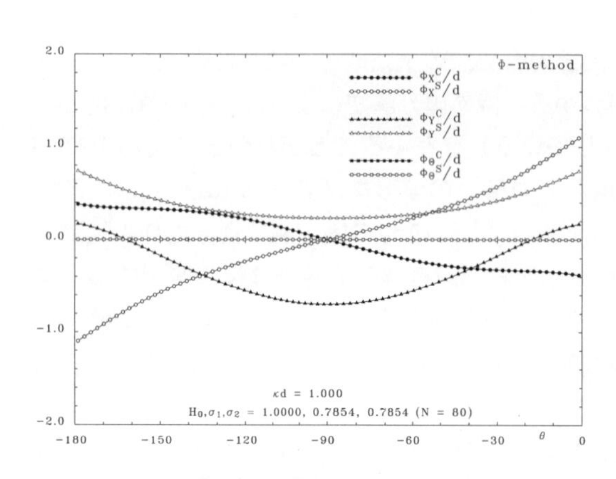

図 5.3.3.12. 半没円柱に関する radiation 問題の Φ-法による解

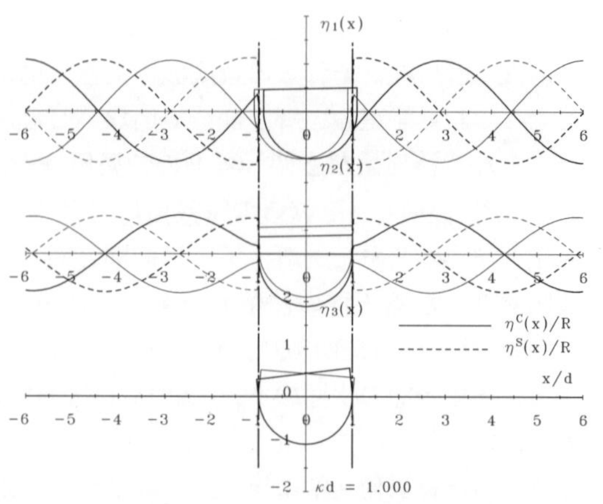

図 5.3.3.13. 半没円柱周りの発散波形：上段よりモード 1(sway), 2(heave), 3(roll)（$\kappa d = 1.0$）

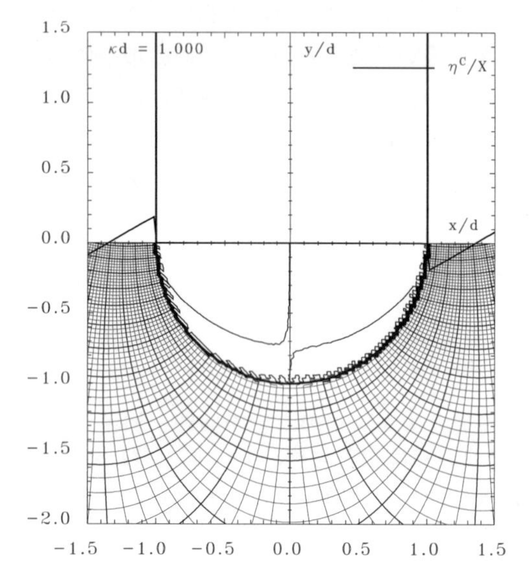

図 5.3.3.14. Sway する半没円柱周りの流線と等ポテンシャル線（時刻 $t = 0$, $-f_X^S(z)$, $\kappa d = 1.0$, $N = 80$）

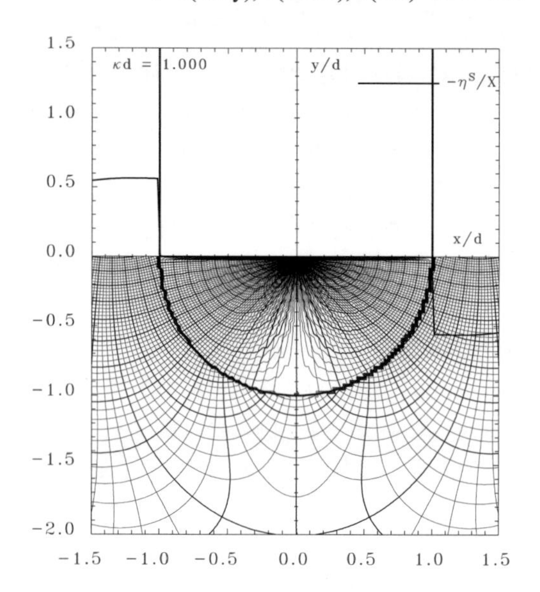

図 5.3.3.15. Sway する半没円柱周りの流線と等ポテンシャル線（時刻 $t = \pi/2\omega$, $-f_X^C(z)$, $\kappa d = 1.0$, $N = 80$）

お，余弦成分の物体内部の点では，式 (5.3.2.33) 右辺第 2 項の対数関数の偏角部分の岐路が存在するので，虚部は一定値とはならない．流れの様子が直観的にわかるように近似流跡線を描き図 5.3.3.16 に示した．物体近傍でも反対称に左右に出ていく進行波に近い波動をしていることがわかる．

図 5.3.3.17, 5.3.3.18 には heave している半没円柱周りの，時刻 0（負の正弦成分），1/4 周期前（負の余弦成分）の時刻における流線と等ポテンシャル線を描いてある．時刻 0 では物体は下端一杯から上方へ動き始めた時であるから，流線は物体表面に沿って上昇している．1/4 周期

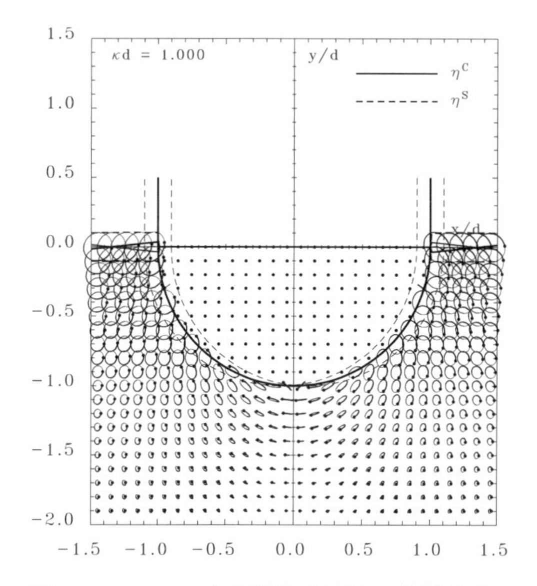

図 5.3.3.16. Sway する半没円柱周りの流跡線（$\kappa d = 1.0$, $N = 80$）

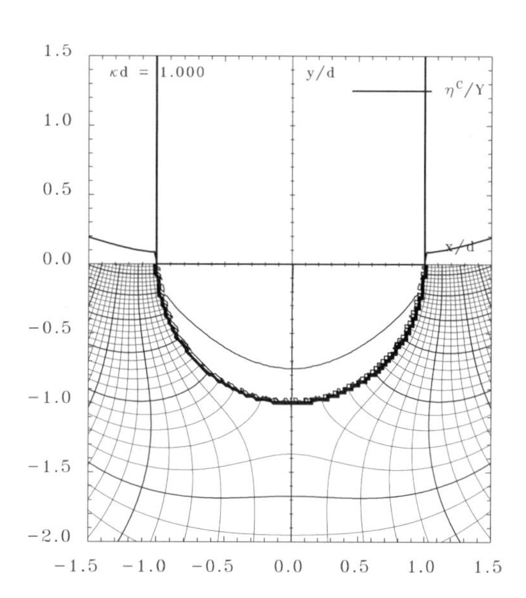

図 5.3.3.17. Heave する半没円柱周りの流線と等ポテンシャル線（時刻 $t = 0$, $-f_Y^S(z)$, $\kappa d = 1.0$, $N = 80$）

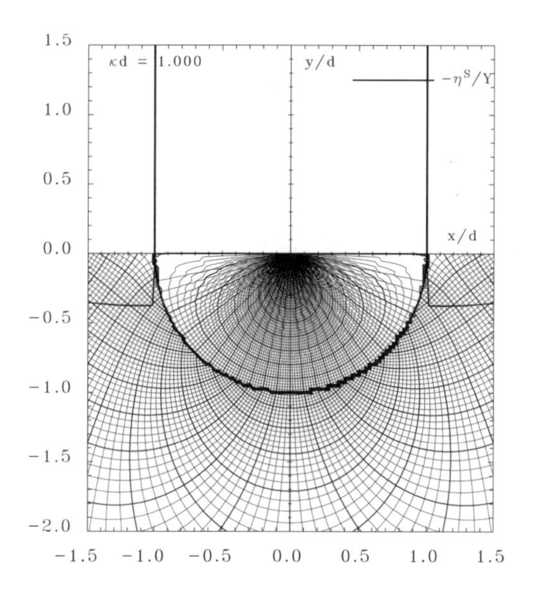

図 5.3.3.18. Heave する半没円柱周りの流線と等ポテンシャル線（時刻 $t = \pi/2\omega$, $-f_Y^C(z)$, $\kappa d = 1.0$, $N = 80$）

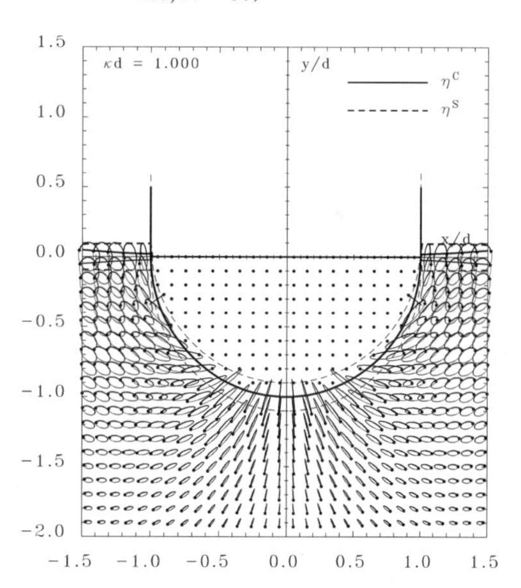

図 5.3.3.19. Heave する半没円柱周りの流跡線（$\kappa d = 1.0$, $N = 80$）

前では物体は上方へ向かって最大速度で動いているので流線は物体表面を突き抜けているように見える．近似流跡線を図 5.3.3.19 に示した．物体近傍でも対称的に左右に出ていく進行波に近い波動をしていることがわかる．

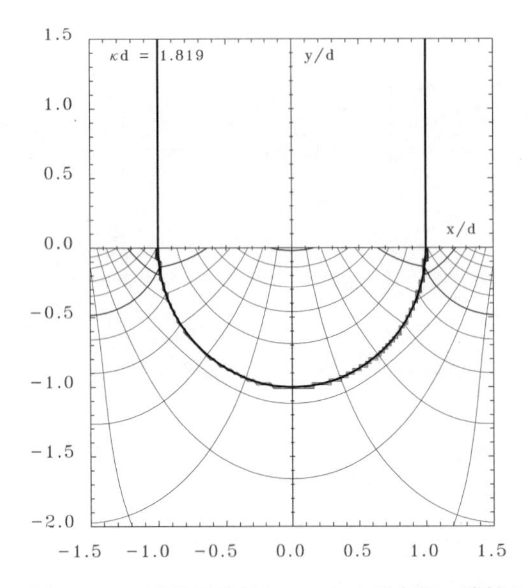

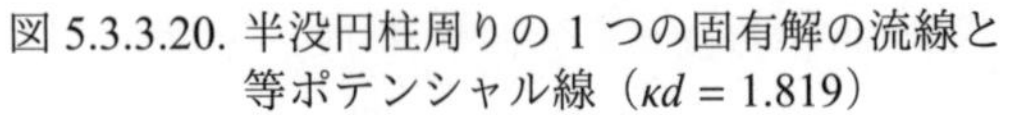

図 5.3.3.20. 半没円柱周りの1つの固有解の流線と等ポテンシャル線（κd = 1.819）

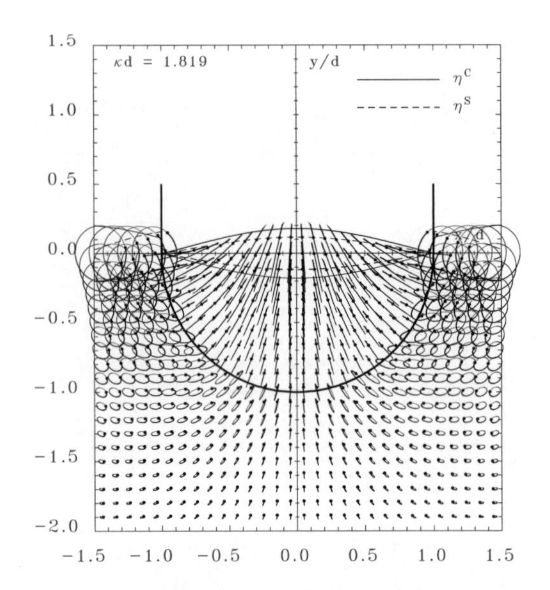

図 5.3.3.21. 半没円柱周りの1つの固有解（前図）の流跡線（κd = 1.819）

最後に，半没円柱に関する2つの内1つの固有解の流線，等ポテンシャル線と流跡線の例を図 5.3.3.20, 5.3.3.21 に示した．物体内部の等ポテンシャル線は物体表面で一定値（0）をとり，流線は表面に直行している．これらの性質は余弦成分についても，また，もう1つの固有解についても同様であるが図は省略する．

次に，非対称物体に関する計算結果を見てみる．ここで採用する非対称物体は，5.2.3 小節 4 項で述べた Lewis Form 形状で，左右で異なる Lewis Form 形状を用いたものである．左右で各々の面積係数を 0.50 と 0.95 としたもので，図 5.3.3.24 などにその形状を示した．

図 5.3.3.22 に各モードにおける解の余弦成分，正弦成分の分布を示した．図 5.3.3.23 には，上段から sway，heave，roll の動揺における，物体の位置，及びそれの作る波動の変化を示した．半没円柱の図 5.3.3.13 と比べて左右の波の振幅に差が見られる他，roll についても波動が生じていることがわかる．

図 5.3.3.24 - 5.3.3.26 には各モードにおける波動の流跡線を示した．物体の左側のへこんだ部分の波動が半没円柱周りのそれとかなり異なっているのが興味深い．

図 5.3.3.27 - 5.3.3.29 には，半没円柱と，上述の非対称物体について式 (5.3.2.54) により求めた付加質量係数，減衰係数を示した．

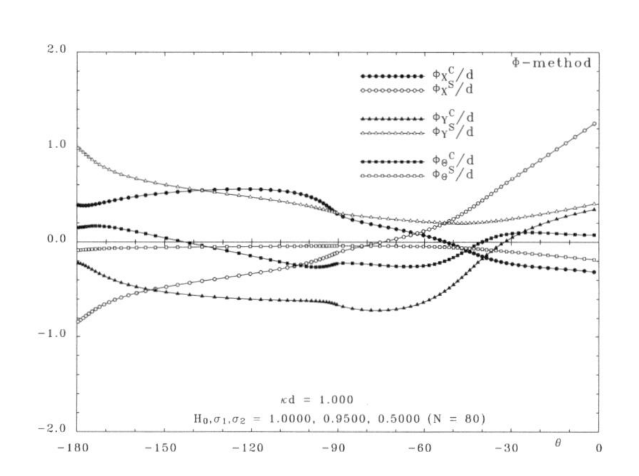

図 5.3.3.22. 非対称物体に関する radiation 問題の Φ-法による解

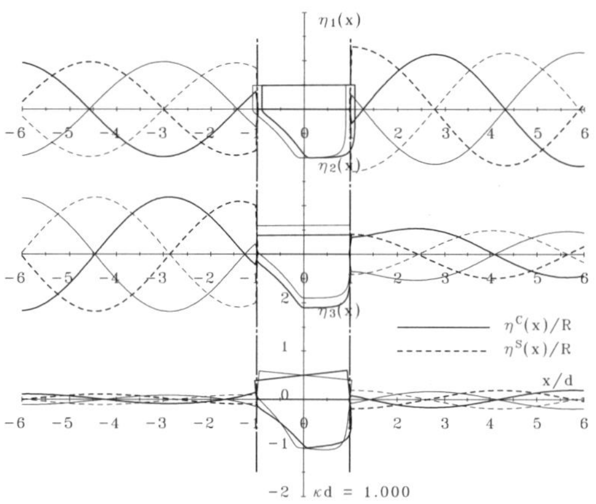

図 5.3.3.23. 非対称物体周りの波形：上段よりモード 1(sway), 2(heave), 3(roll)（κd = 1.0）

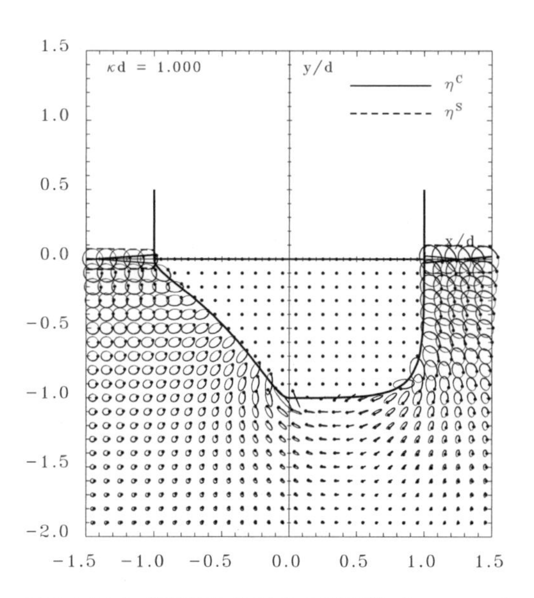

図 5.3.3.24. 非対称物体周りの流跡線（sway，κd = 1.0, N = 80）

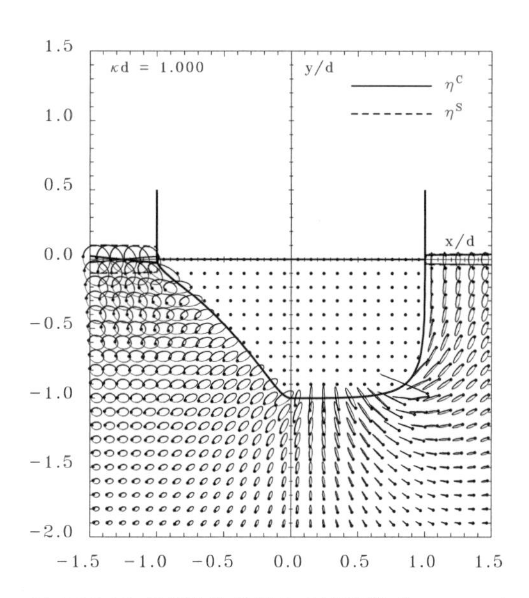

図 5.3.3.25. 非対称物体周りの流跡線（heave，κd = 1.0, N = 80）

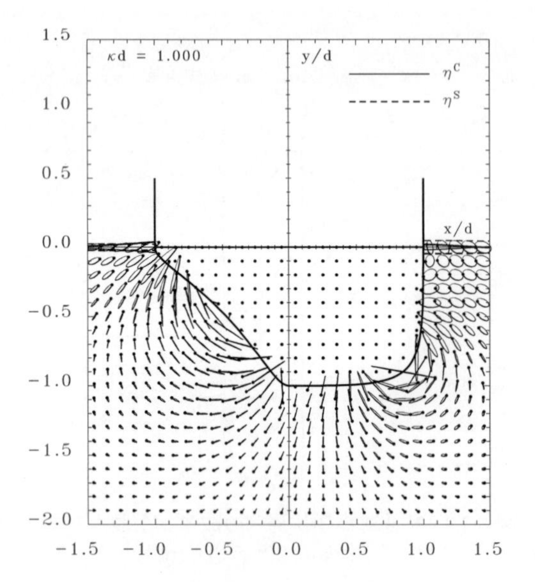

図 5.3.3.26. 非対称物体周りの流跡線（roll, κd = 1.0, N = 80）

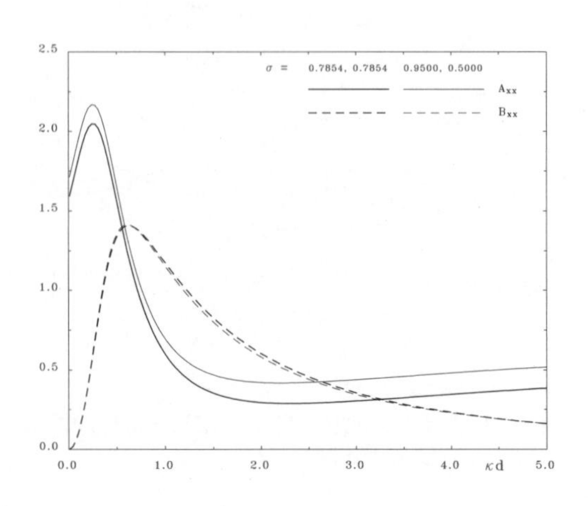

図 5.3.3.27. 付加質量係数 A_{xx} と減衰係数 B_{xx}

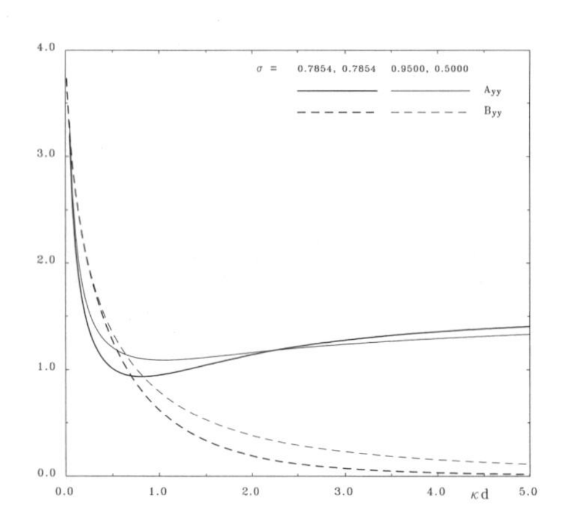

図 5.3.3.28. 付加質量係数 A_{yy} と減衰係数 B_{yy}

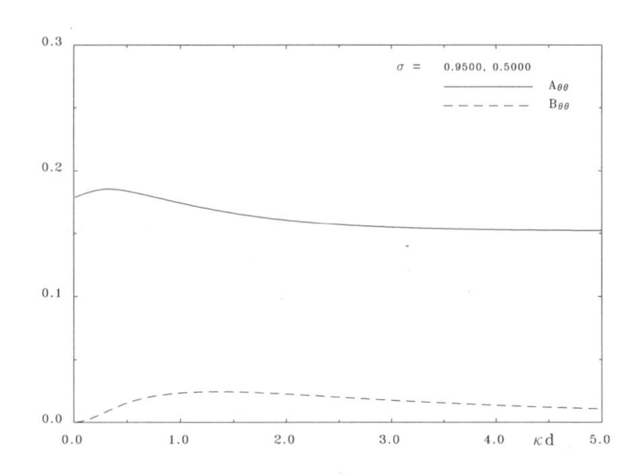

図 5.3.3.29. 付加質量係数 $A_{\theta\theta}$ と減衰係数 $B_{\theta\theta}$

計算機出力の例

以下には数値的な比較ができるように，計算機の出力を 2 例示す．#付きの番号は注に示す本文中の式番号で，その式による計算結果などであることを示す．

1）半没円柱（波数：$\kappa d = 1.0$）

```
 *** Diffraction and Radiation Problem ***
** B/(2d) sigma1  sigma2 **
  1.0000  0.7854  0.7854
**      Kd      KB/2       **
       1.0000  1.0000
**        N     Nadd       **
         80       3
 ***** Kochin Functions *****
                     ** _ **              ** + **
 H_x(Sway)    = -0.2872 -1.0445     0.2872  1.0445                    #1
    Amp,Eps   =  1.0832   164.6     1.0832   -15.4
 H_y(Heave)   =  0.3323  0.7158     0.3323  0.7158                    #1
    Amp,Eps   =  0.7891   -24.9     0.7891   -24.9
 H_t(Roll)    =  0.0000  0.0000     0.0000  0.0000                    #1
    Amp,Eps   =  0.0000   -15.4     0.0000   164.6
 H_Diff       =  0.1263  0.8930     0.6376  0.7524                    #2
    Amp,Eps   =  0.9018    -8.1     0.9862   -40.3
 H0+H_Diff    =  0.1263 -0.1070                                       #3
    Amp,Eps   =  0.1656  -130.3
 ( Computed from Radiation Solutions for a Symmetric Body )
 H_Diff       =  0.1263  0.8930     0.6376  0.7524                    #4
 ***** Transmission and Reflection Coefficients *****
 Ct, Cr, Eneg =    0.1656    0.9862      1.0000                       #5
 ***** Added mass and Damping Coefficient / Energy *****              #6
Mode      Axr      Bxr/Exr      Ayr       Byr/Eyr      Atr       Btr/Etr
 x      0.6000     1.1735     0.0000     0.0000     0.0000     0.0000    #7
(Energy)           1.1734                0.0000                0.0000    #8
 y      0.0000     0.0000     0.9502     0.6228     0.0000     0.0000    #7
(Energy)           0.0000                0.6228                0.0000    #8
 theta  0.0000     0.0000     0.0000     0.0000     0.0000     0.0000    #7
(Energy)           0.0000                0.0000                0.0000    #8
 ***** Wave Exciting Forces *****
 Pressure Integral / Haskind-Newman ( Kochin Hi+ )                    #9
                Real       Imag       Abs       Arg in deg.
  Sway F. =    0.2872     1.0446     1.0833       74.6                #10
      Hx+ =    0.2872     1.0445                                      #1
 Heave F. =    0.3324     0.7159     0.7893       65.1                #10
      Hy+ =    0.3323     0.7158                                      #1
  Roll M. =    0.0000     0.0000     0.0000     -105.4                #10
      Ht+ =    0.0000     0.0000                                      #1
 PsiBC,S =     0.330     -0.091                                       #11
```

2）非対称物体（波数：$\kappa d = 1.0$）

以下の計算例は [16] と比較できる．

```
 *** Diffraction and Radiation Problem ***
** B/(2d) sigma1  sigma2 **
  1.0000  0.8500  0.7000
**     Kd      KB/2       **
       1.0000  1.0000
**        N    Nadd       **
         80       3
 ***** Kochin Functions *****
                   ** - **            ** + **
 H_x(Sway)    = -0.2260 -1.0195     0.3388  1.0588                  #1
    Amp,Eps   =  1.0442   167.5     1.1117   -17.7
 H_y(Heave)   =  0.3317  0.8599     0.3246  0.5902                  #1
    Amp,Eps   =  0.9217   -21.1     0.6736   -28.8
 H_t(Roll)    = -0.0210 -0.0507    -0.0256 -0.0504                  #1
    Amp,Eps   =  0.0549   157.5     0.0565   153.1
 H_Diff       =  0.1278  0.8933     0.6908  0.7036                  #2
    Amp,Eps   =  0.9024    -8.1     0.9861   -44.5
 H0+H_Diff    =  0.1278 -0.1067                                     #3
    Amp,Eps   =  0.1665  -129.8
 ( Computed from Radiation Solutions for a Symmetric Body )
 H_Diff       =  0.1320  0.8606     0.7125  0.6749                  #4
 ***** Transmission and Reflection Coefficients *****
 Ct, Cr, Eneg =    0.1665    0.9861      1.0000                     #5
 ***** Added mass and Damping Coefficient / Energy *****            #6
Mode      Axr      Bxr/Exr     Ayr      Byr/Eyr     Atr      Btr/Etr
 x      0.6149     1.1632   -0.1974   -0.1084   -0.0095   -0.0028    #7
(Energy)           1.1631             -0.1084             -0.0028    #8
 y     -0.1974    -0.1084    0.9605    0.6517    0.0963   -0.0443    #7
(Energy)          -0.1084              0.6516             -0.0443    #8
 theta-0.0095     -0.0028    0.0962   -0.0443    0.0223    0.0031    #7
(Energy)          -0.0028             -0.0443              0.0031    #8
 ***** Wave Exciting Forces *****
 Pressure Integral / Haskind-Newman ( Kochin Hi+ )                   #9
                 Real       Imag       Abs       Arg in deg.
  Sway F. =     0.3387     1.0589    1.1117      72.3                #10
      Hx+ =     0.3388     1.0588                                    #1
 Heave F. =     0.3247     0.5903    0.6737      61.2                #10
      Hy+ =     0.3246     0.5902                                    #1
  Roll M. =    -0.0256    -0.0504    0.0565    -116.9                #10
      Ht+ =    -0.0256    -0.0504                                    #1
 PsiBC,S =      0.303     -0.090                                     #11
```

注

#1：式 (5.3.2.44) による各モードの動揺による発散波の Kochin 関数（t は θ を意味する）

#2：式 (5.3.1.77) による diffraction 問題の回折波の Kochin 関数

#3：式 (5.3.1.79) による回折波と入射波の合成波の Kochin 関数
#4：式 (5.3.2.61) の関係による発散波から求めた回折波の Kochin 関数，対象物体の場合に#2 と一致することの確認
#5：式 (5.3.1.80, 5.3.1.81) による透過率，反射率とエネルギー保存則
#6：式 (5.3.2.56) の関係の確認
#7：式 (5.3.2.54) による付加質量係数と減衰係数
#8：式 (5.3.2.56) によるエネルギー
#9：式 (5.3.2.60) の関係の確認
#10：式 (5.3.1.89) による波浪強制力の余弦成分（実部）と正弦成分（虚部）
#11：物体表面上の流れ関数 $\Psi_B^{C,S}$ の値，式 (5.3.1.68) による計算値の平均値

矩形柱

次に，浮体が矩形断面をしている場合の数値解の例を示す．まず，固有波数について調べる．喫水を d，半幅を b とし，$y=-d$, $x=0$ で速度ポテンシャル $\phi=0$ となる内部問題の解は以下のように解析的に表わされる．

$$\phi(x,y)=\sinh m_0(y+d)\sin m_0 x$$

さらに $x=2b$ でも $\phi=0$ となるには以下が必要である．

$$m_0=M\frac{\pi}{2b}\,,\quad M=1,2,3,\ldots$$

この速度ポテンシャルが線形自由表面条件式 (5.3.1.11) を満たすためには波数が以下でなければならない．

$$\kappa=\frac{m_0}{\tanh(m_0)}$$

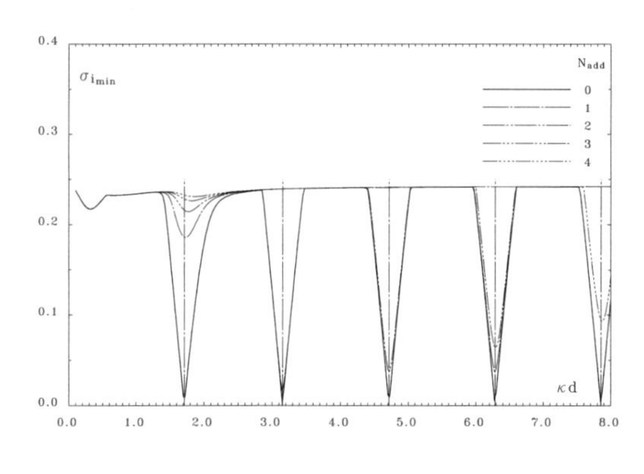

図 5.3.3.30. $b/d=1$ の矩形浮体に関する各 N_{add} における最小特異値 $\sigma_{i_{min}}$ の変化（$N=120$）

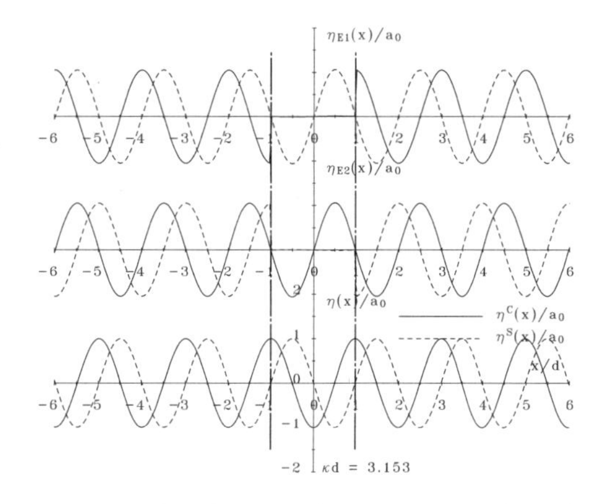

図 5.3.3.31. 矩形柱周りの波形：2 つの固有波，入射波（$\kappa d=3.1534$）

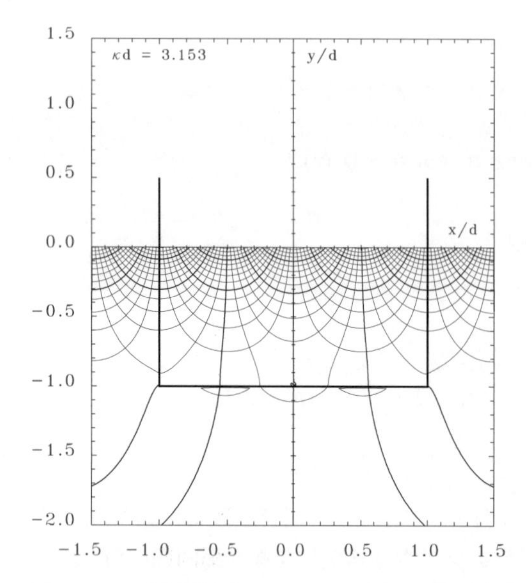

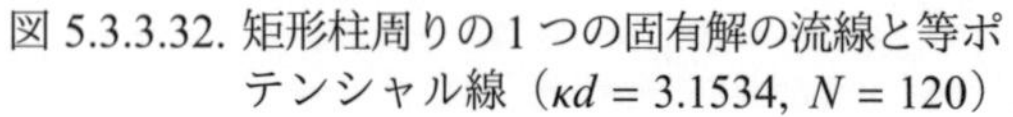
図 5.3.3.32. 矩形柱周りの 1 つの固有解の流線と等ポテンシャル線（$\kappa d = 3.1534$, $N = 120$）

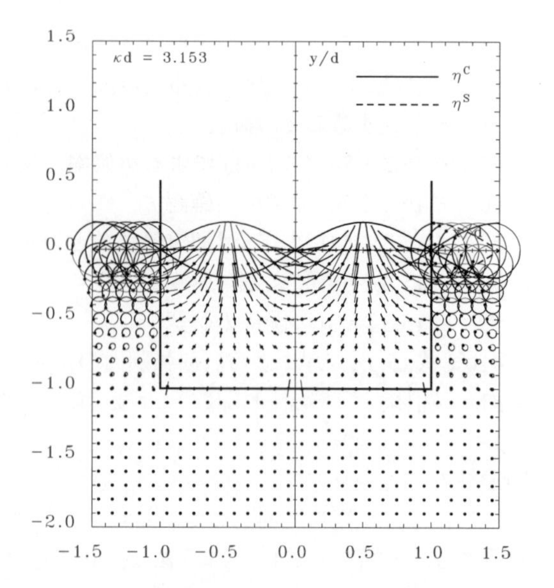

図 5.3.3.33. 矩形柱周りの 1 つの固有解（前図）の流跡線（$\kappa d = 3.1534$, $N = 120$）

この時の値（1.7127, 3.1534, 4.7132, 6.2832, 7.8540, ...）が解析的に求められる固有波数である．

$b/d = 1$ の矩形浮体に関して，半没円柱の場合と同様に，付加条件の数を $N_{add} = 0, 1, 2, 3, 4$ として，境界要素法に特異値分解法を適用して，特異値の最小値（同一の値が 2 個存在する）をもとめ，図示したものを図 5.3.3.30 に示す．$N_{add} = 0$ の時にほぼ 0 となる波数が特異波数である．なお，単精度計算では特異値が収束しなかったので倍精度で計算している．図中 1 点破線は上で解析的に求めた固有波数の位置である．$N_{add} = 0$ の時の特異値（の最小値）の振る舞いから固有波数が精度よく求められることがわかろう．

図 5.3.3.31 には固有波数 $\kappa d = 3.1534$ $(M = 2)$ の時の，2 つの固有解の水面波形（上段，中段）及び，入射波の波形（下段）を示してある．固有解の波高（すなわち速度ポテンシャルの値）は物体端点（ないし物体内部の水面のいたるところ）で 0 となっていることがわかる．固有解の流線と等ポテンシャル線及び流跡線の例を図 5.3.3.32, 5.3.3.33 に示した．物体の内壁及び底で内部流の速度ポテンシャルが 0 となっており，流れは水面付近で壁に直行していることがわかる．

半幅を 2 種類 $b/d = 1, 1.5$ に変えて付加質量係数と減衰係数を求め，図示したものを図 5.3.3.34 - 5.3.3.36 に示した．なお，諸量は没水部分の質量（の 2 倍）で無次元化している．

水面と直交しない浮体

半没円柱の深度をさらに深くして，中心から水面と交差する点までの角度を θ_d としておく．図 5.3.3.37 は $\theta_d = 30°$ の場合である．$\theta_d < 0$ は没水深度を浅くした場合であり，図 5.3.3.38 は $\theta_d = -30°$ の場合である．これらの物体は水面と直行しておらず，解を求めることが可能かどうかを調べてみた．図 5.3.3.37, 5.3.3.38 に各々の diffraction 問題の解から求めた流跡線を示した．

どちらも問題なく解けているようである．なお倍精度計算にしないと精度が悪い．

図 5.3.3.39 - 5.3.3.41 には 3 種の没水深度の半没円柱に関する付加質量係数，減衰係数を図示した．なお，諸量は没水部分の質量（の 2 倍）で無次元化している．

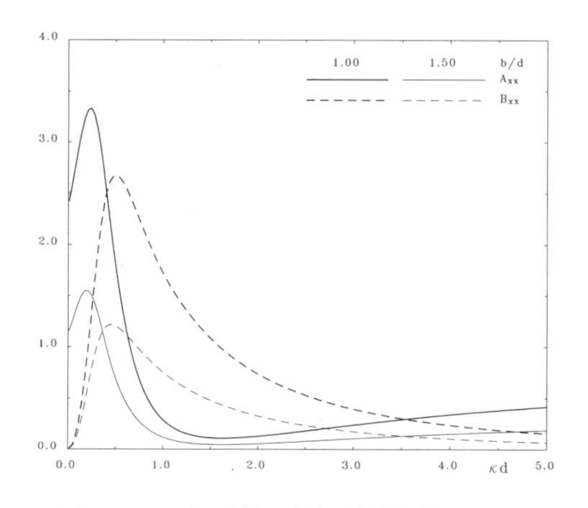

図 5.3.3.34. 矩形柱の付加質量係数 A_{xx} と減衰係数 B_{xx}

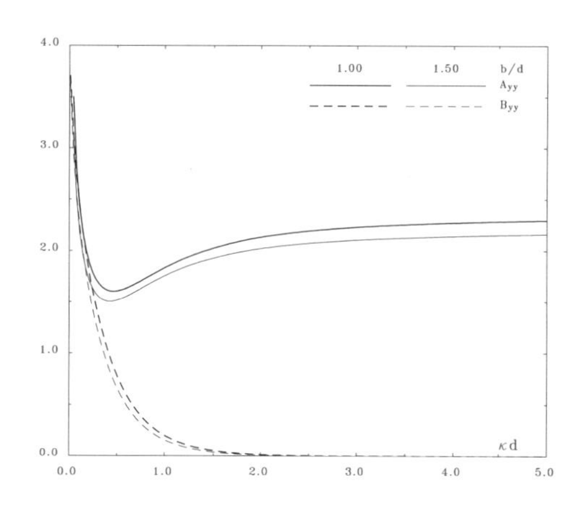

図 5.3.3.35. 矩形柱の付加質量係数 A_{yy} と減衰係数 B_{yy}

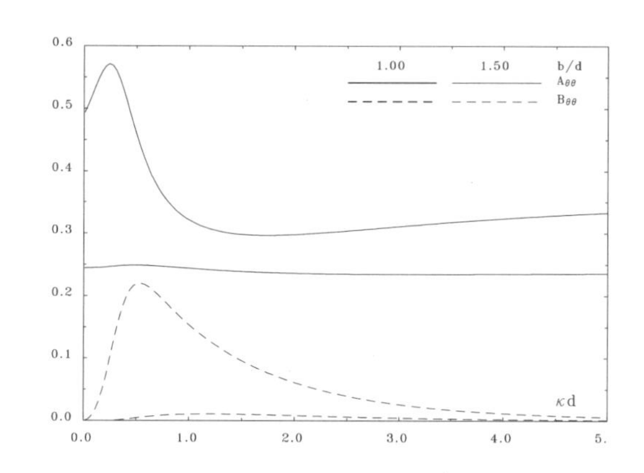

図 5.3.3.36. 矩形柱の付加質量係数 $A_{\theta\theta}$ と減衰係数 $B_{\theta\theta}$

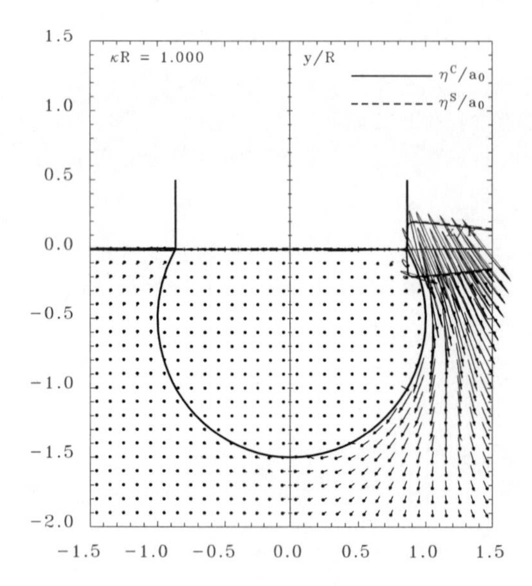

図 5.3.3.37. 深没水円柱周りの流跡線
（$\theta_d = 30°, \kappa R = 1, N = 80$）

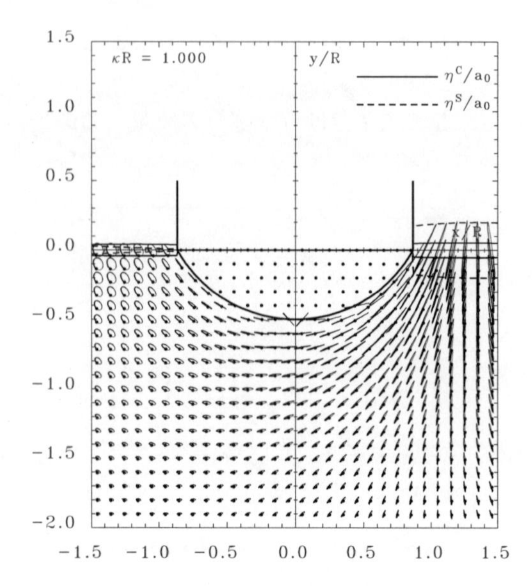

図 5.3.3.38. 浅没水円柱周りの流跡線
（$\theta_d = -30°, \kappa R = 1, N = 80$）

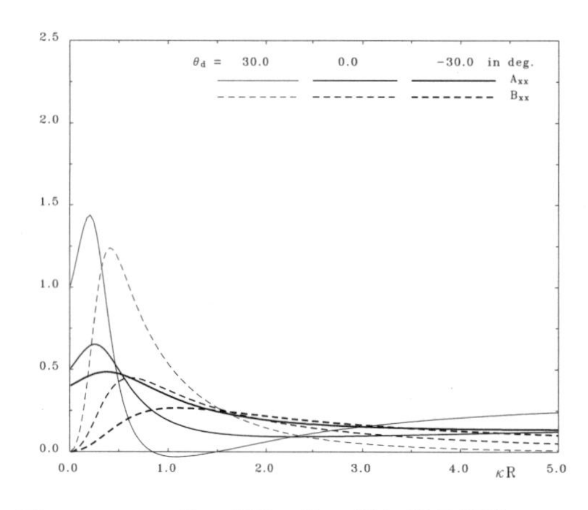

図 5.3.3.39. 3 種の半没円柱の付加質量係数 A_{xx} と減衰係数 B_{xx}

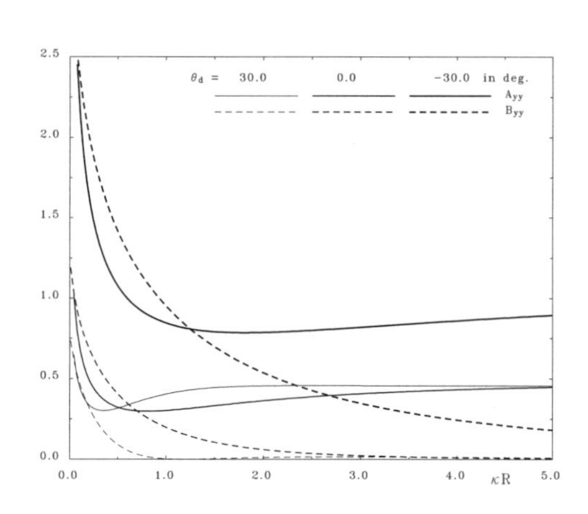

図 5.3.3.40. 3 種の半没円柱の付加質量係数 A_{yy} と減衰係数 B_{yy}

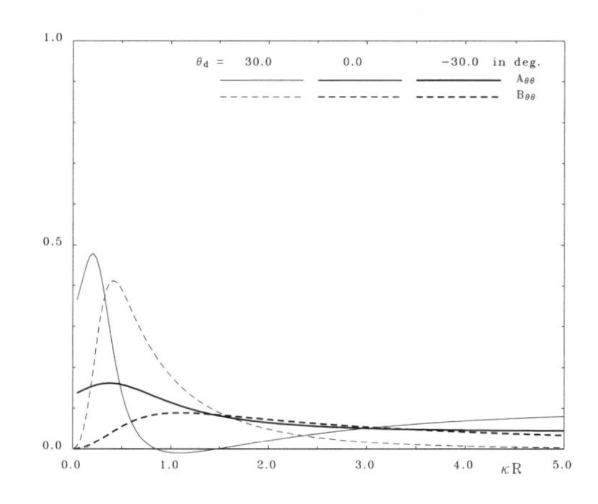

図 5.3.3.41. 3 種の半没円柱の付加質量係数 $A_{\theta\theta}$ と減衰係数 $B_{\theta\theta}$

5.3.4 他の解法による diffraction 問題の解

前節までに従来の方法である Φ-法による diffraction 問題，radiation 問題の境界積分方程式法による解法と数値計算結果について述べた．

この節では diffraction 問題に関する他の解法について述べることにする．各種の方法による解の一致を確かめることにより，各解法の信頼性を高めることができる．

他の解法とは，式 (5.3.1.54) の虚部を用いる方法（未知数が流速であるので前々章，前章にならって q-法と呼んでおく），式 (5.3.1.53) の虚部を用いる方法（本書では Ψ-法と名付けた）を示す．これらは主として円柱を計算対象とするが，鉛直平板については解析解との比較も行う．

他には，波なしポテンシャルを用いる多重極展開法についても触れることとする．ただし対象物体は半没円柱，全没円柱に限ることとして，いわゆる Ursell 法のみを用い，Ursell-田才法については取り扱わない．理由は主として著者の経験不足，力量不足からくる時間的制約によるものであるのでお許しいただきたい．

全没円柱に関する diffraction 問題の解（Φ-法，q-法，Ψ-法）

最初に全没円柱に関する diffraction 問題を例にとって考える．半径 a の円柱が全没しているものとし，円柱の中心の没水深度を $-d$ としておく（前節までの d は物体底部の深さ（喫水）としていた）．円柱上面と静止水面との距離は $c = d - a (> 0)$ とし，x の正方向から入射する入射波の（片）振幅は A_0 と記すことにする．

まず，前節で述べた Φ-法で解を求めておく．円柱は全没を仮定しているから，物体内には水面はない．したがって固有解は存在しないので連立方程式は式 (5.3.1.59) ないしマトリックス式 (5.3.1.63) で解くことができ，付加条件は不要である．没水深度 $d/a = 1.25$ とした時の解 $\Phi^{C,S}$ の例を図 5.3.4.1, 5.3.4.2 に示す．図中の $N = 80$ は円柱表面の分割数である．解 $\Phi^{C,S}$ は gA_0/ω で無次元化してある．また，解を数値微分して求めた円柱表面上の流速分布 $q^{C,S}$（$\kappa a/\omega A_0$ で無

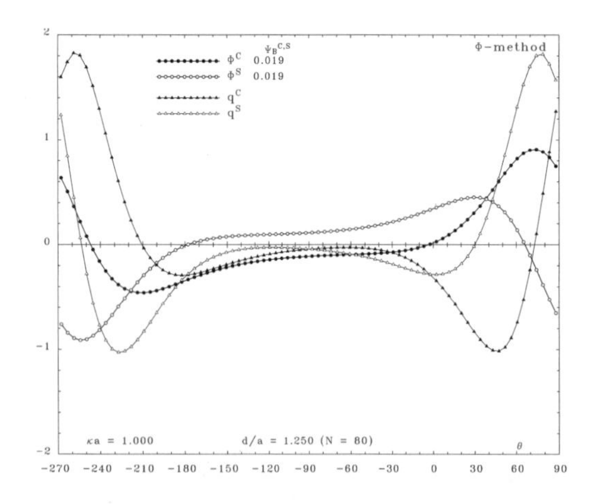

図 5.3.4.1. Φ-法による全没円柱に関する diffraction 問題の解（$d/a = 1.25, \kappa a = 1.0$）

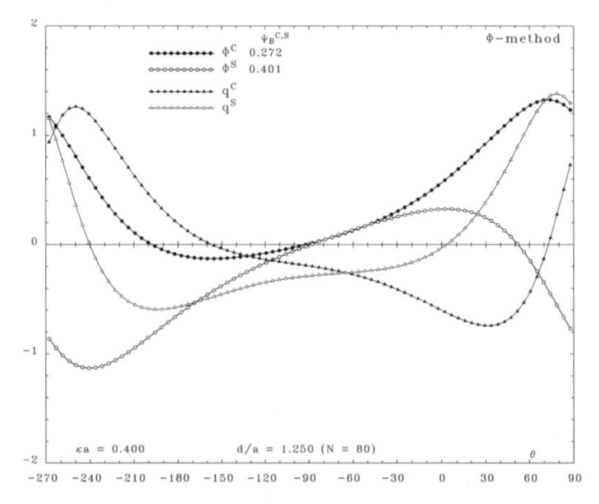

図 5.3.4.2. Φ-法による全没円柱に関する diffraction 問題の解（$d/a = 1.25, \kappa a = 0.4$）

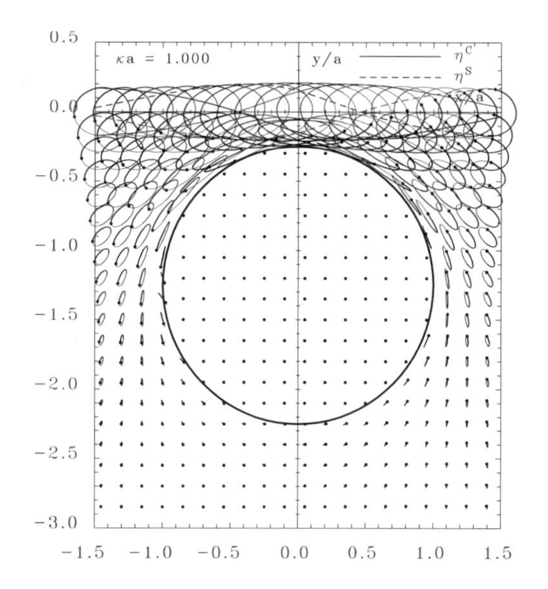

図 5.3.4.3. Φ-法による diffraction 問題における全没円柱周りの流跡線（$d/a = 1.25$, $\kappa a = 1.0$）

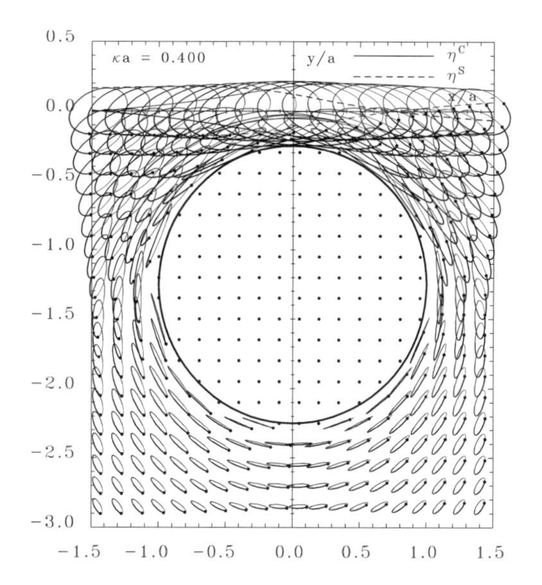

図 5.3.4.4. Φ-法による diffraction 問題における全没円柱周りの流跡線（$d/a = 1.25$, $\kappa a = 0.4$）

次元化）も示してある．図中には円柱表面上の流れ関数の値 $\Psi_B^{C,S}$ の値も記してある．

全没円柱周りの流れの例として流跡線を図 5.3.4.3, 5.3.4.4 に示す．波高の最大値を 0.2 として描いている．

全没円柱の diffraction 問題での特徴は，反射波がないことである．Kochin 関数で表現すれば，どのような没水深度 $d/a > 1$，波数 κa においても $H_d^+ = 0$ となることを意味する．反射係数は $C_R = 0$ で当然のことながら透過係数 $C_T = 1$ となる．このことは全没円柱は入射波を，その振幅を変えることなく位相のみを変化させて透過させることである．この事実は古くから知られており，また，数学的には証明（複数）もされているのであるが，物理的，直観的にはなかなか納得しずらい現象である．そのことはともかく，反射波の計算結果を $\kappa a = 0.4, 1.0, 1.2, 2.0$ として図 5.3.4.5 - 5.3.4.8 に示した．図中，上段が入射波，中段が回折波，下段がそれらの合成波を示している．どの波数においても反射波が波なしとなっていることがわかる．この不思議な現象は他の全没物体形状では発見されておらず，また，水平，鉛直楕円柱（平板含む）では生じない（反射波が生ずる）ことが証明されている．

次に q-法について見てみる．q-法とは式 (5.3.1.54) の虚部をとり，点 z を境界上に置いた境界積分方程式を用いる方法である．対象物体は全没で閉じた形状であるから同式右辺第 1 項は存在しない．また，同じ理由から，物体内部の自由表面に生ずる波動に関する固有解は存在しないので，それを除去するための付加条件は必要がない．境界積分方程式を離散化すると流速分布 $q_k^{C,S}$（各小区間で一定値をとると仮定している）及び物体表面上の流れ関数の値 $\Psi_B^{C,S}$ を未知

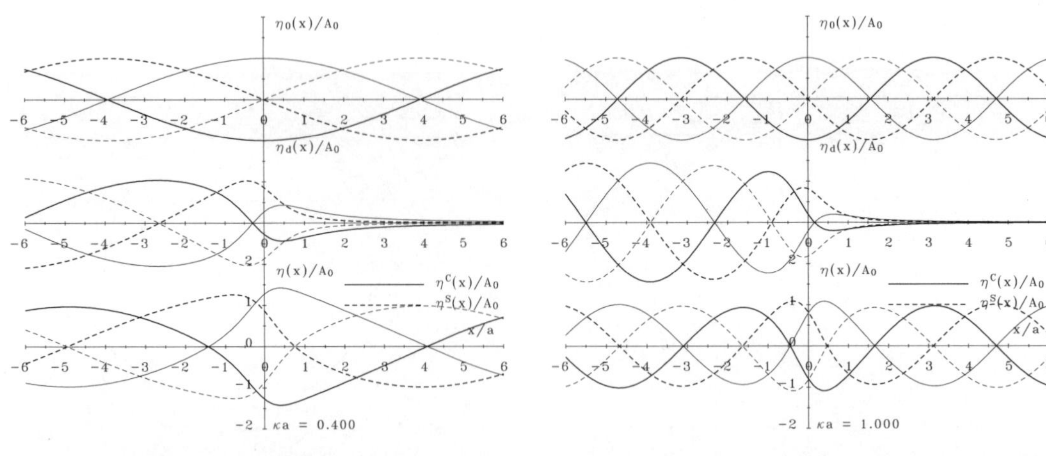

図 5.3.4.5. Φ-法による全没円柱周りの波形 : 入射波，回折波，合成波（$d/a = 1.25$, $\kappa a = 0.4$）

図 5.3.4.6. Φ-法による全没円柱周りの波形 : 入射波，回折波，合成波（$d/a = 1.25$, $\kappa a = 1.0$）

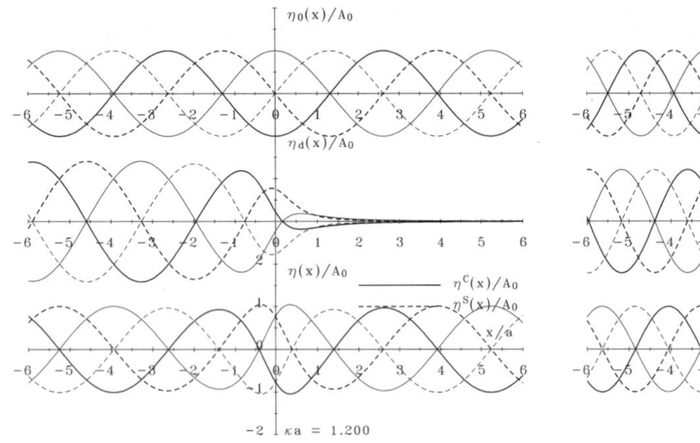

図 5.3.4.7. Φ-法による全没円柱周りの波形 : 入射波，回折波，合成波（$d/a = 1.25$, $\kappa a = 1.2$）

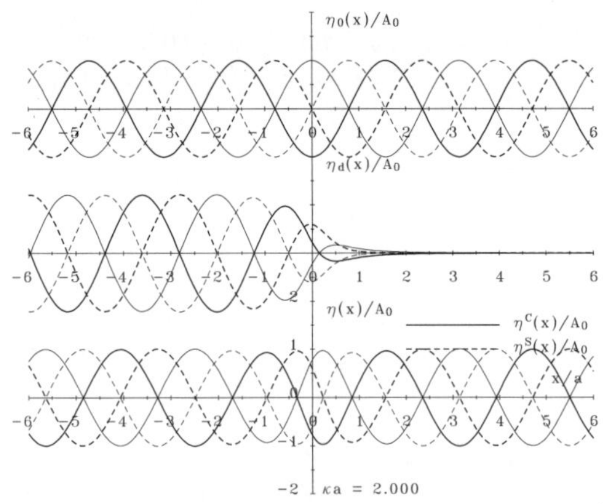

図 5.3.4.8. Φ-法による全没円柱周りの波形 : 入射波，回折波，合成波（$d/a = 1.25$, $\kappa a = 2.0$）

数とする以下の連立方程式を得る．

$$-\frac{1}{2\pi}\sum_{k=1}^{N}\Big[\mathtt{Im}\{W^{C}_{\Gamma_{int}}(z_i,\zeta_{k+1},\zeta_k)\} + j\mathtt{Im}\{W^{S}_{\Gamma_{int}}(z_i,\zeta_{k+1},\zeta_k)\}\Big][q^{C}_{k} + jq^{S}_{k}]$$

$$-[\Psi^{C}_{B} + j\Psi^{S}_{B}] = -[\psi^{C}_{0}(z_i) + j\psi^{S}_{0}(z_i)] \tag{5.3.4.1}$$

ここで波核関数 $W^{C,S}_{\Gamma_{int}}(z,\zeta_2,\zeta_1)$ は波渦特異関数 $W^{C,S}_{\Gamma}(z,\zeta)$ の線分 $\overline{\zeta_2\zeta_1}$ 上の積分 (3.3.2.82) である．なお，この核関数は $z=\zeta_{k+1},\zeta_k$ に対数的特異性を有し，その分岐線上で速度ポテンシャルに不連続を生ずるが，それらの分岐線を他の線分のそれとまとめると，後述の式 (5.3.4.3) の条件があれば流体中では速度ポテンシャルの不連続性は除去できることを注意しておく．そのためには式 (3.3.2.85) の下の $W^{NK}_{\Gamma_{int}}(z,\zeta_2,\zeta_1,\zeta_M)$ を用いるとよい．

上式の j に関する実部，虚部をとると $2 \times N$ 個の連立方程式を得る．ところで未知数は $2N$ 個の

$$q_k^C + jq_k^S = \left(\frac{\partial \Phi^C}{\partial s}\right)_k + j\left(\frac{\partial \Phi^S}{\partial s}\right)_k \tag{5.3.4.2}$$

と物体表面上の流れ関数の値 $\Psi_B^C + j\Psi_B^S$ であるから $2N+2$ 個となる．したがってあと 2 個の条件式が必要であるので，端点における速度ポテンシャルに関する連続性の条件

$$\Delta\Phi^C + j\Delta\Phi^S = \sum_{k=1}^{N}(q_k^C + jq_k^S)ds_k = 0 \tag{5.3.4.3}$$

を加える．ここで ds_k は k 番目の境界線分の長さである．もし流体中に速度ポテンシャルの不連続があれば，その線上で圧力に不連続が生じていることになり，通常では考えづらいので上式は理に適っていよう．

解 $q_k^{C,S}$ が求まれば流場は式 (5.3.1.54) より以下の式で求まる．

$$f_d^C(z) + jf_D^S(z) = -\frac{1}{2\pi}\sum_{k=1}^{N}\left[W_{\Gamma_{int}}^C(z,\zeta_{k+1},\zeta_k) + jW_{\Gamma_{int}}^S(z,\zeta_{k+1},\zeta_k)\right][q_k^C + jq_k^S] \tag{5.3.4.4}$$

解 $q_k^{C,S}$ 及び上式より求めた円柱表面上の速度ポテンシャル $\Phi_k^{C,S} = \phi_{0_k}^{C,S} + \phi_{d_k}^{C,S}$ の値を図 5.3.4.9, 5.3.4.10 に示す．Φ-法による解（図 5.3.4.1, 5.3.4.2) とほとんど同一の結果となっていることがわかる．

次に，Ψ-法について述べておく．式 (5.3.1.53) の虚部をとり，点 z を物体境界上にとると以下の境界積分方程式となる．

$$\frac{1}{2\pi}\int_{C_B}\Phi(\xi,\eta)\mathrm{Im}\left\{\frac{\partial}{\partial s}W_\Gamma(z,\zeta)\right\}ds - \Psi_B = -\psi_0(z) \tag{5.3.4.5}$$

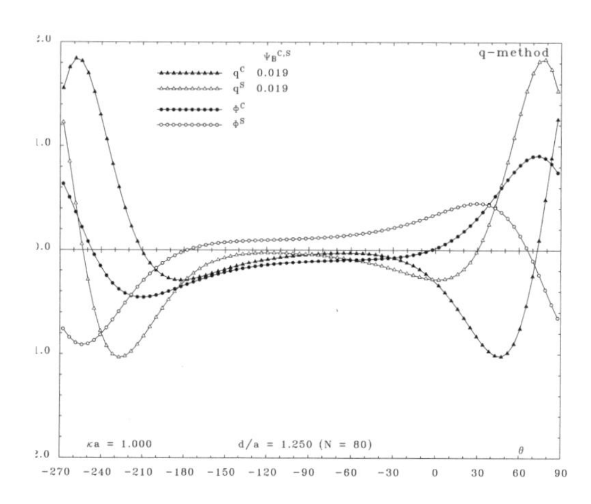

図 5.3.4.9. q-法による全没円柱に関する diffraction 問題の解（$d/a = 1.25$, $\kappa a = 1.0$）

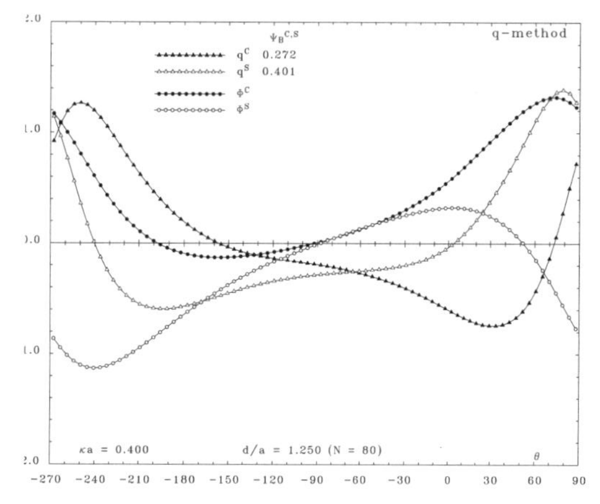

図 5.3.4.10. q-法による全没円柱に関する diffraction 問題の解（$d/a = 1.25$, $\kappa a = 0.4$）

物体表面を小線分に細分し小区間上で $\Phi^{C,S}$ は一定値として離散化すれば以下の連立方程式を得る．

$$\frac{1}{2\pi}\sum_{k=1}^{N}\Big\{\mathrm{Im}\big\{[W_\Gamma^C(z_i,\zeta_{k+1})-W_\Gamma^C(z_i,\zeta_k)]\big\}+j\mathrm{Im}\big\{[W_\Gamma^S(z_i,\zeta_{k+1})-W_\Gamma^S(z_i,\zeta_k)]\big\}\Big\}(\Phi_k^C+j\Phi_k^S)$$
$$-(\Psi_B^C+j\Psi_B^S)=-(\psi_0^C+j\psi_0^S) \qquad (5.3.4.6)$$

なお，W_Γ の数値計算には式 (3.3.2.45) の下の $W_\Gamma^{NK}(z,\zeta,\zeta_M)$ が適していよう．

形式的には，上式の未知数の数は $2N(\Phi_k^{C,S})+2(\Psi_B^{C,s})$ であり，条件式の数は $2N$ 個であるので 2 つの付加条件が必要である．端点での解の連続性を付加条件とするのが自然である．端点付近の数区間（3 区間とした）の値から数値的に（2 次式近似とした）値を求める方式を採用した．詳細は省略する．

ただし，係数行列は以下の性質を有することは容易にわかる．

$$\sum_{k=1}^{N}A_{i,k}=\sum_{k=1}^{N}A_{i,N+k}=0 \quad for \quad i=1\sim 2N \qquad (5.3.4.7)$$

これは解が定数だけ不定であることを示す．さらに，係数マトリックスの対角要素は留数項がないため他の要素に比して超越した値とはならず，解を求めるには不利である．

実際に式 (5.3.4.6) の解を求めてみると 2 つの固有解が存在することが示され，それは端点における値の不連続性を示している．また，倍精度計算をしないと若干の振動が残る場合があった．解 $\Phi^{C,S}$ の例を図 5.3.4.11, 5.3.4.12 に示す．Φ-法による解である図 5.3.4.1, 5.3.4.2 と比べると，定数分だけずれていることがわかる．

この Ψ-法の範疇では，解の定数の不定性を解決する適当な条件は見当たらない．したがって，全没物体に関する Ψ-法は，現状では成り立たない，と言ってよいだろう．

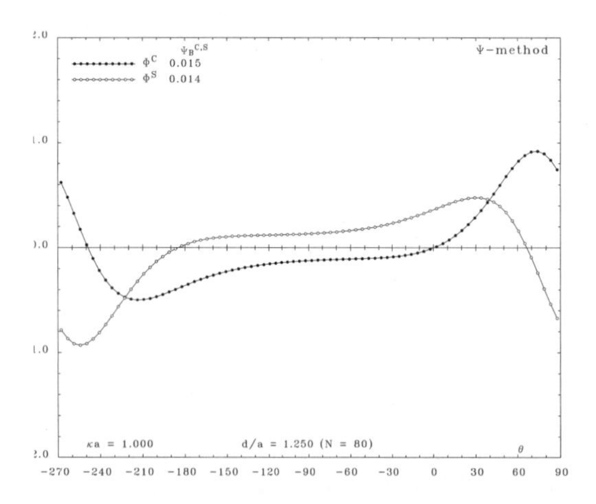

図 5.3.4.11. Ψ-法による全没円柱に関する diffraction 問題の解（$d/a=1.25$, $\kappa a=1.0$）

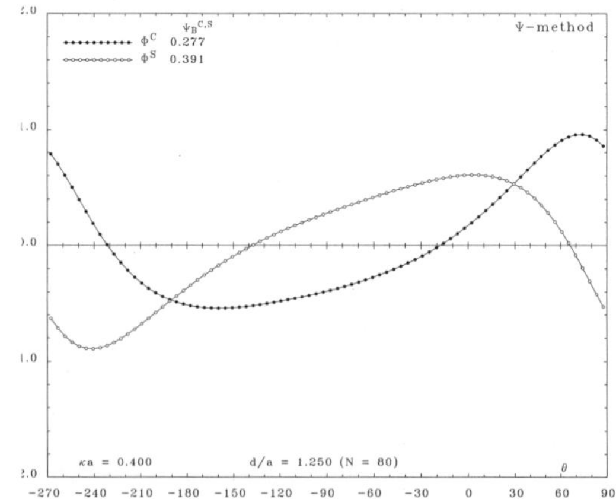

図 5.3.4.12. Ψ-法による全没円柱に関する diffraction 問題の解（$d/a=1.25$, $\kappa a=0.4$）

半没円柱に関する diffraction 問題の解（Φ-法，q-法，Ψ-法）

対象物体を半没円柱とし，3 種の解法とそれによる解の比較を行う．

まず，比較のために，Φ-法による解の例を図 5.3.4.13（図 5.3.3.1 と同じ），図 5.3.4.14 に示した．

次に q-法を半没円柱に適用する．用いる表示式は式 (5.3.1.54) の虚部である．点 z を物体境界上にとって（主値は生じない），境界積分方程式を得，境界を細分し各小区間上で解 $q^{C,S}$ が一定値であるとして離散化すると，以下の連立方程式を得る．

$$
\begin{aligned}
-\frac{1}{2\pi}\sum_{k=1}^{N}&\left[\mathrm{Im}\left\{W^C_{\Gamma_{int}}(z_i,\zeta_{k+1},\zeta_k)\right\}+j\mathrm{Im}\left\{W^S_{\Gamma_{int}}(z_i,\zeta_{k+1},\zeta_k)\right\}\right]\left[q^C_k+jq^S_k\right]\\
&-\frac{1}{2\pi}\left[\mathrm{Im}\left\{W^C_{\Gamma}(z_i,\xi_F)\right\}+j\mathrm{Im}\left\{W^S_{\Gamma}(z_i,\xi_F)\right\}\right]\left[\Phi^C_F+j\Phi^S_F\right]\\
&+\frac{1}{2\pi}\left[\mathrm{Im}\left\{W^C_{\Gamma}(z_i,\xi_A)\right\}+j\mathrm{Im}\left\{W^S_{\Gamma}(z_i,\xi_A)\right\}\right]\left[\Phi^C_A+j\Phi^S_A\right]\\
&-\left[\Psi^C_B+j\Psi^S_B\right]=-\left[\psi^C_0(z_i)+j\psi^S_0(z_i)\right]
\end{aligned}
\tag{5.3.4.8}
$$

式 (5.3.4.1) に比べて左辺の第 2,3 項が追加された．式 (5.3.1.54) 右辺第 1 項であり，物体前後端 P_F, P_A における速度ポテンシャルの値 $\Phi^{C,S}_F, \Phi^{C,S}_A$ に関する項である．

この式の解には 6 組の固有ベクトルが存在する．すなわち，$\Psi^{C,S}, \Phi^{C,S}_F, \Phi^{C,S}_A$ が不定となる．そこで以下の $\Phi^{C,S}_F, \Phi^{C,S}_A$ に関する連続性の条件を導入する．全没物体に関する式 (5.3.4.3) に対応する式である．

$$
\Phi^{C,S}_F-\Phi^{C,S}_A=\sum_{k=1}^{N}q^{C,S}_k ds_k \tag{5.3.4.9}
$$

残りの 4 つの付加条件は解 $f_d(z)$ の虚部が物体内部の（2 点以上の）点で入射波の流れ関数（の負）の値となっているという式 (5.3.1.64) に類似の条件を導入すればよい．すなわち，z_i を物体内部の点とした式 (5.3.4.8) が付加条件となる．

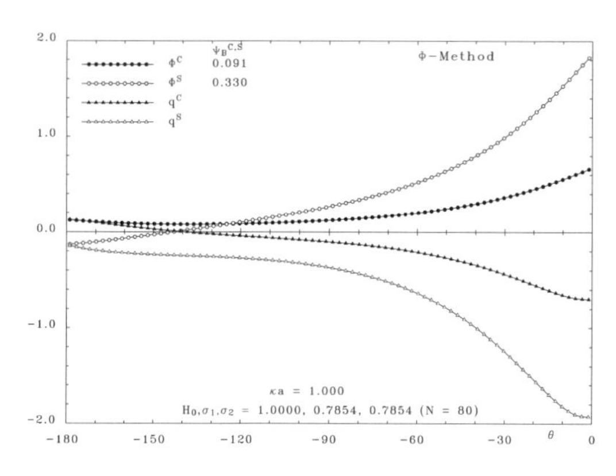

図 5.3.4.13. Φ-法による半没円柱に関する diffraction 問題の解（$\kappa a = 1.0$）

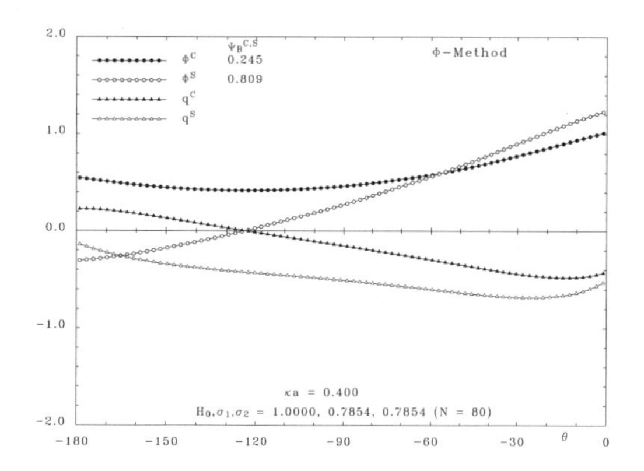

図 5.3.4.14. Φ-法による半没円柱に関する diffraction 問題の解（$\kappa a = 0.4$）

この問題では，さらに，固有波数の問題が生ずる．半没円柱に関して付加条件を課する点として式 (5.3.1.67) を採用すると，数値計算によると，付加条件を課する点の数 $N_{add} = 2$ では $\kappa a = 4.850$，3 点では 6.425，4 点では 8.025 近傍が固有波数となっている．したがって，Φ-法における固有波数の現象と少し趣が異なるが詳細な検討はしていない．

それはさておき，半没円柱に関する diffraction 問題の解を図 5.3.4.15, 5.3.4.16 に示した．図には解 $q^{C,S}$ を式 (5.3.1.54) に代入して求まる円柱上の速度ポテンシャル $\Phi^{C,S}$ の分布も示してある．図 5.3.4.13, 5.3.4.14 とよい一致が見られる．境界上の流れ関数 $\Psi_B^{C,S}$ の値もよく一致していると見てよいだろう．また，両端点における速度ポテンシャルの値の計算値も図中に記してあり，端点の値として妥当な値となっていることがわかる．

この例では，端点における速度ポテンシャルの連続性の条件 (5.3.4.9) を課したのであるが，この条件が成り立たない場合にも意味のある解が存在するかを検討しておこう．端点で速度ポテンシャルの値が不連続であれば，式 (5.3.1.54) よりその点に $W_\Gamma(0,\zeta)\ as\ \zeta \to 0$ の弱特異性があることになる（式 (3.3.2.73, 3.3.2.74) 参照）．境界積分方程式 (5.3.4.8) の未知数 $\Phi_F^{C,S}, \Phi_A^{C,S}$ の代わりに $\Lambda_F^{C,S}, \Lambda_A^{C,S}$ と置いておく．また条件 (5.3.4.9) の代わりに以下などが設定できる．

$$q^{C,S}(z_k) = 0 \tag{5.3.4.10}$$

z_k として円柱真下の点にとれば，そこに小さなキールが突き出していて，その点で流れをせき止めるような流れが想定されている．この時の解を図 5.3.4.17 に示す．$q^{C,S}(\theta = -90°)$ が 0 になる解が得られている．この解より計算した波形を図 5.3.4.18 に示す．正則な解の波形（図 5.3.3.2）と大きな違いは見られない．なお，$x < \xi_A$ では以下の自由表面条件の右辺の値は 0 ではないことを注意しておく．

$$\mathrm{Re}\left\{\left[\kappa - i\frac{d}{dz}\right]F(z)^{C,S}\right\} = -\kappa(\Phi_A^{C,S} - \Lambda_A^{C,S}) \tag{5.3.4.11}$$

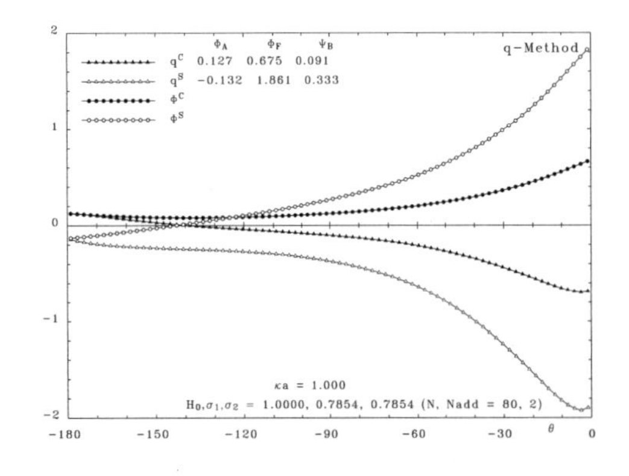

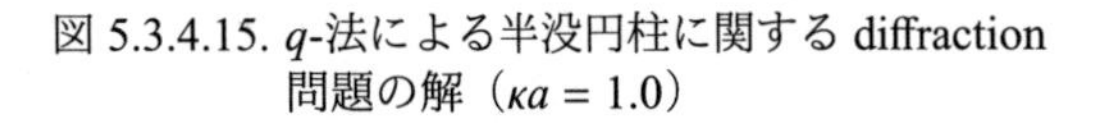
図 5.3.4.15. q-法による半没円柱に関する diffraction 問題の解（$\kappa a = 1.0$）

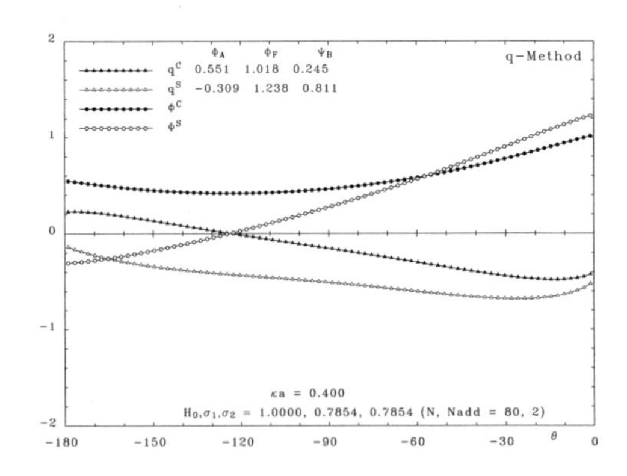

図 5.3.4.16. q-法による半没円柱に関する diffraction 問題の解（$\kappa a = 0.4$）

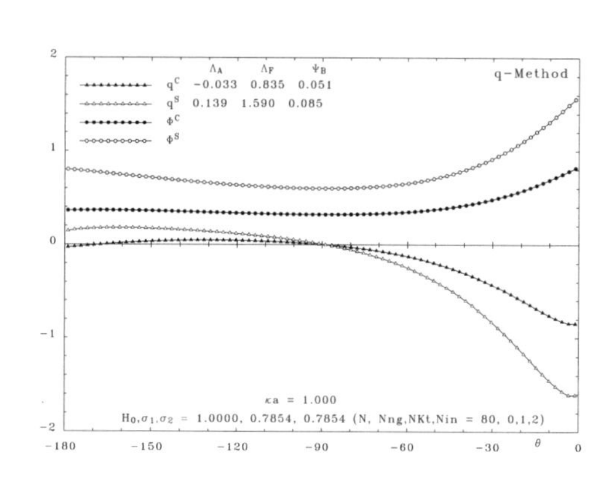

図 5.3.4.17. q-法による半没円柱に関する diffraction 問題の弱特異解（κa = 1.0）

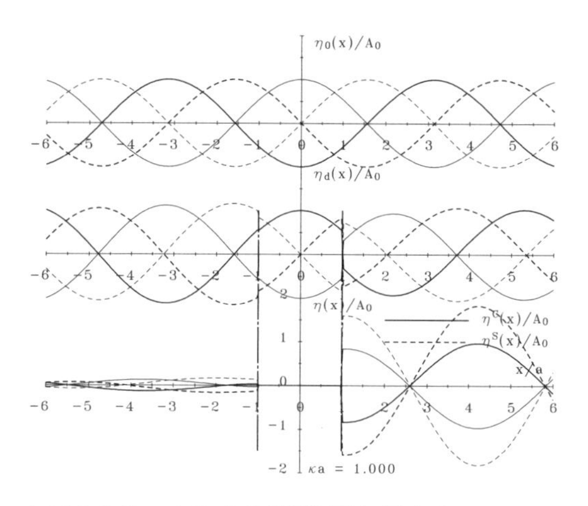

図 5.3.4.18. q-法による半没円柱に関する diffraction 問題の弱特異解の波形：入射波，回折波，合成波（κa = 1.0）

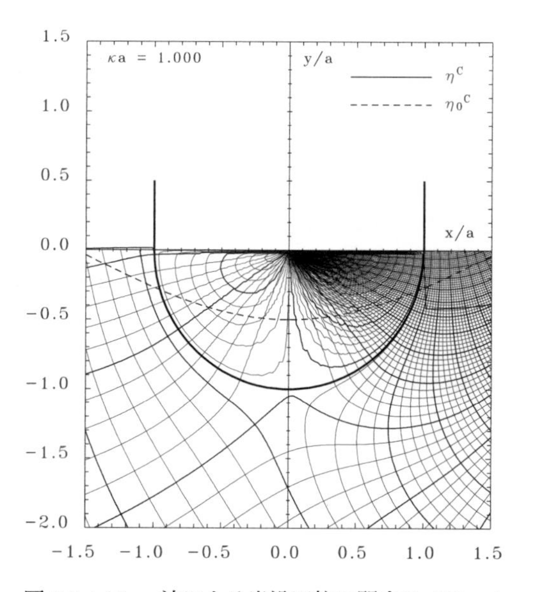

図 5.3.4.19. q-法による半没円柱に関する diffraction 問題の弱特異解（の余弦成分）の流線と等ポテンシャル線（κa = 1.0）

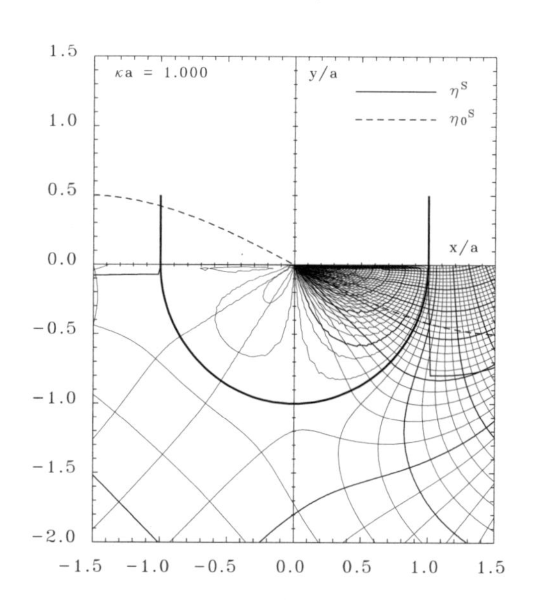

図 5.3.4.20. q-法による半没円柱に関する diffraction 問題の弱特異解（の正弦成分）の流線と等ポテンシャル線（κa = 1.0）

この解の流線と等ポテンシャル線を図 5.3.4.19, 5.3.4.20 に示した．半没円柱の底部に停留点があることがわかる．以上の図からは，流れに強い特異性の存在は見られない．このような解は，物体にキールなどがあったり，角があって，流体力その他が計算値と実験値とに食い違いが見られる場合などに応用できる可能性がある．

なお，これ以上の細かい検討は行っていないが，定常造波問題における半没物体に関する N-K 問題と同様に，波浪中問題においても弱特異解の存在と実現象への応用の可能性があることを

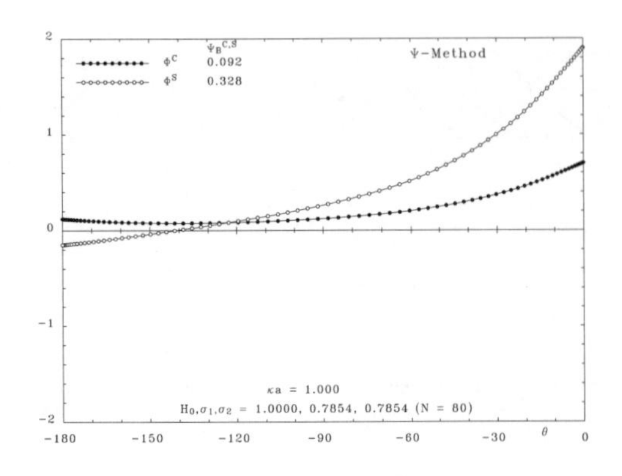

図 5.3.4.21. Ψ-法による半没円柱に関する diffraction 問題の解（$\kappa a = 1.0$）

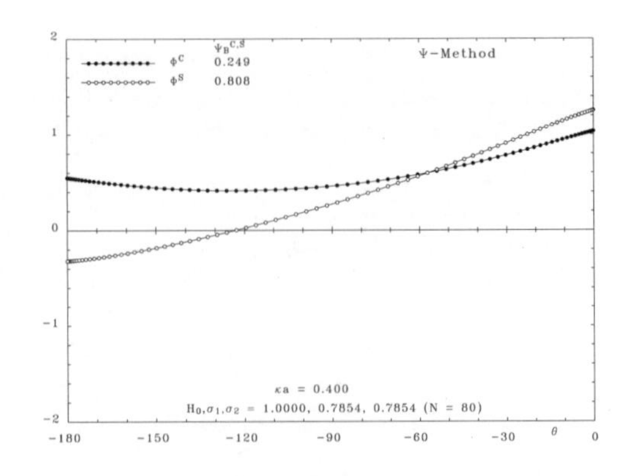

図 5.3.4.22. Ψ-法による半没円柱に関する diffraction 問題の解（$\kappa a = 0.4$）

指摘しておきたい．

最後に，半没円柱の diffraction 問題に Ψ-法を適用する．境界積分方程式 (5.3.4.5) を半没物体に適用し，連立方程式に離散化すると式 (5.3.4.6) と同一の式を得る．半没物体に関しては係数行列の行の和 (5.3.4.7) は 0 とならないので定数の不定性はない．未知数の数は $2N+2$ であるので形式的には 2 個以上の付加条件が必要である．Φ-法と同様に物体内部の点でも式 (5.3.4.6) が成立する．ただし 2 点以上の点（付加条件は 4 個となる）に適用しないと固有解が存在することが特異値分解法により確かめられる．さらに，端点付近で解が不安定であり，端点付近では境界は細かく細分する必要がある．$N_{add} = 4$ とした結果の解を図 5.3.4.21, 5.3.4.22 に示した．Φ-法の結果と $\Psi_B^{C,S}$ の値も含めてよく一致している．

この問題では物体内部に自由表面があるので固有波数が存在する．図 5.3.3.11 と同様な検証を行うと $N_{add} = 2$ の時 $\kappa a = 0$ 付近，4.850 に固有波数があり，$N_{add} = 3$ では $\kappa a = 6.425$，$N_{add} = 4$ では $\kappa a = 8.025$ 付近に固有波数が存在する．

半没鉛直平板に関する diffraction 問題の解（Ψ-法）

4.4.2 小節に表題の問題に関する解析解について記した．この項ではその問題に関する数値計算法について述べる．この問題は意外と難しく，Φ-法では解けない．平板が $x = 0, 0 > y > -d$ にある時，境界は $x = 0$ の表裏面となり式 (5.3.1.53) の回折波の表示は以下のようになる．

$$f_d(z) = \frac{1}{2\pi}\int_0^{-d} \Delta\Phi(0,\eta)\,\frac{\partial}{\partial\eta}W_\Gamma(z,\eta)\,d\eta \tag{5.3.4.12}$$

ここで $\Delta\Phi$ は平板の表裏面（$\xi = \pm 0$）上の値の差を示す．

$$\Delta\Phi(0,\eta) = \Phi(+0,\eta) - \Phi(-0,\eta) \tag{5.3.4.13}$$

平板上で式 (5.3.4.12) の実部をとると左辺は $\Phi(\pm 0,\eta) - \phi_0(0,\eta)$ となり，速度ポテンシャルの値 Φ が未知数となっているのに反し，右辺の積分の中の未知数はそれの表裏の差 $\Delta\Phi$ である．なお，$f_0(z) = \phi_0(x,y) + i\psi_0(x,y)$ は入射波の複素ポテンシャルである．したがって，Φ-法では解けないことになる．式 (5.3.4.12) の虚部をとると，左辺は $\Psi_B - \psi_0(0,\eta)$ となり，付加条件を課すことにより，解くことが可能となる．これは Ψ-法に他ならない．

表示式 (5.3.4.12) の点 z を平板上にとり，境界を N 個に細分して離散化すれば，同式の虚部は以下の連立方程式となる．

$$\frac{1}{2\pi}\sum_{k=1}^{N}\Big\{\mathrm{Im}\big\{[W_\Gamma^C(z_i,i\eta_{k+1}) - W_\Gamma^C(z_i,i\eta_k)]\big\} + j\,\mathrm{Im}\big\{[W_\Gamma^S(z_i,i\eta_{k+1}) - W_\Gamma^S(z_i,i\eta_k)]\big\}\Big\}(\Delta\Phi_k^C + j\Delta\Phi_k^S)$$
$$-(\Psi_B^C + j\Psi_B^S) = -(\psi_0^C + j\psi_0^S) \tag{5.3.4.14}$$

未知数は $2N(\Delta\Phi_k^{C,S}) + 2(\Psi_B^{C,S})$ 個に対して上の連立方程式の数は $2N$ 個である．したがって，2 個の付加条件が必要となる．平板下端で速度ポテンシャルが連続という条件が合理的である．すなわち

$$\Delta\Phi_N^{C,S} = 0 \tag{5.3.4.15}$$

数値計算的には，この条件の与え方には注意が必要で，解の振動の因となる場合がある．本計算では少し凝って下端付近で $\Delta\Phi \sim \sqrt{y+d}$ なる条件を採用したが詳細は省略する．また，入射波は左方から入射するなど，4.2 節の問題の設定に合わせている．

波数 $\kappa d = 0.5, 2.0, 1.0$ の場合の解を解析解と比較して図 5.3.4.23 - 5.3.4.25 に示した．解析解と $\Psi_B^{C,S}$ の値（() 内が解析値）を含めて一致が認められるが，波数が大きいと一致度は悪くなる．この時は N を大きくする必要がある．$\kappa d = 1.0$ の場合の波形を図 5.3.4.26 に示した．入射波は左方から入射していることに注意する．得られた平板上の流れ関数の値 $\Psi_B^{C,S}$ を解析解と比較して図 5.3.4.27 に示した．一致度は良い．また，入射波の透過係数，反射係数の値を解析値と比

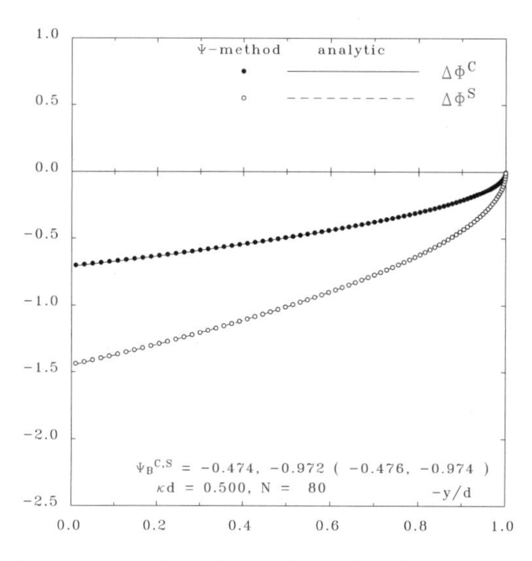

図 5.3.4.23. Ψ-法による半没鉛直平板に関する diffraction 問題の解（$\kappa d = 0.5$）

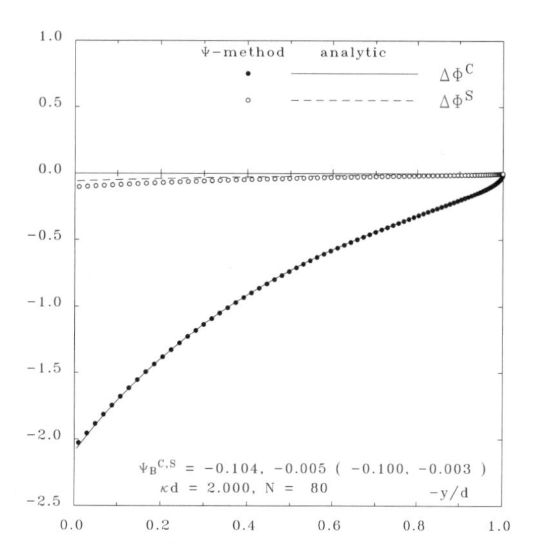

図 5.3.4.24. Ψ-法による半没鉛直平板に関する diffraction 問題の解（$\kappa d = 2.0$）

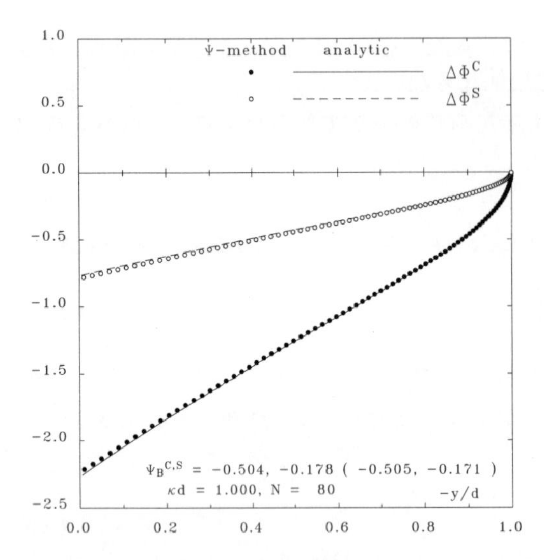

図 5.3.4.25. Ψ-法による半没鉛直平板に関する diffraction 問題の解（$\kappa d = 1.0$）

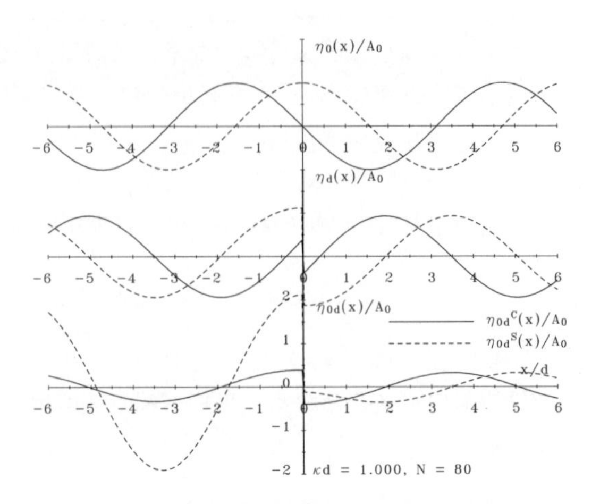

図 5.3.4.26. 入射中の半没鉛直平板周りの波形（上段:入射波, 中段：回折波, 下段：合成波, $\kappa d = 1.0$）

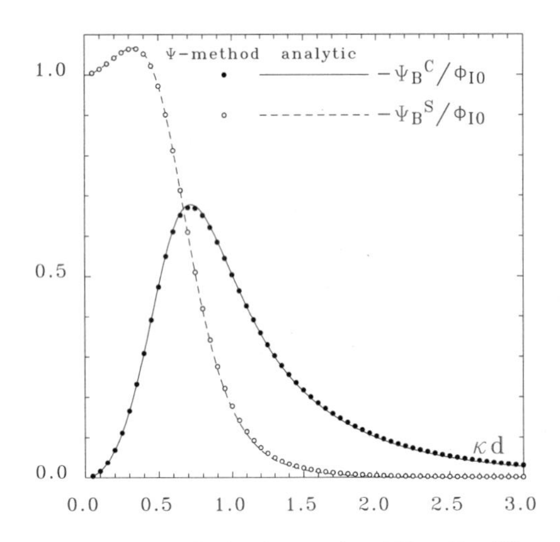

図 5.3.4.27. 半没鉛直平板上の流れ関数の値 $\Psi_B^{C,S}$ の比較

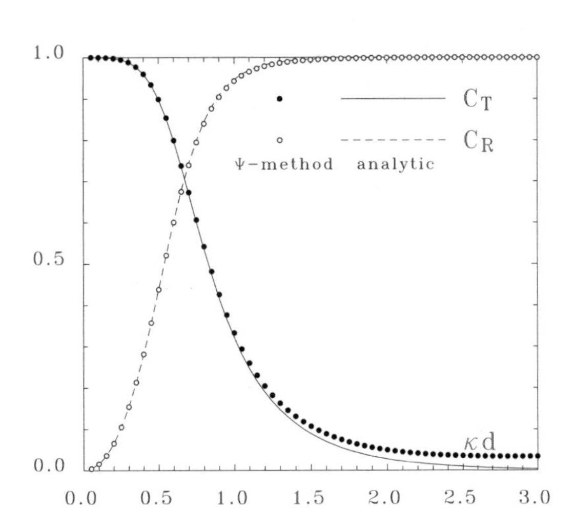

図 5.3.4.28. 半没鉛直平板による反射係数及び透過係数の比較

較して図 5.3.4.28 に示した．これは境界の分割数 $N = 80$ の場合の計算結果であるが波数が大なる時は倍以上の分割をしないと透過係数の一致度は上がらない．

前項で，半没円柱に関する diffraction 問題に関する q-法による解法に関連して，弱特異解の存在の可能性について触れた．その解は，物体と水面との交点に波渦 W_Γ という弱特異性をおくことで得ることができた．本問題でも原点に強さ $\Gamma^C + j\Gamma^S$ の波渦を置いた弱特異解について検討してみた．

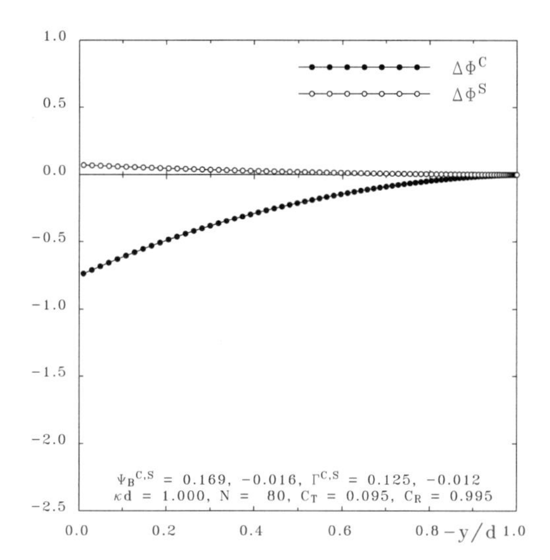

図 5.3.4.29. Ψ-法による半没鉛直平板に関する diffraction 問題の弱特異解（κd = 1.0）

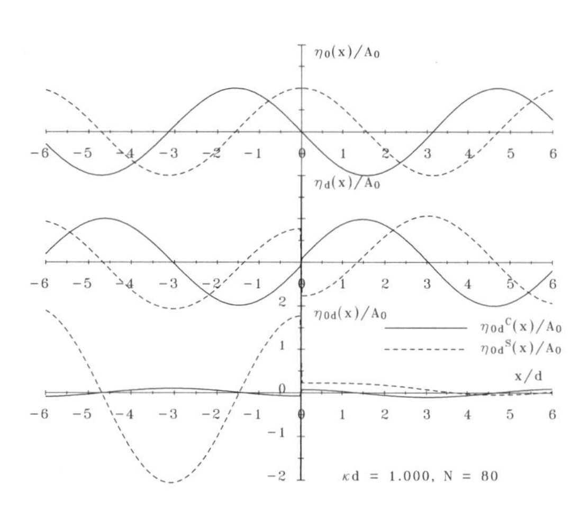

図 5.3.4.30. Ψ-法による半没鉛直平板に関する diffraction 問題の弱特異解の波形：入射波，回折波，合成波（κa = 1.0）

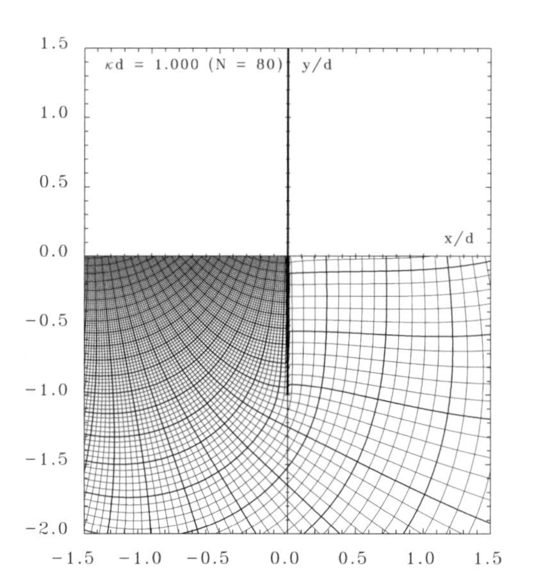

図 5.3.4.31. Ψ-法による半没鉛直平板に関する diffraction 問題の弱特異解（の余弦成分）の流線と等ポテンシャル線（κd = 1.0）

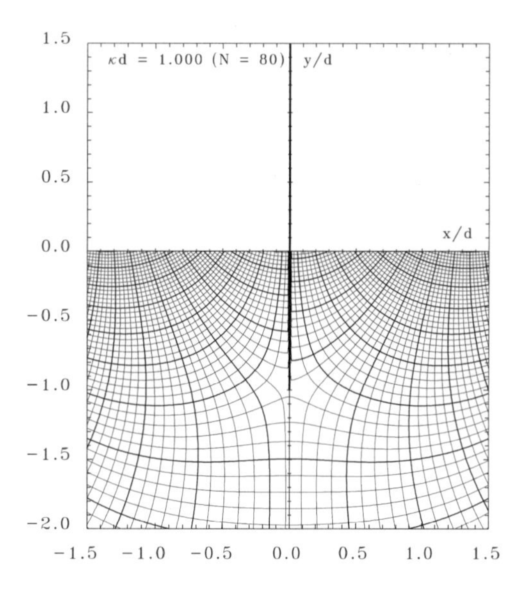

図 5.3.4.32. Ψ-法による半没鉛直平板に関する diffraction 問題の弱特異解（の正弦成分）の流線と等ポテンシャル線（κd = 1.0）

境界積分方程式を離散化した式 (5.3.4.14) の左辺に

$$\frac{1}{2\pi}(\Gamma^C + j\Gamma^S)\mathrm{Im}\left\{W_\Gamma^C(z_i, 0) + jW_\Gamma^S(z_i, 0)\right\} \tag{5.3.4.16}$$

を加えればよい．強さ $\Gamma^{C,S}$ を定めるにはさらに付加条件 2 組が必要である．各種の条件が考えられるが，平板下端の直下で流れ関数が連続となる条件を採用してみた．この条件は翼理論における Kutta の条件に等価である．

計算結果の解の 1 例を図 5.3.4.29 に示した．図中には $\Gamma^{C,S}$ の値及び透過係数，反射係数の値も示してある．反射係数は 1 に近くほとんど全反射に近いことを示している．

波形を図 5.3.4.30 に示した．透過波の振幅が小さいことがわかる．なお，自由表面条件については入射波後方（$x > 0$）では式 (5.3.4.11) の右辺は 0 にならない．

余弦成分, 正弦成分の流線を各々図 5.3.4.30, 5.3.4.31 に示した．流線は平板下端で回り込まず，滑らかに流出していて，Kutta の条件が満たされていることがわかる．

これらの解を実現象と比較すると，Kutta の条件は強すぎるように感じられるが，応用の途があるかも知れない．

5.3.5　多重極展開法

この小節では多重極展開法について述べる．

対象物体は半没円柱，全没円柱に限ることとし，いわゆる Ursell の方法に限定する．各種の物体形状について扱うには等角写像を用いた Ursell-田才法が有効であるがこれについては他書に譲りたい．本書で用いている方法による Ursell-田才法の導入については定常造波問題の 5.2.3.2 項に記述した方法が参考になるだろう．

また，ここでは厳密な議論をせず直観的な概念の把握が掴めるような簡略な記述に留めた．

複素ポテンシャル $f(z)$ が以下の線形自由表面条件及び波浪中の物体の存在を表現する解であるとする．

$$\left.\begin{aligned} &\mathrm{Re}\,\{L\,f(z)\} = 0 \qquad on \quad y = 0 \\ &L = \kappa - i\frac{d}{dz} \end{aligned}\right\} \tag{5.3.5.1}$$

演算子 L を作用させた $L\,f(z)$ 関数は通常波動を含まないので，例えば，以下のような展開が可能である．なお，こうした関数を 4 章では縮約化関数と呼んだ．

$$L\,f(z) = \sum_{k=1}^{\infty} \frac{\sigma_k}{(z - z_0)^k} \tag{5.3.5.2}$$

演算子 L の逆演算子 L^{-1} を上式に作用させると $f(z)$ は以下のように書ける．

$$f(z) = \sigma_1 W_m(z, z_0) + \sigma_2 W_\mu(z, z_0) + \sum_{k=2}^{\infty} L^{-1} \frac{\sigma_{k+1}}{(z - z_0)^k} \tag{5.3.5.3}$$

ここで右辺第 1,2 項は $x, -y$ 方向の波 2 重吹き出しであり，第 3 項以下は $1/(z - z_0)^2$ を主要項とする高次の波特異関数である．この展開式は一般に以下の式に変形できる．

$$f(z) = \sigma_1^* W_m(z, z_0) + \sigma_2^* W_\mu(z, z_0) + \sum_{k=1}^{\infty} \sigma_{k+2}^*\, h_k(z - z_0) \tag{5.3.5.4}$$

すなわち，式 (5.3.5.3) に含まれる波動項は式 (5.3.5.4) の第 1,2 項のそれに集約され，第 3 項以降の項は波動を含まない（局所波のみの）特異関数の級数で表現できるとするわけである．この局所波動を表現する $h_k(z)$ を波なしポテンシャルと呼んでいる．

求める関数を式 (5.3.5.4) などのように展開する方法を本書では多重極展開法と呼んでいる．

1) 波なしポテンシャルの導入

下半面に特異性を有する解析関数を $f_0(z)$ とし，下半面（$y \leqq 0$）で正則な解析関数を $f_1(z)$ とする時，それらの和

$$f(z) = f_0(z) + f_1(z) \tag{5.3.5.5}$$

が線形自由表面条件 (5.3.5.1) を満たしているものとする．この時 $f_1(z)$ が以下の関係を満たしていれば $f(z)$ は自由表面条件を満たす．

$$f_1(z) = -\frac{\overline{L}}{L}\left[\overline{f}_0(z)\right] \tag{5.3.5.6}$$

何となれば $f(z)$ に演算子 L を作用させると

$$L\,f(z) = L\,f_0(z) - \overline{L}\,\overline{f}_0(z) \tag{5.3.5.7}$$

となり $y = 0$ で自由表面条件 (5.3.5.1) を満たすからである．したがって，$f(z)$ は以下の形に書けることがわかる．

$$f(z) = f_0(z) - \frac{\overline{L}}{L}\left[\overline{f}_0(z)\right] \tag{5.3.5.8}$$

$f_0(z)$ が波動項を含んでいなくとも L^{-1} の演算子が波動を作り出しているというわけである．この方法により 3 章では各種の波特異関数を導入した．

今，$f_0(z)$ 関数が下半面で特異点以外で正則な関数 $g_0(z)$ を用いて

$$f_0(z) = \overline{L}\,g_0(z) \tag{5.3.5.9}$$

の形をしていれば（あるいはこのようにして $f_0(z)$ を作ってやれば）波なしポテンシャルを作ることができる．何となれば

$$\begin{aligned} f(z) =& \overline{L}\,g_0(z) - \frac{\overline{L}}{L}\,L\,\overline{g}_0(z) \\ =& \overline{L}\left[g_0(z) - \overline{g}_0(z)\right] \end{aligned} \tag{5.3.5.10}$$

となるから $g_0(z)$ が波なしであればこの関数も波なしとなっているからである．この関数に演算子 L を作用させれば以下により $y = 0$ で自由表面条件を満たしていることが確かめられる．

$$\begin{aligned} L\,f(z) =& L\overline{L}\left[g_0(z) - \overline{g}_0(z)\right] \\ =& \left(\kappa^2 + \frac{d^2}{dz^2}\right)\left[g_0(z) - \overline{g}_0(z)\right] \end{aligned} \tag{5.3.5.11}$$

上の関数 $\{g_0(z) - \overline{g}_0(z)\}$ のように，$\overline{L}$ を作用させた時波なしポテンシャルとなる関数を原始波なしポテンシャルと呼んでおき，その族を $\mathbf{M}$ と書いておく．すなわち

$$g_0(z) - \overline{g}_0(z) \in \mathbf{M} \tag{5.3.5.12}$$

今，関数 $\psi(z)$ を z に関する実解析関数としておく．ここで実解析関数とは z が実数の時，値が実数となる解析関数をいう．実解析関数は上式の虚部関数と見なせるから明らかに以下である．

$$i\psi(z) \in \mathbf{M} \tag{5.3.5.13}$$

$\psi(z)$ 関数を z に関して微分，積分した関数も実解析関数のはずであるから以下が言える．

$$i\frac{d^n}{dz^n}\psi(z),\ i\int\cdots\int^z\psi(z)\,dz^n\in\mathbf{M} \tag{5.3.5.14}$$

この方式で求められる波なしポテンシャルのいくつかの例を見てみよう．$\psi(z)$ として

$$\psi(z)=\frac{1}{n\,z^n}\qquad n\geqq 1 \tag{5.3.5.15}$$

とするとこの関数から得られる波なしポテンシャルは以下で与えられる．

$$\begin{aligned}h_n(z)=&\overline{L}\left[\frac{i}{n\,z^n}\right]\\=&\frac{1}{z^{n+1}}\,(1+i\,\frac{\kappa}{n}\,z)\end{aligned} \tag{5.3.5.16}$$

これはUrsellの多重極展開法で用いられる波なしポテンシャルである．その導関数を記しておく．

$$\frac{dh_n}{dz}(z)=-\frac{1}{z^{n+2}}\,(n+1+i\,\kappa z)\qquad\Big(=-(n+1)\,h_{n+1}(z)\Big) \tag{5.3.5.17}$$

次に

$$g_0(z)=\log(z+i\,h)\qquad h>0 \tag{5.3.5.18}$$

とおくと，対応する波なしポテンシャルは以下のように求められる．

$$\begin{aligned}h_0(z)=&\overline{L}\,[\,\log(z+ih)-\log(z-ih)]\\=&\frac{i}{z+ih}-\frac{i}{z-ih}+\kappa\log\frac{z+ih}{z-ih}\end{aligned} \tag{5.3.5.19}$$

この関数は以下の波特異関数の和と一致していることが確かめられる．

$$=\kappa W_Q^C(z,-ih)+W_\mu^C(z,-ih)$$

また

$$g_0(z)=i\log(z+i\,h)\qquad h>0 \tag{5.3.5.20}$$

とおくと，対応する波なしポテンシャルは以下のように求められる．

$$\begin{aligned}h_0(z)=&\overline{L}\,[i\log(z+ih)+i\log(z-ih)]\\=&-\frac{1}{z+ih}-\frac{1}{z-ih}+\kappa i\log(z+ih)(z-ih)\end{aligned} \tag{5.3.5.21}$$

この関数は以下の波特異関数の和と一致していることが確かめられる．

$$=-\kappa W_\Gamma^C(z,-ih)+W_m^C(z,-ih)$$

さらに

$$g_0(z,-ih)=\frac{A}{n(z+ih)^n}\qquad h>0,\quad n\geqq 1 \tag{5.3.5.22}$$

とすると対応する波なしポテンシャルは以下のように得られる.

$$\begin{aligned}H_n(z,-ih)=&\overline{L}\left[\frac{A}{n(z+ih)^n}-\frac{\overline{A}}{n(z-ih)^n}\right]\\=&\frac{\kappa A}{n(z+ih)^n}-\frac{\kappa\overline{A}}{n(z-ih)^n}-\frac{iA}{(z+ih)^{n+1}}+\frac{i\overline{A}}{(z-ih)^{n+1}}\end{aligned} \tag{5.3.5.23}$$

$A=i/2$ の時には以下となる.

$$H_n^R(z,-ih)=\frac{1}{2}\left[\frac{1}{(z+ih)^{n+1}}\left\{1+i\frac{\kappa}{n}(z+ih)\right\}+\frac{1}{(z-ih)^{n+1}}\left\{1+i\frac{\kappa}{n}(z-ih)\right\}\right] \tag{5.3.5.24}$$

導関数も示しておく.

$$\frac{dH_n^R}{dz}(z,-ih)=-\frac{1}{2}\left[\frac{1}{(z+ih)^{n+2}}\left\{n+1+i\kappa(z+ih)\right\}+\frac{1}{(z-ih)^{n+2}}\left\{n+1+i\kappa(z-ih)\right\}\right] \tag{5.3.5.25}$$

なお，$h=0$ で H_n^R は式 (5.3.5.16) と一致する.

$A=1/2$ とすると

$$H_n^I(z,-ih)=-\frac{i}{2}\left[\frac{1}{(z+ih)^{n+1}}\left\{1+i\frac{\kappa}{n}(z+ih)\right\}-\frac{1}{(z-ih)^{n+1}}\left\{1+i\frac{\kappa}{n}(z-ih)\right\}\right] \tag{5.3.5.26}$$

導関数は

$$\frac{dH_n^I}{dz}(z,-ih)=\frac{i}{2}\left[\frac{1}{(z+ih)^{n+2}}\left\{n+1+i\kappa(z+ih)\right\}-\frac{1}{(z-ih)^{n+2}}\left\{n+1+i\kappa(z-ih)\right\}\right] \tag{5.3.5.27}$$

なお，$h=0$ で H_n^I は 0 となる.

2) 半没物体

半円に近い半没物体に関する diffraction 問題における回折波の複素ポテンシャルは以下の級数で表示できるものとする.

$$\left.\begin{aligned}f_d(z)=&f_d^C(z)+jf_d^S(z)\\=&\sigma_1W_m(z,0)+\sigma_2W_\mu(z,0)+\sum_{n=1}^{\infty}\sigma_{n+2}\,h_n(z)\\\sigma_i=&\sigma_i^C+j\sigma_i^S\end{aligned}\right\} \tag{5.3.5.28}$$

ここで W_m, W_μ は各々原点に置かれた $x, -y$ 方向の波 2 重吹き出しの特異関数であり，h_n は式 (5.3.5.16) の波なしポテンシャルである.

物体表面上の境界条件は流れ関数が表面上で定数となるという条件で与えられるので以下と書ける．

$$\left.\begin{aligned} \mathrm{Im}\{f_d^C(z_i)\} - \Psi_B^C &= -\,\mathrm{Im}\{f_0^C(z_i)\} \\ \mathrm{Im}\{f_d^S(z_i)\} - \Psi_B^S &= -\,\mathrm{Im}\{f_0^S(z_i)\} \end{aligned}\right\} \tag{5.3.5.29}$$

ここで $\Psi_B^C + j\,\Psi_B^S$ が物体表面上の流れ関数の値であり，$\sigma_i^{C,S}$ とともに未知量である．右辺の $f_0^C(z) + j\,f_0^S(z)$ は入射波の複素ポテンシャルであり，今は右方から入射しているものとする．点 z_i は境界上の点で通常未知量の数より多くとり，最小自乗法などで未知量を定める．

回折波動の解 $f_d(z)$ の遠方での振る舞いを調べておく．遠方では波なしポテンシャルは無視できるから 3.3.3 小節を参照して以下の漸近表示を得る．

$$f_d(z) \sim \mp 2\pi\kappa(1 \mp ij)(\sigma_1 + i\sigma_2)\,e^{-i\kappa z} \tag{5.3.5.30}$$

ここで複号は $x \to \pm\infty$ の複号に対応している．Kochin 関数で表わせば a を物体代表長さ（円では半径）として以下となる．

$$\begin{aligned} H_d^{\pm}(j)/a &= \pm\,2\pi\kappa\,j[\sigma_1 \pm j\,\sigma_2] \\ &= \pm\,2\pi\kappa\,j[(\sigma_1^C \mp \sigma_2^S) + j\,(\sigma_1^S \pm \sigma_2^C)] \end{aligned} \tag{5.3.5.31}$$

半没円柱を例にとり数値計算を行った結果を以下に示す．式 (5.3.5.29) を解いた結果の解 $\sigma_i^{C,S}$ を図 5.3.5.1 に示す．波なしポテンシャルの項数を $N_{w.f.} = 12$ とし，したがって，未知量の数は $(2 + N_{w.f.}) \times 2 + 2 = 30$ とした．境界条件を合わせる点の数を 21，すなわち条件数は（倍の）42 個とした．これらの数は経験的なものであるが，詳しくは検討していない．図には波数 κa を 6 種とり，上段は σ_i^C，下段は σ_i^S の値を棒グラフで示し，各 $\sigma_i^{C,S}$ を 6 波数分まとめて示してある．$\sigma_3^{C,S}$ 以上の高次の項はすぐに 0 に収束している．多重極展開法が優れている点である．

図 5.3.5.2, 5.3.5.3 には半没円柱周りの流れの余弦成分，正弦成分の流線と等ポテンシャル線を示してある．流線はよく半円に沿っている．この解の特異点は原点（半円の中心）にのみあるので円柱内部の流線も外部と連続して描ける．ただし，原点近くでは特異性が強すぎるので $r/a < 0.7$ は描いていない（図 5.3.3.3, 5.3.3.4 と比較）．

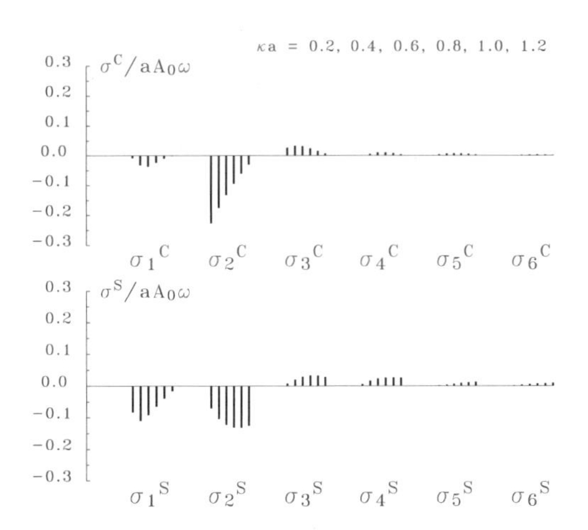

図 5.3.5.1. 半没円に関する diffraction 問題における多重極展開法の解

以上で得られた解より求めた反射係数，透過係数の値を，Φ-法で求めた値と比較して図 5.3.5.4 に示した．良い一致が見られている．

radiation 問題についても式 (5.3.5.28) をそのまま用いることができる．境界条件としては，左右揺れの場合には式 (5.3.2.13) を変

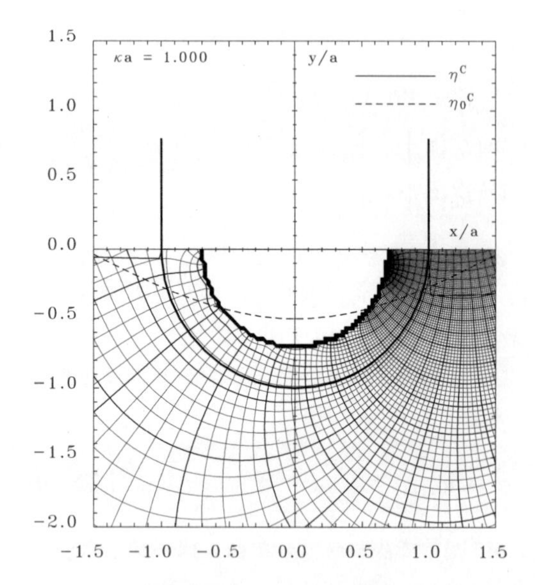

図 5.3.5.2. 多重極展開法による半没円柱周りの流線と等ポテンシャル線（余弦成分，κa = 1.0, $\Delta\Psi$ = 0.2, Ψ_B = 0.335, $N_{w.f.}$ = 12）

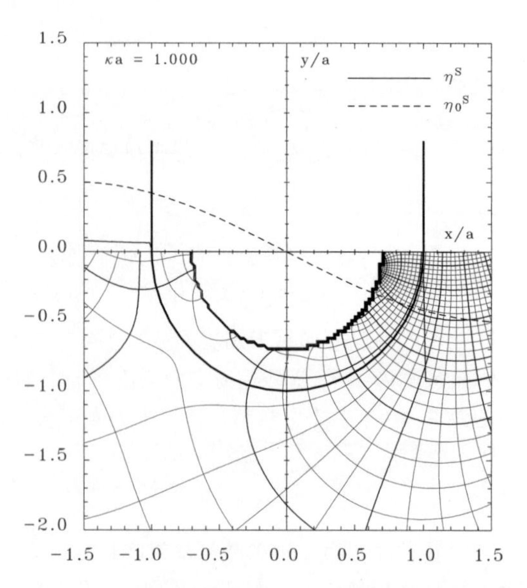

図 5.3.5.3. 多重極展開法による半没円柱周りの流線と等ポテンシャル線（正弦成分，κa = 1.0, $\Delta\Psi$ = 0.2, Ψ_B = −0.089, $N_{w.f.}$ = 12）

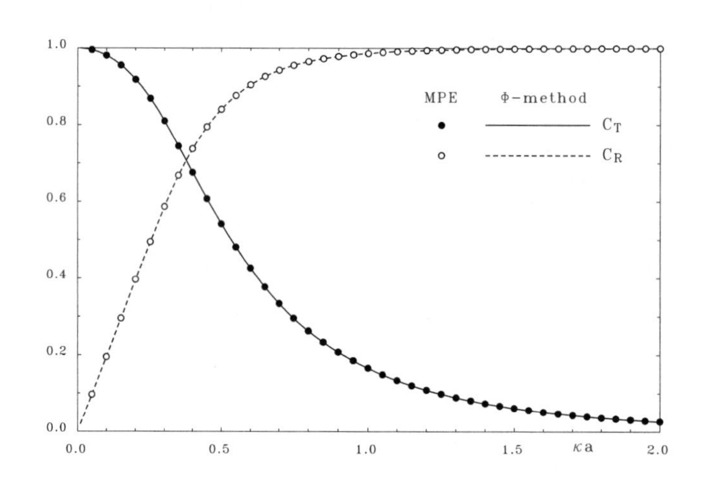

図 5.3.5.4. 多重極展開法（MPE）による半没円柱に関する透過及び反射係数

形して用いる．再掲すると

$$\frac{\partial \phi_X}{\partial n} = n_x = \frac{\partial x}{\partial n} \tag{5.3.5.32}$$

流れ関数と Cauchy-Riemann の関係式を用いて上式を以下と書きなおす．

$$-\frac{\partial \psi_X}{\partial s} = -\frac{\partial y}{\partial s} \tag{5.3.5.33}$$

接線方向線素 s で積分すると積分定数を省いて以下の条件となる．

$$\psi_X = y \tag{5.3.5.34}$$

したがって境界条件は以下の連立方程式となる．

$$\left.\begin{aligned} \mathrm{Im}\left\{f_X^C(z_i)\right\} - \Psi_{X_B}^C &= y_i \;(= \mathrm{Im}\{z_i\}) \\ \mathrm{Im}\left\{f_X^S(z_i)\right\} - \Psi_{X_B}^S &= 0 \end{aligned}\right\} \tag{5.3.5.35}$$

省いた積分定数は物体表面上の流れ関数の値 Ψ_{X_B}（$y = 0$ の点における値）に含まれる．

上下揺については境界条件は，同様にして，以下とすればよい．物体表面上の流れ関数の値は $x_i = 0$ の点の値である．

$$\left.\begin{aligned} \mathrm{Im}\left\{f_Y^C(z_i)\right\} - \Psi_{Y_B}^C &= -\,x_i \;(= -\mathrm{Re}\,\{z_i\}) \\ \mathrm{Im}\left\{f_Y^S(z_i)\right\} - \Psi_{Y_B}^S &= 0 \end{aligned}\right\} \tag{5.3.5.36}$$

横揺の場合は以下である．

$$\left.\begin{aligned} \mathrm{Im}\left\{f_\theta^C(z_i)\right\} - \Psi_{\theta_B}^C &= \frac{1}{2}(x_i^2 + y_i^2) \;(= z_i\,\overline{z_i}) \\ \mathrm{Im}\left\{f_\theta^S(z_i)\right\} - \Psi_{\theta_B}^S &= 0 \end{aligned}\right\} \tag{5.3.5.37}$$

半没円柱に関する radiation 問題の計算結果を示しておく．流線及び Kochin 関数等の値は Φ-法の結果とほぼ同一であるので省略し，式 (5.3.5.28) の係数 σ_i のみを図示する．左右揺（図 5.3.5.5 ）については W_μ 関数及び波なしポテンシャルの奇数項（図示は省略）の係数は 0 となっている．

$$f_X(z) = \sigma_1 W_m(z, 0) + \sum_{n=1}^{\infty} \sigma_{2n+2}\, h_{2n}(z) \tag{5.3.5.38}$$

上下揺については（図 5.3.5.6 ）W_μ 関数及び波なしポテンシャルの偶数項（図示は省略）の係数は 0 となっている．

$$f_Y(z) = \sigma_2 W_\mu(z, 0) + \sum_{n=1}^{\infty} \sigma_{2n+1}\, h_{2n-1}(z) \tag{5.3.5.39}$$

なお，上下揺の解析について W_μ 関数の代わりに波吹き出し W_Q 関数を用いても結果は変わらない．原点に置かれた波吹き出し W_Q と $-y$ 方向の波 2 重吹き出し W_μ は（－波数）倍違うだけだからである（式 (3.3.2.23) と式 (3.3.2.54)，図 3.3.2.18 と図 3.3.2.21 参照）．横揺をしている半没円柱は何も造波しない．

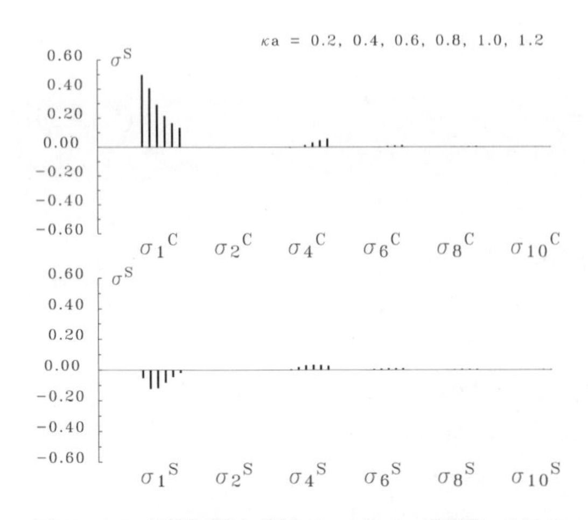

図 5.3.5.5. 半没円柱に関する radiation 問題における多重極展開法の解（左右揺）

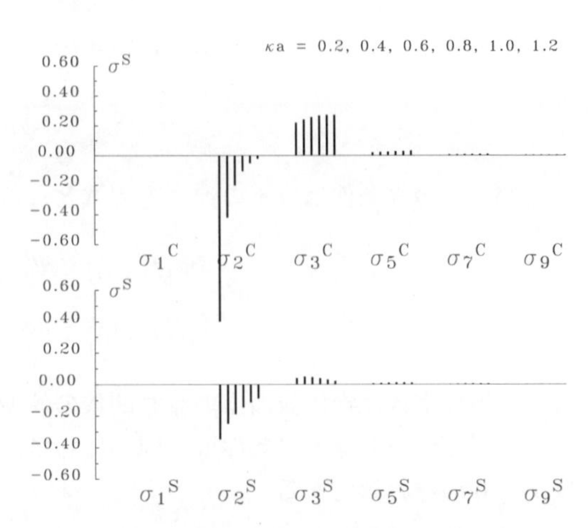

図 5.3.5.6. 半没円柱に関する radiation 問題における多重極展開法の解（上下揺）

3) 全没物体

円に近い全没物体に関する diffraction 問題の解を以下と展開しておく．

$$f_d(z) = \sigma_1 W_m(z,-ih) + \sigma_2 W_\mu(z,-ih) + \sum_{n=1}^{\infty} \left[\sigma_{2+2n-1} H_n^R(z,-ih) + \sigma_{2+2n} H_n^I(z,-ih)\right] \tag{5.3.5.40}$$

ここで $h > a$ は物体中心の没水深度を示す．W_m, W_μ は $y = -h$ に置かれたそれぞれ $x, -y$ 方向の波 2 重吹き出しであり，H_n^R, H_n^I はそれぞれ式 (5.3.5.24, 5.3.5.26) の波なしポテンシャルである．半没の場合の式 (5.3.5.28) と違って，波なしポテンシャルは 2 項必要である．境界条件は式 (5.3.5.29) と同一である．この場合の Kochin 関数は式 (5.3.5.31) に e^{-h} を乗じる必要がある．

没水深度 $h/a = 1.25$ の全没円柱に関して解いた結果を図 5.3.5.7 に示す．波なしポテンシャルの項数は $H_n^{R,I}$ の各々7 項（計 14 項）とし，境界点の数は 21 点（条件式の数 42）の時の結果である．波なしポテンシャルの収束は半没円柱に比べて，特に波数が大となると悪くなる．

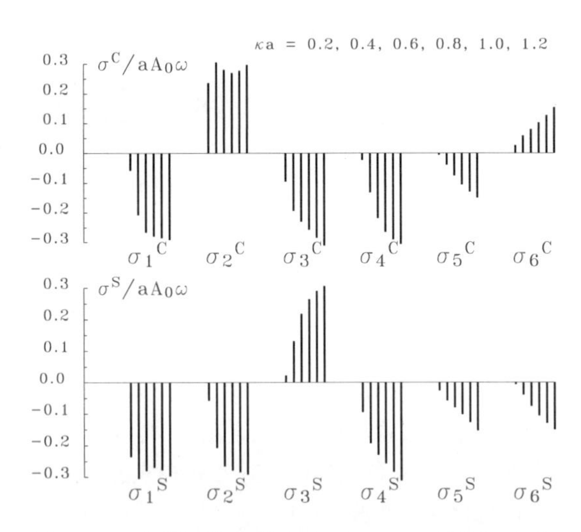

図 5.3.5.7. 全没円柱に関する diffraction 問題における多重極展開法の解

Kochin 関数の式 (5.3.5.31) より，入射側で（$x > 0$）

$$\left.\begin{aligned} \sigma_1^C - \sigma_2^S &= 0 \\ \sigma_1^S + \sigma_2^C &= 0 \end{aligned}\right\} \tag{5.3.5.41}$$

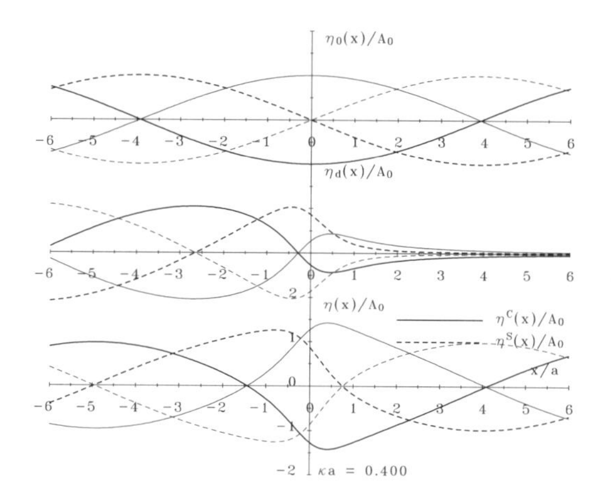

図 5.3.5.8. 多重極展開法による全没円柱周りの波形：入射波，回折波，合成波（d/a = 1.25, κa = 0.4）

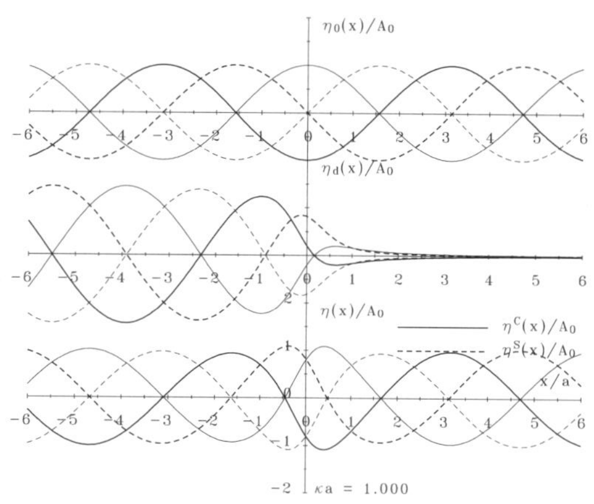

図 5.3.5.9. 多重極展開法による全没円柱周りの波形：入射波，回折波，合成波（d/a = 1.25, κa = 1.0）

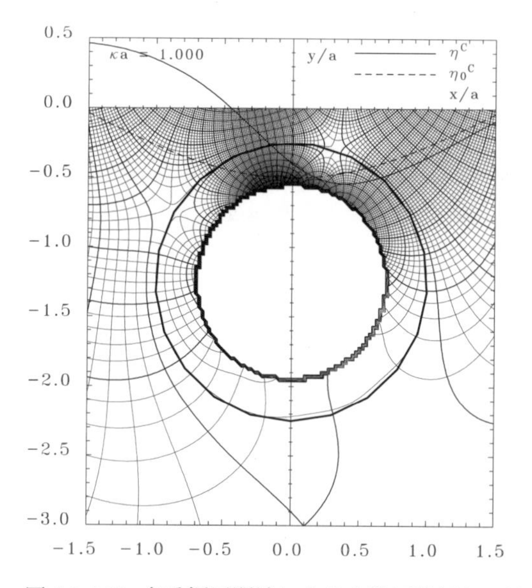

図 5.3.5.10. 多重極展開法による全没円柱周りの流線と等ポテンシャル線（余弦成分，κd = 1.0, $\Delta\Psi$ = 0.2, Ψ_B = 0.019, $N_{w.f.}$ = 12）

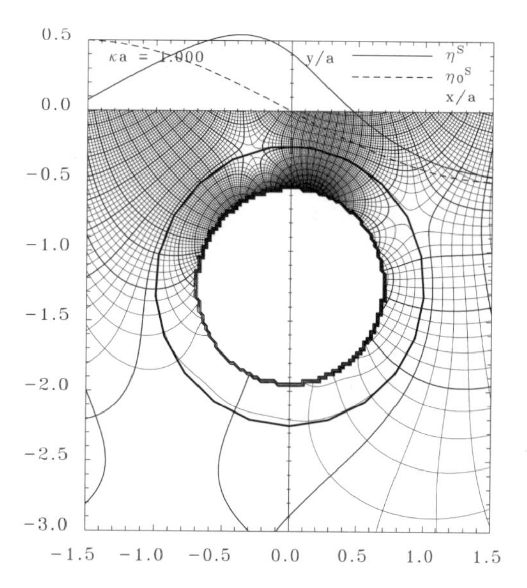

図 5.3.5.11. 多重極展開法による全没円柱周りの流線と等ポテンシャル線（正弦成分，κd = 1.0, $\Delta\Psi$ = 0.2, Ψ_B = 0.018, $N_{w.f.}$ = 12）

の時，反射係数は 0 となることを示しているが，図よりそれが確かめられる．波なしポテンシャルについても同様な関係が見られる．

図 5.3.5.8, 5.3.5.9 には全没円柱周りに生ずる波形を示した．入射側には反射波がないことが示され，図 5.3.4.5, 5.3.4.6 と同一の波形が得られている．

図 5.3.5.10, 5.3.5.11 には流線と等ポテンシャル線を示してある．波なしポテンシャルの項数

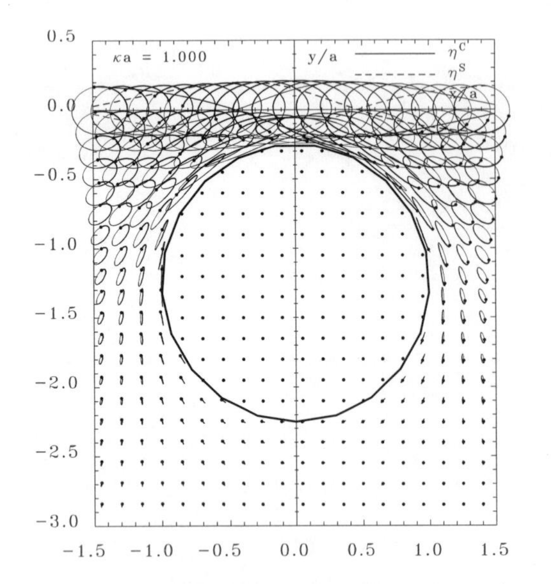

図 5.3.5.12. 多重極展開法による全没円柱周りの流跡線（$\kappa d = 1.0$）

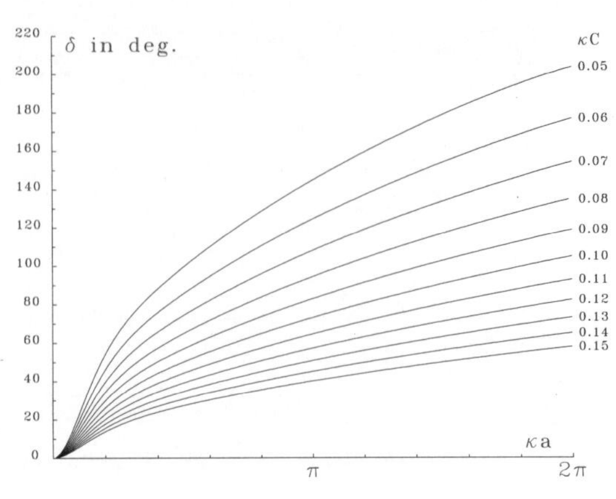

図 5.3.5.13. 多重極展開法による透過波と入射波の位相差

が少し足りないことが認められよう．また，特異点は円の中心にのみあるので円柱内部の流線等も連続していることがわかる．図 5.3.5.12 には流跡線を描いてある．図 5.3.4.3 と同一である．

この問題の解法の精度を検査するのに，透過波と入射波の位相差を図示する方法が知られている．横軸を波数 κa とし以下の量を

$$\kappa C = \kappa \frac{1}{2\pi}(h - a) \tag{5.3.5.42}$$

パラメータとして，位相差を図示したものを図 5.3.5.13 に示す．他の計算例と比較して良い精度を得ているようである．なお，波なしポテンシャルの項数は $2 \times 15 = 30$ 項とし，境界点の数は 36 点としている．これだけの項数をとらないと，特に波数が大なる領域で精度が良くない．

没水体に関する radiation 問題の解も式 (5.3.5.40) で展開できる．境界条件は各々の運動について式 (5.3.5.35 - 5.3.5.37) と同様に与えることができるが，座標原点は物体の中心にとる必要がある．全没円柱に関する数値解の 1 例を図 5.3.5.14, 5.3.5.15 に示す．項数 $n \geqq 3$ の範囲で図示されていない項の係数は 0 である．したがって左右揺については解は以下で表わされる．

$$f_X(z) = \sigma_1 W_m(z, -ih) + \sum_{n=1}^{\infty} [\sigma_{4n} H^I_{2n-1}(z, -ih) + \sigma_{4n+1} H^R_{2n}(z, -ih)] \tag{5.3.5.43}$$

上下揺については

$$f_Y(z) = \sigma_2 W_\mu(z, -ih) + \sum_{n=1}^{\infty} [\sigma_{4n-1} H^R_{2n-1}(z, -ih) + \sigma_{4n+2} H^I_{2n}(z, -ih)] \tag{5.3.5.44}$$

2 図を見比べると面白いことに気づく．造波項，すなわち，左右揺の第 1 項と上下揺の第 2 項の係数の値が一致し，他の波なし項の係数が一致したり符号が逆になっていることである．

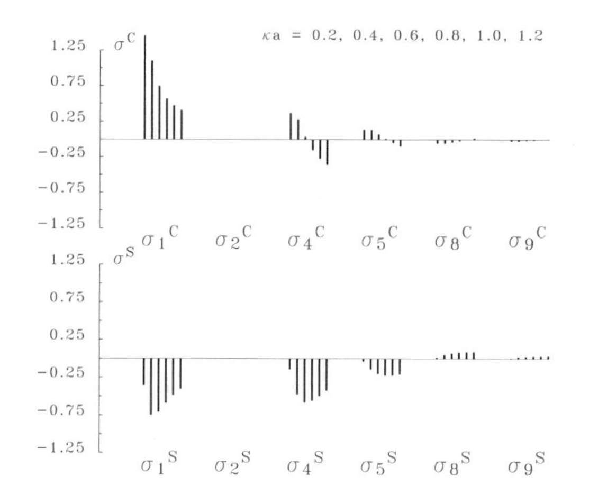

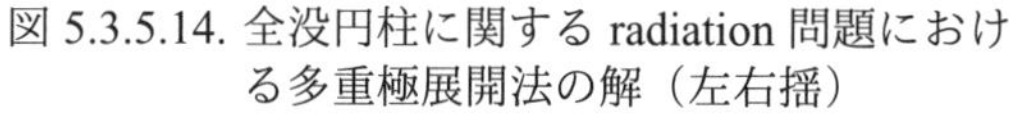
図 5.3.5.14. 全没円柱に関する radiation 問題における多重極展開法の解（左右揺）

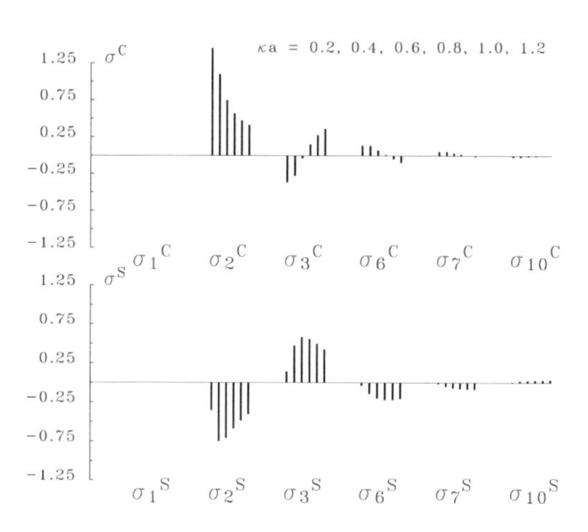

図 5.3.5.15. 全没円柱に関する radiation 問題における多重極展開法の解（上下揺）

Kochin 関数でいうと，各々の状態で絶対値が一致し，位相が 90 度ずれているのである．このことは，全没円柱の中心を円（軌道）状に回転揺させてやると，x の正または負の方向に進行波（発散波）が発生しないことを意味している（片側造波）．各モードの波形を図 5.3.5.16 に示した．上段は全没円柱の左右揺による 1/4 周期ごとの波形を，中段は上下揺による波形を示している．ただし上下揺の位相は $\pi/2$ だけずらせてある．この上下揺と左右揺を合成すると左回転させていることになる．円柱より右方の自由波は左右揺と上下揺で符号が逆になっており，波形を重ね合わせると下段の図のようになり右方は局所波のみとなる．左方の自由波の振幅は上の各々の波の振幅の倍となっている．全没円柱を右回転させれば右方に片側造波できるわけである．なおこのことは既知の事柄である．左回転揺している全没円柱周りの流跡線を図 5.3.5.17 に示した．円柱の運動も 1/4 周期ごとに描いてあり，上下左右の軸も描いてある．図中円の中心から描いてある矢印は静的浮力で無次元化した流体力であり，これに打ち消す外力で回転駆動する必要がある．

次に，入射波中に置かれた全没円柱を回転揺させた場合を考えてみよう．図 5.3.5.18 の上段は右方からの入射波中に置かれた全没円柱周りの波動を示している（図 5.3.5.9 の下段の波動）．その全没円柱を左回転揺させると中段の波動が発生する（図 5.3.5.16 の下段の波動と同じ）．その波動は入射波が透過した波動（上段）と逆の符号を有しているように回転揺の振幅と位相を設定してある．したがって合成すると下段のような波動となり入射波が回転揺により吸収されたように見える．この流場の流跡線を図 5.3.5.19 に示した．右方からの入射波が左回転揺によって吸収されていることがわかる．図中に示された円の中心からの矢印は流体力であるが，回転駆動力になっているように見える．これは波浪発電の可能性を示していよう．入射波の波エネルギーが消滅しているのであるから何らかのエネルギー利得があってもおかしくない．

これらの事柄は数値的に導かれた結果ではあるが，波浪中で全没円柱は入射側に波を反射しないという事実に対応している事のようでもあり，数学的に証明できる事かも知れない．

実現象としても興味深い性質で，実験で確認してみたいものである．造波装置，さらには消波装置あるいは波浪発電に応用できるかも知れない.

以上用いてきた没水体に関する多重極展開法を，原点を水面下とする Lewis Form 形状に適応させた Ursell-田才法に拡張することは，定常造波問題でも触れたが，現状では可能ではない.

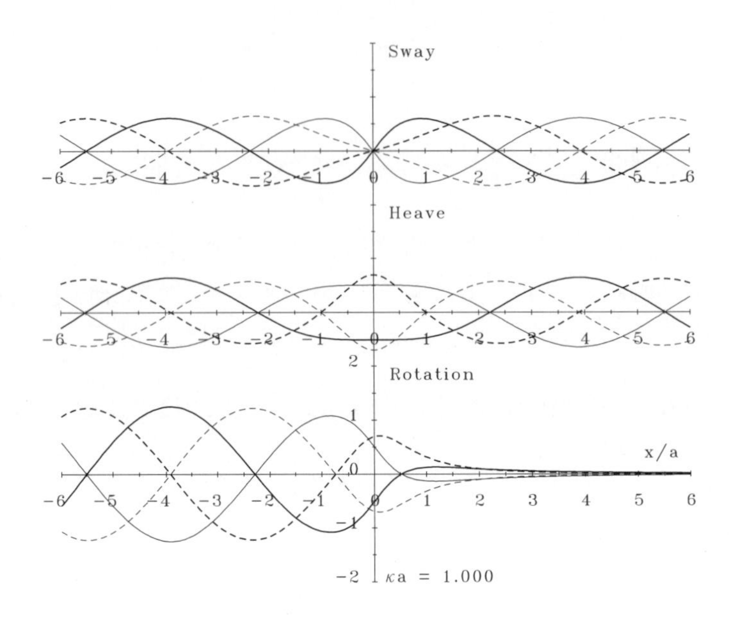

図 5.3.5.16. 全没円柱周りの発散波形：左右揺，上下揺，回転揺（$d/a = 1.25$, $\kappa a = 1.0$）

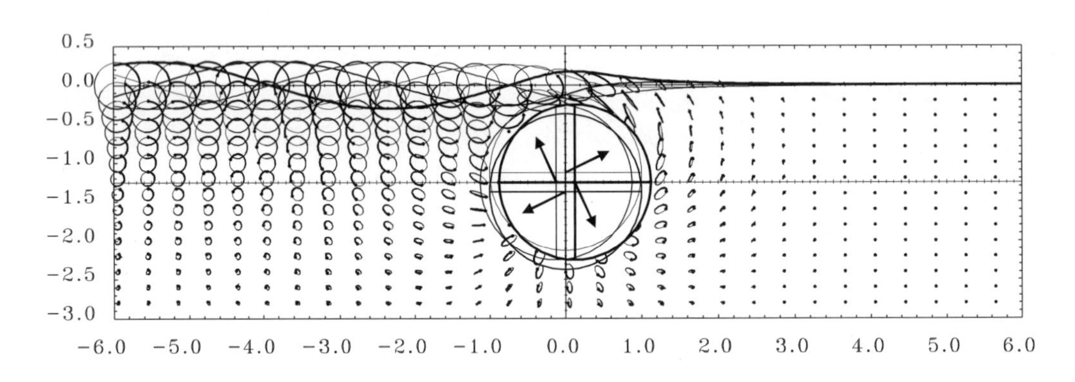

図 5.3.5.17. 回転揺している全没円柱周りの流跡線（$d/a = 1.25$, $\kappa a = 1.0$）

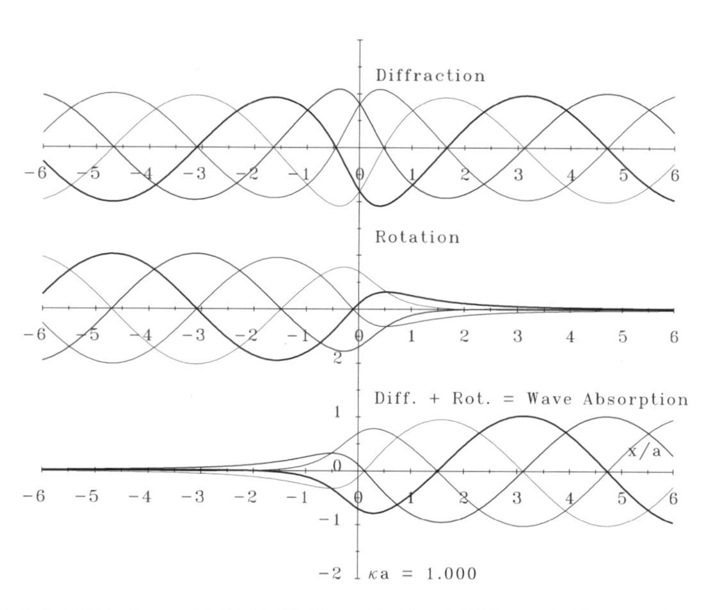

図 5.3.5.18. 入射波中を回転揺している全没円柱周りの波形：入射波と回折波，回転揺による発散波，消波装置（d/a = 1.25, κa = 1.0）

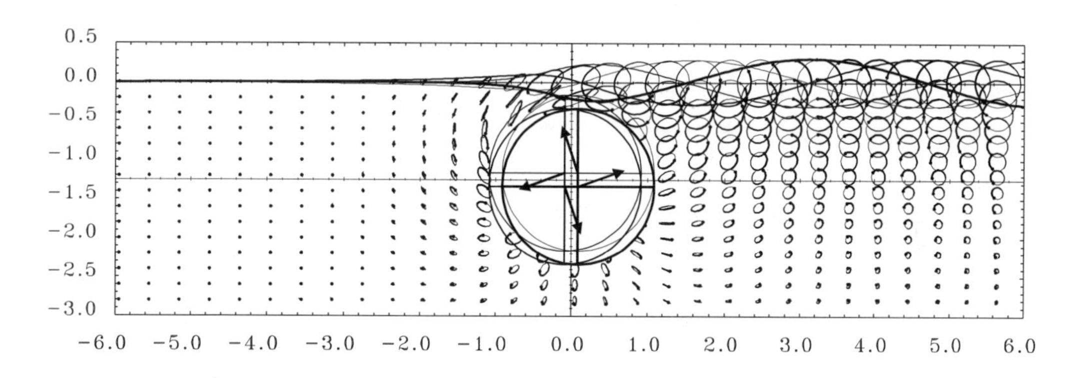

図 5.3.5.19. 入射波中を回転揺により消波している全没円柱周りの流跡線（d/a = 1.25, κa = 1.0）

5.4 III. 一様流中の周期的造波問題

本節の本来の目的は，前 2 節と同様に，表題の問題における境界値問題の解法，及び，その数値解について記述することである．しかしながら，今日までに，本問題を数値的に扱った研究は以下に示す例を除けば極めて少なく，前節までのような詳しい記述をするだけの蓄積がほとんどないのが現状である．そうした状況を踏まえて，本節では，定常造波問題の 5.2.4 小節で扱った滑走板に関する動揺問題に限って記述することにする．

5.4.1 動揺滑走板問題

自由表面（水面）を有する流速 U の一様流中を 2 次元浅喫水の滑走板が円周波数 ω で動揺（縦，上下揺）している問題を考える．座標系を図 5.4.1.1 のようにとり，静止水面を $y = 0$ とする．複素変数を $z = x + iy$ とし時間の変数を t とする．また，滑走板の形状を含めて水面変位量を以下としておく．

$$H(z\,;t) = y - \eta_\omega(x\,;t) = 0 \tag{5.4.1.1}$$

滑走板周りの流れを表わす複素ポテンシャルは以下の形で書けるものとする．

$$F(z\,;t) = -Uz + f_0(z) + f_\omega(z\,;t) \tag{5.4.1.2}$$

ここで，右辺第 1 項は一様流を示し，第 2 項の $f_0(z)$ は滑走板が静止している時の定常撹乱複素ポテンシャルを示し，この解の周りに周波数 ω で時間的に振動する撹乱複素ポテンシャル $f_\omega(z\,;t)$ が重ね合わされているものとしている．滑走板は浅喫水を仮定し，撹乱は微小であると仮定する．このことにより自由表面条件及び滑走板上の境界条件は線形化される．

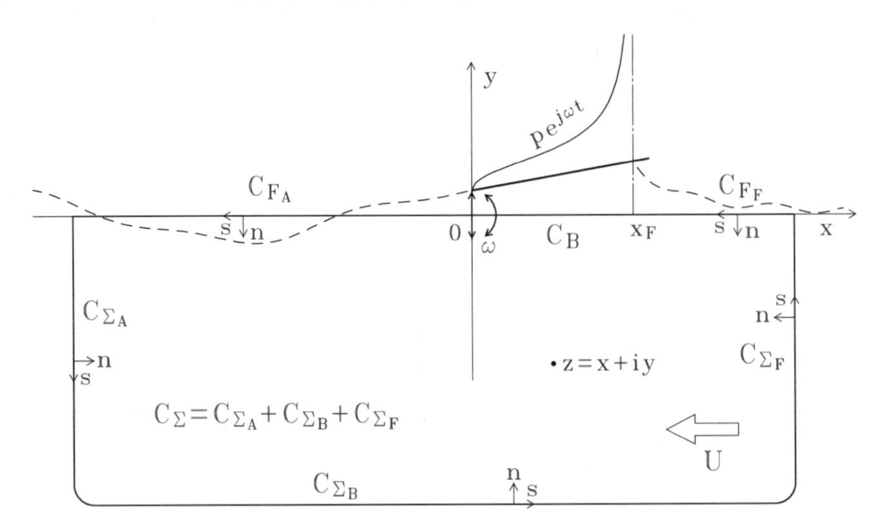

図 5.4.1.1. 動揺滑走板問題

この時，解は式 (5.4.1.2) のように線形重ね合わせが可能であり，滑走板の動揺特性及び滑走板の作る非定常な波動を取り扱う場合には定常成分 $f_0(z)$ は考慮しないでよい（この項については 5.2.4 小節で取り扱った方法で解くことができる）．このことは，動揺特性には滑走板の形状は 1 次的には影響を及ぼさないことを示している（滑走板の形状は滑走板の浸水長などを決定するが，浸水長ベースとするいわゆるランニングフルード数を採用することにより直接には関連しないとしてよいだろう）．

以上の議論より滑走板に関する動揺問題の解は以下と表わしてよい．

$$F(z\,;t) = -Uz + f_\omega(z\,;t) \tag{5.4.1.3}$$

ここで各複素ポテンシャルの実部（速度ポテンシャル），虚部（流れ関数）を以下と書いておく．

$$\left.\begin{aligned} F(z\,;t) &= \Phi(x,y\,;t) + i\Psi(x,y\,;t) \\ f_\omega(z\,;t) &= \phi_\omega(x,y\,;t) + i\psi_\omega(x,y\,;t) \end{aligned}\right\} \tag{5.4.1.4}$$

滑走板の形状は動揺のみを表わせばよいから以下のように表わせる．

$$\eta_\omega(x\,;t) = \mathrm{Re}_j\left\{(X_h + X_p x)e^{j\omega t}\right\} \tag{5.4.1.5}$$

ここで，X_h, X_p はそれぞれ上下揺（heave）と縦揺（pitch）の複素振幅とする．

自由表面条件を導いておく．まず，運動学的境界条件は

$$\frac{dH}{dt}(z\,;t) = 0 \quad on \quad H(z\,;t) = 0 \tag{5.4.1.6}$$

ここで微分は実質微分を示す．したがって上式は

$$\frac{\partial H}{\partial t} + \frac{\partial \Phi}{\partial x}\frac{\partial H}{\partial x} + \frac{\partial \Phi}{\partial y}\frac{\partial H}{\partial y} = 0$$

となるから

$$-\frac{\partial \eta_\omega}{\partial t} + (-U + \frac{\partial \phi_\omega}{\partial x})(-\frac{\partial \eta_\omega}{\partial x}) + \frac{\partial \phi_\omega}{\partial y} = 0 \quad on \quad y = \eta_\omega(x\,;t) \tag{5.4.1.7}$$

ここで波高 η_ω 及び撹乱速度ポテンシャル ϕ_ω が微小であるとすると以下の線形自由表面条件を得る．

$$\frac{\partial \phi_\omega}{\partial y} = \Big(\frac{\partial}{\partial t} - U\frac{\partial}{\partial x}\Big)\eta_\omega \quad on \quad y = 0 \tag{5.4.1.8}$$

もう 1 つの自由表面条件である動力学的境界条件は Bernoulli の定理より以下と書ける．

$$\frac{\partial \phi_\omega}{\partial t} + \frac{1}{2}\Big[(\frac{\partial \Phi}{\partial x})^2 + (\frac{\partial \Phi}{\partial y})^2\Big] + g\eta_\omega + \frac{p_\omega}{\rho} = \frac{1}{2}U^2 \quad on \quad H = 0 \tag{5.4.1.9}$$

ここで p_ω は自由表面上の圧力であるので滑走板表面を除けば 0 である．また，g は重力加速度，ρ は水の密度を示す．高次の微小量を無視すれば以下の線形自由表面条件を得る．

$$\Big(\frac{\partial}{\partial t} - U\frac{\partial}{\partial x}\Big)\phi_\omega = -g\eta_\omega - \frac{p_\omega}{\rho} \quad on \quad y = 0 \tag{5.4.1.10}$$

式 (5.4.1.8) の両辺に g を掛け，式 (5.4.1.10) に $\dfrac{\partial}{\partial t} - U\dfrac{\partial}{\partial x}$ を施して和をとることにより η_ω を消去すると以下の ϕ_ω に関する線形自由表面条件を得る．

$$\left(\frac{\partial}{\partial t} - U\frac{\partial}{\partial x}\right)^2 \phi_\omega + g\frac{\partial \phi_\omega}{\partial y} = -\left(\frac{\partial}{\partial t} - U\frac{\partial}{\partial x}\right)\frac{p_\omega}{\rho} \quad on \quad y = 0 \tag{5.4.1.11}$$

右辺を 0 とすれば線形自由表面条件 (2.3.3.8) と一致する．また，水面変位（滑走板の動揺変位も含む）は式 (5.4.1.10) より以下で求められる

$$g\eta_\omega = -\frac{p_\omega}{\rho} - \left(\frac{\partial}{\partial t} - U\frac{\partial}{\partial x}\right)\phi_\omega\Big|_{y=0} \tag{5.4.1.12}$$

滑走板は周波数 ω で調和振動しているものとしているので，複素ポテンシャルは以下と書ける．なお，前節と同様に j は時間に関する虚数単位としている．

$$f_\omega(z\,;t) = \mathrm{Re}_j\{f(z)e^{j\omega t}\} \tag{5.4.1.13}$$

ここで $f(z)$ の振動 $e^{j\omega t}$ に関する in-phase 成分，out-of-phase 成分を各々 $f^C(z), f^S(z)$ とすれば式 (5.4.1.13) は以下と書ける．

$$\begin{aligned} f_\omega(z\,;t) =& \mathrm{Re}_j\{[f^C(z) + jf^S(z)]e^{j\omega t}\} \\ =& f^C(z)\cos\omega t - f^S(z)\sin\omega t \end{aligned} \tag{5.4.1.14}$$

同様に速度ポテンシャル，流れ関数，水面上の圧力分布，波高（滑走板高さ）も以下としておく．

$$\left.\begin{aligned} \phi_\omega(x,y\,;t) =& \mathrm{Re}_j\{\phi(x,y)e^{j\omega t}\}, \quad \phi(x,y) = \phi^C(x,y) + j\phi^S(x,y) \\ \psi_\omega(x,y\,;t) =& \mathrm{Re}_j\{\psi(x,y)e^{j\omega t}\}, \quad \psi(x,y) = \psi^C(x,y) + j\psi^S(x,y) \\ p_\omega(x\,;t) =& \mathrm{Re}_j\{p(x)e^{j\omega t}\}, \qquad p(x) = p^C(x) + jp^S(x) \\ \eta_\omega(x\,;t) =& \mathrm{Re}_j\{\eta(x)e^{j\omega t}\}, \qquad \eta(x) = \eta^C(x) + j\eta^S(x) \end{aligned}\right\} \tag{5.4.1.15}$$

線形自由表面条件 (5.4.1.11) に式 (5.4.1.15) の第 1,3 式を代入した式が任意の時間 t について成立しなければならないことより以下が得られる．

$$(j\omega - U\frac{\partial}{\partial x})^2\phi + g\frac{\partial \phi}{\partial y} = -(j\omega - U\frac{\partial}{\partial x})\frac{p}{\rho} \quad on \quad y = 0 \tag{5.4.1.16}$$

同様にして波高については式 (5.4.1.12) より

$$g\eta(x) = -\frac{p(x)}{\rho} - (j\omega - U\frac{\partial}{\partial x})\,\phi(x,0) \tag{5.4.1.17}$$

また条件 (5.4.1.8) は以下となる．

$$\frac{\partial \phi}{\partial y}(x,0) = (j\omega - U\frac{\partial}{\partial x})\,\eta(x) \tag{5.4.1.18}$$

解を確定するためには無限遠方で外方に出て行く波動のみが存在するという放射条件が必要であるが，3.3.3 節で導入した特異関数は放射条件を満たしているので，それらを核関数とする表示は自動的に放射条件を満たしている．

ここで，諸量を代表長さ L などを用いて無次元化しておく．まず，式 (3.3.3.4, 3.3.3.5) に示した 2 種の波数 ν, κ，reduced frequency σ などは以下の無次元量を用いる．

$$\left.\begin{aligned}\nu &= gL/U^2, \quad \kappa = \omega^2 L/g = \sigma^2/\nu \\ \sigma &= \omega L/U, \quad \Omega = \omega U/g = \sigma/\nu = \kappa/\sigma = \sqrt{\kappa/\nu}\end{aligned}\right\} \tag{5.4.1.19}$$

他の変数については長さは L，時間は L/U，複素ポテンシャルは UL，圧力は ρU^2 で無次元化しておく．この時，式 (5.4.1.16) は以下の無次元表記となる．

$$\left[(j\sigma - \frac{\partial}{\partial x})^2 + \nu\frac{\partial}{\partial y}\right]\phi = -(j\sigma - \frac{\partial}{\partial x})p \quad on \quad y = 0 \tag{5.4.1.20}$$

また，式 (5.4.1.17, 5.4.1.18) は各々以下と書ける．

$$\nu\eta(x) = -p(x) - (j\sigma - \frac{\partial}{\partial x})\phi(x,0) \tag{5.4.1.21}$$

$$\frac{\partial\phi}{\partial y}(x,0) = (j\sigma - \frac{\partial}{\partial x})\eta(x) \tag{5.4.1.22}$$

以上の境界条件を満たす解の複素ポテンシャルは前節にならえば以下の境界積分で表示できる．

$$f(z) = -\frac{1}{2\pi}\int_C \left[\phi(\xi,\eta)\frac{\partial}{\partial n}W_Q(z,\zeta) - \frac{\partial\phi}{\partial n}(\xi,\eta)W_Q(z,\zeta)\right]ds \tag{5.4.1.23}$$

ここで，W_Q は線形自由表面条件（式 (5.4.1.20) の右辺を 0 とした条件）を満たす吹き出しを特異性とする核関数である（式 (3.3.3.34 - 3.3.3.36)）．積分経路 $C = C_{F_F} + C_B + C_{F_A} + C_\Sigma$ は図 5.4.1.1 を参照．

今，簡単のため $\Omega > 1/4$ として，上流には波動が伝播しないとしておく．この時，3.3.3 小節を参照すると ϕ 及び W_Q の $x \to \pm\infty$ での振る舞いは定常造波問題におけるそれと同一と見なせるので，無限遠方 C_Σ 上の積分は 0 と見なしてよい（5.2.1-2 項参照）．したがって以下となる．

$$f(z) = \frac{1}{2\pi}\int_{-\infty}^{\infty}\left[\phi(\xi,0)\frac{\partial}{\partial\eta}W_Q(z,\xi) - \frac{\partial\phi}{\partial\eta}(\xi,0)W_Q(z,\xi)\right]d\xi \tag{5.4.1.24}$$

式 (3.3.3.101) の以下の関係を上式に代入すると

$$\nu\frac{\partial}{\partial\eta}W_Q(z,\xi) = -(j\sigma + \frac{\partial}{\partial\xi})^2 W_Q(z,\xi)$$

以下を得る．

$$2\pi f(z) = -\frac{1}{\nu}\int_{-\infty}^{\infty}\phi(\xi,0)\,(j\sigma + \frac{\partial}{\partial\xi})^2 W_Q(z,\xi)d\xi - \int_{-\infty}^{\infty}\frac{\partial\phi}{\partial\eta}(\xi,0)W_Q(z,\xi)d\xi \tag{5.4.1.25}$$

右辺第1項を以下のように書き換える．

$$\int_{-\infty}^{\infty}\phi(\xi,0)\,(j\sigma+\frac{\partial}{\partial\xi})^2 W_Q(z,\xi)d\xi=\int_{-\infty}^{\infty}\Big[\phi(\xi,0)j\sigma(j\sigma+\frac{\partial}{\partial\xi})W_Q(z,\xi)+\phi(\xi,0)\frac{\partial}{\partial\xi}(j\sigma+\frac{\partial}{\partial\xi})W_Q(z,\xi)\Big]d\xi$$

右辺第2項を部分積分する．

$$=\Big[\phi(\xi,0)\,(j\sigma+\frac{\partial}{\partial\xi})W_Q(z,\xi)\Big]_{\xi=-\infty}^{\infty}+\int_{-\infty}^{\infty}\Big[\phi(\xi,0)j\sigma(j\sigma+\frac{\partial}{\partial\xi})W_Q(z,\xi)-\frac{\partial\phi}{\partial\xi}(\xi,0)(j\sigma+\frac{\partial}{\partial\xi})W_Q(z,\xi)\Big]d\xi$$

右辺第1項は0となるので

$$=\int_{-\infty}^{\infty}(j\sigma-\frac{\partial}{\partial\xi})\,\phi(\xi,0)\,(j\sigma+\frac{\partial}{\partial\xi})W_Q(z,\xi)d\xi$$

最後に式 (5.4.1.21) の関係を $\phi(\xi,0)$ に代入すれば以下を得る．

$$=-\int_{-\infty}^{\infty}[p(\xi)+\nu\eta(\xi)]\,(j\sigma+\frac{\partial}{\partial\xi})W_Q(z,\xi)d\xi \qquad (5.4.1.26)$$

したがって式 (5.4.1.25) は以下となる．

$$2\pi f(z)=\frac{1}{\nu}\int_{-\infty}^{\infty}p(\xi)\,(j\sigma+\frac{\partial}{\partial\xi})W_Q(z,\xi)d\xi+\int_{-\infty}^{\infty}\Big[\eta(\xi)(j\sigma+\frac{\partial}{\partial\xi})W_Q(z,\xi)-\frac{\partial\phi}{\partial\eta}(\xi,0)W_Q(z,\xi)\Big]d\xi$$

さらに式 (5.4.1.22) を代入すれば

$$2\pi f(z)=\frac{1}{\nu}\int_{-\infty}^{\infty}p(\xi)\,(j\sigma+\frac{\partial}{\partial\xi})W_Q(z,\xi)d\xi+\int_{-\infty}^{\infty}\Big[\eta(\xi)\frac{\partial}{\partial\xi}W_Q(z,\xi)+\frac{\partial}{\partial\xi}\eta(\xi)W_Q(z,\xi)\Big]d\xi$$

右辺第2項は積分できること，及び，圧力は滑走板以外では0であるから結局以下を得る．

$$2\pi f(z)=\frac{1}{\nu}\int_{0}^{x_F}p(\xi)\,(j\sigma+\frac{\partial}{\partial\xi})W_Q(z,\xi)d\xi+\Big[\eta(\xi)W_Q(z,\xi)\Big]_{\xi=-\infty}^{\infty} \qquad (5.4.1.27)$$

水面変位 $\eta(x)$ に滑走板先端 $x=L$ で不連続を許して

$$\left.\begin{aligned}\varDelta\eta&=\eta(x_F+0)-\eta(x_F-0)\\ \varDelta\eta_\omega&=\mathrm{Re}_j\{\varDelta\eta\,e^{j\omega t}\}\end{aligned}\right\} \qquad (5.4.1.28)$$

としておくと以下の積分表示式を得る．

$$2\pi f(z)=\frac{1}{\nu}\int_{0}^{x_F}p(\xi)\,(j\sigma+\frac{\partial}{\partial\xi})W_Q(z,\xi)d\xi-\varDelta\eta\,W_Q(z,x_F) \qquad (5.4.1.29)$$

$\sigma\to 0\,(\omega\to 0)$ の極限をとると（定常造波問題における滑走板理論の式 (5.2.4.19) の関係を考慮すると）上式の表示式は定常造波問題における表示式 (5.2.4.20) と一致する（$\varDelta\eta=\varPsi_B$）．この波高の不連続量は，滑走板が動揺する時，前端付近に水が盛り上がってたまり（図 5.4.1.2-a)），それがまた後方に流出する（図 5.4.1.2-b)）という現象を表現していると解釈できる．

さて，残るは $\varOmega<1/4$ の時の複素ポテンシャルの表示式であるが，式 (5.2.4.29) がそのまま成立するとしてよいだろう．上流に波動が伝播する場合にも前節の議論からそれが推論できるは

ずであるが，著者にはそれを論述する気力が残っていない．心苦しいが読者に宿題として残しておきたい．以下上式の表示式がすべての場合に成立するものとして議論を進める．

次に滑走板形状の表示式を求める．式 (5.4.1.21) より

$$\nu\eta(x) = -p(x) - (j\sigma - \frac{\partial}{\partial x})\mathrm{Re}\{f(x)\} \tag{5.4.1.30}$$

に式 (5.4.1.29) を代入する．

$$\nu\eta(x) = -p(x) - \frac{1}{2\pi\nu}\mathrm{Re}\Big\{\int_0^{x_F} p(\xi)\,(j\sigma - \frac{\partial}{\partial x})(j\sigma + \frac{\partial}{\partial \xi})W_Q(x,\xi)d\xi\Big\} + \frac{1}{2\pi}\Delta\eta\,\mathrm{Re}\{(j\sigma - \frac{\partial}{\partial x})W_Q(x,x_F)\} \tag{5.4.1.31}$$

また

$$\frac{\partial}{\partial \xi}W_Q(z,\zeta) = -\frac{\partial}{\partial x}W_Q(z,\zeta) \quad (= W_m(z,\zeta)) \tag{5.4.1.32}$$

の関係があるから（W_m は x-方向波 2 重吹き出し）

$$(j\sigma - \frac{\partial}{\partial x})(j\sigma + \frac{\partial}{\partial \xi})W_Q(z,\xi) = (j\sigma + \frac{\partial}{\partial \xi})^2 W_Q(z,\xi)$$

なる変形ができ，さらに式 (3.3.3.101, 3.3.3.100) を用いると

$$= -\nu\frac{\partial}{\partial \eta}W_Q(z,\xi) = \nu\frac{\partial}{\partial \xi}W_\Gamma(z,\xi) \tag{5.4.1.33}$$

となり式 (5.4.1.33) 及び式 (5.4.1.32) の（）内の関係を式 (5.4.1.31) に代入すると以下の積分表示式を得る（W_Γ は波渦）．

$$\nu\eta(x) = -p(x) - \frac{1}{2\pi}\mathrm{Re}\Big\{\int_0^{x_F} p(\xi)\,\frac{\partial}{\partial \xi}W_\Gamma(x,\xi)\,d\xi\Big\} + \frac{1}{2\pi}\Delta\eta\,\mathrm{Re}\{j\sigma W_Q(x,x_F) + W_m(x,x_F)\} \tag{5.4.1.34}$$

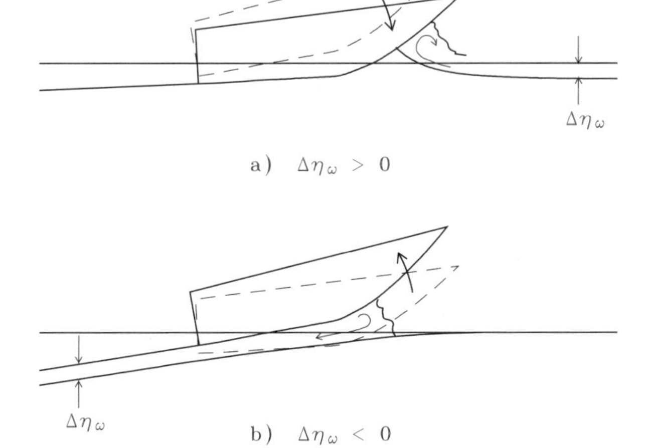

図 5.4.1.2. 動揺滑走板先端における波高の不連続性の物理的解釈

上式左辺に滑走板形状 $y = \eta(x)$ を与えれば圧力 $p(\xi)$ に関する境界積分方程式となる．ただし，$\Delta\eta$ だけ不定となるので以下の Kutta の条件が必要である．

$$p(0) = 0 \tag{5.4.1.35}$$

上式の積分区間 $0 \leqq \xi \leqq x_F$ を小区間 $\Delta\xi_i = \xi_{i+1} - \xi_i$（中点 x_i）に分割し，各小区間内で圧力が一定値 p_i をとるものとすると上式の境界積分方程式は以下のように離散化され連立方程式となる．

$$\nu\eta_i = -p_i - \frac{1}{2\pi}\sum_k p_k \mathrm{Re}\{W_\Gamma(x_i, \xi_{k+1}) - W_\Gamma(x_i, \xi_k)\} + \frac{1}{2\pi}\Delta\eta\,\mathrm{Re}\{j\sigma W_Q(x_i, x_F) + W_m(x_i, x_F)\} \tag{5.4.1.36}$$

解 $p_i, \Delta\eta$ が求まれば複素ポテンシャル (5.4.1.29) は以下のように求めることができる．

$$f(z) = \frac{j\sigma}{2\pi\nu}\sum_k p_k W_{Q_{int}}(z, \xi_{k+1}, \xi_k) + \frac{1}{2\pi\nu}\sum_k p_k[W_Q(z, \xi_{k+1}) - W_Q(z, \xi_k)] - \frac{1}{2\pi}\Delta\eta W_Q(z, x_F) \tag{5.4.1.37}$$

ここで関数 $W_{Q_{int}}(z, \zeta_2, \zeta_1)$ は $W_Q(z, \zeta)$ を線分 $\zeta_2 - \zeta_1$ 上で積分した関数である（式 (3.3.3.102) 参照）．

次に Kochin 関数を求めておく．簡単のため $\Omega > 1/4$ としておく．この時無限下流には α_1-波，α_2-波のみが存在するので波高を以下と書いておく．

$$\eta(x) \sim H^-(\alpha_1)e^{j\alpha_1 x} + H^-(\alpha_2)e^{j\alpha_2 x} \tag{5.4.1.38}$$

式 (5.4.1.31) 右辺の被積分関数の無限下流での振る舞いを調べる．式 (3.3.3.68) の表示式及び式 (3.3.3.29, 3.3.3.30) の関係と式 (2.3.2.2) の第 2 式の関係を用いると以下を得る．

$$\begin{aligned}
\mathrm{Re}\Big\{\frac{\partial}{\partial\xi}W_\Gamma(x, \xi)\Big\} &\to -\frac{2\pi}{\sqrt{1+4\Omega}}\mathrm{Re}\Big\{(1+ij)\frac{\partial}{\partial\xi}[e^{-i\alpha_1(x-\xi)} - e^{-i\alpha_2(x-\xi)}]\Big\} \\
&= -\frac{2\pi}{\sqrt{1+4\Omega}}\frac{\partial}{\partial\xi}[e^{j\alpha_1(x-\xi)} - e^{j\alpha_2(x-\xi)}] \\
&= \frac{2\pi j}{\sqrt{1+4\Omega}}[\alpha_1 e^{j\alpha_1(x-\xi)} - \alpha_2 e^{j\alpha_2(x-\xi)}] \quad as \quad x \to -\infty
\end{aligned} \tag{5.4.1.39}$$

また，右辺第 2 項については式 (3.3.3.24)，(3.3.3.81, 3.3.3.82) より

$$\begin{aligned}
&\mathrm{Re}\{j\sigma W_Q(x, x_F) + W_m(x, x_F)\} \\
&\to \frac{2\pi}{\sqrt{1+4\Omega}}\mathrm{Re}\Big\{(1+ij)[ij\sigma(e^{-i\alpha_1(x-x_F)} - e^{-i\alpha_2(x-x_F)}) - (\alpha_1 e^{-i\alpha_1(x-x_F)} - \alpha_2 e^{-i\alpha_2(x-x_F)})]\Big\} \\
&= \frac{2\pi}{\sqrt{1+4\Omega}}[\sigma(e^{j\alpha_1(x-x_F)} - e^{j\alpha_2(x-x_F)}) - (\alpha_1 e^{j\alpha_1(x-x_F)} - \alpha_2 e^{j\alpha_2(x-x_F)})] \\
&= \frac{2\pi}{\sqrt{1+4\Omega}}[(\sigma-\alpha_1)e^{j\alpha_1(x-x_F)} - (\sigma-\alpha_2)e^{j\alpha_2(x-x_F)}] \quad as \quad x \to -\infty
\end{aligned} \tag{5.4.1.40}$$

以上より式 (5.4.1.31) の下流での漸近形として以下を得る．

$$\nu\eta(x) \sim -\frac{j}{\sqrt{1+4\Omega}}\int_0^{x_F} p(\xi)\left[\alpha_1 e^{j\alpha_1(x-\xi)} - \alpha_2 e^{j\alpha_2(x-\xi)}\right]d\xi$$
$$+\frac{1}{\sqrt{1+4\Omega}}\Delta\eta\left[(\sigma-\alpha_1)e^{j\alpha_1(x-x_F)} - (\sigma-\alpha_2)e^{j\alpha_2(x-x_F)}\right] \tag{5.4.1.41}$$

式 (5.4.1.38) と比較すると Kochin 関数は以下となり

$$\left.\begin{aligned} H^-(\alpha_1) &= -\frac{j\alpha_1}{\nu\sqrt{1+4\Omega}}\int_0^{x_F} p(\xi)\,e^{-j\alpha_1\xi}d\xi + \frac{\sigma-\alpha_1}{\nu\sqrt{1+4\Omega}}\Delta\eta\,e^{-j\alpha_1 x_F} \\ H^-(\alpha_2) &= \frac{j\alpha_2}{\nu\sqrt{1+4\Omega}}\int_0^{x_F} p(\xi)\,e^{-j\alpha_2\xi}d\xi - \frac{\sigma-\alpha_2}{\nu\sqrt{1+4\Omega}}\Delta\eta\,e^{-j\alpha_2 x_F} \end{aligned}\right\} \tag{5.4.1.42}$$

離散化すると以下と求まる．

$$\left.\begin{aligned} H^-(\alpha_1) &= \frac{1}{\nu\sqrt{1+4\Omega}}\sum_k p_k\left[e^{-j\alpha_1\xi_{k+1}} - e^{-j\alpha_1\xi_k}\right] + \frac{\sigma-\alpha_1}{\nu\sqrt{1+4\Omega}}\Delta\eta\,e^{-j\alpha_1 x_F} \\ H^-(\alpha_2) &= -\frac{1}{\nu\sqrt{1+4\Omega}}\sum_k p_k\left[e^{-j\alpha_2\xi_{k+1}} - e^{-j\alpha_2\xi_k}\right] + \frac{\sigma-\alpha_2}{\nu\sqrt{1+4\Omega}}\Delta\eta\,e^{-j\alpha_2 x_F} \end{aligned}\right\} \tag{5.4.1.43}$$

最後に付加質量，減衰係数を求めておく．周期的波浪中問題（一様流なし）の関係式 (5.3.2.54) 及び式 (5.3.2.48) を参照して，上下揺（振幅は $Y/L=1$ としておく）に関する付加質量 A_{yy} と減衰係数 B_{yy} は以下で求まる．なお，法線ベクトルは $n_x=0$, $n_y=1$ である．

$$A_{yy} - jB_{yy} = -\frac{1}{\rho\omega^2 YL}\int_{c_B} p_Y^*(x)\,dx/L$$
$$= -\frac{1}{\sigma^2}\int_{c_B} p_Y(\xi)\,d\xi \tag{5.4.1.44}$$

ここで p_Y^* は上下揺による滑走板上の，次元を有する圧力を示し，p_Y は ρU^2 で無次元化した圧力を示す．

縦揺を

$$y = \Theta(x - L/2) \tag{5.4.1.45}$$

としておくと，この運動（$\Theta=1$ としておく）による付加質量（モーメント）$A_{\theta\theta}$ と減衰係数 $B_{\theta\theta}$ は以下で求まる．

$$A_{\theta\theta} - jB_{\theta\theta} = -\frac{1}{\rho\omega^2\Theta L^2}\int_{c_B} p_\Theta^*(x)(x-L/2)/L\,dx/L$$
$$= -\frac{1}{\sigma^2}\int_{c_B} p_\Theta(\xi)\,(\xi-1/2)\,d\xi \tag{5.4.1.46}$$

ここで p_Θ^* は縦運動による滑走板上の，次元を有する圧力を示し，p_Θ は ρU^2 で無次元化した圧力を示す．

5.4.2 数値解の例

ここでは 2 つの数値計算結果を示す．

1 つ目は滑走板が，上下揺，縦揺れをしている時の，圧力分布，波形，流線の図と，付加質量，減衰係数の図を示す．ただし，本文でも触れるが，付加質量と減衰係数の計算には，以前の計算結果と比較して疑念があることに注意しておく．

2 つ目は回流水槽での造波を想定した造波装置に関する計算結果を示す．一般に一様流中の動揺物体の作る波は $\Omega > 1/4$ であっても，2 種の波長の波が発生し，造波装置としては不適切である．上下揺，縦揺れの組み合わせで単一波長の波の造波ができることを示す．

1) 動揺滑走板

長さ L_W の滑走板が上下揺，縦揺している時の解である圧力分布，及び，滑走板前後の波動，滑走板周りの流線等を求め，また，その運動による付加質量，減衰係数について数値計算結果を示す．

まず，上下揺を

$$\eta(x) = \eta^C(x) + j\eta^S(x)$$
$$= 1 \tag{5.4.2.1}$$

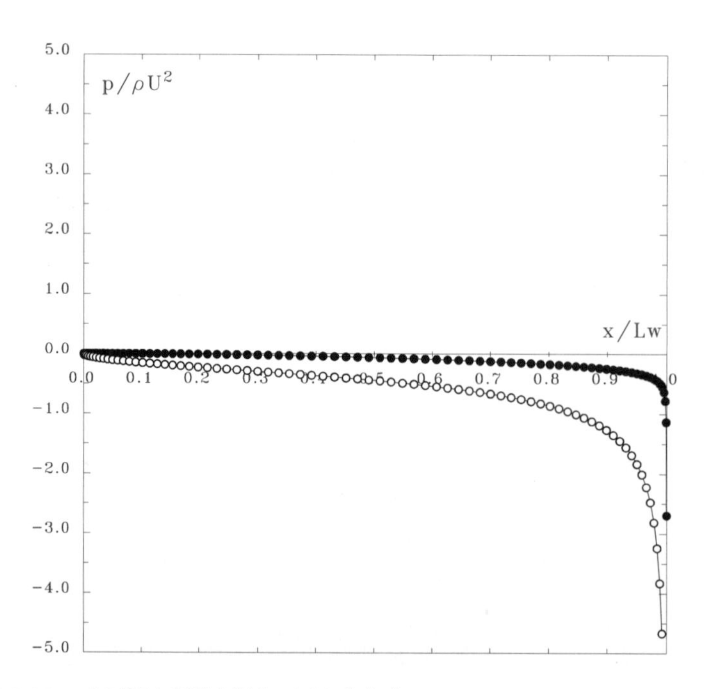

図 5.4.2.1. 上下揺する滑走板上の圧力分布（ν=0.25, Ω=2.00, σ=0.50, Fn=2.00, $\Delta\eta^C$=-1.259, $\Delta\eta^S$=-0.443， N=80）

として連立方程式 (5.4.1.36) を Kutta の条件の下に解く．なお，滑走板前後端では小区間の分割は細かくしている．

解（圧力分布）の $\nu = 0.25\,(Fn = 2.0), \Omega = 2.0\,(\sigma = 0.5, \kappa = 1.0)$ の場合の例を図 5.4.2.1 に示す（分割数 $N = 80$）．黒丸印が in-phase 成分 $p^C(x)$ であり白丸印が out-of-phase 成分 $p^S(x)$ である．後端（$x/L_W = 0$）で Kutta の条件により $p = 0$ となっており，前端（$x/L_W = 0$）では恐らく $1/\sqrt{1 - x/L_W}$ で発散している．この時の前端における $\Delta\eta$ の値は $\Delta\eta^C = -1.259, \Delta\eta^S = -0.443$ である．

この上下揺している滑走板の作る波形を図 5.4.2.2 に示す．時間間隔は $\Delta\omega t = 2\pi/12$ としている．前端では波高と滑走板高さとに不連続が生じていて，少し奇妙な感じを受ける．

そこで，次に，滑走板周りの各時刻の流線を見てみる（図 5.4.2.3 - 5.4.2.6）．上下揺振幅は 1（式 (5.4.2.1) 参照）で計算しているが，流線の図では振幅はその 5 %としている．したがって $\Delta\eta$ の値も振幅 1 の場合の 5 %であり，$\Delta\eta^C = -0.063, \Delta\eta^S = -0.022$ である．なお以下に注意する．

$$\begin{aligned} \Delta\eta_\omega &= \mathrm{Re}\left\{(\Delta\eta^C + \Delta\eta^S)e^{j\omega t}\right\} \\ &= \Delta\eta^C \cos\omega t - \Delta\eta^S \sin\omega t \end{aligned} \tag{5.4.2.2}$$

図 5.4.2.3 は時刻 $\omega t = 0$ の時，図 5.4.2.4 - 5.4.2.6 は各々時刻 $\omega t = \pi/2, \pi, 3\pi/2$ の時の流線である．滑走板位置は $x/L_W = 0 \sim 1$ に太実線で示してあり，滑走板前後の波高は太破線で示してある．$y < 0$ の水平に近い線が流線を表わし，それに直行する線は等ポテンシャル線である（$y \leqq 0$ のみを表示してある）．流れ関数及び速度ポテンシャルの間隔は $\Delta\Psi = 0.02$（UL_W で無次元化）で，5 本おきに太実線（その間隔は $\Delta\Psi = 0.1$）で示している．また流れ関数の値は正値（$\Psi \geqq 0$）のみを示してある．なお，無限前方の水面は $\Psi = 0, y = 0$ となっている．

図 5.4.2.5 の状態から見ていくとわかり易い．滑走板が上下揺で下がりきった状態である．この時，滑走板前端より波高が高い状態（$\Delta\eta_\omega > 0$）であり，その分の流量が前端部分に溜まってきている（ということが線形理論的に示されていると解釈する）．その後，滑走板が図 5.4.2.6 のように静止水面まで上昇する前に溜まることを止め ($\Delta\eta_\omega = 0$)，後流に掃き出しを始める．

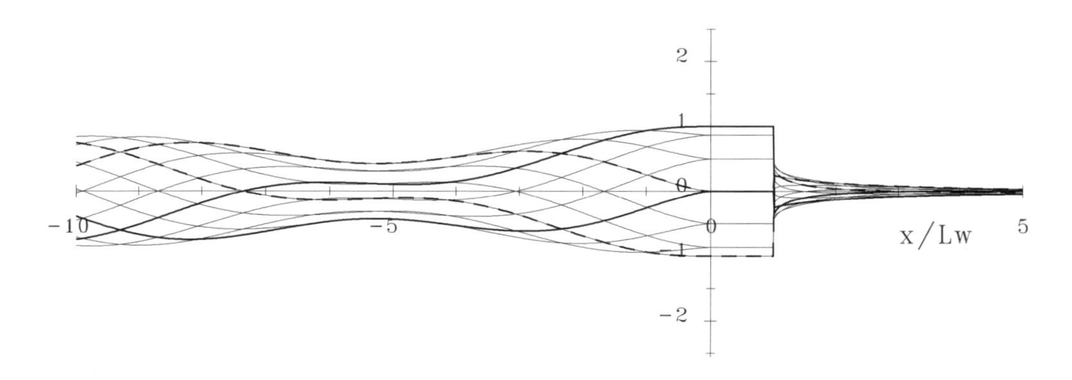

図 5.4.2.2. 上下揺する滑走板周りの波形

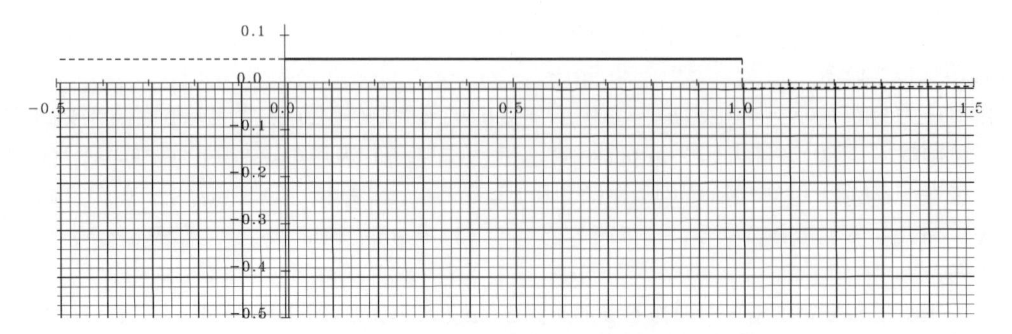

図 5.4.2.3. 上下揺する滑走板周りの流線と等ポテンシャル線（ωt = 0, ×5%, $\Delta\eta_{\omega}$ = −0.063）

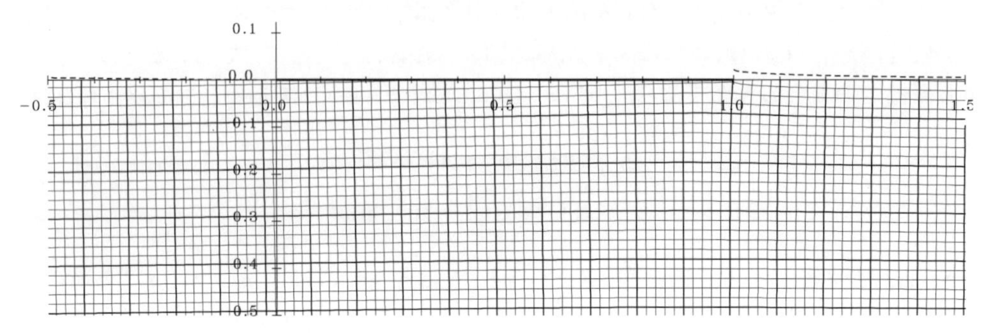

図 5.4.2.4. 上下揺する滑走板周りの流線と等ポテンシャル線（$\omega t = \pi/2$, ×5%, $\Delta\eta_{\omega}$ = 0.022）

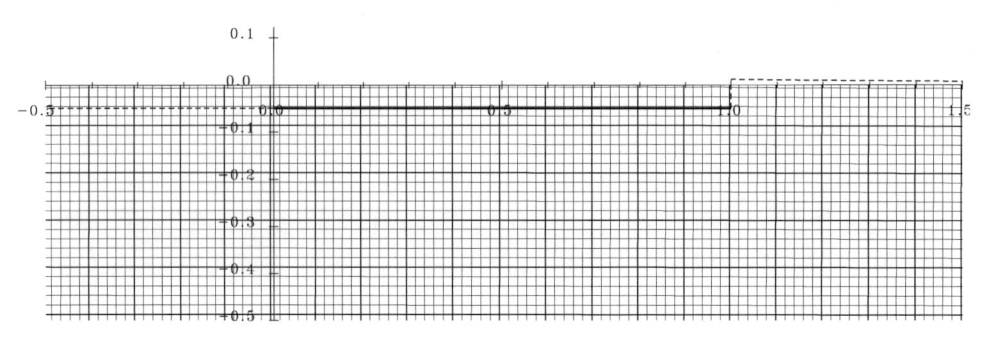

図 5.4.2.5. 上下揺する滑走板周りの流線と等ポテンシャル線（$\omega t = \pi$, ×5%, $\Delta\eta_{\omega}$ = 0.063）

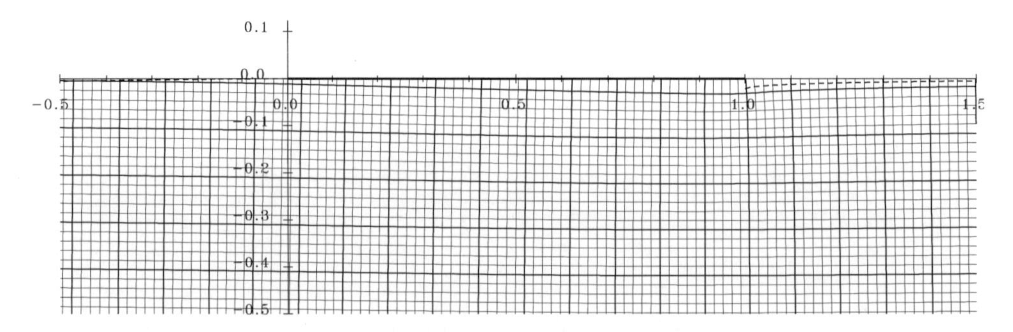

図 5.4.2.6. 上下揺する滑走板周りの流線と等ポテンシャル線（$\omega t = 3\pi/2$, ×5%, $\Delta\eta_{\omega}$ = −0.022）

図 5.4.2.3 で滑走板は上昇しきる．掃き出し量も最大となり，波高は滑走板の前端より下がる（$\Delta\eta_\omega < 0$）．その後，滑走板は下がり始め，図 5.4.2.4 に至る直前に掃き出しをやめ，また溜め始める．これらの現象が繰り返される．これらは波形の動画で見ると納得の度合いが増すはずである．

次に，滑走板が縦揺をしている場合を扱うので以下とする．

$$\begin{aligned}\eta(x) &= \eta^C(x) + j\eta^S(x) \\ &= x - 1/2\end{aligned} \tag{5.4.2.3}$$

ν, Ω の値は上下揺の場合と同じとしておく．

解（圧力分布）を図 5.4.2.7 に示す．黒丸印は in-phase 成分 $p^C(x)$ であり，白丸印は out-of-phase 成分 $p^S(x)$ である．

滑走板の運動及び前後の波形を図 5.4.2.8 に示す．前端の波形の変化は前の例と少し異なり $\Delta\eta^C > 0$ である．

流線の変化を図 5.4.2.9 - 5.4.2.12 に示す．時刻の変化は上下揺の場合と同一である．滑走板の動揺振幅は式 (5.4.2.2) の 10 %としている．

図 5.4.2.9 から見てみると，前端の波高は滑走板前端より 0.018 上方にあり，滑走板前端に水量が溜まりだしている．図 5.4.2.10 では溜まる水量が最大となっており，前端の波高は 0.042 と

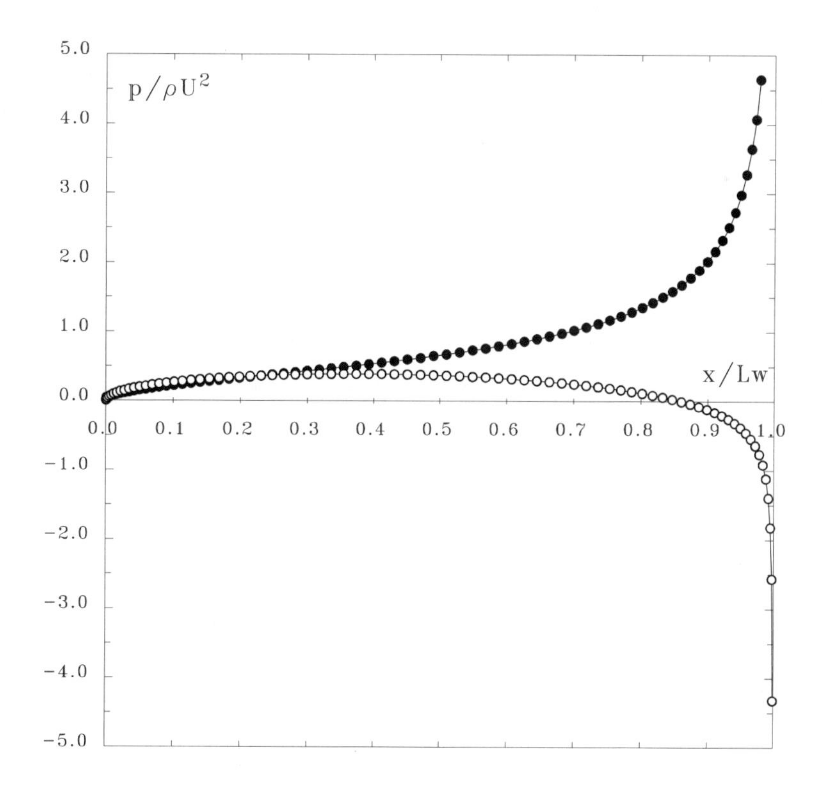

図 5.4.2.7. 縦揺する滑走板上の圧力分布（ν=0.25, Ω=2.00, σ=0.50, Fn=2.00, $\Delta\eta^C$=0.183, $\Delta\eta^S$=-0.420，N=80）

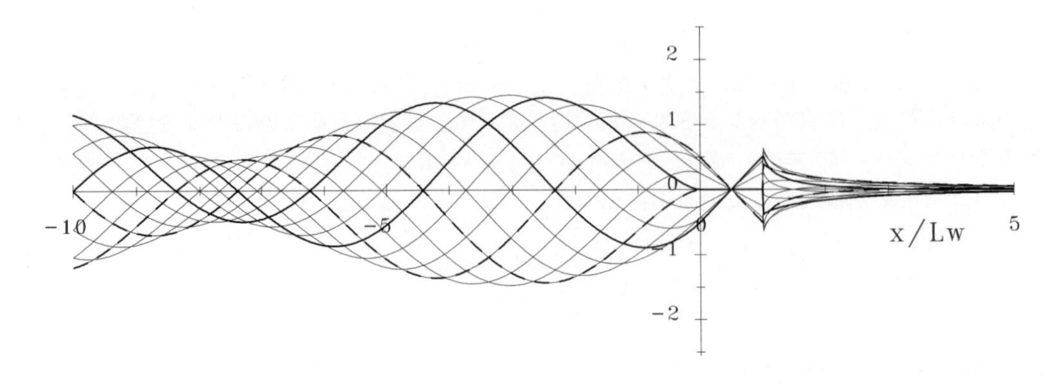

図 5.4.2.8. 縦揺する滑走板周りの波形（条件は前図と同一）

なっている．図 5.4.2.11 では溜まった水量の掃き出しが始まっており，前端の波高は-0.018 となり，図 5.4.2.12 で掃き出し量が最大となり，前端の波高は-0.042 となる．以上を繰り返す．上下揺と同様に波形を動画で見ると現象の理解が進むはずである．

上下揺の状態の圧力分布を式 (5.4.1.44) にしたがって積分することにより上下揺の付加質量係数 A_{yy} 及び減衰係数 B_{yy} を計算することができる．各々に σ^2 を乗じた量をフルード数（$Fn = 1.5, 2.0, 3.0, 5.0$）をパラメータとし σ を横軸にして図 5.4.2.13 に示す．σ が小の時，減衰係数が下に尖り，付加質量が急に変化する場合があるが，これは $\Omega = 1/4$ の時に生じる現象であり，値は急激に変化するが，連続である．

付加質量，及び，減衰係数が負値をとる場合があり，滑走板が上下揺に関して不安定になることを示唆していると解釈できる．

縦揺に関する付加質量 $A_{\theta\theta}$，減衰係数 $B_{\theta\theta}$ を図 5.4.2.14 に示す．σ が小の時，付加質量が下に尖り，減衰係数が急に変化する場合があるが，やはり，$\Omega = 1/4$ の時である．減衰係数が負値をとる場合があり，やはり，不安定性に関連があると考えられる．

著者ら [18](1987) はこうした計算結果を敷衍して，2 次元滑走板の不安定性について論じたことがある．その時の結果を今回の計算結果と比較すると，付加質量，減衰係数ともに一致していない．当時の資料及び計算プログラムを紛失しており確認できないのが残念である．読者はそのことを考慮して，旧論文，及び，本計算結果を批判的に読んで欲しい．

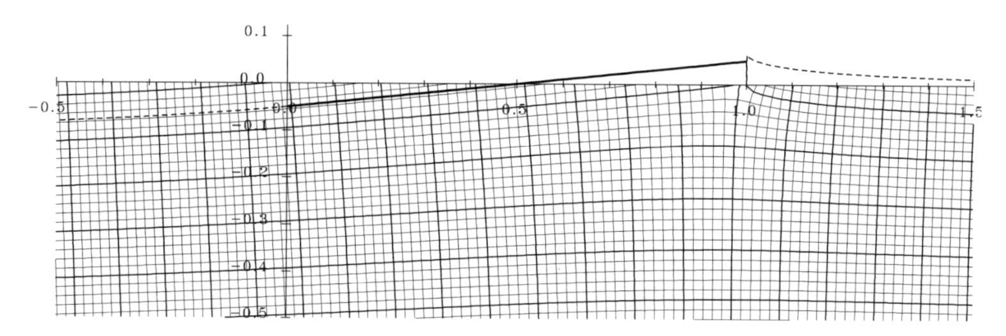

図 5.4.2.9. 縦揺する滑走板周りの流線と等ポテンシャル線（$\omega t = 0$, ×10%, $\varDelta\eta_{\omega} = 0.018$）

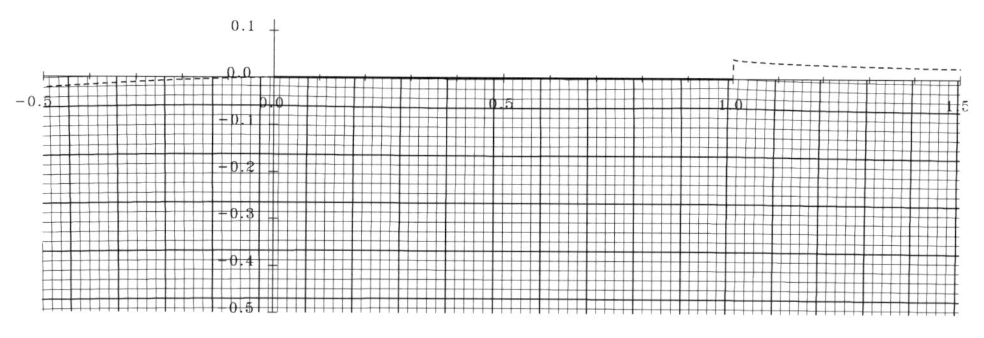

図 5.4.2.10. 縦揺する滑走板周りの流線と等ポテンシャル線（$\omega t = \pi/2$, ×10%, $\varDelta\eta_{\omega} = 0.042$）

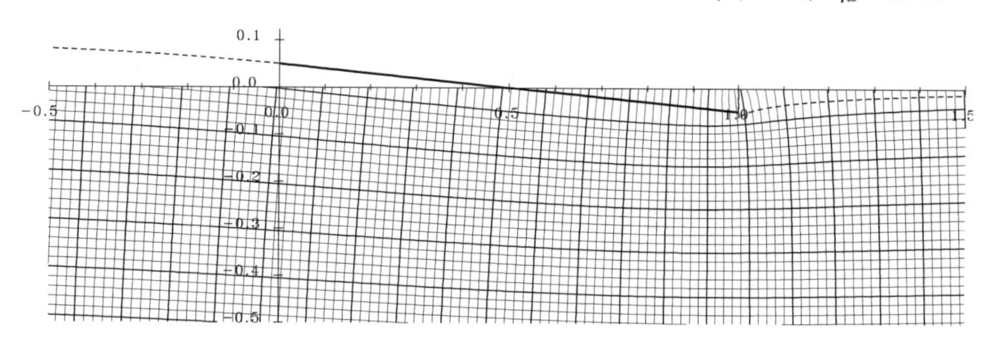

図 5.4.2.11. 縦揺する滑走板周りの流線と等ポテンシャル線（$\omega t = \pi$, ×10%, $\varDelta\eta_{\omega} = -0.018$）

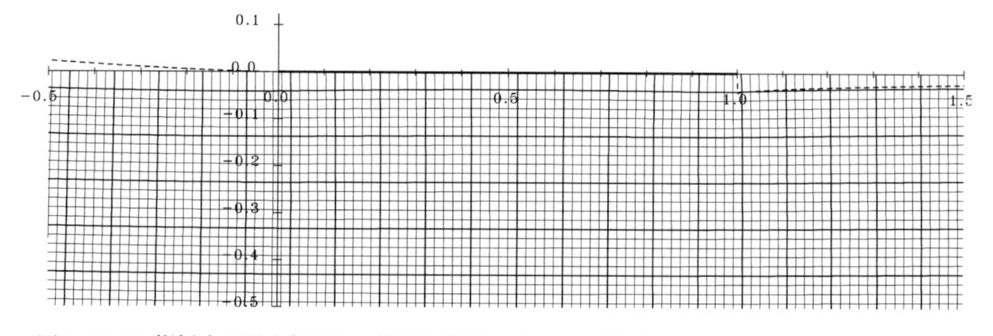

図 5.4.2.12. 縦揺する滑走板周りの流線と等ポテンシャル線（$\omega t = 3\pi/2$, ×10, $\varDelta\eta_{\omega} = -0.042$）

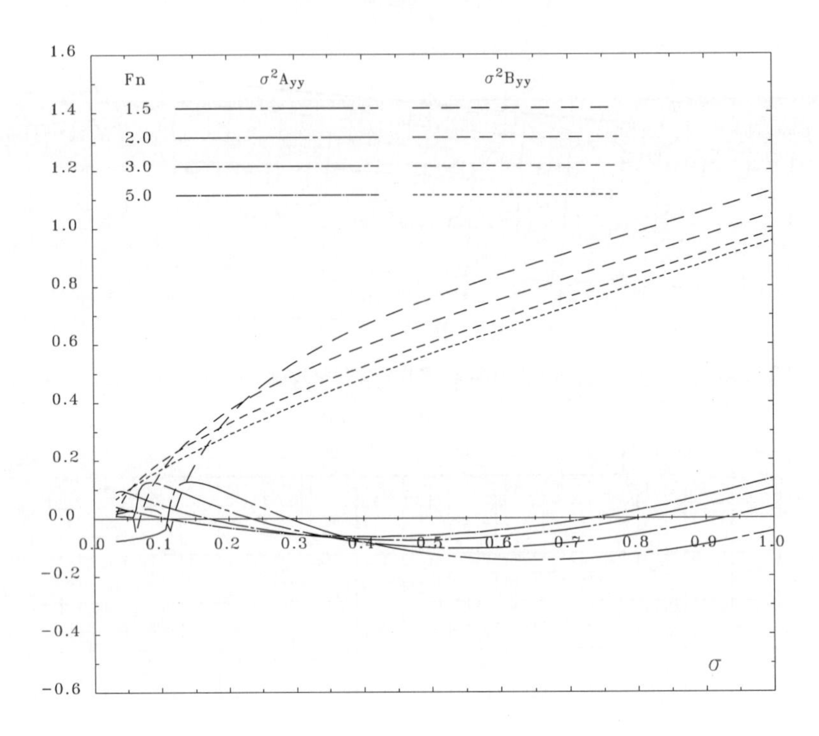

図 5.4.2.13. 上下揺する滑走板上の付加質量と減衰係数

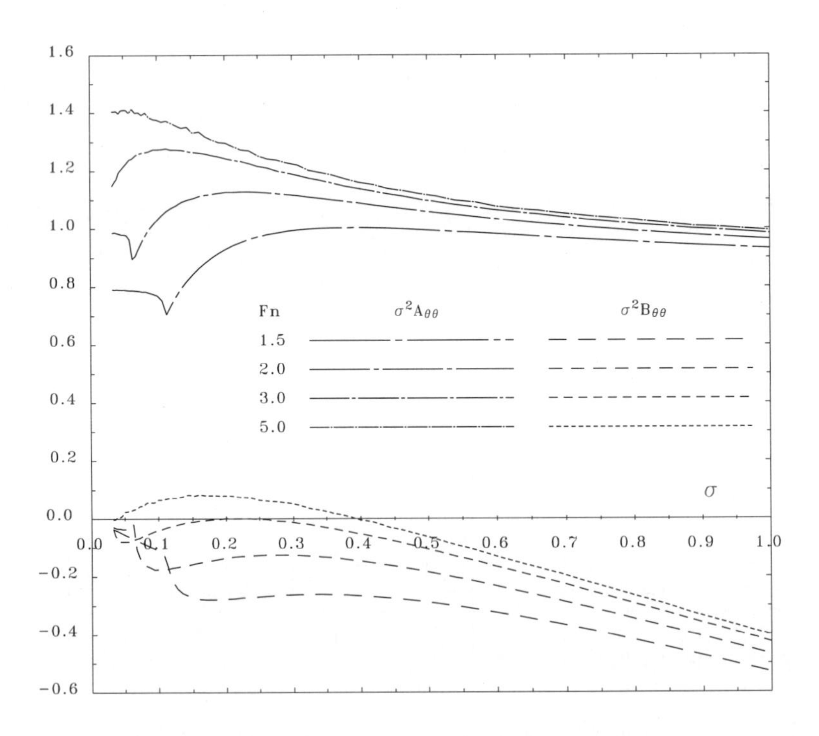

図 5.4.2.14. 縦揺する滑走板の付加質量と減衰係数

2) 造波装置

流れの中の物体を動揺させると原理的には上下流に 4 種の波長の異なる波動が発生する．$\Omega > 1/4$ の場合に限っても α1-波と α2-波の 2 種の波が下流に発生する．この性質が回流水槽の流れに単一波長の波を造波することが困難な主な理由であった．著者ら (2005) [19] は，回流水槽における造波にかなりの程度成功したと考えている．我々の採用した造波装置の機構と，単一波造波の原理について簡単な説明と数値計算結果について述べる．

回流水槽における造波装置の機構についてはいくつかのアイデアが発表されているが，著者らの採用した機構は図 5.4.2.15 に示すようなものである．右端の回流水槽流れ出し部上壁面に可撓性の（ゴム）板を水平に張り付けてある．数値計算上はその変位量は可撓板を弾性体として x の 3 次曲線で近似している．その先端に造波板（剛体）を滑らかに繋いであり，造波板はクランクを介してプーリーに接続してある．プーリーはサーボモーターにより任意の回転動揺をする．動揺振幅が小であれば造波板は周期的な上下揺，縦揺が重ね合わさった運動をすると考えられる．

造波板より後流に生じる波が任意の振幅の単一（α2-）波となるように上下揺，縦揺の振幅，位相を変えればよい．そのために数値計算により造波板の運動による波動を求めておく必要がある．もちろん，振幅が大となれば非線形効果が大きくなるので実験的な調整を行う必要がある．

なお，計算例では造波板長さを L_W，可撓板の長さを $2L_W$ としている．圧力はさらに上流 $20L_W$ までに分布させている．これは圧力が上流で減衰し，$\Delta\eta$ の影響が出ないようにするためである．また，諸量は回流水槽の流速 U と造波板の長さ L_W で無次元化している．

まず，造波板を振幅 1 で上下揺させた場合を見てみる．$\nu = 1.0\,(Fn = 1.0)$, $\Omega = 2.0\,(\sigma = 2.0)$ の場合の圧力分布を図 5.4.2.16 に示す．圧力は最大圧（$5.4 \times \rho U^2$）で除して表示し，上流は $10L_W$

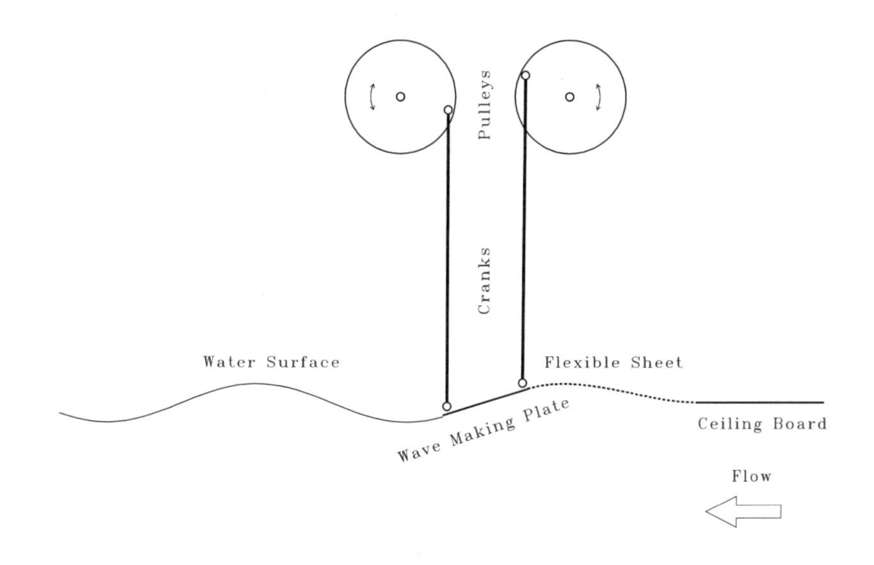

図 5.4.2.15. 回流水槽における造波機構の概念図

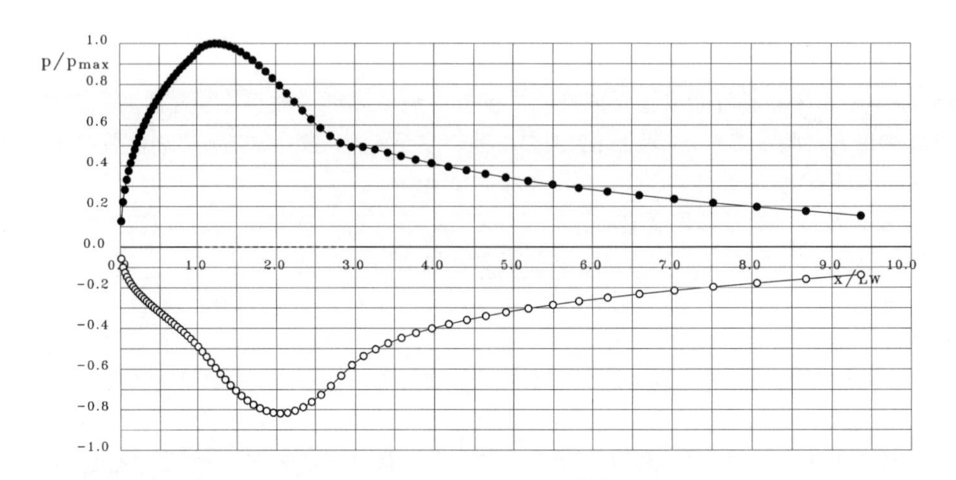

図 5.4.2.16. 上下揺する造波板上の圧力分布（ν=1.0, Ω=2.0, σ=2.0, Fn=1.0, N=80）

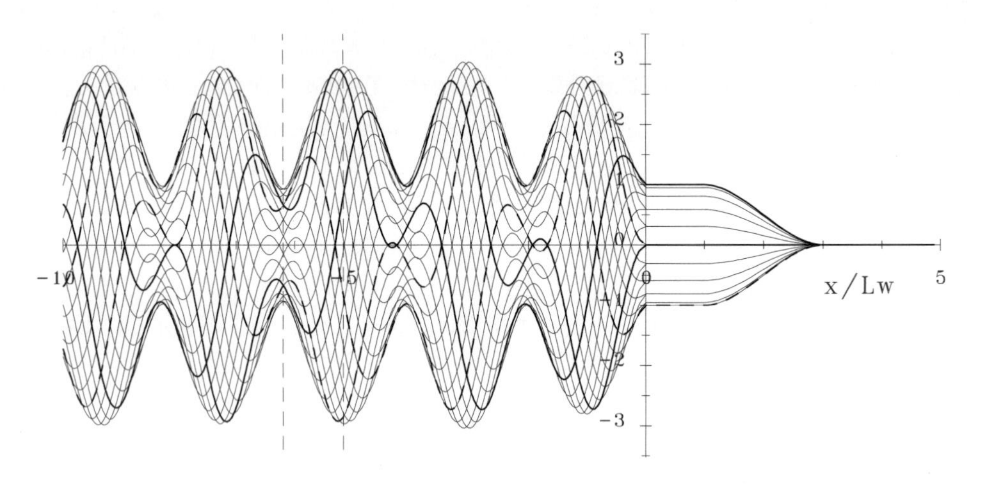

図 5.4.2.17. 上下揺する造波板周りの波形（条件は前図と同一）

以下のみを示してある．なお，$0 < x/L_W < 1$ は造波板を，$1 < x/L_W < 3$ は可撓板範囲を示している．

図 5.4.2.17 には上下揺する造波板の動きと造波された波形を示している．この時，α1-波の波長は $1.57L_W$，α2-波のそれは $2.09L_W$ であり，ビートする包絡線の波長は $2.09L_W$ となっている．包絡線の振幅の最大となる位置と最小となる位置を破線にて示した．これらの情報は実験値と比較する時に有用であり，この位置と振幅から実験的に Kochin 関数 (5.4.1.42) の値を定めることができる．

これらの波動の下流における漸近形を以下と書いておく．

$$\eta_1(x) \sim h_1[H_1(\alpha_1)\,e^{-j\alpha_1 x} + H_1(\alpha_2)\,e^{-j\alpha_2 x}] \tag{5.4.2.4}$$

ここで h_1 は上下揺の複素振幅で，今は $h_1 = 1$ としておく．$H_1(\alpha_1)$ 及び $H_1(\alpha_2)$ は式 (5.4.1.43)

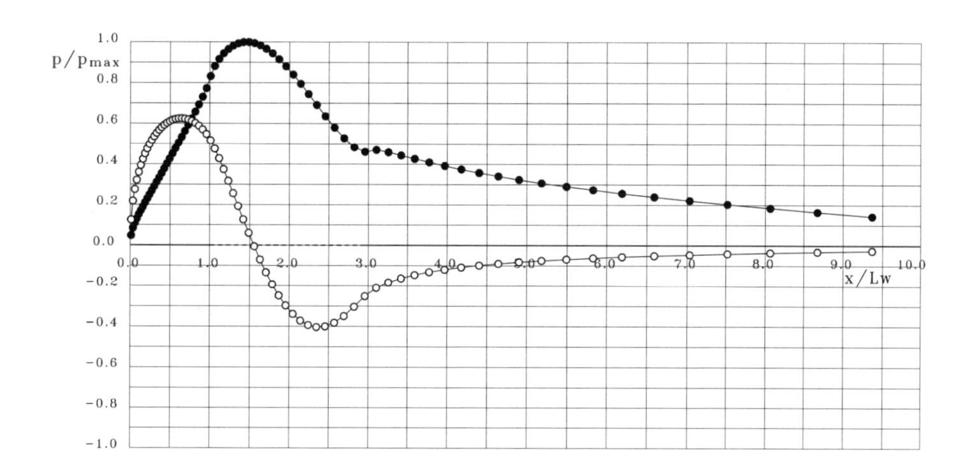

図 5.4.2.18. 縦揺する造波板上の圧力分布（ν=1.0, Ω=2.0, σ=2.0, Fn=1.0, N=80）

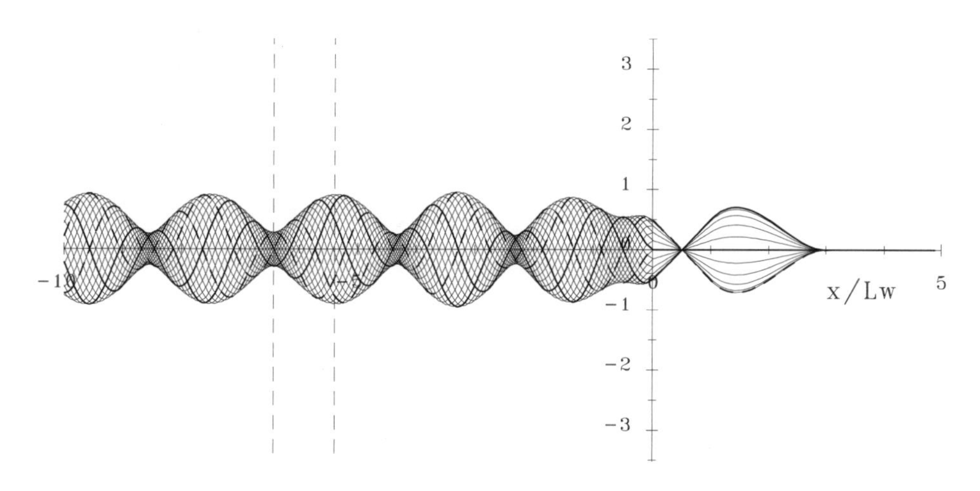

図 5.4.2.19. 縦揺する造波板周りの波形（条件は前図と同一）

より求めた上下揺による，各々，α1-波，α2-波の Kochin 関数である．

同じ条件の下に造波板を縦揺させた時の圧力分布を図 5.4.2.18 に示す．最大圧力は $4.1\times\rho U^2$ である．

図 5.4.2.19 にはその造波板の動きと後流中の波形を示す．これらの波動と Kochin 関数を以下と書いておく．

$$\eta_X(x) \sim h_X[H_X(\alpha_1)\, e^{-j\alpha_1 x} + H_X(\alpha_2)\, e^{-j\alpha_2 x}] \tag{5.4.2.5}$$

ここで h_X は縦揺の複素振幅，$H_X(\alpha_1)$ 及び $H_X(\alpha_2)$ は縦揺による波動の，各々，α1-波，α2-波の Kochin 関数である．

上下揺，縦揺が重畳して動揺している場合に，α1-波が生じない条件は式 (5.4.2.4,5.4.2.5) よ

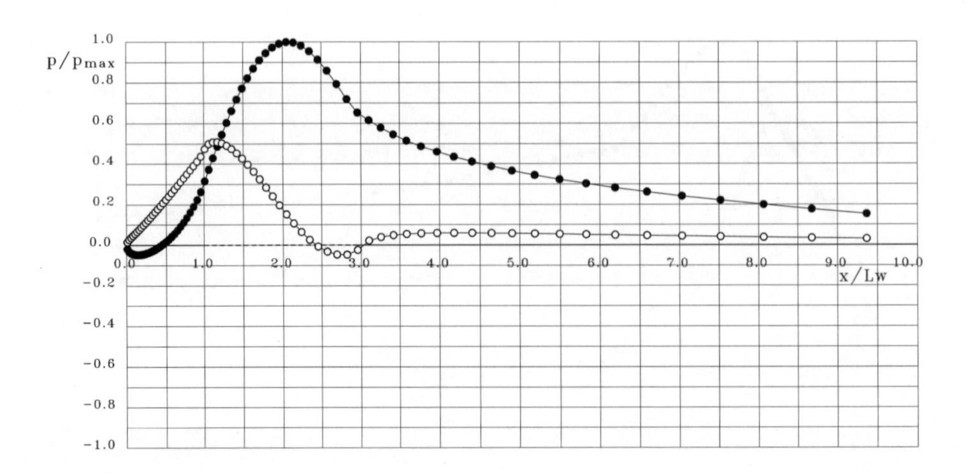

図 5.4.2.20. α2-波のみを造波する造波板上の圧力分布（ν=1.0, Ω=2.0, σ=2.0, Fn=1.0, N=80）

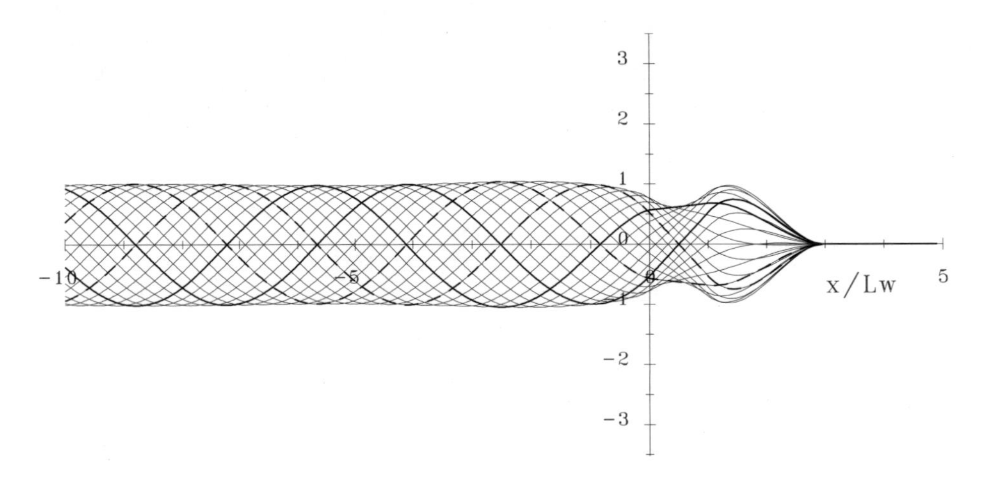

図 5.4.2.21. α2-波のみを造波する造波板周りの波形（条件は前図と同一）

り以下の式で示される．

$$h_1 H_1(\alpha_1) + h_X H_X(\alpha_1) = 0 \tag{5.4.2.6}$$

あるいは縦揺の複素振幅が以下であればよい．

$$h_X = -\frac{H_1(\alpha_1)}{H_X(\alpha_1)} h_1 \tag{5.4.2.7}$$

さらに α2-波の振幅

$$A_2 = \left| h_1 [H_1(\alpha_2) - \frac{H_1(\alpha_1)}{H_X(\alpha_1)}] \right| \tag{5.4.2.8}$$

を（例えば 1 に）与えれば，上下揺，縦揺の複素振幅 h_1，h_X の値が確定する．

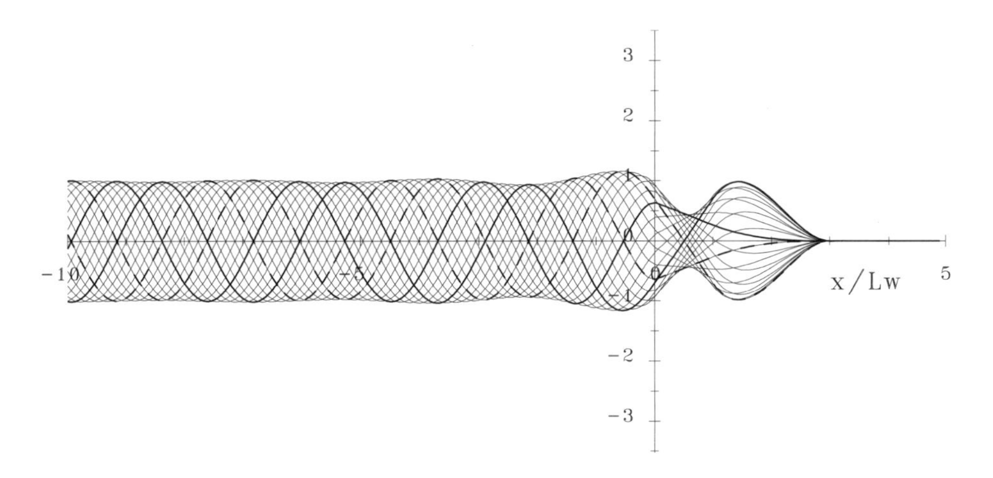

図 5.4.2.22. α2-波のみを造波する造波板周りの波形（ν=1.5, Ω=2.5, σ=3.75, Fn=0.816, N=80）

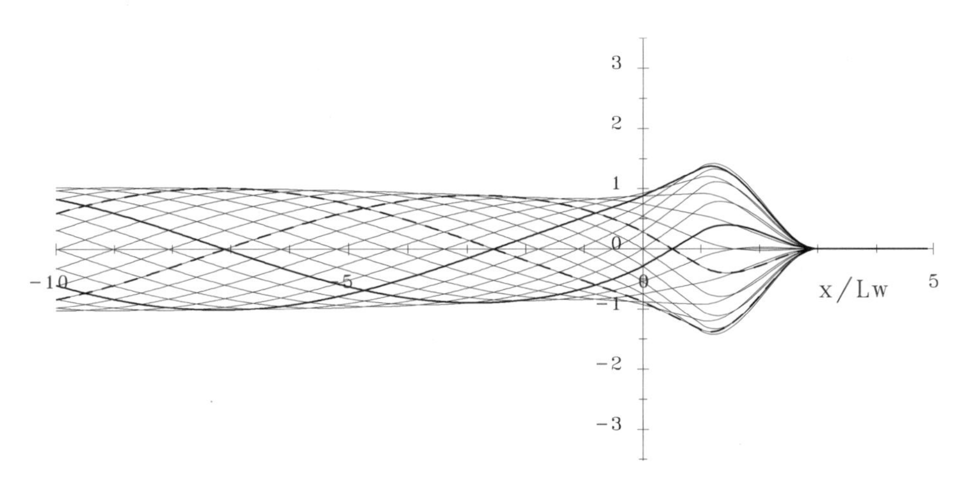

図 5.4.2.23. α2-波のみを造波する造波板周りの波形（ν=0.5, Ω=1.5, σ=0.75, Fn=1.414, N=80）

以上により求めた上下揺，縦揺の複素振幅（振幅と位相差）を用いて造波板を動揺させた時の圧力分布を図 5.4.2.20 に示す．最大圧力は $4.5 \times \rho U^2$ である．

その時の造波板の運動と造波された波形は図 5.4.2.21 のようになる．波形の包絡線のビートがなくなり波長は α2-波の波長 $6.28L_W$ となっていることがわかる．

$\nu = 1.5\,(Fn = 0.816)$, $\Omega = 2.5\,(\sigma = 3.75)$ の場合の α1-波なしの場合の波形を図 5.4.2.22 に示す．波形の包絡線は近場で少しビートしているようである．

$\nu = 0.5\,(Fn = 1.414)$, $\Omega = 1.5\,(\sigma = 0.75)$ の場合の α1-波なしの場合の波形を図 5.4.2.23 に示す．振幅が 1 に落ち着くまでには少し後流まで掛かる．

3) 今後の課題

著者の力不足と時間的制約から触れることができなかったが，この節の問題で特に試みたかった課題は，振動水中翼に関する問題であり，水中翼が動揺することによる推力の発生効率はどうかといったことである．水中翼を動揺させる（バネなどを含む）機構の工夫によれば極めて効率の良い推進装置が作れると提案している方がおられるようだが数値的に検討しておく必要がある．

この節の本来の表題は「周期的波浪中問題（一様流あり）」であるべきであった．すなわち，一様流に前小節で扱ったような波動が乗っており，その流場中に固定ないし自由に動揺する物体が存在するという問題である．やはり著者の余力不足からこの問題に触れることができなかった．

参考文献

[1] L. M. Milne-Thomson : Theoretical Hydrodynamics，4th ed.，MacMillan，1962.

[2] J. J. Stoker : Water Waves，Interscience，1957.

[3] J. V. Wehausen, E. V. Laiton : Surface Waves, In Encyclopedia of Physics，vol. 9，Springer-Verlag，1960.

[4] J. N. Newman : Marine Hydrodynamics, The MIT Press，1977.

[5] 別所正利 : 水波工学選集，1993.

[6] F. Ursell : The effect of a fixed vertical barrier on surface waves in a deep water，Proc. Camb. phil. Soc., Vol. 43，pp.374-382，1947.

[7] 鈴木勝雄，日比茂幸：2 次元一様流中の半没平板まわりの流れに関する解析解について，日本船舶海洋工学会論文集，第 17 号，pp.1-8，2013，The analytical representations for 2-D flows around a semi-submerged vertical plate in a uniform stream, arXiv:submit/2201415 [physics.flu-dyn] 23 Mar 2018.

[8] N. I. Muskhelishvili : Singular Integral Equations，Nordhoff，1953.

[9] M. Abramowitz, I. A. Stegun : Handbook of Mathematical Functions，Dover Pub.，1970.

[10] 森口，宇田川，一松，数学公式 III，岩波全書 244，第 4 刷，1964.

[11] G. E. フォーサイス他，計算機のための数値計算法，日本コンピュータ協会（科学技術出版社），1978.

[12] 丸尾孟 ：高速艇の流体力学（その 1），シンポジウム 高速艇と性能，日本造船学会，pp.17-36，1989.

[13] 鈴木勝雄 ：高速艇の流体力学（その 2），シンポジウム 高速艇と性能，日本造船学会，pp.37-73，1989.

[14] 丸尾孟 ：水面滑走板の圧力抵抗に関する一考察，造船協会会報第 78 号，pp.1-15，1947.

[15] 菅　信：二次元造波理論，三次元造波理論，第 2 回耐航性に関するシンポジウム，日本造船学会，pp.17-40，1977.

[16] 日本造船学会 海洋工学委員会性能部会 編，実践 浮体の流体力学 前編-動揺問題の数値計算法，成山堂書店，2003.

[17] 柏木 正，岩下 英嗣，船体運動 耐航性能編，成山堂書店，2012.

[18] 別所正利，鈴木勝雄：2 次元動揺滑走版の安定性について，防衛大学校理工学報告，第 25 号，第 1 号，pp.25-43，1987.

[19] 佐藤信一，鈴木勝雄：回流水槽用造波機による造波実験と高速艇の波浪中試験，日本船舶海洋工学会論文集，第 1 号，pp.127-135，2005.

索引

著 者 略 歴

鈴木　勝雄（すずき　かつお）

昭和18年3月　東京に生まれる

42年3月　横浜国立大学工学部造船工学科卒業

4月　防衛大学校機械工学教室船舶工学講座助手

44年4月　防衛大学校理工学研究科入校

46年4月　防衛大学校理工学研究科卒業

53年4月　防衛大学校講師

61年1月　工学博士（大阪大学）

63年4月　防衛大学校助教授

平成　5年4月　防衛大学校教授

この間，船舶工学，流体力学などの授業および船舶流体力学（造波抵抗），高速艇などに関する研究，教育に従事

20年3月　防衛大学校名誉教授

28年5月　瑞宝中授章受章

水波問題の解法（すいはもんだいのかいほう）
2次元線形理論と数値計算

定価はカバーに表示してあります。

2018年11月8日　初版発行

著　者　鈴木　勝雄（すずき　かつお）
発行者　小川　典子
印　刷　株式会社シナノ
製　本　株式会社難波製本

発行所　株式会社成山堂書店

〒160-0012 東京都新宿区南元町4番51 成山堂ビル
TEL：03（3357）5861　FAX：03（3357）5867
URL　http:www.seizando.co.jp
落丁・乱丁本はお取り換えいたしますので，小社営業チーム宛にお送りください。

Printed in Japan　ISBN 978-4-425-71571-8